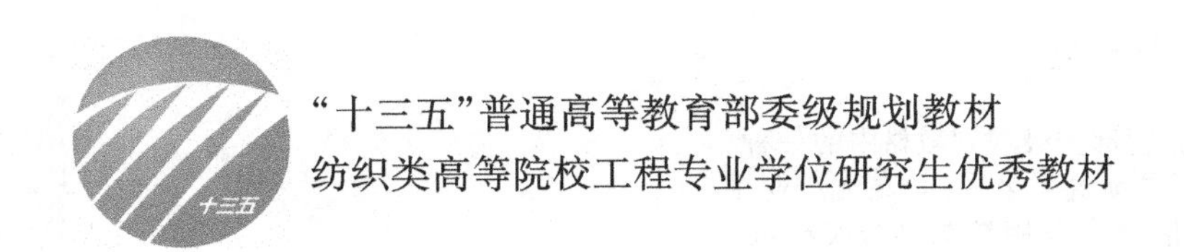

“十三五”普通高等教育部委级规划教材
纺织类高等院校工程专业学位研究生优秀教材

高端产业用纺织品

钟智丽　主编

中国纺织出版社

内 容 提 要

本书是“十三五”普通高等教育部委级规划教材中的一种，更是纺织类高等院校工程专业学位研究生第一部“高端产业用纺织品”优秀教材，内容主要包括：《产业用纺织品分类标准》中明确的16大类产业用纺织品理论知识、结构设计及前沿应用的系统介绍；特别是最终用途对各类产业用纺织品的特殊性能要求、各类产业用纺织品使用的先进纤维材料、专用设备及工艺技术、高端应用实例及发展趋势。体现了知识结构的多样性、系统性、整体性、科学性、严谨性、时代性，更彰显了产业用纺织品的材料、科学、技术、应用研究的最新进展。

本教材理论基础知识深入、科学技术广泛，符合国家战略、社会需求、行业发展以及高水平工程专业研究生的培养要求，内容突出需求导向，对战略新材料、环境保护、“军民融合”相关以及应急和公共安全高端产业用纺织品等进行详细介绍和深入分析。还可供纺织材料相关专业本科生作为参考资料，也可供建筑、防护、航空航天、文娱等产业领域专业技术人员参考。

图书在版编目(CIP)数据

高端产业用纺织品/钟智丽主编. --北京：中国纺织出版社，2018.5(2024.7重印)
“十三五”普通高等教育部委级规划教材
ISBN 978-7-5180-4911-0

Ⅰ.①高… Ⅱ.①钟… Ⅲ.①高技术产业—工业用织物—高等学校—教材 Ⅳ.①TS106.6

中国版本图书馆CIP数据核字(2018)第075655号

责任编辑：符 芬　　责任校对：王花妮
责任设计：何 建　　责任印制：何 建

中国纺织出版社出版发行
地址：北京市朝阳区百子湾东里A407号楼　邮政编码：100124
销售电话：010—67004422　传真：010—87155801
http：//www.c-textilep.com
中国纺织出版社天猫旗舰店
官方微博 http：//weibo.com/2119887771
北京虎彩文化传播有限公司印刷　各地新华书店经销
2024年7月第4次印刷
开本：787×1092　1/16　印张：26.25
字数：563千字　定价：88.00元

Foreword

前　言

《高端产业用纺织品》是在中国特色社会主义新时代背景下编纂完成的，编写团队以新时代、新材料、新技术、新应用为目标。《中国制造2025》中已将高端产业用纺织品列为先进基础材料中的发展重点，产业用纺织品是中国纺织工业新的经济增长点。国家“一带一路”倡议中，基础设施建设是优先领域，修路（高铁、机场）修桥修管道，这些工程为产业用纺织品营造了巨大市场空间。

天津工业大学科研项目已累计9年蝉联国家科技奖项，每项成果都是一次高端产业用纺织品成功应用的突破，为我国产业用纺织品行业的结构调整、转型升级发挥了重要促进作用；非织造材料与工程技术是产业用纺织品领域的重中之重，非织造材料与工程专业是天津工业大学首创的本科专业，为国家培养了大批非织造材料与工程领域的急需人才；学校在产业用纺织品领域取得的丰硕成果，为该教材的编写提供了丰厚的素材。

天津工业大学已被国家教育部明确定位为建设世界一流学科院校，建设纺织科学与工程世界一流学科；学校在全国首先开设“产业用纺织品”研究生课程，并参与制定“十二五”“十三五”产业用纺织品行业发展规划；充分掌握国际国内产业用纺织品的发展历史、应用现状、前沿技术；学校拥有丰富的数据库资源、企业资源，保证教材内容的科学性、时效性，特别是相关企业的实时一手资讯；本教材是主编及其科研创新团队多年来教学实践和科研创新的结晶。

本教材的主要内容包括：《产业用纺织品分类标准》（GB/T 30558—2014）中明确的16大类产业用纺织品理论知识、结构设计及前沿应用的系统介绍；特别是最终用途对各类产业用纺织品的特殊性能要求、各类产业用纺织品使用的先进纤维材料、专用设备及工艺技术、高端应用实例及发展趋势。教材内容特色鲜明：是传统经典理论与现代高新科技应用的结合，是宏观世界前沿技术与微观主编团队科研成果的结合，是深度机理研究与广度应用实例的结合；契合产业用纺织品行业的发展趋势：创新技术和新型纤维应用，介绍高度现代化设备，生产与其他产业高度融合，体现新技术、新产品创新；以期行业从业人员以充足的知识储备迎接新一代纺织革命的到来。

本教材由天津工业大学钟智丽组织编写并担任主编。第一章、第十一章、第十二章由钟智丽、刘雍、张肖编写；第二章由钟智丽、史晓腾、万佳编写；第三章由钟智丽、史晓腾、张肖编写；第四章、第五章、第六章由钟智丽、朱敏、石若星编写；第七章、第八章由钟智丽、张楠、万佳编写；第九章由钟智丽、张楠、石若星编写；第十章由钟智丽、张肖编写；第十三章、第十四章由钟智丽、万佳编写；第十五章由钟智丽、刘雍、万佳编写。

本教材理论基础知识深入、科学技术广泛，符合国家战略、社会需求、行业发展以及研究生培养的高水平工程专业研究生的培养要求。战略新材料高端产业用纺织品、环境保护高端产业用纺织品、“军民融合”相关高端产业用纺织品以及应急和公共安全高端产业用纺织品是教材的核心关键。衷心希望本教材能够成为纺织类高等院校工程专业学位研究生精品教材，也能为纺织工程高级专业技术人员提供参考和帮助。欢迎广大读者对教材中的不当之处给予指正。

编者

2018 年 1 月

Contents

目录

第一章　高端产业用纺织品概论

产业用纺织品是专门设计的、具有工程结构的纺织品，一般用于非纺织行业中的产品、加工过程或公共服务设施。产业用纺织品的另一个含义是：产业用纺织品与消费者一惯用于服装和装饰的普通纺织品不同，它通常由非纺织行业的专业人员用于各种性能要求高或耐用的场合。

“产业用纺织品”是用来表示非传统纺织品的一个最普遍使用的术语。使用的其他术语还有：“技术纺织品”（technical textiles）、“高性能纺织品”（high performance textiles）、“高技术纺织品”（hightech textiles）、“工程纺织品”（engineered textiles）、“产业织物”（industrial fabrics）以及“技术织物”（technical fabrics）。

开展新型高端纺织和纤维产品的研究，在美国、德国等发达国家已经成为了一股新的潮流。美国已成立国家制造创新网络（NNMI）中的最新一家——革命性纤维与织物制造研究中心（RFT MII）。德国在其两年前就确立了名为“未来纺织”（futureTEX）的国家级战略，将其和工业 4.0 进程紧密结合。

第一节　产业用纺织品的发展历史

与传统纺织品相比，产业用纺织品通常被看作是一个较为“年轻”的行业。现代产业用纺织品的历史大概始于帆布。后来，大麻帆布用来制作旅行车的车篷，早期的汽车采用布作车篷来遮光、挡风雨，用布作座垫使得乘坐舒适；早期使用织物制作的飞行器重量轻、结实耐用。最早的飞机机翼是用织物制作的。产业用纺织品至今仍用于制作热气球和飞艇。

20 世纪上半叶出现的化学纤维使得产业用纺织品市场发生了根本性的变化。第一种真正的化学纤维——锦纶（尼龙）是 1939 年问世的。20 世纪 50 年代和 60 年代，具有超高强度的高性能纤维的研制成功扩大了产业用纺织品的应用范围。化学纤维不仅在许多领域里代替了天然纤维，并且为产业用纺织品开辟了许多崭新的应用领域。合成纤维与其他材料复合制成的产品可同时获得良好的强度、弹性、均匀性、耐化学性、耐火性和耐磨性。新的制造技术也提高了产业用纺织品的性能和使用寿命。借助于新的化学制剂，设计人员可以轻松地设计出适合于各种特殊用途的产品。

产业用纺织品在航天探索方面发挥了重要作用。多层织物做成的宇航服既舒适又可起到防护作用。

军事应用，特别是在全球性冲突期间，加速了技术产业用纺织品的开发，用于改善对士兵的防护。如今，产业用纺织品被广泛地用于军事设施和防护结构中。

由于社会的进步和人类生活日益增长的需要，产业用纺织品经受了各种挑战，并取得了辉煌的成就。产业用纺织品已经悄然进入生活的各个角落。现代发达的医学技术能做到用少量的纤维植入人体来替代或加固人体器官。特殊工程纺织品可用于飞机、高速公路等交通运输，也有一些用于环境保护。

第二节　产业用纺织品的分类

产业用纺织品通常区别于一般服装用纺织品和家用纺织品，主要应用于工业、农牧渔业、土木工程、建筑、交通运输、医疗卫生、文体休闲、环境保护、新能源、航空航天、国防军工等领域。

产业用纺织品以产品最终用途为主要分类依据进行分类。每类产品列出所包含的具体产品类别。

一、农业用纺织品

应用于农业耕种、园艺、森林、畜牧、水产养殖及其他农、林、牧、渔业活动，有助于提高农产品产量，减少化学药品用量的纺织品，包括在动植物生长、防护和储存过程中使用的纺织品。具体包括以下几种。

（1）温室用纺织品（textiles for greenhouses）。

（2）土壤稳定用纺织品（textiles for subsoil stabilization）。

（3）种床保护用纺织品（textiles for seed bed protection）。

（4）农作物培育用纺织品（textiles for cultivation of crops）。

（5）防虫、防鸟用纺织品（textiles against insects and birds）。

（6）农业用防雹、防霜用纺织品（scrims for protection from hail and frost）。

（7）农业用防雨织物（rainproof textiles）。

（8）防草织物（textiles for weed control）。

（9）农业用防风织物（windproof textiles）。

（10）农业用遮阳织物（shade fabrics）。

（11）畜牧业用纺织品（textiles for animal husbandry）。

（12）园艺用纺织品（horticultural textiles）。

（13）农业用覆盖织物（covering fabrics）。

（14）排水、灌溉用纺织品（drainage & irrigation textiles）。

（15）地膜（soil covering systems）。

（16）水产养殖用纺织品（textiles for aquaculture）。

（17）海洋渔业用纺织品（textiles for oceanic fishery）。

（18）其他农业用纺织品（other agrotextiles）。

二、建筑用纺织品（building and construction textiles）

应用于长久性或临时性建筑物和建筑设施，具有增强、修复、防水、隔热、吸音隔音、视觉保护、防日晒、抗酸碱腐蚀、减震等建筑安全、环保节能和舒适功能的纺织品，包括以下几种。

（1）建筑用防水纺织品（waterproof textiles for buildings）。

（2）建筑用膜结构纺织品（membrane structural textiles for buildings）。

（3）加固、修复用纤维增强、抗裂纺织品（fiber - reinforced and crack - resistant textiles for reinforcing and repairing）。

（4）建筑用填充、衬垫纺织品（filler and liner textiles for buildings）。

（5）建筑用装饰纺织品（decoration textiles for buildings）。

（6）建筑用隔热、隔音（吸声）纺织品 [heat insulating and sound barrier（sound absorbing）textiles for buildings]。

（7）建筑安全网（safety nets for buildings）。

（8）建筑用减震纺织品（textiles for shock absorption）。

（9）其他建筑用纺织品（other textiles for buildings）。

三、篷帆类纺织品（canvas and tarp textiles）

应用于运输、储存、广告、居住等领域的帆布和篷布类纺织品，包括以下几种。

（1）帐篷布（textiles for tents）。

（2）仓储用布（canvas for storage）。

（3）机器防护罩（textlies for machine shield）。

（4）遮盖帆布（canvas for covering）。

（5）广告灯箱布、广告布帘（textiles for advertising lamp boxes and drapes）。

（6）鞋帽箱包用帆布（canvas for shoes, hats and suitcases）。

（7）遮阳篷布（awning fabrics）。

（8）液体储存囊袋（liquid storage bags）。

（9）其他篷帆类纺织品（other textiles of canvas and tarp）。

四、过滤与分离用纺织品（filtration and separation textiles）

应用于气/固分离、液/固分离、气/液分离、固/固分离、液/液分离、气/气分离等领域的纺织品，包括以下几种。

（1）高温气体过滤和分离用纺织品（textiles for filtering and separating high temperature gases）。

（2）中低温气体过滤和分离用纺织品（textiles for filtering and separating for low - mid temperature gases）。

（3）液体过滤和分离用纺织品（textiles for liquid filtration and separation）。

（4）产品收集用纺织品（textiles for product collection）。

（5）工业废水、废液处理用纺织品（textiles for treatment of industrial waste water and spent liquor）。

（6）食品工业过滤用纺织品（textiles for filtration in food industry）。

（7）香烟过滤嘴用纺织品（textiles for cigarette filters）。

（8）筛网类纺织品（screen mesh）。

（9）其他过滤用纺织品（other textiles for filtration and separation）。

五、土工用纺织品（geotextiles）

由各种纤维材料通过机织、针织、非织造和复合等加工方法制成的，在岩土工程和土木工程中与土壤和（或）其他材料相接触使用的，具有隔离、过滤、增强、防渗、防护和排水等功能的产品的总称，包括以下几种。

（1）土工布（geotextile；GTX）。

（2）土工格栅（geogrid；GGR）。

（3）土工网（geonet，GNT）。

（4）土工网垫（geomat；GMA）。

（5）土工格室（geocell；GCE）。

（6）土工筋带（geostrip；GST）。

（7）土工隔垫（geospacer；GSP）。

（8）防渗土工膜（geosynthetic barrier；GBR）。

（9）土工复合材料（geocomposite；GCO）。

（10）其他土工用纺织品（other geotextiles）。

六、工业用毡毯（呢）纺织品（industrial felt and blanket textiles）

以纺织纤维为原料经湿、热、化学、机械等作用而制成的片状纺织品称为毡，具有丰厚绒毛的纺织品称为毯；把应用于工业领域具有特定功能特征的毡毯统称为工业用毡毯纺织品，包括以下几种。

（1）纺织工业用毡毯（呢）（felts and blankets for textile industry）。

（2）造纸毛毯（造纸网）（paper making blankets）。

（3）过滤用毡毯（呢）（felts and blankets for filtration）。

（4）印刷业用毡毯（呢）（felts and blankets for printing industry）。

（5）电子工业用毡毯（呢）（felts and blankets for electronic industry）。

（6）隔音毡毯（呢）（sound insulation felts and blankets；sound - proofing felts and blankets）。

（7）密封毡毯（呢）（sealing felts and blankets）。

（8）清污、吸油毡毯（呢）（felts and blankets for cleaning and oil absorption）。

（9）防弹、防爆毡毯（bulletproof and explosion - proof felts and blankets）。

（10）抛光毡（呢）（polishing felts and blankets）。

（11）其他工业用毡毯（呢）纺织品（other industrial felt and blanket textiles）。

七、隔离与绝缘用纺织品（insulation and isolation textiles）

采用纺织纤维材料加工而成的分别具有或同时兼有隔离作用和绝缘性能的纺织品，包括以下几种。

（1）电绝缘纺织品（textiles for electrical insulation）。

（2）电池隔膜（textiles for battery separators）。

（3）电容器隔膜（textiles for membranes of capacitor）。
（4）变压器隔膜（textiles for membranes of transformer）。
（5）电缆包布（cable wrapping cloths）。
（6）电磁屏蔽纺织品（electromagnetic shield textiles）。
（7）其他隔离与绝缘用纺织品（other textiles for isolation and insulation）。

八、医疗与卫生用纺织品（medical and hygiene textiles）

应用于医学与卫生领域，具有医疗、（医疗）防护、卫生及保健用途的纺织品，包括以下几种。
（1）医用缝合线（medical sutures）。
（2）植入式医用纺织品（implantable medical textiles）。
（3）体外医用纺织品（medical textiles for extracorporeal applications）。
（4）手术室及急救室用纺织品（textiles for surgery and emergency rooms）。
（5）防护性医用纺织品（protective medical textiles）。
（6）医用敷料（wound dressings）。
（7）卫生用纺织品（hygiene textiles）。
（8）其他医疗与卫生用纺织品（other textiles for medicine and hygiene）。

九、包装用纺织品（packaging textiles）

应用于存储和流通过程中为保护产品、方便储运、促进销售，按一定的技术方法而制成的纺织类容器、材料及辅助物的总称，包括以下几种。
（1）食品包装用纺织品（food packing textiles）。
（2）日用品包装用纺织品（commodity packing textiles）。
（3）储运包装用纺织品（packing textiles for storage and transponation）。
（4）危险品包装用纺织品（packing textiles for dangerous products）。
（5）易碎品包装用纺织品（packing textiles for fragile products）。
（6）仪器、电子产品包装用纺织品（packaging textiles for instruments and electronics）。
（7）粉末包装用纺织品（powder packing textiles）。
（8）礼品包装用纺织品（gift packing textiles）。
（9）填充包装用纺织品（packing textiles for fillers）。
（10）购物袋（shopping bags）。
（11）其他包装用纺织品（other packing textiles）。

十、安全与防护用纺织品（safety and protection textiles）

在特定的环境下保护人员和动物免受物理、生物、化学和机械等因素的伤害，具有防割、防刺、防弹、防爆、防火、防尘、防生化、防辐射等功能的纺织品，包括以下几种。
（1）防弹、防爆纺织品（textiles for bulletproof and explosion proof）。
（2）防割、防刺纺织品（textiles for cutting and stabbing proof）。

（3）高温热防护用纺织品（textiles for heat resistance）。

（4）防电磁辐射纺织品（textiles for anti－electromagnetic radiation）。

（5）防生化纺织品（textiles for biochemical protection）。

（6）防核沾染纺织品（textiles for anti－nuclear contamination）。

（7）防火阻燃纺织品（textiles for fireproof）。

（8）防静电纺织品（textiles for anti－static application）。

（9）抗电击纺织品（textiles for anti－electric shock）。

（10）耐恶劣气候纺织品（textiles for weather resistant）。

（11）安全警示用纺织品（textiles for safety alert）。

（12）救援、救生装备（textiles for survival and rescue equipment）。

（13）其他安全防护用纺织品（other textiles for safety and protection）。

十一、结构与增强用纺织品（reinforcement textiles）

应用于复合材料中作为增强骨架材料的纺织品。包括短纤维、长丝、纱线以及各种织物和非织造物，包括以下几种。

（1）传输、传动、管类骨架材料（textile materials for reinforcing transmission tube framework materials）。

（2）增强橡胶用纺织材料（textile materials for reinforcing rubber）。

（3）增强轻质建筑材料用纺织材料（textile materials for reinforcing materials）。

（4）增强汽车、船舶和机器部件用纺织材料（textile materials for reinforcing automobile，watercraft and machine parts）。

（5）增强航空、航天部件预制件用纺织材料（textile materials for reinforcing aviation and aerospace materials）。

（6）增强风力发电叶片用纺织材料（textile materials for reinforcing aero－generator blades）。

（7）增强救生装备用纺织材料（textile materials tor reinforcing lifesaving equipments）。

（8）其他结构增强用纺织品（other reinforcement textiles）。

十二、文体与休闲用纺织品（sport and leisure textiles）

应用于文化、体育、休闲、娱乐等领域中的各种器具、器材、器械及防护用纺织品，包括以下几种。

（1）运动防护用纺织品（protective textiles for sports）。

（2）运动场所设施用纺织品（textiles for sports complex and facilities）。

（3）运动器材用纺织品（textiles for sport instruments）。

（4）户外休闲用纺织品（textiles for outdoor leisure）。

（5）美术、音乐器材用纺织品（textiles for fine arts and musical instruments）。

（6）伞、旗类用纺织品（textiles for umbrellas and flags）。

（7）其他文体与休闲用纺织品（other textiles enterainment）。

十三、合成革（人造革）用纺织品（synthetic leather textiles）

通过模仿天然皮革的物理结构和使用性能来制造人造革和合成革的基材，广泛用于制作鞋、靴、箱包、球类、家具、装饰物等的纺织产品，包括以下几种。

（1）机织革基布（woven for synthetic leather）。

（2）针织革基布（knitted fabrics for synthetic leather）。

（3）非织造革基布（nonwovens for synthetic leather）。

（4）其他合成革（人造革）用基布类纺织品（other textiles for synthetic leather）。

十四、线绳缆带纺织品（thread，rope and braid textiles）

采用天然纤维或化学纤维加工而成的细长并可曲折的，具有很高轴向强伸性能要求的纺织结构材料，其主要产品形式有线、绳（缆）和带，包括以下几种。

（1）工业用缝纫线（industrial sewing threads）。

（2）球拍弦线（racket threads）。

（3）安全带（safety belts）。

（4）传动带（driving belts）。

（5）水龙带（fire－hose）。

（6）输送带（conveyer belt）。

（7）降落伞用带（parachute belts）。

（8）吊钩带（drop hanger belts）。

（9）打包带（straps）。

（10）头盔带（helmet straps）。

（11）装卸用绳（ropes for handling）。

（12）消防用绳（fire fighting ropes）。

（13）海洋作业缆绳（cables for marine operations）。

（14）降落伞用绳（parachute ropes）。

（15）渔业用线绳（fishing threads and ropes）。

（16）其他线绳（缆）带纺织品（other thread，rope and belt textiles）。

十五、交通工具用纺织品（transport textiles）

应用于汽车、火车、船舶、飞机等交通工具的构造中的纺织品，包括以下几种。

（1）交通工具内饰用纺织品（textiles for interior decorations of vehicles）

（2）轮胎帘子布（cords fabrics for tire）。

（3）安全带和安全气囊（seat belts and air bags）。

（4）车、船用篷布、帆布（cover textiles for vehicles）。

（5）交通工具填充用纺织品（textiles for vehicle filling）。

（6）交通工具过滤用纺织品（textiles for vehicles filtration）。

（7）其他交通工具用纺织品（other textiles for vehicles）。

十六、其他产业用纺织品（other technical textiles）

具有特殊用途的、在实际生产和生活中只有小规模应用的、没有包括在上述 15 个大类之内的产业用纺织品，包括以下几种。

（1）衬布（lapping cloth）。

（2）擦拭布（wiping）。

（3）特种纤维及制品（special fibers and products）。

（4）其他产业用纺织品（other technical textiles）。

第三节　新型高端产业用纺织品

在党的十九大报告中，习近平总书记强调：加快建设制造强国，加快发展先进制造业。中国特色进入了新时代，中国经济发展进入了新时代。新一轮科技革命和产业变革与我国加快转变经济发展方式形成历史性交汇。要不断地推进中国制造向中国创造转变，中国速度向中国质量转变，制造大国向制造强国转变。

第一次工业革命开创了以机器代替手工劳动的时代；第二次工业革命以电力的发明和应用为根本动力提高生产力，人类跨入了电气时代；第三次工业革命以原子能、电子计算机以及生物工程的技术创新和应用为标志，实现了工业发展又一次重大的飞跃。现在，新一代智能制造的突破和广泛应用将推动形成一次新的工业革命的高潮，引领真正意义上的“工业 4.0”，重塑制造业的技术体系、生产模式、产业形态，实现第四次工业革命。

与此同时，产业用纺织品也在发生着翻天覆地的变化，是新时代工业革命的重要组成部分。将高端产业用纺织品归类于新一代的纺织革命，是因为其与之前的主要区别在于：它是多材料、多结构高科技含量的纺织品，学科交叉性更广泛、性能更优、功能性更强。新型的高端产业用纺织品与国民经济的各个领域紧密结合，产生了大量全新的应用，彰显出新型尖端纺织和纤维产品的应用呈现出遍地开花的趋势，诸如：创新技术和新型高性能纤维的应用、设备高度现代化、生产与其他产业行业高度融合、产业结构加速转型、产业专业化、新技术新产品创新、全球合作供应链网络化等，突出了多学科、跨领域的新型、高端、智能纺织品已经完全不同于传统产业用纺织品。

一、互联网织物

这种纤维含有金属、硅、电介质。更重要的是，它可以与普通纤维混纺，而且可以变换颜色、与计算机网络通讯以及检测爆炸物。它可把声光信号转为电信号与计算机通信，将来的应用包括监测穿着者的健康状况。最擅长搞电子的 Fink 教授非常肯定地说，这种纤维对于织物来说就像神经元之于大脑，晶体管之于芯片（图 1－1）。

二、疏水涂层

新一代的疏水材料是一种可以涂覆于钢、玻璃、织物和纸张上的材料，具有自清洁功能，疏水特性（图1－2）。这类织物的仿生学对象，正是荷叶。

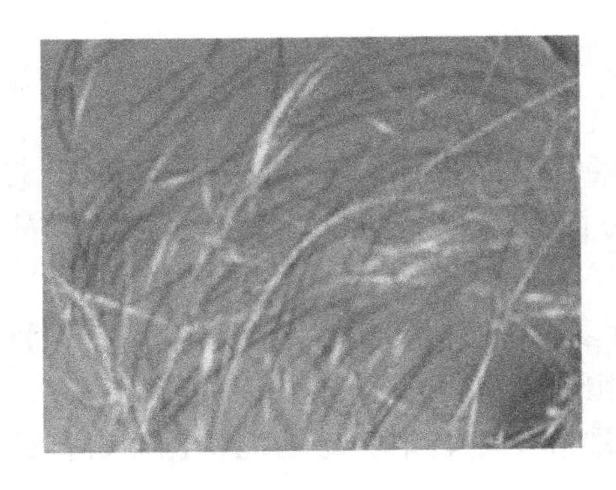

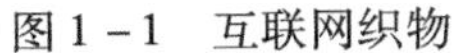

图1－1　互联网织物

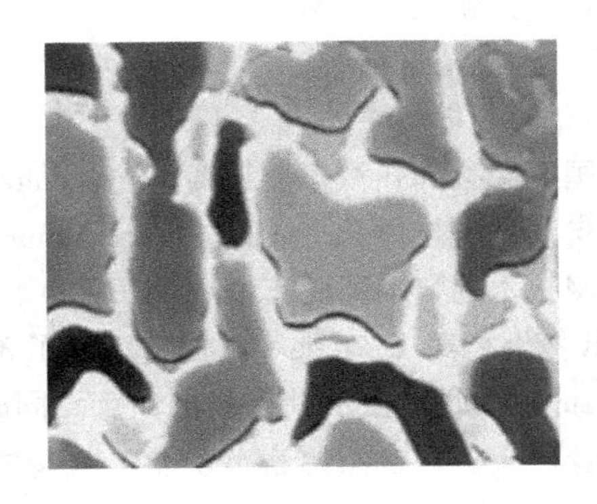

图1－2　疏水涂层

三、皮肤外用聚合物

皮肤外用聚合物（图1－3）是模仿新生皮肤的观感和功能。两种聚合物混合外用可形成看不见、有弹性而且透气的薄膜。它可用来遮盖皮肤达到美容的效果，也可以保护自身皮肤免受伤害，甚至应用于游泳等运动。通过临床试验后，也将有可能成为一种外用药物。

四、带有记忆的超级弹性粒

这种轻的、富有弹性的材料叫作Infinergy，实际上，它已经用于Adidas的跑鞋和Dunlop球拍上。巴斯夫（BASF）生产的这种微小椭圆状的泡沫粒，可被压缩到原体积的一半再恢复到原形。一个鞋底可包含2500个这种微粒（图1－4），用来吸震和增加弹性。也可用于孩子的游戏场所，甚至应用于牛栏里面以增加牛的产奶量（更舒适）。

图1－3　皮肤外用聚合物

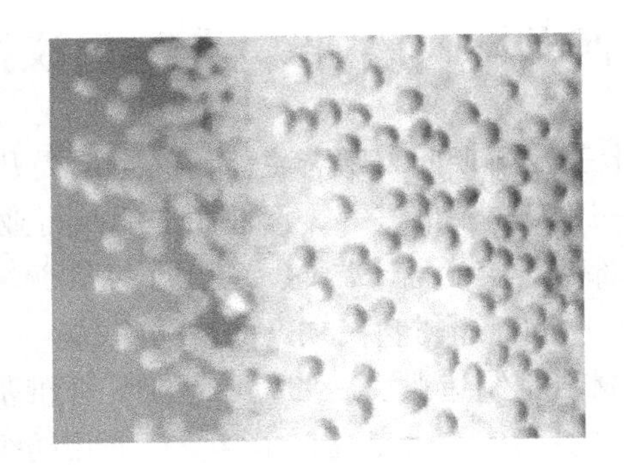

图1－4　Infinergy材料

五、碳纳米管

碳纳米管（图1－5）也可称作迷你黑洞。可吸收99.965%的入射光线，一张涂有这种材料的铝箔纸就如同黑洞一般。它可用在望远镜，卫星上的恒星追踪器，甚至奢侈消费品上，比如一款MCT（著名高科技奢侈手表制造商）制造的价格为95000美元的手表。这种纳米管的长度是直径的一万倍，如此大的长宽比，使得它就像一个微观的森林锁住光线

（从而实现物理上的绝对黑体，对所有光线只吸收，不反射不折射，具有很高的使用价值，比如望远镜内壁涂抹材料）。

六、碳纤维复合材料

美国亚利桑那州汽车制造商 Local Motors 宣布推出利用碳纤维复合材料和 3D 打印技术生产的自动驾驶电动汽车 Olli。Local Motor 方面称，Olli 是世界上首款搭载了 IBM 公司沃森物联网技术的自动驾驶车辆（图 1－6）。

Olli 能够搭载 12 名乘客，周身埋入了 30 多个传感器，能够快速采集周边环境的数据，利用 Watson 物联网技术进行分析计算。同时该车还融合了 4 款沃森的应用程序，能提供包括语音转文字、自然语言分类器、实体提取和文字转语音等功能，也能自行诊断车辆状态。

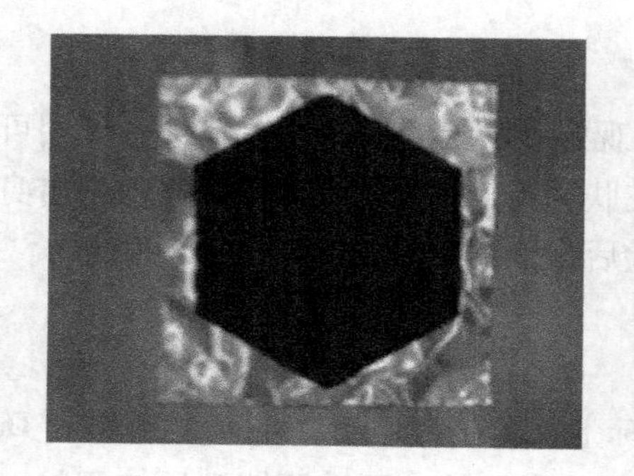

图 1－5　碳纳米管

图 1－6　世界首款碳纤维复合材料 3D 打印自动驾驶电动汽车

第四节　“一带一路”倡议推进高端产业用纺织品的发展

“十三五”期间，随着生态环保意识提升、健康养老产业发展、新兴产业不断壮大和“一带一路”倡议推进等，产业用纺织品行业仍将处于高速增长期。围绕落实国家相关重大战略部署，突出需求导向，提出了六个领域作为重点发展方向。

（一）战略新材料高端产业用纺织品

新材料是制造业发展的重要基础。纤维基增强复合材料、生物基纤维制品是战略性新材料的主要组成，也是高技术含量产业用纺织品的代表。要以大飞机、高速列车、高端装备、国防军工、航空航天、新能源等领域应用为重点，提高纤维基复合材料及其他高性能纺织材料的产业化和应用水平。

（二）环境保护高端产业用纺织品

随着我国生态文明建设的推进以及环境治理要求的提升，环保产业将保持较快发展势头，高性能环保用纺织品市场空间广阔。“十三五”期间，围绕大气、水、土壤污染治理三大专项行动，继续提升空气过滤、水过滤用纺织品性能水平，扩大生态修复用纺织品应用范围。重点提升袋式除尘用纺织品性能，适应超低排放要求。加快汽车滤清器、空气净化器、吸尘器、净水器等用途非织造过滤材料的开发应用，适应消费升级需求，推动环境友好、可生物降解农用纺织品的开发推广。

（三）应急和公共安全高端产业用纺织品

随着我国经济发展、社会进步和公众安全意识的提高，应急产品和服务需求不断增长，高端产业用纺织品在个体防护、应急救灾、应急救治、卫生保障、海上溢油应急、疫情疫病检疫处理等方面均发挥了重要作用。“十三五”期间，在自然灾害救援、生产安全事故处置、卫生与公共安全应对等领域，进一步提高应急防护用纺织品功能性、可靠性、便利化、智能化水平。

（四）基础设施建设配套高端产业用纺织品

基础设施建设是全面建成小康社会的重要推动力之一，结合“一带一路”战略推进，基础设施建设重点在大型水利设施、城市地下管网、高速铁路、大型机场改扩建、港口码头建设等领域。围绕基础设施建设需求，要加强与交通、水利、建筑等应用领域的对接，发展适应极端环境、不同用途、多种功能的基础设施配套用高端产业用纺织品。

（五）“军民融合”相关高端产业用纺织品

2016 年《关于经济建设和国防建设融合发展的意见》把军民融合发展上升为国家战略，这是党中央从国家安全和发展战略全局出发作出的重大决策，是在全面建成小康社会进程中实现富国和强军相统一的必由之路，为纺织行业与军工行业双向融合、互动发展提供了新机遇。产业用纺织品行业要积极贯彻国家战略，加强与军队相关需求单位的对接交流，构建军地双方合作交流机制，共同解决制约防护和装备发展中的纺织材料问题，同时推动军工先进成果在纺织行业的应用，为产业用纺织品强国战略蓄能助力。

思考题

1. 根据本章内容，对高端产业用纺织品进行定义。
2. 叙述并解释高端产业用纺织品和产业用纺织品的区别。
3. 原材料对产业用纺织品性能有什么影响？
4. 如何改变一种典型产业用纺织品的性能特点？
5. 根据以下方法对产业用纺织品进行分类：

（1）加工过程中使用的原料；

（2）加工方式和（或）生产技术；

（3）产业用纺织品的主族。

参考文献

[1] S·阿达纳，阿达纳，Adanur，等．威灵顿产业用纺织品手册［M］．中国纺织出版社，2000.

[2] 贲霖，林雪萍．美国纺织带来了一个熟悉的陌生人［J/OL］．［2016－08－19］．http：//mp. weixin. qq. com/s? _ biz = MzA5NDg4MTQ0MQ = = &mid = 2694127395&idx = 1&sn = a09d6c84f023451e25fd2f7523789a63&mpshare = 1&scene = 1&srcid = 0819EcIWu26M5qB2942kqLQW#rd.

第二章　农业用纺织品

农业用纺织品包括保暖材料、灌溉材料、人工草皮基布、土壤遮盖物、防冰雹和防雨织物、遮阳织物以及草、虫的防护物等，可广泛应用于园艺、耕种和其他农业活动。农业用纺织品强力高、空间稳定性好，特别适用于自然条件下对农作物进行保护，可很好地提高农产品的质量和产量，减少损害、降低损失，可以对农作物起到如下保护作用。

保暖保温：农业用纺织品可以通过遮蔽、隔断辐射热，减少气体热量的对流散失和传导散失，限制水分的蒸发汽化等方面的综合作用，使植物与大气之间的微环境处于一种较小的热传导的状态，进而对农作物起到较理想的保暖保温作用，而且农用纺织品还具有透光性好、透气透湿性强的特点，在保证保温的同时也对农作物起到了很好的防冻御寒的效果。

遮光遮阳：农业用纺织品可根据农作物对光的需要程度，通过调整织物的组织结构、经纬密、纱线线密度、纱线原料及颜色等来控制遮光遮阳率。

水土保持：农用纺织品能在农田水土保护中起到重要作用，它不仅能控制土壤的流失，促进植被的建立和生长，而且还能与植被一起解决土壤的侵蚀问题。

排水节水灌溉：在现代农业生产中，农业灌溉及农业土木工程地下排水都需要管道进行输送水，非织造布复合结构的排水管具有纤维组成的三维网络状结构，不仅结构合理牢固，而且具有良好的排水过滤和渗透性能，在现代农业中有着非常广泛的应用。

农作物的防护：农业用纺织品还可以用于农作物的防护材料，主要包括防霜、防雨、防雪、防雹、防风以及防病虫害等。

第一节　农业用纺织品的种类及原材料

农业用纺织品原料通常为可降解的生物质纤维原料或可再生的瓶片纤维材料，一般用机织、针织和非织造工艺进行加工。随着农用纺织品应用领域的扩大，其种类越来越多。农业用纺织品的种类及其用途列于表 2－1。

表 2－1　农业用纺织品的分类及用途一览表

分类	用途	使用目的与方法
间接生产用材料	网，用较粗聚乙烯纤维编织带、绳	黄瓜吊网、防雀、防虫网、防花倒伏网、甜瓜等吊带、干燥烟草用绳……
收割、装运材料	袋，收割机用聚丙烯纤维带、绳，割捆机用黄麻绳等	米、麦及杂粮袋、包装用带、绳
运输、保管用材料	苫布、容器	农作物保管用（甜菜、洋葱等）、运输合理化

续表

分类	用途	使用目的与方法
生活用材料	工作服、雨衣、帽子、口罩	农业操作必要的劳保用品
农业土木用材料	排灌水软管、苫布、滤材	农业土木工程排水、暗渠用
辅助材料	软管、筒管、袋、覆盖物	附带喷洒农药机具、饲料袋、农机具覆盖物
增强材料	FRP、平板、1罗纹板、软盖薄膜底布	温室、干燥室、支柱等，软质膜材的增强材料
直接生产用材料	寒冷纱（包括遮光帘、防风网）非织造布、育苗钵、育苗栓等	防虫、防霜、防风、遮光、保温、防霉、作物育苗移栽用育苗钵

随着对农业基础地位的进一步认识和科学技术在农业中的应用推广，世界各国都在加强农用纺织品的开发、生产与应用，在原料的使用方面也逐渐有一些创新。

国外农用纺织品已大量应用于农业生产中的各个生产环节，已有众多厂家生产农用纺织品，如英国Don&Low公司生产的防护网（商品名Lo－brene）、德国Sodoca公司生产的覆盖材料（商品名Agtylp 17、Agtylp 30）以及日本的尤尼卡、东丽、可乐丽、三井石油化学和山兴石油化学公司等。而我国农用纺织品主要用于：代替聚乙烯膜作地膜覆盖材料；利用非织造布的透气、透水、抗红外线辐射性能，用作水稻育秧膜；作蔬菜大棚布或用作二道幕，代替传统的草帘、薄席、纸被和棉被；用作珍贵植物专用棚布，代替传统的聚乙烯膜和其他遮光材料；用作栽培基质，用于蔬菜、水果、园林植物的种植和花卉移栽。

农用纺织品是新兴的产业用纺织品，它的应用是农业现代化的重要组成部分，对促进农业生产起到了积极作用。在一些发达国家，纺织品在农业上的应用非常广泛。

一、农田水土保持、植被建立用纺织品

随着人们对土地资源和生态环境的日益重视，如何有效地进行农田水土保持也越来越引起人们的关注，成为农业科技工作者的重点攻关课题，在这一方面，纺织品起着重要的作用。在国外，有一种被称为“土壤抢救物”“防流失物”的纺织品就是典型的例子。这种织物有三种功能：控制土壤流失；促进植被的建立和生长；与植被一起解决土壤的侵蚀问题。

所谓土壤侵蚀，是由于雨滴撞击地面使土壤颗粒从大片土壤中分离出来，并被溅起，然后被表面流动的水所带走。实践表明，织物覆盖了一定比例（约40%）的土壤表面，雨滴在撞击易损坏的敏感的土壤表面之前便受到拦截，从而使直接受雨滴冲击的土壤面积减少。纱粗布厚的织物在减少雨滴冲击影响方面效果更好。例如，天然纤维织物如黄麻织物的吸水率高达480%，约是其本身重量的5倍，土壤覆盖这种织物后，随着雨滴的吸收，水流有效体积减小，从而冲击土壤颗粒的能力减弱。同时黄麻织物的亲水性使其与土壤表面有着很好的接触，一种材料在斜坡上能截护水滴而不让其流失，良好的接触是至关重要的。黄麻织物可减慢水流的速度。这种粗厚的织物将其粗糙不平传给表面径流，造成流速降低，这种效应显著地减少了雨水造成土壤侵蚀的能量。另外，利用吸水的土工布，斜面上的凹地储藏增加，由于织物很厚，网眼就像一个个“小水闸”，用这样的方式可储藏相

当多的水。实验表明，在雨量大于土壤的渗透性而黄麻吸水能力尚未饱和时，在1∶2的斜坡上其总储存和吸收的水量为2.9L/m^2。德国萨克森研究所研制出一种用来增强斜坡，保持土壤，帮助种子发芽的缝编草皮培育垫，它的主要组成部分是带有草种的亚麻纤维网。采用缝编工艺，将亚麻纤维网用缝合线连接成形，同时用一种特殊的计量器将草种均匀地置入网中。这种土工布可以保护草种，使之免遭害虫和鸟类的啄食，防止草种流失，帮助草种发芽。它具有多孔结构，草根极易穿过织物伸入土壤，汲取所需的养料和水分，而土工布的增强作用也由于草根的保持水土能力而得以实现。

织物独特的网眼结构可使植物在纱线间有足够的生长空间和光照，并使种子和土壤在网眼间紧密地固定，这样用于建立植被的种子得以保持均匀分布，且不至于与土壤颗粒一样发生随水流失的情况。高吸水纤维织物还能通过改善斜坡的微观环境帮助植物生长，由于纤维有高吸水性的特点，所以应用织物可提高土壤的含水量，这一点对降雨量少及干燥土壤，特别是在土壤含水量少影响到植被建立和生长的地区是一大优点。由于黄麻之类的天然纤维是生物降解性材料，所以一定时间（一般为两年）后，土工布腐烂可向土壤补充有机物质和培养基，在控制侵蚀的过程中起了灰肥等覆盖物的作用，这对维持植被正常生长是必需的，它们也减少了土壤侵蚀的敏感度。

天然纤维织物在农业土壤植被建立上的应用具有很大的潜力。特别是在国外，新开发的土地往往是位于很陡的斜坡，因此，通往该地的道路必须是陡斜的，这些道路的路基、堤坝、路堑等需要坚实的侵蚀控制物。梯田也需建立迅速的植被保护，尤其是每个台阶的陡峭面，任何由于农业人口的减少而保持不好的梯田只需很少的人力物力就可用纺织品迅速地予以保护。在陡峭山坡上所修的水渠，也需要植被保护其不受侵蚀。从经济上考虑，黄麻之类的天然纤维织物也是有吸引力的。天然纤维易生物降解的缺点在土壤侵蚀控制的应用上成了优点，它具有安全和经济的好处，保护了环境。

二、排水灌溉用纺织品

在农业生产中，农田灌溉及农业土木工程地下排水都以管道输送水。传统的排水管材有许多难以克服的缺点：材料成本高、施工不方便、排水和过滤效果不好，经常发生倒灌现象等。针对这些弊端，国内外研制了一种新型的非织造布复合结构排水管。其结构为：管的内层是高强塑料管架，起支撑和加固作用；中层为非织造布过滤层，具有良好的过滤和渗透性能；在非织造布过滤层的内外两侧采用高强丙纶纱网加强和保护，防止施工和应用中的破坏。该结构的特点是：具有良好的过滤和排水性能，管体结构合理、牢固，加强了非织造布过滤层的保护。

在这种复合结构的排水管中，最关键的是中间层的非织造布，可选择聚酯、聚丙烯纤维材料，用针刺和热轧法加固非织造布。作为过滤和排水层的非织造布的典型结构是纤维组成的三维网络状结构，纤网经过机械、化学或物理方法加固使结构稳定。非织造布孔隙率大（80%～90%），而砂土的孔隙率一般不会大于50%，因此，非织造布具有良好的渗透性能。在实际工程应用中，材料必然会受到这些物质的压力作用。经研究发现，在实际压力作用下，非织造布滤层仍有良好的渗透性能及排水能力。非织造布复合结构排水管除了具有良好的排水性能外，还具有良好的过滤性能。非织造布复合排水管的过滤层为非织造土工布，其纤维的网络结构形成了许多细小的孔隙，这些细小的孔隙既可以形成排水通道，也可以阻挡土壤等固体颗粒，具有排水和过滤双重功能。

三、温室大棚用纺织品

温室大棚作为一种农业设施，在现代农业中的地位是非常重要的，近年来，我国已大量使用温室大棚种植蔬菜和水果。温室大棚用纺织品包括遮阳降温和储能保温材料两类。

在温室系统中，最常采用的遮阳降温材料是遮阳网。遮阳网一般要能反射红外线，而又能保证可见光通过，这样既能起到降温作用，又保证了农作物生长所需的阳光。同时，遮阳网还要具有抗老化的作用，使用寿命长，提高经济效益。采用遮阳网与其他的遮阳降温方法（如在玻璃温室顶棚涂反光涂料）相比，具有效果良好，操作简单，而且可以重复利用，降低生产成本的优点，因此在温室大棚系统中被广泛采用。

常用遮阳网材料的种类有薄细布（由聚乙烯醇、聚酯等的细纱织成，间隙率为40%～80%的网状织物）、聚乙烯膜网、聚乙烯醇膜网、非织造布等材料。

温室大型化后，加温所需的能源大大增加，需采取节省能源、加强保温的措施。大型化温室主要采取室内保温的方法，保温材料有薄膜和纺织品（包括针织布和非织造布）。现代大型玻璃温室常常利用针织品和非织造布作室内保温材料，以节约能源，纺织品与薄膜相比有许多优点，阻止了红外辐射放热，没有水滴，保温性强，而且质地较轻，是温室内保温的很好材料。温室大棚内另一类保温用的纺织品是墙体材料，一般采用非织造布的形式，可以是合成纤维、天然纤维或回收纤维制成的厚型非织造布。这种非织造布除了保暖外，还应具有抗老化性能。例如，日本尤尼吉卡公司正推出一种抗风化农用聚酯非织造布（商品名为 Superlove Sheet FX），用于温室外砌墙保温材料。该产品由高效抗风化剂与聚酯聚合物及黏合剂混合制成，具有高抗风化性和尺寸稳定性，大大延长了使用寿命。该织物由椭圆形纤维制成，密度很高，保暖性极好，因此可用作温室外保温材料。

四、农用覆盖材料

农用覆盖材料有薄膜和织物两类。20 世纪 60～70 年代薄膜在国外已大规模应用，20 世纪 70 年代末研制出农用非织造布新一代设施农业覆盖材料，当时用于温室（大棚）二道保温幕，进行早熟、延后栽培。伴随非织造布覆盖栽培技术不断深化和发展，日本尤尼吉卡公司推出了一种轻薄型、透气、透光性能更好的平方米质量为 $15g/m^2$ 的非织造布，后来发展了一种简易浮动覆盖栽培技术，使设施农业栽培出现了新的飞跃。

用非织造布作覆盖物来调控环境，改善作物在不良气候条件下的生长环境，实现抗灾、高产、优质、高效栽培，称为非织造布覆盖栽培技术。非织造布覆盖栽培技术应用范围较广泛，不仅能用于蔬菜早春育苗与栽培、夏季遮阳育苗与栽培、秋季延后栽培；还可用于花卉、柑橘、茶叶防寒越冬栽培及水稻、玉米、棉花育秧和人参、甜菜早熟、高产栽培等。

非织造布根据所用纤维的长短可分为长纤维非织造布和短纤维非织造布，前者多以聚丙烯、聚酯等为原料，后者多以聚乙烯醇、聚乙烯为原料，经加工制成布状物质。农用非织造布的种类、规格很多，一般以平方米克重和黑、白不同颜色来表示，目前国外农业常用的覆盖非织造布规格见表2－2。

表2－2 国外农用非织造布的几种规格

序号	规格 (g/m²)	厚度 (mm)	透水率 (%)	透光率 (%)	通气度 [mL/(cm²·s)]	主要适用对象
1	15	0.08	98	85	410	浮动覆盖栽培
2	20	0.09	95	70	350	浮动覆盖栽培
3	30	0.12	87	60	300	扣小棚进行早熟栽培
4	40	0.13	25	50	260	温室大棚保温幕覆盖栽培
5	50	0.15	10	50	145	温室大棚保温幕
6	40，50黑色	—	—	—	—	夏季遮阳覆盖栽培和烟草脱水阴干用

1. 农用非织造布的特点 为适应农业生产的需要，农用非织造布一般具有以下特点：结实耐用，不易破损；耐水耐光，经久耐用，一般可用3～4年；重量轻，柔软，可用手工或缝纫机随意缝合；脏了可水洗；耐药品腐蚀，害虫不咬；适应天气冷热变化，不易变形，不黏合，易保管；废弃物易处理，燃烧时不产生有害气体，也不会像农膜那样污染土壤环境。

2. 农用非织造布的性能 为了满足覆盖的需要，农用非织造布一般均具有以下性能：具有保温性，可提高气温2～3℃、地温1～2℃，并且温度变化较平稳，比农膜降温速度较为缓慢；具有遮光性，比农膜覆盖减少光照度2000～4000lx；透气性能好，吸湿，不产生水滴下落，降低空气相对湿度5%～10%，能减轻病害发生；透水性好，覆盖状态可浇水，雨水还可通过非织造布渗透到作物植株上，以补充水分，又能防止雨水冲刷土壤。

3. 非织造布覆盖栽培技术的特点 用非织造布作覆盖物来调控环境，改善作物在不良气候条件下的生长环境，实现抗灾、高产、优质、高效栽培，称为非织造布覆盖栽培技术。非织造布覆盖栽培技术应用范围较广泛，不仅能用于蔬菜早春育苗与栽培、夏季遮阳育苗与栽培、秋季延后栽培，还可用于花卉、柑橘、茶叶防寒越冬栽培及水稻、玉米、棉花育秧和人参、甜菜早熟、高产栽培等。非织造布覆盖栽培技术的特点如下。

（1）操作简便、省工、省力，易于大面积推广应用。

（2）能改善覆盖物内的植物的生长环境，减轻低温、高温、强光、暴雨、干旱等灾害性气候对作物的影响。

（3）能防虫、防鸟，降湿防病，减少打药次数和用药量，使蔬菜少受药物污染，有益于人的身体健康。

（4）增产增收，经济、社会、生态效益显著。示范应用结果表明，采用该技术一般增产20%～30%，增值10%～15%，农作物提早上市7～10天。

非织造布覆盖栽培技术在蔬菜生产上的应用非常广泛，它既适合喜温蔬菜，又适合喜冷蔬菜，保护地、露地栽培均可用。非织造布不仅在蔬菜早熟、延后栽培上广泛应用，而且在柑橘、草莓、茶叶、花卉、水稻育秧、玉米育苗、人参栽培等方面广泛应用，其栽培效果显著。

五、植物生长基质材料用纺织品

在农业生产过程中，要进行种子培育；在城市绿化和园艺领域，需要大量的草坪，这就必需大量的培育基材。纺织品在这一领域，同样起着很重要的作用。在育种方面，美国已制造出多种生物可降解的土壤毯，如名为 Bonterra 的材料，该材料由椰子皮纤维、稻草、麦秸等混合制成，非降解聚丙烯类纤维也适用。该织物主要用作育种或其他特殊需要，可在普通地面上使用，也可在斜坡上使用，干态、湿态均能适应。这类毯子可制成各种规格与各种重量，它们比别的毯子轻。虽然毯子的强度较小，但完全可用作育种床。

木纤维、秸秆纤维、麻纤维等纤维素纤维，由于其生物可降解性，可以开发成植物培育垫或草皮。例如，将天然纤维苎麻和聚丙烯纤维两种纤维编织成植物培育垫，其中的聚丙烯纤维经过特殊处理，加入一种添加剂使之能逐渐降解，并可根据需要控制添加剂的用量调节降解的时间。将两种组分编织成方形小网格，纵向的编链组织由高强丙纶组成，横向的衬纬组织由麻纤维组成。培育垫的作用在于帮助植物发芽生根，防止斜坡土壤流失，同时具有绿化的功能。在这种经编培育垫的麻纤维中，有规律地加入植物种子，将其安置于土壤中后，种子逐渐发芽生长。植物在土壤中生根以后，培育垫中的苎麻纤维开始分解，而纵向的高强聚丙烯纤维仍然保留以保护幼苗生长，直至植物长大到一定程度，聚丙烯纤维才逐渐分解。这时，植物的根取代了培育垫的作用，既可保持水土，防止滑移，又可以绿化环境，保持生态平衡。

以麻纤维为原料采用经编或缝编工艺制作的植物培育垫，能以一定方式稳定环境，帮助植被的建立和生长，防止害虫、鸟类啄食种子，是药材、蔬菜、草坪或花卉等最优秀的繁殖材料，可用于江河堤岸或梯田等的植被绿化，防止水土流失。另外，这种植物培育垫用于高尔夫球场、体育场、公园等地也极为理想。麻纤维所具有的生物可降解性使它与环境相容，有利于保护环境和生态平衡，它是极具前途的绿色产品。

在草坪培植方面，非织造布的应用越来越广泛。现在，城市中草坪的铺设面积正在迅速扩展，草坪的培植亦必须与之相适应。传统的草皮移植法铺设草坪既缓慢又烦琐，这种方法费时费力，而且运输麻烦，成本高。应用非织造布制作草籽皮使草坪的培植过程大大简化，省去了传统方法培植草坪的种种麻烦。有一种非织造布所用的原料是回收的天然废布和服装厂的大量边角料，将其粉碎后用水溶性黏合剂黏合成非织造布，价格极其低廉。草籽皮成品在两层非织造布中夹有均匀播撒的草籽和肥料，可在所需地直接培植。产品成卷储藏，运输也很方便，可以成卷销售。铺好后在上面薄薄地覆盖一层 5 ~ 10mm 厚的松软细土，天天浇水，水溶性黏合剂很快失去黏合强力，使非织造布分散成纤维状，在草籽发芽出苗阶段，天然纤维在土壤中渐渐地腐烂，最后化作肥料，之后草坪即可形成。目前，国外的草坪移植多采用这种方法。

另外，农用纺织品还可在花卉产业中广泛应用，包括无土栽培盆花的基质材料、覆盖材料、鲜花保鲜包装用的非织造布等；净菜包装保鲜非织造布、农副产品的包装及粮食储藏用纺织品、高吸水纺织品材料等在国外的应用也逐渐增加。随着农业科学技术的应用，各种各样的农用纺织品将被开发出来（如防虫害用纺织品和促进植物生长所需微环境用纺织品），其需求也将大大增加。

我国是一个农业大国，由传统农业向现代农业转变任重而道远，亟须提升农业的科技含量。农用纺织品是新兴产业用纺织品，它是改变农业落后、粗放经营方式的重要资材，对促进农业生产将起到积极的作用。

因经济因素及其与某些性能的相互关系因素，农用纺织品在我国的市场占有率与理想的潜在市场有很大差距，随着农业科学技术的应用，农用纺织品的需求将会大大增加。1996 年，我国农业用布的理想潜在市场已超过 50 亿 m^2，但因经济因素的制约，实际应用量尚很少，占有率还不足 1%。随着我国对农业结构的调整和对农业投入力度的加大，农用纺织品还将会大大增加。

第二节　农业用纺织品工艺技术及专用设备

一、非织造布类

农用非织造布主要采用聚酯、聚丙烯短纤维热熔法和长丝纺粘法生产。因长丝纺粘法非织造布的生产工艺简单、流程短、效率高，织物强度高、可重复使用、易回收，能减少对环境的污染并防止土质变坏，所以在农业上应用较多。如在非织造布生产过程中加入除虫剂等，可用于防御昆虫，减少农药的施加量。

纺粘机主要包括吸料装置、配料系统、螺杆挤压机、过滤器、牵伸器、成网机、热轧机、卷绕机。其中纺粘布是由原料聚丙烯经过高温熔化、螺杆挤压、滤网过滤、纺丝牵伸，再由喷丝板均匀铺在成网机，再经轧辊热轧成形，最后由卷绕机卷成卷即成了纺粘布的成品。

如图 2－1 所示在纺粘布生产过程中，从聚合物到纤维是由纺丝设备来完成的，纺丝设备的作用是将聚合物熔融，之后熔体经过过滤、精确计量，从喷丝板中喷出，在空气中冷却，而后经气流拉伸成为长丝，铺向成网机后经热轧卷绕成成品布。

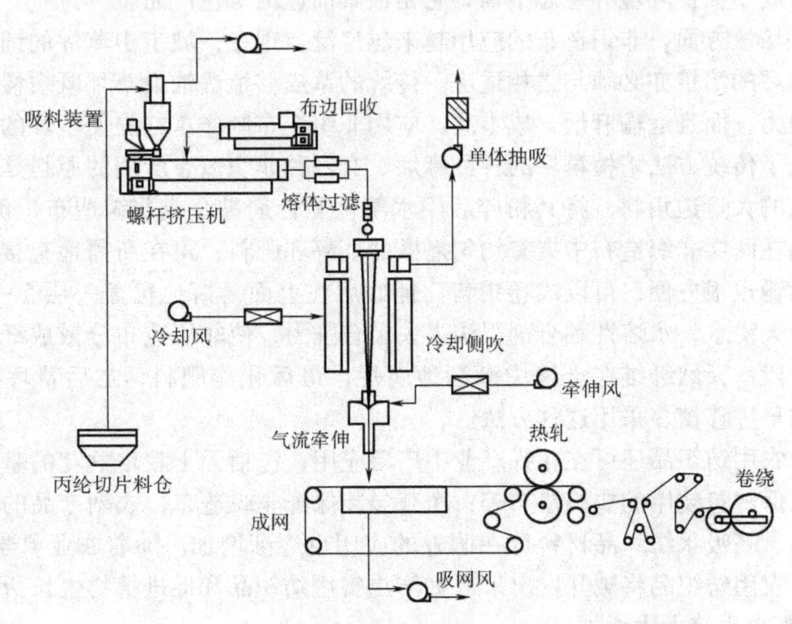

图 2－1　纺粘布生产线基本流程

目前，纺粘法技术的关键是：纺丝、拉伸、铺网和成网速度。如何纺制细丝且丝的性能好；如何用气流来高效拉伸丝束，使得丝较细，使用的牵伸风和气压较低，消耗气量较小，即牵伸风功率最小；如何使纤网铺设均匀，使非织造布的纵横向强力差别较小；如何在保证纤网变形尽可能小的前提下，提高成网速度，增加生产能力。上述四部分有别于其他普通技术，纺粘法是集化工、塑料、造纸、化纤、航空等行业为一体的、涉及学科较多的综合性技术。

1. 纺丝　纺丝是纺粘法的技术关键之一。挤压机、过滤器、纺丝箱体、喷丝板和侧吹风窗有机组合是纺丝的先决条件，技术重点是喷丝板孔数、喷丝孔孔径、孔的长径比、冷却丝束的风速和风温，探寻丝的纤度与喷丝孔熔体流速、喷丝孔孔径与拉伸力的关系。纺粘法纺丝应借鉴化纤纺丝技术，同时提高熔喷和纺粘的多喷头复合技术水平，研究双组分纺丝、变形丝和熔喷技术在纺粘法技术中的应用，并应重点开展对纺喷技术的研究。

2. 拉伸　牵伸器原理基于引射器理论。牵伸器的目的是对丝束进行拉伸，外部是喷射气流，中心是被引射气流。为了增大拉伸力，可提高牵伸段内的气流速度和增加牵伸器的牵伸段长度。纺粘技术中的牵伸器是气体引射器应用的一个特例。牵伸器按结构通常可分为喷射喷口（即狭缝）、引射段、混合段和牵伸段。在气体动力学中，混合段称为初始段，牵伸段称为主体段。喷射气流和引射气流的混合可分为等截面混合和收缩截面混合两种。纵观40多年来牵伸器结构的发展和演变过程，前期是摩擦式牵伸器，后来发展出现了压推式湍流型牵伸器。在众多的牵伸器结构型式中，虽然具体结构型式不同，但对丝束的拉伸作用机理基本相同。

牵伸器按气流对丝束的拉伸作用可分为压推式和摩擦式；按缝隙是环形还是直线形分为管式和狭缝式；按气流速度分为亚音速型和超音速型；按气流的压力可分为低压型（ <0.05MPa)、中压型（0.1MPa左右)、高压型（ >0.2MPa）和负压型，压力分布宽的原因是由于牵伸器的牵伸气体流道形状造成的。意大利STP、ROV公司的牵伸器是管式，属于摩擦式。意大利NWT、NWE公司的牵伸器是摩擦式顺式多排。德国莱芬公司的牵伸器是摩擦式抽吸型。日本神户制钢公司的牵伸器是摩擦式喷射型。美国艾森公司的牵伸器是压推式湍流型牵伸器。牵伸器分类见表2-3。

表2-3　牵伸器的分类

- 牵伸器
  - 管式（例STP）
  - 狭缝式
    - 横式整体
      - 摩擦式
        - 抽吸型（例莱芬）
        - 喷射型（例神钢）
      - 压推式
        - 湍流型（例艾森）
        - 喷射型
    - 顺式多排（例NWT）

3. 铺网　目前，纺粘法大部分采用牵伸器对丝束进行气流拉伸，牵伸气流裹挟丝束一起从牵伸器喷出（有的牵伸器出口还安装摆丝器进行摆丝）射到成网帘上，成网帘下安装吸风机，使丝吸附在成网帘上形成纤网。铺网方式可分为排笔式铺网、打散式铺网、喷射式铺网、流道式铺网。

4. 成网速度 通过喷射铺网，纤网铺到网帘上，提高成网速度的目的是要在保证纤网变形尽可能小的前提下，提高生产能力。用于纺丝甬道密封的压布辊技术成了提高成网速度的重要措施，纤网固结以及卷绕设备的生产速度也会影响成网速度。

高档复合非织造布的加工技术及其在农业领域的应用发展十分迅速，其中纺粘、熔喷、水刺、针刺、浆粕气流成网发展速度非常快。单一工艺的非织造布已不能完全满足使用要求，各种新型的非织造布产品不断产生。从工艺的角度，非织造布之间的复合方式有很多，例如，纺粘—熔喷—纺粘（SMS）、梳理成网—纺丝成网—梳理成网（CSC）、梳理成网—熔喷—梳理成网（CMC）、梳理成网与浆粕气流成网用水刺复合、纺粘与木浆纤维复合等。膜结构材料及新型篷盖材料是近年来国外发展极为迅速的新型材料，该材料具有良好的透光性，可以很好地解决采光问题。

二、机织、针织网类

机织、针织网一般选用强度高、韧性较好的纤维，如用合成聚合物单丝材料，一般选用聚丙烯或聚乙烯单丝，以后者更优，能够抗恶劣气候和紫外线辐射，使用5年后剩余强度为原有强度的一半。由该织物制成的网可用来防护鸟、兽、雨、雪、冰雹及昆虫对作物的侵害。目前，拉舍尔经编织物的发展越来越快，原料多选用聚乙烯，这类产品具有强度高、抗冲击性能好等特点，且能够控制气候因素，明显加快作物的生长，保护庄稼免受虫害。

机织网常用的生产设备是双钩型织网机。它是以通过一排上钩钩经线成圈和一排下钩钩经线套纬线形成结节的织网机，由于该网机是由经线成圈，易于调节控制经线张力，而纬线张力影响不大。经线回抽快，所以结节整齐，网片质量得到了保证；线盘直径大，纬线装得多；转速快，劳动生产率高；具有经纬线断线自停装置和跳梭及定量计数自停装置；网目尺寸调整比较方便。这类织网机适用于生产各种合成纤维网片，不仅可织单死结网片，而且可织双死结网片，利于一机多用，是目前国际上使用最为普遍的机型。随着技术创新和进步，国产织网机的功能逐渐得到完善与提高。基本技术参数是双钩型织网机的性能和生产能力的综合体现，主要包括结节形状、梭距、幅宽、线盘直径、网目尺寸、网线材料与规格、转速、功率等。

针织网的专用设备是拉舍尔经编机。对于拉舍尔经编机而言，从平型网到圆柱形网结，从薄到厚的网类织物都能生产。织物的网孔可以是方形、长方形、长菱形或近似圆形。单针床或双针床拉舍尔机可配置多至8把梳栉，选用合适的纱线就能生产所需的安全防护网。能防风、防雹、防过量的太阳辐射，并使农作物不受飞鸟、家禽、兽类的伤害。拉舍尔经编机生产的防护网，其主要优点是能够适应各种最终用途。防护网孔眼的形状大小和纤维网厚度的选择余地极大。如防护网网孔形状可以是正方形、长方形、长菱形、六角形或近似圆形。防护网相当多的特点如稳定性、纵横向弹性都可以人为控制。拉舍尔经编机防护网无网结构，当防护网被拉至围栏或栏杆处时不会被钩住，而且由于其表面光滑，无网结，因而不会伤害落下的物体。拉舍尔经编机网防滑性强，无需任何整理，就能保证较长使用寿命。其中，HDR8EH型可以生产圆柱形的防护网，在安全网使用领域颇受欢迎。经验表明，与具有相同强力指标的平型防护网相比，人们更信赖筒状防护网的安全性。HDR8EH型是双针床拉舍尔机，有8把梳栉，穿纱情况是2穿2空（GB3 + GB6）和

1穿1空（GB1 + GB2，GB7 + GB8），2把梳栉形成坚固的网边。纱线一般由直径为1016mm（40英寸）的经轴喂入，筒子架提供40根织边纱，机器工作门幅为1900mm或3300mm（70英寸或130英寸）。整理后的防护网被卷成直径为762mm（30英寸）的卷装。此外，选用何种纱线可根据实际情况，500～4400dtex（编链）和500～6600dtex（衬纬纱）的涤纶、锦纶或聚烯烃纤维都可选用。

三、新纺织技术类

农用非织造布代替塑料地膜，一方面由于塑料地膜不透水、不透气、易形成表面积水、压迫植物生长；另一方面则是由于聚乙烯膜不易回收，会对环境造成危害，由于聚乙烯残留在土壤中不分解，影响土壤的渗透性，影响植物生长时吸收水分和养分，甚至会造成土壤板结，降低土地的生产能力。为了同时解决上述两方面的问题，国际上已开始致力于开发生物降解农用非织造布。这种非织造布可被真菌、细菌等微生物分解，并最终转化为水和二氧化碳。农业上应用的另一种新材料是可重复使用的农用覆盖材料，该产品由法国两名发明者研究开发，至少可以重复使用两次，并可用机械的方法进行铺置和拉开。该覆盖材料与常规的不透性塑料薄膜相比，具有透气、透水和透化学品的性能，还具有绝热、滤光和保温的功能，将其直接铺放在地面，可以形成微气候，使地面夜间保温、保湿和在非织造布上形成水膜，达到防风、防霜和保护庄稼的作用。

目前，国外农用纺织品采用的加工新技术较多，如防水透湿技术、织物层压技术、纤维增强聚合物复合材料技术等，扩大了农用纺织品的用途。在非织造布与其他织物的层压过程中加入少量炭黑，制成拒水、透光、透湿的层压织物，以及将合成纤维非织造布夹在两层聚乙烯醇膜中制成的高吸湿的层压织物，用于覆盖作物，能使土壤中的水分不易流失，减少浇水次数，节约人工，减轻劳动强度，节约用水，对解决抗旱问题起到很大作用；由低熔点双组分纤维制成的织物适用于露天作物，不会被强风撕裂；在织物的层压过程中加入草籽、种子，可制成草皮植生带、种子带。防水透湿的织物用于户外农产品保护，不仅能遮光、隔热，防止农产品受雨淋，而且能散发热量和湿气，防止农产品受潮变质。

（1）层压复合。热熔黏合设备主要包括热熔滚筒复合设备和热熔圆网复合设备。两种设备各有优缺点：滚筒的耐温性能、压力的施加比圆网高，可加工的品种多（如可与海绵、绒类织物等复合），适宜小批量、单一品种的生产。根据复合产品的特点及市场形势分析，采用热熔滚筒复合法比较适宜，它除了可以使用反应型聚氨酯热熔胶加工薄膜复合的防水透湿织物外，还可以使用热塑性热熔胶进行产业用纺织品的加工，这样能够更好地适应市场的需求变化。

（2）纤维增强聚合物复合材料成型设备。如何选择成型的方法，是生产时的首要问题。生产复合材料制品的特点是材料生产和产品成型同时完成，因此，在选择成型方法时，必须同时满足材料性能、产品质量和经济效益等多种因素的基本要求，具体应考虑产品的外形构造和尺寸大小。材料性能和产品质量要求，如材料的物化性能、产品的强度及表面粗糙度（光洁度）要求等。一般来说，生产批量大、数量多及外形复杂的小产品，多采用模压成型；对造型简单的大尺寸制品，适宜采用SMC大台面压机成型，也可用手糊工艺生产小批量产品；对于压力管道及容器，则宜用缠绕工艺；对于批量小的大尺寸制品，如船体外壳、大型储槽等常采用手糊、喷射工艺；对于板材和线性制品，可采用连续成型工艺。其中，层压工艺是指将浸有或涂有树脂的片材层叠，在加热加压条件下，固化、成型制品的一种成型工艺。层压成型工艺制品已经成为不可缺少的工程材料之一，主要产品有玻璃布层压板、木质层压板、棉布层压板、纸质层压板、石棉纤维层压板、复合层压板等。它的工艺特点是生产的机械化、自动化程度较高，产品质量稳定；但一次性投资较大，适合于批量生产。下料时，通常用连续切割机裁剪。压制厚板时应将布裁得小一些。特别是布的纬向，纬纱收缩性较大，压制时会展开。裁小的比例应由经验和具体实验确定。不同性能胶布应分别堆放，例如，面层布、芯层布。对于层压工艺参数，成型压力、温度、时间是三个最重要的参数。成型压力根据树脂特性、板厚、树脂含量、流动度和升温速度确定。压制时间与树脂的固化速度、层压板的厚度、压制温度等有关。压制时间对制品的性能影响非常显著，压制时间对制品体积电阻系数、介质损耗角正切值、拉伸强度、吸水性能有影响。

第三节　农业用纺织品的特殊性能要求

农用纺织品以其优越的机械性能、加工性、垂挺性、亲和性及其他独特的功能，正成为改变传统农业落后、粗放经营方式的重要材料。在一些发达国家，纺织品在农业上的应用已经非常广泛，从覆盖材料、生长基材、包装材料和绳缆渔网，到各类功能型产品如过滤布、防水材料、防护服以及农田水土保护用的土工布和园艺纺织品等。农用纺织品的发展不仅表现为产品品种和数量方面的逐年增长，也体现在产品最终用途和市场需求的细分上。在农用纺织品的开发方面，产品的强力、韧性、弹性及抗冲击性、易加工性、耐恶劣环境性格外受到关注。

一、原料与结构要求

农用被覆材料是最主要的农用纺织品的品种，根据不同用途可采用合成纤维、天然纤维或回收纤维制成的非织造布、机织物和针织物。目前，在欧美发达国家，多功能农用纺织被覆材料在农田水土保护、植物生长基质、温室遮覆以及园艺栽培产业已得到大量使用，尤其是某些能够集防虫、防草、施肥、播种为一体的多功能农用覆盖材料，不仅具有传统的塑料薄膜保护土壤地表温度、提高种子发芽率的作用，还借助添加生物制剂或忌避剂而达到防治病虫害的目的，通过天然植物纤维等阻隔光线来防止杂草的生长，此外，更具有良好的透气性、透水性及保湿性，促进根系发育，可固定种子，可结合种子、微生物、肥料等附加功能，达到省工、省时、环保、安全地栽培的目的。

二、性能要求

目前，农用非织造布制成的被覆材料已涵盖了防寒防冻材料、遮阳防旱材料、防鸟防虫材料、防草膜、保温保湿材料、果树保护材料、育苗播种基材等，可实现农副产品的早熟、高产、稳产、无公害、无污染种植，完全可以取代农用薄膜、塑料等材料，而且性能优越，性价比高。但目前价格因素制约了农用纺织被覆材料新产品的推广应用，所以要进一步研究农用纺织被覆材料的产业化生产技术，以降低成本，扩大使用。不同用途农业用被覆材料的特性要求见表2-4。

表2-4　不同用途农业用被覆材料的特性要求

性质		光学特性				热特性			水、湿度特性			机械特性				耐候性
		透过性	不同波长透过性	遮旋光性	散光性	保温性	隔热性	通气性	防云性	防雾性	透湿性	展开性	关闭性	伸缩性	强度	
外张型	温室	●	●	—	0	●	—	—	●	Θ	—	●	Θ	0	●	●
	地下管道	●	—	—	0	●	—	0	Θ	—	—	●	●	—	●	Θ
	遮雨	●	Θ	—	—	—	—	—	—	—	—	Θ	—	—	●	●
内张型	固定	●	●	—	—	●	—	—	●	Θ	0	Θ	—	0	0	Θ
	可动	Θ	0	—	—	●	—	Θ	●	Θ	Θ	Θ	●	●	0	Θ
遮光		—	Θ	●	—	—	—	Θ	Θ	—	—	Θ	●	●	●	●
控制保温与升温		●	—	—	—	Θ	Θ	●	—	—	●	—	—	—	Θ	—

注　0指选择时应特别注意的特性；Θ指选择时需注意的特性；●指参考程度的特性；—指不需考虑的特性。

在我国，非织造布在农用纺织品中所占的比例逐年增加，但产业用纺织品的原料来源90%左右为化学纤维，虽然化学纤维类农用非织造布寿命长、使用效果好、投资低，有利于促进农业现代化，但从提倡循环经济的角度，国内急需发展以天然纤维为主的农用纺织品，结合经济因素与特殊性能的考虑，通过独到的设计，使其在作物收获时已接近完全分解，成为土壤中有机成分，不必回收也不会造成二次公害。

农用纺织品的商业化已经为传统纺织产业开拓了全新的领域，现代化与高科技纺织品的发展正朝向科技整合、生态产业与市场导向的观念转变，单纯的纺织原料、纱、织物和成衣加工技术已不能适合农用纺织品的发展，根据被覆材料的最终用途和基本要求，开发适合农业生产需要的、多功能的、对环境无害的纺织品，不仅可满足现代化农业发展的需要，也能为国内纺织业拓展广阔的应用领域和利润空间。

农用非织造布和农用化纤网作为重要的产业用纺织品，在实现农业生态、生产、经济三者协调统一方面起着重要作用。农用纺织品强力高、空间稳定性好，优良的产品强力、韧性、抗冲击性、恶劣环境耐受性及易加工特点，使其特别适用于在自然条件下对作物进行强制性保护，另一方面它可以帮助人们预防因为环境污染等原因而引起的各种各样的危害，在育种、农药、化肥、农用新工艺等方面都有应用，已作为设施农业的重要组成部分。

农用纺织品的演化是随着绳、带和袋类产品的发展而来，最初由天然纤维，如黄麻等来制造，20世纪下半叶开始采用合成纤维作为原料生产。由于开发出多种处理技术，因而获得新功能，如抗紫外线、防腐和抗侵蚀防护等。在农用纺织品应用领域中，天然纤维（如亚麻、棉、黄麻、剑麻和椰麻）和人造纤维（如聚丙烯和聚乙烯）的使用都很广泛。发达国家的发展趋势是合成纤维方向，特别用于生产非织造布和针织织物或挤出膜。在发展中国家，具有生物降解功能的天然纤维应用于更多传统领域。目前，农用纺织品市场表现不一。渔用方面，因鱼类资源和渔船队的减少，全球市场出现转折拐点；但渔农水产业的发展，引发了新的市场需求，如今已发展成为包括机织、针织和非织造物在内的产业用纺织品，用于农业、森林、园艺、渔农业和园林等领域。

此外，还有蔬菜、园艺和畜牧业用遮光织物，避免使用对环境有害的化学品（如除草剂或杀虫剂）来控制杂草生长的地被，这些天然纤维织物可以缓慢分解，使土壤能进行再栽培。特别是，农用纺织品能保持有效的土壤湿度并提高土壤温度，这样有助于延长植物生长周期，这在早春的温度气候条件下特别重要。

为避免农用纺织品重蹈塑料地膜造成的“白色污染”，应在其常规性能所要求的防紫外线、防静电、防绒、防绉、防水、防泼水、防污、防霉、抗菌、消臭、防臭、难燃防火等功能之外，关注农用纺织品的生物可降解性和生物相容性，避免纺织品生产加工过程存在的诸多污染源引入具有环境风险的化学物质。农业废弃物的无害化处理与资源化利用正成为农业生态系统健康评价指标，根据纤维材料的最终用途和基本特性，开发适合农业生产需要的多功能、环境无害的纺织品，实现农业环境资源高效利用与生态安全，将成为未来高科技纺织品的主流。

第四节　高端农业用纺织品应用实例

部分农用纺织品的生产厂家和产品见表2－5，农用纺织品材质见表2－6。

表2－5　部分农用纺织品的生产厂家和产品

国别	供应商	商品类别	品牌商标	产品原料	性质与用途
英国	Dan Mow	覆盖膜	Gro-Shleld	丙纶纺粘非织造布	重量轻、强度高；可防紫外线、防湿；保护庄稼免受过热过冷、冰雹、风暴灾害影响；以及免受飞鸟和害虫侵袭
英国	Don & Low	防护网	Lobone	丙纶机织网	用作防风墙、池塘罩；防风、防鸟和其他猛禽对作物的侵害
日本	Sohi	种子基质	Bemlle	100%纤维素纤维长丝纺粘非织造布	可生物降解，用作种子袋
美国	Reemay	农用土工布	Biobarrier	聚烯烃纺粘纤维网	阻碍树根生长，以防破坏土建基础
美国	Amoco	覆盖材料	GFR	丙纶纺粘非织造布	重量轻、强度高，可用于种子覆盖
美国	Amoco	覆盖材料	Mypex	丙纶纺粘非织造布	多孔、透气、透水、透光性好，用于露天作物和盐栽植物覆盖可抗紫外线
美国	Amoco	覆盖材料	RFX	丙纶纺粘非织造布	重量轻、均匀性好，可用于农作物覆盖
德国	Freudenberg	覆盖材料	Lutvasil Thermoselect	丙纶纺粘非织造布	高强度、遮光性好，用作覆盖材料可使作物不产生过热
德国	Freudenberg	覆盖材料	Photoselect	丙纶纺粘非织造布	具有透光选择性，可用于莴苣类植物覆盖，使之变白，减少苦味

续表

国别	供应商	商品类别	品牌商标	产品原料	性质与用途
德国	Sodoca	覆盖材料	Agryl P17	丙纶热粘长丝非织造布	透光性好，化学稳定性好，用于固艺和植物培育
			Agryl P30	丙纶热粘长丝非织造布	用于冬季作物防霜冻和苗床保护
	Tech Tex-Bremen GmbH	农用土工布	Evergreen	天然纤维或合成纤维网	用于斜坡堤岸的绿化和保护，提供作物种子发芽生长的条件，可防止或减少承土流失

表 2-6　农用纺织品应用材质

类型	材质
外张型	a. 玻璃室，玻璃含普通玻璃，型板玻璃，热线吸收玻璃 b. 塑料屋含软质薄膜（PE，PVC，EVA），中硬质薄膜（PET 或其他），硬质薄膜（Acrylic，GFRP，Polycarbonate，氯化乙烯） c. 地下道（Tunnel） d. 软质薄膜（PE），非织造织物（PET 或其他），寒冷纱（Vinylon，PET，PE）
内张型	软质薄膜（PE，PVC，EVA），硬质薄膜（PET），可动型，软质薄膜（PE，PVC，EVA），不织布（PET，PVC，PP），反射型薄膜（PE，PVC，EVA）
遮光型	寒冷纱、针织物（Vinylon，PET，PE），不织布（PET，PVA，PP），软质薄膜（PE，PVC，EVA）
其他	不织布（PET，PVC，PP），外面保温用发泡体，硬质薄膜（PVC，PE，EVA），补光反射薄膜（PVC，PE，EVA），防虫用寒冷纱（Vinylon，PET，PE），反射薄膜（PVC，PE，EVA），防风用针织物（Vinylon，PET，PE）

一、非织造材料传输植物营养液的应用实例

随着生活水平的提高，人们对食品素材的要求越来越高，对反季节食品的需求量也越来越大。然而，当前市场上的反季节食品大部分都是在塑料大棚、温室中种植获得。这种种植过程中肥料的利用效率不高，如果大面积推广，会造成大量肥料的浪费；同时，也会造成土壤板结，循环使用性差。

纺粘针刺非织造材料主体是由纤维的相互交错缠结形成的稳定结构，厚度较大，内部孔隙率大。水分在纺粘针刺非织造材料内部传输时，材料的孔隙会截留并储存一定的水分，水分在材料的毛细作用下继续运动，直至毛细作用力与水分自身的重力及水分子间的吸引力平衡时，运动停止。基本相同时，未轧光纺粘针刺非织造材料带液量比轧光非织造材料带液量约多35%。虽然聚酯长丝机织物芯吸高度较高，但其内部结构紧密，可储存水分的空间较少，因此，非织造材料的带液量比同面密度的机织物要多。

此外，纺粘针刺非织造材料的芯吸高度相较于聚酯长丝机织物的芯吸高度低，但可通

过调节营养液装置与植物间的距离来改善，不影响纺粘针刺非织造材料对营养液的传输能力。而在芯吸带液量、不同酸碱度营养液和多次传输方面，纺粘针刺非织造材料均优于聚酯长丝机织物。因此，聚酯纺粘针刺非织造材料更适合作为植物营养液的传输介质。

二、薄型黄麻/低熔点纤维复合地膜材料的应用

近年来，为解决传统地膜对土壤及环境的污染，人们开发出了许多可降解地膜，如生物降解地膜、光降解地膜、光/生物双降解地膜和植物纤维地膜等。淀粉添加型地膜是一种生物降解地膜，是将淀粉与普通树脂共混或共聚成膜，但只有淀粉可降解，其他部分难以完全降解，不能彻底解决环境污染问题。光降解地膜只有在光照下才能降解，埋在土壤里的部分因为见不到阳光而不能分解。光/生物降解地膜虽然能把地膜降解成小颗粒，短期内对作物生长不会有明显的负面影响，不过随着时间的延长，土壤中塑料颗粒逐渐增加，可能会带来潜在的更为严重的污染，不利于农业的可持续发展。日本已经采用可完全降解的纸地膜，但纸地膜强度低，抗风雨能力差，铺网时容易被扯破。农科院麻类研究所开发出一种麻地膜，它是将黄麻纤维经过罗拉梳理和气流成网后用合成类树脂型黏合剂将黄麻纤维进行化学黏合，然后再在该麻地膜表面进一步施加拒水剂。其所含合成类树脂型黏合剂与含氟类黏合剂都是不易降解材料，在取代塑料地膜方面无法显示出技术创新性，也掩盖了麻纤维的绿色环保性。

为了充分利用黄麻纤维的绿色环保性，并使所得黄麻地膜具有较好的力学性能，可将黄麻纤维与低熔点纤维共混后气流成网，然后再在热的作用下使低熔点纤维的表面层部分溶解，从而将纤维网中的黄麻纤维和低熔点纤维黏合在一起。当低熔点纤维是聚乳酸和PBST聚酯纤维等时，地膜是一种可以完全降解的材料。将黄麻纤维与低熔点PLA纤维混合后成型为具有一定力学性能的复合地膜，相关研究结果表明：在低熔点PLA纤维混合比为30%，模压温度为115℃，模压压力为5MPa和模压时间为30s的条件下可以得到力学性能较好的、面密度为40g/m^{2}的麻类非织造材料，可满足地膜材料力学性能要求；且黄麻和PLA纤维均是可生物降解的环境友好型材料，这对麻地膜的发展有积极意义。

三、非织造材料在微气候调节、农作物保护等方面的应用

（一）用于微气候调节的非织造布

用于微气候调节的非织造布有秧苗布、蔬菜浮面覆盖布以及保温幕布等。

1. 秧苗、蔬菜浮面覆盖布 在世界蔬菜生产领域，非织造布覆盖栽培技术是继塑料薄膜之后在蔬菜生产上迅速推广应用的又一先进技术，被誉为第二次“白色革命”，作为一种新型农业保温材料主要用于农业温室栽培、育苗。与我国农村已较广泛应用的地膜（聚乙烯薄膜）相比，它具有如下优点：温度峰值不高，不会发生高温烧苗的危险；温度变幅较小；通气透水；雨后非织造布覆盖下的农田不像地膜那样积水；轻便耐久，其重量仅及聚乙烯薄膜的56%左右，且不易老化。如园艺地布，它是一种紧密的铺地毡，可以针刺或复合方法构成，具有良好的透水性能，可用作温室地面材料，露地苗圃、盆栽作物的铺地材料等。用园艺地布覆盖地面时，被覆盖后的土地无法长出杂草，而且易于生产操作，浇水管理方便。

非织造布覆盖技术已在几十个国家应用，在这方面日本居世界领先地位，有50多家工厂从事该产品的生产、研制，有黑、白两种颜色且不同透光率的多个品种，可根据各种农作物对日光的不同要求选用。我国1984年开始研制、试用非织造覆盖材料。经实验，非织造布覆盖材料用于水稻育秧，由于高温概率小、相对湿度小、氧气供应充分等生态条件较好，故秧苗的株高、叶片、茎粗、根树、苗重五项指标均明显优于聚乙烯薄膜覆盖，因而稻秧亩产高于后者6.9%。同时，非织造布用作育苗床底布，苗根不会扎入地下，移植时可减少断根损失，且因床土透气、保肥、保持土壤稳定，秧苗粗壮，成活率高，尤其便于机械插秧。

法国开发研制的一种可重复使用的农用覆盖材料，该材料的非织造布部分选用的规格为60g/m^2，边带部分为厚200μm的聚乙烯薄膜。两者通过热黏合固着在一起，黏合宽度为2～20mm，一般为5mm，黏合后的强度大于非织造布的撕裂强度。

2. 保温幕布　要做到进一步缓和蔬菜淡季供求矛盾，保证蔬菜全年供应，必须对聚乙烯薄膜大棚采取措施，如棚内安装加热炉等增温设备，这样势必耗费能源，提高成本，而在棚内增添非织造布保温幕布，由于温室效应，即白天可见光的辐射与夜间土壤的红外线辐射以及防风屏效应可提高大棚温度1～3℃，又不耗费能源，试验得出：冬季覆盖一亩温室三个月可节煤13t。非织造布吸湿性好，能降低棚内相对湿度6%～17%，尤其对控制瓜果的霜霉病、番茄的叶霉病、柑橘的病毒病有明显作用，保温帘与聚乙烯薄膜配套使用更适于栽培经济价值较高的农作物如黄瓜、番茄、西瓜、柑橘以及花卉等，与一般大棚对比可促进作物早熟7～10天，也可延迟栽培10天左右，从而缩短蔬菜淡季，亩产增加10%以上，经济效果显著。

（1）非织造布在柑橘上的应用。在日本的大阪、奈良、静冈等地，到12月份气温下降至寒冷时，用40～50g/m^{2}非织造布（新、旧均可）按柑橘树冠大小缝制成大袋子，套在挂满果实的树冠上（四周固定好，免得被风吹脱），既能使柑橘树冠免受冻害，又能使柑橘在树上自然保鲜。因非织造布能为柑橘树休眠创造良好的环境条件，故促进物候期提前，植株生长健壮，增产增收。

（2）非织造布在草莓上的应用。草莓属于小浆果，生长温度范围为10～30℃，适温15～25℃。根生长最合适土温为17～18℃，匍匐蔓适温20～30℃，叶生长适温13～30℃。利用多种栽培形式，草莓可全年生产、四季供应，如在温室（大棚）内采用非织造布二道保温幕或扣非织造布小拱棚进行早熟栽培，防止低温引起落花落果，可提前采收10～15天，延长供应期，改善品质，提高产量。该技术在日本、美国等国作为一项很重要的新技术得到广泛应用，并取得了显著的经济与社会效益。

（3）非织造布在茶叶上的应用。在日本，茶叶上市的早与晚，对商品茶价格有很大的影响，上市早的茶叶贵，晚上市的便宜。茶农为了抢早、提前采茶，多利用非织造布进行保护栽培。一般从3月下旬开始，采用规格为40g/m^{2}的黄色非织造布昼夜直接覆盖茶树，至4月中旬气温转暖时撤除。气温在白天可提高5～7℃，夜间可提高1～3℃，使茶树新梢提前发芽，提前采茶叶7～10天，且茶叶颜色浓绿、味道芳香，可改善茶叶品质。

（4）非织造布在花卉上的应用。花卉的现代化生产是目前乃至今后的发展方向，而在温室大棚等保护地种植又是花卉工厂化生产的主要途径。为保证鲜花常年生产与供应，冬、春季可在温室（大棚）内采用非织造布二道保温幕或扣非织造布小拱棚进行保温覆盖栽培，在炎热夏季利用非织造布进行遮阳栽培，改善温室（大棚）内的温度、湿度及光照度，以满足花卉生长发育所需要的环境条件，实现切花、盆栽花卉的优质高效栽培。

（二）农作物保护布

1. 防止小动物以及昆虫等侵入的浮动覆盖布及保护袋 用于调节微气候的非织造布也可防止鸟类动物和苍蝇、带病毒的昆虫等寄生物对农作物的损害。在一些严格控制对植物喷洒杀虫剂的国家如美国、北欧，这一作用尤为显著。非织造布也可替代纸袋以保护高质量的水果如苹果、葡萄、桃、梨等，以防止果实成熟时被昆虫侵害。由于它所具备的优越特性，这一作用比纸袋更佳。

2. 用作杂交育种、制种、防树皮脱落袋、苗圃植物根保护布 现代作物育种大都采用杂交一代杂种，这样播种的工作量加大了，不但要保持亲本，还要配制杂交种，小的播种场无法进行地域隔离，就需人工用纱网把不同品种亲本隔离起来，防授粉昆虫授粉引起混杂。种子成熟时，鸟害是种子生产的大敌，用细丝网将播种田罩起来，能保证种子的收获。林业工作者可利用非织造布作包扎带，缠在树干上以防止动物（如牧鹿等）侵袭从而保护树皮不致脱落，也可取代传统的黄麻包缠从而保护苗圃植物的根。

（三）育秧布及灌溉布

非织造布可作为种子的基布用在水稻的生长和斜坡绿化方面。播种时，预先将种子安排在非织造布上，这种非织造布即作为种子基布铺放在播种地面，从而简化了播种操作。此外，由于非织造布所具备的优良性能，可对作为种子基布的非织造布直接施以化肥、杀虫剂等，为植物发芽与成长提供良好环境。如英国 Fison 公司开发的由纤维网、肥料和吸水聚合物构成的新颖的培植用材料。

这种材料所用纤维可以是合成纤维或人造纤维，也可以是纤维素浆粕或棉纤维，一般纤维长度为 2～6mm，长短要求均匀，也可采用经磨碎的泥炭纤维。纤维成网可采用一定的黏合剂，如天然橡胶或合成胶乳。纤网厚度为 1～3mm，这种厚度可容肥料 200～500g/m^2，肥料可以是水溶性氮、磷和钾等。

在植物纯营养液培养法中，非常轻薄的非织造布可用作灌溉布，从而改善营养液的分配。为了美化园艺，有时用松树皮覆盖盆景中土壤，以显现绿色空间的美学特性，在这种情况下，非织造布可作为土壤隔离，促使土壤稳定。

1. 在水稻育秧上的应用 非织造布覆盖水稻育秧能保温防冻、降湿防病、节水省种、省工省力，是培育壮秧、促进早熟、增产增收的水稻育秧技术的一项改革。以水稻早育秧为例，非织造布覆盖育秧有以下四种方式。

（1）非织造布复合膜拱棚覆盖育秧。非织造布复合膜是由一层 30g/m^2 的非织造布与 0.06mm 农膜经高温热压而成的新型覆盖材料，它具有非织造布与农膜的双重优点。

（2）非织造布夹带拱棚育秧。在农膜中间夹一条 30～35cm 宽的 40～50g/m^2 的非织造布作为拱棚覆盖材料。

（3）非织造布浮动覆盖育秧。在秧苗上直接宽松地昼夜覆盖 15～20g/m^2 非织造布，秧苗顶着非织造布生长。

（4）非织造布护根育秧。把已用过的旧非织造布平铺在苗床上，在其上堆放营养土，既保温又防根系深扎，使根系横向生长、健壮，有利于培育壮秧。

2. 在玉米育苗上的应用 采用非织造布复合膜育秧相比农膜育秧具有秧苗不徒长，茎粗增加，节间短，秧苗健壮；抽穗、开花、吐丝等均较农膜育秧提前；每穗粒数及千粒重均有所增加的优点。

（四）农药防护服

农业生产中，必然会遇到各种虫害，因此需要经常使用各类杀虫药剂来保证农业产量。尽管传统纺织面料如棉、涤纶及其混纺面料也能制造出防护服，但由于虫害泛滥一般都出现在炎热的夏季，农民不但要求防护服能防毒，而且对其透气性、凉爽性、易洗性等也要求较高，而非织造布材料以其优越的防护性能以及散热和舒适性能，满足了用户在各方面的要求，从而使农药防护服得到较为广泛的应用成为可能。

思考题

1. 非织造布作为栽培基质的特性是什么？
2. 遮光促生长纺织品的作用是什么？
3. 覆盖保温纺织品的基本特点是什么？
4. 可降解保温非织造布地膜的优点是什么？
5. 农田灌溉及农业土木工程地下排水都需要管道进行输送水。根据自己的学科背景，创新设计一种农业生产中用于灌溉的排水管，使其具有良好的过滤和排水性能，要求管体结构合理、牢固，材料成本低、施工方便。

参考文献

[1] 薛帅，董长裕，刘猛．我国农业用纺织品的现状与前景［J］．辽宁丝绸，2013（4）：21－22.

[2] 郁樊敏．非织造布在蔬菜生产上的应用．产业用纺织品［J］，1998，16（2）：28－29.

[3] 刘洪凤，俞镇慌．农用非织造布的应用和发展［J］．北京纺织，2000，21（4）：20－22.

[4] 郭善文，杨长友，任锡伦．纺粘法非织造布在农业上的应用与展望［J］．非织造布，1998，4：41－42.

[5] 周凤飞，周修权．关于农用纺织品发展的思考［J］．天津纺织工学院学报，1998，17（1）：97.

[6] 周凤飞．几种新型农用材料［J］．非织造布，1997，3：44.

[7] 王国和．农业用纺织品［J］．江苏丝绸，2000（2）：38－43.

[8] 周小萌，吴建坤，李秋杰，等．纺粘法非织造布发展研究［J］．天津纺织科技，2017（2）：62－64.

[9] 金关秀．纺粘/熔喷非织造布纤网细观结构及其过滤性能［D］．浙江理工大学，2017.

[10] 武继松，余晓明．纺织品在节水灌溉工程技术中的应用分析［J］．产业用纺织品，2009，27（8）：34－36.

[11] 滕翠青，余木火．纺织品在农业上的应用和发展［J］．产业用纺织品，2002，20（4）：30－34.

[12] 李全明，王崇礴，王浩．产业用纺织品在农业上的应用［J］．产业用纺织品，2002，20（9）：34－36.
[13] 蒋高明．现代经编工艺与设备［M］．北京：中国纺织出版社，2001.
[14] 汤振明，钱忠敏．绳网具制造工艺与操作技术［M］．北京：中国华侨出版社，2009.
[15] 张新月．农用纺织品待“垦荒”［J］．纺织服装周刊，2011（28）：37.
[16] 良友．技能性纺织品——农用纺织品［J］．精细化工原料及中间体，2009（10）：41－42.
[17] 许卫，武妍，康玉婵，等．可降解农用覆地膜的现状及发展分析［J］．绿色科技，2016（12）：200－202.
[18] 陈海珍，王玉娟，楼杰，等．农用保温被材料在非稳态传热条件下的保温性能研究［J］．农业工程技术，2016（25）：33－36.
[19] 王玉娟，王进美，陈海珍，等．农用日光温室纺织复合保温材料热阻湿阻的测试研究［J］．产业用纺织品，2014（6）.
[20] 颜婷婷，刘宇辉，尹俊飞．黄麻纤维农用非织造地膜的制备工艺研究［J］．盐城工学院学报（自然科学版），2013，26（4）：11－15.
[21] 佚名．我国农用膜需求旺盛［J］．纺织服装周刊，2010（37）：31.
[22] 陈军．农用织物在农业可持续发展中的应用与展望［J］．经济研究导刊，2009（12）：54－55.

第三章　建筑用纺织品

建筑用纺织品是指在建筑领域中作为特殊建筑材料使用的纺织品，包括混凝土增强纤维、膜结构材料、防水基材、智能水泥等。“十三五”规划明确指出，到2020年，建筑用纺织品主要技术要达到世界先进水平。建筑用纺织品作为“一带一路”配套纺织材料的重点领域之一，也是我国纺织工业大力发展的工程项目之一，由于国家产业政策和相关措施的实施，投入一定的人力、物力、财力进行相关的研究，开发出更多具有特殊功能、应用更为广泛的建筑用纺织品，推进我国建筑用纺织材料的快速发展。

建筑材料，特别是新型建筑材料，包括智能水泥、碳纤维房屋结构等在国外已被广泛应用。作为一种未来的建材，建筑用纺织品将朝着轻质化、功能化方向发展。如纤维增强混凝土的开发，使纤维材料在建筑工程中的价值大大提高。突破简单的增强功能，使用诸如钢纤维、玻璃纤维、碳纤维等，增强混凝土预制件的强度，起到阻燃、轻质的作用。特别是在新型建筑材料中，非织造布扮演很关键的角色。以玻璃纤维织物为布基，涂敷PVC、聚四氟乙烯等形成防水、透气、阻燃篷面织物，大大增强了膜结构的强度和耐气候性及阻燃性，同时也极大地延长了建筑物的使用期限。

第一节　纤维原材料

一、混凝土增强纤维

纤维混凝土是纤维和水泥基料（水泥石、砂浆或混凝土）组成的复合材料的统称。制造纤维混凝土主要使用具有一定长径比（即纤维的长度与直径的比值）的短纤维。

水泥石、砂浆与混凝土的主要缺点是抗拉强度低、极限延伸率小、性脆，加入抗拉强度高、极限延伸率大、抗碱性好的纤维，可以克服这些缺点。

图3－1所示为增强纤维对混凝土断裂应变的影响：用聚丙烯增强的混凝土在受到拉伸应力或冲击负荷时要比正常混凝土的应变量大，表现出更为优良的机械性能。

纤维混凝土与普通混凝土相比，虽有许多优点，但并不能替代钢筋混凝土。人们在配有钢筋的混凝土中掺加纤维，使其成为钢筋—纤维复合混凝土，这又为纤维混凝土的应用开发了一条新途径。

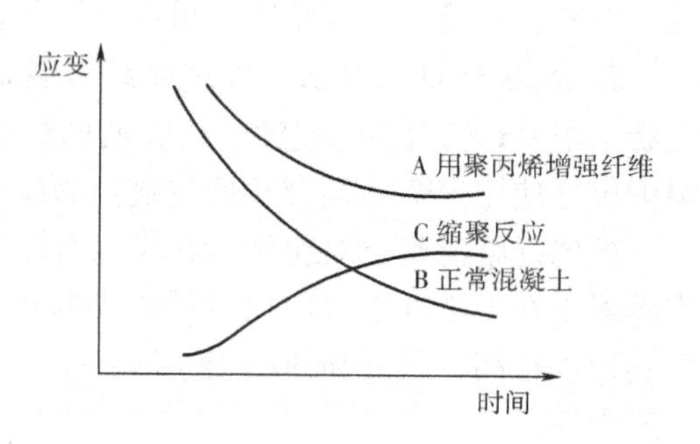

图3－1　增强纤维对混凝土断裂应变的作用

（一）品种

由于纤维的抗拉强度大、延伸率大，使混凝土的抗拉、抗弯、抗冲击强度及延伸率和韧性得以提高。纤维混凝土的主要品种有石棉水泥、钢纤维混凝土、玻璃纤维混凝土、聚丙烯纤维混凝土及碳纤维混凝土、植物纤维混凝土和高弹模合成纤维混凝土等。

（二）制备与性能

1. 钢纤维混凝土

（1）材料。制备普通钢纤维混凝土，主要使用低碳钢纤维。制备耐火混凝土，则必须使用不锈钢纤维。圆截面长直形钢纤维直径一般为0.25～0.75mm；扁平形钢纤维厚度为0.15～0.4mm，宽度为0.25～0.9mm，长度均为20～60mm。为改善界面的黏结，还可以使用端部带有弯钩的钢纤维等。

钢纤维混凝土一般使用425号、525号普通硅酸盐水泥，高强钢纤维混凝土可使用625号硅酸盐水泥或明矾石水泥。使用的粗骨料最大粒径以不超过15mm为宜。为改善拌和物和易性，必须使用减水剂或高效减水剂。混凝土的砂率一般不应低于50%，水泥用量比普通未掺纤维的应高10%左右。

（2）掺量。为保证纤维能均匀分布于混凝土，纤维长径比不应大于100，一般为60～80。每种规格的纤维都有一个最大掺量的限值，一般为0.5%～2%（体积率）。

（3）搅拌。钢纤维混凝土采用强制式搅拌机搅拌，为使纤维能均匀分散于混凝土中，应通过摇筛或分散机加料。搅拌的投料顺序与普通混凝土不同。一种方法是先将粗细集料、水泥和水加入搅拌机，搅拌均匀后再将纤维加入搅拌。另一种方法分三步，第一步先将粗细集料搅拌均匀，第二步加入纤维搅拌，最后将水泥和水加入再搅拌。

（4）捣实。不同的捣实方法，对纤维的取向有很大的影响。采用泵送至仓内，不加任何捣实装置的情况下，纤维在其中呈三维乱向；如采用插入式振动装置捣实，则大部分纤维呈三维乱向，少部分为二维乱向；采用平面振动器振捣，则大部分呈二维乱向，少部分为三维乱向；采用喷射方式，纤维在喷射面上呈二维乱向；采用"离心法"或"挤出法"，纤维取向介于一维定向与二维乱向之间；如果在磁场中振捣，纤维则沿磁力线方向分布。

（5）力学性能。掺入钢纤维，显著地改善了混凝土的力学性能。当掺量在许可范围之内，可提高抗拉强度30%～50%，抗弯强度可提高50%～100%，韧性可提高10～50倍，抗冲击强度可提高2～9倍，抗压强度提高较小，可达15%～25%。钢纤维混凝土还可使干缩率降低10%～30%。

钢纤维混凝土成本高，施工难度也比较大，必须用在最应该用的工程上。如重要的隧道、地铁、机场、高架路床、溢洪道以及防爆防震工程等。

2. 玻璃纤维混凝土 在玻璃纤维混凝土中使用的纤维必须是抗碱玻璃纤维，以抵抗混凝土中Ca（OH）$_2$的侵蚀。抗碱玻璃纤维，在普通硅酸盐水泥中也只能减缓侵蚀，欲大幅度提高使用寿命，则应该使用硫铝酸盐水泥。

玻璃纤维混凝土对粗细骨料及配合比无特殊要求，与钢纤维混凝土基本类同。玻璃纤维混凝土在力学性能方面比钢纤维混凝土低，抗压强度与未掺纤维的相比，还略有降低。但其韧性很高，可提高30～120倍，而且具有较好的耐火性能。主要用于非承重与次要承重的构件上。

3. 聚丙烯纤维混凝土 聚丙烯膜裂纤维是一种束状的合成纤维，拉开后成网络状，也可切成长度为19～64mm的短切使用。为防止老化，使用前应装于黑色包装容器中。

施工工艺分为搅拌法与喷射法。纤维的掺量因工艺不同而异。采用搅拌法切短长度为40～70mm，体积掺率为0.4%～1%；采用喷射法切短长度为20～60mm，体积掺率为2%～6%。聚丙烯纤维混凝土，力学性能不高，一旦混凝土开裂，纤维混凝土即发生开裂，抗压强度也无明显提高。惟抗冲击强度较高，可提高2～10倍。收缩率可降低75%。可用于非承重的板、停车场等。

二、膜结构材料

膜结构材料是由基布和涂层两部分组成（图3－2，彩图1），基布主要采用聚酯纤维和玻璃纤维材料；涂层材料主要是聚氯乙烯和聚四氟乙烯。常用膜材为聚酯纤维覆聚氯乙烯（PVC）和玻璃纤维覆聚四氟乙烯（Teflon）。PVC材料的主要特点是强度低、弹性大、易老化、徐变大、自洁性差，但价格便宜，容易加工制作，色彩丰富，抗折叠性能好。为改善其性能，可在其表面涂一层聚四氟乙烯涂层，提高其抗老化和自洁能力，其寿命可达到15年左右。Teflon材料强度高、弹性模量大、自洁、耐久耐火等性能好，但价格较贵，不易折叠，对裁剪制作精度要求较高，寿命一般在30年以上，适用于永久建筑。

膜结构是建筑结构中最新发展起来的一种形式，它以性能优良的织物为材料，或是向膜内充气，由空气压力支撑膜面，或是利用柔性钢索或刚性支撑结构将面绷紧，从而形成具有一定刚度、能够覆盖大跨度空间的结构体系。自从1970年代以来，膜结构在国外已逐渐应用于体育建筑、商场、展览中心、交通服务设施等大跨度建筑中。膜结构已成为结构设计选型中的一个主要方案。成为化纤纺织品应用的一个重要领域。近年来在中国建筑结构中也有长足的进展。大阪万国博览会中的美国馆采用了气承式空气膜结构。这个拟椭圆形、轴线尺寸为140m×83.5m的展览馆是世界上第一个大跨度的膜结构，而且是首次采用了聚氯乙烯（PVC）涂层的玻璃纤维织物。作为一种真正的现代工程结构，大阪万国博览会的展览馆标志着膜结构时代的开始。自此以后，膜结构在世界范围内得到了迅猛的发展。从跨度来说，美国庞提亚克的“银色穹顶”气承式空气膜结构的平面尺寸为234.9m×183m，开始采用聚四氟乙烯（PTFE）涂层的玻璃纤维织物，类似的大型体育馆在北美就建了九座。从面积来说，沙特阿拉伯吉大机场候机大厅的悬挂膜结构占地42万平方米。作为膜结构的一种新形式，索穹顶于1988年首先用在汉城奥运会的体操馆与击剑馆，其后又在一些体育建筑中得到推广。千年穹顶以其独特的膜结构，显示了当今建筑技术与材料科学的发展水平。

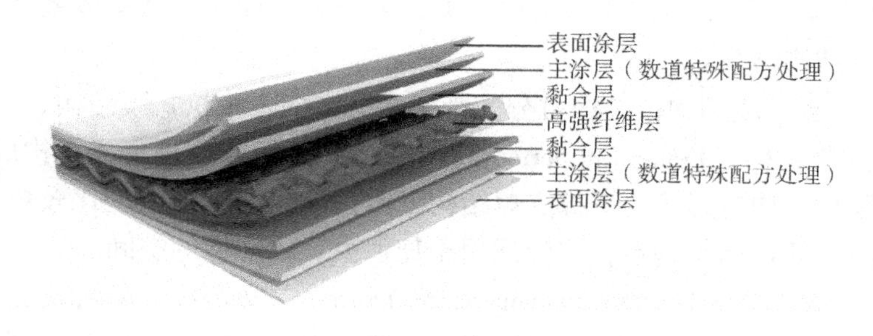

图3－2　膜材料组成及膜材料断裂面

（一）品种

膜结构体系由膜面、边索和脊索、谷索、支承结构、锚固系统，以及各部分之间的连接节点等组成。

1. 按照膜材原料分类

（1）玻纤 PVC 建筑膜材。这种膜材开发和应用得比较早，通常规定 PVC 涂层在玻璃纤维织物经纬线交点上的厚度不能少于 0.2mm，一般涂层不会太厚，达到使用要求即可。为提高 PVC 本身耐老化性能，涂层时常常加入光、热稳定剂，浅色透明产品宜加一定量的紫外吸收剂，深色产品常加炭黑做稳定剂。另外，对 PVC 的表面处理还有很多方法，可在 PVC 上层压一层极薄的金属薄膜或喷射铝雾，用云母或石英来防止表面发黏和沾污。

玻纤有机硅树脂建筑膜材：有机硅树脂具有优异的耐高低温、拒水、抗氧化等特点，该膜材具有高的抗拉强度和弹性模量，另外还具有良好的透光性。玻纤合成橡胶建筑膜材：合成橡胶（如丁腈橡胶、氯丁橡胶）韧性好，对阳光、臭氧、热老化稳定，具有突出的耐磨损性、耐化学性和阻燃性，可达到半透明状态，但由于容易发黄，故一般用于深色涂层。

（2）膨化 PTFE 建筑膜材。由膨化 PTFE 纤维织成的基布两面贴上氟树脂薄膜即得膨化 PTFE 建筑膜材。由于它的造价太高，一般的建筑考虑到成本和性能两方面，很少选用这种膜材，目前国外的生产厂家也不多。

（3）ETFE 建筑膜材。由 ETFE（乙烯—四氟乙烯共聚物）生料直接制成。ETFE 不仅具有优良的抗冲击性能、电性能、热稳定性和耐化学腐蚀性，而且机械强度高，加工性能好。近年来，ETFE 膜材的应用在很多方面可以取代其他产品而表现出强大的优势和市场前景。这种膜材透光性特别好，号称“软玻璃”，质量轻，只有同等大小玻璃的 1%；韧性好、抗拉强度高、不易被撕裂，延展性大于 400%；耐候性和耐化学腐蚀性强，熔融温度高达 200℃；可有效利用自然光，节约能源；声学性能良好。自清洁功能使表面不易沾污，且雨水冲刷即可带走沾污的少量污物，清洁周期大约为 5 年。另外，ETFE 膜可在现成预制成薄膜气泡，方便施工和维修。ETFE 也有不足，如外界环境容易损坏材料而造成漏气，维护费用高等，但是随着大型体育馆、游客场所、候机大厅等的建设，ETFE 更突显自己的优势。目前生产这种膜材的公司很少，只有 ASAHIGLASS（AGC）、日本旭硝子、德国科威尔等少数几家公司可以提供 ETFE 膜材，这种膜材的研发和应用在国外发达国家也不过十几年的历史。

2. 按支承分类 膜结构按支承条件分类，可分为柔性支承结构体系、刚性支承结构体系、混合支承结构体系。

3. 按结构分类 膜结构按结构可分为骨架式膜结构、张拉式膜结构、充气式膜结构。

（1）骨架式膜结构（Frame Supported Structure）。以钢构或是集成材构成的屋顶骨架，在其上方张拉膜材的构造形式，下部支撑结构安定性高，因屋顶造型比较单纯，开口部不易受限制，且经济效益高等特点，广泛适用于任何大、小规模的空间。

（2）张拉式膜结构（Tension Suspension Structure）。以膜材、钢索及支柱构成，利用钢索与支柱在膜材中导入张力以达安定的形式。除了可实践并具有创意、创新且美观的造型外，也是最能展现膜结构精神的构造形式，大型跨距空间也多采用以钢索与压缩材构成钢索网来支撑上部膜材的形式。因施工精度要求高，结构性能强，且具丰富的表现力，所以造价略高于骨架式膜结构。

（3）充气式膜结构（Pneumatic Structure）。充气式膜结构是将膜材固定于屋顶结构周边，利用送风系统使室内气压上升到一定压力后，屋顶内外产生压力差，以抵抗外力，因利用气压来支撑，并以钢索作为辅助材料，无需任何梁、柱支撑，可得更大的空间，施工快捷，经济效益高，但需维持进行24h送风机运转，在持续运行及机器维护费用的成本上较高。现今，膜结构已经被应用到各类建筑结构中，在城市中充当着不可或缺的角色。

“只有正确表达结构逻辑的建筑才有强大的说服力与表现力”这句话揭示了张拉膜结构的精髓。对于张拉膜结构，任何附加的支撑和修饰都是多余的，其结构本身就是造型；换句话说，不符合结构的造型是不可能的，因为那样会飘动或者不稳定。张拉膜结构的美就在于其“力”与“形”的完美结合。

张拉膜结构的基本组成单元通常有膜材、索与支承结构（桅杆、拱或其他刚性构件）。

膜材作为一种新兴的建筑材料，已被公认为是继砖、石、混凝土、钢和木材之后的“第六种建筑材料”。膜材本身不能受压也不能抗弯，所以要使膜结构正常工作就必须引入适当的预张力。此外，要保证膜结构正常工作的另一个重要条件就是要形成互反曲面。传统结构为了减小结构的变形就必须增加结构的抗力；而膜结构是通过改变形状来分散荷载，从而获得最小内力增长的。当膜结构在平衡位置附近出现变形时，可产生两种回复力：一种是由几何变形引起的；另一种是由材料应变引起的。通常几何刚度要比弹性刚度大得多，所以要使每一个膜片具有良好的刚度，就应尽量形成负高斯曲面，即沿对角方向分别形成“高点”和“低点”。“高点”通常是由桅杆来提供的，所以也有些文献把张拉膜结构称作悬挂膜结构（suspension membrane）。

索作为膜材的弹性边界，将膜材划分为一系列膜片，从而减小了膜材的自由支承长度，使薄膜表面更易形成较大的曲率。有文献指出，膜材的自由支承长度不宜超过15m，且单片膜的覆盖面积不宜大于500m^2。此外，索的另一个重要作用就是对桅杆等支承结构提供附加支撑，从而保证不会因膜材的破损而造成支承结构的倒塌。

（二）设计

1. 膜结构设计的主要内容

（1）初始态分析。确保生成形状稳定、应力分布均匀的三维平衡曲面，并能够抵抗各种可能的荷载工况；这是一个反复修正的过程。

（2）荷载态分析。张拉膜结构自身重量很轻，仅为钢结构的1/5，混凝土结构的1/40；因此，膜结构对地震有良好的适应性，而对风的作用较为敏感。此外还要考虑雪荷载和活荷载的作用。由于目前观测资料尚少，故对膜结构的设计通常采用安全系数法。

（3）主要结构构件尺寸的确定，及对支承结构的有限元分析。当支承结构的设计方法与膜结构不同时，应注意不同设计方法间的系数转换。

（4）连接设计。包括螺栓、焊缝和次要构件尺寸。

（5）剪裁设计。这一过程应具备必要的试验数据，包括所选用膜材的杨氏模量和剪裁补偿值（应通过双轴拉伸试验确定）。

2. 膜结构在方案阶段需要考虑的问题 主要包括预张力的大小及张拉方式；根据控制荷载来确定膜片的大小和索的布置方式；考虑膜面及其固定件的形状以避免积水（雪）；关键节点的设计，以避免应力集中；考虑膜材的运输和吊装；耐久性与防火考虑。

3. 张拉膜结构在设计阶段所要考虑的要点 保证膜面有足够的曲率，以获得较大的刚度和美学效果；细化支承结构，以充分表达透明的空间和轻巧的形状；简化膜与支承结构间的连接节点，降低现场施工量。

4. 主要的膜结构设计软件如下 德国膜结构设计软件 easy10. 0，意大利膜结构设计软件 forten4000，同济大学膜结构设计软件 3D3S11. 0，上海交大膜结构设计软件 SMCAD4. 0，新加坡膜结构设计软件 WinFabric，日本太阳膜结构设计软件 Images，中国建筑科学研究院结构所空间结构室膜结构设计软件 MEMBS，澳大利亚膜结构设计软件 FABDES。

5. 基布设计的主要内容

（1）基布的原料。使用最多的是高强聚酯纤维、玻璃纤维和锦纶。工业中使用的高强聚酯纤维的特点是高强度、低收缩，强度在 5t/tex 以上，177℃时收缩率小于 49%，纤维的强度高，基布的纱线密度可小些，提高剥离强度和撕裂强度。锦纶纤维比聚酯纤维更加耐用，但伸长较大，价格更高。基布的选材也考虑芳纶、碳纤维、玻璃纤维。芳纶、碳纤维各项性能优异，但价格过于昂贵。玻璃纤维的优点在于不伸长，不会产生褶皱或鼓胀，同时可以反射热量，保持结构内部低温，但由于玻璃纤维在高温下会燃烧起烟而使其应用受到限制。

大多数基布都采用长丝而不用短纤，因为长丝强度和伸长特性好。使用收缩率较小和中等的纱线织成的织物，不需要进行热定型，但如果使用高收缩率长丝织成的织物，在涂层前一定要经过热定型，以免涂层时过度收缩。基布在织造时，一定要保证经纱片纱的张力均匀，否则涂层织物上会明显地出现疵点。织物的幅宽当然越宽越好，宽幅机织物最宽可达 5m。应用中可根据结构的形状和大小，对织物进行裁切和拼接。拼接可以采用热压熔接以使风和雨不能透过，可采用专门技术保证熔接良好。

（2）基布的类型。基布可以是机织织物、针织织物和非织造布。当要求织物坚牢、稳定性好时，往往选用机织物，且一般采用平纹或斜纹等简单的组织结构，有时也采用经编、非织造缝编织物。经编衬纬组织是一种比较理想的组织，在织物中经纬纱都是挺直的，纤维的强力能得到充分发挥，织物的尺寸稳定性也很好。实际应用中，具体组织的选用，应视产品的用途而定，还要考虑成本等因素，最终做出合理的设计。此外，基布组织结构的疏密程度对膜结构材料的质量也有很大的影响。一般基布的质量为 112～198g/m^2。组织结构疏松，撕裂强度高，剥离强度也好，更适于层压加工。厚密型基布有助于提高涂层织物的抗张强力以及耐热、保温等性能，但基布的组织紧密，涂层剂渗透量小，要求涂层剂与基布纤维有较大的黏结力才能连成一体。另外纱线活动余地小，会导致涂层织物的撕裂强度下降。

总之，用于膜结构建筑中的膜材是一种具有强度，柔韧性好的薄膜材料，是由纤维编织成织物基材，在其基材两面以树脂为涂层所加工固定而成的材料，中心的织物基材分为聚酯纤维和玻璃纤维，而作为涂层使用的树脂有聚氯乙烯树脂（PVC），硅酮（silicon）

及聚四氟乙烯树脂（PTFE），在力学上织物基材及涂层分别影响下列的功能性质。织物基材影响抗拉强度，抗撕裂强度，耐热性，耐久性，防火性。涂层材影响耐候性，防污性，加工性，耐水性，耐化学品、透光性。

三、防水基材

防水材料没有统一的定义，防水技术的不断更新也加快了防水材料的多样化，总体来说，防止雨水、地下水、工业和民用的给排水、腐蚀性液体以及空气中的湿气、蒸气等侵入建筑物的材料基本上都统称为防水材料。防水材料主要有三类：防水卷材、聚氨酯防水材料、新型聚合物水泥基防水材料。

（一）防水材料分类

防水材料主要有以下三类。

1. 防水卷材　主要用于工程施工，如屋顶、外墙等。

2. 911 聚氨酯防水材料　防水卷材含有挥发性毒气，施工要求严格，且造价昂贵。

3. 新型聚合物水泥基防水材料　材料由有机高分子液料和无机粉料复合而成，融合了有机材料弹性高和无机材料耐久性好的特点，涂覆后形成高强坚韧的防水涂膜，是家庭防水的常见材料。

喷涂聚脲防水涂层采用的材料有喷涂聚脲防水涂料、底涂料、涂层修补材料、层间处理剂、隔离材料以及密封剂、堵缝料、面漆、防滑材料（石英砂、橡胶粒子等）、防污胶带、加强层材料（如卷材、涂料、玻璃纤维布、化纤非织造布、聚酯非织造布）等。材料进场检查是杜绝在施工中使用不合格材料的重要手段。

《2013～2017 年中国防水材料行业调研与前景预测报告》研究中国建筑 90% 以上的防水对象是混凝土构件，防水要根据混凝土特性来选择方案以解决问题，混凝土一般除了结构自防水以外，还必须构筑柔性防水层，采取刚柔相济的措施，才能达到最佳的防水效果。柔性防水层防水的关键在于密封，而不是遮挡，密封的核心在于黏结，黏结的有效性和持久性在于能否与混黏土基层形成坚固有效的化学交联结构。

国内的防水卷材市场，充斥着大大小小的各类卷材生产商，产品优劣不等，效果好坏不等，其中存在的各个时代的产品在施工中的操作要求也高低不一，CPS 反应粘专利技术是国内的金雨伞公司针对此产品而开发的适用于解决普通防水卷材与混凝土黏结过程中因受环境湿热循环、水汽溶胀、基层运动等因素的影响，产生脱粘、空鼓等问题而开创的独特黏结技术，在高密度聚乙烯薄膜的单面或者双面附和 CPS 反应粘密封强力胶，这样就能够达到很好的防水效果

（二）防水涂料的特点

1. 防水涂料在固化前呈黏稠状液态　施工时不仅能在水平面，而且能在立面、阴阳角及各种复杂表面，形成无接缝的、完整的防水膜。

2. 使用时不需加热　既减少环境污染，又便于操作，改善劳动条件。

3. 形成的防水层自重小　特别适用于轻型屋面等防水。

4. 形成的防水膜有较大的延伸性、耐水性和耐候性　能适应基层裂缝的微小的变化。

5. 防水且具有黏性 涂布的防水涂料，既是防水层的主体材料，又是胶黏剂，故黏结质量容易保证，维修也比较简便。尤其是对于基层裂缝、施工缝、雨水斗及贯穿管周围等一些容易造成渗漏的部位，极易进行增强涂刷、贴布等作业的实施。

四、隔音隔热材料

建筑用隔音、隔热材料主要用于建筑物内部。

1. 建筑用隔音材料 其中隔音的主要目的在于改善可听度、保持声音的保真性和防止不和谐的声音。所采用的材料主要有地毯、纺织墙布、窗帷等，可以减少的回响时间为普通居室约0.5s，大型建筑物约10s。

2. 建筑用隔热材料 房屋周围包裹的材料用于建筑物隔热，既可节省取暖、制冷所需要的费用，且湿气可以穿过围裹材料，防止内墙面凝露。图3-3是隔热材料的安装示意图，隔热材料被放置在屋面材料与钢结构之间，可起到隔热和防止潮气进入内墙面的作用。

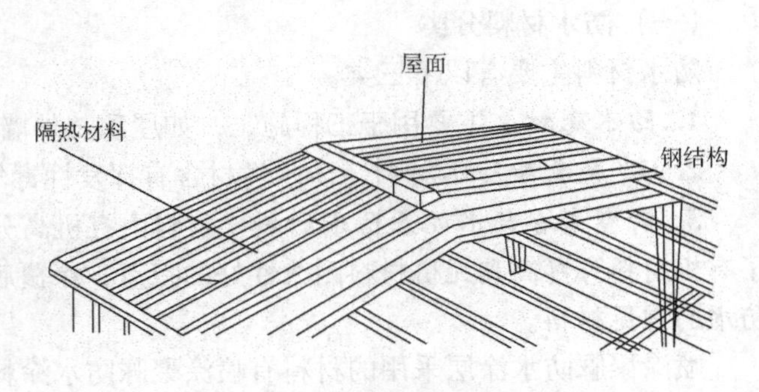

图3-3 隔热材料的安装示意图

目前，建筑用隔音、隔热材料在我国的发展还处于起步阶段。我国拥有大量的纺纱织布企业，这些企业生产车间中存在的一个最让人头疼的问题就是噪声太大，室内温度不好控制，所以有必要加大对建筑用隔音隔热材料的研发力度，尽早开发出具有较高使用价值和经济价值的建筑用隔音、隔热材料。

第二节 建筑用纺织品施工工艺技术与专用设备

一、纤维混凝土施工技术

1. 钢纤维混凝土的原材料规定

（1）钢纤维的种类、规格、质量应符合设计要求。

（2）配制钢纤维高强混凝土宜选用质地坚硬、级配良好的河砂，其细度模数不宜小于2.4。

（3）粗骨料应选用质地坚硬、级配良好的石灰岩、花岗岩、辉绿岩等碎石或碎卵石，粒径不宜大于20mm和钢纤维长度的2/3。

（4）当粗骨料粒径大于20mm时，应选用适宜的纤维，并经试验检测达到设计要求后方可使用。

2. 钢纤维混凝土配制规定

（1）钢纤维混凝土应满足结构设计对强度等级（包括抗压强度、抗拉强度、弯曲韧度比等）的要求。

（2）钢纤维混凝土的钢纤维体积率应根据设计要求确定；当设计无要求时，不应小于0.35%；对高强度（抗拉强度不低于1000MPa）的异形钢纤维不应小于0.25%；钢纤维预应力混凝土中钢纤维用量宜为80kg/m。

（3）钢纤维混凝土的水胶比不宜大于0.50，对于以耐久性为主要要求的钢纤维混凝土不得大于0.45，每方混凝土的水泥用量（或胶凝材料总用量）不宜小于360kg。

（4）钢纤维混凝土的稠度可参照同类工程对普通混凝土所要求的稠度确定，其坍落度值可比相应普通混凝土要求值小20mm，其维勃稠度值与相应的普通混凝土要求值相同。

3. 钢纤维混凝土搅拌规定

（1）钢纤维混凝土宜采用带有布料装置的纤维混凝土专用搅拌机搅拌。

（2）搅拌工艺应确保钢纤维在拌和物中分散均匀，不产生结团，宜优先采用将钢纤维、水泥、粗细骨料先干拌而后加水湿拌的方法。

（3）钢纤维混凝土投料顺序、搅拌方法和搅拌时间应通过现场匀质性试验确定。其搅拌时间应较普通混凝土适当延长1～2min。

4. 钢纤维混凝土浇筑方法　应保证钢纤维的分布均匀性和结构的连续性。

5. 合成纤维混凝土用原料要求　纤维的种类、规格、质量应符合设计要求。

6. 合成纤维混凝土配制规定

（1）合成纤维的体积率应符合设计要求；设计无要求时，宜在0.05%～0.3%的范围内选取。

（2）合成纤维混凝土的坍落度可比普通混凝土相应要求降低。当坍落度不满足要求时，可调整外加剂或在保持水胶比不变的条件下适当增加用水量。

7. 合成纤维混凝土施工规定

（1）合成纤维混凝土搅拌时间应通过现场搅拌试验确定，并应较普通混凝土规定的搅拌时间适当延长40～60s，以确保纤维在混凝土拌和物中分散均匀。

（2）采用平板振捣器捣实，振捣时间为20s左右至并无可见空洞为止。

（3）混凝土接近初凝时方可进行抹面，抹面应光滑，抹面时不得加水，抹面次数不宜过多。

二、防水材料的施工工艺技术

（一）喷涂施工工艺

喷涂聚脲防水涂料的施工可概况为基层的处理和聚脲涂料的喷涂两个方面。

1. 基层表面处理的基本内容　大体可包括基层的打磨、除尘和修补、基层的干燥、基层的防污、嵌缝料和密封胶及增强层的施工、基层处理剂的涂刷等。

2. 施工前检查　在喷涂施工前应检查经处理后的基层状况，在确认达到施工要求后才可进行施工。

（二）施工总则

（1）每一批聚脲防水涂料在进行喷涂作业前7天，应采用喷涂设备现场制样，并按相关规定检测喷涂聚脲防水涂料的拉伸强度和断裂伸长率，提交涂料现场施工质量检测报告。

（2）在喷涂作业前进行的基层处理可能会产生大量的灰尘，而在喷涂作业进行中，大量的雾化物料很容易四处飞散，造成环境污染，尤其是聚脲涂层的黏结强度很高，大量的雾化物料黏污物是很难清除的，故在施工前应对作业面以外易受施工飞散物料污染的部位采取必要的遮挡措施。

（3）喷涂施工作业现场若在室内或封闭空间内，应保持空气的流通；在进行喷涂作业之前，应确认基层、聚脲防水涂料、喷涂设备、现场环境条件、操作人员等均应符合相关工程技术规程的规定和设计要求后，方可进行喷涂施工作业，喷涂作业前的检查通常应包括对基层及细部构造的处理、材料的质量、设备运行状况、环境条件、人员培训等方面的检查，这对于保证施工质量是至关重要的。

（4）每一种底涂料都具有各自特定的陈化时间，在陈化时间内，其能与后续涂层通过化学键实现良好的黏结，反之，超出其陈化时间，底涂层的表面反应活性降低，故在底涂层验收合格后，应在喷涂聚脲防水涂料生产厂家规定的间隔时间内进行喷涂作业，若超出了规定的间隔时间，则应重新涂刷底涂层。

（5）聚脲防水涂层若存在漏除、针孔、鼓泡、剥落及损伤等病态缺陷时，应及时进行修补，喷涂作业完工后，不能直接在涂层上孔、打动或用重物撞击，严禁直接在聚脲涂层表面进行明火烘烤、热熔沥青材料等的施工，以免破坏涂层的防水效果。

（6）喷涂聚脲防水工程的施工包括基层表面处理和聚脲涂料的喷涂作业两个基本的工序，在现场施工时，必须按工序、层次进行检查验收，不能待全部完工后才进行一次性的检查验收，施工现场应在操作人员自检的基础上，进行工序间的交接检查和专职质量人员的检查，其检查结果应有完整的记录，若发现上道工序质量不合格，必须进行返工或修补，直至合格方可进行下道工序的施工，并应采取成品保护措施。

三、专用设备

（一）喷涂防水材料专用设备

喷涂设备包括专用的主机与喷枪，以及空压机等其他工具。喷涂聚脲防水材料设备宜采用具有双组分枪头喷射系统，还应具备物料输送、计量、混合、喷射和清洁功能。当前喷涂聚脲常用的喷涂作业设备主要是采用双组分、高温高压、无气撞击内混合、机械自清洗。喷涂设备的配套装置如料桶加热器、搅拌器、空气干燥机等对保证喷涂作业顺利进行尤为重要。

（二）土工织物生产专用设备

1. 加工流程

（1）机织法流程。化学长丝→织机织造→热压辊热熔黏合。

（2）经编法流程。化学长丝→经编机织造→后整理。

（3）纺粘法流程。聚合物切片→切片烘燥→熔融挤压→纺丝→冷却→牵伸→分丝→铺网→加固（热压、黏合剂、针刺）→切边→卷绕。

（4）针刺法流程。短纤→梳理机→棉网→铺网→针刺→非织造布。

2. 加工原理

（1）机织法原理。经纬交织、交织点热熔黏合。

（2）经编法原理。一组或几组纱片（每组纱片由很多根纱线组成）中同一根纱线沿织物的经向（纵向）形成一个个线圈形成的织物（图3－4）。

（3）纺粘法原理。纺粘非织造原理。

（4）针刺法原理。针刺非织造原理。

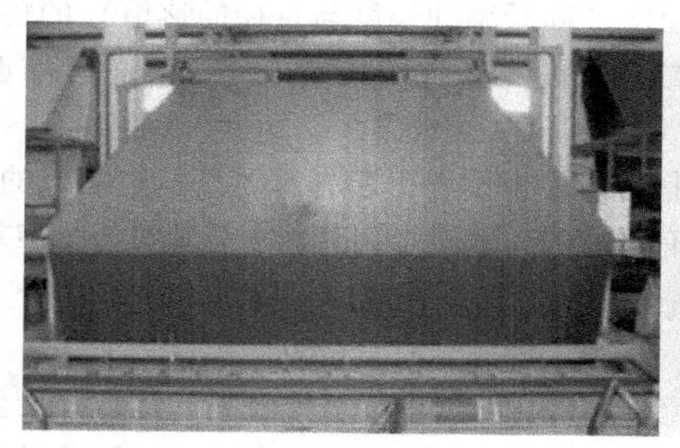

图3－4　编织土工布图

第三节　建筑用纺织品的特殊性能要求

一、建筑用纺织品结构材料优点

1. 普适性优点

（1）可以极大地缩短建造周期，显著节约建筑材料，降低建筑成本。

（2）能极大减轻结构的重量，织物“外壳”的重量只有砖瓦、泥灰、钢材等常规外壳材料重量的1/30。

（3）能建造大跨度建筑，这是大型公共场所、体育馆、展览厅、材料设备库房所需要的。

（4）能较好地承受地震等严重破坏力，不易受机械损伤，一旦受损修补也比较容易。

（5）可以随意设计各种形状的外观，可灵活安装拆卸。

（5）界面摩擦特性。

（6）接头/接缝强度。

（7）抗伸蠕变和拉伸蠕变断裂性能。

（8）抗磨损性。

2. 土工织物的水力学性能指标

（1）土工织物的等效孔径。

（2）土工布的渗透性能。

（3）土工布的淤堵性能。

3. 建筑用纺织品耐久性指标

（1）老化特性。

（2）抗化学腐蚀。

（3）耐热性。

（4）蠕变性能。

二、纤维混凝土的性能要求

制造纤维混凝土主要使用具有一定长径比（即纤维的长度与直径的比值）的短纤维，但有时也使用长纤维（如玻璃纤维无捻粗纱、聚丙烯纤化薄膜）或纤维制品（如玻璃纤维网格布、玻璃纤维毡），其抗拉极限强度可提高30%～50%。

纤维在纤维混凝土中的主要作用是限制由于外力作用引起的水泥基料中裂缝的扩展。在受荷（拉、弯）初期，当配料合适并掺有适宜的高效减水剂时，水泥基料与纤维共同承受外力，而前者是外力的主要承受者；当基料发生开裂后，横跨裂缝的纤维成为外力的主要承受者。

若纤维的体积掺量大于某一临界值，整个复合材料可继续承受较高的荷载并产生较大的变形，直到纤维被拉断或纤维从基料中被拔出，以致复合材料破坏。与普通混凝土相比，纤维混凝土具有较高的抗拉与抗弯极限强度，尤以韧性提高的幅度为大。

三、膜结构特性

膜结构作为一种建筑体系所具有的特性主要取决于其独特的形态及膜材本身的性能，用膜结构可以创造出传统建筑体系无法实现的设计方案。

1. 轻质 张力结构自重小的原因在于它依靠预应力形态而非材料来保持结构的稳定性。从而使其自重比传统建筑结构的小得多，但却具有良好的稳定性。建筑师可以利用其轻质大跨的特点设计和组织结构细部构件，将其轻盈和稳定的结构特性有机地统一起来。

2. 透光性 透光性是现代膜结构最被广泛认可的特性之一。膜材的透光性可以为建筑提供所需的照度，这对于建筑节能十分重要，对于一些要求光照多且亮度高的商业建筑等尤为重要。通过自然采光与人工采光的综合利用，膜材透光性可为建筑设计提供更大的美学创作空间。夜晚，透光性将膜结构变成了光的雕塑。

膜材透光性是由它的基层纤维、涂层及其颜色所决定的。标准膜材的光谱透射比为10%～20%，有的膜材的光谱透射比可以达到40%，而有的膜材则是不透光的。膜材的透光性及对光色的选择可以通过涂层的颜色或是面层颜色来调节。

通过膜材和透光保温材料的适当组合，可以使含保温层的多层膜具有透光性。即使光谱透射只有几个百分点，膜屋面对于人眼来说依然是发亮和透光的，具有轻型屋面的观感。

3. 柔性 张拉膜结构不是刚性的，其在风荷载或雪荷载的作用下会产生变形。膜结构通过变形来适应外荷载，在此过程中荷载作用方向上的膜面曲率半径会减小，直至能更有效抵抗该荷载。

张拉结构的灵活性使其可以产生很大的位移而不发生永久性变形。膜材的弹性性能和预应力水平决定了膜结构的变形和反应，适应自然的柔性特点可以激发人们的建筑设计灵感。

不同的膜材的柔性程度也不相同，有的膜材柔韧性极佳，不会因折叠而产生脆裂或是破损，这样的材料是有效实现可移动、可展开结构的基础和前提。

4. 雕塑感 张拉膜结构的独特曲面外形使其具有强烈的雕塑感。膜面通过张力达到自平衡，负高斯膜面高低起伏具有的平衡感使体型较大的结构看上去像摆脱了重力的束缚般轻盈地飘浮于天地之间。

张拉膜结构可使建筑师设计出各种张力自平衡、复杂且生动的空间形式，在一天内随着光线的变化，雕塑般的膜结构通过光与影而呈现出不同的形态。日出和日落时，低入射角度的光线将凸现屋顶的曲率和浮雕效果，太阳位于远地点时，膜结构的流线型边界在地面上投下弯弯曲曲的影子。利用膜材的透光性和反射性，经过设计的人工灯光也可使膜结构成为光的雕塑。

5. 安全性 按照现有的各国规范和指南设计的轻型张拉膜结构具有足够的安全性。轻型结构在地震等水平荷载作用下能保持很好的稳定性。

由于轻型结构自重较轻，即使发生意外坍塌，其危险性也较传统建筑结构小。膜结构发生撕裂时，若结构布置能保证桅杆、梁等刚性支承构件不发生坍塌，其危险性会更小。

膜结构的柔性使其在任一荷载作用下均以最有利的形态承载，结构的布置和形状要根据荷载情况来进行设计和调整。设计要确定膜面与其辅助结构协调工作，以避免力在膜面或辅助结构上集中而达到结构破坏的临界值。

四、建筑和设施用涂层织物性能要求

1. 涂层产业用纺织品的性能要求 取决于其使用领域，主要要求是：抗拉强度大、伸长合适、熔点高、防水、韧度高、抗腐烂、防霉、耐气候影响、抗老化、干湿状态尺寸稳定性好、涂层耐高温和低温、阻燃、耐磨损和抗撕裂、重量轻、挠曲性好、基布和涂层剥离强度好等，当然成本要低。对设施和建筑用涂层织物来说，耐疲劳以及有关疲劳的时效性很重要。

由于涂层织物常暴露于室外，因此，抗老化性能很关键。气候影响使纤维增强材料和涂层物质两者都产生降解，从而对其性能和运行特性产生负面影响。特别是紫外辐射使某些合成材料降解。涂层织物的寿命取决于涂层材料阻断紫外线辐射的强度。因此，涂层时要把整个织物的组织交叉点都覆盖住，这一点很重要。

2. 永久性建筑用篷面织物主要功能要求 篷面织物用于建筑时，面临的主要挑战是要有足够的坚牢度和稳定性，能抵御大风、暴雨和大雪。多向拉伸设计的关键，是可以采用多元工程技术和计算机辅助设计。织物的结构应该具有所需要的曲线、轮廓和坡度，并和设施的构架相匹配。充气结构篷面是一个不透气织物的组件，用锚固和连接方式固定在基础或挡土墙上。然后用泵压入空气把织物鼓胀撑紧。所需气压为大气压的100.3%。这样微小的正压差别，居住者很难察觉。当气压下降，设施中的空压泵会自动使其恢复鼓胀状态。进出口采用单气阀系统，以尽量减小压力损失。有时采用双层外壳织物，夹层内就可以充入不流动的空气以发挥隔热作用，并可以采用容纳隔声材料，以改进声学特性和采取热空气循环以融化积雪等。

“半永久性”的篷面建筑中，绝大多数使用聚酯织物进行PVC涂层后，再用聚氨酯进行表面处理。永久性篷面建筑常使用聚四氟乙烯涂层的玻璃纤维机织物，这类材料可用20年，比PVC涂层织物相对要贵一些。

五、功能性地毯的性能要求

1. 剥离强度 剥离强度是衡量功能性地毯面层与背衬复合强度的一项性能指标，也是衡量功能性地毯复合后耐水性的指标。

2. 黏合力 黏合力用来衡量地毯绒毛固着于背衬上的牢度。

3. 耐磨性 地毯耐磨性的数据，可为地毯耐久性提供依据。

4. 回弹性 衡量地毯绒面层的弹性，即地毯在动力荷载作用下，其厚度损失的百分比。

5. 静电 静电用来衡量地毯的带电和放电情况。静电大小与纤维本身导电性有关，一般来说，化学纤维地毯不经过处理或是纤维导电性差，其所带静电就比羊毛地毯多，静电大，易吸尘，难扫除。

6. 老化性 老化性用来衡量地毯经过一段时间光照和接触空气中的氧气后，化学纤维老化降解程度。

7. 耐燃性 凡燃烧时间在12min内，燃烧的直径在179.6mm以内的都为合格。

8. 耐菌性 功能性地毯作为地面覆盖物，在使用过程中，易被虫、菌所侵蚀且易发生霉烂变质。凡能耐受8种常见霉菌和5种常见细菌的侵蚀而不长菌和发生霉变的，均认为合格。

第四节 高端建筑用纺织品应用实例

一、膜结构应用实例

我国膜结构建筑虽然起步较晚，但是发展速度非常快。1997～2001年，五年内我国建造的膜结构达37万吨；2003年建造的膜结构约为18万吨；2005年、2006年建造的膜结构分别超过33万吨和40万吨。2008年北京奥运会、2010年上海世博会和广州亚运会的举行，以及各种类型的展览馆建设，使得我国迎来了膜结构建筑的发展高峰期，这几年间我国膜结构建筑的建造规模扩张非常迅速。

目前，全世界膜结构的著名生产企业主要集中在美国、日本和德国等少数几个发达国家。其中大部分的著名生产企业都具备产品的研发、设计、生产这一产业全业务链模式经营。而作为膜结构的主要材料，目前市场上主要是以PVC膜、PVF膜、PVDF膜、PTFE膜乃至最新的ETFE膜材为主。

（一）工程实例

膜结构在中国也不乏工程实例，其中规模最大、最具影响力的膜结构要数1997年竣工的上海八万人体育场看台罩棚张拉膜结构工程。但该膜结构为美国Weidlinger公司设计制作，由此可以看出中国在该领域与国外先进国家的差距。影响中国膜结构广泛应用的主要因素有国产膜材料性能差，而进口膜材料价格高；尚无商业性的膜结构计算辅助设计系统；人们对膜结构缺乏足够的认识等。

2008年竣工的北京奥运会场馆“鸟巢”和“水立方”的膜结构采用ETFE膜材，是目前国内最大的ETFE膜材结构建筑，膜材采用进口产品。“鸟巢”采用双层膜结构，外层用 ETFE 防雨雪防紫外线，内层用 PTFE 达到保温、防结露、隔音和光效的目的。“水立方”采用双层 ETFE 充气膜结构，共 1437 块气枕，每一块都好像一个“水泡泡”，气枕可以通过控制充气量的多少，对遮光度和透光性进行调节，有效地利用自然光，节省能源，并且具有良好的保温隔热、消除回声，为运动员和观众提供温馨、安逸的环境。

目前，国内膜结构发展振奋人心，一些大型体育馆、候机大厅等建设工程的启动以及 2010 年上海世博会和广州亚运会等国际盛会的举办，为中国膜结构的发展带来了机遇和挑战。尤其在膜材方面，中国起步晚，技术水平低，大部分膜材还主要依靠进口。PTFE、PVC 和表面改性的 PVC、ETFE 等膜材是市场的主流，应用比较广泛。中国已有 PTFE 膜材的自主知识产权，性能也基本达到国外同类产品的要求。很多公司、科研单位以及高校都在进行 PVC 表面涂层材料的研究，如 PVDF、纳米 TiO_2 表涂剂等的研究已初见成效，另外在表面防污自洁处理方面的研究如仿生荷叶构筑微粗糙表面也开始起步。在引进世界一流的生产设备和工艺技术的同时，加紧消化吸收并改进创新，尽快开发适合中国市场需求的膜材表面处理技术，对提升中国整个产业用纺织品产品档次和市场竞争力都具有重要意义。

我国应用建筑薄膜材料的投影面积在 10000m^2以上的大型体育场馆见表 3－1。

表 3－1　我国应用膜材料的大型体育场馆

体育馆名称	膜材投影面积（$\times 10^4 m^2$）	膜材类型	建成时间
广州黄埔体育场	1.0	PVC 膜材	2000 年
义乌体育场	1.6	PVC 膜材	2001 年
青岛颐中体育场	3.0	PVC 膜材	2001 年
武汉体育中心	3.0	PVC 膜材	2001 年
威海体育中心	2.5	PVC 膜材	2001 年
烟台体育馆	1.6	PVC 膜材	2001 年
郑州航海体育馆	2.0	PVC 膜材	2001 年
鸟巢	4.2	ETFE 膜	2008 年
水立方	10	PTFE 膜	2008 年
上海世博轴	7.0	ETFE 膜材	2010 年

（二）索膜结构

索膜结构是用高强度柔性薄膜材料经受其他材料的拉压作用而形成的稳定曲面，能承受一定外荷载的空间结构形式。其造型自由、轻巧、柔美，充满力量感，具有节能、使用安全等优点，因而使它在世界各地受到广泛应用。在阳光的照射下，由膜覆盖的建筑物内部充满自然漫射光，无强反差的着光面与阴影的区分，室内的空间视觉环境开阔和谐；夜晚，建筑物内的灯光透过屋盖的膜照亮夜空，建筑物的体型显现出梦幻般的效果。这种结构形式特别适用于大型体育场馆、入口廊道、公众休闲娱乐广场、展览会场、购物中心等领域。张拉膜结构是依靠膜自身的张拉应力与支撑杆和拉索共同构成机构体系，张拉整体结构（Tensegrity）是由一组连续的拉杆和连续的或不连续的压杆组合而成的自应力、自支撑的状杆系结构，其中“不连续的压杆”的含义是压杆的端部互不接触，即一个节点上只连接一个压杆。特别适合用来建造城市标志性建筑的屋顶，如体育与娱乐性场馆，需有广告效应的商场、餐厅等。城市的交通枢纽因其使用功能要求建筑物各组成单元的标志明确。这类建筑越来越多采用膜结构。优美造型的膜材、不锈钢配件和紧固件加上设计轻巧合理，表面处理严格的钢结构支撑，塑造出形式美观、设计合理的膜结构，在当今世界范围内的建筑环境设计中占有举足轻重的地位。

（三）膜结构工程

用于膜结构建筑中的膜材是一种具有强度、柔韧性好的薄膜材料，是由纤维编织成织物基材，在其基材两面以树脂为涂层材所加工固定而成的材料，中心的织物基材分为聚酯纤维和玻璃纤维，而作为涂层材使用的树脂有聚氯乙烯树脂（PVC），硅酮（silicon）及聚四氟乙烯树脂（PTFE），在力学上，织物基材和涂层材分别影响下列的功能。织物基材影响抗拉强度，抗撕裂强度，耐热性，耐久性，防火性。涂层材影响耐候性，防污性，加工性，耐水性，耐化学品，透光性。

（四）结构应用

文化设施应用包括展览中心、剧场、会议厅、博物馆、植物园、水族馆等；体育设施应用包括体育场、体育馆、健身中心、游泳馆、网球馆、篮球馆等；商业设施应用包括商场、购物中心、酒店、餐厅、商店门头（挑檐）、商业街等；交通设施应用包括机场、火车站、公交车站、收费站、码头、加油站、天桥连廊等；工业设施应用包括工厂、仓库、科研中心、处理中心、温室、物流中心等；景观设施应用包括建筑入口、标志性小品、步行街、停车场等。

二、屋顶纺织品防水材料应用

建筑防水材料是重要的建筑功能材料，最近几十年来，纺织材料在建筑防水材料中的应用得到了飞速的发展，用量与品种逐年增加。建筑防水漏用材料广泛用于屋面、墙面、接触地面的建筑构件，以及引水渠、防洪堤、土石坝、尾矿坝、电厂灰坝、围堰、隧道、涵洞、水闸、蓄水池、蒸发池、工业废料拦蓄池或堆场、垃圾处理站、体育场地以至人造湖泊和水产养殖业等的防水渗漏工程。

目前，建筑防水用纺织材料主要应用于沥青防水卷材（油毡）的胎基、高分子防水片材的复合增强和防水涂膜的加强层等。沥青防水卷材的胎基主要采用非织造布，这种胎基与过去采用原纸、玻璃纤维等胎基相比，具有抗拉强度高，延伸性好，耐穿透，耐腐蚀，抗撕裂，对水和温度不敏感等优点。它一般以涤纶或维纶为原料，常用的纤维是线密度为0.33～0.44tex，长度为51～75mm的短纤维或长丝，采用干法成网、针刺加固法非织造布或纺丝成网非织造布为胎基材料（定量为100～150g/m^2，厚度为3～8mm），将非织造布连续浸入熔融的沥青浴，沥青浴中的温度梯度保持在140℃（近非织造布表面处）和150℃（近浴底处）。非织造布由垂直方向送入浴底而斜向从浴中移出至空气中，因此，布中含的空气逐渐为沥青所代替。布从沥青浴中取出并经轧辊去除多余的沥青后逐渐冷却，因而，在布的两面即均匀地覆盖沥青，再在布的表面涂以防粘石粉，即成制品。若在非织造布上涂改性沥青，则成为沥青防水油毡中的耐久性最好、品质最高的高档防水卷材。

高分子防水片材的复合增强是采用涤纶或维纶非织造布作为增强材料，这种复合片材是由高分子片材与基布（非织造布）进行复合，以改善其尺寸稳定性和力学性能，还有一种补强复合材料，是指强度依赖补强布的复合材料。美国除生产无增强的高分子片材之外，也生产以稀疏布（或织物）内增强的高分子片材和加入纤维增强的片材，同时还生产以织物为背衬的增强复合片材。德国有涤纶稀疏布增强的 PVC 屋片膜，其强度特别高，且耐穿刺性能非常好。也有在非织造布表面涂覆氯丁橡胶制成防水片材，其防水性能很好，但制品价格较高，防水涂膜加强层一般是采用涤纶毡和短纤维，在现场铺设的热施工和冷施工叠层中得到越来越多的应用，它是以橡胶改性沥青作为防水剂，以涤纶毡作为增强层，这实际上是工厂生产叠层用沥青油毡在施工现场的翻版。在防水涂膜中除采用非织造布作为加强层外，也有采用机织物或针织物作为加强层的。

三、防护网的应用

（一）滑雪场保护网

根据国际滑雪协会的规定，冬季滑雪场应安装保护网，以最大程度地保证安全。在这方面，拉舍尔无结经编网显示了其最大优势，其表面光滑，滑雪者撞到网上也不会受伤。各种危险地段，如悬崖、隧道口、桅杆边等可使用这种保护网。

（二）防落石保护网

用于斜坡、堤坝、矿井和隧道中防止落石，将这些防腐性的防护网横贯斜坡悬吊起来，就能接住落石，保护道路；矿井中松动的岩石和矿石也能被保护网接住，使得采矿工的安全得以保障。保护网还可以进行特殊的防静电处理。

（三）高尔夫球场防护网

高尔夫球场四周安置的防护网安全地挡住击飞的高尔夫球，使这些球不致于对附近区域构成危害，同时也便于寻找高尔夫球。因为使用防护网隔开球场，减小了相邻球场的间隔，节省了空间。

四、新型建筑用纺织结构——创意建筑

（一）宏观结构类

慕尼黑技术大学（the Technical University of Munich）的 Katrin Fleischer 的作品——可展开的屋顶（图 3－5），是一种由筒拱形可折叠支承格栅及用可弯曲板条靠张力固定的一体化膜覆盖物组成的可移动篷盖。

图 3－5　可展开的屋顶

马德里欧洲大学（the EuropeanUniversity of Madrid）的 Margarita Fernández Colombás、Miguel Ángel Maure Blesa、Raquel Ocón Ruiz 和 Hugo Cifre 的作品——Espacio de la Nube（图3-6）。该作品以充气帐篷技术为基础，这种技术常用于有顶的网球场，完美呈现了美学、结构和空间维度的复杂性。

图3-6 作品“Espacio de la Nube”

德国安哈尔特应用技术大学（the Anhalt University of Applied Sciences）的 Ahmad Nouraldeen 设计的“难民营用的帐篷安置房”（图3-7）。作品的外观和功能上，很容易让人联想起美洲印第安人的棚屋。不过，它还结合了可再生能源，并通过保温材料和通风系统来提高帐篷的居住舒适度。

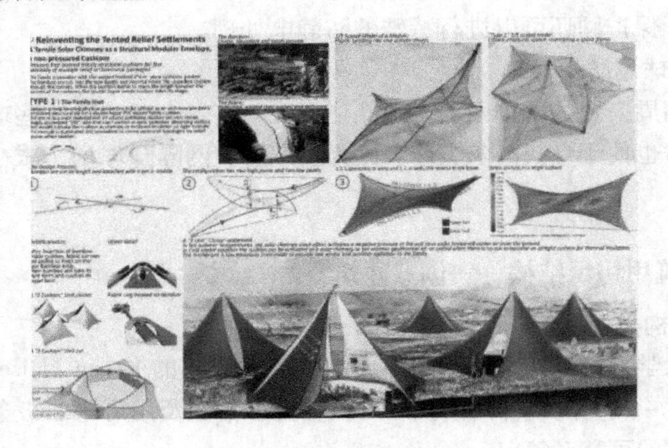

图3-7 难民营用的帐篷安置房

（二）微观结构类

葡萄牙米尼奥大学（the University of Minho in Portugal）的 Luani Costa 的作品是一种“智能化外观元件”（图3-8）。这种自适应系统由三角形膜元件组成。用户可根据风、雨和日晒等天气状况单独和集体开关这些元件。

维也纳科技大学（the Technical University of Vienna）的 Julia Mayer 设计的“Tryplo”（图3-9），是对纺织部件组成的模块系统的重新演绎。这些积木式部件采用四面体结构，可以组合成三维结构。除了玩具等方面的应用，该系统还适合用在家具和纺织结构中。

图3-8 智能化外观元件

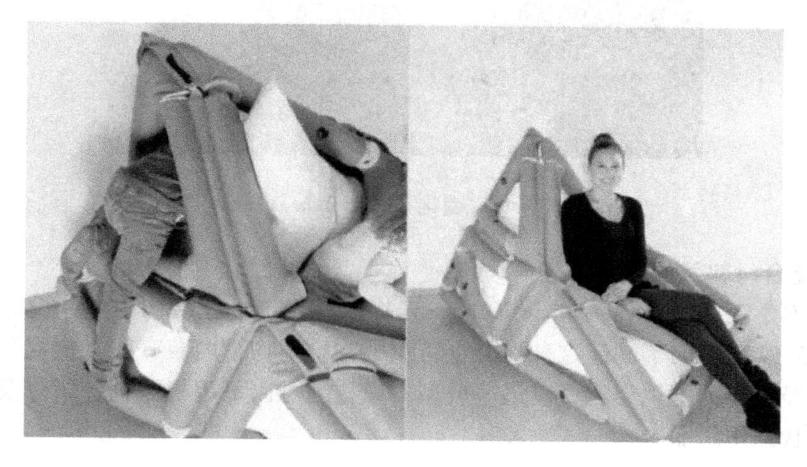

图3-9 作品“Tryplo”

（三）材料创新类

柏林艺术学院（the Berlin - Weissensee Academy of Arts）的Natascha Unger和Idalene Rapp设计的“石网（Stone Web）”（图3-10）。体现了轻质设计最重要的一面，是对建筑领域采用纤维基材料的突破性贡献。

图3-10 石网（Stone Web）

柏林艺术学院的Malu Lücking，Rebecca Schedler和Jack Randol设计的作品名为“变化石（Shifting Stone）”（图3-11），这是一种预制的玄武岩组织系统，可以作为自闭式墙体结构融入外墙，是一种可透光的结构。该材料展现了最硬石头之一——玄武岩做成的纤维，与将其转化为一种柔性、自我表现系统之间奇妙的关系。

图 3－11　变化石（Shifting Stone）

（四）复合材料及混合结构类

柏林艺术学院的 Anne－Kathrin Kühner 选择以混凝土纺织结构为主体设计了“水泥纺织品”（图 3－12）。为了制造这种混凝土纺织结构，织物管内装有高性能混凝土。这使得柔软的长丝经过混凝土填充后可以迅速成型，织物则可以采用机织、针织以及编结的形式制成各种形状的纺织品。

图 3－12　水泥纺织品

思考题

1. 建筑用纺织品应具备的主要性能。
2. 建筑用纺织品为什么需要进行涂层和层和？
3. 建筑用纺织品材料和水泥相比有何优越之处？

4. 用作增强水泥材料的纤维属于哪一类纤维？并阐述其功能。
5. 当建筑采用产业用纺织品时，论述其重要的织物和结构考虑因素。

参考文献

[1] 王东清．浅谈建筑用纺织材料的发展现状［J］．科技创业家，2014（09）：161.

[2] 刘文林．PVA 纤维增强混凝土柱抗震性能试验和数值模拟研究［D］．兰州：兰州理工大学，2016.

[3] 竺林．玻璃纤维涂层织物的现状及发展［Z］．成都：2005：41－43.

[4] 朱晓娜，左保齐．纺织品吸声隔音材料研究进展［J］．现代丝绸科学与技术，2010（02）：34－37.

[5] 屈泉，陈南梁．纺织品增强混凝土薄型板材的开发［J］．产业用纺织品，2004（08）：18－21.

[6] 杨旭红．非织造材料（纤维网）形态结构的表征与分形模拟［D］．苏州：苏州大学，2003.

[7] 李丛滩．废弃纤维增强聚氨酯保温板的制备及性能研究［D］．大连：大连工业大学，2016.

[8] 程秀菊．钢纤维混凝土的增强机理及断裂韧性的研究［D］．南京：河海大学，2005.

[9] 米永刚．建筑用纺织材料的应用研究进展［J］．棉纺织技术，2015（02）：78－81.

[10] 陈贵翠，李瑞洲，魏赛男，等．建筑用纺织品的性能与应用［J］．天津纺织科技，2007（02）：8－12.

[11] 王春红，王艳欣．建筑用纺织品的应用和发展［J］．非织造布，2005（02）：23－25.

[12] 黄耿利．建筑用纺织品在工程建筑领域中的应用与分析［J］．现代装饰（理论），2014（07）：165.

[13] 邹淑燕．建筑用纺织品在工程建筑领域中的应用与展望［J］．济南纺织服装，2011（02）：33－36.

[14] 蔡倩．建筑用纺织品筑就绿色宜居生活［J］．纺织服装周刊，2015（02）：30－31.

[15] 杜文琴，狄剑锋．建筑用拒水顶篷纺织材料研制及处理剂稳定性研究［J］．东华大学学报，2000（03）：76－79.

[16] 高丹盈，李晗，杨帆．聚丙烯—钢纤维增强高强混凝土高温性能［J］．复合材料学报，2013（01）：187－193.

[17] 赵志远．聚甲醛纤维的耐腐蚀性及其在水过滤用膜支撑材料上的应用研究［D］．杭州：浙江理工大学，2016.

[18] 陈遊芳．日本废旧纺织品再利用方式研究［J］．毛纺科技，2016（04）：60－64.

[19] 姚海伟，严瑛．新型经编针织物在建筑与土木工程领域的应用［J］．纺织科技进展，2016（12）：8－9.

[20] 刘子心．玄武岩纤维增强混凝土抗冻融性能试验研究［D］．沈阳：沈阳工业大学，2014.

[21] 李忠良．玄武岩纤维增强机场道面混凝土的力学性能研究［D］．沈阳：沈阳工业大学，2014.

[22] 荀勇．增强混凝土的方法与力学原理综述［J］．盐城工学院学报（自然科学版），2003（04）：1－5.

[23] 葛艳丽，王文斌．纤维混凝土的地震响应试验研究——基于国家 SRTP 项目研究成果［J］．中国科技投资，2012（33）：153－154.

[24] 褚选选，陶少华．纤维混凝土高温性能研究的概述［J］．卷宗，2013（2）：141.

[25] 战耀，刘丽，张晓明．浅谈对纤维混凝土的认识［J］．科技信息，2013（10）：457.

[26] 金萃．钢筋钢纤维混凝土剪力墙正截面抗裂因素影响分析［J］．中国西部科技，2009，8（12）：42－43.
[27] 张少波，华渊，姜稚清．C—P混杂纤维增强混凝土弯曲疲劳性能的试验研究［C］//全国结构工程学术会议．1998：59－63.
[28] 方少岩．钢纤维混凝土在混凝土路面工程中的应用［J］．黑龙江交通科技，2012（9）：23－23.
[29] 刘强，吕力行，任志丹，等．钢纤维喷混凝土技术在软岩巷道支护中的应用［J］．黄金，2015（8）：38－40.
[30] 田稳苓，黄承逵．钢纤维膨胀混凝土与钢筋粘结性能研究［J］．工业建筑，1999，29（7）：48－50.
[31] 刘兴跃，肖森．小区硬质景观施工中的问题及改进措施［J］．建筑与环境，2009（2）：88－90.
[32] 刘雍，马敬安．纺织膜结构材料及其发展趋势综述［J］．天津纺织科技，2006，44（1）：2－8.
[33] 陈鲁，李阳，张其林，等．膜结构双轴拉伸试验机的研制与开发［J］．科学技术与工程，2006，6（1）：17－22.
[34] 谢浩．世博会上的膜结构建筑［J］.21世纪建筑材料，2010（6）：20－23.
[35] 晓梦．水立方膜结构的梦幻魔方［J］．中国纺织，2008（7）：68－70.
[36] 张媛媛，朱国庆，韩如适．气承膜建筑材料燃烧特性试验［J］．消防科学与技术，2013，32（4）：360－363.
[37] 鞠广东，修剑平．浅论建筑装饰新语素——膜结构［J］．消费导刊，2009（17）：198－198.
[38] 商欣萍，储才元．建筑用膜结构材料［J］．产业用纺织品，2001，19（10）：12－15.
[39] 张之秋，杨文芳，顾振亚，等．建筑膜材的发展及应用现状［J］．新型建筑材料，2008，35（5）：78－81.
[40] 吴艳，辛立民．浅谈膜结构在工程中的应用［J］．四川建材，2013（6）：68－69.
[41] 王晖，王伟．ETFE膜结构在安装施工过程中存在问题的分析［J］．江苏建筑，2011（4）：46－47.
[42] 温艳芳．靓丽建筑——空间膜结构［J］．中国西部科技，2009，08（31）：1－2.
[43] 于永修．大跨空间结构的分类及发展特征［J］．科技信息：科学教研，2007（14）：347.
[44] 胡娟，薛茹．膜结构建筑的特点及应用展望［J］．河南建材，2005（1）：26－28.
[45] 邓绍云．建筑空间结构发展现状与展望［J］．山西建筑，2015（3）：21－23.
[46] 赵果，张萍．膜结构及其风振控制研究综述［J］．山西建筑，2006，32（13）：37－38.
[47] 邹宗勇，韩建，刘杭锋，等．PVC建筑膜材拉伸异向性能研究［J］．浙江理工大学学报，2010，27（2）：186－190.
[48] 章易．膜结构：一种全新的建筑形式［J］．苏南科技开发，2004（2）：32－33.
[49] 陈溪，冯志刚．膜材与膜建筑［J］．新型建筑材料，2004（7）：59－61.
[50] 肖正直．张拉索膜结构体系及其施工技术研究［D］．重庆大学，2004.
[51] 盛松．浅谈索膜结构的设计与施工［J］．工程与建设，2002（3）：15.
[52] 张雪峰．膜结构投标报价系统［D］．西安建筑科技大学，2007.
[53] 李英男，许元抚．张拉膜结构的概念设计［J］．科技创新与应用，2013（8）：220.
[54] 马明杰．建筑工程防水施工技术初探［J］．中国新技术新产品，2013（9）：178.
[55] 董建成，卞富伟．聚氨酯防水涂料的特点及应用［J］．科技信息，2010（7）：312－313.
[56] 石亮，赵杰，张宝香．高强混凝土应用概述［J］．黑龙江交通科技，2002，32（5）：34－35.

[57] 刘志杰，韩国建，边振江．钢纤维高强混凝土在抗爆工程中的应用研究［C］//全国纤维混凝土学术会议．2008.
[58] 姜浩亮．混凝土水化热对井壁和冻结壁的影响研究［D］．安徽理工大学，2007.
[59] 赵顺波，钱晓军，陈记豪，等．粗骨料对钢纤维混凝土性能影响的试验研究［J］．混凝土与水泥制品，2006（5）：45－48.
[60] 蒋奇志．隧道路面钢纤维混凝土配合比设计及性能研究［J］．中国新技术新产品，2011（14）：78－79.
[61] 那春雷．厦深铁路广东段施工方案设计［J］．广东建材，2013，29（3）：72－74.
[62] 王光辉，姚荣雁，涂生伟．重载铁路大跨度钢桁梁桥面防护体系施工技术［J］．铁道建筑，2014（12）：28－31.
[63] 张敏．南京大胜关长江大桥受力特性、计算方法、桥面疲劳和防腐问题研究［D］．中南大学，2010.
[64] 林会英．屋面防水工程质量与合理施工方案的相关性分析［J］．民营科技，2012（1）：201.
[65] 朱静静．谈建筑膜结构细部节点一般设计原则［J］．中国房地产业：理论版，2012（4）：161.
[66] 杨芳．多区块充气复合结构涂层织物的研制［D］．东华大学，2007.
[67] 张全贵，杨建宁．预拌混凝土长墙体裂缝事故的控制处理措施及预防［J］．商品混凝土，2012（12）.
[68] 杨启慧．公路隧道二次衬砌施工缺陷处治技术［J］．筑路机械与施工机械化，2012，29（12）：93－97.
[69] 黄金伟．落梁防止构造措施研究［J］．铁道勘测与设计，2013（2）：55－58.
[70] 贾哲，姜波，程光旭，等．纤维增强水泥基复合材料研究进展［J］．混凝土，2007（8）：65－68.
[71] 叶奕梁，徐朴．篷盖布类产品生产和应用的新发展［J］．纺织导报，1998（5）：43－51.
[72] 林新福，幸云．体育与娱乐用纺织品的进展（一）［J］．产业用纺织品，2001，19（4）：1－6.
[73] 余乐，王作文，刘冠男．膜结构在我国发展的综合探讨［J］．四川建筑，2008，28（5）：112－114＋117.

第四章　过滤与分离用纺织品

过滤指分离、捕集分散于气体或液体中颗粒状物质的一种操作，而过滤材料即为一种具有较大内表面和适当孔隙的，用以实现上述操作必不可少的物质。可以作为过滤材料的物质很多，如多孔性陶瓷、烧结金属及多孔薄板等，它们能够起到特定情况下一定程度的过滤作用，但具有一定的局限性。而纺织品过滤材料具有挠性、轻便、柔软、过滤效果好等特点，且可根据实际需要进行特殊整理以达到各种特殊用途要求的过滤效果，所以备受广大用户的欢迎。

2017 年以来，在国家对环保高度重视、重拳出击的大背景下，在国内长时间处于低迷状态的钢铁冶金、水泥等行业迅速复苏，景气指数大幅度跃升，行业利润水平迅速提升的大好形势下，过滤分离行业，尤其是高温烟气过滤领域面临着好的发展机遇。过滤与分离用纺织品可以分为三个领域：烟尘及工业粉尘控制用的袋除尘过滤材料、用于设备进风净化的空气净化用过滤材料、液固分离用过滤材料。市场总量在 110 亿元以上。

烟尘及工业粉尘控制用主要包括针刺毡滤料、水刺毡滤料、覆膜滤料、海岛纤维超细滤料等，应用领域除了常温尘气过滤和环境除尘，还包括燃煤电厂、钢铁冶金、水泥窑炉、垃圾焚烧、石油化工等高温、高腐蚀、氧化等严苛场合。2016 年袋除尘滤料市场大约为 50 亿元，产量每年以 15% 左右的速率增长。

我国空气净化与个体防护材料包括涵盖 G 系列粗效过滤、F 系列中效过滤及亚高效过滤滤料，一些重点领域的高效和超高效产品大都采用了纺织工艺。应用领域包括公共建筑入风过滤，汽车喷漆车间、电子芯片车间、制药车间、医疗手术室、食品加工、食用菌接种车间等洁净室过滤，高铁列车入风、船舶发动机入风、各种燃油发动机入风净化，压缩空气、汽轮机等空气净化。个体防护材料大多采用熔喷及驻极材料。目前，空气净化与个体防护滤料市场在 30 亿元以上。

液体过滤材料主要用于液固分离，主要以机织物滤料、针织物滤料和编织物滤料等为主，非织造针刺毡类滤料以其过滤效率高、微细颗粒控制好而呈现越来越广泛的应用，静电纺丝、熔喷、膜材料等具有优异的过滤性能，正在受到业内的追捧和关注。应用领域包括选矿过滤、化工液固分离、污水处理、饮用水净化处理、海水淡化等。目前液体过滤材料市场在 30 亿元以上。

中国由于排放标准严、市场竞争压力大、现场应用条件复杂严苛、主体工艺运维水平不高，迫使企业对过滤材料进行了创新，使其产品性能、可靠性、使用寿命等指标赶上甚至超过国外产品。

第一节　纤维原材料

一、纳米纤维原材料

纳米纤维介质多以复合结构形式使用，先进的设计理念实现了最佳的精密过滤效果，因此也成为了新一代高效率过滤与分离介质材料。滤材通常由三个功能层构成，即：其一为介质功能层，该层承接初过滤功能，并具有很高的容垢能力，可防止过滤操作中可能出现的堵塞现象；其二为纳米纤维层，承担精细过滤角色，具备较高的过滤效率和较低的压力降；其三即支撑层，保护纳米纤维层，提供刚性支撑，赋予介质良好的挠性，保证介质的耐折叠性和耐用性。

（一）过滤/分离用纳米纤维

纳米材料独特的尺寸效应，为开发新一代纤维基过滤与分离介质提供了可能。一般来说，纳米材料的尺寸效应与其比表面积有关，高的比表面积可赋予纤维高反应性能和吸附性能。纳米纤维的孔隙率、孔隙尺寸、独特的力学特性以及通过改性可赋予介质新的化学和物理功能的特征，展现了其在使用性能和成本效率上的优势。

纳米纤维滤材具有很高的初始效率和运行效率，且压力降很低。以杜邦公司克重为 $10g/m^2$ 的 HMT 纳米纤维过滤介质试样为例，与同类型常规滤材进行比较。前者的过滤效率达99%，流量 300 ~ 350mL/(min · cm^2)，容垢能力 1.6g，初始压力降 0.4psi；而后者的过滤效率仅为91% ~92%，流量 10mL/(min · cm^2)，容垢能力 1.1g，初始压力降 1.6 ~ 1.8psi。从中可以清晰地看出纳米纤维滤材性能上的优势。

纳米纤维介质过滤系统的污垢颗粒物多集中在纳米纤维层的表面，易清洗，能耗低。而常规滤材操作中，污垢颗粒物同时进入基布层，清洗量大，能耗高。表 4 – 1 为筒式过滤器年运转期限中的能耗数据对比。

表 4 – 1　纳米纤维滤材的 1 年生命周期成本（30 组过滤器）　　单位：美元

项目	普通纤维混合滤材	纳米纤维混合滤材	纳米纤维滤材优势
购货成本	4160	3360	购货成本降低 20%
年能耗	15200	12160	能耗成本降低 33%
年压缩空气量	1279	279191	压缩空成本下降 85%
生命循环成本	20639	15711	生命循环成本降低 24%

与传统过滤介质相比，纳米纤维滤材由于过滤效率和滤材表面负荷等特点，其使用寿命相对更长。

纳米纤维滤材结构的配置可以选用多种基布，可形成结构不同、使用性能各异的滤材。目前使用的基层材料主要包括合成短纤维梳理型非织造布、纺粘非织造布和熔喷非织造布。支撑层基布的改性处理可以赋予滤材新的功能，如抗静电性、耐热性和抗湿热性等。

非织造布被广泛用于过滤/分离操作中，可作为深度过滤介质的表面层。如熔喷非织造网材多使用 PP、PET 或 PA 为原料，在粗预过滤操作中，这些介质的孔尺寸控制在1 ~ 10μm，实际使用时其范围可宽达 1 ~ 200μm，孔隙率达 40% ~95%，基重在 0.5 ~ $300g/m^2$。

滤材用纺粘非织造布多系 PET、PP 或 PA 产品，主要充当复合结构过滤介质的支撑层，而与其匹配的纳米纤维网的单丝直径为 5 ~ 1000nm，孔隙尺寸为 50 ~ 300μm。在微细预过滤操作中，纳米纤维网介质的使用性能与膜材料的表面过滤（孔隙 $<1\mu m$）相似，具有非常低的水力阻力和良好的结构特性。表 4 – 2 为几种常用滤材介质的结构特性比较。

表4-2 常用滤材介质的结构特性比较

项目	纳米纤维网	常规熔喷纤网	机织物	针刺毡滤材
材料	PA	PP	PET	PET
名义孔尺寸（μm）	9	22	54	42
最大孔尺寸（μm）	56	49	83	109
名义容积［m/（Pa·s）］	0.0007	0.0021	0.0015	0.001214
变异系数（%）	52.5	8.3	2.0	3.1

为优化滤材纤维网单丝细度的分布，研究人员在纺熔非织造布成形方面也有许多尝试。如图4-1（彩图2）所示，微细旦纤维与纳米纤维进行复合，复合结构的滤材可省略后序的黏合处理工序。

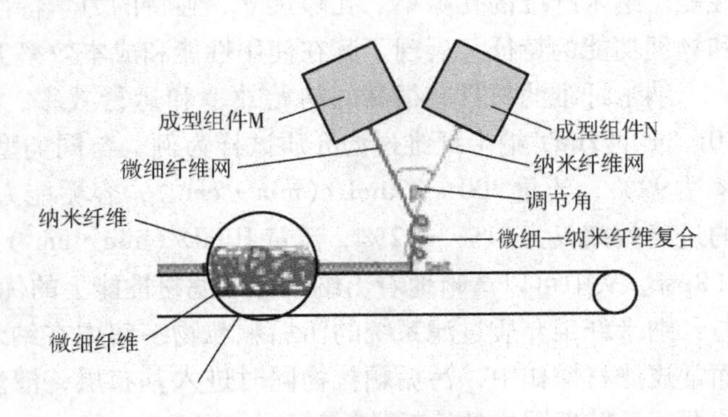

图4-1 新型微米—纳米纤维滤材成形装置

（二）过滤/分离用纳米纤维生产工艺的发展

纳米纤维的使用可以追溯到第二次世界大战时期。截至目前，已实现规模化生产纳米纤维的主要有静电纺丝、熔喷非织造工艺和双组分纺丝工艺。近十几年间，纳米纤维技术呈多样化发展趋势，已商业化并投入使用的纳米纤维生产工艺不少于10种，诸如强力纺、离心纺以及原纤化技术等都取得了实质性进展。其中美国H&V公司开发的新一代纳米纤维涂敷工艺即“Nanoweb”工艺已投放市场多年，在工业水处理中取得了非常好的市场口碑。

1. 静电纺纳米纤维的加工 传统静电纺丝工艺不适宜规模化生产的要求，Elmarco公司开发的“Nanospider”技术是无针静电纺丝工艺，在效率、成本、成形组件及纤网品质均一性方面具有一定的优势。使用中，其纺丝压力降为169Pa，波动变异6Pa，变异系数4%，在生产单位面积质量（克重）低至$0.063g/m^2$的产品时，变异系数可控制在5%以内。

“Nanospider”对原料的适应性较强，可以加工高聚物、生物聚合物以及氧化铝、二氧化钛等无机材料。目前，在过滤领域已投入试验和使用的纳米聚合物纤维品种较多，表4-3为部分纳米纤维过滤介质常用的聚合物及其溶剂类型。

表4-3 部分纳米纤维过滤介质常用的聚合物及其溶剂类型

聚合物	PA6/PA66	PAN	PVA	聚苯乙烯	PA6及其共聚物	PET	PBI	聚酰亚胺
溶剂	甲酸	DMF	水	DMF/甲苯	甲酸	DMF/三氟乙酸	DMF	苯酚

静电纺丝设备可以依据产品特点，以模块化设计供给用户，目前市场上可提供的专用纳米纤维生产线有空气过滤介质生产线、吸音材料生产线以及锂离子电池隔膜生产线等。

近年来，专为过滤材料配置的纳米纤维生产装置采用了熔法成形工艺，具有十分好的成本优势，受到用户青睐。

目前，静电纺纳米纤维已广泛应用于过滤与分离操作，主要包括水净化和重金属污水的处理、离子交换法工业污水处理、饮用水的处理以及油品和燃油过滤系统等。表 4－4 为静电纺丝生产工艺特征。

表 4－4　静电纺丝生产工艺特征

		技术性能及特征
纤维规格	原料	聚合物、生物聚合物（壳聚糖等）、无机原料（Ae_2O_3 等）等
	单丝直径（nm）	80/100/150/200/250 或更高
	线密度（旦）	<0.0001 或更低
	纤维网克重（g/m^2）	0.03～50
生产特征	生产速度（m/min）	60
	幅宽（mm）	1600

2. 熔喷工艺制纳米纤维　熔喷法纳米纤维技术已实现了规模化生产。美国 Arthur 公司纳米熔喷非织造布设备的挤压机使用压力为 1500psi，单头幅宽 300mm，纺丝头孔密度为 64 孔/英寸，纳米纤网单丝直径为 400nm。

Hills（希尔斯）公司在亚微米—纳米熔喷非织造布技术开发方面取得了重大进展。在熔喷纳米纤维网的生产中，其螺杆挤压机通常配置 4 个加热区，并附水冷区，以降低聚合物加工过程中可能出现的降解现象。使用熔融指数（MFI）为 1800 的 Exxon－6936 聚丙烯（PP）树脂进行加工，新型纺丝组件的长径比达 200，表 4－5 为熔喷纳米纤维纺丝组件的技术特征。

表 4－5　熔喷纳米纤维纺丝组件的技术特征

产品式样	孔长径比	孔密度（孔数/英寸）	孔径（mm）	孔毛细管间距（mm）
C	30	14	0.3048	0.3048
A	50	30	0.1778	0.1778
B	200	39	0.1270	0.1270

加工熔喷纳米纤维网时，当产品克重为 2.5、5.0 或 10g/m^2 时，生产效率通常为 0.0125～0.1g/(孔·min)，加工速度为 14.85m/min；当产品克重为 20g/m^2 时，生产效率为 0.214g/(孔·min)，加工速度为 15.6m/min；当生产克重为 0.22、0.33、0.50 或 1.5g/m^2 的产品时，生产效率为 0.002～0.0055g/(孔·min)，加工速度为 14.5～33m/min。

目前，幅宽 1600mm 的熔喷法 PA 纳米非织造布生产中，纤维网单丝直径主要分布在 300～1500nm 范围。如以年运转时间 4000h、产品克重 2.5g/m^2、纳米纤维单丝直径在 330nm 左右计算，则其年生产能力可达 26750kg，相当于 40 个静电纺丝成形单元的产能。

熔喷非织造技术的进步使得生产接近纳米级的熔喷纤维成为可能，加之低成本、高效率、无溶剂、工艺流程简单等优势，使其产品成为高效过滤市场最具竞争力的材料之一。与纺粘和针刺、湿法非织造过滤介质相比，熔喷非织造过滤介质蓬松性更好，具有良好的控污能力，尤其在高效率精细过滤领域应用广泛。目前，熔喷非织造过滤介质已经渗透到液体和空气过滤的各个应用领域，在未来市场有望迎来快速增长。据 GVR 的预测，未来几年熔喷技术增长速度最快，2015～2024 年，全球熔喷非织造过滤介质市场规模将由 11.66 亿美元增长至 25.76 亿美元，年均复合增长率将达到 8.3%（图 4－2）。

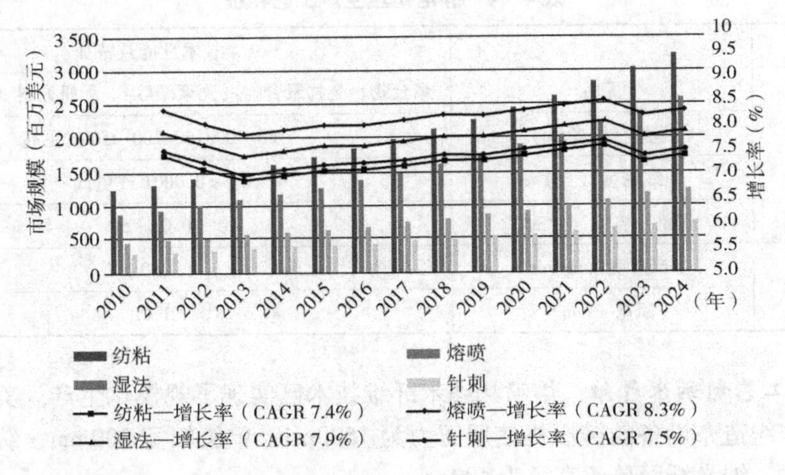

数据来源：American Chemical Society. Filter Media Services，亚洲非织造布协会，Primary Interviews，GVR。

图 4－2 2010～2024 年全球不同工艺非织造过滤介质的市场估值及预测

3. 混合膜—新型纳米纤维过滤介质 杜邦公司开发的 HMT 混合膜技术，作为过滤介质兼具非织造布和膜材料的结构特征，纤维网主体单丝直径为 400nm，是采用全新的纺丝工艺生产的纳米纤维滤材。

当用作液态物料过滤时，HMT 可以在 135℃条件下使用，过滤效率为熔喷过滤介质的 2～3 倍。与传统滤材不同，HMT 混合膜具有过滤效率高、纤网均匀等优点，孔尺寸为 0.5～0.6μm，在过滤过程中显示出了非常好的耐用性。

HMT 混合膜采用 100% 的 PA 66 树脂，纤网克重 1.0g/m^2，单丝直径分布为 100～1000nm。与常规过滤介质相比，其过滤效率（对直径为 1μm 的颗粒物）比常规滤材的高 92%，达 99%；初始压力降低于普通滤材的 1.75psi，为 0.4psi；容污能力高于普通滤材的 1.1g，达 1.6g；流量高于普通介质的 98mL/(min · cm^2)，达 340mL/(min · cm^2)。据悉，HMT 混合膜已在膜系统的预过滤、燃油过滤、生物制药以及食品饮料等工业领域使用，常用混合膜的克重为 16～32g/m^2。

4. 吸附分离用纳米碳纤维与碳纳米管 碳纳米管纤维（CNF）单丝直径一般为70～200nm，长度为 50～100μm，目前已实现商业化生产。CNT 的结构、尺度、制造工艺和成本与碳纤维不同。目前全球 CNT 的生产能力达 4600t/a，可确认产量约为 2300t/a。CNT 具有高流量、高选择性、高热稳定性特点，具备在良好的低温下运转的条件，被视为新型吸附材料，尤其是在水处理和净化领域，市场潜力较大。CNT 材料的高吸附能力，使其可有效地从污水和地表水中吸附分离重金属或放射性物质，但同时也面临着技术、成本、潜在的环境影响等问题。观察 CCVD—PFR 或 CCVD—PBR 碳纳米管的制作工艺，CNT 的生产效率达 595kg/h，加工成本在 25～38 美元/kg，而商业化制造成本高达 80 美元/kg，实现大规模工业化生产的成本应在 1200 美元/t 左右（纯度 >97%）。表 4－6 为碳纳米纤维与碳纳米管的技术特征。

表 4－6　碳纳米纤维与碳纳米管的技术特征

	单壁纳米管（SWCNT）	多壁纳米管（MWCNT）	CNF
单丝直径（nm）	1～1.5	10～40	50～100
纤维长度	数微米至 20cm	几微米至数百微米	几微米至数百微米
表观密度（g/cm^3）	0.5～1.0	0.02～0.30	0.3～1.4
比表面积（m^2/g）	400～900	150～450	10～250
孔隙度（cm^3/g）	0.15～0.30	中孔 0.5～2.0	中孔 0.2～2.0

（三）纳米纤维在过滤与分离作业中的应用

1. 纳米纤维在水过滤中的应用　纳米纤维的开发和使用，为快速开发新一代水系统提供了机遇，也为建设高效率、模块化、多功能的高端可用水和废水处理系统、经济利用非常规水资源、扩大水供给提供了崭新的开发空间。

相关试验结果显示，利用瓶级 PET 切片做原料的纳米纤维滤材更适宜用作微滤操作中的预过滤。研究人员还发现表面改性可以有效改善回收 PET 滤材的过滤性能。

含菌污水的净化是世界性课题，目前使用的化学杀菌方法，即氯气或紫外（UV）杀菌方式存在着诸多弊端，杀菌过程会产生新的危害，且存在着高成本的困扰。

PU 纳米纤维与微细旦 PP 或聚酯纤维网片作为支撑层的过滤介质，可以有效地对含菌污水进行净化处理。PU 纳米纤维过滤介质系复合结构，其中 PU 纳米纤维网的克重为 0.3g/m^2、0.5g/m^2、1.9g/m^2 或 3.8g/m^2。纳米纤维制备使用 Nanospider 设备，纺丝液配置选用 DMF 溶剂，PU 浓度控制在 13.5%，其纤网的单丝直径在 80～250nm，孔尺寸控制在 50～430nm。

PU 纳米纤维过滤介质的过滤效率试验数据显示，使用克重为 3.8g/m^2 的纳米纤维滤材，细菌的去除和净化效果均优于常规使用的微滤膜。

捷克国家科学院与 Elmarco 公司合作开发了苯乙烯纳米纤维基离子交换剂，用于快速水处理过程。苯乙烯纳米纤维基离子交换剂的制备主要包括两个部分：一是苯乙烯纳米纤维制备，即采用回收再利用的苯乙烯树脂为原料，以芳香族溶剂和极性惰性溶剂混合体配置纺丝液，在 Nanospider 静电纺丝装置上成功得到单丝直径为 90～350nm 的纤维网，整个苯乙烯纳米纤维成形过程具有环境友好特征；二是在苯乙烯纳米纤维的改性处理中，经过磺酸化完成交联的苯乙烯纳米纤维，单丝直径将从 350nm 增长到 500nm，重量增加 150%。

试验结果显示，在不计离子交换树脂床层高度因素下，苯乙烯纳米纤维基离子交换剂在深度水净化处理中的吸附能力明显提升。从吸附半衰期观察，纳米纤维离子交换剂相比于传统颗粒离子交换树脂而言明显加快。试验数据表明，纳米纤维离子交换剂的交换能力和速度要远高于传统颗粒状的离子交换树脂。目前在苯乙烯纳米纤维基离子交换剂的研究中，功能基团 RSO_4 的离子交换能力达到 5.2meq/g（干态）。

与其他微孔结构的吸附剂不同，CNT 高长径比和高比表面积特征，使其对大分子、生物分子和微生物具有十分高的去除能力，可以有效地从水中屏蔽掉细菌、天然微生物（NOM）和革兰氏细菌的毒性。表 4－7 为用作饮用水净化的 CNT 的类型及其结构特征。

高浓度含铬地表水具有极高的毒性和致癌性，给公共安全和人类生存造成了直接威胁。含铬工业污水的浓度通常为 0.2～0.5mg/L，主要源于污水处理厂、机械设备加工工业以及农用加工企业等。这类废水的吸附剂常采用活性炭外包覆碳纳米管。吸附分离处理过程为间歇方式分批次处理。吸附条件为：pH 为 2，反应时间 60～240min，吸附设备所配置搅拌翼的搅拌速率为 100～200r/min，吸附效率（即每克吸附剂对铬的吸附量）达 9.0mg/g。

表 4－7　水处理用 CNT 的类型与技术特征

CNT 类型	比表面积（m^2/g）	微孔容积（cm^3/g）	中孔容积（cm^3/g）
基本型	150～1578	0.06～0.15	0.85
硝酸改性	157	—	0.37
NH_3 改性	195	—	0.42
KOH	785	0.17	1.04
空气活化	270	0.06	0.56
CO_2 活化	420	0.10	0.57
臭氧活化	320	0.12	0.69
热处理	550	0.18	0.97

大量的研究实践表明，CNT 对重金属如铜、铅、镉、锌等离子有很强的吸附能力。CNT 的功能性基团是靠静电引力和化学黏合力吸附金属离子的，表面氧化处理可以强化 CNT 的吸附能力。

宇宙飞船上的水被视为无价，需要回收再利用。通常在低地球轨道运行的航天器上使用的水，成本约为 8.3 万美元/加仑。宇航员的汗水及尿液亦并入水回收系统，通过纳米纤维介质施以净化处理，以去除不纯物，包括霉菌、病毒、有机碎片、寄生物以及溶解性金属如铁和铅成分等。

美国奥斯龙公司立足于 Argonide 公司（印度）的铝纳米纤维技术，完成了商品名为“Disruptor”的纳米铝纤维介质材料的商业化生产。期间该项技术得到了美国国家航空航天局（NASA）的支持，目的是开发适应航天器工作条件的水循环和净化系统。

Disruptor 技术采用湿法成形工艺，铝纳米纤维的单丝直径仅为 2nm，长度为 250～300nm，比表面积为 350～500m^2/g。过滤介质的结构为氧化铝纳米纤维复合在直径为 9.65mm 的玻璃纤维上，介质的孔尺寸为 2μm。由于铝纳米纤维过滤介质的巨大表面积和盐基电荷原因，单层结构的 Disruptor 介质对直径为 0.025μm 的颗粒物的去除率可达 98%，两层结构滤材的去除效率则高达 99.98%，3 层复合结构滤材的污垢去除率可控制在

99.9999%左右。航天器中饮用水净化及循环系统使用的 Disruptor 过滤介质由 3 层组分构成（图 4－3），包括：芯层，为铝纳米纤维层或反应层，由直径为 2nm 的铝纳米纤维、颗粒状活性炭及抗霉菌剂组成；2 个表面层或支撑层，采用 PET 纺粘非织造布制成。

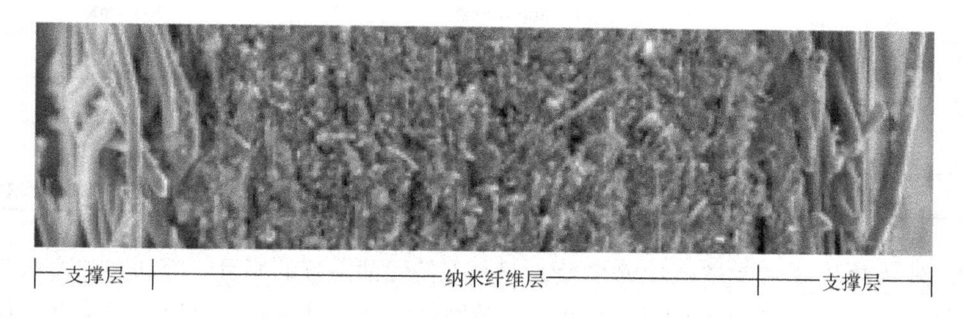

图 4－3　Disruptor 过滤介质结构

目前厚度为 0.8mm、基础克重为 $200g/m^2$ 的 Disruptor 过滤介质具有十分好的离子交换功能、吸附能力以及有效去除病毒的功能。该饮用水净化技术也已大量进入民用市场，产品的部分技术经济指标见表 4－8。

表 4－8　Disruptor 纳米纤维过滤/分离介质与其他过滤介质的技术经济性对比

	Disruptor 介质	纳滤膜	超滤/微滤膜	离子交换树脂
流量（$\times 10^4$L/d）	378.54	378.54	378.54	378.54
设备投资费用比（%）	100	2380	1430	690
系统占地（平方英尺 * ）	2.5×7	12×15	12×15	12×24
压力降 ΔP（psi）	2～3.5	70～80	15～20	20～25
5 年运转费用比（%）	100	393	295	183

* 1 平方英尺 = $0.093m^2$。

2. 纳米纤维在食品加工和饮料工业过滤中的应用　意大利 Bea 公司开发了商品名为“Vinotrak”的滤材。这是一种将 PP 纳米纤维与单丝直径为 0.5～0.8μm 的硼硅酸微细纤维织物作为支撑底布的复合滤材，目前，其已在食品及饮料工业上得到应用。作为一种复合介质，Vinotrak 滤材的上下表层为支撑层，中心芯层和外层均为 PP 纤维网垫，系一热熔结构产品。该滤材具有去除微生物功能，容垢能力高，易清理，可消毒处理，介质无毒，已取得 FDA 的相关认证。H&V 公司开发的新一代纳米纤维滤材 NanoWeb 也已广泛用于食品加工和饮料工业，其纳米纤维涂层滤材与传统静电纺丝介质的性能对比见表 4－9。

与传统静电纺纳米纤维介质相比，新型纳米纤维涂层介质生产产品的弹性高，耐用性更优，成本也更具竞争优势。Nanoweb 介质采用的纤网单丝直径为 300～500nm，网的厚度为 15～30μm。通常支持层基布使用纤维素纤维湿法非织造布、合成纤维梳理型非织造布、玻璃纤维以及纺熔非织造布，滤材介质的厚度为 100～200μm。纳米纤维涂层介质质地柔软，可折叠性好，不存在滤材复合结构的剥离或脱落缺陷。滤材生产过程不使用溶剂，因而不存在溶剂浸出问题，具备食品饮料加工和生物医学等领域的应用条件。

表4-9 纳米纤维涂层滤材与传统静电纺丝介质的性能对比

项目	纳米纤维涂层滤材（NanoWeb）	静电纺纳米纤维滤材
纤维网单丝直径（nm）	120~1000	50~800
孔尺寸（nm）	400~9000	200~800
孔隙度（%）	50~90	70~90
克重（g/m^2）	5~150	0.5~20
厚度（μm）	60~250	75
使用原料	聚烯烃、PET、PA	聚合物、陶瓷、生物聚合物

3. 纳米纤维在汽车燃油过滤中的应用 保持燃油系统的润滑、冷却和洁净状态是汽车或轻型卡车引擎正常运转的基本要求。一款性能优良的过滤介质可以有效提高乘用车燃油系统的效率，改善引擎磨损状况，增加汽车运行里程，延长使用寿命。20世纪50年代以来，汽车引擎喷油嘴的使用压力从20000psi提高到40000psi。压力增加的条件下，即使最小的污垢颗粒物对喷嘴的磨损亦是致命的。因此，提供高性能的过滤介质，保持燃油循环系统的清洁有明显的技术经济意义。表4-10为采用纳米纤维过滤介质和纤维素滤材的燃油过滤系统的经济效能对比。

表4-10 纳米纤维过滤介质与纤维素滤材燃油过滤系统的经济效能对比

	介质材料	成本（美元）	年更换或清洗次数	4年使用成本（美元）	年使用成本（美元）
通用汽车	纤维素滤材	23.85	2次更换	190	45.2
Amsoil公司	纳米纤维滤材	38.10	1次清洗	38.1	9.53

商品名为“Nanonet”纳米纤维用作汽车燃油系统的过滤介质也取得了明显的经济效益。其高速公路行车里程实验结果表明，采用它后汽车的行车时间可从30000h（229万英里）提高到71000h。

新型纳米纤维介质多为复合结构滤材，目前可提供的主要有两种产品系列：一为4层复合过滤介质，由支撑层、熔喷非织造布层、纳米纤维网和熔喷非织造布构成，如图4-4（彩图3）所示；另一品种采用5层复合形式，包括顶部支撑层、流量层、功效层、纳米纤维网及纺粘非织造网支撑强化层。

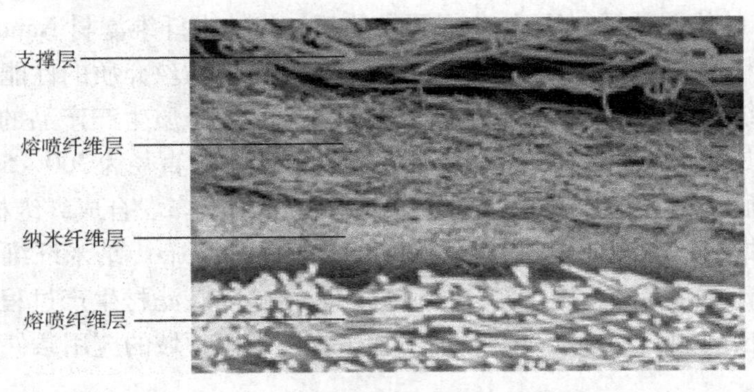

图4-4 Nanonet燃油过滤介质的结构图

Nanonet 过滤介质已广泛用于轿车和轻型卡车（图4－5）。在针对其过滤性能进行的试验，即对直径为4μm污垢粒子的阻隔测试中，纳米纤维过滤介质的过滤效率可达99.9%，而传统滤材为98.7%。

国内东华大学的研究人员在高性能乘用车引擎油过滤介质的研究中，使用PVA原料，采用静电纺丝方法制得纳米纤维网材，单丝直径控制在760～997nm。选择聚酯非织造布、玻纤非织造布和棉浆滤纸为基布。

图4－5　采用Nanonet过滤介质的车用燃油系统过滤器

4. 纳米纤维在生物过滤中的应用　生物制药产业是高度依赖过滤与分离技术的行业。2016～2020年，全球生物医药过滤介质市场的年增长率达10.2%。生物制药视产品不同配置相应的加工工艺以达到严格的品质要求，通常涉及净化操作、病毒去除和无菌过滤等过程。

美国Zeus公司开发的商品名称为“Filtriq”的过滤介质，使用PTFE膜与纳米纤维材料复合，滤材具有三维结构，可用于高纯度制药工业的液体物料的过滤操作。介质独特的结构赋予其轻薄以及良好的耐热性和耐化学性，可在260℃条件下使用，并显示出高流量。

此外，该公司开发了Bioweb系列滤材，即采用静电纺工艺制得的PTFE纳米纤维，纤网单丝直径分布在微米—纳米范围。滤材具有优良的耐化学性，可用作医用和工业生物制品的特种过滤操作。

相比膜材料，纳米纤维易于实现规模化生产，价格低廉，是改善肾衰竭病人临床治疗状况的重要方法。日本国家材料科学研究所（NIMS）的研究人员将纳米纤维网用于血液净化系统，可以替代传统的透析装置。该血液净化介质取材于与血液相容性优良的聚合物，即聚乙烯—乙烯醇（EVOH）与沸石的混合体。纳米纤维制备采用静电纺丝方法。图4－6为使用沸石—聚合物纳米纤维介质材料的可穿戴医疗器械，为肾功能衰竭病人带来福音。

我国的相关研究人员使用静电纺丝方法制得聚对苯二甲酸丁二醇酯（PBT）纳米纤维网，与熔喷非织造布材料复合后制得了过滤介质，用作血液过滤。天津工业大学的研究团队以聚丁二酸丁二醇酯（PBS）为原料，采用静电纺丝方法制得了纤维网，然后选用熔喷和纺粘非织造布为基布形成了复合结构的过滤介质。该项研究利用单针头静电纺丝实验台，纺丝液浓度为12%，溶剂使用三氯甲烷/异丙醇（组分比70/30），添加0.1%～1.0%的氯化铝，纤维网单丝直径分布在1585～2125nm。PBS复合结构介质可用于血液过滤，过滤效率达99.99%。

二、合成纤维原材料

（一）PP纤维

PP纤维是用途广泛的过滤介质材料，具有优良的耐酸耐碱及耐溶剂性能。目前，PP

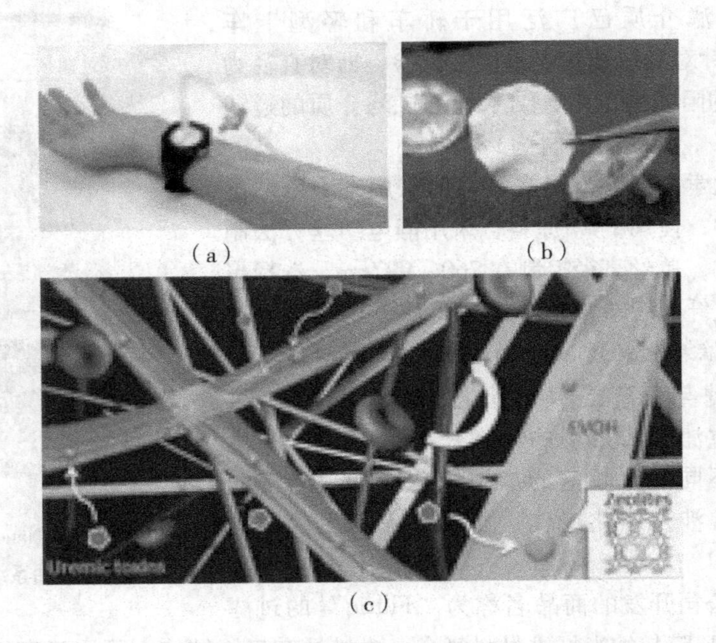

（a）　（b）

（c）

图 4－6　配置纳米纤维介质的肾功能衰竭病人用可穿戴医疗器械

纤维制品占据着纺丝成网非织造产品 80% 的市场份额。PP 单丝、复丝机织物、熔喷法非织造布（MB）、纺粘非织造布（SB）、空气黏合织物以及喷纺纱（Sprayspun）等广泛用于冷态过滤、油漆喷涂间、喷雾过滤、螺旋成型滤芯、脱水输送带以及专门用途的 MB 织物真空清洁袋。

德国 Reimotec 公司 ϕ0. 15～1. 0mm，ϕ1. 0～2. 0mm 单丝机织物，意大利 Sima 公司商品名“Technofil” PP167－1100dtex 单丝织物已广泛用于过滤操作。

PP 短纤维湿法非织造布作为膜材基布，用在可清洗 RO/UF 膜螺旋成型组件。PP 短纤维织物也是广泛使用在 HVAC 空气过滤器的重要介质材料。MB 产品可以制作各种细度的过滤介质。在液相过滤中，已在饮料和食品加工过滤、废水过滤、化学加工过滤以及油漆及乳胶过滤等方面使用，主要用于面罩、过滤栅板、空调系统和车间净化。

MB 过滤介质可以加工成袋状、栅板状或过滤柱芯型。通常 MB 网材要与其他材料复合，如与 PP 纺粘非织造布，形成多层结构的过滤制品，复合滤材具有更好的使用性能。在空气过滤操作中，MB 过滤介质性能受 MB 成型条件的影响，即 PP 树脂的 MFI 规格选择，MB 成型工艺，复合层材料的选择及复合结构等，都会影响 PP 过滤介质的空气透过效率和孔隙尺寸。

（二）PET 纤维

PET 单丝机织物用于市政污水设施脱水处理。Sefar 过滤设备公司提供的 PET 单丝织物，可用于血液过滤。日本帝人公司滤料用 PET 单丝，直径为 0. 2～0. 9mm，其 919R 为高模低收缩型单丝，在采矿业、食品工业的废水处理中使用。帝人公司的 Elas-Ter 单丝具有自洁功能。

聚酯与共聚酯纤维的湿法非织造布，用作 RO/UF 膜材的支撑材料，也可作为黏合纤维组分，用于制取玻璃纤维或纤维素纤维的黏合织物，在特定的过滤工艺中使用。PET 非织造布已用于泳池过滤，并已广泛用作折叠型分离装置和液态物料微孔过滤膜的支撑材料。

美国南卡州立大学采用海岛型双组分纺粘法制得微细旦纤维网，经水刺黏合处理，产品主要用于液相精密过滤。德国 Saxonian 纺织研究所采用裂片型双组分纺粘法制得微细旦纤维网，裂片数 16，单丝纤度达 0.1dtex，纤维网具有十分大的比表面积，可用作精密过滤介质。

在空气过滤方面，PET 纤维针刺非织造毡占据着极为重要的位置。集尘和灰尘捕集装置在粮仓、水泥生产、高岭土加工、铸造车间以及磨削加工工业方面有很大的市场。Donaldson 公司使用美国 PGI 公司聚酯纺粘非织造网材，经过水刺工艺处理的产品即“Durolife”用于空气过滤。西班牙 Logrotex 公司的“Legiotex”非织造工业毡是专门用于过滤的抗霉菌过滤材料。该产品由多种纤维材料组合，对人健康无伤害，并可依据产品要求改变产品的孔隙尺寸。使用中具有阻止生物膜形成的功能，对水、温度和化学制剂稳定。“Legiotex”非织造布过滤毡有两个基本规格，即水过滤系列和空气过滤系列，已广泛用在过滤伐、板式过滤器、冷却塔、空调系统、加湿器、喷雾器、气溶胶工作间、浇灌系统以及卫生循环用水系统等。

欧洲最大的聚酯企业之一的 Advansa 公司使用聚酯短切纤维，湿法成型非织造布产品用在过滤操作。使用的 1.7dtex 短切纤维，强力为 4.5 ~ 5.2cN/dtex，伸长率为 18% ~ 40%，192℃热空气下干热收缩 2% ~ 7%。目前 PET 短切纤维纤度趋于细旦化，规格为 0.35 ~ 0.5dtex 的已在实验中。

（三）含氟聚合物纤维

在过滤工业领域，含氟聚合物纤维的使用量增长最快，并展现出十分好的应用前景。这主要是基于含氟聚合物具有的化学惰性和耐高温性能。含氟聚合物纤维材料是电子工业使用最多的过滤介质之一。用于酸和腐蚀性化学制剂处理，诸如酸洗设备的压垫和微型芯垫等。

E-CTFE 聚合物（三氟氯乙烯—乙烯共聚物）的熔喷非织造布作为过滤介质具有特别性能，即过滤操作中，可以携带某种难于反应的液体，使其能够经受住超纯水的臭氧化处理，进而制得医疗用非蛋白结合水。

过滤介质组装经常使用 PTFE 和 PVDF 微孔膜和 PFA 为支撑织物。PVDF 超级过滤膜，可用于分离化学凝聚体。奥地利 Lenzing 公司开发的 PTFE 纤维，商品名“Profilen”，其中短纤维和机织纱作为过滤介质已广泛用于过滤与分离操作。“Profilen”针刺过滤毡十分易于清洗，制品不易变形，具有高过滤效率和极高的性价比。

100% 的 Profilen 过滤毡多使用针刺后处理工艺，而采用水刺工艺的过滤毡产品，其过滤效率即净化空气的灰尘含量明显下降，屏蔽灰尘颗粒尺寸也有明显变化。实验结果显示，采用水刺处理的 Profilen 过滤毡，净化灰尘含量，由针刺毡的 $4mg/m^3$ 降至 $0.5mg/m^3$。表 4-11 为 PTFE 毡制得的过滤袋的使用性能。

表 4-11 奥地利 Lenzing 公司 PTFE 毡过滤袋的使用性能

指标	过滤袋规格						
过滤面积（m^2）	1600	1817	1297	4600	5200/4800	6170	8000
使用温度（℃）	200 ~ 250	230 ~ 260	190 ~ 230/250	175 ~ 200/220	165	150 ~ 170	170 ~ 190
含水（%）	30	9 ~ 13	74mg/m^3	6	30	6 ~ 20	18
进口含尘（mg/m^3）	6000 ~ 30000	—	—	1700	6000 ~ 30000	20000	3500
出口含尘（mg/m^3）	5	5	50	30	30	5	2
介质组成	100% Profilen	100% Profilen	100% Profilen	100% Profilen	100% Profilen	80% Profilen/20% P84	100% Profilen

Profilen 产品规格主要有织造用纱、缝线、短纤维、裂膜纤维及细旦纱，前三种产品主要用于过滤与分离操作。作为过滤介质材料，“Profilen”可在 280℃的条件下连续运转，瞬时温度可达 300℃。PTFE 纤维呈自然白色，密度为 2.17g/cm^3，平均纤度为 2.7dtex，一般纤度范围为 0.5 ~ 5dtex。

比利时 Luxlon 公司开发的商品名为“FluoroLarbons”的单丝系列，使用 PVDF，ECTFE，ETFE（四氟乙烯—乙烯共聚物）为原料，纺制过滤用单丝，具有优良的耐化学性，抗 UV 性能，其正常的使用温度条件为 180 ~ 220℃。近年来，PVDF 纤维的独特的耐化学药品性能，压电和热电性能，引起了产业用纺织品厂家关注。PVDF 纤维有十分低的降解性能，目前使用 PVDF 为原料，制得的单丝、中空纤维以及熔喷法非织造布产品，在过滤与分离工业操作中得以使用。特别是 PVDF 静电纺非织造布产品，大大提升 PVDF 过滤介质的品质。

（四）高性能聚合物纤维

德国 Ticona 公司认为，高性能工程聚合物具有比较宽的熔融黏度范围，可以加工成各种各样产品，诸如复丝、单丝、短纤维、纺粘及熔喷法非织造布等。这些产品在建筑、医用纺织品等领域有巨大的应用空间，而在过滤分离工业中的应用最为引人关注，部分高性能聚合物纤维滤材见表 4-12。

表 4-12 部分过滤介质用聚合物纤维材料使用性能比较

材料	PTFE	聚酰亚胺	间位芳香聚酰胺	PPS
强力/(cN/tex)	15	35	40 ~ 45	>50
伸长（%）	13	30	25	>16
连续使用温度（℃）	280	240	195	190
LOI	95	37 ~ 38	42	43
耐水解性能	优	良	中等	优
耐碱性能	优	良	良	优
耐酸性能	优	良	中等	优
耐氧化性能	优	良	良	中等

PES（聚醚砜）聚合物，具有替代纤维素醋酸酯、PA或在一定程度上替代PVDF作为RO/UF膜材聚合物。业内人士十分看好PES在水过滤、折叠形式分离器、过滤介质芯及分离用途的输送带领域的应用前景。近年来，PPS与间位芳香聚酰胺纤维都用于袋式过滤器，其优良的耐热性能已经取得了市场的普遍认可。Doilen公司使用Ticona公司的PPS树脂，开发了高性能PPS长丝系列，其商品名为“Diofort”，产品即D100T和D200T系列，规格为1100dtex/550f。产品广泛用于垃圾焚烧工厂，钢铁企业和水利装备制造企业的粉尘过滤。

德国Nexis公司生产的专门用于过滤介质的PPS短纤维，其商品名为“Nexylene”，有S902型产品系列，纤密度/切断长度为1.3dtex/60mm、2.0dtex/60mm，强度为38cN/tex、伸长为40%，卷曲度为14%～16%，卷曲数为9～10个/25cm、热空气收缩率为5%。“Nexylene”产品主要以短纤维梳理型非织造布形式使用。

PPS具有良好的热稳定性，长期耐温190℃，热变形温度在260℃，200℃以下热收缩率为5%～7%，熔点为285℃，是一种耐高温、耐酸碱、抗水解性能极好的滤料，可抵抗多种酸、碱和氧化剂的化学腐蚀，具有较好的耐水解能力，特别适合在高湿的烟气中使用，典型用途是用于城市垃圾焚烧炉、燃煤锅炉、热电联产锅炉上的脉冲袋式过滤器中，满足耐热性能好、耐化学腐蚀和耐水解等要求。但在实际的工况条件下，烟气中往往含SO_2、SO_3、NO、NO_2等酸性气体。

PPS针刺过滤材料要承受高温、高湿以及酸性气体的腐蚀，PPS纤维是由苯撑结构单元组成的，具有结晶度高，经固化交联，具有很好的耐化学腐蚀性和水解性，在170℃以下不溶于溶剂，190℃以上溶于氯代芳香烃溶剂及杂环化合物中，在常温下能经受多种酸碱盐及化工介质的腐蚀，其耐腐蚀性仅次于PTFE纤维。但是它的耐氧化性差，在王水、硝酸等溶液中易氧化，使得苯环发生取代，硫原子受到氧化或是碳硫键遭到破坏。

“Nexylene”在高温气体过滤操作中，显示出优良的使用性能。当在180℃工作条件下，历经50天连续运转后，过滤介质的强度保持率在82%～84%。同样运转时间时，在200℃工作条件下强度保持率在70%～71%。于220℃工作条件下，强度保持率在50%，比间位芳香聚酰胺纤维滤材要优越。

其他的工程聚合物中诸如PEI（聚醚酰亚胺）、PEEK（聚醚醚酮）和液晶聚合物（LCP）纤维材料，在过滤与分离领域也取得了消费者认可。

如Zyex公司生产的PEEK是一种耐高温聚合物，其使用温度为-65～260℃。直径为0.15mm PEEK单丝机织网材，用于航空与汽车燃油系统过滤。直径为0.15mm，0.30mm PEEK单丝滤袋用于制药工业，粉末浆液脱水或热黏合介质过滤。随着生物技术的进步，生物聚合物将会在过滤工业领域占有非常重要位置。目前PLA纤维作为可持续利用，或可焚烧的过滤介质材料正进入消费市场。

德国STFI研究所使用回用PLA-R和Nature Works公司树脂PLA-NW，成功纺制90～250g/m^2（针刺工艺），33～107g/m^2（水刺工艺）纺粘非织造布纤维网。于3000m/min成网速度下，制得的产品具有良好的机械性能。产品主要用于产业用纺织品，如过滤材料。

美国Tennessee大学使用生物聚合物混合原料：75% PLA/25% PP，25% PLA/75% PP，50% PLA/50% PP，在Reicofil熔喷设备上，实现了双组分MB纺丝成网。纤维网单丝直径为 2μm，产品专门用作微滤介质材料。

德国 AMI 公司与 STFI 纺织技术研究所合作开发的蜜胺（Melamine）改性熔喷法非织造产品，商品名为“Hipefibers”。产品适宜制作过滤与分离介质，其技术特征如下。

（1）MB 纤维网单丝直径为 1μm。

（2）MB 纤维网具有自黏合性能，微孔结构。

（3）有非常高的比表面积。

（4）阻燃性能好，LOI 达 32。热分解温度为 400℃，使用温度为 200℃。处于火焰条件下，纤维不收缩，不熔融，不熔滴。

（5）良好的热尺寸稳定性。

（6）无毒，无刺激味。

用作过滤介质材料的“Hipefibers”面密度为 35～250g/m²。后处理工艺视产品需要采用针刺或水刺工艺。通常，过滤介质为多层复合结构，即由 Hipefiber/针刺非织造布/Scrim 结构疏散织物/针刺非织造布四层构成。“Hipefibers”已广泛用于高温气体过滤，灰尘/空气过滤以及动力机械和小型机装备的过滤部件。

第二节　过滤与分离用纺织品工艺技术与专用设备

一、水刺耐高温过滤材料工艺与设备选择

采用两层梳理纤网与中间网格基布复合制得最终复合纤网，具体生产工艺流程如下：

纤维→开松→梳理→交叉铺网
基布
纤维→开松→梳理→交叉铺网
}→预针刺→预湿→正反水刺→烘燥卷绕
（预湿、正反水刺 ↑ 水处理循环）

水刺加固工艺是依靠高压水，经过水刺头中的喷水板，形成微细的高压水针射流对托网帘或转鼓上运动的纤网进行连续喷射，在水针直接冲击和反射水流作用力的双重作用下，纤网中的纤维发生位移、穿插、相互抱合，形成无数的机械结合，从而使纤网得到加固（图 4－7 和图 4－8）。

图 4－7　实验用水刺机实物图

水刺工艺是一种机械加固方式，水针直接冲击使表层纤维发生位移，相对垂直朝网底运动，当水针穿透纤网后，受到托网帘或转鼓表面的阻挡，形成水流的反射，呈不同的方位散射到纤网的反面（图4-9）。

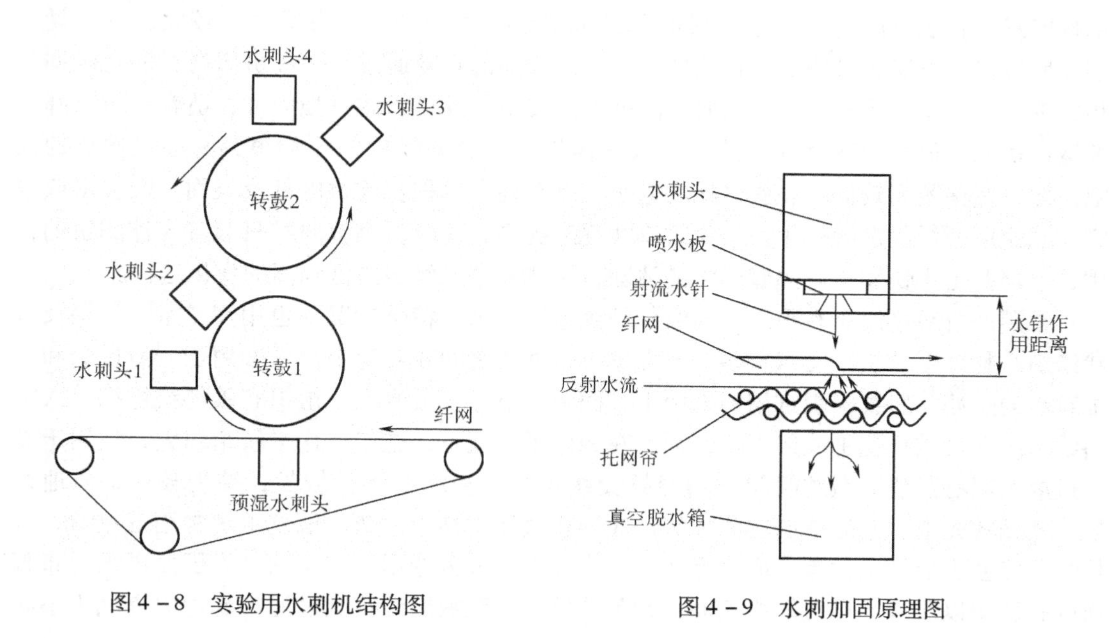

图4-8 实验用水刺机结构图

图4-9 水刺加固原理图

水刺头是水刺非织造工艺中产生高压集束水针的关键部件，它由进水管腔、高压密封装置、喷水板和水刺头外壳等组成。高压水就是通过喷水板上的微孔向纤网喷射，使纤网得到加固。喷水板是一块长方形金属薄片，根据水刺头结构尺寸设计。喷水板上喷水孔的结构对水针集束性有很大的影响，选择良好的喷水孔结构，可减少水针的扩散程度，使水针能量集中，提高效率。

二、针刺过滤材料生产工艺

针刺过滤材料生产工艺一般流程如下：

纤维开松、混合 → 纤维梳理 → 成网 → 预针刺 → 主针刺 → 后整理 → 成品

针刺过滤材料生产工艺主要包括五个方面，分别是纤维开松、混合，纤维梳理，铺网，针刺加固，后整理。纤维开松、混合工序使压紧的纤维变得蓬松，并将不同批次的纤维混合均匀，除去一部分杂质，使纤维尽量成单纤维状态。纤维梳理将经过开松、混合好的纤维梳理得平行顺直，加工成薄薄的纤网。成网包括机械梳理成网和气流成网。将梳理后的纤网，经过铺叠交叉后，供针刺机加固。针刺加固包括预针刺、主针刺。预针刺是将蓬松的纤网初步加固使纤网的尺寸稳定，具有一定强力；主针刺是将预针刺过的纤网进一步加固，达到设定的强力要求。后整理包括烧毛、压光、热定型、拒水防油处理、乳液浸渍涂层等。

根据产品的不同用途采用不同的后整理工艺。影响针刺过滤材料品质的在线工艺参数包括生产速度、铺网层数、针刺频率等，影响的是针刺过滤材料的厚度、面密度等。

三、机织过滤布的结构设计与生产

机织过滤材料是用相互垂直的两个系统的纱线交织而成，这两个系统的纱线既可以是单丝或复丝，也可以是短纤维纺成的单纱或股线。由于纱线本身线密度较大，透气量很小，所以机织过滤布过滤的颗粒只能从经纬纱线间的孔隙通过。一般机织滤材的孔隙率为30%～40%，而且是直通的，因而对流体阻力较小，且机织滤材强力大，适合于压力降大的液体过滤。但机织滤材在过滤初期及清渣以后，过滤物中的颗粒很容易穿过滤材的孔隙，此时捕集效率较低。随着过滤的进行，颗粒逐渐沉积在滤材内部及表面，慢慢形成滤饼，靠这层滤饼的过滤作用，捕集效率才逐渐提高，此时，机织滤材只起着支撑滤饼的作用，但堵塞也很快发生。随着滤渣的清除，过滤效率又经历由低到高的变化过程。

常用的机织过滤布有平纹、斜纹和缎纹组织织物，特殊情况下也用纬二重、双层及管状组织织物。平纹组织交织点多，孔隙率小，纱线之间相对稳定，一般用于澄清过滤和较细颗粒的过滤。斜纹组织常用两上两下、两上一下、三上两下等组织和破斜纹组织及人字斜纹组织，其结构比平纹组织松，因而在相同紧密度下，透气率比平纹组织大，适用于真空过滤及离心过滤。缎纹组织织物经纬交织点少，经纬纱浮长较长，结构较松，质地柔软，表面较光滑，对滤渣的剥离性好，在干式过滤中易于清灰。缎纹组织常用五枚缎、八枚缎，堵塞少但捕集性差。冶金行业的布袋除尘器大多选用缎纹织物。为了使机织滤布直通的孔隙得以改善，可对织物表面进行起绒处理，起绒后的机织过滤布滤尘效果优于不起绒的机织滤布。

这类过滤布要求质地紧密，匀整光洁，孔眼方正，纱线条干均匀，过滤质量、速度、效果符合工艺要求，常用纯棉平纹织物。

黏胶化纤厂所用过滤材料，以棉织物为主，采用平布、单面绒、双面绒及府绸组合在一起，形成组合过滤布。其排列在各道工序中不完全相同，一般排列如下：第一道过滤：双面绒、单面绒、平布；第二道过滤：双面绒、单面绒、府绸、平布；第三道过滤：双面绒、府绸、平布。

这类过滤材料的主要指标是无毒性，过去常以棉为原料，为提高过滤效率及使用寿命，现正逐步改用丙纶、涤纶等，其品种有：丙纶长丝平纹组织滤布、丙纶长丝两上两下斜纹组织滤布、涤纶斜纹组织滤布、涤纶长丝平纹组织滤布。

矿业物质过滤有多种形式，滤材的强度、耐压性、耐化学性、耐腐蚀性、耐高温性及尺寸稳定性有差异，所以，必须选择合适的纤维原料、织物结构、织物规格及整理工艺。常用的品种如下：涤纶长丝平纹组织滤布、涤纶平纹组织滤布、涤纶长丝平纹。

大部分过滤布的紧密度较大，有时需要根据最大密度理论，求得最大密度以视产品能否顺利织造。最大密度取决于纱号、组织结构、纤维体积质量、纤维在纱线中的压缩程度和纱线在织物中的变形情况以及织机的机械性能等。

实际生产中，涤纶和丙纶长丝过滤布，还会出现静电严重的现象，这就要求要严格控制好车间内的温度与相对湿度，车间温度在春季、秋季、冬季应为22～24℃，夏季在28～30℃，相对湿度在70%左右为好。实践证明，车间温度较高、相对湿度较大时生产较为顺利。也可以在整经时加防静电油以及用定捻锅汽蒸长丝筒纱的方式或在织造时打蜡的简易方法来解决。否则会出现起毛、毛羽多等现象，严重影响产品产量和质量。

织机的选择有以下原则：要根据生产产品的厚重程度和产量大小来决定。因为机织过滤布大多用于石油工业，该用途的过滤布一般属于厚重型，织物平方米质量在800g～1000g，因此打纬力非常重要。从打纬力方面，普通织机经改造后能增加打纬力，适宜轻薄型或厚重型过滤布的生产，而一般的或早期引进的无梭织机，由于打纬力较小，只适宜于轻薄型过滤布的生产，其生产工艺与生产牛仔布工艺相近。过滤布的产量方面，由于过滤布主要用于工业过滤领域，其特点是品种多、产量较小。从经济方面分析，普通织机适合于小批量生产，变换品种方便，而用无梭织机由于生产技术以及双轴生产特点，其产量应定在上千米以上才具有可使用性。

四、针织气体过滤材料

（一）针织气体过滤材料的原料选择

针织过滤材料常用的纤维原料主要分为传统纤维和高技术纤维两类。传统纤维有棉纤维、涤纶等；高技术纤维又分为高性能纤维、功能性纤维和精细加工纤维。高性能纤维包括聚苯硫醚（PPS）纤维、聚四氟乙烯（PTFE）纤维等；功能性纤维包括阻燃纤维、驻极体纤维等；精细加工纤维包括超细纤维、纳米纤维和异形截面纤维等。影响过滤材料性能的因素主要包括纤维的种类、特性，纱线的捻度和纤维的分布等。

针织气体过滤材料材质的选择应从实际需要出发，综合考虑各种因素。

1. 纤维种类的选择 纤维种类的选择需要从过滤材料的用途出发。对于特殊用途的过滤材料可以使用高性能纤维，如PPS纤维和PTFE纤维。PPS纤维是一种耐高温纤维，具有优异的耐热性、阻燃性，力学性能优良，尺寸稳定性好，在冶金工业等领域应用广泛，适宜于高温气体过滤；PTFE纤维具有极好的耐高温性能、极强的耐腐蚀性和耐水解能力，在冶金、化学和水泥工业具有乐观的应用前景。但是，这类高性能纤维往往刚性较大，韧性不足，进行针织编织时易磨损纤维并损伤成圈机件，因此在进行针织编织时可以对纱线进行特殊处理或改进机器。

普通用途的过滤材料可以选择精细加工纤维，如超细纤维和纳米纤维。超细纤维直径小，比表面积大，虽然其单丝强力不高，但是纱线的总强度较高，柔软性较好，适宜针织加工。由超细纤维制成的绒类针织过滤材料孔隙率高、孔径均匀，可应用于家用和产业用空调过滤器上。纳米纤维制成的过滤材料具有高性能，可以有效地过滤纳米级的尘粒。纳米技术目前还处于研究阶段，相信纳米纤维凭借其独特的性能必然会在将来的过滤材料领域得到广泛应用。

2. 纤维性能的选择 纤维性能的选择需要从多方面考虑。

（1）一般纤维越细，其制成的过滤材料过滤效率越高。但是，针织用纱需要具有一定强力，纤维太细不利于针织加工且易遭到损伤而影响产品质量，同时全部由细纤维制成的织物纳污容量小、流体阻力大，不适宜作为过滤材料使用。

（2）用外表面光滑的纤维制成的过滤材料比用表面粗糙的纤维制成的过滤材料的流体阻力小，过滤效果好，同时，表面粗糙的纱线经过成圈机件时会产生较大的纱线张力，造成线圈结构不匀，成圈过程中与多种机件接触摩擦，会磨损机件。

(3) 用纤维横截面叶片越多的纤维制成的过滤材料，其过滤效率越高。

(4) 用卷曲纤维制成的过滤材料比用非卷曲纤维制成的过滤材料的过滤效果好。

纱线的捻度对过滤效率也有影响。捻度过高会使纱线的柔软性变差，织造时易造成疵点，也会使针织物线圈歪斜，影响过滤材料的质量；捻度过低，会使纱线强度不够，增加织造难度，影响生产效率。高捻度纱制成的过滤材料的空气阻力较低捻度纱制成的过滤材料的低，但是捻度增大会使织物间隙变大，过滤效率也会有所下降。

加工过滤材料时可以采用密度梯度法，或使用不同线密度的纤维，将细纤维尽量分布在滤饼的形成面，以提高过滤效率和防止过滤材料阻塞。

(二) 针织气体过滤材料结构的选择

1. 网格织物 网格织物是在成圈纱中织入衬经纱和衬纬纱，兼有机织和针织过滤材料的特点。网格织物既有类似机织物的结构，尺寸稳定性得到改善，又可使经纱、纬纱没有因交织而产生的织缩，具有良好的颗粒分离特性，其过滤效果远远优于普通种类的针织物，且生产效率高。纬编网格织物可直接按照过滤材料所要求的直径尺寸进行编织，省去缝纫工序，操作方便；经编网格织物生产速度快，尺寸稳定性更好，过滤效率更为稳定。使用耐高温纤维（如 PPS 纤维）的网格织物过滤材料能在高温下保持体积弹性，耐热冲击和机械振动，可用于冶金行业等高温环境。网格织物过滤材料中使用较为广泛的是衬经衬纬圆筒过滤织物，如图 4-10 所示。

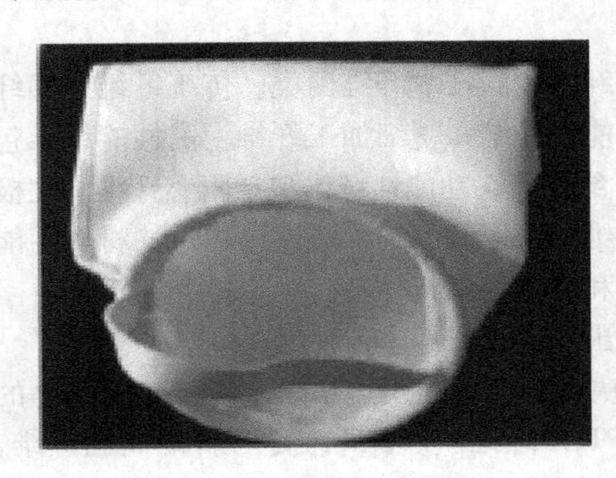

图 4-10　衬经衬纬织物

2. 针织绒类织物 针织绒类织物表面的绒毛层可使织物的孔隙不呈简单的直通状态，尤其是使用超细纤维等特殊材料时，绒毛层的存在使绒类过滤材料的过滤效率和清灰性能优于普通针织过滤材料，孔径减小可以有效拦截流体中直径小于孔隙的尘粒。过滤时流体中的尘粒在通过绒毛层的弯曲通道时会受到扩散、惯性和拦截等作用而沉积下来，部分尘粒被阻挡在底部组织附近形成粉尘层，依靠粉尘层的作用，过滤效率（尤其是过滤初期）提高。毛绒织物过滤材料的孔隙度大、透气性能好、过滤阻力低、容尘量大，同时绒毛层表面清除粉尘更为容易，清灰性能好。对于针织绒类织物，一般密度越大、孔隙越小，则其过滤阻力越大、过滤效率越高；绒毛平均长度越长、过滤孔隙平均直径越小，则过滤效率和过滤阻力越高、容尘量越大，同时也更易受到过滤风速和尘粒浓度变化的影响，过滤稳定性不好。

与机织物和非织造布相比，针织绒类织物尺寸稳定性差，因此限制了该类过滤材料的发展。随着针织技术的不断发展，织造和后整理技术的不断完善，针织绒类织物必将在过滤材料领域迅猛发展。目前，作为过滤材料使用最为广泛的绒类织物是针织长毛绒织物（图 4-11）。

3. 针织弹性织物 针织弹性织物可分单向弹性织物和双向弹性织物，也可分为经编弹性织物和纬编弹性织物。单向弹性织物仅在纵向或横向有弹力，结合使用普通纤维，可充分发挥高弹性纤维的特点，适宜作为过滤材料使用；双向弹性织物纵横向均具有弹性，但是弹性过大使其孔隙尺寸不够稳定，无法作为过滤材料使用。经编弹性织物比纬编弹性织物的延伸性小，织物的尺寸稳定性好，但纬编织物可使用的原料范围更广。该过滤材料一般使用氨纶等高弹性纤维编织线圈，使用普通化学纤维编织毛圈，与普通结构的过滤材料相比，其孔径和透过率更小，阻拦能力更高。由于两种纤维弹性不同，在进行气体过滤时，气体从毛圈一侧流过，过滤材料表面的毛圈在气体的压力下紧贴过滤材料表面，降低了透过性，使过滤材料的透气率减小，阻拦能力提高。当气体出现回流现象时，过滤材料在纵横向受到拉伸，高弹性化学纤维编织的线圈伸长，普通化学纤维编织的毛圈部分随之伸直，使得过滤孔隙变大，有利于过滤材料表面沉积的尘粒脱落。通常作为过滤材料使用的是单面弹性织物，是单向弹性织物的一种，其反面分布毛圈，正面分布线圈（图 4－12）。

图 4－11 针织长毛绒织物

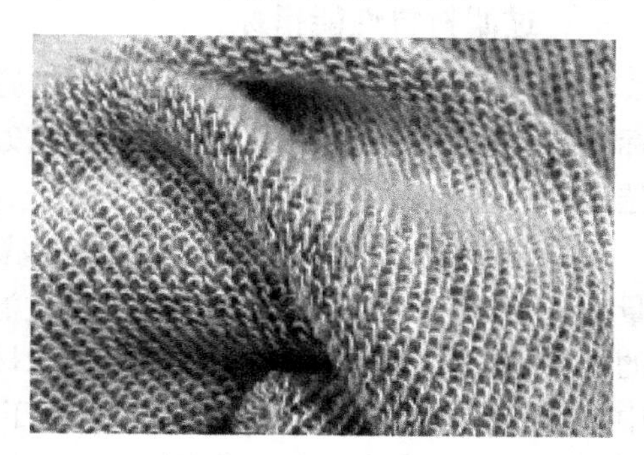

图 4－12 弹性毛圈织物

4. 三维间隔织物 三维间隔织物分为经编间隔织物和纬编间隔织物（图 4－13）。经编间隔织物可以由经编双针床机器编织，纬编间隔织物可以在纬编横机和圆机上织成。与普通二维织物不同，三维间隔织物由上下两个表面层和中间一个间隔层组成。该特殊的三维立体结构使得间隔层中的纤维呈空间曲折分布，形成具有无数微小孔隙的纤维三维网状结构，因此，尘粒必须沿着过滤材料内间隔层的曲折网状路径进行过滤，随时都有可能与纤维发生碰撞而被截留。过滤材料可以对尘粒进行拦截、惯性、扩散和筛滤等各种效应的表面和内部分离，有效拦截比过滤材料孔径更小的尘粒。间隔层的存在还可以提高流体的流动速度，加快过滤过程，具有阻力小、透气性能好等优点。但是也同样由于上述原因，使得过滤不仅仅发生在过滤材料的表面，也发生在其内部孔隙之中，易造成过滤材料阻塞，使清灰工作难以进行，从而加大压力损失。

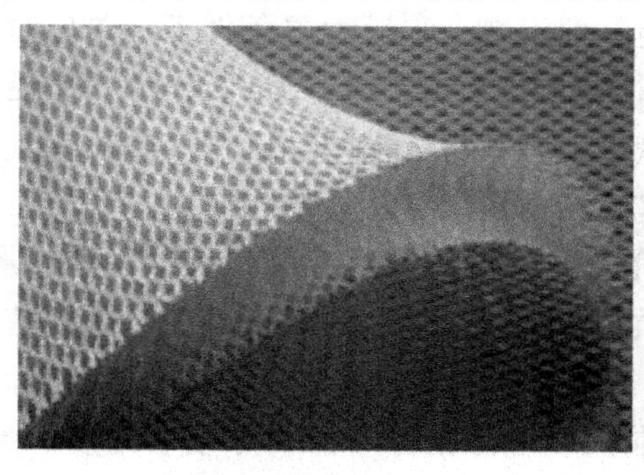

（a）经编间隔织物

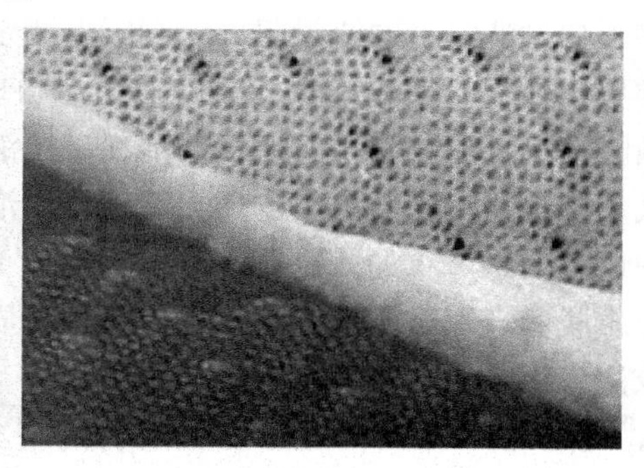

（b）纬编间隔织物

图 4－13 三维间隔织物

第三节　过滤与分离用纺织品的特殊性能要求

由于过滤材料发展的速度远远超前于过滤材料产品标准的制定速度，无论是金属滤材、植物纤维滤材还是非织造布滤材都没有具体范围内的标准。由于滤材没有严格意义上的标准，过滤技术的发展与科研工作就受到影响。如果有一套完整的标准，又有明文规定的测试方法，许多问题就可得以解决。

一、过滤材料性能指标

过滤材料有很多测试指标，可分为过滤性能指标、物理指标和化学指标，这三类测试指标相互作用，综合反映了过滤材料的优劣。分析这些指标，对过滤材料的研究开发和合理选用非常重要。

1. 过滤材料过滤性能指标　反映过滤材料过滤性能的指标有过滤效率、透气性、容尘量、纤维迁移、孔径、压力损失（即过滤阻力）、初阻力等。过滤效率是指某个尺寸以上的颗粒物被过滤材料捕集的效率。过滤材料捕集的粉尘量与未经过滤材料进行过滤的空气中的粉尘量之比称为“过滤效率”。小于粒径的粒子主要做扩散运动，粒子越小，效率越高；大于粒径的粒子主要做惯性运动，粒子越大，效率越高。在粒径之间，过滤效率有一最低点，该粒径大小的粉尘最难过滤。

过滤阻力是测试过程中过滤材料进风口与出风口之间的压力差。纤维使气流绕行，产生微小阻力，无数纤维的阻力之和就是过滤材料的阻力。过滤材料的阻力随气流流速的增大而提高，通过增大过滤材料面积，可以降低穿过滤料的相对风速，从而减小过滤材料阻力。

容尘量并非过滤器报废时容纳大气粉尘的重量，与过滤器实际容纳粉尘的重量没有直接对应关系，它是过滤器在特定实验条件下容纳试验粉尘的重量，因此，孤立的容尘量数据对用户没有任何意义（图4－14和图4－15）。只有在实验条件和试验粉尘相同时，才能根据容尘量数据来估计过滤器的使用寿命。欧美一些标准中规定的试验终止条件是：阻力达到初阻力的2倍或更高时，且瞬时过滤效率低于最高效率的85%时。大多数过滤器的阻力只升不降，只有用蓬松的粗纤维材料制成的低效率过滤器可能出现第二种情况。透气性直接影响过滤材料的流量阻力。国际上测定一般以在一定压力差条件下，单位时间内通过试样单位面积的空气量表示。孔径指滤料中孔隙的大小，以“μm”表示。孔径测试方法在国际上是统一的，即将滤材浸泡在试验液中，在滤材一端施加微压气体，用气体以气泡形式从滤材另一端溢出时的压力值计算溢泡点的微孔尺寸。滤材在制成过滤器后，使用过程中遇到的最严重的问题是有介质脱落。介质脱落可造成过滤效率下降，容尘量减少，同时介质脱落迁移到空气中还会形成有害物质，进而造成空气污染。测定介质脱落的方法有计数法或称重法，也有纤维镜观测法。

2. 过滤材料物理性能指标　滤材的基本物理性能指标有滤材厚度、密度、伸展性、刚性、拉伸强力、顶破强力、撕裂强力、耐磨性等。

3. 过滤材料化学性能指标　过滤材料的化学性能指标有耐酸碱性、耐腐蚀性等。

4. 滤材的特殊性能指标　这是由过滤工艺性能决定的，如化学稳定性、热稳定性、抗老化、耐日晒性，便于清洗及卸下滤渣，并具有一定的耐洗能力，具有一定的寿命，有的还需具有如阻燃性能、抗细菌性能、抗静电性能等特殊的安全性能。

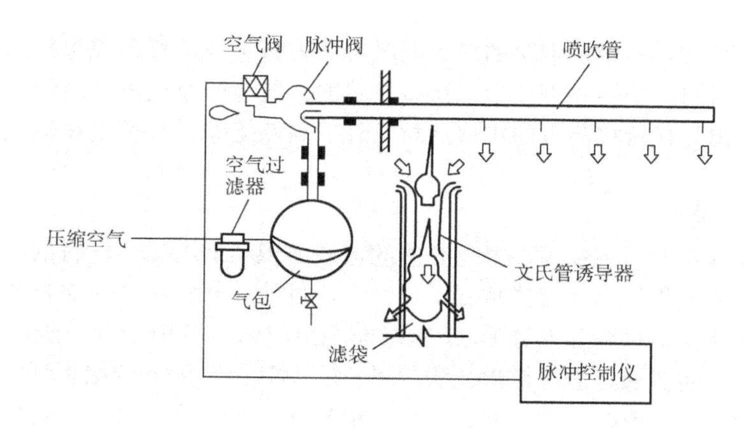

图 4－14　袋式除尘器清灰装置示意图

图 4－15　除尘器外机和滤袋

二、过滤纺织品的性能改进

过滤纺织品性能在细节上的改进，可以大大提高其应用性能与性价比。水刺涤纶非织造布的应用中，由于其孔径及均匀度的优势，在重量减轻 1/3 的情况下，其 PM2.5 的过滤能力可以比普通涤纶滤布提高 30% 以上。

同时，由于其极好的表面负荷能力，该水刺涤纶滤布的使用寿命是普通涤纶滤布的 2～3 倍，从而大大降低了滤材替换的材料成本及操作费用。更进一步，滤布使用寿命的提高也可以大幅减少滤布废弃物产生的环境压力及处理成本。纺织企业细节上的改进和完善，可以使产品性能得到大幅度的提升，从而提高了产品的附加值及市场竞争力。此外，过滤与分离纺织品还集中于纺织材料复合、膜复合、膜结构、正负离子层复合等方面。

高性能过滤纺织品的生产也依赖于纺织机械技术的提升。欧洲和美国的纺织机械企业在过滤纺织品如滤袋、过滤毡、过滤带的生产以及过滤布加工工艺如褶裥加工已经进行了大量研究并取得了不少突破，为过滤纺织品生产企业提供了多种高性能、高质量、柔性、高性价比的生产解决方案。

第四节 过滤用纺织品技术发展难题及趋势

过滤用纺织品技术中亟待解决的重大问题可分为新型纤维滤料成型技术、滤料复合工艺技术以及过滤材料功能性整理技术。这些技术的开发与产业化可有效缩短与发达国家的差距，有望开发出替代价格昂贵的进口滤材的新型高性能滤材，扩大在钢铁、水泥加工等领域中的应用。

（一）高效过滤技术

高效过滤技术主要表现在提高过滤介质的比表面积和缩小介质材料的孔径尺寸。纳米纤维过滤介质主要用于气体、液体和分子过滤中。目前，复合过滤介质材料多由两部分组成，即超细纤维非织造材料与亚微米/纳米级非织造材料，其中纳米纤维组分决定着高效过滤介质的基本性能。通过静电纺丝方法制得直径为70～500nm的纳米纤维网，并将其敷于常规梳理非织造材料或机织物表面，可得到纳米纤维非织造材料。多层复合过滤介质的空气透过能力可以通过纳米纤维层的厚度变化和停留时间控制。与常规的超细纤维过滤材料相比，纳米纤维过滤介质具有理想的孔径。此外，纳米纤维还可以使过滤效率倍增，从而减少能源消耗。

（二）长效驻极技术

针对国内驻极非织造材料电荷消散时间较短的问题，在纺丝过程中添加新型储电材料，可以延长驻极后纤维的带电时间。为此，应着重研究储电材料的种类与添加比例对于驻极效果的影响，并实现储电颗粒纳米化，尽可能减少其对纺丝过程的影响。在此基础上，研究储电颗粒沿纤维轴向均匀分散的方法，可最终形成具有长期储存电荷能力的驻极非织造材料，打破跨国公司在长效静电驻极技术上的垄断地位，未来几年全球纳米纤维市场将快速增长。

（三）袋式除尘技术

随着国家对排放标准的修订，袋式除尘技术因为可以达到严格的排放标准而越来越被重视，并被广泛应用于电力、钢铁、水泥、有色金属和垃圾焚烧等诸多领域。国际上所有的垃圾焚烧炉都采用袋式除尘器和高温滤料除尘，这类滤料必须满足耐高温、耐化学腐蚀、疏水、易清灰等技术指标要求。PTFE纤维耐化学药品性好，使用温度为260℃，最高使用温度为290℃，耐腐蚀性能好。但其在强度、静电积聚等方面的缺陷为滤料成型带来难度，限制了其在过滤领域的大规模使用。PTFE纤维在梳理成网与固结关键技术中，首先应研发特殊处理助剂及处理作业程序和梳理机构，克服PTFE纤维易积聚静电的难点，使PTFE纤维可以受高速梳理并均匀成网。在此基础上，以全流程自动控制技术为目标，自主研发高速铺网与先进自调匀整技术，提高铺网速度并改善纤网均匀性和滤材的透气均匀性，为高质量PTFE过滤材料的制备奠定基础。此外，基于PTFE纤维的纤网固结技术还应关注高效节能型水刺技术的产业化应用，力求在低能耗工艺条件下实现纤网的梯度缠结复合结构，减少高性能纤维用量，并在达到过滤精度的同时降低过滤阻力。

（四）纺丝直接成网技术

纺丝直接成网技术主要用于生产聚酯、聚丙烯与双组分纤维网，一些国外企业对高性能聚合物直接纺丝成网技术的研究仍处于保密状态。此外，纺丝直接成网中的纤网结构较为单一，需引入多级梯度纤网结构，以提升高性能纤维非织造材料的过滤精度，并在获得较高过滤效率的同时尽可能减小过滤阻力。

（五）后整理技术

后整理技术在传统产业用纺织品中并不鲜见。目前，国内过滤用纺织品功能性整理技术的研究和应用尚处于起步阶段，如能在借鉴、结合传统后整理技术的基础上，针对我国燃煤等复杂过滤工况尾气、发动机尾气和室内空气净化等的要求，开展催化分解机理、功能性整理剂开发、整理技术优化等研究，必将在过滤用纺织品整理领域取得突破。

（1）水过滤用非织造过滤材料。水过滤是非织造过滤介质最大的应用领域及增长的关键驱动因素之一。据 GVR 的预测，未来 10 年全球非织造滤材在水处理领域的市场规模将进一步扩大，保持年均复合增长率为 7.8% 的中高速增长，市场估值将由 2015 年的 8.618 亿美元增长至 2024 年的 16.831 亿美元（图 4－16）。增长的动力主要来自于全球范围内，尤其是亚太、中东、非洲等水资源匮乏国家和地区对饮用水过滤、污水处理和海水淡化不断增加的需要。

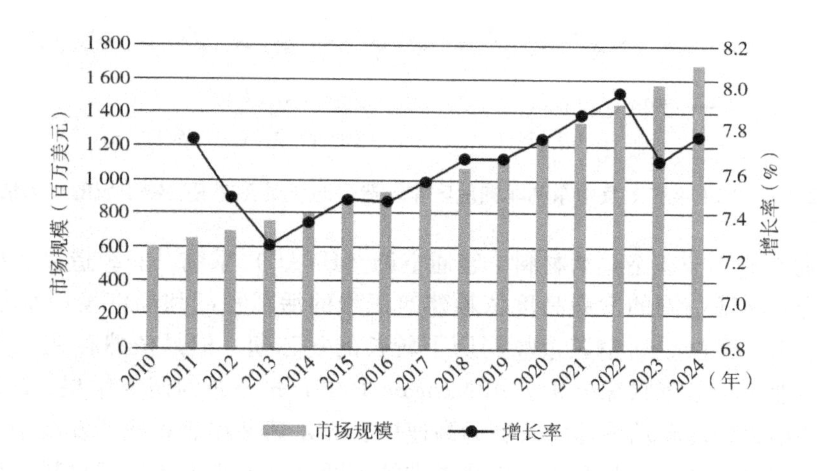

数据来源：American Chemical Society. Filter Media Services，亚洲非织造布协会，Primary Interviews，GVR。

图 4－16 2010～2024 年全球非织造过滤介质在水过滤领域的市场估值和预测

（2）交通运输用非织造过滤材料。交通运输行业是非织造布过滤材料市场的另一重要应用领域，汽车用滤料（汽车滤清器）包括空气过滤、机油过滤和燃油过滤三种，是保证汽车发动机的经济指标、动力指标、可靠性和排放指标得以正常发挥的重要部件。非织造布相比其他过滤材料具有更卓越的效率和更多的优势，如：增加空气净化效率、减少能耗成本、延长使用寿命等。

未来几年，各国政府对汽车碳排放量的监管力度将不断加大，汽车售后养护市场也将不断增长，这将使非织造过滤介质在交通运输领域的市场规模进一步扩大。据 GVR 的分析，2015 年非织造过滤介质在交通运输行业的市场规模为 9.02 亿美元，预计到 2024 年有望增长到 16.63 亿美元，年复合增长率达到 7.1%。其中，中国以仅次于美国的世界第二大汽车市场的规模稳居亚洲地区最大汽车用非织造过滤介质市场地位；而得益于强劲的汽车工业发展势头，印度非织造过滤介质在交通运输领域市场将在未来10年迎来最快增长，年均复合增长率将高达8.7%，市场规模有望翻一番（图4-17）；中东地区海湾国家拥有全球45%以上的石油储备，极低的燃料成本、高水平的收入以及每年6%的人口增长速度是该地区汽车及汽车售后养护需求高速增长的重要原因。据统计，中东地区每户汽车拥有率居世界前列，而且正以每年10%以上的速度增长，这一趋势也将拉动非织造过滤介质在该地区交通运输领域以高达8.3%的年均复合增长率增长，市场规模有望超过汽车制造强国日本。

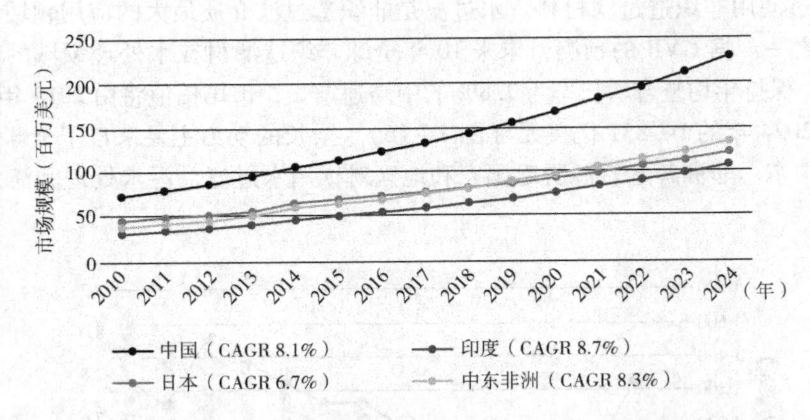

图4-17　2010~2024年亚太及中东和非洲地区非织造过滤介质在交通运输领域的市场估值及预测

（3）暖通空调用非织造过滤材料。暖通空调（HVAC）系统对非织造过滤材料的需求也在稳步提升。暖通空调的发展高度依赖建筑工程的活跃程度和经济发展水平，自2009年经济危机以来，虽然暖通空调市场经历了较长的复苏期，但是依然存在较大的发展空间。据美国专业市场运营状况分析公司Navigant Research公布的研究结果，2024年之前，暖通空调市场增速将逐渐从中速增长转为高速增长。尤其是在亚太地区发展中国家，工业化程度的日益提高以及住宅和商业区供暖需求的不断提升为非织造过滤材料在该领域的应用创造了良好的发展机遇。据GVR的统计，2015年全球非织造过滤介质在暖通空调行业的市场估值为5.957亿美元，到2024年有望增长到11.452亿美元，在预测期内年均复合增长率为7.6%。其中，亚太、拉丁美洲和中东地区是全球暖通空调市场发展的重要驱动市场，中国、印度等亚洲制造大国预计未来10年的年均复合增长率将高达9%以上（图4-18）。

同时，室内空气污染物CO、氨气、粉尘、臭氧、细菌、真菌、病毒、异味、放射性氡气等引发的建筑物关联症、多发性化学物质过敏症等疾病成为近年来社会各界关注的热点问题，医院洁净室等各种对空气过滤有高要求的场所也对过滤产品提出了更高的要求。与亚洲市场的快速增长相比，北美、欧洲等发达国家市场则主要着眼于技术升级，推行更高效的过滤材料。

（4）工业用非织造过滤材料。工业的高速发展已经成为带动非织造滤材市场不断扩大的另一大重要驱动力，尤其是钢铁、冶金、水泥、化工行业以及电力和垃圾焚烧炉等领域，其烟气中粉尘治理大量采用袋式除尘技术，带动非织造高温过滤材料大幅增长。据

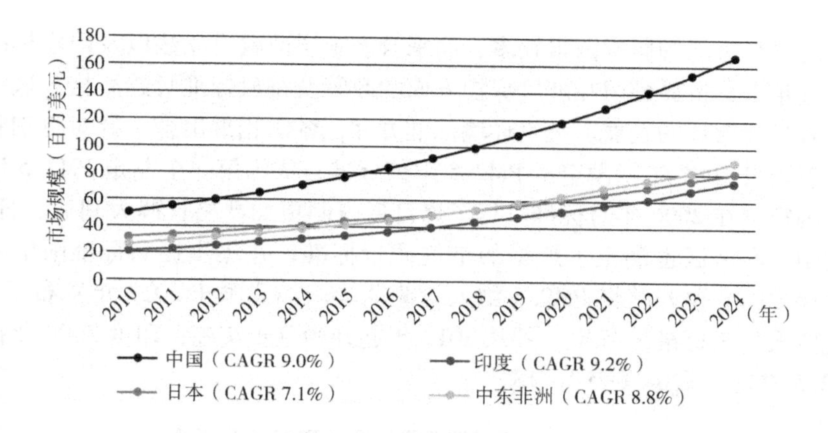

数据来源：American Chemical Society. Filter Media Services，亚洲非织造布协会，Primary Interviews，GVR。

图 4－18　2010～2024 年亚太及中东和非洲地区非织造过滤介质在暖通空调领域的市场估值及预测

GVR 的调查和预测，2015 年全球工业用非织造过滤介质的市场规模为 4.16 亿美元，未来 10 年有望以 7.3% 的年均复合增长率增长，到 2024 年市场规模将达到 7.81 亿美元。其中，亚太地区新兴制造业大国印度以快速增长的制造业确立了非织造过滤材料在该领域应用的快速增长。根据麦肯锡全球研究所的预计，按照目前的增速，到 2025 年印度制造业的总产值将会达到 1 万亿美元，占 GDP 的 25%～30%，驱动更大的非织造过滤介质应用市场。随着印度制造业的进一步发展，其非织造过滤介质在制造业的应用也将迎来快速发展，预计将以 8.9% 的年增长率增长，市场规模将由 2015 年的 2350 万美元增至 2024 年的 5030 万美元（图 4－19）。

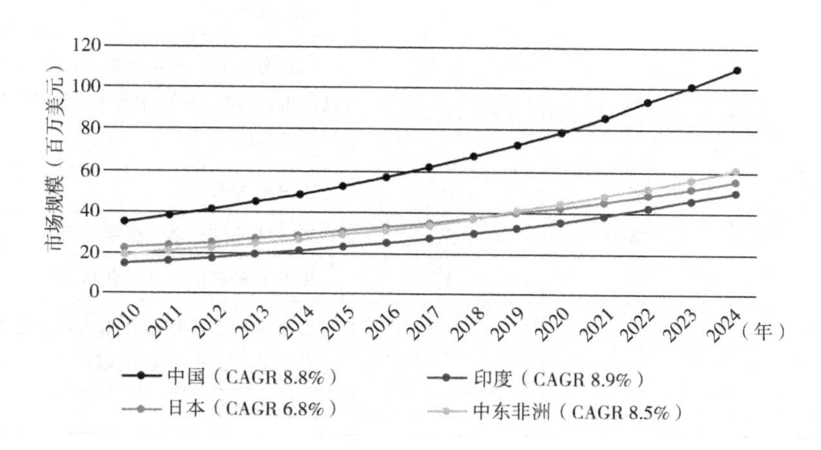

数据来源：American Chemical Society. Filter Media Services，亚洲非织造布协会，Primary Interviews，GVR。

图 4－19　2010～2024 年亚太及中东非洲地区工业用非织造过滤介质的市场估值及预测市场竞争

环保过滤材料市场的影响因素较多，而来自宏观层面政府立法以及国家标准的影响是主要方面。近年来，世界各国在环境保护方面的政策及排放标准日趋严格，这一趋势将进一步推动高效过滤市场的发展。大气环境标准方面，各国相继出台了针对更细颗粒物的限定标准。如美国自1997年就设定了PM2.5限值标准，成为第一个制定PM2.5浓度标准并开始检测的国家，在2006年对标准进行了修订后限制更加严格；澳大利亚、日本、英国、欧盟等发达国家和地区也制定了严格的空气质量标准，并逐步提高标准限定要求。近年来，部分发展中国家也开始将PM2.5纳入检测范围。如我国于2012年发布了GB 3095—2012《环境空气质量标准》标准，并从2012年起开始分步实施；印度2009年修订的新标准也对PM2.5进行了限定（表4－13）。

表4－13　各国环境质量标准对PM2.5的限值

国家组织	PM2.5年平均值（μg/m³）	24h平均值（μg/m³）	备注
WHO准则值	10	25	2005年发布，为目前还无法一步到位的国家提供了3个阶段性目标
WHO过渡期目标－1	35	75	
WHO过渡期目标－2	25	50	
WHO过渡期目标－3	15	37.5	
澳大利亚	8	25	2003年发布，非强制标准
美国	15	65	1997年发布
	15	35	2006年修订
英国	25	无	2007年修订，规定2020年前达到限定值（包括高污染区域），乡村等空气质量较好的地区实行更严格的标准
日本	15	35	2009年发布
欧盟	25	无	2015年限定标准（强制执行）
	20	无	2020年限定标准（强制执行）
中国	35	75	2012年发布，开始在重点地区实施，2016年1月1日全国实施（强制执行）
印度	40	40	2009年修订

资料来源：根据公开资料整理。

另外，据相关机构预测，未来水过滤材料使用标准将不断提高，汽车等终端应用领域也对排放提出了更高的要求。如欧盟汽车排放标准从欧Ⅰ到欧Ⅵ，排放指标不断收紧，CO排放量由4.5g/(kW·h）降至1.5g/(kW·h)，HC排放量由1.1g/(kW·h）降低至0.13g/(kW·h)，NOx排放量由8.0g/(kW·h）降低至0.5g/(kW·h)，PM排放量由

0.612g/(kW·h) 降低至0.01g/(kW·h)。更加严格的环境质量及排放标准对过滤产品提出了更高的要求，倒逼过滤产品制造商不断从技术上进行升级，开发更加高效的过滤产品。

第五节　高端过滤与分离用纺织品应用实例

一、袋式除尘器

中国是世界上最大的发展中国家，目前正处于工业化时期，经济规模庞大。钢产量1.233亿t，居世界第一位；水泥产量5.2亿t，居世界第一位；煤炭产量和消费量也居世界第一位；发电量/化肥产量居世界第二位。由于我国这些重化工/原材料/能源工业的生产工艺及设备相对落后，能源耗费大，污染严重；同时，中国正在加快城市化进程，这些都加重了对大气环境的污染：1998年全国烟尘排放量1452万吨，粉尘排放量1322万吨，二氧化硫排放量2090万吨。世界十大空气污染城市，中国就占了九个。而袋式除尘器（图4-20）正是烟尘/粉尘污染的克星，是治理大气污染的高效除尘设备。袋式除尘器的最大优点就是除尘效率高，在实验室试验高达99.99%，在实际应用中也达到99.99%，粉尘排放浓度可达到10mg/Nm^{3}以下，甚至达到1mg/Nm^3。这就是袋式除尘的机理所决定的，这个机理就是过滤机理，使粉尘附着在滤袋上作一次尘，用粉尘来过滤粉尘。因此，袋式除尘器的除尘效率最高。而这一优点是与滤袋分不开的，滤袋是袋式除尘器的消化器官，是袋式除尘器极其重要的部件。滤袋性能和质量的好坏，直接关系袋式除尘器性能的好坏和使用寿命的长短，而过滤材料是制作滤袋的主要材料，它的性能和质量是促进袋式除尘技术进步，影响其应用范围的重要条件。

（一）工作原理

含尘气体由下部敞开式法兰进入过滤室，较粗颗粒直接落入灰仓，含尘气体经滤袋过滤，粉尘阻留于袋表，净气经袋口到净气室，由风机排入大气。当滤袋表面的粉尘不断增加，程控仪开始工作，逐个开启脉冲阀，使压缩空气通过喷口对滤袋进行喷吹清灰，使滤袋突然膨胀，在反向气流的作用下，附着袋表的粉尘迅速脱离滤袋落入灰仓，粉尘由卸灰阀排出。

除尘器主要由上箱体、中箱体、灰斗、进风均流管、支架滤袋及喷吹装置、卸灰装置等组成（图4-20）。含尘气体从除尘器的进风均流管进入各分室灰斗，并在灰斗导流装置的导流下，大颗粒的粉尘被分离，直接落入灰斗，而较细粉尘均匀地进入中部箱体而吸附在滤袋的外表面上，干净气体透过滤袋进入上箱体，并经各离线阀和排风管排入大气。随着过滤工况的进行，滤袋上的粉尘越积越多，当设备阻力达到限定的阻力值（一般设定为1500Pa）时，由清灰控制装置按压差设定值或清灰时间设定值自动关闭一室离线阀后，按设定程序打开电控脉冲阀，进行停风喷吹，利用压缩空气瞬间喷吹使滤袋内压力骤增，将滤袋上的粉尘进行抖落（即使粘细粉尘亦能较彻底地进行清灰）至灰斗中，由排灰机构排出。

（二）市场现状

我国对布袋除尘器需求巨大，除尘滤料，尤其是耐高温纤维滤料有广阔的市场发展前

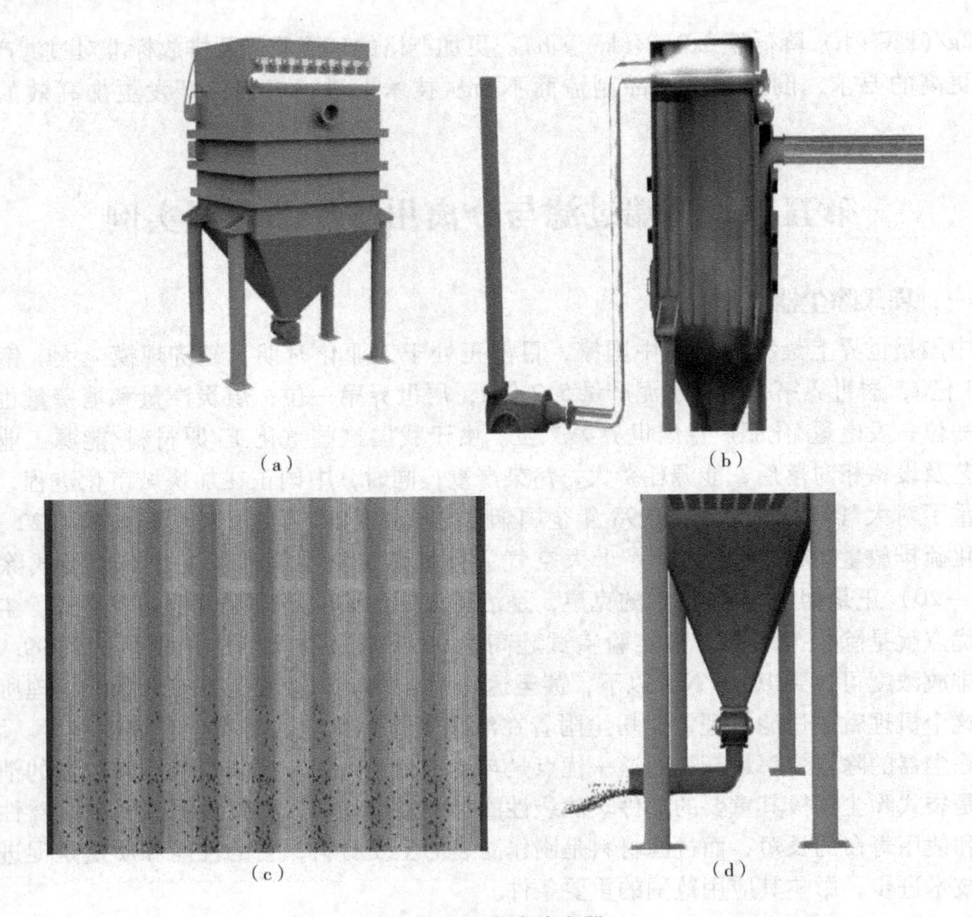
图 4－20　袋式除尘器

景。我国从“十二五”规划就对环境保护提出了更高的需求，水、气、声、渣都将更多地应用过滤材料，过滤材料行业市场前景看好。其中在烟尘治理领域，袋式除尘由于除尘效率高，不会造成二次污染，便于回收干料等性能，在国内外的应用越来越广，占到所用除尘设备的80%，钢铁工业是大气污染的主要来源之一。

二、防雾霾纱窗

2015 年，在全球最大的窗帘展“R + t”上，德国 Trittec AG 公司首次发布了“5 plus dust evo”（第五代微尘过滤窗纱）。被德国媒体誉为“一块神奇的窗纱”“欧洲花粉与微尘过敏人群的救星”，更有媒体指出“这款革命性的产品将赋予生活在严重雾霾里的中国人自由呼吸的权利”。“5 plus dust evo”与普通窗纱相比，网格密度基本相似，采光性、透气性远优于普通窗纱，然而经德国实验室试验及柏林 Chritie 医院的“欧洲防过敏测试”，其微尘的有效过滤高达 80% 以上，花粉有效过滤高达 98% 以上。换而言之，当室外的空气标准 PM2.5 > 300，人们被警告“尽量不要留在户外”的情况下，安装了“5 plus dust evo”窗纱，在通风状态下室内空气指标仍处于“优、良”的状态，可以自由活动和呼吸，享受阳光和空气。这完全打破了人们使用空气净化器时，门窗紧闭，边净化边二次污染的认知（图4－21）。

（a）　　（b）

图4－21　防雾霾纱窗

1. 薄膜布满超细孔挡住PM2.5　所谓的“防雾霾纱窗”看上去与家用普通窗纱并无明显不同，但是与普通纱窗不同的是，这薄薄的一层膜上布满了肉眼看不到的小孔。“每平方厘米大概密布着上百万个分子级的小孔”，分子级的小孔只允许分子通过，因此，PM2.5等细小颗粒物会被薄膜挡住，同时又不影响CO_2等分子成分的通过。

该薄膜对于PM2.5的阻隔效率可以达到98%以上。此外，由于这个膜非常薄，因此具有较好的透气性能，从而可以高效地进行室内外气体交换，甲醛、苯系物等有害气体在室内浓度较高的情况，也可以透过小孔穿透到室外，营造室内清新的空气环境。

2. 防雾霾窗纱使用寿命　使用寿命为4～10年以上，防雾霾窗纱将“雾霾大作战”的战场进行了更为提前的部署，若用空气净化器，则是雾霾先进入房间，再进行室内净化；而这种窗纱是直接将雾霾挡在了室外。如果防雾霾的窗纱与空气净化器配合使用，肯定能进一步提高空气净化的水平。

与空气净化器相比，窗纱的使用寿命前景也更为可观。空气净化器利用的是滤网的吸附作用，因此损耗较快；而对于防雾霾窗纱来说，颗粒物并不是完全吸附在薄膜上，而是会有部分的颗粒物在被阻挡之后“弹跳”下来。整个过程利用的是物理阻隔原理，并不涉及化学反应失效的问题。

三、高效过滤技术产品

芬兰奥斯龙公司用于水过滤的Ahlstrom Disruptor®技术是一项高效过滤技术，结合了电吸附和离子交换技术来清除杂质，同时还采用天然矿物质纤维，为次污染物颗粒的清除提供更高过滤效率；为了确保安全的饮用水，奥斯龙公司还与DOW（陶氏）旗下的水处理及过程解决方案（DW & PS）合作，在Ahlstrom Disruptor®技术的基础上融入陶氏全新的饮用水净化产品组合，从而实现了清除水流中99.9999%的细菌、99.99%的病毒及99.9%的胞囊及致病微生物的过滤效果。美国一家新成立的公司Innovation Labs也开发了一种可用于住宅独立空气净化器和暖通空调系统的高效空气过滤技术，该技术在过滤过程中使用氧化锰和氧化钛来限制和清除环境中的挥发性有机化合物，高效的过滤效果已使其为美国国家航空航天局所采用。过滤行业的领军企业 Hollingsworth & Vose（H&V）推出的 Aqua Sure AG 抗菌游泳池和浴池过滤材料可极大地抑制游泳池和浴池中细菌、霉菌、真菌和其他污染物的生长，目前该公司还在进一步开拓饮用水和人体呼吸防护市场。

纳米纤维在高效过滤方面具有天然优势，正在逐步替代传统非织造布用作过滤介质。Donaldson（唐纳森）公司用尼龙加工的 Spider Web 和 Ultra Web 纳米过滤介质（图 4 - 22）已经成为行业标杆，同时，该公司还利用新技术对产品进行优化，使过滤器在不增加压力降的前提下提高过滤效率，过滤等级达到了 MERV 13。Hollingsworth & Vose 公司推出的纳米波过滤膜可通过通电的方式，使膜表面更多的亚微米颗粒保持更持久，实现更高的过滤效率。

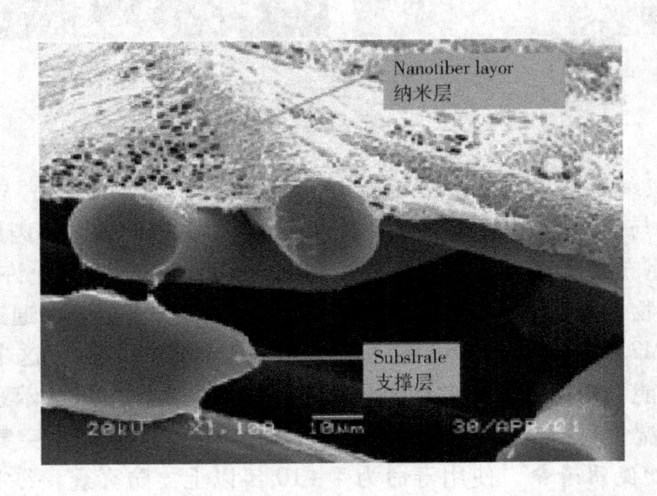

图 4 - 22 Donaldson 公司 Ultra - Web 纳米过滤介质扫描电镜照片

美国 Fiberweb 公司推出的熔喷基复合材料暖通袋已经进入空调市场，并且取得了相当好的销售成果，据该公司预测，随着世界经济的回暖，其熔喷基复合材料暖通袋在工业暖通空调中的应用将一直保持强劲的增长；美国 H&V 公司开发的适用于空气过滤的 Nanowave 系列滤材，采用微细旦熔喷纤维材料，具有稳定的效率、低压力降和良好的粉尘捕集能力；美国 Graver 公司开发的 COAX 系列滤芯，拥有可以阻断粗大粒子的 PP 熔喷纤维网和可阻挡细微粒子的 PP/PE 双组分纤维网两级结构；Delstar 技术公司的 Delpore 过滤材料使用了微细旦熔喷纤维网材，单丝直径为 0.5 ~ 1.0μm，主要用在医药、食品与饮料以及多种工业用途；波兰国家劳动保护中心与 Lodz 技术大学合作，制得了具有生物活性的熔喷纤维过滤材料，用于呼吸器防护系统。

熔喷非织造布作为过滤介质在面部防护制品上已广泛使用，如美国 H&V 公司呼吸器选用的滤材中，N95、N99、N10 面罩均使用不同克重的熔喷非织造布过滤材料，该公司一次性呼吸器制品中熔喷材料的利用十分普遍，如 FFP1 型、FFP2 系列、FFP3 系列、FFP1 - 3 系列产品上均使用熔喷材料或熔喷和纺粘复合过滤介质，Vogmask 面罩选用聚丙烯（PP）微细旦熔喷非织造布作过滤介质的选材。

上海 NYK 合资工厂生产的 FSC－F－99E 呼吸器，过滤介质选用 4 种非织造布材料复合而成：第 1 层使用非织造布，第 2 层为抗菌非织造布，第 3 层选用熔喷非织造布为过滤层，第 4 层为支撑层，该层在设计上具有可重复再利用功能。

Nanovia 公司开发的新一代网材，即“Nanolies”的单丝直径可达 400nm，所采用的分裂纺工艺是生产亚微米—纳米纤维的重要方法之一。近年来，Nanovia 公司开发了专门用于面部防护的过滤材料，其中抗菌系列面部防护过滤介质采用三组分复合结构配置，即纺粘层/抗菌分裂纺纤维网/纺粘层，屏蔽效率达 99.90%，介质的接触角≥120°。

Elmark 公司提供的抗菌纳米纤维过滤介质，其生产线配置主要为 3 个工序，即聚合物纳米纤维网成形单元、抗霉菌纤维单元和过滤介质性能最佳化处理装置。抗菌纳米纤维介质通常由 3 层纤维构成，即：外部支撑层，多使用 SMS 或纺粘材料；中间为添加活性物的纳米纤维层，该层具有生物功能；内层则采用纳米纤维网以屏蔽细微颗粒物。

Elmarco 公司过滤材料生产线可生产普通纳米纤维，亦可生产抗霉菌纳米纤维过滤材料。NS－1600 生产设备为两单元配置，幅宽 1600mm，生产线运转速度为 3.2～4.2m/min，纤维网规格从 0.3～0.4g/m^2，网的单丝直径平均为 200nm，设备产能在 6440～8450m^2/d 之间（每天运转时间 20h）。

韩国 Bluefine 公司提供的纳米纤维滤料的面罩或呼吸器，据称可有效屏蔽 SARS 病毒对人体的侵害。该过滤材料由 5 层纤维网复合而成，第 1 层使用 PP 纺粘非织造布，第 2 层为 PET 梳理型非织造布，第 3 层选择了纳米纤维网，第 4 层为活性炭纤维，第 5 层则使用 PP 纺粘非织造布。

英国 Redspeare 公司是世界上最早大规模生产和使用纳米纤维的厂家之一，在呼吸器或外科手术面罩过滤材料的应用研究中积累了丰富的经验，其面部防护装置的性能评定结果显示，对过敏原、细菌、真菌、病毒（如 SARS、炭疽、H5N1、H1N1、H7N9 流感病毒等）具有 100% 的捕集能力。该公司投放市场的呼吸器和外科手术面罩，采用多孔隙结构的过滤介质，由 3 层纤维材料构成，中间芯层为单丝平均直径为 100nm 的纤维过滤介质，孔隙尺寸为 0.025μm，过滤效率可达到 99.997%。24h 佩戴，压力降 32Pa/cm^2，使用安全并具有市场可接受的价格。

思考题

1. 为什么纺织品结构产品能在过滤中发挥作用？试加以解释。

2. 干式和湿式过滤时，对（过滤）织物的主要要求是什么？

3. 过滤用织造布和非织造布各自的优缺点有哪些？

4. 列表说明纺织品材料过滤介质的应用领域，并列出每种使用领域可采用的纤维原料和织物类型。

5. 测定过滤器效率的主要方法有哪些？

参考文献

[1] 吴海波，靳向煜，任慕苏，等．过滤用纺织品的现状与发展前景［J］．东华大学学报（自然科

学版），2014，02：151 - 156 + 188.

[2] 蒙冉菊，高慧英，张显华．过滤用纺织品在个人防霾口罩中的应用现状及发展方向［J］．轻纺工业与技术，2016，04：55 - 57.

[3] 赵志远．聚甲醛纤维的耐腐蚀性及其在水过滤用膜支撑材料上的应用研究［D］．浙江理工大学，2016.

[4] 殷依华．非织造空气过滤材料清灰性能研究［D］．浙江理工大学，2016.

[5] 秦悦．过滤用纺织品迎来重大机遇——中国产业用纺织品行业协会副会长郑俊林访谈［J］．纺织科学研究，2013，11：49 - 51.

[6] 姚东，李桂梅．高温气体过滤用纺织品行业骨干企业座谈会召开《高温气体过滤用纺织品行业自律条约》出炉［J］．纺织服装周刊，2013，07：11.

[7] 朱民儒，张艳．中国产业用纺织品行业的现状和发展机遇［J］．高科技纤维与应用，2009，03：12 - 16 + 23.

[8] 罗益锋．过滤用特种纤维及其纺织品发展近况［J］．高科技纤维与应用，2009，04：9 - 14.

[9] 裘愉发．论产业用纺织品［J］．浙江纺织服装职业技术学院学报，2009，03：4 - 8.

[10] 罗益锋．过滤用特种纤维及其纺织品发展近况（续）［J］．高科技纤维与应用，2009，05：10 - 14.

[11] 刘继德．中国过滤用纺织品创新发展论坛指出：产业链要向两头延伸［J］．纺织服装周刊，2009，33：32.

[12] 颜文书．我国产业用纺织品进口贸易研究［D］．东华大学，2013.

[13] 叶婷．汽车空调过滤用熔喷复合非织造布的研发及性能测试［D］．东华大学，2013.

[14] 杨平．过滤用纺织品市场潜力巨大［J］．福建轻纺，1998，02：31.

[15] 王宁．中国工程院第102次工程科技论坛　关注高温过滤用纺织品行业发展［J］．纺织服装周刊，2010，30：41.

[16] 冯建永．汽车机油过滤材料的结构、性能与机理及制备技术研究［D］．东华大学，2013.

[17] 郭莎莎．PBT静电纺/溶喷复合滤材的制备及其在血液过滤中的应用［D］．东华大学，2014.

[18] 过滤与分离用纺织品分会成立背后的竞争土壤［J］．非织造布，2012，03：21 - 22.

[19] 唐晓亮，王良，邱高．等离子体表面改性血液过滤用非织造布的进展［J］．纺织导报，2005，06：110 - 112 + 114 - 124.

[20] 张艳．医用纺织品之痛［N］．中国纺织报，2011 - 03 - 01003.

[21] 贠秋霞．医用纺织品的发展及应用［J］．合成材料老化与应用，2015，04：142 - 144 + 147.

[22] 张艳．我国医疗卫生用纺织品行业发展制约因素和对策探讨［J］．非织造布，2011，05：8 - 10.

[23] 张艳．医卫纺织品技术发展的三大趋势［J］．纺织服装周刊，2011，26：20.

[24] 金舜．产业用纺织品发展趋势的研究［D］．天津工业大学，2002.

第五章　土工用纺织品

国外以美国，尤以北美发展较快，欧洲则以德国、法国、荷兰、意大利等西欧国家发展较快，亚洲主要是日本、马来西亚、韩国发展较快，国外产品类型、品种较多，规格齐全，以非织造型、合成型、复合型所占比例较大，而非织造型以纺粘法涤纶长丝产品为主，其中薄型非织造布主要用作复合产品，厚型非织造布主要用作滤层材料，合成型和复合型产品主要用作加筋材料、防渗材料，由于国外的理论研究、测试技术、设计准则、施工方法等都比较完善，因而工程应用较为广泛普及。通过国外调研，值得学习借鉴的主要有三个方面：一是国外的科学技术、科学管理水平比较高；二是重视技术改革、技术开发，有紧迫感；三是为工程服务的观念非常强。近年来，国外在组织结构、生产结构、产品结构等方面不断地调整、改革和重组，使产业更具有优势和竞争实力。

基础建设及气候变化是土工合成材料的重要驱动力。据预测，2013～2023 年，全球基础建设的投入将以年均 4% 的速度增长，至 2023 年将达 4.8 兆亿美元。其中道路建设将占据最大的比例。在一些新兴国家和地区，对公路、铁路系统及其他基础设施的投资仍然方兴未艾。而在发达国家，在基础设施方面的投入则主要由市场主导，包括铁路系统、海岸线维护、对现有水源和能源相关设施的更新以及新能源建设工程等。

美国著名的市场咨询机构 Freedonia 集团预测，鉴于全球在道路、建筑品质、环境保护等方面诉求的增强，以及其他应用领域的拓展，全球土工合成材料的需求量在 2017 年将达 52 亿 m^2。在中国、印度和俄罗斯等地，大量的基础设施被规划并将相继投入建设，加上环境保护法规与建筑施工规范的演进，未来一段时间内这些新兴市场有望获得稳健增长，其中中国地区的需求增长预计将占全球总需求量的近一半。发达国家同样具有增长潜力，比如在北美地区，增长主要来自于新的施工规范以及环保法规的驱动，西欧及日本的情况与之相当。

另据市场研究公司 Transparency Market Research 的研究报告，全球土工用纺织品市场以 10.3% 的复合年增长率继续增长，市值将从 2011 年的 32 亿美元增至 2018 年的 64 亿美元。从数量来看，全球土工用纺织品的需求将由 2011 年的 19.04 亿 m^2 增至 2018 年的 33.98 亿 m^2，期间复合年增长率将维持在 8.6%。

土工用纺织品在水利、公路、铁路、海港、建筑等现代土木工程的各个领域发挥着重要作用。例如，在道路建设中，不使用土工布的路基需设计较厚，所用砂石和工时多，当受车轮载荷后，上层碎石容易被挤压侵入下层泥土中；使用土工布可替代过滤砂层起过滤、隔离作用，防止两层石土料间侵蚀，特别是在劣质土地上筑路，减少了砾石基础层的厚度。

道路建设已成为土工用纺织品最大的应用领域，2011 年市值约为 15.02 亿美元。目前，亚太地区已成为全球对土工布需求最大的地区，2011 年占全球需求的 41% 以上。未来 5 年，道路建设特别是中国、俄罗斯、印度、巴西等新兴国家建筑施工的需求不断增加，将带动土工用纺织品的需求继续快速增长。不过，在预测期内，常用的原料如聚丙烯、聚酯的成本波动将对市场增长产生不利影响。据预计，2018 年欧洲土工用纺织品市场需求将达到 16.477 亿美元，北美市场的销售额复合年增长率预计为 9.9%。另据调查，印度全境的公路中，只有约 2% 达到四车道规格，道路系统亟须改善。

美国市场约有 50 家土工合成材料产品制造公司。2013 年，美国/加拿大土工合成材料市场规模为 22 亿美元，与 2012 年相比增长了 3%。2013 年初颁布的美国 MAP－21 运输法案能够满足应用于运输基础设施建设和流域管理的地理空间相关技术的要求，该法案的生效能够缓解部分公路和桥梁建设项目的不确定性。MAP－21 法案推进了创新项目的使用，包括数字化三维建模技术，不少机构和服务公司将其广泛应用于基础设施项目的设计和管理中。按照 MAP－21 法案，政府将拨款 1050 亿美元用于改善美国的地面交通设施。2013 年，MAP－21 法案已帮助美国土工合成材料市场实现了正增长。

欧洲非织造布协会总经理 Pierre Wiertz 在 2017 首届亚欧土工用纺织材料会议致辞中表示，土工用纺织品作为基础设施建设过程中不可或缺材料，也有助于应对气候变化，减少对环境的影响。如今，欧亚大部分地区以及中东和非洲等地基础设施的快速发展，特别是中国“一带一路”倡议的实施，使得全球土工用纺织品的需求量大幅度提升。欧洲拥有全球领先的产业用纺织品创新技术，而中国拥有最活跃的市场，双方应加强学术与应用案例交流，共同建立有法律约束的贸易协定，提高企业的投资热情。

国际土工合成材料学会前主席 Christian P. Schindler 表示，亚欧土工领域产业链合作对推动各方的资源优化、结构调整和转型升级至关重要。亚洲和欧洲各国的土工材料行业处于不同的发展阶段，也面临不同产业结构升级的瓶颈。加强产业的交流对接，深化合作与发展是行业未来发展的必然趋势。由此可见，土工用纺织品的发展至关重要。

第一节　土工用纺织品的分类及原材料

土工用纺织品是产业用纺织品中的重要品种，一般作为功能性材料用于土壤的加固、隔离、排水、过滤和保护等，可以天然纤维或化学纤维为原料。

土工合成材料是以合成纤维、塑料、合成橡胶等为原料制成的不同种类产品，使用过程中具有分离、加固、排水、过滤、防护、防渗六大基本功能。国外在 20 世纪 30 年代就开始了使用，迄今其产品从单一纺织品发展到其他合成材料及其复合材料。现在土工合成材料已被称作与钢材、水泥、木材齐名的“第四种工程材料”，并广泛地应用于岩土、水利及土木工程等领域。

一、土工用纺织品的分类

土工合成材料种类很多，一般按功能及生产方法分为四大类，即土工织物、土工膜、土工复合材料、土工特种材料。下面概述几种土工合成材料的特点及应用。

1. 机织土工布　机织土工布是我国使用最早的一种土工布。现我国使用较多的机织布材料有长丝机织布和扁丝机织布两种，材料以聚丙烯为主，单位面积质量一般为 100～300g/m²，它的应用以制作反滤布的土工模袋为多。机织土工布具有强度高、延伸率低的特点，广泛应用在水利工程中，用作防汛抢险、土坡地基加固、坝体加筋、各种防冲工程及堤坝的软基处理等。其缺点是过滤性和水平渗透性差，孔隙易变形，孔隙率低，最小孔径在0.05～0.08mm，难以阻隔孔径<0.08mm的微细土壤颗粒；当机织布发生局部破损或纤维断裂时，易造成纱线绽开或脱落，出现的孔洞难以补救，因而应用受到一定的限制。

2. 经编土工布　用经编机生产经编土工布的方法较少单独采用，经常与其他方法联合使用，如将经编布与非织造布交织形成纤网型缝编土工布，也可与纸带一起编织成可降解的经编土工布。经编土工布主要应用于排水沟、水坝或烟筒过滤，无中间层的海岸保护，阻截自流水压，加固垂直地面、倾斜面和堤岸基层等。其特点已在上面进行了介绍。

3. 非织造土工布　非织造土工布的出现比织造土工布晚，其生产方法主要有纺粘法和针刺法两种，其中针刺法在我国所占比例较大。采用的原料以涤纶为主，其次是丙纶和维纶。非织造土工布具有较大的延伸率，能适应较大的变形，可以根据需要制成适当大小的孔隙，并在水平与垂直方向均具有较好的渗透力。因此，非织造土工布的发展速度很快，并已成为土工布的主要组成部分。现已广泛应用于解决路基沉陷及翻浆冒泥问题，用于土石坝的排水系统、地下排水管道、软弱地基加固，各种堤岸的护坡垫肩等工程的滤层。此外，还可用于土加筋材料，使软基加固或修筑轻型挡土墙，同时，还能降低路堤下的孔隙水压。

4. 土工格栅　我国以聚乙烯材料为主的塑料土工格栅居多，它是将高聚物薄膜经有规律的刺孔、加热，然后在一个方向拉伸，使高聚物中大分子链沿拉伸方向取向，并获得单轴向格栅；也可继续在另一方向拉伸，得到双轴向土工格栅，使两个方向都有较高强度，土工格栅主要应用于软土基础加固及护坡、护堤等工程中。

5. 复合土工布　复合土工布是由两种或两种以上不同功能、不同种类的土工布及其他材料复合而成，复合材料可以是纺粘或针刺型非织造布、机织布、聚乙烯薄膜、塑料网、塑料管等。其生产方法主要有以下两种：一是机械方法，采用针刺复合和缝编工艺技术；二是热熔黏合法，采用超声波黏合及热轧黏合技术。复合土工布在我国应用较多的是复合土工膜和塑料排水管，可应用于软地基和地基下具有坑洼的路基、堤岸的增强，路边排水，桥座和挡土墙下排水，蓄水池、废物处理池的密封层，传统沙石层排水系统的替代等。复合土工布在原有单层材料基础上使其性能得到很大改善，如层压后的土工布力学性能得到很大提高，机织布与非织造布经针刺复合后的过滤性能得到改善等。

二、纤维原材料

1. 丙纶　丙纶的基本组成成分是等规聚丙烯，所以也称作聚丙烯纤维（PP）。丙纶是由丙烯作为原料经过聚合、熔体纺丝两道工序制得的纤维。丙纶于1957年正式开始工业化生产，它是合成纤维中的第四大品种，也是常见的化学纤维中最轻的纤维。

目前，全世界生产的丙纶包括长丝、短纤维、膜裂纤维、单丝以及膨体长丝等。现我国使用较多的机织布材料有长丝机织布和扁丝机织布两种，材料以聚丙烯为主，单位重量一般为100～300g/m^2。它的应用以制作反滤布的土工模袋为多。

在工业用方面，丙纶纤维可用作车胎帘子布、工业用帆布、渔网、橡胶带基布、人工草坪底布、各种工程用土工布、热轧或针刺非织造布、高性能滤布等。

PP（聚丙烯）纺粘针刺土工布是一种重要的高性能土工合成材料，相比PET土工布，该材料有更好的耐酸碱性、更高的抗拉伸强度和延伸率，在水利、危废填埋场、尾矿库、机场、高铁等工程的建设中有着不可替代的作用。2016年3月，“PP纺粘针刺土工布生产线”被中国纺织机械协会列入纺织机械行业“十三五”期间重点科技攻关项目。

2. 涤纶 涤纶属于合成纤维，分为初生丝、拉伸丝与变形丝。涤纶是世界上产量最大，应用最广泛的一种合成纤维。涤纶具有高强度、良好的弹性、保型性与尺寸稳定性等优异性能，具有电绝缘性好、经久耐穿及易洗快干的特点。

产业领域用的涤纶主要有土工布、工业高强力丝、防水材料、医用非织造布、汽车帘子线及车用针刺地毯等，其中以工业丝和非织造布的用量较多。涤纶工业丝具有高模量、高断裂强度、耐冲击、耐热、耐疲劳等优良性能，它广泛应用于涂层织物、篷帆布、过滤布、土工布等领域。

非织造涤纶土工布具有较大的延伸率，能适应较大的变形，可以根据需要制成适当大小的孔隙，并在水平与垂直方向均具有较好渗透力。现已广泛应用于解决路基沉陷及翻浆冒泥问题，用于土石坝的排水系统、地下排水管道、软弱地基加固，各种堤岸的护坡垫肩等工程的滤层。此外，还可用于土加筋材料，使软基加固或修筑轻型挡土墙，同时，还能降低路堤下的孔隙水压。

3. 聚乙烯 聚乙烯（polyethylene，PE）是乙烯经聚合制得的一种热塑性树脂。聚乙烯可加工制成薄膜、电线电缆护套、管材、各种中空制品、注塑制品、纤维等。广泛用于农业、包装、电子电气、工业土工、机械、汽车、日用杂品等方面。

我国以聚乙烯材料为主的塑料土工格栅居多，它是将高聚物薄膜经有规律地刺孔、加热，然后在一个方向拉伸，使高聚物中大分子链沿拉伸方向取向，并获得单轴向格栅；也可继续在另一方向拉伸，得到双轴向土工格栅，使两个方向都有较高强度，土工格栅主要应用于软土基础加固及护坡、护堤等工程中。

第二节 土工用纺织品生产工艺及装备

为了生产出满足使用需求的土工用纺织品，需要选用合适的装备及工艺，非织造设备制造商Dilo（迪罗）、ANDRITZ（安德里兹），织机设备提供商ITEMA（意达）、Lindauer Dornier（林道尔·多尼尔）就是其中的代表。片梭织机生产大型包装聚丙烯裂膜条织物、土工布和农用土工布具有无与伦比的经济和质量优势。意达集团的P7300HP高性能全能片梭织机是土工用纺织品生产理想的解决方案，其在产品质量和经济性方面均具有较大的优势。P7300HP型织机有8种工作幅宽，280～655cm不等，同时也是把655cm幅宽作为标准幅宽的唯一的织机生产商，在生产工业织物时具有决定性优势。如能够生产大幅宽农业用布和土工布以减少缝接。目前，道路建设等领域对短纤非织造布的需求持续增长。多年来，迪罗集团已成功向土工用纺织品行业提供了多条完整的生产线，旗下Dilo Temafa公司可提供开纤准备、开松和混合装备，Dilo Spinnbau公司提供梳理成网装备，而Dilo Machines则提供交叉铺网、牵伸及针刺装备，各司其职，强强联合。该集团推出的“Dilo－Isomation工艺”旨在确保纤网质量均匀，从而降低纤维消耗；迪罗牵伸机VE改变针刺后纤维方向，以达到产品纵横向强度一致。随着非织造布生产线的大量安装，需要大量热黏合、热熔合、化学处理以及烘干等装备与之配套。在土工用纺织品领域，拉幅定形机是保持产品幅宽或进行横向拉伸以获得均衡的纵横向强力比的理想装备。迪罗集团已经同德国Brückner（布鲁克纳）公司展开了紧密合作，计划在迪罗位于Eberbach的研发中心装备一台双带式烘干机以进行测试并对其技术理念的适用性进行验证。由ANDRITZ Perfojet（安德里兹·帕弗杰特）开发的spunjet技术可用于生产新一代非织造布，在蓬松度、柔软度、悬垂性、拉伸强度方面均表现出色。和热轧机相结合，客户可以在多种缠结和整理方案中进行选择。Spunjet Bond是在线的纺丝成网长丝水力缠结系统，可以被用在土工布的非织造布生产中。针对针刺产品市场，安德里兹推出了采用TT输出系统的Excelle梳理机，目前，该梳理机还适用于交叉铺网。它可输出纵横向强力比低于3:1的高度均匀的纤网。通过采用TT梳理系统，交叉铺网机可加工具有均衡纵横向强力的各种克重的产品，针刺毡的伸长率可从低到高，而拉伸强力则保持在高水平。

一、针刺土工布

1. 针刺土工布的生产原理 针刺土工布是由一定长度和细度的长丝或短纤维，经过不同的设备和铺网工艺后成网状，再经过针刺等工艺使不同的纤维相互缠结交织后形成的具有一定强度的针刺织物。

2. 针刺土工布的工艺参数 针刺土工布对针刺密度要求不高，一般低于300针/cm^2，所以纤维网要经过2～3块针板的刺针穿刺后成布。根据多年的生产线配置情况和实际的工艺调节经验，预刺机的植针密度一般在3500针/m左右，主刺机的为5000～6000针/m。

3. 针刺土工布的复合加工 在土木工程的实际应用中，往往采用强度更好的土工合成材料，主要包括土工织物、土工膜、土工栅格、土工复合材料等。针刺土工布可以直接应用，也可以与其他的织物复合，下面简单介绍两种土工布复合加工。

（1）经编复合土工布。经编复合土工布是以玻璃纤维或合成纤维为增强材料，通过与短纤针刺非织造布复合而成的新型土工材料。因其既具有高抗拉强度、低延伸率的特点，又兼有针刺非织造布的性能，是一种多功能的土工复合材料。

（2）复合膜土工布。复合膜土工布是以塑料薄膜作为防渗基材，与针刺非织造布复合而成的土工防渗材料，它的防渗性能主要取决于塑料薄膜的防渗性能。目前，国内外防渗应用的塑料薄膜主要有聚氯乙烯（PVC）和聚乙烯（PE）。其主要原理是以塑料薄膜的不透水性隔断土坝漏水通道，以其较大的抗拉强度和延伸率承受水压和适应坝体变形。而针刺非织造布也是一种高分子短纤维化学材料，通过针刺固结后，也具有较高的抗拉强度和延伸性。它与塑料薄膜结合后，不仅增大了塑料薄膜的抗拉强度和抗穿刺能力，而且有利于复合土工膜及保护层的稳定。同时，它们具有较好的耐侵蚀性，不怕酸、碱、盐类的侵蚀。图5-1是典型的生产线示意图，即两布一膜的复合工艺。

4. 针刺土工布生产线的设备配置

（1）生产线的前道设备。短纤针刺土工布生产线完整的前道设备包括开包称重、粗开松、多仓混棉、精开松、气压或震荡棉箱、梳理机、铺网机和喂入机。当然，根据不同针

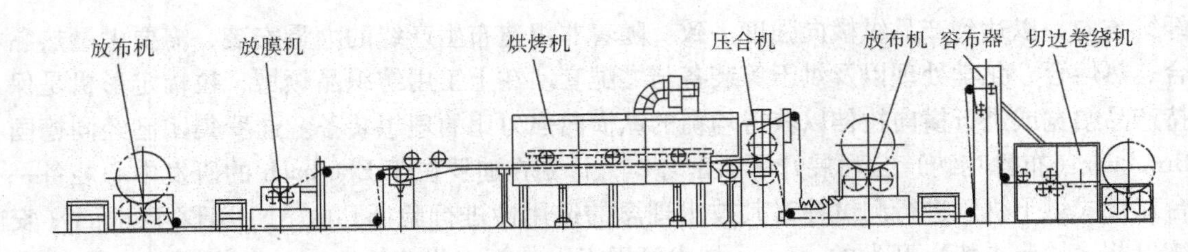

图 5-1　复合膜土工布生产线

刺工艺的需要，可以有选择地去掉相应的设备。但是，选用的设备性能要可靠，能保证纤网层的质量，并将其连续有效地送入预刺机，以满足针刺过程的需要。聚酯长丝土工布生产线的前道设备更加复杂，长丝纺粘针刺生产线就是典型。由于刺针穿过长丝时的阻力很大，所以在长丝针刺土工布生产线中一般配置双轴单板针刺机。

（2）针刺机的主要配置。由于针刺土工布生产线的门幅一般较宽，所以针刺机多数是单板机型，这也便于生产工艺的调节。针刺布布面质量的优劣是由针刺机的各项配置及其综合性能决定的，因此，了解针刺机的性能参数显得尤为重要。订购针刺机时，要明确针刺机的型号、针刺频率、针刺动程、润滑系统和针刺机针布等有关参数，其中针刺机针布必须明确。针刺机针布，是指单台针刺机的植针密度和布针形式的总称，是配置针刺机时必须明确的一个非常重要的技术参数。

（3）短纤针刺土工布生产线。国务院全文发布的《纺织工业调整和振兴规划》中提到加快产业用纺织品的开发应用以及加快推进产业用纺织品新产品的开发和产业化。其中就包括发展以宽幅高强工艺技术为主的土工栅格、土工布、防水卷材等多功能复合材料、高端土工布材料的国内市场占有率由20%提高到50%。

宽幅针刺土工产品在工程上的应用，尤其是在高速公路、铁路、机场、大型水利等工程上的应用，不但可以减少拼接、方便施工、节省材料，还可以加快施工进度、提高工程质量。其中典型的短纤针刺生产线流程如图5-2所示。

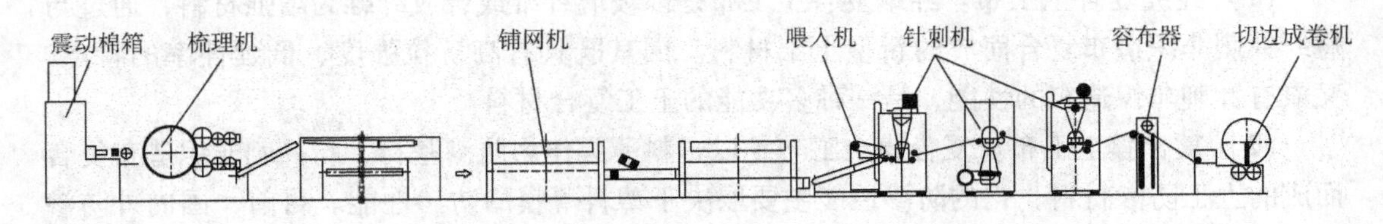

图 5-2　宽幅短纤针刺土工布生产线

这条生产线中的设备具体配置要根据适合自己的工艺要求来制订，一般的设备要求简单介绍如下。

①梳理机。一般要求单锡林双道夫，出网要连续而没有破网。

②铺网机。因其门幅宽且成网要求相对低，一般配置性价比高的大小车式的三帘式铺网机。

③喂入机。最好不要省去，宽幅的机型一般采用上下罗拉式喂入机。

④针刺机。适合短纤土工布的针刺机一般是单轴单板式，如图5-2所示。针刺机的

综合性能决定着土工布的品质，所以针刺机的具体配置一定要适合自己的工艺习惯。针刺机的动程一般逐次减小，分别为50mm、40mm、30mm，针刺频率的高低只要满足实际生产需要即可。

⑤切边成卷机，因为土工布的门幅宽和重量重，这个机型一般要配置纵向和横向切刀并且有自动放卷功能，这有利于生产操作。

（4）膨润土针刺土工布生产线。膨润土复合防水垫一般是由两层非织造布中间夹一层膨润土经针刺、黏合、缝合等制成，具有防水功能，主要用于垃圾填埋场、人工湖、渠道、水池、地下室、地铁等工程中。

我国膨润土资源丰富，价格便宜，又称为膨润石或斑脱岩，是以蒙脱石为主的黏土矿物。因其具有特殊的结构和性质，素有"万能"黏土之称，应用领域广泛，主要包括冶金、铸造、日用化工、石油化工、涂料、纺织、陶瓷、建筑及放射性物质的吸附、环境、保护、医药、饲料添加剂等。

膨润土针刺土工布是一种土工合成材料，具体工艺是在两层针刺布的中间夹一层膨润土经过刺针的穿刺后连接在一起的，生产线示意图如图5－3所示。

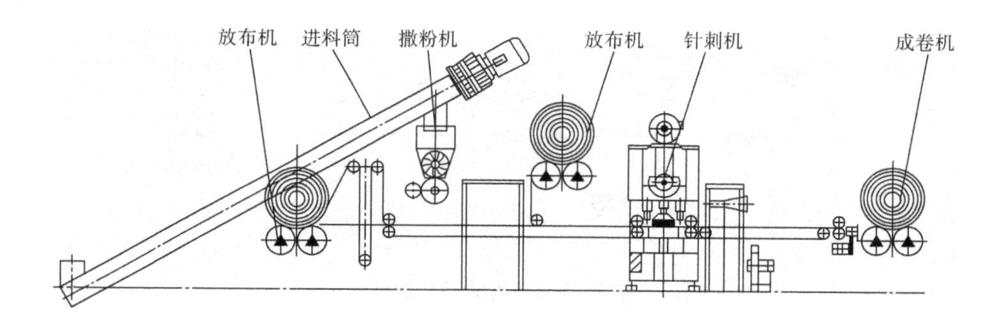

图5－3 膨润土针刺复合布生产线示意图

在这条生产线中，有两台设备的性能很重要，一个是撒粉机，另一个是针刺机。撒粉机在运转时，粉料即膨润土必须均匀而且要连续不断地落在下面的基布上。

生产线中的针刺机与一般的针刺机性能不同，属于专用针刺机的类型，必须满足这种复合布的生产工艺。这种复合土工布的厚度较厚，所以要求针刺机的穿刺力很大；而且针刺区域成花型，以便将膨润土固定。其生产工艺类似提花针刺毯的生产工艺，要求刺针穿刺时布面停止运行，当刺针提起时布才能向前运行一个花型的距离，两者必须配合有序，否则即达不到复合布的目的，又很容易将刺针拉断。这条生产线中的针刺机性能不同于普通的机型，由于生产线的出布速度不快，所以针刺机的主传动采用简易针刺的技术，但是为了满足大的穿刺力，必须增加连杆的数量。电气控制采用步进电动机相结合的PLC编程控制，以便更好地满足工艺要求。

在通常的针刺土工布的生产线中，针刺机的频率有高有低，但只要性能稳定、故障率低，就能很好地满足生产工艺要求。随着土工布生产线门幅的进一步加宽，针刺机的成本会进一步提高，无形中加大了设备投资的成本。为了解决这个问题，某公司独立开发出满足土工布生产工艺的新型针刺机，成本大大降低，性价比相当高。这种针刺机的针刺频率

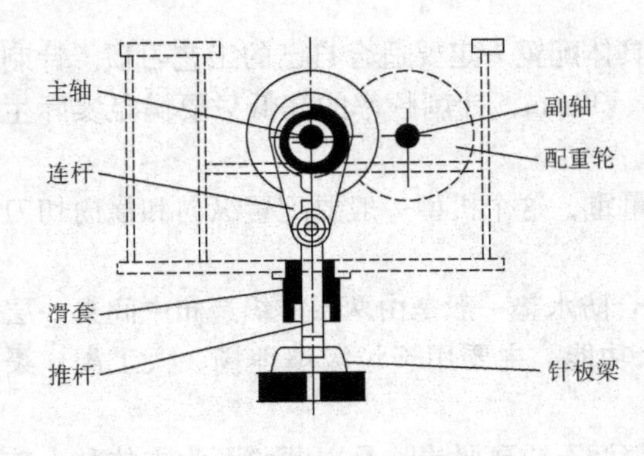

图 5-4 传动机构示意图

能达到 800r/min，出布速度为 1~6m/min，可以变频调速，无需地脚安装，运行平稳。这种针刺机的不同之处就是主传动部分，主要机构如图 5-4 所示，具体内容如下。

①主传动采用单轴单板式，外加副轴分担平衡。

②针板梁的提升和定位采用传统的推杆滑套式结构。

③润滑部分采用间歇式集中供油系统。

④支撑连杆的机构采用 DILO 式的两轴承对称分布的形式，更好地加强主传动的稳定性。

这种型号的针刺机的平衡方法简单来说就是增加副轴对转的一种近似平衡，理论示意图如图 5-5 所示。具体内容包括：用零件 D 来平衡零件 C 的一阶力的大部分，用零件 E 来平衡 D 剩下的水平力和由其产生的垂直方向的力。

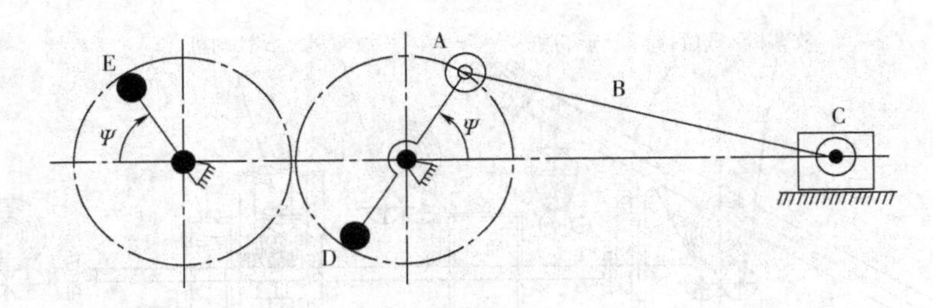

图 5-5 平衡原理示意图

现在中低速针刺机的平衡方案一直采用单轴平衡法，即没有副轴和零件 E，仅用 D 来平衡 C 等零件运动时产生的力。一般有两种解决方法：一是只用 D 来完全平衡 C 引起的一阶力，这时由 D 引起的上下方向的力无法消除，所以这种机器往往会左右摆动；二是用 D 来平衡 C 引起的一阶力的大部分，这时由 D 引起的水平方向的力无法消除，所以，这种机器往往会上下震动得厉害。为了机器的运转，一般都采用加固的方法将机器固定在地基上，以保证机器的正常工作。但是宽幅针刺机的固定就比较麻烦，因为以上两种方法产生的力都相当大，所以，这种机型的频率基本上都很低。

这种新型针刺机应用增加副轴对转的平衡方案解决了原有中低速针刺机配重平衡的两种弊端，即平衡不足，机器会上下震动大和平衡相对过度，机器会左右摇摆。这种新的机型与原有的中低速针刺机相比，成本会高些，但是其运行非常平稳、受力更加合理，而且频率相对来说提高了不少，是一种性价比很高的产品。

二、机织土工布

1. 机织土工布的特点 机织土工布在加固、增强、防冲蚀等高强度用途上具有优势。主要用于公路、铁路病害地段的治理、土质松软地段的改善和河堤、水坝、海港等处的护坡加固以及机场跑道、人工岛的构筑等，其应用范围相当广泛。产品具有如下特点。

（1）机织土工布的拉伸强度和模量较大，断裂伸长较小，它具有较好的应力应变关系。

（2）机织土工布中经、纬纱相互挤压，阻止了织物受外力作用时的变形，所以机织土工布的结构一般都比较稳定。

（3）机织土工布的孔隙尺寸较大，由经纬交织形成的筛网，其最小间隙在0.05mm。由于孔眼大，若作过滤用，则小的砂粒易流失，经长期过滤后，网眼易堵塞。

（4）机织土工布顶破强度低，断裂功小。

（5）机织土工布生产工艺复杂，产量低，成本高。

2. 机织土工布的分类及性能

（1）单层机织土工布及其性能。单层机织土工布也称土工反滤布，与一般机织物的结构相同。土工反滤布多数采用平纹组织，按照应用工程要求设计原料、纱支、密度等参数。产品要保证经纬向强力和水的可透性。

生产工艺：聚合体切片粒子→长丝（或扁条）经纱→粒子储存→纺丝（或成膜）→整经织造→检验整理→土工布成品。

（2）双层机织土工布及其性能。双层机织土工布也称土工模袋布，土工模袋是双层织物，4层组织，其中第二、第三层用合股长丝或是粗绳作为厚度控制的加固筋。模袋厚度可厚可薄，成形可大可小，形状有正方形、矩形或者其他几何形状。土工模袋织物柔软，其中利用高压泵充灌流动性混凝土或水泥砂浆，凝固后形成高强度刚性硬结板块，可适应任何复杂的坡形、地形的变化和土质条件，用于大面积护坡或做土面衬及水下护底，它能够起到模板的作用。机织土工模袋的性能主要表现在以下几个方面。

①强度高，抗冻性强（可耐 -40℃低温）。可按工程要求预制成不同大小、不同厚度的各种几何形状。

②浇灌时柔性大，弹性好，可保证成型后的块体紧贴地面，尤其适应于复杂起伏地形。

③可以水下施工，无需围堰或断流。

④施工可机械化，进度快，质量有保证。

⑤机织土工模袋还有抗老化、抗腐蚀、抗微生物、耐顶破、耐刺破、耐磨性好和安全系数可靠等性能，是防洪、抢险的新型纺织土工材料。

（3）机织防渗布及其性能。机织防渗布有二布一膜和一布一膜两种，涂层PVC厚度为0.33mm左右，具有抗渗强度高、耐顶破、耐刺破的特性，是水库、高坝、隧道、建筑等工程的特殊防渗材料。

3. 片梭织机生产土工布的工艺　片梭织机在生产土工布时，为了使织造工序顺利进行，提高坯布质量，应根据品种的要求，制订合理的上机工艺参数。片梭织机的工艺参数主要包括经位置线、梭口高度、综平时间和上机张力及引纬工艺等。

（1）经位置线的调节。片梭织机经位置线的调节是工艺调节中重要的内容。它是指从胸梁经过筘、综、停经片到后梁为止的一段经纱所处的位置线。在调节时可改变织机上后梁、停经架的高低、前后位置和托布架的高低位置。后梁位置和托布架高度一般随品种、纱支和织物组织结构等因素进行调节。生产土工布时，可将托布架高度调至51~52mm，后梁刻度调至0～+20。

（2）梭口高度的调节。梭口高度的调节应遵循两个基本原则。

①必须使上下层经纱相对于梭导片有合理的位置。

②必须使纬纱能顺利地从梭导片孔腔内滑出来。片梭织机的梭口高度一般在130mm左右，生产中主要应考虑所加工的品种，一般纱支高，纱疵少，条干光洁，应适当选小一些；而对于纱支低，纱疵较多，纱条干发毛，相互连接机会多的梭口高度应适当选大一些。若梭口高度选择不当，会造成经纱断头。

（3）综平时间的调节。由于生产中综框高度略有差异，其梭口并不处在同一平面上，梭口高度略有差异，表现为上下经纱略有开口不清晰，因此，必须选用合适的综平时间。对于大多数织物综平时间基本定位在6°～8°，如果综平时间过早，会影响片梭的引纬效果，容易造成接梭侧布边出现萎缩疵点；如果综平时间过迟，容易造成经向断头，特别是投梭侧布边处，经纱断头较多。

（4）上机张力的调节及引纬工艺的调节。由于大多数片梭织机是自动送经，其张力调节比较简单，只需针对不同的品种，将扭力棒扭力进行适当调整，生产土工布时一般采用大张力，扭力调整为2.5°～3°。引纬工艺的调节，就是调节好梭口纬纱的张力，其原则就是使纬纱既平直无松弛，又要有一定弹性而不至于断纬，达到顺利织入的目的。

（5）织物上机图。土工模袋采用管状组织结构，其基础组织为平纹组织（图5-6）。

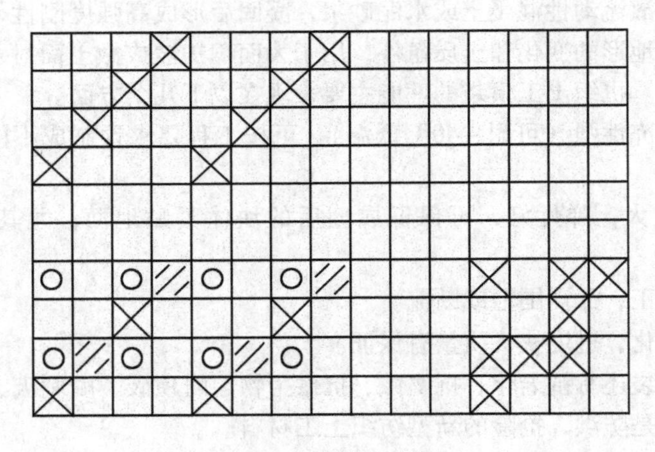

图5-6　织物上机图

三、经编土工格栅

1. 土工格栅的生产研究概况　国外生产挤塑型土工格栅制品和生产线的厂家主要是英国的Netlon公司和意大利的Tenax公司。随着国内对土工格栅的需求日益高涨，国内不少厂家纷纷着手研制土工格栅的生产设备。国内现有引进和自制的土工格栅生产线大多分布在重庆、山东、湖北、辽宁等地。

泰国的Bergado进行了一系列大比例模型试验，使用不同材料的格栅如钢格栅、竹格栅等在黏土中进行试验来研究对拉拔抗力的影响因素。

美国的 Khal 记 Farag 对试验设备以及对试验的影响因素进行了探讨。台湾的 R. H. Chen 对于格栅被动阻力进行了试验分析。由于土工格栅与土的相互作用的机理复杂，其理论研究仍很不成熟。已编出的规范在指导设计和施工方面仍有很多局限性。目前，人们对格栅与土相互作用的研究大多局限于试验研究，在理论上，往往只是根据实际工程和实验结果提出假设。有关格栅加筋土结构研究，近年来的理论和工程应用表明，土体本身力学性能已够复杂多变，而土工格栅又是品种较多，性能各异，另外还要考虑土和加筋材料的相互作用等，企图单纯靠分析手段来准确估计土与筋材的受力是相当困难的。

因此，加筋土结构工程设计中除了以岩土力学原理为基础建立的分析法外，还应利用试验手段解决实际问题。加拿大皇家军事学院曾对模拟的路面进行试验研究，试验结果表明：土工格栅加筋结构可使路面服务寿命增加两倍。日本铺张技术研究所和前田道路技术研究所通过室内外试验，肯定了土工格栅防止反射裂纹，减少车辙的作用。美国加拿大在室内研究同时，进行了近十项大规模野外试验研究，连续观察的结果肯定了土工格栅的良好性能。

虽然我国对土工格栅的研究起步较晚，但进展较快。国内有些高等学校在国外文献的基础上，对土工格栅进行了进一步的研究，如哈尔滨建筑工程学院的试验，模拟沪宁高速公路路面结构，对加铺与未加铺土工格栅作了比较试验，结果表明格栅加筋结构有改善疲劳性能、延迟裂纹和减薄路基厚度的效果。窦宝松利用试验手段研究分析了土工格栅在土中的作用机理。他首先分析拉拔抗力的影响及不同填料土对拉拔抗力的影响，随后用直剪试验研究了剪切状态下，影响加筋土体抗剪强度的主要因素。喻泽红运用有限元理论，编制土工格栅处理桥台与路堤沉降的有限元分析程序，并通过室内模型试验及实际工程的实测结果验证了有限元计算结果的合理性。它通过对计算节点沉降、土体应力及界面剪切力和剪切位移的分析，阐述了土工格栅与土相互作用机理。计算表明，土工格栅与土接触面间的应力传递，使土体的垂直应力明显降低，剪应力明显提高，水平拉应力明显降低，从而提高了土体的承载能力和抗变形能力。

2. 工艺技术路线 经编土工格栅的生产工艺流程一般为：原料→织造→涂层→检验→成品。

（1）原料。经编土工格栅所采用的衬经衬纬纱线的原料根据应用的需要而不同，对于一般的应用，常采用涤纶、丙纶等合成纤维以及玻璃纤维，对于某些特殊的应用，可采用碳纤维、芳纶等高性能纤维；地组织纱线一般采用较细的涤纶纱线。

①高强低缩型涤纶工业丝。由于具有模量高、荷重下的伸长低、热性能好、尺寸稳定性好等特点，目前已广泛应用于轮胎等橡胶制品、运输带、安全带、绳网、过滤材料、篷盖布、渔网和土工布等。

②丙纶。原料丰富、价格便宜，所以较广泛地应用在土工布领域。丙纶的主要性能有：密度小，是所有天然纤维和合成纤维中密度最小的纤维；强度高；耐腐蚀性好；耐磨性好；吸水性小，尺寸稳定性好等。

③玻璃纤维。具有原料易得、拉伸强度高、断裂伸长低、弹性模量高、耐热、耐腐蚀等优点，是一种常用的性能优良的增强材料。玻璃纤维的最主要的缺点是脆性大和不耐磨。由于利用经编衬经衬纬技术制成的玻璃纤维经编土工格栅能够充分发挥玻璃纤维的优点和在一定程度上克服其缺点，这种土工格栅已在公路建设中广泛使用。玻璃纤维纱根据加捻与否又

分为有捻纱和无捻纱。用于玻璃纤维经编土工格栅上的一般是玻璃纤维无捻纱。

（2）织造。

①机器。经编土工格栅是用全幅衬经衬纬的双轴向经编机生产的，这种经编机的主要生产者有德国 Karl Mayer 纺织机械公司和德国 Liba 纺织机械公司。

②织造原理。全幅衬经衬纬的双轴向经编机有衬经纱、衬纬纱和连接纱三个纱线系统，这三个系统的纱线被全部引入成圈区域，成圈机构的运动使连接纱成圈，把衬经纱和衬纬纱两个纱组捆绑在一起，从而编织成双轴向经编网格。在双轴向经编网格中，衬经和衬纬各自平直排列，相互无交织，而是以较细的连接纱将衬经纱和衬纬纱的交叉点捆绑结合以形成牢固的结点。

织造工艺实例：玻璃纤维经编土工格栅

机器型号：Copcentra - HS2 - ST - EMS. ERS　机号：E12

原料：

衬经衬纬纱：2400tex 玻璃纤维无捻粗纱；

底纱（连接纱）：11. 1tex 涤纶长丝；

衬纱数码记录：衬经梳 ST：0—0/0—0//

底梳 L1：1—0/1—2//

底梳 L2：1—2/1—0//

穿纱：衬经梳 ST：1 穿 5 空

底梳 L1：1 穿 5 空

底梳 L2：1 穿 5 空

衬纬纱：2 穿 4 空

地纱送经量：3500 ~ 4000mm/r

从垫纱数码衬纱梳记录可以看出，衬入的经纱不做横向移动，它平稳地穿过织针的间隙，两把底梳 L1，L2 做双经平的编织横移，将衬经纱与衬纬纱在两者相交处捆绑在一起。两把地梳做对称双经平组织垫纱。

（3）涂层。经编土工格栅编织出来以后，还必须经过一道涂层工艺，这样的土工格栅才能应用于实际。常用直接涂层法或浸渍涂层法，涂层剂常用聚氯乙烯涂层剂和改性沥青涂层剂。聚氯乙烯涂层剂通常用于涤纶、丙纶等合成纤维制成的经编土工格栅，而改性沥青涂层剂则常用于玻璃纤维制成的经编土工格栅。涂层工艺的主要作用如下。

①克服经纬纱易滑移的现象，使土工格栅的结构稳定，有利于实际施工。

②涂层膜使其表面的纤维得到一定程度的保护，使格栅在存储、施工时的损伤减少。

③增加土工格栅的耐腐蚀性等。

（4）检验。为了使产品的性能满足应用的需要和对产品的质量进行控制，必须对产品进行检验。检验主要包括两方面，一是物理性能：面密度（单位面积质量）、网孔尺寸、幅宽等；二是力学性能：拉伸性能、抗撕裂性能、蠕变性能等。

四、经编双轴向复合土工布

1. 经编双轴向复合土工布的结构　经编双轴向复合土工布是由纵横两向平行伸直的

纱线与非织造布（或纤维网）通过经编技术复合而成的一类土工织物。衬纱平行伸直衬在织物的纵向（衬经0°）和横向（衬纬90°），由编织纱将它们与非织造布（或纤维网）绑缚在一起。衬纱（衬经和衬纬）由地组织的线圈延展线固定在非织造布（或纤维网）的表面，非织造布（或纤维网）一面为圈柱。

经编双轴向复合土工布具有较大的设计灵活性，根据产品的用途以及所需承受的载荷，双轴向结构可设计成网格结构（图5－7），也可设计为格栅结构（图5－8）。在确保获得所需力学性能的条件下，网格应尽可能设计得大些，或采用格栅结构，复合土工布可用于公路、铁路路基的建设，起到加筋、隔离、过滤、防渗等作用。

图5－7　网格结构经编双轴向复合土工布

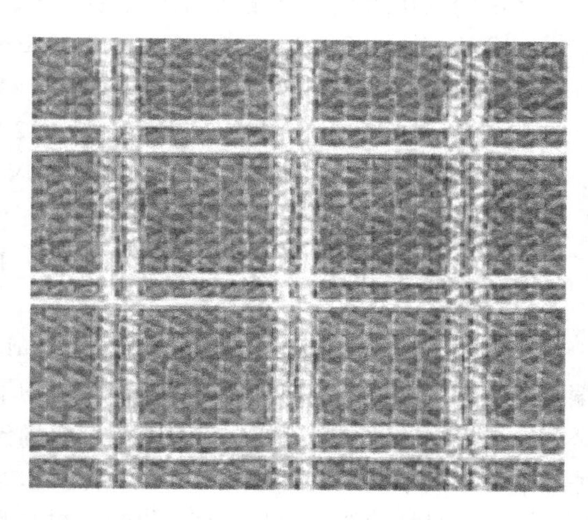

图5－8　格栅结构经编双轴向复合土工布

2. 生产工艺

（1）原料。

①衬纱。衬纱在织物中主要起承载作用，因此，通常采用拉伸性能较好的无捻长丝或低捻度长丝。衬经纱和衬纬纱通常采用相同原料和纱支的纱线，也可以根据设计需要有所不同。网格结构：衬纱通常使用涤纶长丝或丙纶长丝，纱特为280～1670dtex；格栅结构：衬纱通常使用纱特为2400tex的玻璃纤维粗纱或高强涤纶长丝。

②编织纱。编织纱的作用是将衬纱与非织造布（或纤维网）接结在一起，形成一个整体。在某些工程应用中，编织纱还要承受沿织物厚度方向的应力和载荷。网格结构：通常采用低收缩涤纶长丝，纱支80dtex；格栅结构：因为衬纱为格栅结构，而编织纱的缝纫长度是均匀的（通常是满穿或一穿一空），因此，大部分编织纱要穿过栅格（图5－8）。为避免编织纱对非织造布（或纤维网）的损伤，编织纱通常采用纱支较低的涤纶变形纱非织造布，复合土工布中非织造布主要起过滤、防渗、隔离和导排水的作用，面内及面外应力和载荷则主要由经编双轴向结构承担。从织物功能、加工工艺和成本考虑，通常选用聚酯或聚丙烯短纤维针刺非织造布，织物克重为20～300g/m^2，通常选用150～200g/m^2。

（2）组织。

①网格结构组织。网格结构常用的组织如下。

a. GB1：1—0/0—1//（地组织）；

GB2：0—0/1—1//（衬经）；衬纬 90°衬入地组织。

b. GB1：1—0/1—0/1—2/2—1//（地组织）；

GB2：1—2/2—1/1—0/1—0//（地组织）；

GB3：0—0/1—1/0—0/1—1//（衬经）；衬纬 90°衬入地组织。

c. GB1：3—4/3—4/4—3/1—0/1—0/0—1//（地组织）；

GB2：1—0/1—0/0—1/3—4/3—4/4—3//（地组织）；

GB3：0—0/1—1/0—0/1—1/0—0/1—1//（衬经）；衬纬 90°衬入地组织。

②格栅结构组织。格栅结构常用的组织如下。

a. GB1：1—0/0—1//×6；4×A—（1A—1 空）×6（地组织）；

GB2：2—3/1—0//×6（1 空—1B）×8（地组织）；

GB3：0—0/（1—1）×11//4×C—12 空（衬经）；衬纬 90°衬入地组织。

b. GB1：1—0/0—1//×6（1A—1 空）×7（地组织）；

GB2：2—3/2—1/1—0/1—2//×3（1 空—1B）×7（地组织）；

GB3：0—0/（1—1）×11//（1 空—1C）×2—10 空（衬经）；衬纬 90°衬入地组织。

（3）织造。经编双轴向复合土工布在 Karl Mayer 公司生产的 RS3MSU－V－N 拉舍尔经编机上生产。这种机型与普通拉舍尔经编机的不同之处在于，该经编机的机后配备了新型的全幅衬纬机构和纤网喂入机构。全幅衬纬机构包括用于铺放和传送衬纬的机架、引纬器和衬纬纱架等，其中机架的两边各有一条传送链，上面带有钩挂元件；衬纬纱架位于机架的右侧。衬纬由衬纬纱架上的筒子直接供给，衬经则由衬经轴连续供给。在进行编织运动时，衬纬由引纬器从衬纬纱架引到传送链的钩挂元件上（可同时引入 24 根衬纬纱），再由传送链逐根送到织口，如图 5－9 所示。然后由编织纱将其与衬经和非织造布（或纤维网）接结在一起，如图 5－10 所示最后将衬纬从传送链上剪下，坯布经牵拉和卷取卷到卷布辊上。

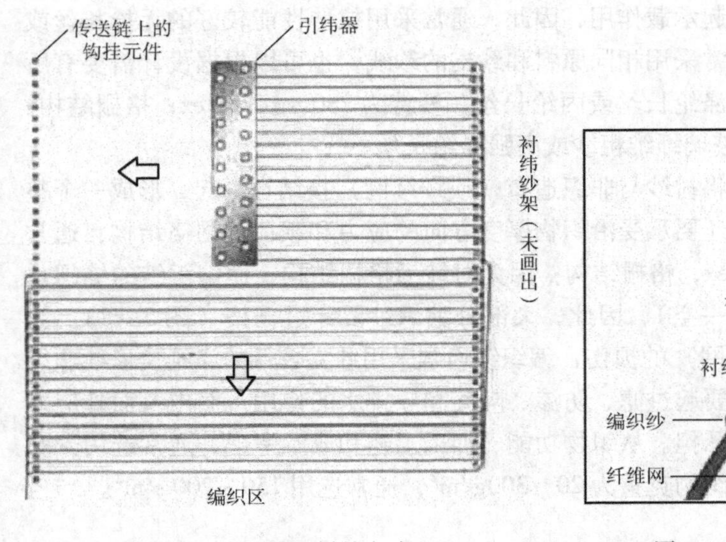

图 5－9　MSUS 衬纬方式

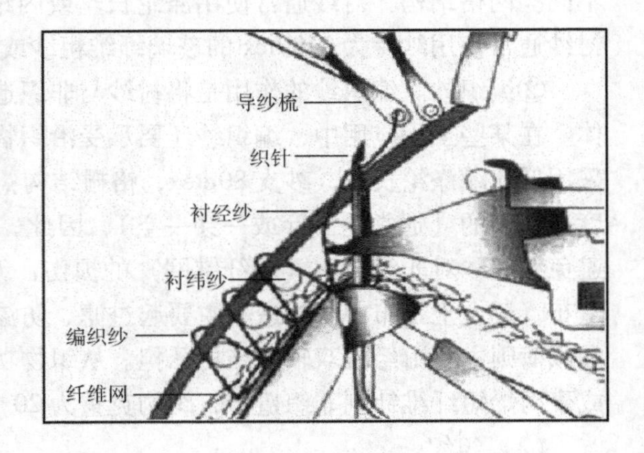

图 5－10　双轴向复合土工布的编织图

3. 经编双轴向复合土工布的性能　经编双轴向复合土工布用于隔离、过滤、排水、增强、防护以及联合使用这些功能时，具有很好的性能。

（1）水力性能。经编双轴向复合土工布的水力性能主要由织物中的非织造布（或纤维网）的结构决定，衬纱中长丝纤维的紧密排列只允许颗粒较小的水分子通过。与黏合复合土工布相比，机械接结法可避免黏合剂对织物水力性能的影响。因为编织纱对非织造布（或纤维网）的拉扯在织物上留下的孔洞会使较大颗粒的砂通过，增大非织造布（或纤维网）的厚度（或平方米克重）可以避免或减轻这种破坏。然而非织造布（或纤维网）厚度增加，等效孔径减小，可能导致淤堵，因此，非织造布（或纤维网）的厚度（或平方米克重）是影响这种复合土工布水力性能的一个重要因素。

（2）力学性能。

①拉伸性能。聚合物纺织材料在拉伸过程中都存在弹性变形和塑性变形两个过程。在工程应用中，设计人员选材时考虑的并不是织物的屈服强度或断裂强度，而是以织物在弹性变形阶段伸长率为2%和5%时所对应的强度值为依据。因为这两个强度才是能够满足工程长期使用的应用值和参考值。从理论上讲，经编双轴向复合土工布的拉伸强度与由衬纱形成的双轴向结构的拉伸强度基本相同，只有在伸长率较大时，非织造布的强力才有少量贡献。织物在受外力拉伸时，平行伸直的各根衬纱同时承受载荷，能迅速响应拉伸力的变化。衬纱的平行伸直能使织物在低伸长率时就获得很高的强度值，而不像机织物中的纱线，它在受外力拉伸时先伸直再伸长。因此，与机织复合土工布相比，经编双轴向复合土工布具有更高的初始拉伸模量、较低的断裂伸长率，见表5－1。同时具有较高的纤维力学潜能利用率。

表5－1　机织复合土工布与经编双轴向复合土工布力学性能的比较

项目	原料	织物克重（g/m^2）	织物厚度（mm）	断裂强度*（N）		断裂伸长率（%）		梯形撕裂强度（N）		顶破强度（N）
				纵向	横向	纵向	横向	纵向	横向	
机织/非织造针刺复合土工布	丙纶长丝机织布	380±10	1.8±0.1	2600	2500	<25	<35	>900	>800	>5000
经编双轴向/非织造复合土工布	涤纶衬纱	430	1.77	2300	2000	22.8	22.4	2300	2000	5585

* 试样宽度为5cm。

②撕裂性能。经编双轴向复合土工布中的衬纱由编织纱固定在非织造布的表面，衬纱之间没有相互交织，因此，衬纱具有一定的可动性。在织物受到撕裂时，非织造布和编织纱因具有较大的弹性而伸长，受撕拉处的几根衬纱则聚束在一起（聚束效应），因此，织物具有较高的撕裂强度。经编双轴向结构的聚束效应、非织造布（或纤维网）中纤维的相互纠缠以及编织纱机械接结，使这种织物具有良好的抗撕裂蔓延性能。

五、高强土工布

1. 土工织物的结构与性能

（1）织物组织。土工织物一般采用平纹及其变化组织，以取其经纬同性之优点。采用斜纹在后续缝排或缝制抛砂袋时，容易跑偏造成成型困难。常用的土工机织物组织结构如图5－11。

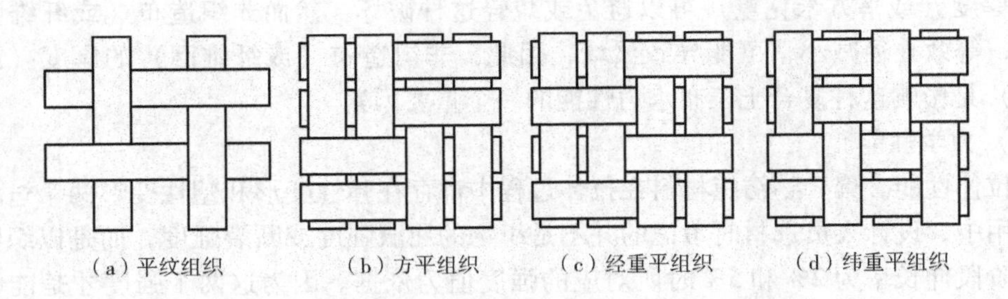

（a）平纹组织　（b）方平组织　（c）经重平组织　（d）纬重平组织

图5－11　常用的土工织物组织结构

为了达到各项指标要求，经反复试验对比，结合以往的生产经验，设计织物组织采用多层整体结构，表里组织与结经组织同一，即结经同时也是表里组织，外表采用平纹组织结构，既解决了送经的问题，又减小了对设备进行改造的程度。图5－12为多层整体结构组织与常用多层组织的对比。

设计时采用先绘参考图［图5－13（a）］，确定织物的基本形态，然后排列出组织图［图5－13（b）］的方式，最后再确定经纬密度、穿综图、入筘数、筘号等。这种方法既直观，又方便分析理解，在实践中很有用处。

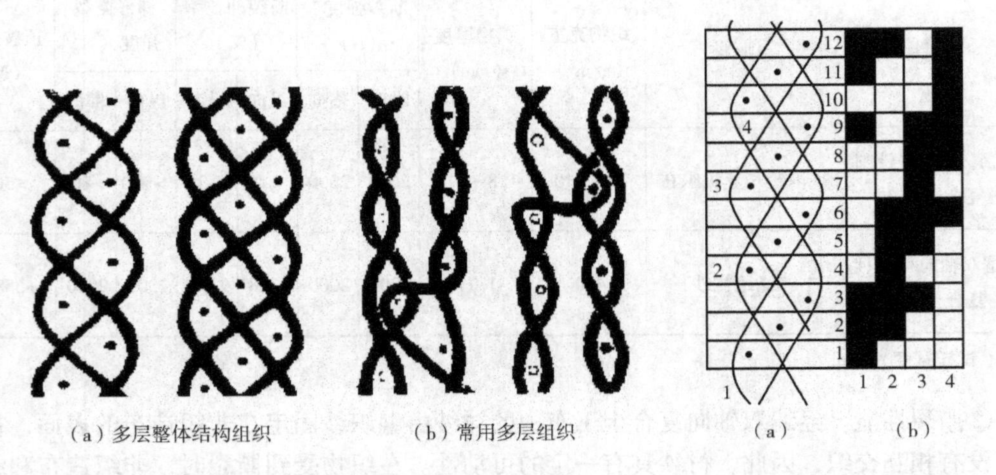

（a）多层整体结构组织　（b）常用多层组织

图5－12　多层整体结构组织与常用多层组织对比图

（a）　（b）

图5－13　设计参考图

（2）性能特点。土工织物在传统的机织物基础上，结合工程应用特点，增加了许多工程技术要求，特别是渗透系数和织物孔径，都直接影响织物在工程中的作用效果。原料选择也考虑工程应用的环境需要，采用聚丙烯、聚乙烯、涤纶、锦纶等高聚物，利用其强度高、柔性大、耐腐蚀性好、造价低、运输和施工方便、适应性好、质量易于保证等经济和技术上的优势，满足工程的设计要求。

2. 高强度土工布设计研制要点

（1）强度与面密度的关系。强度要求高，在单丝强力不变的条件下，面密度也必须相应提高。为达到较高强力指标要求，制造商通常采用提高土工织物的经纬密度或者加大工业长丝的线密度，或者选用强度较高的工业长丝等措施，来提高土工织物的强力指标。

（2）织物组织与生产的关系。用常规的平纹组织，无论选择110tex、220tex或330tex的原料，织物的紧度均已大于100%，无法正常生产，超过了织造的极限，必须改用其他方法。而平纹又是保证孔径与渗透之间协调的较好措施，斜纹和缎纹则不适合做土工排布产品，因此，采用平纹的变化组织是首选方案。获得既是平纹类组织，又能增加厚度、面密度的方案有多种，如方平、经重平或纬重平都是可选组织。经过测算，要能基本保持230g/m的渗透水工指标，又能达到20kN/5cm指标，需要230g/m^{2}织物三层合并，因此，选择多层组织比较合适。无论是哪种组织，随着织物面密度的增加，对设备的生产能力都是一种考验，设备负荷将随之增加，设备的承受能力、极限的突破、上机工艺的调配、织物组织的设计等困难接踵而至。打纬能否到位，送经卷取是否有力，分层经纱在织造时是否会松弛，织机的传动构件是否能承受需要的载荷，这些问题都需要在生产中予以考虑。

（3）孔径与渗透的关系。工程对土工布的水力学特性提出的要求，其中特别是孔径和渗透系数是一对难以协调的矛盾。通常情况下，孔径越大则土工布的渗透性指标就越好，渗透系数大，孔径越小则土工布的渗透系数越小。工程应用中，有时对土工布的强力指标会提出较高要求，同时又要求孔径小、渗透系数大。强力指标上升，织物面密度相应会增加，织物本身也随之较为紧密、丰满，从而往往能满足工程对土工布孔径小的要求，但孔径小，渗透系数也随之变小，则又无法满足工程对土工布孔径小、渗透系数要大的要求。因此，既保持小的孔径，又有较大的渗透系数是织物组织设计时必须首要考虑的问题。

3. 生产工艺

（1）原料选择。土工反滤布的长丝机织布的原料普遍采用聚酯纤维和聚丙烯纤维，两种纤维的性能比较见表5－2。

表5－2 两种纤维性能比较

项目		聚酯纤维	聚丙烯纤维
物理性能	体积密度（g/cm^3）	1.38～1.40	0.90～0.92
	回潮率（%）	0.4	0.03
	耐光性	仅次于腈纶	差
化学性能		耐碱性能差，耐其他试剂的性能均较优良	耐化学性优良，常温下耐酸碱性好，其性能优于其他合成纤维
价格（万元/t）		2～2.5	1.1～1.4

从物理性能看：聚丙烯纤维的密度在所有化学纤维中最低，同样线密度的长丝，比其

他纤维粗，在生产厚重、高紧度的织物时，会因为丝的蓬松而影响织造性能；聚丙烯纤维的回潮率在所有化学纤维中最低，因而其吸湿性也最低，故其湿强度下降最少，这是满足水利土工产品特点的关键；聚丙烯纤维耐光性较差，但作为反滤布，其被深埋在水下11m的泥土中，这一特性可以不考虑。考虑了性能以后，生产成本是很重要的因素。

（2）送经张力。经纱送出部分在一定的张力下实现一定的送出量。张力系统随经纱张力的变化及时调整，而原设备因先天因素送经张力调节十分困难。为解决此问题，将送经系统进行改造，可使张力调大，基本适应织造的要求。

（3）卷曲张力。原设备前拖引辊直径为60mm，壁厚5mm，后调整到120mm，壁厚10mm，大大增强了卷绕的张力，使织口处纱线不再游移，经纱不再起毛，断经大为改善。

（4）卷绕形式。为了避免因接缝和拼接造成的排体强力的降低，一块排的长度一般设计为大于130m，而原设备的织轴卷绕长度一般达200m。织轴的卷绕系统必须改装为大卷装。

4. 设备 织物面密度的增加，大大超出设备自身所能承受的负荷，突破设备的承受能力是必须攻克的难关。织造过程中纱线张力按设计要求进行循环变化，能否按要求控制纱线张力是织造顺利进行的关键。

5. 高强土工布的性能检测

常规要求土工布的检测项目与标准见表5-3。

表5-3 常规要求土工布的检测项目与标准

序号	检测项目		设计值	检测标准
1	面密度（g/m^2）		230（-5）	GB/T 13762—2009
2	厚度（mm）		>0.45	GB/T 13761—2009
3	断裂强度	纵向（N/5cm）	3000	GB/T 3923.1—1997
		横向（N/5cm）	>2900	
4	断裂延伸率	纵向（%）	—	GB/T 3923.1—1997
		横向（%）	—	
5	设计强度时的延伸率	纵向（%）	<38	GB/T 3923.1—1997
		横向（%）	<32	
6	梯形撕裂强度	纵向（N）	>800	GB/T 13763—1992
		横向（N）	>900	
7	CBR顶破强力（N）		>5000	GB/T 14800—1993
8	刺破强力（N）		>500	SL/T 235—1999
9	落锥穿透直径（mm）		<8	GB/T 17630—1998
10	等效孔径O_{90}（mm）		<0.07	GB/T 14799—1993
11	垂直渗透系数（cm/s）		>0.002	GB/T 15789—1995

高强土工布的性能检测见表5-4。

表5-4　高强土工布与常规产品的性能对比

指标	230（常规产品）	800	1600
面密度（g/m^2）	247.3	845	1538
厚度（mm）	0.55	2.27	3.98
纵向断裂强度（N/5cm）	2780	11863	21160
横向断裂强度（N/5cm）	3088	11582	16407
纵向延伸率（%）	23	24.3	30.0
横向延伸率（%）	22	15.0	25.3
纵向梯形撕裂强度（N）	807	3061	—
横向梯形撕裂强度（N）	746	3036	—

第三节　土工用纺织品的特殊性能要求与作用

一、土工布的功能要求

土工布在各种土工和水利工程中，一般具有加固、分离、过滤及排水、拦网、缓冲垫子等功能。

土工布的加固功能：能稳定、限制工程在长时间使用过程中发生位移，并能使作用在土壤的局部应力传递或分配到更大的面积上。土工布的分离功能：用土工布把不同的土工结构材料分离形成稳定的分界面，按照要求发挥各自的特性及整体作用。土工布的排水过滤功能：土工布能让水分通过而阻挡砂土颗粒的流失，在用于排水时是将土工布放在通水性较差的土壤中起到缓慢聚水并将水沿土工布迅速排走的目的。土工布与土工膜一起用在两种具有不同压力的材料之间起张力隔膜作用。土工布的拦网功能：将土工布横放在带有悬浮粒子的流动液体的通道中有阻止细泥粒，并允许液体通过的功能。土工布起缓冲垫子的功能：将土工布放置在斜坡上可以阻止泥土粒子由于雨水的冲刷而流失或种植草皮。

二、土工布的性能要求

1. 物理性能要求

（1）各向同性。各向的强度、刚度、弹性等要求基本相同。

（2）均质性。厚度及单位面积重量等要求均匀。

（3）稳定性。要求耐土壤地基中的有机物，耐酸碱的腐蚀，耐温度的变化，耐昆虫、细菌等微生物的作用。

2. 机械性能要求　强度和弹性是相当重要的机械性能。大量土工材料堆积在土工布上，因此，土工布要求一定的强度和抗蠕变性能，此外，还有抗集中的载荷能力如顶破、撕裂强力。

3. 水力性能要求　纤维间形成的孔隙尺寸和土工布的厚度对土工布的排水和过滤效果影响很大。它既要使水分能顺利通过又不能使土粒损失，同时又要在负荷作用下孔隙尺寸相对稳定。

三、经编土工格栅的性能

1. 物理性能 面密度与产品的各项性能有一定关系。

网格尺寸与格栅的使用场合有关，当土层中夹杂石料较大时应使用网格尺寸大的格栅，石料较小时可用网孔小的格栅，以利于格栅卡固石料，发挥格栅对土基的加固作用。

2. 力学性能

（1）拉伸性能。由于经编土工格栅中的增强纱线完全伸直排列，可以使纱线的强度充分得到利用，消除了机织物中纱线波浪状屈曲对拉伸强度、延伸性能的影响。经沥青涂层过的玻璃纤维经编土工格栅的拉伸性能得到较大提高，经向和纬向的断裂强度较涂层前都明显提高，断裂伸长率都明显减小，模量明显增加，且克服了格栅结构的易滑移性，防止了玻璃纤维的钩丝，有利于实际的施工应用。

（2）撕裂性能。经编土工格栅由于其结构上的特殊性，纬向格肋有一定的滑移性但结构不松散，因此，撕裂时不像经纬交织的机织物那样纱线依次断裂，而是形成纱线聚集，有效地阻止撕裂的继续。因此，具有良好的抗撕裂性能，即使出现小裂口，其扩大也会越来越难。

（3）蠕变性能。涤纶经编土工格栅的蠕变性能本质上与涤纶的蠕变性能相同，全幅衬经衬纬的这种针织结构没有对原材料的蠕变性能产生影响。

四、土工布的作用

1. 加固作用 土壤层具有一定抗压缩强度和抗剪切强度，但是土壤层的拉伸强度却很低，而土工布本身具有较高的抗拉强度，因此，在建筑工程中常铺设适量的土工布，以改善土体强度，防止土体变形，提高土体与建筑物的稳定性。土工布的加固作用如图 5 – 14 所示。这类土工布主要适用于公路、铁路、斜坡保护、堤岸、软地基加强、潮湿地带等设施。

2. 过滤和排水作用 土工布的过滤和排水两项功能总是同时发生，相辅相成地排出土体中的水和气体。通常将这两种作用称为“滤排”功能，两者的区别就是水流的方向不同，如图 5 – 15 所示。

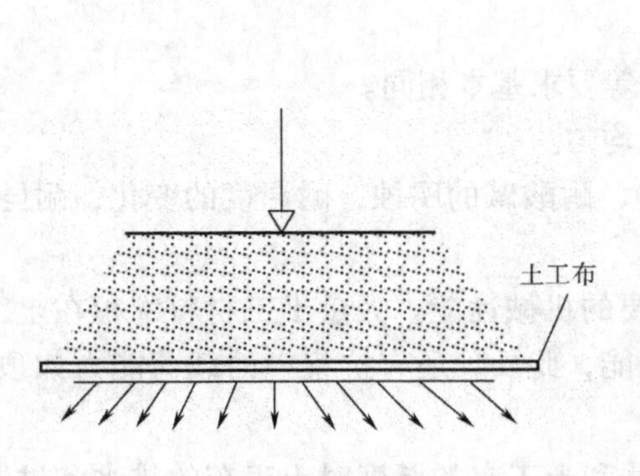

图 5 – 14　土工布的加固作用

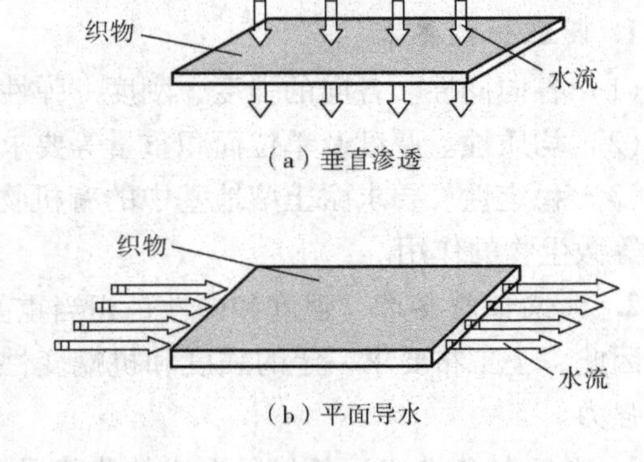

图 5 – 15　土工布的过滤和排水作用

图5－15（a）表示过滤作用（即垂直渗透作用），是指流体在土壤中呈渗流状态时，流体垂直流过滤材（土工布）时，流体可以通过，而土壤或其他颗粒被阻隔于逆流一侧，能有效地防止因土壤颗粒过量流失而造成的土体坍塌。发挥过滤作用的土工布应具有良好的透水性和透气性，能有效地截留小石料、颗粒和细沙等，以维持工程的稳定。这类土工布主要用于河堤、土石坝、公路、铁路、飞机场、挡土墙回填、水井和减压井等工程。

图5－15（b）表示排水作用（即平面导水作用），流体流入土工布时可以沿着土工布的空隙横向流动，在土体内部形成排水通道，排出土体结构内多余的液体和气体。土工布的导水能力与其厚度成正比，短纤针刺土工布有较大的厚度，因此导水能力较大。这类土工布主要用于地基、地下排水沟系统、挡土墙和土坝中的排水、各种建筑物周边的排水和农业排灌等。

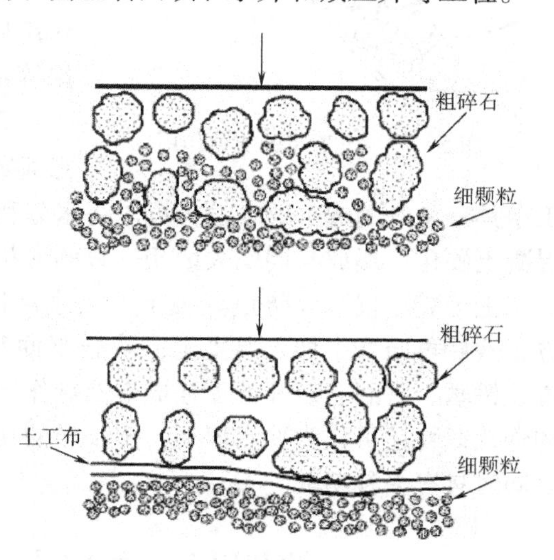

图5－16　土工布的隔离作用

3. 隔离作用　隔离功能（图5－16）是指将土工布或土工布相关产品铺设于两种不同的岩土材料之间，以避免两者相互掺杂，防止各种材料和结构失去其完整性，同时又可方便施工，加快工程进度。

4. 防渗作用　具有防渗功能的土工材料包括土工膜和复合土工膜，其防渗作用如图5－17所示。此类土工膜主要用于各种输水渠道和储水建筑物中，防止水的大量漏失，以及垃圾填埋场和矿业堆放池中，防止有毒有害物质扩散，以保护环境和建筑物的安全。防渗用的土工材料一般是由织物或非织造布与聚合物制成的薄膜复合，形成具有水平向排水、垂直向防渗的复合土工膜。

5. 工程防护作用　土工布可以使比较集中的应力扩散，也可以将应力由一种物体传递到另一种物体，使应力分解，防止土体受到外力的破坏，并为其他土工材料提供长期保护，从而起到防护作用。常见的工程防护作用有防水流冲蚀、防低温引起土体冻胀、防沥青路面开裂、防有害物质扩散蔓延而污染环境、防振动引起的干扰破坏等。土工布的防护作用如图5－18所示。这类土工布主要用于公路和铁路的路基建设中，也可用于防止垃圾、废料等污染地下水或散发臭味。

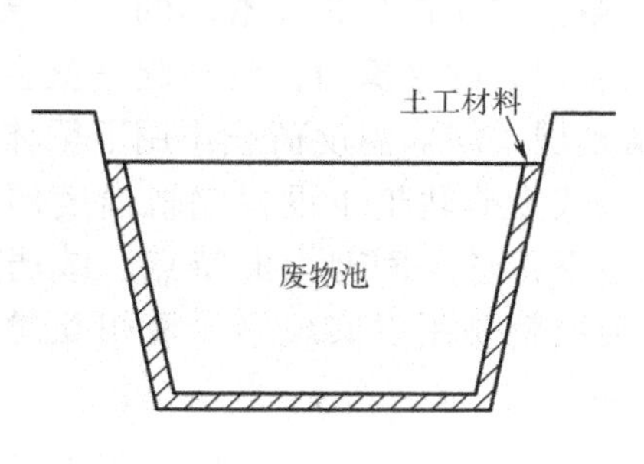

图5－17　土工材料的防渗作用

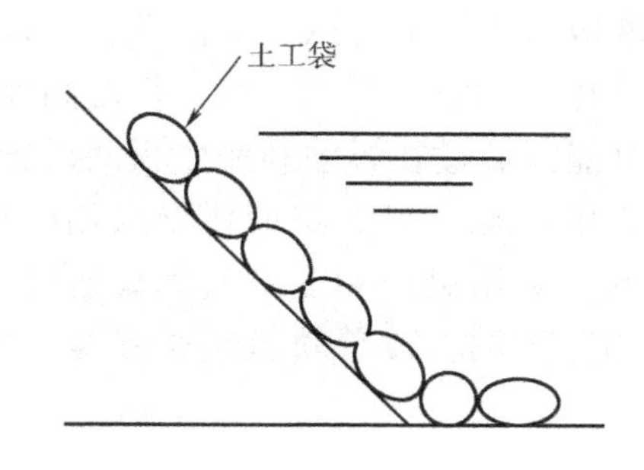

图5－18　土工布的防护作用

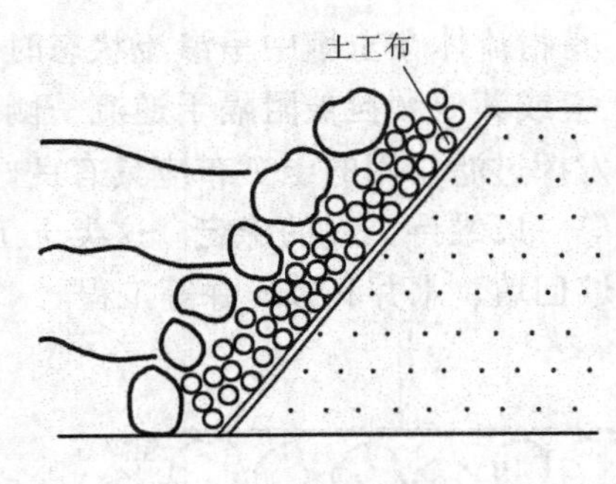

图 5－19　土工布的防蚀作用

6. 防蚀作用　目前，全世界水土流失严重，每年约有 230 亿 t 表层水土流失，因此，人们常常将土工布覆盖在土壤之上。一方面可以吸收雨水和地表水流，防止土壤表层的侵蚀损坏；另一方面又能防止冲刷下来的土壤沉积在另一地方。土工布的防蚀作用如图 5－19 所示。这类土工布主要用于河岸、海岸等水土流失严重的区域。

7. 容装成形作用　将土工布制成一定尺寸的成形袋或成形管，在袋中加入一定的混凝土，由于土工布具有良好的透水透气性，可以将水分和气体逸出，并阻止固体成分的流失，使袋内的混凝土硬化，形成与周围表面相一致的形状。

土工袋不仅可以防止混凝土不被水流冲走，还可以预先把空布袋放在难以施工的地方，然后再向袋中加入混凝土，使施工便利，保证施工质量。这类土工布主要应用于隧道、桥墩、岩洞、矿井的支柱成形及制作抗洪救灾中装土的麻袋或编织袋。另外，不渗透的管状织物还可作为冲水堤坝。土工布的功能绝对不是独立的，有时应用于某一项工程中会同时具有多种功能。

第四节　高端土工用纺织品应用实例

一、高铁轨道滑动层材料

随着我国客运专线、高速铁路的大规模建设，无砟轨道系统的高精度、高稳定性、高平顺性，给旅客带来了平稳、舒适的乘坐环境。滑动层、梁端挤塑板是桥梁地段 CRTSⅡ型无砟轨道结构的重要组成部分。

滑动层是一种新的设计理念，它是在建筑物筏板与底面约束的接触面之间设置大面积滑动层，降低对结构的约束，从而减少温度应力。目前是客运专线铁路 CRTSⅡ型板式无砟轨道系统的组成部分，为“两布一膜”结构，即两层土工布夹一层土工膜，其中下层土工布通过胶黏剂粘在梁面防水层或梁面上，如图 5－20 所示。桥上 CRTSⅡ型板式无砟轨道通过在全桥连续铺设的底座与梁面间设置滑动层，减小轨道系统与桥梁间的相互作用。

CRTSⅡ型板式无砟轨道是连续铺设，而位于其下的箱梁是简支，在列车的纵向力和轨道温度应力作用下可以一端活动，所以，箱梁和轨道是相互滑动的。如果把无砟轨道直接浇筑在箱梁防水层上，梁、板之间就会有很大的摩擦力，滑动起来就会很困难甚至成为不可能。通过在梁面和底座板间设置滑动层，减弱温度荷载作用下梁体伸缩对钢轨水平受力的影响，是大跨度桥梁采用纵连板式无砟轨道不设置钢轨温度伸缩调节器的关键技术。利用梁面和底座板间设置滑动层不传递层间剪力的特点，减弱梁体和轨道间竖向相互作用，改善轨道结构受力。滑动层就是用以实现梁、板相互滑动的技术措施。

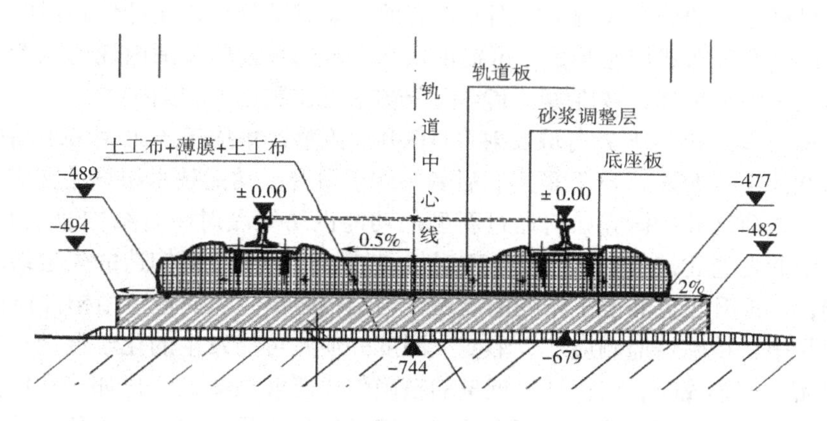

图5-20　高铁滑动层结构分析图

高速铁路具有很强的社会效益，京津城际、京沪、沪杭、合蚌、京石、石武高铁的相继建设、通车，使得高强丙纶土工布在高铁滑动层中的应用前景非常广阔，提高高强丙纶土工布的产品质量、加强测试方法理论研究，更好地服务于高速铁路基础建设，是一件非常有意义的事情。

二、用于公路和铁路加固的 RSi 产品系列

全球土工用纺织品领头羊荷兰皇家 Ten Cate 公司位于美国的生产基地开发了一种用于公路和铁路加固的土工用纺织品 Ten Cate Mirafi® RS280i，该产品集高模量、介电常数、分离性及优异的界面协同性于一身。Ten Cate Mirafi® RS280i 是 Ten Cate 公司 RSi 产品系列中的第三款也是最后一款产品，其他两款分别为 Ten Cate Mirafi® RS580i 和 Ten Cate Mirafi® RS380i，前者具有高工程性和高强力，主要用于基层加固和软地基的稳固，伴有较高的透水率和土壤持水量；后者比 RS580i 更轻，作为一种经济型方案，用于对公路加固要求不那么严格的领域。此外，Ten Cate 公司开发的“垂直阻沙土工用纺织品”获得了 2013 年“Water Innovation Award”大奖，被认为是一种无与伦比的创新理念，尤其适合荷兰特殊的地理环境。垂直固沙土工用纺织品是一种可以阻止管涌形成的创新方案，其基本原则是纺织品的过滤单元只允许水通过，而沙土无法通过。利用土工用纺织品阻隔在圩田上形成的管涌，从而保证沙土留在堤坝下避免造成溃堤。

据介绍，这种解决方案源于 Ten Cate 公司的 Geotube 土工管袋系统。将其与 Tencate 公司的 Geo Detect 传感技术相结合，有望在增强堤坝的同时提高成本效益。Ten Cate Geo Detect R 是全球第一种智能土工布系统。这一系统能够在土壤结构发生变形的早期给予警告。Ten Cate Geo Detect R 包括装有光导玻璃纤维的土工布，以及特殊的仪器设备和软件。如果在路基和围堤上出现极微小的沉降，而且温度和张力也出现了变化，那么这些都会在早期被探测到并被记录下来。这样就能够采取必要措施，避免出现缺口。该系统在海堤、道路和铁路的建设以及在护岸、隧道、地下结构和管线的建造时被安装进围堤内。将光纤应用于土工用纺织品中可以赋予一些特殊的功能，比如监测机械变形、应变、温湿度、孔隙压力，探测化学侵蚀，结构完整性与土工结构健康状况的测评等。尤其是在对几十米到数

公里范围内机械形变的分布式测量方面非常有效。集成了分布式光纤传感器的土工用纺织品通过对纤维进行分布式应变测量，可提供从几十米到数公里范围内任何位置的土工结构信息，包括土壤临界位移、坡度等，其空间分辨率可控制在1m以内。

将分布式布里渊和POF光时域反射（OTDR）传感器集成于土工用纺织品中已被德国一些工程和欧洲项目POLYTECT采用。后者专注于研究多功能技术纺织品在应对自然灾害方面的发展，之前已开始研究如何通过新型的功能性纺织品对砖石结构及土方进行改造，以保护地震中的古老建筑的安全以及土方对抗滑坡。这一具有新构造的先进纺织品集成了光纤传感器，可提升土方和土工结构的延展性与结构强度，从而避免结构性损伤。

在纺织品中，传感器监测应变、形变、湿度并侦测可能发生的化学侵蚀。在将光纤与土工用纺织品进行集成时，需保证机械量的精确传递能够被测试，比如，在应变方面，从土壤到纺织品然后到光纤，需要保证光纤与纺织品的集成是稳定且无损的。德国萨克森纺织研究所（STFI）开发了一种集成技术，可使传感纤维牢牢附着在纺织品上，且集成过程不影响纤维的光学和传感性能。涂层和光缆材料的应用可有效保护脆弱的单模石英纤维在与纺织品集成以及安装在建筑设施上免遭折断。基于此，Fiberware开发的玻璃纤维光缆，以满足对传感纤维在牢固性以及精准传递应变方面的要求。之前，Alpe Adria Textil公司已开发了含有低损耗全氟化POF（PF POF）的新型土工格栅。在一系列应用测试中，证明配置PF POF的土工用纺织品适用于建筑工地；配有PF POF的土工网垫已成功应用于德国波罗的海沿岸的蠕滑边坡Kap Arkona。分布式POF OTDR传感器在土工和建筑领域的成功示范引起了土工领域的广泛关注，由此出现了第一款商业应用产品——由德国Glötzl公司开发的GEDISE土工纺织品用分布式传感器。

第五节　高端土工用纺织品的未来发展趋势

一、存在问题

土工合成材料在我国从试验、生产、试用到大工程应用，已有近20年历史，虽然在应用上已有一定的广度，但和我国基础设施的巨大规模相比，应用比例较低。

1. 工艺与技术装备方面　我国现有非织造布生产设备除部分为国产针刺加工设备外，多为引进。在这些引进设备中，仍以针刺短纤土工布的生产为主，纺粘、化学黏合、热黏合设备工艺仅占很少部分，而在这部分中还有一些是为生产地毯、服装、装饰布、人造革、化肥袋等设计的，与专门生产土工布的设备存在着一定程度的区别，缺少抢险抗滑用材料的编织设备和多轴向编织机。复合土工布生产设备方面，国内现已具备4m宽以下的生产能力，6m宽以上的生产设备在国内尚属空白，无法满足工程的需要。

2. 产品结构方面　主要表现在原料单一，产品品种单一。我国土工布所选用的原料主要是涤纶、丙纶、维纶及少量的锦纶。同时由于生产设备的限制造成了以短纤非织造土工布及丙纶编织布为主导的单一产品结构。国际上原料的选用除涤纶、丙纶外，还有锦纶、黄麻、特种纤维，有的甚至织入钢丝等，产品品种除短纤针刺产品外，高强度土工格栅、土工片、纺粘法长丝针刺产品品种及复合土工布的品种也很多。由于实际工程中对土工布的功能及品种有着不同的要求，因而单一的产品结构阻碍了土工布应用的扩大及工程质量的提高。

3. 产品检测体系方面　我国已相继发布了土工布产品国际标准及土工布产品的使用规范，但在产品质量的实验方法、考核指标内容以及土工布与土相互作用性能实验等方面还缺乏统一的标准，而国外则成立有土工布专业委员会，来对此进行规范化处理，因其具有相当的权威性而得到各自国家的认可。因此，在我国加快一系列检测体系标准制定的步伐，将更有助于土工布在我国的生产和推广应用。

4. 应用与设计方面　由于土工布涉及岩土、水利、土木、纺织、塑料等诸多领域，而一种行业的设计人员缺乏其他行业的专业知识和实际经验，一些工程单位对土工布的特性不是真正了解，不清楚这一能够部分取代传统沙石料的新型材料，再加上在施工过程中偏重于一次性投资的降低等因素，造成了我国土工产品低水平、重复严重及各种工程应用量偏低的局面。

二、应用市场的新要求

大部分机织土工用纺织品根据使用要求的功能不同，可选用 PET、PP、玻璃纤维、玄武岩纤维、芳纶或碳纤维为原料，这些纤维具有较高的抗张强度和较长的使用寿命，多用于道路、码头、铁路、堤岸及其他领域；土工用纺织品用非织造布通常以 PP 和 PET 为原料，主要用作屏障，比如过滤和隔离作用。此外，以天然纤维制成的非织造布非常适于用作草坡的覆盖材料，这样在草籽生产的过程中可自然降解并成为肥料。韧皮纤维的品质不均匀，已被用于一些特殊非织造产品中，此外，小部分再生纤维也开始在土工用纺织品中得到应用。除用于加工产品的原料，涂层材料在加强土工用纺织品性能和功能方面起着重要作用，这些涂层材料主要包括聚氯乙烯、沥青、胶乳、塑料溶胶、硅酮以及其他类似材料。

随着社会环境的变化以及应用领域的不断拓展，市场对土工用纺织品提出了新的应用要求，这在我国《产业用纺织品“十三五”发展规划》中也有所体现。

（1）更高的性价比。随着市场的发展，人们开始寻找价格更低的产品。从国外土工布产品的原料来看，除涤纶、丙纶外，还采用聚乙烯纤维、黄麻及其他特种纤维，因此生产商在土工布的功能开发中，应当考虑产品用途的要求，根据产品使用性能来进行纤维原料的选取和搭配。不过，在保证产品质量的前提下，可以适当配入一些廉价纤维原料，以降低成本。

（2）生态环保土工用纺织品。发展生物可降解土工布、生态型垃圾填埋用复合土工布膜，提高土工用纺织品生态相容性，减少环境破坏，如可将 PLA 用于对耐久性要求不高的领域；推广秸秆、树皮、椰壳、汉麻等天然纤维土工布在人工栽培、生态修复、沙漠化治理等工程中的应用；另外，还将采用再生 PP、PET 等作为原料。

（3）功能性土工布。开发高强定伸长土工布，提高高铁专用结构土工布材料在不稳定工作温度下的持久耐磨性；加强防水卷材基布技术研究，提高防水卷材的强力、热稳定性及使用寿命。

（4）高技术土工合成材料。带有光纤传感器（地基工程用）和相关监控系统的智能土工织物开发，一体化提供土壤加固、结构安全监控和防渗、排水土工合成材料，提高非织造成布、排水板、膜等多种材料的系统性复合加工工程技术。

三、未来主要研究方向

非织造布方面，根据预测，2013～2023 年，土工用非织造布将以年均 10% 的速度增长，其中尤以亚太和中东地区增长最快。目前，我国土工用纺织品用量已超过 3 亿 m^2，其中约 40% 为非织造布产品。

从应用领域来看，道路（包括公路和铁路）建设仍是非织造土工布最大的应用市场。在土工用非织造布中，纺粘产品占据最大的份额，其次为针刺产品，此外，还有热黏合及湿法成网非织造布等。当对产品的过滤性能具有较高的要求且对厚度有一定要求时，短纤非织造布更具有优势。

聚丙烯（PP）和聚酯（PET）是土工用非织造布中两种最常用的原料，前者由于适应性强和较高的性价比，在各种结构的产品中被广泛应用；后者因为独特的性能，多用于一些对性能要求较高的领域，如低蠕变和高尺寸稳定性。根据调查，PP 非织造布由于具有较高的性价比仍然占据最大的市场份额。非织造土工布用于水泥路面的铺设并不鲜见，但将其应用于黏结层之间仍是一个比较新颖的做法。一般情况下，土工用纺织品作为过滤层置于天然土层和路基之间。德国曾成功将非织造布置于水泥路面和水泥加固层之间，从而降低了水分渗入，同时将承压应力降至最低。德国在将非织造布作为夹层应用于道路铺设方面已积累了超过 25 年的经验，德国高速公路的出色品质充分印证了这一举措的成功。

由江苏迎阳无纺机械有限公司、南通大学、宏祥新材料股份有限公司共同研发的“高强高效非织造土工合成材料装备与技术”项目以宽幅、高强、高效、复合型土工布生产技术装备为目标，开发了高强高效针刺非织造土工布生产线和宽幅高效非织造布复合土工膜生产线系列成套生产装备。

近年来，多层土工布复合针刺非织造材料不断发展，典型的多层土工布复合针刺生产线的生产工艺是将预刺成型的非织造材料分为 3 层放卷，使其再次经过刺针的穿刺后相互缠结为所需厚度的非织造针刺材料。其中，底层布料由主动放卷机放布，放卷速度与针刺机的喂入速度同步，上面两层布采用被动放卷，目的是让布料平整不重叠地进入针刺机的针刺区，3 层布料经过针刺机刺针的穿刺后成为一体，从而达到一定厚度非织造材料的使用要求。

需要放卷的针刺布料是由另外的生产线提供的，这种分段式生产高克重非织造材料的生产工艺近年来很流行，因为这样可以减少设备投资，且能生产出一定厚度的非织造材料。该生产线配置的针刺机必须是大动程针刺机，动程一般为 60～80mm。如果动程继续加大，其针刺频率就降低很多，针刺布的出布速度就慢，直接影响产量。

思考题

1. 列举土工合成材料大类中的各种产品，并逐一阐述；它们之间的主要差别在哪里？
2. 土工织物最常用的纤维和织物有哪些？为什么这些原材料适宜制作土工布？
3. 解释土工织物的拉拔测试，这些测试方法的意义何在？

4. 说明非织造土工布的主要制造方法。
5. 定义下列土工织物特性术语，并说明如何测试。
   缝合强度
   开孔面积百分率（POA）
   表观孔径（AOS）
   透水率
   导水率
   长期排水能力
6. 综述土工织物的各种功能，土工布有哪些最重要的性能影响每一种功能？
7. 阐明土工织物应用设计的主要步骤。

参考文献

[1] 白建颖，夏启星．土工织物垂直渗透系数测试技术研究［J］．产业用纺织品，2007，03：27－33.
[2] 杨旭东，丁辛，薛育龙，等．自然环境下聚丙烯土工织物的老化行为［J］．东华大学学报（自然科学版），2007，01：57－61.
[3] 刘金龙，栾茂田，王吉利，等．土工织物加固软土路基的机理分析［J］．岩土力学，2007，05：1009－1014.
[4] 刘金龙，栾茂田，汪东林，等．土工织物与塑料排水板联合处理软基的效果分析［J］．岩土力学，2009，06：1726－1730.
[5] 佘巍．土工织物拉伸对反滤性能影响的研究［D］．浙江大学，2012.
[6] 刘伟超．土工织物管袋充填特性及计算理论研究［D］．浙江大学，2012.
[7] 徐少曼，林瑞良．提高土工织物加筋效果的新途径［J］．岩土工程学报，1997，02：52－58.
[8] 任之忠，李学军．土工织物透水性能的研究［J］．西北水资源与水工程，1997，04：25－28.
[9] 张彤宇．土工织物应用性能研究［D］．天津大学，2004.
[10] 易华强．土工织物反滤系统土体结构稳定性试验研究［D］．清华大学，2005.
[11] 杨旭东．聚丙烯土工织物的使用寿命预测［D］．东华大学，2005.
[12] 于志强．土工织物耐久性及堤坝加筋机理的研究［D］．天津大学，2005.
[13] 闫玥，闫澍旺，邱长林，等．土工织物充灌袋的设计计算方法研究［J］．岩土力学，2010，01：327－330.
[14] 王飞龙，邵敏．机织土工布的发展及现状［J］．广西纺织科技，2010，01：37－39.
[15] 王伟，杨尧志．土工织物与土相互作用的机理［J］．无锡轻工大学学报，1999，03：107－112.
[16] 吉连英．非织造土工织物的渗透性能研究［D］．东华大学，2010.
[17] 王钊．土工织物的拉伸蠕变特性和预拉力加筋堤［J］．岩土工程学报，1992，02：12－20.
[18] 张敬，叶国良．土工织物耐久性及影响因素分析［J］．中国港湾建设，2005，01：1－5.
[19] 谢荣星，何宁，周彦章，等．土工织物充填泥袋筑堤现场试验研究［J］．工程勘察，2013，06：6－11.
[20] 信鹏月，任元林，苏倩．浅谈非织造土工布技术［J］．产业用纺织品，2013，07：1－6.

[21] 廖红建，钱春宇，马洪宁，等．土工织物加筋土的土压力减轻作用试验研究［J］．工程勘察，2003，03：1－3＋66.
[22] 张文斌，谭家华．土工织物充填管状袋的设计研究［J］．中国港湾建设，2004，05：25－29.
[23] 张新月．土工用纺织品进入发展新阶段　中产协土工用纺织合成材料分会成立［J］．纺织服装周刊，2011，46：28－29.
[24] 金舜．产业用纺织品发展趋势的研究［D］．天津工业大学，2002.
[25] 赵永霞．技术纺织品的最新进展［J］．纺织导报，2008，04：46－48＋50－57.
[26] 王钊．土工合成材料在水利工程中应用的一些问题［J］．水利水电工程设计，2001，01：40－42.
[27] 奚坤明．土工布的性能和制造方法［J］．纺织特品技术，1985，05：4－9.
[28] R. Schutz，葛怡．废棉在无纺织布和土工布方面的应用［J］．纺织特品技术，1984，06：47－50.

第六章　工业用毡毯（呢）纺织品

工业用毡毯类纺织品是应用于工业领域具有特定功能特征的毡毯的统称。其中，以纺织纤维为原料，经湿、热、化学、机械等作用而成的片状纺织品称为毡；具有丰厚绒毛的纺织品称为毯。该类产品包括：纺织工业用毡毯（呢），造纸毛毯（造纸网），过滤用毡毯（呢），印刷业用毡毯（呢），电子工业用毡毯（呢），隔音毡毯（呢），密封毡毯（呢），清污、吸油毡毯（呢），防弹、防爆毡毯，抛光毡（呢），其他工业用毡毯（呢）纺织品。其中，造纸毡毯呢仍旧是工业用毡毯呢的重中之重。

2015 年，我国造纸毛毯 20 家主要厂的产量为 6055t，以此推算全国总产量为 7872t，比 2014 年下降了 1.72%。国内造纸毛毯（及造纸网）的实力实际上不是下降，而是提升。国内很多的造纸网毯厂，均有相当数量的高端产品，可以取代进口。国内的造纸网毯不再是游兵散勇般地与进口产品相搏，而是形成了多条战线，在不同领域进行真正的竞争，在这种条件下，我们的造纸厂可以获得真正优良的造纸网毯及服务。同时也让我们看到了供应侧改革的成效。

2016 年 5 月 27 日，在广东佛山举行的中国产业用纺织品产业发展大会上有四位中国工程院院士作了学术报告，其中三位院士都谈到高性能新材料对产业用纺织品发展的推动作用。造纸毛毯的原料是化学纤维，而化学纤维的差别化进程已取得很大成就，改进、共混或复合在以前是高深莫测的技术，现在相当普通。更有许多新款材料问世，为改进、提高造纸毛毯的性能提供了良好的条件。举例来说，已有一些造纸网厂在造纸边缘用上了耐磨的聚苯硫醚纤维，以延长造纸网的使用寿命。与此同时，造纸毛毯专用制造设备也有了很大的提高。有的企业更借着“互联网 +”的东风，大大改进其收集数据、自动调节、稳定加工质量的功能。这一切，无疑又加速了我国造纸业提高乃至超越现有水平的机会。

随着我国造纸工业的继续调整，高端造纸毛毯的需要量越来越多。作为雄踞世界造纸产量第一位的中国造纸工业，还在不断的改造提高，对中高端造纸毛毯的需求量越来越多。

第一节　工业用毡毯（呢）的分类

一、造纸用毡毯（呢）

造纸毡毯属于工业用特种纺织品，是造纸机的重要配件，是现代造纸工业必不可少的贵重易耗器材，如图 6－1 所示是毡垫毡房。它的质量与生产的纸张的质量、造纸机的生产效率和能源的消耗等方面都有直接的关系。现代的造纸机所用的造纸毯长度很大，不光能顺利留住纸浆，让水通过，而且在高速运转的设备上，其强度高，伸长小，并且使用寿命长。造纸毯

图 6－1　毡垫毡房

的品质在一定程度上决定造纸机运行速度。

目前，造纸工业中应用的毛毯一般有普通机织毛毯、普通基布针刺毛毯、无纬或稀纬针刺毛毯、底网针刺毛毯、无基布针刺毛毯、接缝针刺毛毯等类型。较常用的毛毯由底网层和纤维层组成，其中底网层分为单层、双层、叠层三种类型。底网一般由锦纶单丝或单丝合股组成的经线和纬线经不同的织法织造而成。纤维层一般是由不同粗细的锦纶短纤维分层铺设而成。纤维层与底网层结合是通过针刺工艺完成的。

1. 普通机织毛毯（图6-2） 一般用羊毛纱或混纺纱线通过机织制成底布，并通过缩呢、洗呢、烘呢定型、烧毛或起毛整理而成。这类毛毯具有特殊毛毯痕，适合生产特殊用纸，由于普通机织毛毯强力偏低，使用寿命短，现很少使用。

2. 无纬底布针刺毛毯（图6-3） 无纬针刺毛毯简称无纬毛毯，指底布上没有纬纱的毛毯。无纬捻毛毯用化纤长丝和毛纱经加捻合股作经线，经卷绕的方法使之成为无端基层，铺上化纤原料进行针刺，然后用干法定型整理而成。此类毛毯工艺流程简单，品种结构变化少，由于没有纬线，对水流的阻力较小，脱水性能好，毯面根据毛层厚薄、纤维不同而变化。铺层较细锦纶或羊毛混合的毛网，无纬毛毯具有毯面细腻、弹性好、吸湿性好的特性，一般适用于负荷不大，洗涤条件较差的纸机。它的主要缺点是规格不稳、伸长率较大、门幅易收缩，运行时调整不易，使用寿命不太长。

图6-2 普通机织毡毯

图6-3 无纬底布针刺毛毯

3. 有纬针刺毛毯 又称BOB毛毯，普通有纬针刺毛毯是由普通纱线与复丝合股线为材料织成的稀松基布，并在基布两面铺设短纤维毛网层，通过针刺和后整理工艺所制成的产品。有纬毛毯强力较大、规格稳定、伸长率小，能承受较高线压和较大负荷，较耐磨，弹性和空隙率的保持时间较长。通常在压榨脱水和真空吸水并存的纸机上使用效果较好，适合于对毯面要求不太高的各类纸张。有纬针刺毛毯根据所铺设毛网层纤维的不同进行区分：传统的毛网层有50%以上羊毛的称为混纺针刺毛毯；毛网层有50%~20%以上羊毛的称为高化纤针刺毛毯；毛网层全为合成纤维的称为全化纤针刺毛毯。

4. 底网针刺毛毯 如图6-4所示为不同工艺的底网针刺毛毯，底网基布结构毛毯（BOM造纸毛毯）是由锦纶单丝或单丝合股组成的经线和纬线经不同的织法织造而成的基网层，分层铺设不同粗细度、克重的纤维毛网，并通过针刺工艺使毛网层与底网层牢固结合在一起。制作复合造纸毛毯的纤网要先将纤维开松、上油、加湿、闷毛。纤维上油、加湿的目的是减少因纤维的摩擦而产生静电，以达到柔软、湿润、平滑而又易缠结的要求，便于后续梳理、成网、针刺工序的进行。为聚酰胺纤维配制的专用合毛油剂含有平滑柔软剂、乳化剂、抗静电剂、渗透剂、添加剂和稳定剂等多种成分。以起到使纤维平滑柔软，减少加工时的损伤，纤维间的抱合力提高以及乳化、吸湿、抗静电、平滑、渗透、防霉变等作用。除给纤维上油外，给湿也要恰当。在纤维开松时将合毛油剂以雾点状均匀地喷洒到纤维上，然后堆放在密闭的闷毛仓内24～48h，其间还要翻动2～3次，以使油水均匀地附着在纤维表面，不可在纤维开松后立即送往梳毛机梳理。

（a）1+1复合双层BOM造纸毛毯...

（b）1+2复合三层BOM造纸毛毯...

（c）1+1+1复合三层BOM造纸毛毯...

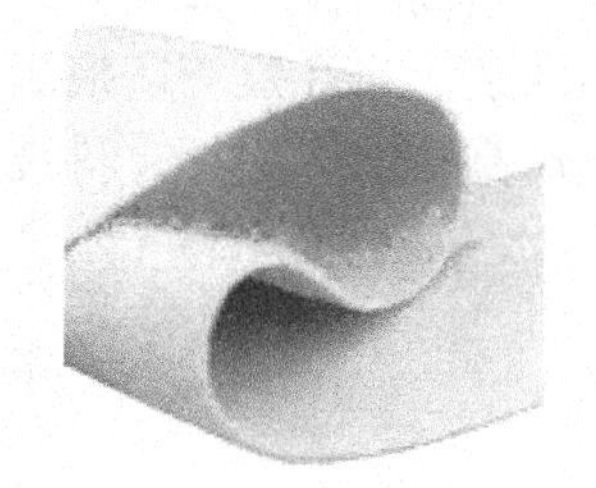

（d）BOB造纸毛毯

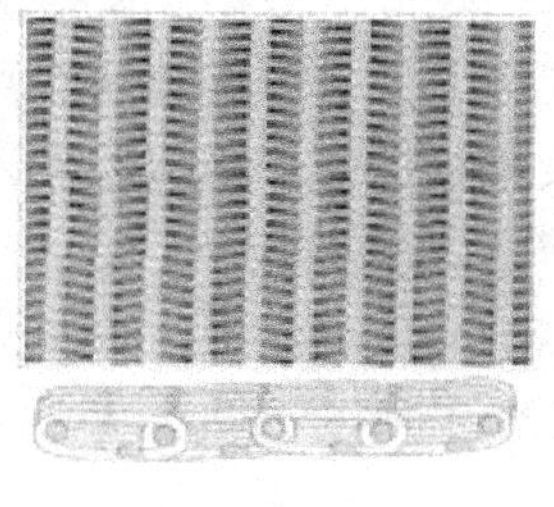

（e）螺旋干网

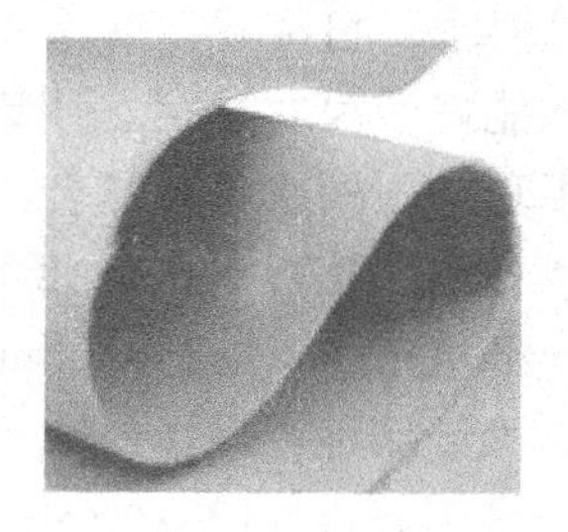

（f）BOM浆板毯

图6－4　不同工艺的底网针刺毛毯

（1）BOM造纸毛毯的性能。

①滤水透气性能极好，孔隙率大，便于毛毯的洗涤，不易被异物堵塞，极适于真空、盲孔等压榨形式的垂直脱水。

②毛毯具有良好的弹性而内部基网具有不可压缩性，能耐极高线压最高可适应300KN/M的线压力，能有效降低出压区湿纸页的水分，减少纸页断头，便于提高车速。

③抗张强度大，在高拉力、高负革情况下，不易被拉断或撕裂。结构稳定，挺度好，不易打折、伸长、收缩率极小，一般不大于1%。

④毯面平整、厚实，有利于改善纸张外观质量，能有效减轻和消除毯痕、沟纹痕、盲孔痕、真空痕等印痕。

⑤使用寿命长，耐磨损，耐磨蚀，经化学处理后的毛毯具有抗沾污，防起毛等特点，其综合性能与进口毛毯相当，比一般毛毯寿命长。

⑥BOM造纸毛毯广泛用于各种造纸机生产各类纸张。

（2）BOM毛毯的分类。BOM毛毯根据基网层的不同区分为：单层底网毛毯、双层底网毛毯、叠层底网毛毯等三个系列。

此外，人们已经成功开发了接缝 BOM 毛毯、多轴向 BOM 毛毯、无交织点基布 BOM 毛毯等。

①单层底网造纸毛毯。单层底网造纸毛毯由单层底网层和纤维层组成。底网层由锦纶单丝或单丝合股组成的经、纬线织造而成。组织结构根据不同纸机、不同使用部位、不同纸种而设定。纤维层有不同粗细的化纤分层铺设。具有滤水性好、伸长率小、便于洗涤、毯痕轻、能有效减轻沟纹痕、使用寿命长等特点。广泛用于各种造纸机生产种类纸张。单层底网造纸毛毯可用作圆网机和超成型机的成形毛毯、预压上毛毯、真空回头压毛毯、真空压榨以及普通压榨、沟纹压榨部位毛毯、杨克纸机上毛毯等。生产工艺参数如下：

纸机车速：≥100m/min；

抄纸品种：≥16g/m，各类纸种；

线压力：≤90kN/m；

毛毯强力：≥2000N/5cm；

毛毯透气度：50~120CFM。

②双层底网造纸毛毯。双层底网造纸毛毯为经双重结构底网造纸毛毯。针对纸机及纸种的要求，可随意改变上下底网的精细度。双层底网造纸毛毯具有耐高线压、弹性好、滤水性能好、尺寸稳定、伸长率小、强力大、可有效消除真空痕沟纹痕、盲孔痕等印痕。适用于真空压榨、各种复合压榨、大辊径压榨等压榨形式，适于生产高档文化用纸、科技用纸、各种高档板（卡）纸等。生产工艺参数如下：

纸机车速：≥100m/min；

抄纸品种：≥16g/m，各类纸种；

线压力：≤130kN/m；

毛毯强力：≥3000N/5cm；

毛毯透气度：30~100CFM。

③叠层底网造纸毛毯。叠层底网造纸毛毯包括 1+2、1+1、2+1 复合叠层底网造纸毛毯和 1+1+1 复合三层底网造纸毛毯。该毛毯能适应 200kN/m 以上线压力，具有弹性好、滤水性能好、能有效消除各种印痕、尺寸稳定、使用寿命长等特点。适用于中高车速造纸机的大辊径压榨、靴式压榨等形式压榨，适于生产各种高档挂面纸板、卡纸等纸种。生产工艺参数如下：

纸机车速：≥200m/min；

抄纸品种：≥40g/m，新闻纸、文化用纸、高档纸（卡）纸等；

线压力：≤300kN/m；

毛毯强力：≥4000N/5cm；

毛毯透气度：25~80CFM。

二、隔音毡毯（呢）

隔音毡（又叫橡胶隔音垫，橡胶消音片，橡胶隔声板，橡胶减震垫）是一种将抗老化耐腐蚀好的无味 EPDM 橡胶与十几种有机矿物质按照一定比例精制而成，如图 6-5 所示为隔音毡。它是一种绿色环保的隔音材料，产品黑色，产品在生产过程中经过一次次检验。产品环保级别达到国标 e1，阻燃性能国标 b1，产品防水效果很好能在多种潮湿的环境下使用。还兼具防潮，隔热的作用。

图 6 – 5　隔音毡毯呢

阻燃级别为 b1 级（量大可以定做其他颜色的）环保无异味环，保级别 e1，对低频和高频声音均有相当好的抑制作用，能有效地抑制各种振动的传播。该材料厚度有 2.0mm 不等，经国家建材局检测，计权隔音量 Rw 分别为 29dB，材料的柔韧性也很好，可以随便弯曲，任意剪彩，施工非常方便。

1. 隔音毡的构成　隔音毡的成分构成一般包括三部分：基材、填料和助剂。

（1）隔音毡的基材包括。沥青、橡胶、三元乙丙、聚氯乙烯、氯化聚乙烯等，不同的厂家会根据自己的技术方案选择不同的基材。

（2）隔音毡填料。在生产过程中会加入填料，普遍使用的填料包括金属粉末、石英粉末、重钙等，目的是为了增加隔音毡的密度，从而达到增加隔声量的效果。填料的添加要控制比例，否则会导致隔音毡失去弹性和韧性。

（3）隔音毡助剂。为了增强隔音毡的弹性、黏性、韧性、防火性能及抗撕裂强度等物理性能，生产过程中还要加入助剂。助剂不但会影响隔音毡的物理性能，还会对环保性能产生重要影响，因为有的助剂是有毒的。

2. 工作机理　声学材料根据其使用功能不同，可以分为吸音材料和隔音材料。吸音主要是要解决声音的反射而产生的嘈杂感，吸音材料可以衰减入射音源的反射能量，从而达到对原有声源的保真效果。隔音毡主要解决声音的透射而使主体在空间内感觉吵闹感，隔音材料可以衰减入射音源的透射能量，从而达到主体空间的安静状态。隔音毡由于面密度较大，自身不易产生振动，附着在单板上也可以阻止单板的振动，从而使得噪音失去了振动传播的可能，从而达到了隔音的效果因此产品广泛应用于室内的墙体吊顶地面楼板隔音减震动装修。

三、吸油毡毯（呢）

吸油毛毡，采用亲油性的超细纤维制作，能迅速吸收本身重量数十倍的油污，且不吸水。被广泛应用于机械制造、航空、石化等行业油污的清理：水面浮油清除，蓄电池、船腹等大量油污清除，海面漏油回收处理，油车、油槽、油箱、油桶等漏油防止扩散。

第二节　纤维原材料

一、羊毛

由于欧美造纸毛毯停止进口的原因，第二次世界大战期间，我国开始生产造纸毛毯。

由上海美纶纺织厂于1945年开始试制拼头毛毯，1948年开始生产四层环行湿毯和双层环行的上毯。造纸毛毯都是选用羊毛纤维为原料制造的。20世纪50年代末，合成纤维锦纶开始用于造纸毛毯。

最早的毡是用羊毛为原料，这种毡具有良好的回弹性，外力去除后，可以逐渐恢复到原来的形状，并且能吸震、保温。不光在日常生活中用作御寒用品，比如制作靴鞋，而且在工业上适于做各种密封、减震的衬垫材料和物品抛光用的磨料。还可以用作钢琴榔头毡、针刺毡、毡轮、毡套、滤芯等。在很多设备上用毡垫作为密封。

国内的各种羊毛，以产于河南的寒羊毛为最上品，可以用于织造比较细密的毡毯，产于北京地区以及山西和石家庄的秋毛次之，普通毡毯大多以此为原料。寒羊毛中，还有春寒羊和秋寒羊的区别，春寒羊价高，而秋寒羊相对价低，秋毛者，一般说来，便是秋季所剪取的普通羔羊。北京地区所产羊毛，质量稍差，混入的砂土较多，所以纺出量少，张家口所产羊毛，品质粗硬，不适于细密毡毯的织造，而西宁所产的羊毛，称为西宁大片，质地柔软纤细，但运费颇高，销路也并不太好。柔软整直的次山羊毛，也可以用于毡毯的制织，但是带有湿气的羊毛，干燥后仍会弯曲不直，难以织造，且不易染色，所以采用山羊毛，需要选用未经洗涤的。用于制织毡毯的蒙古所产骆驼毛，纤维细长，质感柔软而不易断，易于着色，但是骆驼毛容易积土，弹性较差，而且价格较高。

由于羊毛是以角蛋白为主的天然高分子材料，可在环境中自然降解，到达使用寿命以后很难被二次利用，或者被作为生活垃圾废弃，或者制成劣质毛毡进行低值利用，造成了很大的资源浪费，后续在废物处理方面还有很大潜力。

二、合成纤维

20世纪50年代，合成纤维优良的可纺性和服用性逐步地被人们认识，尤其是合成纤维耐用结实的特性，受到造纸毛毯设计者的重视。在初期，压榨毛毯中合成纤维的含量停留在30%左右，这是因为在当时合成纤维还不能用自然方法来毡化。而丙纶、涤纶、锦纶、芳纶等都可以经过类似的加工方式，制成合成纤维毡。合成纤维毡片因原料不同，可分别具有强度高、耐酸、耐碱、耐高温、拒水、吸油、防辐射、消音、过滤等性能。可作为各种机械油封毛毡、过滤毛毡衬垫毛毡、防震、保温、隔音用毡、吸油毡等。用于船舶、环保、机械、仪表、电子、化工等多种行业。在严寒地区执行任务的军用装甲车和坦克会使用毛毡作为保温御寒材料，装在车的内侧。同时，因为它弹性很好，所以还具有防弹功能。

用合成纤维取代羊毛等天然纤维可以说是造纸毛毯发展史上的一大飞跃。目前，各种新型合成纤维的发展为造纸毛毯性能的改进提供了有利条件。

1. 水溶性纤维 新毯上机时的快速起动与压毯的使用寿命往往是一对矛盾。压毯越紧实则造纸机起动越快，但也意味着在运行中越容易被阻塞。适量水溶性纤维一般为聚乙烯醇可以在压榨湿毯运行过程中溶解在水里，因而，压毯的设计可以选择较大的紧密度。在快速启动后随着水溶性纤维的溶解，压毯的空隙率仍可保持一定水平，压毯脱水性能的稳定性也就得到了提高。

2. 低熔点纤维 在针刺层中加入适量低熔点纤维，使之在热定型工艺中熔融，从而起到黏结其他高熔点纤维的作用。这种工艺可从一定程度上改善压毯的脱水效率和耐磨性能，以及更好的抗压性和抗脱毛性。

3. 中空纤维　中空纤维纱线在压榨力下变扁，离开压区后立即回弹。良好的纱线挠曲性有利于改善造纸毛毯与纸页的接触状况，从而改进压毯脱水作用，并使纸页表面平整。

另外，纤维层纤维为椭圆形横截面时，其制品造纸毛毯被证明能更好地改进毛毯起动特性及机台运行性能，提高烘干前湿纸页干度，节约热源。

第三节　工业用毡毯（呢）纺织品专用设备与工艺技术

由于工业用毡毯（呢）的种类多种多样，作用也千差万别，下面介绍几种典型的毡毯呢作为参考。

一、专用设备

国产毛毯经过近几年的发展，已有了很大的提高。一些造纸毛毯生产商已经意识到问题的严重性，相继投入大批资金，引进大批国际先进的造纸毛毯生产设备和技术，直接采购国际上品质一流的造纸毛毯专用原料，加大了对设备技术改造的力度，并在某些产品和设备上获得了自己的知识产权。

（一）现代造纸机

现代造纸机包括成形、压榨、干燥三个主要区段。纸浆在成形网上靠自重和吸水箱的抽吸脱去大部分的水分后形成湿纸页，然后从伏辊上转移下来进入压榨区，在压榨区进一步脱水后进入干燥区进行烘燥。根据用途不同造纸毡毯可分为造纸湿毯和造纸干毯。湿毯是纸浆进一步滤水的主要脱水材料，具有初步张力的湿纸页在湿毯上成形。干毯是把已在湿毯上形成的湿纸页带入烘房进行干燥。湿毯的脱水能力表现在通过压榨时，湿纸页的水分被挤压到毡毯中去，其中大部分的水通过湿毯流掉了，其余少量的水被湿毯吸收带走。湿毯与湿纸页分离后，再经过冲洗及毯压榨脱水后再去承接成形网传来的湿纸页，周而复始。

（二）分丝整经机

在设备方面，采用宽幅重型设备。如分丝整经机，单丝整经机，经线有单根张力控制，由一盘盘的小经轴组成大经轴，织机幅宽 1 米，多梭，多综片，双排经轴，积极式送经，三辊式超越联合卷取器。针刺机为定向针板，双针区、三针区、四针区、针刺时毛毯不翻身，还有经向铺毛以使毛毯平整性好，滤水好、强度高。还有多功能热定型机，有水洗、化学处理、烘干伸长、热定型、表面热压的功能，如图 6－6 所示为市面上使用较多的智能型分丝整经机。

（三）造纸毛毯织机

德国 Dilo 公司为造纸机毛毯业提供整套的机械规划，其中包括专门为横向排列纤维的毛毯而设计的 DI－LOOM－OD－IP 型系列的传统预针刺机。将预针刺过的毛毯再针刺上底布的、针区多到 8 个的大型针刺机，还有 Beltex 系列针刺机，它们是专门生产纤维纵向排列的毛毯。这些型号的机器工作宽度达 16m 之大。

图 6－6　智能型分丝整经机

除此之外，造纸毛毯织机用以织制造纸毛毯，是一种重型、阔幅、大卷装的多臂织机。工作宽度有 2.5～3.3m 等多种规格，可织制重 500～4000g/m^2、长 10～120m 的平纹、斜纹、破斜纹、单层或多层的造纸毛毯，如图 6－7 所示为产于河北石家庄纺织机械公司的 CXWH 型造纸毛毯底网织机。

图 6－7　CXWH 型造纸毛毯底网织机

早期的造纸毛毯织机是利用普通毛织机改装而成的。20 世纪 30 年代德国首先制造出这种特重型织机。中国在 20 世纪 50 年代自行设计制造。随着造纸机宽度的增加，20 世纪 70 年代联邦德国等国出现 33m 超阔幅造纸毛毯织机，可织制 66m 的环形织物，然后剪成不同宽度。

造纸毛毯织机有片织和环织两种方式。

1. 片织　先平幅织制，再以手工镶接成环形织物。片织适用于经纱密度小、纬纱密度大、长度长的毛毯。在织制比机幅宽 2～3 倍的织物时，一般在机上用折织方法，待下机展开后镶接成环形。

2. 环织　用多臂机构直接织成环形织物。它在织机上纵向为毛毯的纬纱，横向则为经纱，下机后织物可根据需要的宽度裁剪成各种环形造纸毛毯。

造纸毛毯织机用凸轮或弹簧投梭，采用椭圆齿轮传动机构，梭子有充裕的时间通过梭道，以适应幅宽要求。织机常用单轴或多轴的消极式送经，用分离式卷布机构卷取较长织物。织机附有纱线张力控制机构或设内边撑，以保持多层织制时环形边部经纬纱密度一致。近代特重型阔幅造纸毛毯织机采用液压气动和电子等新技术，设置双面同步传动升降筘座装置，能织制聚酯单丝的造纸成形网和干燥网等织物。

二、工艺技术

在工业技术方面，追溯到20世纪90年代中期，一种独特结构的多轴向底网压榨毛毯开发成功。根据Kiefer介绍，这种压毯至少包括两层独立的基布，组成每层基布的纱线在平面内至少有四个方向的取向。这种结构的压毯不仅有各自独立的经纱和纬纱系统，而且各层的经纬纱与相邻层的经纬纱间存在一定的角度。防止了相邻层间纱线的相嵌，使压毯的耐压实性能得到改善。另外，压毯的这种结构设计使其在负载下处于比较开放的状态，有利于清洗，且压毯在较长的没有支撑的部位中的稳定性也较好。

（一）压毯工艺技术

1. 斜向针刺技术　Weavexx公司开发了Huyperpunch－D技术。该技术是从多个角度对压毯进行针刺加工，即斜向针刺。斜向针刺技术将压毯穿过一块曲线形的针床，使针板在90°左右时开始进入压毯，而在接近45°时结束。除此之外，针板与压毯采用同步移动，从而有效地防止微牵伸现象。这种新的技术提高了压毯的均匀度，同时赋予纸页更细腻且均匀的表面，而且非织造纤维层的结合牢度比传统针刺技术制造出的压毯要高40%。

2. 薄膜技术　Albany，Tamfelt等大公司将薄膜、传送带等技术结合于其产品中。新产品Pressision就是利用了薄膜技术。在针刺过程中，当压毯表面为细纤维、背面或内层采用粗纤维时，针刺中粗纤维往往发生转移，出现在压毯的表面，从而影响纸张的平整度。Pressision产品则利用薄膜技术将不同原料的纤维絮层分开，从而避免了粗纤维的转移。Tamfelt公司的新一代半渗透压榨织物TMO（Transmaster Open），以及Huyck公司的Huyperm则是综合了传统毡毯的良好脱水性及传送带输送过程中的光滑性和可运行性。不像传统的压毯，TMO在整个使用过程中始终保持着均匀的开孔度和原有的性能，而且TMO产品也可以采用接缝方式，减少安装上机时间。

3. 复合压毯　Voith公司开发的新一代复合压毯，在叠层压毯中加入了高弹性的复合孔网层，使网毯具有持久弹性。与传统的叠层毯相比，它进一步减少了压毯的逐渐变形及坍塌，同时由于可压缩性提高，压毯内部的水分也较易排出，有效地提高了压毯脱水性能的稳定性。这种复合孔网层充当了机织基布间的缓冲物，传给纸张的压力更加均匀，可减轻压毯在运行中的振动。

（二）造纸毛毯工艺技术

（1）徐州工业用呢厂采用含氟化物表面活性剂或含硅环氧树脂涂料，对造纸毛毯进行化学处理，从而可以提高造纸毛毯的抗沾污、自洁能力和抗磨损性能。

（2）上海工业用呢厂通过研究、摸索，确定了试制型底网毯。型底网毯比普通底网毯更具优越性，具有毯印轻、脱水快、使用周期长、附加值高的特点。

(3) 徐州工业用呢厂开发了萨夫特哈德复合高性能造纸毛毯。这是一种结构新颖的造纸毛毯。底网层选用双层织物组织结构，选用细旦柔软的锦纶长丝作上层经纱。选用粗旦硬挺的锦纶棕丝作下层经纱。织造成平整、挺括、不易形成死折、具有弹性的基网，毛毯的纤维层主要由不同粗细锦纶短纤维组成。

(4) 辽化工业用呢厂充分利用丙纶的强力大、不吸水、耐酸碱、质量轻等优点，克服了丙纶静电大、熔点低等缺点，选择特定的原料配比，使用了专用的抗静电剂和除油剂及双面复合针刺和低温定型等特殊工艺，制成了丙纶造纸毛毯。

(5) 徐州工业用呢厂开发了毛网纤维沿纵向排列底网造纸毛毯。打破了传统的毛网纤维杂乱无章排列方式，提高毛毯的脱水速度、微观均匀度、抗压实性，从而在纸张制造过程中彻底消除因毛毯滤水差而造成的湿纸压溃。

(6) 徐州工业用呢厂自主研制开发的新型高弹防粘造纸毛毯，通过改变自身的组织结构和性能，具有极高的弹性回复和良好的表面平整性能，解决了毛毯粘浆的问题。还有宽幅高速专用造纸毛毯、高冲量压榨专用造纸毛毯主要用于配有真空复合压榨、大辊径压榨、靴式压榨等形式压榨的宽幅、高速造纸机上。

(7) 成都环龙集团工业用呢公司针对市场需求研制了三层无交织底网造纸毛毯。徐州工业用呢厂自主研制开发了斜纹防伪造纸毛毯，斜纹防伪造纸毛毯是利用独特的斜纹发生器，生产出一种无织点的斜纹基布，再利用此种基布制造的。该造纸毛毯在纸张生产过程中，所产生的纹路与纸张的纵向呈一定的角度，其角度和纹的粗细度及密度可根据客户的需要随意设定。

(8) 成都环龙集团工业用呢公司开发了多轴向造纸压榨毛毯的新型结构，增加了毛毯脱水方向，且受压时避免了传统叠层毛毯上下层经线相互重叠受压时可能相嵌的问题，能长时间保持开孔度和优良的滤水性能。

我国的造纸毛毯，从产品上来看，开始进入底网针刺造纸毛毯阶段。还有少数几家压榨毛毯生产厂家还推出了叠层复合 BOM 压毯，但与目前世界先进水平相比，在性能及使用寿命上仍存在很大差距。

(三) 吸油毡毯工艺技术

市面上的吸油毡，大多系熔喷法生产的聚丙烯纤维毯，其广泛应用于清除油污的场所。在历次水域突发重大溢油污染事故时，吸油毡往往是清污实战器材的主角。2003 年 8 月 5 日上海浦江特大油污事故就是一例：吸油毡（以及主要用吸油毡制作的围油索）的紧急投放量达五十多吨。

熔喷法吸油毡毯（呢）生产工艺如下所示：

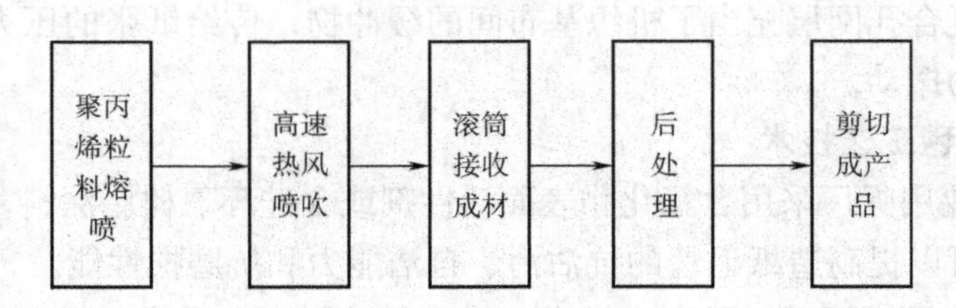

第四节　工业用毡毯（呢）纺织品的特殊性能要求

一、造纸毛毯的特殊性能要求

造纸毛毯的考核指标有：宽度、长度、单位面积质量、疵点（拆痕、补痕、植绒牢度、边不齐、破洞等），中国纺织行业标准 FZ/T 25002.5－2000 对其均有明确规定。

影响造纸毛毯使用性能的重要指标有：强度（N/50mm）、透气量（$L/m^2 \cdot S$）、耐磨性、均匀度、抗压性能、厚度、耐热性能、耐化学品腐蚀性能等。

造纸毛毯的选择取决于所生产纸张的品种、定量和表面修饰的要求、纸机类型、毛毯使用的环境条件以及现有的毛毯清洗净化设备。当纸张表面修饰的要求较为严格时，要求毛毯底网纵横向纱线要细些，同时结构设计要求表面平滑。高速和宽幅纸机对毛毯要求强度好和稳定性高，在沟纹、盲孔及真空压榨辊上要求毛毯更坚固。压榨负荷高和压辊表面较硬时，对毛毯的机械性能要求更高。配置高压水冲洗的毛毯要求有良好的植绒牢度。现代纸机的特点主要体现在宽幅、高线压、高速等方面，因此对造纸毛毯的性能提出了更高的要求，主要表现如下。

（1）有足够的强度和抗变形能力，能承受压辊的挤压并带动压辊转动，在受到反复拉伸的条件下，保持较长的使用寿命。

（2）有较好的平整度，使受压的纸页表面有较高的平滑性并改进纸页的紧密程度。

（3）有良好的厚度恢复性能和足够的空隙体积，能充分吸收和容纳从湿纸页中挤出的水分。

（4）有良好的透气性和滤水性，使容纳在其中的空气和水分易从其中排出。

（5）有良好的抗污脱污能力和耐磨性，经得起高压水冲洗和打毯器的连续打击摩擦或高压抽吸等作用。简一言之，就是造纸毛毯的三要素耐用性、平整性、滤水性，应该达到一定的要求。

毛毯的选定，通常根据毛毯制造者和造纸工作者的经验，这些经验来源于以往的实践与对工艺设计的修改。对于新纸机用毯，要在类似纸机的同样位置上进行毛毯运行的模拟试验。毛毯经运行后，要作检查和分析，必要时对原设计进行修改。为此，毛毯设计者可能通过调整下列各项来达到目的：定量、厚度和渗透性，底网结构、纱线形式和种类、毛绒分布和细度、纱线支数、化学处理以及其他可用的制造工艺手段。

二、复合造纸毡毯的特殊性能要求

在国外，20 世纪 80 年代早期，叠层复合造纸毛毯就用到了宽区压榨和靴式压榨中。我国受造纸行业的局限，国内造纸毛毯比国际先进水平落后了 20 年左右。叠层造纸毛毯有上下层有结接叠层和上下层无结接叠层两种。在这种压毯结构中，包含了两层或更多层相互独立的基网，通过针刺工艺结合起来。因而在设计叠层复合造纸毛毯时有相当多种的可能性。相对于简单结构的压毯，叠层压毯具有很多的优点，因此，这种压毯能更好地适应高速，高线压、高压冲洗、真空抽吸等更为苛刻的运行环境。

1. 复合造纸毡毯的性能特征　复合造纸毛毯在设计上采用不同的材料制成二个或更

多独立的不同组织结构的基网，与不同粗细的高性能纤维层叠合，形成粗网、细网、粗纤、细纤四层结构。具有以下特性：

（1）具有超常的强度。复合造纸毛毯的经向断裂强力很大，因特殊要求而设计的品种的最高强力可超过9000N/5cm。在承受高车速、高线压的同时，还要带动所传动部位的被动装置，承受压区前端、洗涤部位的真空抽吸装置所形成的对毛毯吸拖拽的巨大负荷。在这一系列苛刻的工作条件下，保证运行时长度不伸展、宽度不收缩。

（2）良好的抗压性。普通 BOM 毛毯虽然由于底网层的作用，抗压性能明显强，

但在纤维层定量相等的情况下，它的负面效应明显增强一毯痕严重。在高线压条件下，为了减轻毯痕，保证纸张的平滑度，不得不增大纤维层的厚度。结果可压缩性上升，毛毯的透气性、脱水性能下降。复合造纸毛毯在恒定压力下，厚度增加，可压缩性下降，抗压性上升。这与普通毛毯正好相反。复合造纸毛毯在压区工作时的孔隙率比 BOM 毛毯高出 50% 左右。

（3）防止震动和真空辊印痕。复合造纸毛毯的厚度根据需要一般在 4 ~ 6mm，由于它的厚实和硬挺，可以避免毛毯运行时在高线速强抽吸的共同作用下产生的震颤。毛毯厚度对真空印痕的影响很大。毛毯薄，抽吸作用只集中于一点，纸页中纤维向孔眼中心呈放射状排列。若毛毯有一定的厚度，真空孔眼的抽吸作用穿过毛毯得到扩散，与邻近孔眼的抽吸作用连接，纸面上的影痕也就消失。

（4）对纸页整饰的改进。复合造纸毛毯的特殊结构，加上化学处理，使其与纸页的接触面在自然状态下和工作条件下都是极其平整的，通常在 160kN/m 线压力下不会有毯痕出现。

（5）不易污染，使用寿命长。造纸毛毯在应用中发现下机原因中比例最高的是脱水性变劣。复合造纸毛毯由于实施了抗污染、耐腐蚀的化学处理，加上它防污染的组织结构，使清洗方便容易，各种充塞物随压出水流自然排泄，不易黏附滞留于毛毯内部，因此使用寿命延长。

2. 复合造纸毛毯的适用性 复合造纸毛毯的使用对纸机条件也有一定的选择性和适应范围。

（1）由于复合毯的抗压性极强，它在压区不会被压缩，所以当湿纸页的水分被压入毛毯后，压力对毛毯内部的水分排除作用不大，此时只有依靠真空抽吸才能排除毛毯内部水分。具有真空抽吸能力的各种压榨部位，或在洗涤之后进压区之前具有较高抽吸能力的其他形式的压榨部位，较适宜使用。

（2）复合造纸毛毯一般比较厚实，需要较高的洗涤水压才能洗透。在 0.035 ~ 0.05MPa 的低压水持续洗涤，高压间歇洗涤与真空洗涤同时作用的纸机条件下，使用效果理想。

（3）复合毛毯平整细腻的表面性能，突出地提高了在高线压、高真空抽吸条件下纸张的平滑度。它适应于生产高档挂面纸、高档涂布原纸、高档文化用纸、工业用纸等对表面性能要求高的纸种。

三、吸油毛毡的特殊性能要求

（1）比重小，能漂浮在水面上。

（2）多间隙亲油，具有强烈的吸油性能，且吸油后不变形、不松散，吸水能力差，且吸油毛毡吸油过程中，能将水排出。

（3）耐酸，耐碱，耐化学腐蚀，燃烧后有害气体少，易于储存。

（4）保油性能好，能反复使用。

（5）适合吸附较轻的油品和多数比重较轻的化工液货。

（6）适合吸附黏度比较高的油品。

第五节　高端工业用毡毯（呢）纺织品应用实例

一、静电纺纳米纤维毡在新型高效过滤器上的应用

随着科学技术的发展，各行各业为保证生产、科研工作进行及保护人类健康，对环境空气的洁净度要求越来越高。人们生活工作环境中的病菌、细菌、灰尘等对人类健康是十分有害的，必须减少和去除。医院病人手术的进行，试管婴儿技术的实施，血液、烧伤病人的治疗，动物实验的进行，药品、食品、集成电路的生产，航天设备的制造等对环境空气有高洁净度的要求。为使环境达到高洁净度、要去除空气中微小生物及无机粒子，最有效的方法是过滤。

静电纺丝是目前唯一能够直接、连续制备聚合物纳米纤维的方法。基于这一特性，静电纺纳米纤维成为目前国际上的研究热点。静电纺丝这种思路60年前就产生了。20世纪90年代初美国阿克伦大学的Reneker和他的同事对这项技术产生了兴趣，他们对静电纺丝工艺及应用作了较深入的研究，已在实验室制得20多种聚合物纳米纤维，并有部分实现产业化。当前，静电纺丝已经成为纳米纤维的主要制备方法之一，对静电纺丝的研究较深入而且涉及很多方面。

目前，国内外通常用的高效空气过滤器设备，是在空气送风口采用由框架密封，安装20世纪50年代左右发明的超细玻璃纸过滤介质（只能采用折叠式结构），用胶密封的高效过滤器，用以过滤空气中的微小粒子。该传统结构高效过滤器制作、安装复杂，阻力大，过滤≥0.3μm微粒，效率为99.97%，过滤速度0.025m/s时，初阻力达235.44Pa，能耗大，噪声高，价格昂贵，有黏胶气味，对环境产生污染，不耐湿，无法修补，废弃过滤器处理困难。欧洲国际非织造布学术年会论文集中Boengvall报道，超细玻璃纤维加工使用中因脆性较大，折叠以后易断裂，既影响过滤效率又因脆性断裂脱落后有潜在的致癌可能。现代生物医学科技试管婴儿要求一百级洁净度及绝对无气味的环境，传统高效空气过滤器设备无法满足要求。传统过滤器由于上述众多缺陷，无法安装于现今大量应用于人类特殊环境的空调设备，以致无法对特殊环境中的空气进行净化处理，在发生流感、SARS等时，空气产生交叉感染，严重危害人们身体健康。

为了适应现代科学技术高速发展的需要，解决传统高效过滤器的缺陷，必须研制出既能高效过滤空气中微小粒子，又具有阻力低、无毒、无气味有利于环境保护的新型高效过滤器。静电纺纳米纤维毡制成的过滤器能满足新型高效过滤器的要求。我国目前对静电纺纳米纤维的研究仅处于起步阶段。国外研究者发现有纳米纤维做夹层的过滤器的过滤效率明显提高，特别是在气溶胶的过滤上，国外在这方面的应用实验室已经成功实现了，但静

电纺纳米纤维过滤性能的系统测试及研究并未见文献报道。

静电纺纳米纤维毡的用途静电纺纳米纤维在众多领域有着广泛的用途，对于人们感兴趣的许多生物来源和生物相容性材料，静电纺丝提供了一种制造纳米纤维的便捷途径。生产纳米纤维所需聚合物的量可小至几百毫克。由许多新型聚合物和生物来源的聚合物静电纺制得的纳米纤维，不仅可以用作过滤材料，也可以用于组织工程、人造器官、药物传递和创伤修复等（图6－8和图6－9）。

Fang 和 Reneker 制造出了 DNA 纳米纤维，Ko 和 Reneker 报道了细胞在纳米纤维上的生长，可直接用于治疗创伤和皮肤的烧伤。在电场的辅助下，可将带功能性的聚合物直接纺到皮肤的损伤部位，形成修复性非织造纤维膜，如图6－8所示。修复用非织造纳米纤维产品（膜）的孔径通常为500nm至1μm，该孔径足以阻挡细菌和灰尘对创伤的感染。静电纺纳米纤维一个重要应用是过滤。纳米纤维在过滤器中使用，可从液体或气体中除去小于100nm的颗粒和微粒。最近由 Donaldson 公司制造的 Ultra－web 牌纳米纤维过滤材料广泛用于工业过滤单元，见图6－9。纳米纤维大大地提高了过滤效率，减小了有害粒子的透过率。静电纺纳米纤维除了满足过滤的传统用途，还能被用作分子过滤器这种过滤器能够探测和过滤化学和生物毒气。静电纺丝得到的纳米纤维层具有非常好的多孔性，且孔径非常小，能很好地阻止气态形式的化学毒气的透过。

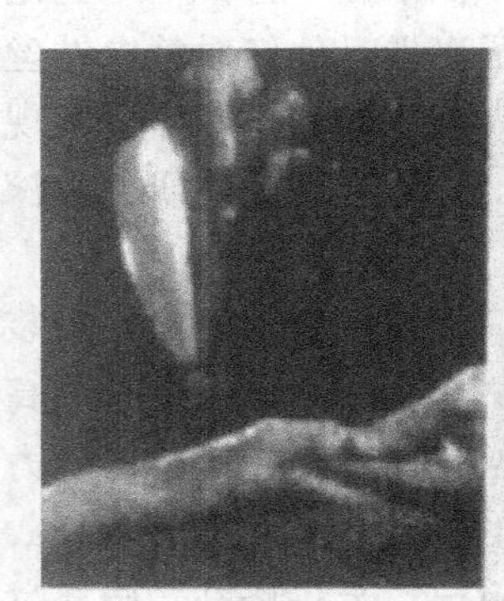
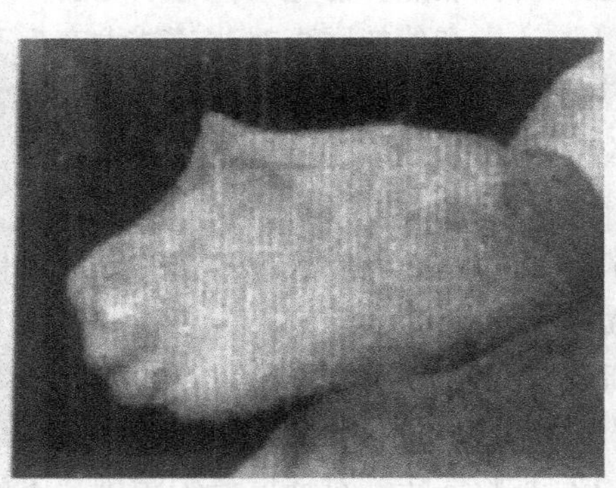

图6－8　直接纺到手上的静电纺纳米纤维

图6－9　纳米纤维做夹层制成的空气过滤器

过滤在许多工程领域中是必不可少的。据估计到2020年过滤市场将达到7000亿美元。纤维过滤材料具有高过滤性能和低空气阻力的优点，并具有高的比表面积和高的表面凝聚力。静电纺纳米原纤结构过滤器性能比普通的纤维过滤材料更为优越，能挡住直径小于0.5μm的微粒，过滤效率非常高。但纳米纤维网强力太低，一般需要熔喷、纺粘、针织布来支撑。夹入纳米纤维层于熔喷与纺粘织物之间做成的过滤材料比传统的商业过滤器更能有效地排除超细微粒。甚至以纳米纤维为夹层的过滤材料高表面积低重量，达到同等的过滤效率，用量仅为传统高效过滤材料的1/15。

二、新型防火毡毯

图6－10　无纺毡

无纺毡包括芳纶1414防火毡、芳纶1414/预氧化纤维混纺毡、预氧化纤维毡，如图6－10所示。可用于制作化学品火灾或电器火灾的应急灭火，保温材料、耐高温隔热材料等。

（1）由芳纶1414和预氧丝纤维等几种不燃材料经无纺工艺制作而成，具有高强、优异的防火隔热、高温滤尘性能，用于装饰、火焰飞溅的遮盖布等，是石棉的升级换代产品，并可根据产品使用要求调配材料的混比，使价格与使用效果成为最佳比。

重量：≥300g/m^2；厚度：≥2mm；幅宽：100～150cm（可按客户要求定做）耐火焰：700℃以上，长期使用温度：200℃以上。

（2）由预氧丝纤维（两边）和玻璃纤维（中间）复合而成，强度、耐高温性能好。重量：660～680g/m^2；耐火焰：500～1500℃。

思考题

1. 最早的毡是用什么原料制成的？用它来做毡有何优良性能？
2. 造纸用毡毯（呢）的作用是什么？
3. 无纬底布针刺毛毯和有纬针刺毛毯具体有何区别？它们各自的性能有哪些？
4. 简单说明底网基布结构毛毯（BOM造纸毛毯）和熔喷法吸油毡毯（呢）的生产工艺。
5. 隔音毡毯（呢）的工作机理？它主要应用在哪些领域？请简要说明。
6. 结合自身所学或查阅资料，再说出2～3个关于高端工业用毡毯（呢）纺织品的实例。

参考文献

[1] 赵德方. 丝织物/玻璃纤维毡混杂增强复合材料力学性能研究［D］. 东华大学，2016.
[2] 吴妙生，潘钢樑，卜裕国. 玻璃纤维毡增强尼龙复合片材的研制和应用［J］. 机械工程材料，1998，03：41－42＋53.
[3] 周晓东，戴干策. 玻璃纤维毡增强聚丙烯复合材料的湿热稳定性［J］. 玻璃钢/复合材料，1999，01：16－19.
[4] 杨卫疆. 聚丙烯树脂熔融浸渍连续玻璃纤维毡过程的研究［J］. 纤维复合材料，1999，03：17－23.
[5] 刘晓烨，戴干策. 热塑性树脂浸渍黄麻纤维毡的研究［J］. 高校化学工程学报，2007，04：586－591.

[6] 周晓东，潘敏，孙斌，戴干策．玻璃纤维毡增强聚丙烯在压缩模塑流动过程中的纤维分布［J］. 中国塑料，2001，11：41－44.
[7] 戴宏钦，徐明，潘志娟，王建民．静电纺 PVA 纳米纤维毡的力学性能［J］．纺织学报，2006，05：56－58＋65.
[8] 魏丹毅，张振民，孙利民，王邃，郭智勇，罗丽萍．废旧地毯的回收再利用综述［J］．山东纺织经济，2008，01：87－90.
[9] 邹兴华，张富青，唐兴兴，别雨濛，袁军．废旧地毯中热熔胶的回收及其性能测试［J］．山东化工，2016，03：20－21＋24.
[10] 王中珍，邢桂燕，丁吉庆．废旧纺织品的回收再利用与展望［J］．山东纺织科技，2012，04：40－44.
[11] 钱伯章．Axion 公司利用废旧地毯生产聚丙烯［J］．国外塑料，2011，02：72.
[12] 废旧塑料瓶能造地毯［J］．塑料制造，2015，11：43.
[13] 宋强．汽车用非织布地毯及其发展趋势［J］．纺织科技进展，2006，01：19－21.
[14] 郭志英，张云青，胡义兵，孔啸，龚杜弟．针刺汽车地毯热力塑性成形性能探析［J］．塑性工程学报，2006，02：93－96.
[15] 戴宏钦，徐明，潘志娟，王建民．静电纺 PVA 纳米纤维毡的力学性能［J］．纺织学报，2006，05：56－58＋65.
[16] 赵德方．丝织物/玻璃纤维毡混杂增强复合材料力学性能研究［D］．东华大学，2016.
[17] 朱鹏程．汽车用成型主地毯行业标准的建立［D］．东华大学，2015.
[18] 吴妙生，潘钢樑，卜裕国．玻璃纤维毡增强尼龙复合片材的研制和应用［J］．机械工程材料，1998，03：41－42＋53.
[19] 周晓东，戴干策．玻璃纤维毡增强聚丙烯复合材料的湿热稳定性［J］．玻璃钢/复合材料，1999，01：16－19.
[20] 杨卫疆．聚丙烯树脂熔融浸渍连续玻璃纤维毡过程的研究［J］．纤维复合材料，1999，03：17－23.
[21] 刘晓烨，戴干策．热塑性树脂浸渍黄麻纤维毡的研究［J］．高校化学工程学报，2007，04：586－591.
[22] 周晓东，潘敏，孙斌，戴干策．玻璃纤维毡增强聚丙烯在压缩模塑流动过程中的纤维分布［J］．中国塑料，2001，11：41－44.
[23] 魏丹毅，张振民，孙利民，王邃，郭智勇，罗丽萍．废旧地毯的回收再利用综述［J］．山东纺织经济，2008，01：87－90.
[24] 邹兴华，张富青，唐兴兴，别雨濛，袁军．废旧地毯中热熔胶的回收及其性能测试［J］．山东化工，2016，03：20－21，24.
[25] 申婷，魏孟媛，刘芳，袁志磊，薛文良．汽车用地毯市场调研及实证分析［J］. 产业用纺织品，2016，03：39－41.
[26] 王中珍，邢桂燕，丁吉庆．废旧纺织品的回收再利用与展望［J］．山东纺织科技，2012，04：40－44.
[27] 高海燕．汽车地毯用环保新胶种的优选［J］．山东纺织科技，2012，06：29－31.
[28] 钱伯章．Axion 公司利用废旧地毯生产聚丙烯［J］．国外塑料，2011，02：72.
[29] 废旧塑料瓶能造地毯［J］．塑料制造，2015，11：43.
[30] 张云青．汽车针刺地毯复合材料热成形性能研究［D］．上海交通大学，2008.
[31] 高海燕．汽车地毯的掉绒问题及其解决方案［J］．产业用纺织品，2013，06：26－27，31.

[32] 王益重．汽车针刺地毯制造过程断裂伸长率控制分析［J］．无线互联科技，2014，07：135－136，219.
[33] 万佳．浅谈汽车地毯的设计研究［J］．科技致富向导，2014，36：86＋207.
[34] 杨金魁．我国造纸毛毯技术的新发展［J］．上海造纸，2006，02：58－61.
[35] 龚文元．造纸毛毯在纸机上的应用与选择（二）［J］．江苏造纸，2007，03：31－35.
[36] 杨金魁．中国造纸毛毯行业的新进展［J］．中华纸业，2010，21：48－50.
[37] 刘一山．造纸毛毯的合理使用［J］．黑龙江造纸，2007，03：48－49＋52.
[38] 胡镝，张奇龄．造纸毛毯的发展与应用［J］．国际造纸，1995，01：13－18.
[39] 白木．造纸毛毯市场现状［J］．天津纺织科技，2004，03：2－4.
[40] 徐秀宝．造纸毛毯用合成短纤维［J］．产业用纺织品，2001，05：4－5.
[41] 杨旭东，丁辛．造纸毛毯的回收利用［J］．国际造纸，2001，04：48－50.
[42] 邹明旭．浅谈造纸毛毯的洗涤［J］．辽阳石油化工高等专科学校学报，1999，03：17－19.
[43] 付玲，陈国荣，耿微．斜纹造纸毛毯的开发及应用［A］．中国造纸学会［China Technical Association of the Paper Industry（CTAPI）］．中国造纸学会第十四届学术年会论文集［C］．中国造纸学会［China Technical Association of the Paper Industry（CTAPI）］：2010：3.
[44] 徐秀宝．论造纸毛毯标准［A］．中国造纸学会．中国造纸学报2003年增刊——中国造纸学会第十一届学术年会论文集［C］．中国造纸学会，2003：4.
[45] 倪正兴．造纸毛毯在机维护对使用效果的影响［J］．造纸科学与技术，2003，06：107－108.
[46] 罗佳丽．复合造纸毛毯的工艺与性能研究［D］．青岛大学，2007.
[47] 李文婷，谢光银．新型造纸毛毯的发展［J］．纺织科技进展，2009，02：12－14.

第七章　隔离与绝缘用纺织品

第一节　纤维原材料

隔离与绝缘用纺织品是分别具有或同时兼有隔离作用和绝缘性能的纺织品。隔离一般是指隔热、防火、挡烟。过去使用最多的是石棉，绝缘一般是指电器的绝缘，最早使用的天然绝缘材料是云母。大型建筑中，局部失火，把火区与其他区域隔离时，需用耐火纤维织物制成的建筑防火卷帘。它适用于结构复杂、跨度大的现代建筑。在油田或化工厂施工时，如果要动明火，则动火区域必须要被隔离起来，也需用类似的防火织物。玻璃纤维布和玻璃纤维针刺毡是最常见的保温隔热材料。电磁屏蔽纺织品是一类高技术纺织品。使用金属纤维、碳纤维、有机导电纤维与普通纤维混纺，得到的织物因为能导电，所以有电磁屏蔽功能。

一、石棉

石棉是纤维状的矿物，成分是镁、铁等的硅酸盐，多为白色、灰色或浅绿色。纤维柔软，耐高温，耐酸碱，是热和电的绝缘体。纤维长的可以纺织石棉布，做防护用品，纤维短的可做建筑材料。石棉是具有高抗张强度、高挠性、耐化学和热侵蚀、电绝缘和具有可纺性的硅酸盐类矿物产品。它是天然的纤维状的硅酸盐类矿物质的总称。下辖两类共计6种矿物（有蛇纹石石棉、角闪石石棉、阳起石石棉、直闪石石棉、铁石棉、透闪石石棉）。石棉由纤维束组成，而纤维束又由很长很细的、能相互分离的纤维组成。石棉具有高度耐火性、电绝缘性和绝热性，是重要的防火、绝缘和保温材料。但是由于石棉纤维能引起石棉肺、胸膜间皮瘤等疾病，许多国家选择了全面禁止使用这种危险性物质。

石棉很早就用于织布，石棉具有高度耐火性、电绝缘性和绝热性，是重要的防火、绝缘和保温材料。石棉制品或含有石棉的制品有近3000种。主要用于机械传动、制动以及保温、防火、隔热、防腐、隔声、绝缘等方面，其中较为重要的是汽车、化工、电器设备、建筑业等制造部门。

石棉的防火性能很好，一般在300℃以下加热2h重量损失较少，若在1700℃以上的温度下加热2h，温石棉纤维的重量损失较多，其他种类石棉纤维重量损失较少。石棉具有高度耐火性、电绝缘性和绝热性，是重要的防火、绝缘和保温材料。石棉纤维的导热系数为0.104～0.260kcal/（m·℃·h），导电性能也很低，是热和电的良好绝缘材料。石棉具有诸多的优良特性，可以满足许多特殊行业的需要。

1. 石棉纤维的劈分性　石棉纤维几乎具有可以无限劈分的性质，能劈分成柔韧微细的纤维，在电子显微镜下可以观察到无数彼此平行的微细管状纤维，纤维直径为2×（10～5）mm。石棉纤维的劈分难易程度与石棉种类和产状有关。

2. 石棉纤维的机械强度　石棉纤维具有较强的抗拉强度，尤其是从块状矿石中分离出的未变形的纤维抗拉强度更大，可达374kg/mm^2，远远超过钢丝的强度（213kg/mm^2）。但是，纤维扭折和损坏后，其强度显著降低。

3. 石棉的耐热性　石棉具有一定的耐热性能，并且不燃烧，熔点为1500℃左右，通常是以失去结构水的温度为石棉纤维的耐热度，加热到400～500℃时，石棉纤维中吸附水全部析出，这时机械强度有所降低，如果冷却下来，强度还可以恢复到原来的数值，当加热温度达800℃以上时，石棉强度大大下降，而且不能再恢复。因此，温石棉长时间耐热温度为550℃，短时间耐热温度为700℃。在各种石棉中，角闪石石棉的耐热性能最强，温度在900℃时，其物化性能仍保持不变。

4. 石棉的导热性能　松解或絮状纤维的石棉导热性很低，导热能力仅为钢材的1%，松解程度越好，导热能力越低。此外，石棉的导热系数与温度也有关系，它随温度增高而增大。

5. 石棉的导电性能　石棉是良好的电绝缘物质，其导电性能与氧化铁的含量有关，也与这些物质赋存状态有关，铁的存在会大大降低石棉的电绝缘性能。

6. 石棉的吸附性　石棉具有良好的吸附其他物质的性能，其吸附能力的大小取决于物质单位表面积大小，石棉纤维单位表面积值一般超过其他物质的数十倍，因此，它有较强的吸附力。

7. 石棉的化学性质　石棉耐酸、耐碱。各种石棉的化学性质各不相同，蛇纹石石棉耐碱性较好，耐酸性较差，而角闪石石棉类的耐酸与耐碱性，以及防腐性能都很强。石棉的耐酸碱性能，一般用石棉在酸、碱中的损失量来表示。

二、云母

云母是一种造岩矿物，呈现六方形的片状晶形，是主要造岩矿物之一。特性是绝缘、耐高温、工业上用得最多的是绢云母，广泛地应用于涂料、油漆、电绝缘等行业。

云母是云母族矿物的统称，是钾、铝、镁、铁、锂等金属的铝硅酸盐，都是层状结构，单斜晶系。晶体呈假六方片状或板状，偶见柱状。层状解理非常完全，有玻璃光泽，薄片具有弹性。云母的折射率随铁的含量增高而相应增高，可由低正突起至中正突起。不含铁的变种，薄片中无色，含铁越高时，颜色越深，同时多色性和吸收性增强。

云母片具有非常高的绝缘、绝热性能，化学稳定性好，具有抗强酸、强碱和抗压能力，所以是制造电气设备的重要原材料，因此也能作为吹风机内的绝缘材料。云母同时具有双折射能力，所以也是制造偏振光片的光学仪器材料。用于电气工业的云母开采，必须是有效面积大于4cm^{2}的云母块，并且无裂缝、穿孔，边缘上非云母矿物不得超过3mm。云母开采后根据有效面积将品质分为4类，最好的特类面积要大于65cm^2。

在工业上用得最多的是白云母，其次为金云母，广泛应用于建材行业、消防行业、灭火剂、电焊条、塑料、电绝缘、造纸、沥青纸、橡胶、珠光颜料等化工工业。

黑云母工业上主要利用它的绝缘性和耐热性，以及抗酸、抗碱性、抗压和剥分性，用作电气设备和电工器材的绝缘材料；其次用于制造蒸汽锅炉、冶炼炉的炉窗和机械上的零件。云母碎和云母粉可以加工成云母纸，也可代替云母片制造各种成本低廉、厚度均匀的绝缘材料。

主要用途在工业上用得最多的是白云母，其次为金云母。其广泛地应用于建材行业、消防行业、灭火剂、电焊条、塑料、电绝缘、造纸、沥青纸、橡胶、珠光颜料等化工工业。超细云母粉作塑料、涂料、油漆、橡胶等功能性填料，可提高其机械强度，增强韧性、附着力抗老化及耐腐蚀型等。除具有极高的电绝缘性、抗酸碱腐蚀、弹性、韧性和滑动性、耐热隔音、热膨胀系数小等性能外，又率先推出片体二表面光滑、径厚比大、形态规则、附着力强等特点。

1. 物理特性 云母的物理性能主要取决于云母晶体的大小，由解理和硬度决定剥分性以及云母的颜色透明度和弹性等。工业云母多呈叠板状或书册状晶形，晶体大小不等，厚度从几毫米到几十厘米，一般只要晶体有效面积不小于 $4cm^2$，就具有直接利用价值。晶体面积越大，价值越高。云母独特的晶体结构，使其具有一组极完全的底面解理，这成为工业云母技术加工剥分的重要性能。理论上白云母能剥分到 10 左右，金云母可剥分到 5 ~ 10，因此，白云母和金云母可按工业要求，剥分任意厚度的平整薄片，以满足电器、电子工业对云母的要求。云母的硬度均较低，白云母为 2 ~ 2. 5，镁硅白云母为 2. 37，金云母为 2. 78 ~ 2. 85。云母的硬度越大，越难剥分。白云母、镁硅白云母的剥分性能较好，金云母略差。云母的颜色特征常用来表征云母的绝缘性能，工业云母一般以浅色白云母为好，金云母次之，黑云母的绝缘性能最差。白云母的弹性系数为 15346 ~ 21760bar，金云母为 14500 ~ 19480bar，工业上利用云母作绝缘材料时，对其弹性有严格的要求。

2. 电气性能 云母绝缘性能的优劣，是决定其工业利用价值的最主要因素，云母绝缘性能由云母的电气性能所决定，通过测试击穿电压和击穿强度等确定云母的电气性能。据我国各矿区云母的测试结果统计，当云母片厚为 0. 015mm 时，平均击穿电压 2. 0 ~ 5. 7kV，击穿强度为 133 ~ 407kV/mm。

3. 耐热性 我国某些白云母加热到 100 ~ 600℃时，弹性和表面性质均不变；在700 ~ 800℃后，脱水、机械、电气性能有所改变，弹性丧失，变脆；在 1050℃时，结构破坏。金云母在700℃左右时，电气性能较白云母好。

4. 云母药用 云母，味甘，性平，对伤于风邪而发冷发热症状有效。又名云珠、云华、云英、云液、云砂、磷石，产于山中深处。

三、玻璃纤维

玻璃纤维是一种性能优异的无机非金属材料，种类繁多，优点是绝缘性好、耐热性强、抗腐蚀性好，机械强度高，但缺点是性脆，耐磨性较差。它是以玻璃球或废旧玻璃为原料经高温熔制、拉丝、络纱、织布等工艺制成，其单丝直径为几个微米到二十几个微米，相当于一根头发丝的 1/20 ~ 1/5，每束纤维原丝都由数百根甚至上千根单丝组成。玻璃纤维通常用作复合材料中的增强材料、电绝缘材料和绝热保温材料，应用于电路基板等国民经济各个领域。

1. 分类 玻璃纤维按形态和长度，可分为连续纤维、定长纤维和玻璃棉；按玻璃成分，可分为无碱、耐化学、高碱、中碱、高强度、高弹性模量和耐碱（抗碱）玻璃纤维等。玻璃纤维按组成、性质和用途，分为不同的级别。按标准级规定，E 级玻璃纤维使用最普遍，广泛用于电绝缘材料；S级为特殊纤维。

2. 原料　生产玻璃纤维的主要原料是石英砂、氧化铝和叶蜡石、石灰石、白云石、硼酸、纯碱、芒硝、萤石等。生产方法大致分两类：一类是将熔融玻璃直接制成纤维；另一类是将熔融玻璃先制成直径为20mm的玻璃球或棒，再以多种方式加热重熔后制成直径为3～80μm的甚细纤维。通过铂合金板以机械拉丝方法拉制的无限长的纤维，称为连续玻璃纤维，通称长纤维。通过辊筒或气流制成的非连续纤维，称为定长玻璃纤维，通称短纤维。

主要成分：其主要成分为二氧化硅、氧化铝、氧化钙、氧化硼、氧化镁、氧化钠等，根据玻璃中碱含量的多少，可分为无碱玻璃纤维（氧化钠0～2%，属铝硼硅酸盐玻璃）、中碱玻璃纤维（氧化钠8%～12%，属含硼或不含硼的钠钙硅酸盐玻璃）及高碱玻璃纤维（氧化钠13%以上，属钠钙硅酸盐玻璃）。

3. 物化性质　熔点680℃，沸点1000℃，密度2.4～2.7g/cm^3。玻璃纤维作为强化塑料的补强材料应用时，最大的特征是抗拉强度大。抗拉强度在标准状态下是6.3～6.9g/d，湿润状态5.4～5.8g/d。密度为2.54g/cm^3。耐热性好，温度达300℃时对强度没影响。有优良的电绝缘性，是高级的电绝缘材料，也用于绝热材料和防火屏蔽材料。一般只被浓碱、氢氟酸和浓磷酸腐蚀。

4. 性能特点　玻璃纤维比有机纤维耐温高，不燃，抗腐，隔热、隔声性好，抗拉强度高，电绝缘性好；但性脆，耐磨性较差。用来制造增强塑料或增强橡胶，作为补强材，玻璃纤维具有以下特点。

（1）拉伸强度高，伸长小（3%）。

（2）弹性系数高，刚性佳。

（3）弹性限度内伸长量大且拉伸强度高，故吸收冲击能量大。

（4）无机纤维，具不燃性，耐化学性佳。

（5）吸水性小。

（6）尺寸稳定性、耐热性均佳。

（7）加工性佳，可做成股、束、毡、织布等不同形态的产品。

（8）透明，可透过光线。

（9）与树脂接着性良好的表面处理剂开发完成。

（10）价格便宜。

（11）不易燃烧，高温下可熔成玻璃状小珠。

5. 玻璃纤维作用　玻璃纤维作用如下。

（1）增强刚性和硬度，玻纤的增加可以提高塑料的强度和刚性，但是同样的塑料的韧性会下降。如弯曲模量。

（2）提高耐热性和热变形温度；以尼龙为例，增加了玻纤的尼龙，热变形性温度至少提高两倍以上，一般的玻纤增强尼龙耐温都可以达到220℃以上。

（3）提高尺寸稳定性，降低收缩率。

（4）减少翘曲变形。

（5）减少蠕变。

(6) 因为烛芯效应，会干扰阻燃体系，影响阻燃效果。

(7) 降低表面的光泽度。

(8) 增加吸湿性。

(9) 玻纤处理：玻纤的长短直接影响材料的脆性。玻纤如果处理不好，短纤会降低冲击强度，长纤处理好则会提高冲击强度。要使得材料脆性不至于下降很大，就要选择一定长度的玻纤。

6. 主要用途 主要用于玻璃钢行业（约占70%）；建筑行业也有用玻璃纤维布的，主要作用就是增加强度；也作建筑外墙保温层、内墙装饰、内墙防潮防火等。

玻璃纤维布品种：玻璃纤维网格布、玻璃纤维方格布、玻璃纤维平纹布、玻璃纤维轴向布、玻璃纤维壁布、玻璃纤维电子布。

产品的含纤量多少也是一个关键的问题。我国一般采取10%、15%、20%、25%、30%等整数含量，而国外则根据产品的用途来决定玻纤的含量。

四、金属纤维

金属纤维是近年来发展起来的新型工业材料，是现代科学的一个重要领域。金属纤维通过金属丝材复合组装，多次集束拉拔、退火、固溶处理等一套特殊工艺制成，每股有数千、数万根。金属纤维表面积非常大，使其在内部结构、磁性、热阻和熔点等方面有着超常的性能。金属纤维丝径可达1～2μm，延伸率大于1%，纤维强度可以达到1200～1800MPa，甚至超过了材料本身的抗拉强度。

1. 性能及用途 由于金属纤维的内部结构、物理化学性能以及表面性能等在纤维化过程中发生了显著的变化，金属纤维不但具有其本身固有的高弹性模量、高抗弯、抗拉强度等一切优点，还具有非金属纤维的一些特殊性能和广泛的用途。金属纤维与有机、无机纤维相比，具有更高的弹性、挠性（8μm的不锈钢纤维的柔软性相当于13μm的麻纤维）、柔韧性、黏合性（在适度表面处理时，和其他材料的接合性非常好，适用于任何一种复合素材）、耐磨耗性、耐高温（在氧化环境中，温度达600℃可连续使用）、耐腐蚀（耐HNO_3、碱及有机溶剂腐蚀）性，更好的通气性、导电性、导磁性、导热性以及自润滑性和烧结性。同时，金属纤维独特的环保及可重复利用性，更是大大提高了其在社会生产生活中的使用价值。以金属纤维为基材构成的复合材料在电子、化工、机械、军事、纺织、食品、医药等行业被广泛开发利用，开拓了广阔的应用前景。金属纤维作为一种新兴的纤维材料已经受到政府部门及各行各业的高度重视。

2. 分类 金属纤维从外观上看多种多样。按材质分有不锈钢纤维、碳钢纤维、铸铁纤维、铜纤维、铝纤维、镍纤维、铁铬铝合金纤维、高温合金纤维等；按形状则可分为长纤维、短纤维、粗纤维、细纤维、钢绒、异型纤维等。

3. 生产方法 金属纤维的生产方法有传统的拉丝切断法、熔抽法、集束拉拔法、刮削法、切削法等。目前，纤维最小的直径可达0.5μm，最长可达几十米甚至几百米。目前，各国生产的金属纤维中，碳钢纤维居多，其次是不锈钢、铝、黄铜纤维和铸铁纤维。但从用途上看，异型粗纤维的需要量大，其次是细短纤维和细长纤维。

4. 金属纤维在纺织中的应用 金属纤维又称金属微丝，是一种极细的金属丝。金属纤维比头发丝还细，比棉花还柔，比真丝手感还好，具有细微化和柔软化的特征，又加上金属纤维本身所具有的鲜亮明媚的金属光泽以及其特殊的导电、屏蔽电磁波等功能，近年来金属纤维在纺织界的应用日趋增多。

金属纤维纺织面料指金属经高科技拉丝处理成金属纤维后植入衣料内而形成的一种高档面料。金属纤维纺织面料以涤棉、锦棉、锦涤、全棉金属纤维面料为主，金属纤维含量一般为3%～8%，一般同等技术水平下，金属纤维所占的比例越大，成本价格则越高。

（1）金属纤维防辐射面料。金属纤维防辐射面料利用了金属纤维所特有的、稳定的电磁屏蔽性能。其制作方法如下：首先采用直径在3～50μm之间的金属纤维结成金属纤维网，然后将其夹在两层天然材质面料之间，最后通过刺绣或者缝纫将其缝合成单层状面料，刺绣或者缝纫的缝合线可以对金属纤维网加以保护，并可形成美观的装饰性图案。

目前市场上的防辐射面料有如下四种：金属纤维防辐射面料、多元素（纳米）防辐射面料、铜/镍离子防辐射面料以及银纤维防辐射面料。

金属纤维防辐射面料的防辐射性能较高，而且金属纤维防辐射面料更具美观、耐洗涤、着色容易、透气性好、屏蔽性能稳定、制造成本合理等优点，是目前最常用的防辐射面料；多元素（纳米）防辐射面料虽然理论上防辐射效果较好，但是不能洗涤且生产成本高，一般只能用作服装的夹层屏蔽材料；铜/镍离子防辐射面料与多元素防辐射面料相似，手感、色泽等方面则稍欠于多元素防辐射面料，极少用于服装生产；银纤维防辐射面料与其他金属纤维防辐射布料的防辐射性能不相上下，但是其成本太高且颜色单一，只适合用作服装的离子布，再加上不少生产厂家在高利润的诱导下，用成本低、性能差的金属化涂层布料鱼目混珠谋取不正当利益，使得市场上的银纤维防辐射面料名不符实。

（2）金属纤维抗菌保健纺织面料。金属纤维具有很好的抗菌性能，其抗菌作用明显且持久。因为金属离子性极强，金属纤维纺织面料每平方厘米可释放出5000～8000个负离子，经医学界检验证明，金属纤维制品可抑杀多种菌株，而且抑菌效果令人满意。

（3）折叠过滤材料。金属纤维过滤材料（即金属纤维烧结毡）是金属纤维应用的另一个重要领域。金属纤维烧结毡采用极其精细的金属纤维（直径精确到微米）经非织造铺制、叠配经高温烧结而成。金属纤维烧结毡由不同孔径层形成孔梯度，可控制得到极高的过滤精度和更大的纳污量。金属纤维烧结毡具有三维网状、多孔结构、孔隙率高、表面积大、孔径大小分布均匀等特点，能连续保持过滤网布的过滤作用。

金属纤维毡与传统粉末冶金法过滤材料相比，具有高强度、高容尘量、使用寿命长等优点；与丝网过滤材料相比，具有过滤精度高、透气性好、比表面积大和毛细功能强等特点。有效地弥补了金属网易堵易损的弱点，和粉末过滤产品易碎、流量小的不足，具有普通滤纸、滤布不能相媲美的耐温、耐压等特点，尤其适用于高温、高黏度、高精度以及有腐蚀介质等恶劣条件下。

五、碳纤维

碳纤维是一种含碳量在95%以上的高强度、高模量的新型纤维材料。它是由片状石墨微晶等有机纤维沿纤维轴向堆砌而成，经碳化及石墨化处理而得到的微晶石墨材料。碳纤维质量比金属铝轻，但强度却高于钢铁，并且具有耐腐蚀、高模量的特性，在国防军工和民用方面都是重要材料。它不仅具有碳材料的固有本征特性，又兼备纺织纤维的柔软可加工性，是新一代增强纤维。

碳纤维具有许多优良性能，碳纤维的轴向强度和模量高，密度低、比性能高，无蠕变，非氧化环境下耐超高温，耐疲劳性好，比热及导电性介于非金属和金属之间，热膨胀系数小且具有各向异性，耐腐蚀性好，X射线透过性好。良好的导电导热性能、电磁屏蔽性好等。

碳纤维与传统的玻璃纤维相比，杨氏模量是其3倍多；它与凯夫拉纤维相比，杨氏模量是其2倍左右，在有机溶剂、酸、碱中不溶不胀，耐蚀性突出。碳纤维兼具碳材料强抗拉力和纤维柔软可加工性两大特征。

碳纤维是一种力学性能优异的新材料。碳纤维拉伸强度为2～7GPa，拉伸模量为200～700GPa。密度为1.5～2.0g/cm³，这除与原丝结构有关外，主要决定于碳化处理的温度。一般经过高温3000℃石墨化处理，密度可达2.0g/cm³。再加上它的重量很轻，它的比重比铝还要轻，不到钢的1/4，比强度是铁的20倍。碳纤维的热膨胀系数与其他纤维不同，它有各向异性的特点。碳纤维的比热容一般为7.12。热导率随温度升高而下降，平行于纤维方向是负值（0.72～0.90），而垂直于纤维方向是正值（32～22）。碳纤维的比电阻与纤维的类型有关，在25℃时，高模量为775，高强度碳纤维为每厘米1500。这使得碳纤维在所有高性能纤维中具有最高的比强度和比模量。同钛、钢、铝等金属材料相比，碳纤维在物理性能上具有强度大、模量高、密度低、线膨胀系数小等特点，可以称为新材料之王。

（1）碳纤维编织布。碳纤维编织布是一种碳纤维增强环氧树脂复合材料，其外形有显著的各向异性柔软，可加工成各种织物，又由于比重小，沿纤维轴方向表现出很高的强度，碳纤维增强环氧树脂复合材料，其比强度、比模量综合指标，在现有结构材料中是最高的。碳纤维树脂复合材料抗拉强度一般都在3500MPa以上，是钢的7～9倍，抗拉弹性模量为230～430GPa，高于钢；因此，CFRP的比强度即材料的强度与其密度之比可达到2000MPa以上，而A3钢的比强度仅为59MPa左右，其比模量也比钢高。碳纤维环氧树脂层压板的试验表明，随着孔隙率的增加，强度和模量均下降。孔隙率对层间剪切强度、弯曲强度、弯曲模量的影响非常大；拉伸强度随着孔隙率的增加而下降得相对慢一些；拉伸模量受孔隙率影响较小。

（2）折叠化学性质。碳纤维的化学性质与碳相似，它除能被强氧化剂氧化外，对一般碱性是惰性的。在空气中，温度高于400℃时则出现明显的氧化，生成CO与CO_2。碳纤维对一般的有机溶剂、酸、碱都具有良好的耐腐蚀性，不溶不胀，完全不存在生锈的问题。当碳纤维复合材料与铝合金组合应用时会发生金属碳化、渗碳及电化学腐蚀现象。因此，碳纤维在使用前须进行表面处理。碳纤维还有耐油、抗辐射、抗放射、吸收有毒气体和减速中子等特性。

六、有机导电纤维

（一）有机导电纤维的研究现状

有机导电纤维包括：用导电高分子直接纺丝制成的有机导电纤维、普通纺织纤维镀金属、普通纺织纤维涂碳以及炭黑、石墨、金属或金属氧化物等导电性物质与普通高聚物共混或复合纺丝制成的导电纤维。这些导电纤维从其结构上可分为导电成分均一型、导电成分被覆型和导电成分复合型三类。

1. 由导电聚合物制成的有机导电纤维　导电聚合物目前尚难应用于纺织品，其原因在于：主链中的共轭结构使分子链僵直，不溶不熔，难以纺丝加工；某些导电聚合物中的氧原子对水极不稳定；某些导电聚合物的单体有毒且怀疑是致癌物质，某些掺杂剂多有毒性；复杂的合成工艺使其制造成本昂贵。只有聚苯胺可用 *N* – 甲基 – 2 – 吡咯烷酮（NMP）、二甲基丙烯脲（DMPU）、浓硫酸等溶剂，采用湿法纺丝或干湿法纺丝直接加工成导电纤维。但 NMP 价格昂贵，浓硫酸的腐蚀性对设备提出了苛刻的要求。聚苯胺在导电状态是不能熔融的，聚苯胺塑化后熔融纺丝的方法的相关研究也有开展。

2. 用普通合成纤维涂敷导电物质制成的有机导电纤维　有机导电纤维产生于 20 世纪 60 年代末期，帝人公司、BASF 公司率先开发了表面涂敷炭黑的有机导电纤维。此后，以普通合成纤维为基体，通过物理、机械、化学等途径，在纤维表面涂敷固着金属、碳、导电高分子等导电物质的方法出现过许多。此类导电纤维可获得较低的电阻率，导电成分都分布在纤维表面，放电效果好，但在摩擦和反复洗涤后，皮层导电物质较易剥落。

3. 复合纺丝法制成的有机导电纤维　1975 年，Du Pont 公司采用复合纺丝技术制成含有炭黑导电芯的复合导电纤维 AntronⅢ，从此，各大化纤公司纷纷开始以炭黑为导电成分的复合纤维的研究与开发。孟山都公司制成并列型 Utron 导电纤维，钟纺公司开发了 Belltron 锦纶导电纤维，无尼吉卡公司开发了 Megana 导电纤维，可乐丽公司开发了 Ku – racarbo，东洋纺织开发了 KE – 9 导电纤维。这一时期炭黑复合型导电纤维得到了广泛的发展，到 20 世纪 80 年代末期，日本炭黑复合型导电纤维的年产量达到 200t。但由于炭黑复合型导电纤维以炭黑为导电成分，因此，纤维通常为灰黑色，使应用范围受到限制。

20 世纪 80 年代开始了导电纤维的“白色化”研究。普遍采用的方法是用铜、银、镍和镉等金属的硫化物、碘化物或氧化物与普通高聚物共混或复合纺丝而制成导电纤维。虽然现阶段以金属化合物或氧化物为导电物质的白色导电纤维的导电性能较炭黑复合型导电纤维差，但其应用不受颜色的影响。复合纺丝法制得的有机导电纤维中导电组分沿纤维轴向连续，易于电荷逸散。各种成纤高聚物均可作为复合纺丝法导电纤维的基体。导电组分由导电物质、高聚物和分散剂等助剂组成。导电物质的含量视聚合物基体种类、导电物质类型和分布方式而异，一般在 20% ~65%。提高导电物质的含量和粒度有利于提高纤维的导电性能，但导电物质在聚合物基体中难以均匀分散，纺丝液流动性差，纺丝困难，纤维力学性能恶化。制造导电复合纤维的技术关键在于提高导电物质在基体中的分散性。复合结构有皮芯结构、单点或多点内切圆结构、三明治式夹心结构、共混结构等。炭黑或金属化合物在复合结构中受到保护，故有良好的耐久性，也是目前应用最广的结构形式。其差别在于，对炭黑复合纺丝导电纤维有较低的电阻率，对金属化合物复合纺丝导电纤维有较好的品种适应性。

（二）有机导电纤维的应用

有机导电纤维的基本力学性能类似于普通纺织纤维，耐化学试剂性能和染色性能良好，导电性能持久、优良。作为一种高技术、高附加价值产品，在化纤制品防静电领域中有其独特的地位。导电纤维不仅可用于石油化工、军工等行业的防静电防爆服，而且还可用于微电子、医药、食品、精密仪器、生物技术领域的无尘服、无菌服。另外，还可用于民用服装及尼龙 BCT 地毯等内饰产品中，提高产品档次及附加价值。

1. 带传感器的消防服 消防服中含有机导电纤维时，这些有机导电纤维可将电信号从输入装置传送到适当的输出装置。当消防人员在集中精力对付面前的火焰，但又面临着身后增大的火焰的威胁时，一个埋在服装后背的传感器，通过有机导电纤维与埋在服装前面的可以听见的警报器相连，消防人员就可及时得到信息而避免灾难。保护消防队员的消防服须具有良好的热防护性能，消防服的热防护性能需经过相关检测。

2. 无尘无菌服装面料 微电子、精密加工、生化制药技术的突飞猛进，对无尘、净洁车间的要求越来越高。因而高质量无尘、无菌服异军突起。无尘服、无菌服面料要求很高，一般采用涤纶长丝与有机导电丝交织而成，这类织物中导电丝根据要求可采用 0.5cm 间距经向条状织入，或经纬向 0.5cm×0.5cm 方格状织入。织物密度较高，电荷密度一般要求小于 $4\mu C/m^2$，摩擦电压小于 1000V。这类面料做成的服装在使用过程中本身不产尘，同时也要起到屏蔽内衣中的微尘散发到外界环境中的作用。无尘服种类较多，一般可分为 10 级、100 级、1000 级及 10000 级，数值越小，档次越高。

3. 防静电尼龙 BCF 地毯 尼龙 BCF 地毯染色性能好，回弹性优良，主要用于高级宾馆、高级轿车及高档办公室内作铺设材料。由于尼龙地毯经摩擦后很容易起静电，特别是低湿度情况下（空调房）更易产生静电。人体如果携带静电，触摸金属手把，则会感到强烈的电击作用。另外，人体所带的静电会对办公室自动化仪器造成干扰，使计算机等出错或损坏，因此，国外大部分尼龙地毯中均加入了有机导电纤维。尼龙 BCT 地毯中加入导电丝的方式可采用全条混或 1/3 条混，导电丝混入方法可采用网络、加捻等方法，这样制得的尼龙 BCT 地毯，其人体电位一般可控制在 3kV 以下。

4. 其他应用 有机复合导电纤维不仅用于产业用化纤材料之中，同时在民用服装中也得到广泛的应用。例如，稳坐国内羊绒业龙头老大地位的鄂尔多斯羊绒集团与日、德、意、美等国科研设计大师合作，运用有机复合导电纤维和高科技纳米技术，成功研制出永久性防静电羊绒可机洗系列制品，取得了服装领域的重大技术突破。

七、防粘连隔离材料

（一）外科手术后的粘连

外科手术后易发生组织粘连，粘连是结缔组织纤维带与相邻的组织或器官结合在一起而形成的异常结构，其程度可以从一片纤细的薄膜到稠密的具血管疤痕组织。术后粘连既是外科领域常见的临床现象，也是术后愈合过程必然发生的病理生理过程。其中 10% 的粘连使病人引起一系列并发症，导致患者生活质量下降甚至生命危险的问题。造成粘连的原因包括手术创伤、局部缺血、异物存在、出血和暴露伤口表面及细菌感染。防止术后粘连，一直是外科手术的难点之一，在实施腹腔、手外科及心胸外科手术后，粘连是普遍的现象。腹膜粘连就是腹部和盆腔手术的常见并发症，发生率在腹部手术中为 67%～93%，在妇科盆腔手术则高达 97%。其并发症包括肠梗阻、再次手术困难、慢性腹部盆腔部疼痛和女性不孕等。腹膜粘连形成的关键在术后的 5 天。若在腹膜损伤面间置入隔离物保持 1

周以上，受伤腹膜便可在上皮化，最后无粘连愈合。因冠状动脉旁路移植后再顿阻，换瓣后瓣膜功能障碍，术后残余梗阻或先天性心脏病姑息性术后根治术等原因，进行心脏再次手术的比例很高。因粘连引起再次手术中大血管破裂或并发感染的危险性很大，成为心脏手术的高难度关键问题，影响患者的生命安全。手外科手术中的肌膛粘连是手外科领域至今未解决的难题。肌腱粘连是指肌膛损伤修复过程中周围组织的增生和侵入，肌腱损伤手术后粘连，影响手术疗效和相应部位的活动功能，往往需要通过手术来松解粘连的肌腱，改善肌腱的滑动功能。虽然显微外科技术、缝合方法及肌膛移植手段获得了一定进步，肌腱粘连仍然是制约手外科发展的障碍。

（二）解决粘连的方法

各科手术都迫切需求使用防粘连材料，以降低手术风险，减少术后并发症。防粘连材料的基础和临床研究，对解决外科手术中普遍存在的粘连而导致患者终身残疾甚至生命危险的问题，有着十分深远的意义。随着研究的不断深入，会给预防手术后的粘连提供更可靠的依据和方法，有助于最终实现无粘连的愈合。目前，国内外解决手术粘连的方法主要有调节手术技术和使用辅助剂两种。

1. 调节手术　调节手术技术可以减少不必要的操作和手术时间，减少创伤和缺血，避免局部干燥和异物存留。缺点是只能减少粘连，而不能完全避免其出现。

2. 药物　药物主要为抗生素、抗炎性药物、抗凝血药物、纤维蛋白溶解药物、氧自由基清除剂等。这些药物虽然有一定的防粘连作用，但因缺少适当的载体，通常要全身给药，不能有效达到粘连部位，且容易造成伤口愈合不良或出血的危险。而且多数疗效不确切，且有些药物有明显的副作用，故不为临床所应用。目前，无一种药物或措施可以完全预防粘连，并为临床广泛应用的方法。

3. 隔离剂　随着国内外生物医学研究的不断深入，合成可降解、具有良好生物相溶性的、无毒、无副作用的高分子生物材料作为隔离物，预防术后粘连，将成为医学界研究的热点之一。目前应用较多的有以下几种。

（1）天然生物材料隔离剂有牛心包、肠衣生物膜、脂肪灌注剂等。缺点是容易钙化变硬，对组织产生刺激，使用寿命有限。

（2）透明质酸隔离剂。优点是能稳定纤维蛋白和膜蛋白的细胞间结构，防止粘连产生。缺点是组织相容性和防粘效果有限，且价格昂贵。

（3）几丁质隔离剂。优点是组织相容性好于透明质酸，具有一定的止血作用。缺点是降解速度不易控制，与机体黏附性较差，防粘连效果有限。

（4）右旋糖醉灌注剂。优点是对溶纤酶有激活作用，水化漂浮和硅化作用分隔术面。但易引起水肿，胸腔积液，凝血障碍，极少数病人可能引起过敏反应等；且对某些感染不宜使用，因此，临床应用有一定限制。

（5）纤维素纤维隔离材料。近年来，高分子隔离剂在防粘连领域中的应用越来越引起关注。以纤维素纤维为原料，可以制成可吸收的医用防粘连材料。

①纤维素纤维作为医用隔离材料的特性。隔离剂应具有生物相容性好；可生物降解吸收；止血；有一定抗感染能力；有一定抗张力和柔韧性的特点。纤维素纤维还抗原性，溶解后与组织内环境接近，对组织刺激性小。纤维素来源于植物原料，不会感染人体组织生

物病变。以此为隔离剂可消灭或减少手术中粘连发生的严重程度和范围，进而防止由粘连引发的并发症出现。纤维素纤维分子上的羟基活泼可与多个化学基团进行反应，使其生成能够吸水溶胀，在体内形成机械阻隔作用、进而溶解的防粘连医用隔离材料。这种水溶性纤维素溶解后形成凝胶，将其放置在不同创面的组织之间，可包覆器官和组织，有效地起到隔离和润滑作用，防止创面不同部位彼此接触，产生粘连。

②有效性。用纤维素纤维织物制作可吸收性高分子材料作为防止术后粘连的隔离剂，这种材料要有效地防止粘连形成，对创面愈合和机体不产生影响，在人体滞留一定时间后，被人体吸收或排出体外，且便于外科操作。隔离材料在体内存留一定时间，起到机械阻隔的作用。减少纤维蛋白渗出和沉着，阻止上皮再生时粘连的形成。防止腹膜修复时炎性细胞和其他细胞的移动，在浆膜上形成保护膜并保留较长时间，使浆膜缺损得到较好的恢复。达到防粘连的目的。

第二节　隔离与绝缘用纺织品专用设备

以纺织品紫外线防护性能测试仪器、方法为例。国外从20世纪90年代初开始研究纺织品对紫外线的阻隔性能。我国从1995年开始列题，研究制定织物紫外线的透通性及其测试方法。通常所说的紫外线是指波长为200～400nm的光线，针对不同波长紫外线的不同作用，将紫外线分为三个区域：UVA（320～400nm）—UVA，能深入皮肤内部（真皮），使皮肤色素沉淀，晒黑皮肤，称“晒黑区”；还能使皮肤失去弹性、老化、干燥和出现皱纹等；一旦受到大量UVA的照射，会损伤细胞中遗传因子DNA，导致突然变异，患皮肤癌。UVB（280～320nm）—UVB，一部分被臭氧层吸收，另一部分到达地面。人体长时间照射后，能使血管扩张，形成透过性亢进，使皮肤变红，出现皮炎红斑，严重的还会生成水泡，称“红斑区”。UVC（200～280nm）—UVC能量大，穿透力强，对人类影响大，称“杀菌区”。但大都已被大气层中的臭氧层和云雾等吸收。

一、测试方法

目前应用较为普遍的方法有两种：分光光度计或分光辐射计法、紫外线强度计法。

1. 紫外线强度计法　其原理为采用辐射波长为中波段紫外线（主峰波长为297nm）的紫外光源及相应紫外线接收传感器，将被测试样置于两者之间，分别测试有试样及无试样时紫外光的辐射强度，计算试样阻断紫外光的能力。

2. 分光光度计或分光辐射计法　采用紫外分光光度计或分光辐射计测试织物的紫外线透过率。紫外线透过率越小，表明织物隔断紫外线效果越好。该方法是先检测紫外光谱区内各个不同波长下的透射率，再进行加权计算，求出防紫外指数。这是目前国际上最流行和通用的方法。澳大利亚/新西兰标准、英国标准、美国AATCC标准以及国际标准化组织和欧洲标准化委员会的最新标准提案均采用该方法。我国正在制定的试验方法标准也是如此。

二、评价指标

目前国际上评价纺织品防紫外性能的指标如下。

1. UVR透过率　有试样时的UVR透过辐射强度与无试样时的UVR透过辐射强度之比。

2. UVR透过率平均值　试样对不同波段光谱透过率的算术平均值。

（TUVA：波长320～400nm时的透过百分率；TUVB：波长280～320nm时的透过百分率）。

3. UVR遮挡率（或阻断率）　计算公式为：遮挡率（%）=100－TUVA遮挡率（%）=100－TUVB。

4. 防紫外系数UPF　UPF是皮肤无防护时计算出的紫外线平均效应与有织物保护皮肤时计算出的平均效应的比值。国内通常借用紫外分光光度计测试织物的紫外线透过率。由于紫外分光光度计的紫外光源能量比较小，紫外光通常不能穿透纺织品（尤其是比较紧密的纺织品和片状材料）一类的试样，因此接收器无法接收信号，对某些特殊的纺织品，紫外光虽然能够穿透，但投射到接收器上的信号非常微弱，加上受紫外分光光度计接收器分辨率的限制，接收器通常无法接收或分辨信号。而且紫外分光光度计只能测试试样在某一特定波长的透过率，要测试试样在某一波长范围如320～280nm的透过率需要进行很多次测试，再进行复杂的计算才能得到结果。加上紫外分光光度计投射到试样上的光斑太小，不能表征整个试样的光学特征。由于上述种种原因，紫外分光光度计通常不便进行织物紫外线透过率的测试。

三、测试仪器

山东省纺织科学研究院研制的LFY－801紫外线透过率测试仪克服了采用紫外分光光度计测试织物紫外线透过率的不足，可以方便地测试各种织物对紫外线的3段宽带单色光：UVA（400～320nm）、UVB（320～280nm）和UVC（280～200nm）的透过性能。使其在测试效率、测试成本、技术先进性和测试精度方面达到国际先进水平。

1. 仪器的主要组成

（1）可以调节的，波长满足UVA、UVB、UVC的独立紫外光光源系统。

（2）与外界有效隔离的试样室。

（3）响应波长范围为200～400nm的紫外线接收系统。

（4）辐射强度的数字转换。

（5）测试数据分析处理软件。

（6）整机自动控制系统。

2. 技术指标

（1）紫外光光源波长范围为200～400nm，可分为3个波长区：UVA——400～320nm；UVB——320～280nm；UVC——280～200nm。

（2）辐射强度大于60W/m^2。

（3）紫外光接收系统响应波长范围为280～400nm，示值误差小于0.5%。

（4）测试结果表达：紫外线透过率：TUVA——波长320～400nm时的透过百分率。

TUVB——波长280～320nm时的透过百分率。

TUVC——波长200～280nm时的透过百分率。

紫外线透过率平均值：TUVA、TUVB、TUVC 的算术平均值。

紫外线遮挡率（或阻断率）：遮挡率（%）= 100 - TUVA；遮挡率（%）= 100 - TUVB；遮挡率（%）= 100 - TUVC。

（5）屏幕显示、打印输出试验报告。

第三节　隔离与绝缘用纺织品工艺技术

如何采用有效的办法屏蔽外来辐射，防止电磁辐射对人的伤害，以及减少电磁辐射污染，保护生态环境，已成为亟待解决的问题。日常接触到的电磁波，其穿透能力都不是很强，可以用屏蔽方法减少或阻止电磁波的辐射，利用电磁辐射屏蔽材料就是最直接有效的防护方式之一。如图 7 - 1 所示，电磁辐射防护材料的基本原理主要是基于电磁波穿过防电磁辐射材料时，产生波反射、波吸收和电磁波在材料内的多次反射，导致电磁波能量衰减。

开发电磁屏蔽纺织和非织造产品主要有两条思路：一是寻找新型材料，同时具有较高的介电损耗和磁损耗能力，而且具有较好的力学性能，便于加工；二是根据多层复合电磁屏蔽材料的设计原理，使用不同的电磁损耗材料，利用纺织或非织造复合材料的制作技术来制造。目前较好地并可用于电磁屏蔽产品的新材料主要有本征导体高聚物材料（如聚苯胺、聚苯撑、聚吡咯等）、碳纤维材料、有机导电纤维材料（如金属氧化物等）、金属微粉材料（如羰基铁、羰基镍等）、纳米材料、功能纤维材料（碳化硅纤维等）等。

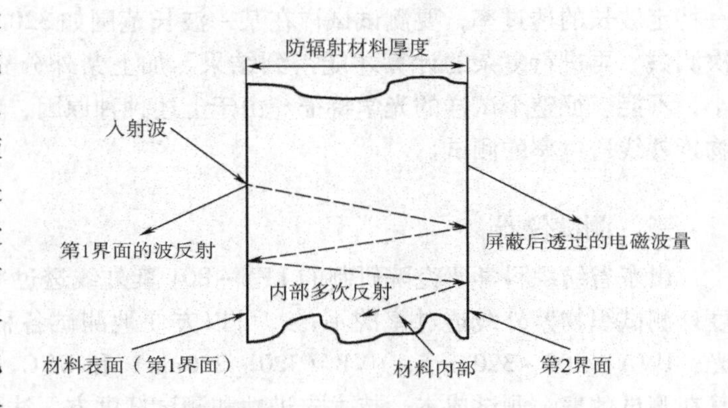

图 7 - 1　防电磁辐射材料对入射电磁波的衰减

一、防电磁辐射纤维与基体纤维混纺

将防电磁辐射纤维与基体纤维混纺，然后采用机织、针织或非织造工艺生产出来具有优良电磁屏蔽功能的材料，是最灵活、最有效的加工方法。该法可使材料的导电率提高数个数量级，且具有良好的耐久性和服用性能。利用纤维导电性反射电磁波，当电磁波辐射在材料上时，材料中均匀分布的防辐射纤维成为导电介质而将部分电磁波反射回去，减少了电磁波的透过量。防电磁辐射的纤维种类很多，如复合型导电高分子纤维、金属纤维、结构型导电聚合物纤维、离子化纤维等，但市场上仍以金属纤维为主要原料，最常见的是含镍和不锈钢纤维。金属纤维的特点是屏蔽效果好、耐高温、强度高、柔软，但弹性差、摩擦力大、抱合力弱。采用纤维混纺技术，既能使材料具有金属的良好屏蔽效能，同时又不失材料原有的柔韧性等特征。

防电磁辐射纤维可以与其他纤维以混纤、混纺、交捻、交编、交织等方式混用。段亚峰等以不锈钢长丝和有色涤纶丝等为芯纱原料，纯棉纱线及彩色涤纶丝为饰纱原料，纺制出了花式纱，并织造出具有屏蔽功能的织物小样，结果表明该织物可满足常规家用防护休闲面料的基本服用性能和外观风格要求。文珊等对不锈钢纤维的屏蔽和服用性能做了研究，得出织物的透气性、抗折皱性随着不锈钢纤维含量的增加而下降，但耐磨性、拉伸断裂强度随着不锈钢纤维含量的增加而增加。对于一般设备的防护服，不锈钢纤维的比例应控制在5%～15%，当超过30%时，虽然屏蔽效能提高，但织物的可加工性及成型差，而且舒适性、外观性能差。采用电磁辐射纤维与基体纤维混纺的方式制成的电磁屏蔽材料，主要用作带电作业服、电磁辐射防护服、电缆屏蔽布、保密室墙布和窗帘等。

二、材料涂镀法

1. 材料涂层　在涂层剂中加入已分散好的电磁波吸收剂或导电磁性物质，经涂层整理、热处理后就可在材料表面包覆一层具有电磁波屏蔽的膜。常用的导电磁性物质主要有银粉、铜粉、铁粉、石墨粉，不同形貌的金属粉末制备的涂层在微观结构上表现出一定的差异性，在一定程度上会影响材料的屏蔽效能，因此，在涂层中要尽量减少涂层的空洞，控制均匀性。这种方法虽然金属密度很高，电磁屏蔽量大，如以纯棉织物为基布制得的双面电磁屏蔽涂层材料，电磁波屏蔽效能可达47.1～62dB，但金属与纤维间的结合力较小，所以加工性差，而且透气性差，手感差，不耐洗涤，因此至今未得到广泛应用。

2. 真空镀金属材料　真空镀即物理气相沉积技术（PVD）是指在真空条件下，采用低电压、大电流的电弧放电技术，利用气体放电使靶材蒸发并使被蒸发物质与气体都发生电离，利用电场的加速作用，使被蒸发物质及其反应产物沉积在物质上。采用真空镀金属技术制备电磁屏蔽材料主要包含两种：一种是先将金属镀在金属薄膜上，再切成丝，镶嵌在材料内；另一种是直接镀覆在材料上，在表面再涂上树脂。有的还在树脂内添加各种色料，改变以往单一银白色的基调。这种技术镀覆的金属层的厚度一般在3μm以内，屏蔽效果有限，而且结合力较差，金属容易脱落，目前尚未得到广泛应用。

3. 化学镀金属材料　化学镀是通过溶液中适当的还原剂使金属离子在金属或者非金属表面的自催化作用下还原进行的金属沉积过程，也叫无电解电镀、自催化镀。化学镀是制备电磁屏蔽产品的常用方法，成本低，工艺简单，制备的镀层成分均匀且易于控制，与基体结合力强，同时，化学镀材料具有较高的电磁屏蔽性能和环境可靠性，可采用一般的纺织或非织技术加工而成，只是存在含金属离子的污水排放问题，需要认真对待。目前，化学镀金属化材料产品中，以镀铜或镀镍为最多，镀镍技术更为成熟，其基材主要是涤纶、芳族聚酰胺、玻璃和碳纤维织物或非织造布，电磁屏蔽效能可达30～70dB。

研究表明，在施镀工艺相同的情况下，镀层材料的屏蔽效能随着材料紧度的增大先增大后减小；镀镍材料的透气性、服用性能受到镀层厚度的影响较大，在满足屏蔽性能要求的前提下，应尽量减小镀层厚度，研究证实，镀镍材料的最佳增重率为70%。中原工学院的孙彬等对化学镀的服用性能做了研究，得到涤纶织物和纯棉织物化学镀镍后，织物的导电性明显增强，但拉伸强度和透气性略有降低。

目前，材料化学镀单层镍、铜、银的研究已基本成熟，但是随着科技发展，这些镀层材料的功能性存在局限性或者过于单一，不能满足使用需求。因此，如何使材料功能实现多样化已成为化学镀的研究重点。为了提高化学镀金属织物的综合性能，取某些金属之长。例如，铁的消磁性好，银的导电性好，钴具有铁磁性，又有较好的光亮度等。现今织物上的合金镀层，主要有锡、铜、铁、镍、磷；银、镍、磷、钴等。还可根据环境和用户的要求，进行金属种类和含量的选择。目前有的合金镀层织物，已经投放市场，在某些环境内的使用，已超过了单一金属镀层织物。东华大学的楚克静等在化学镀铜的涤纶织物上于焦磷酸体系电沉积均匀致密的锡镍合金层，使织物表现出良好的耐蚀性和抗变色性，且具有柔和的外观，对人体无致敏性。刘荣立等采用化学镀技术，实现了涤纶织物表面（Ni—P）—SnO_2 纳米微粒复合镀，结果表明，SnO_2 纳米微粒对镀层表面起到了很好的增强改性作用，但织物耐磨性稍有下降。

复合镀金属织物是近年来才开发出的，其目的是增加功能、取长补短、节约原材料、满足市场需要。例如，银—铜复合镀层，既能节约昂贵的白银，又能满足市场，此工艺现已工业化。还有铜—镍复合镀层，铜导电性好，不耐蚀；镍耐蚀，又有铁磁性，而导电性不如铜，两者复合，优势互补。所以，复合镀层织物，具有独特的优点，发展非常迅速，应用领域日渐扩大。今后很有可能取代单一金属镀层织物。

涤纶织物经碱减量粗糙化处理后，再经敏化和活化处理，然后在银盐催化下，镀铜液中铜离子在银的催化作用和还原剂作用下，沉积在织物表面外；然后，在镀镍液中镍离子在铜的催化作用下，再在铜层上形成镍层。铜镍复合镀织物的耐磨性和耐洗性高于镀铜织物，表面铜镍复合镀的镀层结合牢度良好，稳定性也有较大的提高。

4. 等离子电镀材料 等离子电镀法是将纤维（或织物、非织造布）以低温等离子处理后，再连续对其进行表面沉积而获得金属化材料的方法。该工艺可将有害的电磁辐射能量通过材料自身的特殊功能转变成热能散发掉，因此，加工过程简单有效，无污水处理问题。据研究，对纤维基布进行低温等离子处理，可大大提高基布与金属沉析层的结合力。金属化处理后的材料具有良好的机械性能和耐热性，基布与金属层之间结合力强，具有柔软舒适、色泽均匀、除臭抗菌、耐洗、使用寿命长等优点，且避免了化学镀的废液处理问题。但手感较差，抱合困难，金属不易匀化，耐洗度不高。

5. 磁控溅射材料 溅射镀膜的原理是稀薄气体在异常辉光放电产生的等离子体在电场的作用下，对阴极靶材表面进行轰击，把靶材表面的分子、原子、离子及电子等溅射出来，被溅射出来的粒子带有一定的动能，沿一定的方向射向基体表面，在基体表面形成镀。磁控溅射是在靶材表面建立与电场相交的磁场而进行溅射，是一种高速率低基片温升的成膜新技术，近年来这种技术发展很快。和其他方法进行比较，真空沉积法薄膜不够均匀，附着力差，膜层容易脱落；化学镀层是在反应液中进行，容易产生污染，利用磁控溅射技术在纺织或非织材料表面沉积功能性薄膜，具有沉积速度快，薄膜与基片结合好，薄膜纯度高，致密性好，成膜均匀度好，不产生废液，溅射工艺可重复性好，适于工业化生产等特点，在导电、抗静电、防辐射、抗菌方面有着明显的优势。

目前，磁控溅射主要选择金属、陶瓷、玻璃作为基材，溅射工艺对这类基材的影响性能较小。但纺织或非织造材料是以高分子纤维为原料，其性能与金属、陶瓷、玻璃差别很大，磁控溅射对这种基材的性能影响还有待研究。江南大学王鸿博等以 PET 纺粘非织造布为基材，用磁控溅射技术在基材上沉积不同厚度的纳米结构银薄膜，研究发现当厚度较小时，不能在基材表面形成连续薄膜，只有当厚度 >50nm 时，才能形成连续薄膜，当银膜厚度达到 100nm 时，对电磁波的屏蔽约 28dB，屏蔽率达 99.8% 以上。天津工业大学的肖惠等研究了磁控溅射对锦纶拉伸性能的影响及镀膜形貌观察，发现室温下，镀膜纱线的断裂强度有所提高，断裂不匀率降低。

三、共混纺丝法和混编法

金属丝被最早应用到电磁辐射防护材料中。金属纤维及其混纺交织物主要包括：金属丝和服用纱线的混编织物和金属纤维与服用纤维的混纺织物。金属丝材料主要有铅、铜、铝、不锈钢等材料制成的纤维。金属纤维具有很高的电导率，优良的耐热、耐化学腐蚀性，其柔软性、纤度也能接近一般纤维。其产品除了有防电磁波辐射危害外，还具有抑制典型病菌，做到了人体调理和人体防护的有机结合。其他一些延展性较好的金属也可制作成纺织用纤维材料，如金、银等金属，但使用范围较小。虽然这类屏蔽材料具备良好的导电性和屏蔽效果，但手感较硬，织物厚且重，服用性能较差。金属纤维与服用纤维的混纺织物是把金属丝拉成纤维状，再与服用纤维混纺成纱，织成混纺织物，可改善防辐射织物的手感，织物克重取决于金属纤维的混纺比例和混纺纱的细度。而且，金属纤维织物刚性较强、耐搓性欠缺，尤其是直径较大的金属纤维，经多次搓洗后有折断的金属纤维脱落，贴身穿着有刺痒感，屏蔽效能也有所下降；金属纤维遇到汗液会锈蚀，同时在生产不锈钢纤维防护服的过程中，经常会出现因不锈钢纤维的脱落而导致操作工作肌体过敏的现象。

1. 共混纺丝法　将具有电磁屏蔽功能的无机粒子或粉末与普通纤维切片共混后进行纺丝，可制备具有良好导电性的纤维，又使纤维不失去原有的强度、延伸性、耐洗性和耐磨性。共混法制得的材料具有成本低、寿命长、可靠性高等优点，但屏蔽性能不高，特别是高频时屏蔽性能会下降，而增加填料的用量将损失材料的机械性能。因而，对于电磁屏蔽纤维的共混纺丝法的研究将致力于改善填料性能、优化填料排列方式，以达到屏蔽性能、机械性能、工艺性能的和谐统一。

2. 金属丝混编织物　它是首先面市的屏蔽织物，由金属丝和服用纱（线）混编而成。金属丝主要有铜丝、镍丝和不锈钢丝。特殊场合有的还采用镀银铜丝，屏蔽效果尚好，唯一缺陷就是织物厚、重、硬、不耐折。为了改善它的服用性，一方面，采用较细的金属丝；另一方面，把金属丝轧扁，同纱（线）并绕，来提高柔性和弹性，减少服压感。改进的金属丝混编织物，应用于许多领域。

北京洁尔爽高科技有限公司研制成功并投入使用的抗静电、防电磁辐射、保健多功能织物与服装，具有 20dB 以上的衰减值，手感好、耐环境性能好、耐洗涤、耐磨、耐腐蚀、柔软、轻薄，具有抗静电、防电磁辐射、保健等多种功能，并具有良好的服用性能和一般织物的外观效果，屏蔽织物的安全可靠性、服用性、耐盐雾腐蚀性等指标均已达国内外同类产品的领先水平，能有效地保护人们的身体健康。同时，这种高科技产品，在湿度极低的条件下也能发挥优异的抗静电性能，用这种导电纤维和普通纺织原料织成的面料及里料，达到国际先进水平，应用前景广阔。

第四节 隔离与绝缘用纺织品的特殊性能要求

一、绝缘电阻、电阻率

电阻是电导的倒数，电阻率是单位体积内的电阻。材料导电越小，其电阻越大，两者成倒数关系，对绝缘材料来说，总是希望电阻率尽可能高。

二、相对介电常数和介质损耗角正切

绝缘材料用途有两个：电网络各部件的相互绝缘和电容器的介质（储能）。前者要求相对介电常数小，后者要求相对介电常数大，而两者都要求介质损耗角正切小，尤其是在高频与高压下应用的绝缘材料，为使介质损耗小，都要求采用介质损耗角正切小的绝缘材料。

三、击穿电压、电气强度

在某一个强电场下，绝缘材料发生破坏，失去绝缘性能变为导电状态，称为击穿。击穿时的电压称为击穿电压（介电强度）。电气强度是在规定条件下发生击穿时，电压与承受外施电压的两电极间距离之商，也就是单位厚度所承受的击穿电压。对于绝缘材料而言，一般其击穿电压、电气强度的值越高越好。

四、拉伸强度

拉伸强度是在拉伸试验中，试样承受的最大拉伸应力。它是绝缘材料力学性能试验应用最广、最有代表性的试验。

五、耐燃烧性

耐燃烧性指绝缘材料接触火焰时抵制燃烧或离开火焰时阻止继续燃烧的能力。随着绝缘材料应用日益扩大，对其耐燃烧性要求更显重要，人们通过各种手段，改善和提高绝缘材料的耐燃烧性。耐燃烧性越高，其安全性越好。

六、耐电弧

在规定的试验条件下，绝缘材料耐受沿其表面的电弧作用的能力。试验时采用交流高压小电流，借高压在两电极间产生的电弧作用，使绝缘材料表面形成导电层所需的时间来判断绝缘材料的耐电弧性。时间值越大，其耐电弧性越好。

七、密封度

对油质、水质的密封隔离比较好。

八、耐压强度

绝缘物质在电场中，当电场强度增大到某一极限时，就会击穿。这个绝缘击穿的电场

强度称为绝缘耐压强度（又称介电强度或绝缘强度），通常以1mm厚的绝缘材料所能承受的电压kV值表示。

九、抗张强度

绝缘材料每单位截面积能承受的拉力，例如，玻璃每平方厘米截面积能承受140kg。

十、密度

绝缘材料每立方米体积的质量，例如，硫黄每立方米体积有2g。

十一、膨胀系数

绝缘体受热以后体积增大的程度。

第五节　高端隔离与绝缘用纺织品应用实例

一、玻璃纤维布

玻璃纤维方格布是无捻粗纱平纹织物，是手糊玻璃钢重要基材。方格布的强度主要在织物的经纬方向上，对于要求经向或纬向强度高的场合，也可以织成单向布，它可以在经向或纬向布置较多的无捻粗纱，单经向布，单纬向布。

二、单一纤维针刺毡

对于同种纤维的过滤材料而言，所用纤维直径是影响过滤性能的重要因素之一。玻璃纤维直径越小，过滤效率越高，透气量越小，过滤阻力越大。这是因为纤维直径越细，内表面积越大，针刺毡的捕集效率越高。过滤效率在一定程度上是由织物的透气性决定的，只有织物能够保证一定的气体顺利通过，才能达到过滤一定的含尘气体的目的。针刺毡的透气性也可以从它的内部结构反应出来。

三、梯度型针刺毡

针刺毡过滤材料的优势在于滤料的结构是可以多样化的。单纯使用一种纤维原料的产品过滤性能不够理想。要想提高过滤材料的过滤性能，可以用两种或三种不同直径的纤维制成具有梯度结构的过滤材料，加上针刺毡的独特的工艺技术，以使滤材达到最佳效果（图7-2）。它是把不同直径的玻璃纤维先铺成网后，然后复合再进行针刺加工所得到的针刺毡过滤材料。使用时，纤维较粗的一面作为进气面，较细的一面作为出气面。复合成的层状针刺毡过滤材料，其过滤效率比由单一纤维组成的针刺毡过

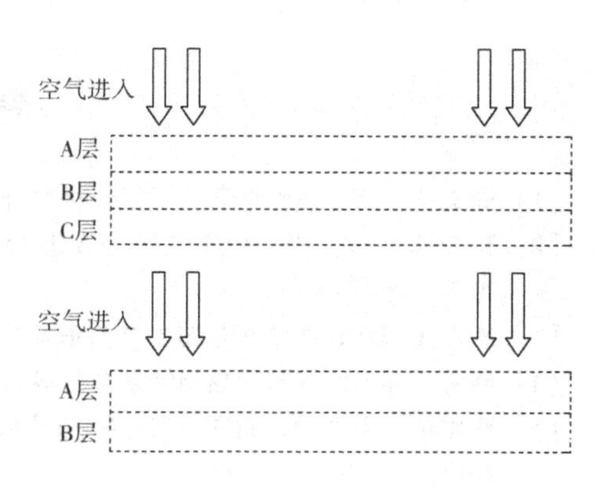

图7-2　梯度型针刺毡的截面结构
A—直径最粗的纤维　B—直径较细的纤维
C—直径最细的纤维

滤效率有大大提高，而过滤阻力提高得并不明显。过滤材料截面结构上使用纤维直径逐步加大的梯度层次结构，这样能阻截气体中不同直径大小的尘粒，达到过滤精度高、过滤阻力小、过滤效率高的目的。

四、粗细混合针刺毡

使用两种不同直径的玻璃纤维混合加工针刺毡，但对纤维必须充分开松混合，使两种以上纤维均匀分布。针刺毡中的粗玻璃纤维起支架作用，细玻璃纤维穿插在粗玻璃纤维中，可以填补针刺毡中的大孔隙，这样粗细搭配可以使针刺毡孔径分布均匀且孔隙小，弥补了粗纤维针刺毡孔隙大和细纤维价格贵的不足。所制得的针刺毡透气性好，过滤精度更高。粗细混合的最佳比例是40/60，超过或低于这个比例的过滤效率都达不到最高。因此，选择合适的比例的不同细度的玻璃纤维针刺毡是开发高效低阻过滤材料的另一途径。

五、电磁屏蔽纺织品

电磁屏蔽织物既具有良好的导电性能，又能保持织物原有的某些特性，因而可以进行粘接、缝制，易于制成不同的几何形状（如导电泡棉、导电胶带）对辐射源进行屏蔽，而且还可以缝制成屏蔽服、屏蔽帽等使工作人员免受电磁波的辐射，是理想的电磁屏蔽材料。

思考题

1. 有机导电纤维的应用领域有哪些？
2. 什么是电磁辐射，其有哪些危害？
3. 简述防紫外线纺织品加工技术及其防护机理。
4. 防电磁辐射纺织品防护电磁辐射的基本原理是什么？
5. 共混纺丝法与其他方法相比有哪些优势？

参考文献

[1] 周文英. 高导热绝缘高分子复合材料研究［D］. 西安：西北工业大学，2007.

[2] 程亚非，杨文彬，魏霞，等. PA 基导热绝缘复合材料的制备及性能研究［J］. 功能材料，2013，05：748－751.

[3] 胡发伟. DMD 绝缘布基布生产前景及其发展趋势［J］. 江苏纺织，2013，05：59－60.

[4] 周柳. 环氧树脂基导热绝缘复合材料的制备与性能研究［D］. 武汉：武汉理工大学，2008.

[5] 李珺鹏，齐暑华，谢璠. 聚合物基导热绝缘复合材料导热机理及应用研究［J］. 材料导报，2012，03：69－72＋90.

[6] 袁江勇. 导热绝缘聚丙烯复合材料的制备与性能研究［D］. 广州：华南理工大学，2014.

[7] 张志龙，吴昊，景录如. 高导热绝缘复合材料的研究［J］. 舰船电子工程，2005，06：36－40.

[8] 陈伟，李光．耐候型交联聚乙烯绝缘布电线的研制［J］．河北工程技术高等专科学校学报，2005，04：34－35＋38.
[9] 王福志，曾学忠，李继涛，等．乙丙橡胶电力电缆绝缘一步法硅烷交联工艺［J］．电线电缆，2005，02：22－24.
[10] 刘闻凤．有机硅导热绝缘复合材料的制备及其性能研究［D］．成都：西南交通大学，2014.
[11] 严从立．LED 灯用导热绝缘复合材料的研究与制备［D］．北京：北京化工大学，2013.
[12] 孙芳．导热绝缘尼龙 6 复合材料的性能研究［D］．合肥：合肥工业大学，2015.
[13] 雷志鹏．乙丙橡胶绝缘介电性能及其气隙和沿面放电机理的研究［D］．太原：太原理工大学，2015.
[14] 马汝亮．乙丙橡胶绝缘电缆［J］．光纤与电缆及其应用技术，2009，03：1－4.
[15] 李文文．船用乙丙橡胶电缆在线监测及热寿命评估研究［D］．大连：大连理工大学，2013.
[16] 茅雁，程江，杨昌平．中高压电力电缆用乙丙橡胶绝缘材料的研究［J］．电线电缆，2008，05：28－29＋32.
[17] 冯晨．基于绝缘电阻的电缆用乙丙橡胶绝缘表面电痕故障诊断方法研究［D］．太原：太原理工大学，2016.
[18] 毛凤鸣．芳纶水刺绝缘布的阻燃性能研究［D］．杭州：浙江理工大学，2015.
[19] 李中柱，朱翠珍，忻济民，等．耐候耐寒性能兼优的新型橡皮绝缘布电线［J］．电线电缆，1986，05：1－10.
[20] 马光达，李志贤，王友根，等．新结构橡皮绝缘布电线穿管试验情况［J］．电线电缆，1986，05：10－12.
[21] 刘光．阻燃型低烟雾铜芯橡皮绝缘布电线［J］．建筑电气，1986，02：43.
[22] 忻济民．各种橡皮绝缘布电线的对比试验报告［J］．电线电缆，1984，05：16－22.

第八章　医疗与卫生用纺织品

随着现代医学技术与观念的不断发展，人们对于医用纺织品的要求也与日俱增。用即弃型罩衣、消毒盖布、口罩以及消毒绷带使用比例逐年提高，反映了人们对致病微生物传染源的防护与隔离的认识在不断加强，抗菌面料的发展不仅限于医疗领域，已迅速延伸至日常生活和保健，具有巨大的应用潜力。人造血管、人工心脏瓣膜、疝修补用网状物、神经再生导管、人工胸壁及肋骨织物、人工气管和可吸收纤维等人工组织替代物的研究代表了医学发展中人体组织修复的前沿。时至今日，医用纺织品种类繁多，应用广泛，对于人类生活质量的改善和寿命的延长起着无可替代愈加重要的作用。

一是医疗卫生用纺织品。重点发展人造皮肤（图8－1）、可吸收缝合线、疝气修复材料、新型透析膜材料、介入治疗用导管、高端功能型生物医用敷料等产品。加快推广手术衣、手术洞巾等一次性医用纺织品的应用。

二是智能健康用纺织品。鼓励发展具有形状记忆、感温变色、相变调温等环境感应功能的纺织品，通过与医疗、运动、电子等技术融合，发展具有生理体征状态监测等功能的可穿戴智能型纺织品（图8－2），重点拓展相关产品在户外运动、健康保健、体育休闲等领域的应用。

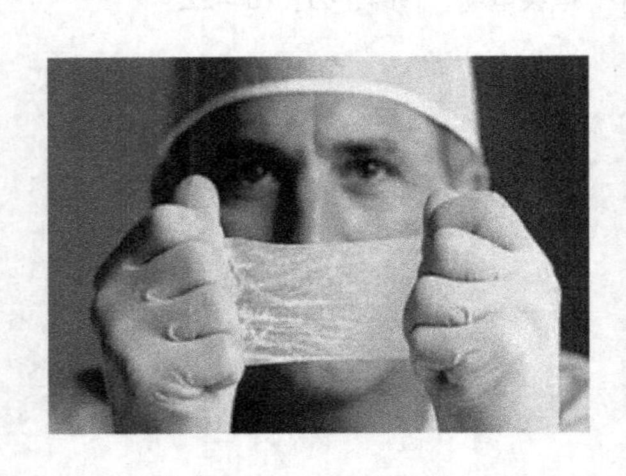

图8－1　人造皮肤

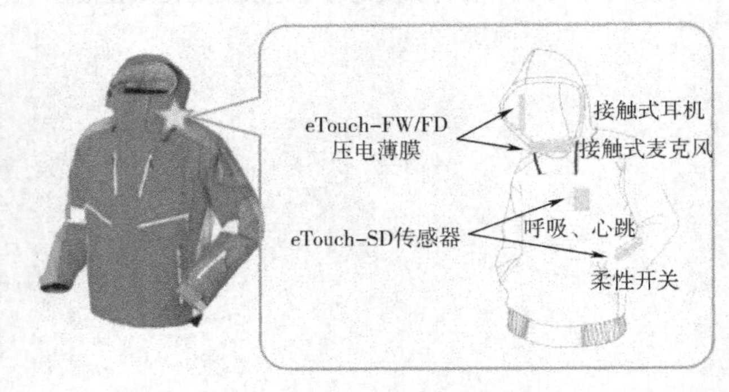

图8－2　多功能（可测心率、听歌等）智能冲锋衣

三是康复护理用纺织品。支持发展针对老年多发性疾病的康复、缓解和护理类功能型纺织品，提高远红外加热、抗菌抑菌、防污快干等功能性纺织品性能及耐久性，开发成人失禁护理系列产品，扩大国内老人护理用纺织品（纸尿裤）的市场渗透率（图8－3）。

目前，医卫用纺织品最发达的5个市场依次为美国、欧洲、加拿大、日本、澳大利亚，这5大市场医用纺织品的销量约占世界医用纺织品市场总销量的90%。美国90%以上的医院选择一次性医疗用品。2016年全球一次性医疗用纺织品需求量约为1980亿美元。我国现有6万多家医院、11.5万家诊所、450多万张病床，为一次性医疗用纺织品提供巨大的发展空间。全球医疗与卫生用纺织品以5%～10%的速度增长，而我国的医卫用纺织品将以10%～20%的速度增长。

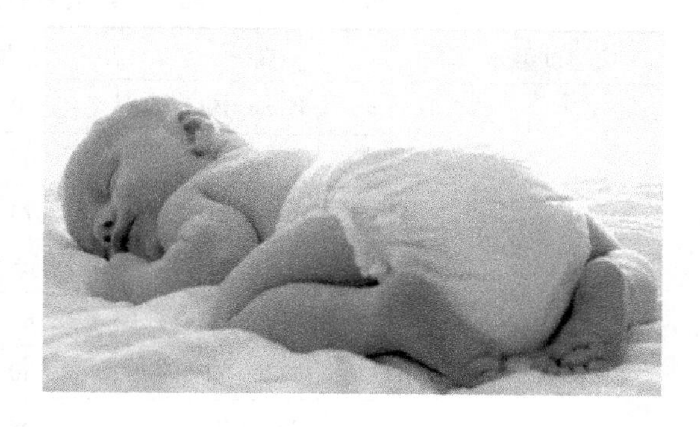

图8-3 婴儿纸尿裤

其中，科技含量低的产品，如绷带、纱布等基本实现自产自销；高科技医用纺织品如植入体和体外装置仍需进口，我国每年进口的医疗用纺织品达60亿美元。我国医疗与卫生用纺织品的出口比重较高，主要出口美国、欧盟和日本等发达国家和地区。外科用植入性纺织品和体外过滤用纺织品主要依靠进口。医用纺织品中的部分产品也从反复使用型向用即弃型发展，这在发达国家日益普及，而在我国也正逐渐成为一种趋向。预计手术室用一次性医用纺织品在今后几年也将有飞跃性增长。非织造布因成本低廉和应用性能较高成为热门产品，涉及敷布、绷带、擦布、手术服、病员服以及各类包布等。

今后几年增长较快的产品还包括常规绷带、生物相容性好的植入材料和面巾纸、抗菌性伤口包扎材料、假体材料、智能纺织品等。

第一节 纤维原材料

医用纺织材料是以纤维为基础、纺织技术为制造方法、医疗应用为目的，用于诊断、治疗、修复、替换以及保健与防护的一类纺织材料。

一、特殊中空醋酯

（一）醋酯纤维的性能及用途

醋酯丝束作为烟用滤材，从性能和消费者接受程度上看，其市场地位至今仍没有其他纤维品种可以撼动，但吸烟危害人类健康的全球化趋势限制了烟草工业的发展，无疑也制约了烟用丝束的市场需求。服装和技术纺织品是醋酯纤维工业持续发展的必然选择。

醋酯纤维是多用途、高技术含量的纤维品种，醋酯长丝有着天然纤维的柔和光泽，可染色谱多达10450种，可视消费者需要赋予织物以闪光、粗放及凹凸感。醋酯长丝可与天然纤维、纤维素纤维或合成纤维混纺，用其织制的机织和针织物已广泛用于高档服装、面料与衬里。常规纺织用醋酯长丝可加工成普通机织用纱、专用长丝纱、喷水/喷气织机用纱、经编针织纱、圆筒针织纱和着色纱等。其中，醋酯长丝与聚酯长丝、聚酰胺长丝复合纱的穿着性能和附加值受到消费者的普遍看好。部分醋酯长丝与合纤长丝复合纱的技术特征见表8-1。

表8-1　部分醋酯长丝与合纤长丝复合纱的技术特征

复合纱组分	规格	质量比	捻度要求（T/m）
醋酯长丝/聚酰胺长丝	55dtex/19f	80/20	2100（S、Z）
	67dtex/18f	67/33	100（S），600（Z），1200～2100（S、Z）
	84dtex/23f	73/27	100（S），2100（S、Z）
	95dtex/27f	65/35	100（S），600（Z），1200～2100（S、Z）
	133dtex/32f	84/16	100（S），500（S），1200～1800（S、Z）
	167dtex/46f	80/20	100（S），500～800（S），1200（S、Z）
	320dtex/66f	69/31	150（S），300（S）
醋酯长丝/聚酯长丝	135dtex/48f	81/19	500（S），1200～1800（S、Z）
醋酯长丝/弹性聚酯纱	141dtex/47f	60/40	1200（S、Z）

注　S为正捻，Z为反捻。

纺织用醋酯纤维具有其他合成纤维无法比拟的穿着舒适性，醋酯纤维织物具有天然的华贵外观，无论是机织还是针织都赋予织物以良好的舒适感。

在醋酯长丝织物舒适性研究中，试验将醋酯和聚酯长丝织物进行对比，穿着感知评价结果说明：醋酯长丝织物的舒适感相比涤纶长丝织物有明显差异，醋酯长丝织物轻薄且舒适。

醋酯（CA）纤维产业链具有鲜明的环境友好特征，CA纤维的制备取材于可再生资源，即木材或棉短绒。CA生产属清洁生产过程，其聚合物具有生物可降解性能。研究结果显示：可依据不同产品的使用要求，控制CA的生物可降解速率，最大限度地减少产品回收时对生态环境的冲击。在醋酯纤维生产中，使用的溶剂丙酮无毒并具有生物可降解性能。

（二）醋酯纤维技术的新进展及其应用

1. 功能性醋酯纳米纤维的开发　泰国国家纳米技术中心使用数均分子质量为30000、酯化度2.4的醋片原料，以丙酮、二甲基乙酰胺作为溶剂，在CA纺丝液中添加Asiaticoside制剂，成功地在静电纺丝装置上制得纳米纤维网，纤维单丝直径在300～545nm。产品应用于促进组织生长的创伤包扎纱布。美国马萨诸里技术研究所在CA纺丝液中添加氯化物系列抗菌剂，在静电纺设备上成功得到直径在700～1200nm的亚微米醋酯抗菌纤维。

2. 醋酯纤维在防伪技术上的应用　防伪是全球性的课题，假币与冒牌货给消费者和生产厂家造成了极大的消极性压力。当前世界贸易中，假货交易要占7%的比重，每年流入市场的假冒产品有3500亿美元之多。巨大的防伪需求催生着高端防伪技术与产品的开发。美国康奈尔大学研究开发的荧光防伪醋酯纳米纤维，兼有pH传感功能，受到市场的广泛关注。防伪醋酯纳米纤维选择荧光硅纳米添加剂，利用静电纺丝工艺制得纳米纤维网，按纤维断面组分不同有两种形式：一种以荧光硅组分为芯，并被硅层包覆；另一种以荧光组分为芯，pH敏感组分为皮层。该项研究已经取得了在高端防伪和pH检测装置上使用的认可。表8-2为防伪醋酯纳米纤维的技术特征。和气体分离操作中，目前CA中空纤维膜正成为最受关注的选择，其净化性能、安全性能、易维修性能和低成本的特点具有竞争性。日本 Daicel 公司的 CA 膜 FT50 系列在地表水、工业废水和海水的杂质与污物的处理上具有声誉。表 8－3 为该公司 CA 中空纤维膜与其他过滤膜的技术性能比较。

表 8－2　防伪醋酯纳米纤维的技术特征

工艺与产品	技术特征
原料规格	CA 数均分子质量 30000
纺丝液制备	使用溶剂为丙酮和水（丙酮和水的体积比为 3∶1），纺丝液放置时间为 24h
纺丝工艺	纺丝液质量分数 17%，挤出量 0.2mL/h，电压 14kV，收集装置幅宽 150mm，冷却时间为 2h
产品网材单丝直径	名义平均直径 1.23μm，实测 1.37μm、150μm、2.42μm

表 8－3　CA 中空纤维膜与其他过滤膜的技术性能比较

过滤膜	CA 膜	聚醚砜膜	聚丙烯腈膜
接触角（°）	50～55	65～70	55～58
吸附水率（25℃）（%）	4.7～6.5	0.4	2.5～3.6
气味吸附率（pH 为 7）（mg/m^2）	0.5	3.5	1.3

3. 醋酯纤维在过滤上的应用　CA 中空纤维膜在血液透析器上的使用已较为普遍，其使用性能介于较为致密的超滤膜和比较疏松的反渗透膜之间。通常，CA 膜易受到微生物的侵蚀而使用寿命缩短，因此，CA 膜的改进与提高的研究从未停止过，如在以二甲基甲酰胺为溶剂的 CA 纺丝液中，注入银系添加剂，采用干喷—湿纺工艺制得中空纤维膜。试验产品的性能说明：适量的银离子载入中空纤维，会将银离子还原成纳米尺度的银，在不影响 CA 膜物理性能和使用性能的条件下，表现出良好的抗菌和抑菌效果。

目前，血液透析用膜材主要是纤维素膜、改性纤维素膜和合成膜。改性纤维素膜主要是二醋酯纤维膜或三醋酯纤维膜，与铜氨纤维膜相比具有成本上的优势；与合成膜如聚砜膜、聚醚砜膜、聚丙烯腈膜、聚甲基丙烯酸甲酯膜比较，在环境友好、可再生资源利用方面更具有可持续性。对于 CA 膜来说，纤维素分子上 75% 的羟基被乙酰基取代，具有低厚度和较好结构对称性的特点，通常膜厚度在 6～15μm。新加坡 Utilities 公司开发的 CA 中空纤维超滤膜，采用 *N*－甲基－2－吡咯烷酮（NMP）为溶剂，配置纺丝液的组成是 CA、NMP、聚乙烯吡咯烷酮（PVP）、水，采用湿法纺丝，水浴成形，水浴温度为 28℃，卷绕速度为 0.65m/min。挪威 Trondheim 技术大学采用 CA 为原料，经脱乙酰化处理制得中空纤维碳膜（HFCMS）。在混合气体介质的试验中，证明 HFCMS 膜具有良好的透过率和高的选择性。该膜对二氧化碳的捕集功能，较之于传统化学吸附方法要优越得多，是潜在的 CO_2 捕集作业上的最佳选择。

近来法国一基因工程实验室制得了 CA 超滤中空纤维膜，产品使用压力为 0.5MPa。该膜制作工艺使用绿色溶剂，并完成了水的回收再利用。国内天津工业大学开发的 CA 中空纤维膜用于超低压反渗透操作，产品适用于超纯水、食品、医药等工业领域。江南大学纺织服装学院使用 8% 的 CA 纺丝液，通过静电纺丝工艺成功制得单丝直径 198nm、膜厚度 406μm、孔隙率 87% 的醋酯纳米纤维膜材，产品用作过滤介质材料。

二、甲壳胺纤维、甲壳素纤维

甲壳胺纤维卷曲度低，滑、散、抱合力差，强度偏低，会给非织造布加工造成一定困难。甲壳胺本身具有一定的抗菌作用，当和生理盐水接触时，这种纤维上的阴离子可以被释放到溶液中，进一步加强抗菌作用。他们的实验结果表明含银甲壳胺纤维具有良好的抗菌性能。烧伤和慢性疾病伤口极其容易感染。银离子的抗菌性长久以来为人所知、为人所用，广泛应用于烧伤创口的处理。

甲壳素、甲壳胺和它们的衍生物具有资源丰富、价格便宜、安全无毒及生物相容性等优点，应用领域十分广泛，在生物医疗工程上具有极大的发展潜力。而甲壳素和甲壳胺纤维既具有高分子材料的生物活性，又有纤维材料的特性，通过纺织加工可以制成各类生物医用材料。在医疗卫生领域，甲壳胺纱线可以被用作医用缝合线，通过调节纤维内的脱乙酰度，可以调节纤维的降解时间和被人体吸收的时间。由甲壳胺纤维做成的机织物和针织物可以被用于细胞移植和组织再生的多孔结构支架。甲壳胺非织造布可以被加工成医用辅料，用于治疗流血流脓的伤口，这类辅料有良好的吸湿性和保湿型，比起传统的棉纱布能更好地促进伤口的愈合。

（一）甲壳素与甲壳胺纤维在生物医学领域中的应用

1. 手术缝合线 作为一种天然高分子材料，甲壳素和甲壳胺可以在人体酶的作用下分解并被人体吸收，它们是制备可吸收性手术缝合线的良好材料。可吸收性手术缝合线主要用于消化系统外科和整形外科等体内手术中，理想的产品应该在愈合前与组织相容，愈合的所有缝合线不需拆除，能慢慢被人体吸收而消失，并且在愈合过程中不破坏正常的愈合。目前，市场上的产品较难在酸、烷基锂和酶的环境下满足以上三点要求。研究表明，甲壳素对烷基锂、消化酶和受感染的尿的抵抗力比聚乳酸和羊肠要好。甲壳素纤维的强度能满足手术操作的要求，它无毒，生物相容性好，不会产生过敏反应，可以加速伤口的愈合。所以，甲壳素纤维缝合线是理想的可吸收手术缝合线。

通过对纤维进行化学修饰可以进一步增强纤维的性能。甲壳素和甲壳胺可以与其他物质，如丝胶蛋白共混制成功能纤维，以改善天然材料在体内环境中抗张强度损耗快的缺陷，同时也避免较大的组织反应。

2. 医用敷料 作为治伤用材料，医用敷料可以有许多不同的形式，如非织造布、纱布、绷带、止血棉等。甲壳素和甲壳胺纤维制成的各种医用敷料供烫伤、擦伤、皮肤裂伤等的临床应用，具有止血、消炎和促进组织生长、缩短治疗周期的作用，而且愈合后的创面与正常组织相似，无疤痕。甲壳素与甲壳胺纤维制成的医用敷料有以下一些特点。

（1）给病人冷爽之感以减轻伤口的疼痛。

（2）具有极好的氧涌透性，防止伤口缺氧。

（3）吸收水分并通过体内酶自然降解而不需要另外加以去除。

（4）降解产生可加速伤口愈合的 N - 乙酰葡糖胺，大大提高了伤口愈合速度。

Cho 等发现，通过控制甲壳素的脱乙酰度和分子量而制成的水溶性甲壳素比甲壳素或甲壳胺具有更好的加快伤口愈合的能力，有望成为一种更理想的医用敷料。Joo 等制备了聚乙烯醇/甲壳胺/丝胶蛋白共混海绵状伤口敷料。共混组分分子间可以通过氢键作用形成天然的半互穿聚合物网络结构。该敷料柔软而富有弹性，皮肤亲和性好，动物实验表明无细胞毒性反应，能有效地吸收渗出物，提高胶原的增生能力，促进成纤细胞的增殖和血管的生长，并可减少真皮修复过程中疤痕的产生。此外，三组分敷料加速伤口愈合的速度要大于单组分或双组分的敷料。Koide 研制了一种多层伤口敷料，该材料由含凝胶状的甲壳胺、羧甲基甲壳胺、藻酸盐等物质的支持层和含聚硅氧烷或聚亚酯高弹体的渗透控制层构成，具有止痛、抗感染作用，使伤口敷料在结构和生理功能上有了极大的改善和发展。以甲壳胺为主要原料加入细胞生长因子以及促进细胞黏附的 RGD 肽段，可望获得更佳的治疗效果。

秦益民等人把甲壳胺纤维在 $ZnSO_4$ 的水溶液中处理后，通过控制处理时间可以使纤维吸附不同量锌离子。锌是人体必需的微量元素，是许多蛋白质的核心组分，能增强人体免疫力，具有特殊的生物活性。试验结果表明，负载锌离子的甲壳胺纤维在 2.9% 蛋白质水溶液中可以很好地释放锌离子。高性能创伤处理敷料要求具有溶入伤口愈合过程或直接进行床上治疗的功能，并形成一个湿润的环境条件以支持伤口自然愈合。

3. 人工皮肤 甲壳素微细纤维先用血清蛋白质进行处理以提高其吸附性，然后用水作分散剂，聚乙烯醇作黏合剂，制成非织造布，再切块后灭菌即可作为人工皮肤使用。它的密着性好，便于表皮细胞长入，具有镇痛止血功能，促进伤口愈合，伤口愈合不发生粘连。还可以用这种材料基体大量培养表皮细胞，在载有表皮细胞后贴于深度烧伤表面，一旦甲壳素纤维分解就形成完整的新生真皮，这类人工皮肤在国外已商品化。

4. 硬组织修复材料 用在骨折伤口上的可吸收材料必须直接与人体组织、血液和体液接触，因此，要求其不但应具备生物相容性，还应具备一定的机械性能和成型加工性能以及与骨组织间的弹性模量相配的物理性能。甲壳素和甲壳胺可以作为硬组织激发剂，以其固定肝素、硫酸软骨素和葡聚糖等，可以有效地刺激硬组织尤其是骨组织的恢复和再生。

5. 人工肾膜 人工肾膜通过除去血液中一定数目的溶质和水来净化血液，以维持慢性肾恶化病人的生命。由于甲壳胺是天然的多阳离子聚合物，而且由它制成的人工肾的透析膜具有足够的机械强度，可以透过尿素、肌苷等小分子有机物，却不透过 Na^+、K^+ 等无机离子及血清蛋白，且透水性好，是一种理想的人工肾用膜。

6. 抗菌材料 随着人类物质生活水平的提高，人们期盼健康、追求舒适的愿望不断增长，抗菌纤维着眼于卫生、功能和保健，在医疗、医药等行业显得特别重要。甲壳素和甲壳胺对金黄色葡萄球菌、表皮葡萄球菌、大肠艾希氏菌、绿浓假单胞菌、白色念球菌等都有抑制作用，特别是对革兰氏阳性细菌的杀菌效果显著。20 世纪 90 年代初，日本成功地利用甲壳素特性，将其制成纤维并与棉混纺制成抗菌防臭内衣和裤袜，使产品的附加值大大提高，织物中带正电荷的甲壳素可使带负电荷的细菌等微生物电荷中和，从而使细菌活动受到抑制，甚至失去活性，达到抗菌保健目的。日本富士纺绩公司把细度为 5μm 以下的甲壳胺粉末，按一定比例分散在纤维组织中，赋予了织物抗菌性能。

7. 保健内衣面料 利用甲壳素纤维和棉纤维及远红外纤维进行混纺并制成针织面料，通过对混纺纱及针织面料的服用性、舒适性及抗菌性等测试发现甲壳素棉、甲壳素远红外棉混纺针织面料与同纱号、同规格的纯棉针织面料的质量接近，而吸湿性、抑菌防臭功能特别突出，完全符合保健内衣面料的要求。

8. 药物缓释材料 药物控制释放技术正越来越受到人们的重视，甲壳素及其衍生物在人体内可生物降解并且具有良好的生物相容性，因此是理想的缓释材料。甲壳胺的游离氨基对各种蛋白质的亲合力非常高，可用来作为固定化酶、抗原、抗体等的载体。

（二）医用敷料的使用现状及甲壳胺医用敷料的市场前景

1. 医用敷料的使用现状 棉纱布是我国生产和使用量最大的医用敷料。从使用情况看，棉纱布有较高的吸液能力，可使液体均匀分布于整块纱布中，防止局部积液产生，但是棉纱布易干燥，在去除时还会从伤口表面粘连下一些有生命力的组织，给病人带来极大痛苦。现在，欧、美、日等发达国家和地区医用敷料已由非织造纱布逐步取代棉纱布。非织造纱布有许多优点，如对细菌尘埃过滤性高、吸湿性强、便于消毒及质地柔软等。此外，国外医学领域已经开始应用生物可吸收功能材料，这类材料具有良好的生体组织适应性、血液适应性和生体可吸收性，因而备受推崇，纤维蛋白、甲壳素及藻酸盐等敷料具有上述功能，其中甲壳胺以其丰富的资源和独特的性能而成为生物医学研究的焦点，已经开发出了可吸收缝合线、人造皮肤、体表止血敷料、体表促愈敷料等产品，并相继应用于对病人的治疗。

2. 甲壳胺医用敷料的市场前景 对甲壳素/甲壳胺的开发，国外开始于 20 世纪 30 年代，主要有美国、德国、日本及韩国等，其中日本开发的力度最大，已成为世界上甲壳胺的第一生产大国。欧洲及美国的营养学界称甲壳胺为六大要素之一，并投入大量人力、物力、财力开发生产以甲壳胺为主要原料的第四代保健食品，其中部分产品投放市场后，受到广大消费者的欢迎。现在，国际上甲壳质/甲壳胺年销售额已超过 20 亿美元，主要应用于如生物工程、酶和细胞的固定化、生物物质的分离精制、医药、食品、化妆品及纺织等行业。我国对甲壳质/甲壳胺的开发和研究进行得比较晚，从 20 世纪 80 年代才开始生产甲壳胺，由于我国具有丰富的甲壳质生产原料，因而生产量比较大，主要面对国外市场。目前，人们已意识到甲壳胺具有优异的物化性质、生物相容性和生理活性，高附加值和高技术含量的甲壳胺产品已经成为国内争相开发的热点。甲壳质/甲壳胺的粗加工和精加工产品在纺织、印染领域中能改善织物的起皱、收缩状况和抗静电性能，提高染料上染率、匀染性、固色率以及便于处理印染废水，还可将纺制的甲壳胺纤维加工成医用敷料。甲壳胺医用敷料相对于棉纱布有更好的透气性和更高的吸湿性，不会产生敷料的下积液问题，在镇痛和刺激生物组织生长等方面有更出色的作用，因此，可以完全取代棉纱布敷料。

三、纳米金刚石材料

金刚石为碳的同素异形体，俗称“金刚钻”，也就是常说的钻石，它是一种由纯碳组成的矿物，属原子晶体，金刚石是自然界中最坚硬的物质。纳米金刚石就是粒径在 1～100nm 的金刚石，是碳纳米家族中的一个新的重要的成员。

纳米金刚石具有硬度大、光学透明性、热传导性、电绝缘性、耐高压和抗风化等物理学特性，这些独特的性质使得它在涂料、润滑油、聚合物添加剂、电子器件、传感器和电化学领域得到了广泛的应用。由爆炸技术合成的纳米金刚石颗粒表面有许多化学基团，主要包括羧基、内酯、羟基、酮和烷基基团等，这些基团经过化学修饰后，其表面会提供一个供生物分子或小分子化合物结合的独特平台。近年来，随着科学家对纳米金刚石生物学性能的研究，发现纳米金刚石具有良好的生物相容性、低识别元件，将生化反应转变成定量的物理化学信号，从而能够进行生命物质和化学物质检测和监控的装置。随着纳米金刚石应用范围的扩大，许多研究人员发现了它在生物传感方面的应用价值。葡萄糖生物传感器能够简单迅速地进行疾病诊断，对治疗糖尿病有重要意义。非掺杂的纳米金刚石修饰的金电极可作为一种电化学的葡萄糖传感器。

由于纳米金刚石具有体积微小、无毒性、弱磁性、功能化修饰的多样性等诸多优良特性，使得它成为研究的热点。目前，纳米金刚石除了在涂料、润滑油、聚合物添加剂、电子器件、传感器和电化学领域的应用外，在生物医药领域应用的研究方面也取得了突破性进展。

1. *基因传输与治疗*　基因传输与治疗的目的，是引入外源基因以补充缺陷基因或为体内提供更多的生物功能。Zhang 等设计了一种新型的低毒性的基因传输工具，即：800Da 聚乙烯亚胺（PEI）修饰的纳米金刚石（ND－PEI800），DNA 可通过氢键或静电作用固定在 ND－PEI800 上，然后被转运进入细胞。与其他基因转运载体相比，ND－PEI800 对荧光素酶质粒和绿色荧光蛋白质质粒都表现出了较高的转运效率以及较低的毒性。之后，该小组就纳米金刚石—聚乙烯亚胺的杂化物（ND－PEI800）对小分子 si RNA 的转运效果进行了研究，证明在含血清培养基的生物条件下，ND－PEI800 对 si RNA 转化效率要比脂质体高。因而，纳米金刚石可成为一种快速的、可扩展的、广泛适用的基因传输工具。

2. *药物传输与治疗*　纳米技术为药物的传输提供了新的方式和途径，纳米金刚石可以与药物以共价键或非共价键的方式结合，作为药物传输工具将药物转运到靶细胞或靶器官而发挥作用。转铁蛋白与荧光纳米金刚石共价结合后能通过受体介导的内吞作用进入细胞，其摄取机制是一种温度、能量、网格蛋白依赖的途径，从而使纳米金刚石可作为一种特殊的细胞摄取与药物传输的工具。除了受体介导的机制外，胰岛素以非共价的方式吸附到纳米金刚石表面，可作为一种 pH 依赖的蛋白质传输工具，其中胰岛素的释放是可调的，并保留着原有活性。

有些化合物具有治疗某些疾病的作用，但其弱的水溶性限制了其在疾病治疗方面的应用。纳米金刚石能够提高难溶性化学治疗药物在水中的分散性，这表明纳米金刚石可作为一种水不溶性化合物的转运工具。从以上的研究可以看出，纳米金刚石不仅能够作为有效的转运载体，而且其转运机制也比较明确。因此，可以进一步拓展其作为载体在生物医学领域中的应用。

3. *癌症诊断与治疗*　纳米粒表面能够提供各种各样的化学基团，供多种癌症诊断与化疗药物以共价键或非共价键的方式结合，据此设计和开发具有多功能化学基团的纳米粒并用于肿瘤同步成像与治疗，已经成为目前癌症药物研究的主要目标。一些研究表明，抗癌药物与纳米金刚石连接后能够减少毒副作用，提高靶向性，并表现出较强的抗癌活性。如紫杉醇与表面修饰的纳米金刚石共价连接以后，其抗癌活性比单独紫杉醇的抗癌活性要高。顺伯与纳米金刚石可以非共价键的方式结合，且研究表明顺伯—纳米金刚石复合物为一种 pH 应答的抗肿瘤药物释放系统。10－羟基喜树碱是一种重要的抗癌药物，但是它的弱水溶性限制了其在临床治疗方面的应用。将 10－羟基喜树碱与纳米金刚石结合后形成的 10－羟基喜树碱—纳米金刚石复合物，在体外对 Hela 细胞的毒性要比单独 10－羟基喜树碱的毒性强，因此，它不仅改善了 10－羟基喜树碱水溶性差的问题，而且提高了该药物的抗癌活性，减少了对正常细胞的毒副作用。

4. 蛋白质的分离与纯化 纳米金刚石有较大的比表面积，表面覆盖着羧基、内酯、羟基、酮和烷基等多种化学基团，对蛋白质有着很高的亲和力，因而可用于蛋白质的分离和纯化。Bondar 等用爆炸技术合成的纳米金刚石分离纯化了大肠杆菌细胞提取物中的重组荧光素酶和重组 Ca^{2+} 激动蛋白质 apoobelin，并阐述了纳米金刚石与蛋白质相互作用的机制。与传统的色谱方法分离纯化蛋白质相比，用纳米金刚石分离纯化蛋白质具有以下优点：简化了纯化蛋白质的过程；将分离蛋白质的时间减少到了 30～40min；消除了使用特殊的色谱设备的必要性；使制备高纯度、高产量的 apoobelin 与荧光素酶成为可能。因此，纳米金刚石的使用将会开辟一种新的分离纯化蛋白质的方法，该方法不仅能够减少分离纯化的时间，而且能够简化过程，给科研工作人员带来方便。

5. 细胞标记与生物成像 荧光细胞标记物在生命科学领域扮演着重要的角色，但许多可用的标记物在物理、光学以及毒性方面都存在着一定的缺陷。纳米金刚石作为一种新型的碳纳米材料，具有化学惰性、有荧光但无光致漂白、无毒性的优势，可用于细胞标记与生物成像。

Liu 等研究了不同类型的细胞对纳米金刚石的摄取能力以及纳米金刚石对细胞分裂和分化过程的影响。实验结果表明羧基纳米金刚石在细胞分裂和分化过程中没有毒性，它不改变细胞生长能力以及细胞周期介导蛋白的水平。在细胞有丝分裂过程中，纳米金刚石不仅不干扰纺锤体的形成和染色体的分离，而且能够近似地分成两半到每个子细胞中。Mkandawire 等研究了将绿色荧光纳米金刚石与免疫复合物结合后，在不同的转染试剂的作用下进入活细胞中进行标记的特性，实验结果表明，纳米金刚石与适当的抗体结合后可选择性地靶向进入细胞内的某个结构，如线粒体等，而且纳米金刚石的荧光不同于细胞本身的荧光。Chao 等将溶菌酶吸附到羧基纳米金刚石表面后形成溶菌酶—纳米金刚石复合物，该复合物与大肠杆菌相互作用时，不仅表现出了较高的抗菌活性，而且可以通过非入侵性拉曼光谱的方法检测纳米金刚石的拉曼信号，使得该相互作用通过拉曼信号可见。大量研究表明，在细胞水平上，纳米金刚石与某些蛋白质、小分子化合物结合进入细胞后，不仅能够用于生物成像，而且可发挥一定的生物活性。例如，羧基纳米金刚石作为一种可见的生物成像工具与 α－金环蛇毒素静电结合后，可显示一定的阻止目标细胞中受体功能的活性。荧光羧基纳米金刚石可作为一种靶向的荧光探针与转铁蛋白上的氨基共价结合，得到的荧光纳米金刚石—转铁蛋白复合物（FND－Tf），能与 Hela 细胞表面过度表达的转铁蛋白受体相互作用，起到特异性靶向生物成像的作用。Chang 等制备的具有荧光和磁性双重功能的荧光磁性纳米金刚石，能够通过内吞作用进入 Hela 细胞，因而，它可作为生物成像的载体将DNA、酶、药物等转运到细胞内发挥作用。除了细胞水平上研究荧光纳米金刚石生物成像的作用外，也有研究报道荧光纳米金刚石可用于体内生物成像。Mohan等将荧光纳米金刚石以喂养和微量注射的方法转入野生线虫体内，并通过多项实验研究了荧光纳米金刚石与宿主机体的相互作用，该项研究表明荧光纳米金刚石可用于活体动物细胞以及发育过程中长期跟踪和成像的荧光探针。

以上实验结果显示出纳米金刚石在细胞标记与生物成像的研究方面具有很重要的应用价值，它可以用于癌细胞与干细胞的标记与追踪，也可以作为与细菌或细胞相互作用的荧光探针，同时，在细胞水平上，它还可以作为生物成像的载体将生物活性物质转运到细胞内发挥作用，而且可以用于体内的生物成像。

6. 对免疫系统的作用 纳米金刚石与纳米铂的混合材料（DPV576－C）在体外作用于树突状细胞后，可增加CD83和CD86的表达，上调树突状细胞分泌的细胞因子IL－6、TNF和IL－10的水平，提高CD4＋T细胞生长的能力。

在体内DPV576－C作用于C57BL/6小鼠后，与未处理的C57BL/6小鼠相比，能够增加CD4＋和CD8＋T细胞和它们的激活标记物CD25和CD69的百分比，增强NK细胞的活力，而且没有组织病理学上的毒副作用。因此，该混合材料可用于提高癌症治疗过程中的免疫应答反应以及治疗病人的免疫功能障碍。

四、涤纶

涤纶作为三大合成纤维中制备工艺最简单的一种，备受人们喜爱。制备工艺简单使其人造血管的成本也相对降低，且聚酯纤维材料拥有极好的弹性以及抗磨损、抗腐蚀特性，这对于人造血管来说非常重要。此种材料虽然在体内的血液相容性略差，且术后愈合时间较其他材料略长，但在众多人工合成材料中，其术后感染及手术过程失败的概率最低，这也是其被广泛接受的原因。

近几年有研究报道，在此种材料所制备的血管表面修饰生物因子可以明显改善血管的生物相容性。

为了应对人体血管由于动脉硬化、血管瘤、血栓、血管老化或破损而无法正常工作的情况，需要进行血管移植。目前，血管代用品的主要来源为生物血管、人造血管及复合血管。生物血管有自体血管、同种异体血管和异种血管三种。后两种由于通畅率低，易发生退行性病变及排斥作用，目前临床已经很少应用。自体血管在外周血管重建中，可以用作小口径血管的优良代用品，但其来源少，口径和长度也受限制。因此，临床上经常需要的理想血管待用品主要来自人造血管及复合血管，他们具有接近人体血管特性的趋同性，能够保持长期通畅且性能较稳定。王英梅等人针对亚洲人胸主动脉直径较小的特点，根据腔内隔绝术用人造血管的要求，按超薄织物的设计原理，对纱线原料、织物密度和组织进行了选择和设计，用2.2tex/12f涤纶复丝上浆后织成超薄织物试样，试样经过轧光整理减小厚度，成功制得厚度小于0.06mm，透水率为7mL/（cm^2·min）的超薄复丝织物。扩张性血管疾病可通过小口径血管（直径1.0～3.7mm，长度5.0～10.0mm，壁厚0.7mm）移植来治疗，新生物材料细菌纤维素提供了一种全新的方法。

五、膨化聚四氟乙烯

膨化聚四氟乙烯是常见的小口径血管制备材料，其化学稳定性、抗老化性质以及表面的光泽度都表现出众，但在体内的顺应性和弹性不尽如人意。尤其是材料表面的亲水性差，使组织内渗完成内皮化进程的可能性大大降低，导致其长期通畅率也难保持高水平。当然，有不少研究关注在膨化聚四氟乙烯细菌纤维素是目前正在研究的一种新型纳米生物材料，除了拥有其他天然生物材料共有的性质外，还具有独特的可调控性，且在与其他材料结合后力学性质表现不俗。此种材料在小口径人造血管方面的研究正在继续。

第二节　医疗与卫生用纺织品专用设备

小口径人造血管的直径一般不大于6mm，制备过程工艺要求高，且存在的最主要问题就是长期通畅率，大多数小口径血管植入生物体后寿命明显要低于大口径血管，由于血液流速在小口径血管中受限制，血栓的形成概率加大，且小口径血管的材料选择也非常重要，既要保持良好的力学性质，又要有适当的孔隙率与渗透压，多数制备大口径血管的方法不能应用在制备小孔径血管中。

制备小口径血管的方法多种多样，虽与制备大口径血管有相似之处，但技术要求较高，针织与平织技术已日臻完善，在临床上也已商品化供应。成品虽被广泛使用，却难达到理想要求，最新的制备工艺还在不停地开发，目前，较新的技术有浸渍—沥虑法；混凝法；静电纺丝法；去细胞组织复合法；组织工程血管支架法等，在此不再展开介绍。介绍一种新型的血管制备方法，制备工艺简单，成管速度快，最重要的是能在内壁通过激光精确加工出形貌可控的微纳结构，试图仿照真实血管内壁结构，最大程度加快人造血管在体内内皮化进程速度。

一、方波变速电动机

由于需要在旋转设备上制备血管，而旋转设备的转速直接影响成管质量，使用步进电动机旋转可控转速过小，所以希望制备一种设备转速可调，并配合所使用的套管对血管进行固化和成。且在后续的实验中，连续使用旋转设备，在旋转台上一次性完成固化与内壁微结构的加工，装置示意如图 8 - 4 所示。以最快速度完成血管制备，降低临床手术等待时间。

设计转台的同时，也设计了转台与套管相连部分的匹配转子，匹配转子使用铝制材料制成，因为铝制材料密度较其他金属低，减小了电动机的效率损耗，且转子使用车床技术车制有规整的轮廓，动平衡效果良好。

实验设计了可调转速的转动电动机，转速最大可达到3000r/min，在电动机外部接方波产生器，通过旋钮调整方波频率，方波带动电动机工作，这样可以有效调控电动机转速，使电动机转速可在 0 ~ 3000r/min 随意调控。

可调控方波产生电路的设计过程如图 8 - 5 所示。

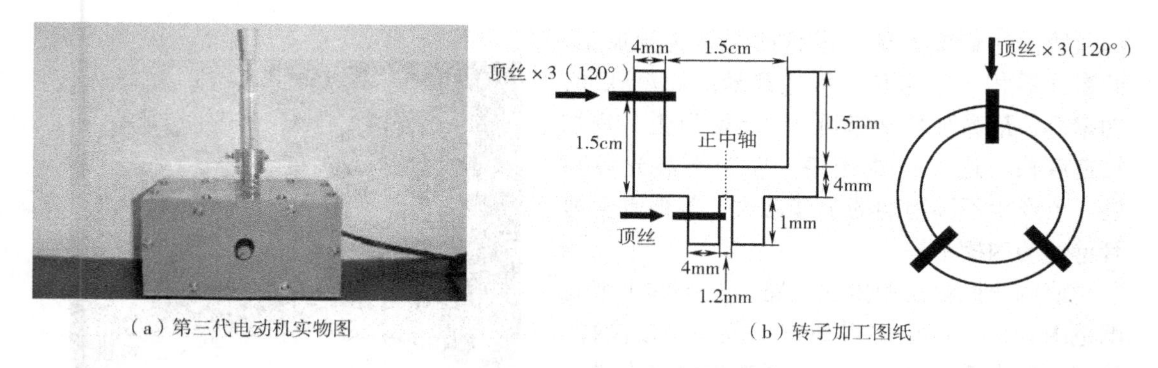

（a）第三代电动机实物图 （b）转子加工图纸

图8-4 电动机及转子

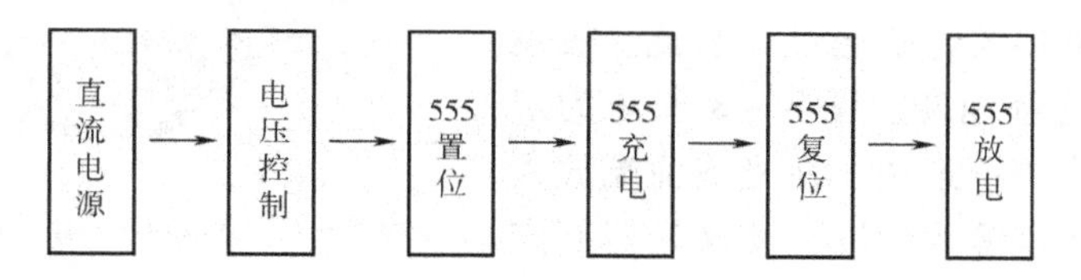

图8-5 总体方案框图

为了得到壁厚可调的人造血管，使用套管技术进行加工（图8-6），使用两个半径不同的玻璃试管，将大试管套在小试管外侧，且在小试管底部缠绕胶圈使其圆周各项与大试管之间的距离相等，在空隙处即可加入预曝光溶液，通过旋转完成圆周曝光。血管内壁厚度=外管内径-内管外径，血管半径=内管外径。

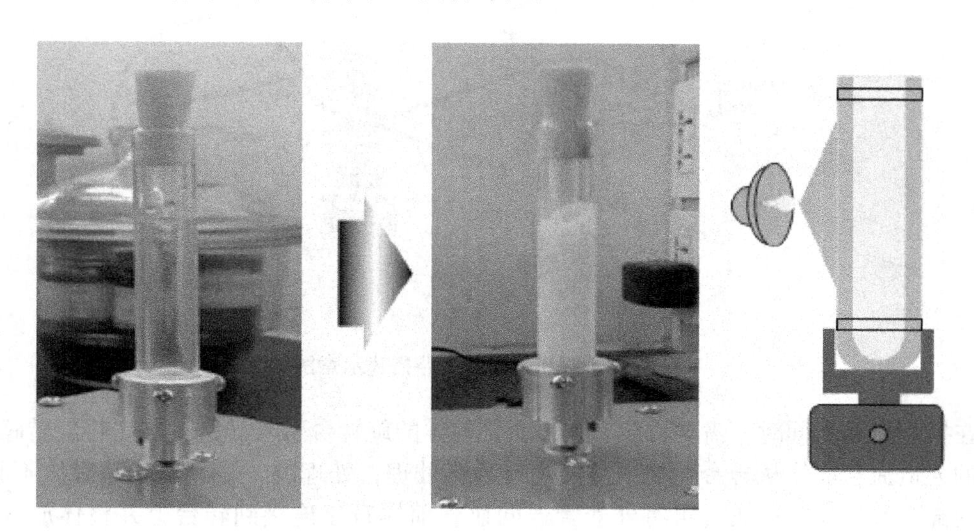

图8-6 套管技术示意图

二、血管前体内表面微纳结构的加工设备

血管前体内表面微纳结构的加工主要使用Spectra-Physics公司生产的Quanta-Ray-150纳秒激光器（图8-7）产生355nm的紫外激光，被透镜分为双束相干光，在所合成

的血管前体管壁上聚焦进行微纳结构的加工，此激光器相干距离长，可达到米级。短脉冲，功率高，最高平均功率可达 1.5W 以上，且扫描速度快。通过搭建光路，控制干涉光源角度，可产生不同周期的干涉条纹，类似真实血管壁上的沟槽结构。

图 8－7　Quanta－Ray－150 纳秒激光器

使用分振幅模型搭建光路，这样的干涉光圈范围较广，可单次得到较大范围干涉图样。使用半反半透分幅片对激光器产生的光束进行分幅处理，得到的两束光线频率一致、振幅基本相同，再将两束相关光线通过反射镜、棱镜或透镜聚焦到血管壁内侧。图 8－8 所示为双光束干涉光路搭建的示意图，在光路前端放入半反半透镜，并调整镜片角度，使激光器所产生的光束被分割到强度基本相同、频率一致的两条光束中。要得到形貌完整的干涉条纹，需要使分路后的光束行进相同的光程达到材料表面。

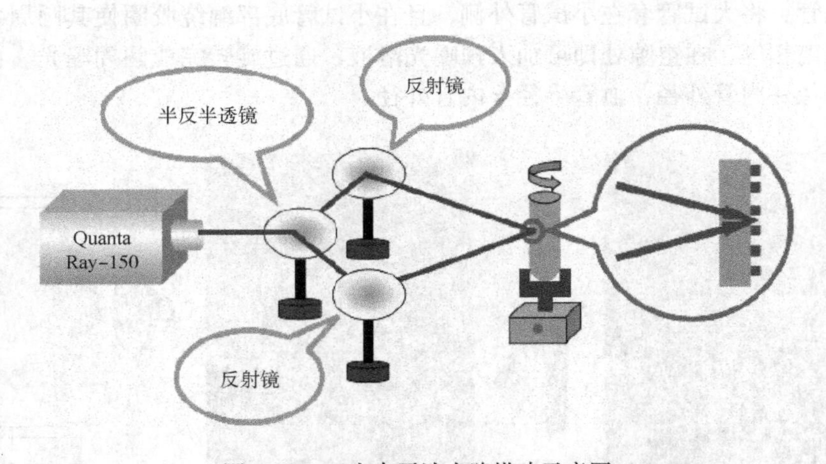

图 8－8　双光束干涉光路搭建示意图

在搭建光路的同时，需要将载有人造血管前体的旋转台引入光路。首先将旋转曝光后固化的人造血管前体从转台上取下直接进行显影处理，处理时，外侧套管与管体不脱离，取下内部套管。显影完成后再将外套管连同血管前体直接连接到转台上并整体放入光路内，在激光小功率（不超过 20W）状态下调整光路，使双光束光线聚焦点落在套管内人造血管前体的内表面上。在进行加工前，使用激光大功率计测试并调整光功率，使其稳定在 300mW 左右。加工时先在管壁内侧滴入少量之前配置好的预曝光溶液，启动转台并调整其转速为 480r/min，转动 3min。在高速转动状态下，管壁内侧的预曝光溶液均匀分布，之后再将转速调整到 30r/min，在低转速下由于方波的周期性使得转台呈现类似步进电动机转动模式，即间歇式转动，这保证了激光在表面的干涉时间，使材料得到充分的固化。待完成之前步骤后，开启激光器关闸，观察转台转动一周后关闭光闸，即完成一次加工。

第三节　医疗与卫生用纺织品工艺技术

一、甲壳胺非织造布加工技术

医疗上用的甲壳胺非织造布的加工方法主要有抄纸法、针刺法及水刺法三种。

1. 抄纸法　将甲壳胺纤维分散在水中，经斜网成形器成网，然后烘燥成型制得非织造布。在整个加工过程中为使纤网均匀及具有足够的强度，应加入适量的表面活性剂和黏合剂。该方法生产速度快，产量大，但由于加入了化学助剂，产品手感硬，伏贴性不好。

2. 针刺法　甲壳胺纤维经过彻底开松和梳理，再经过针刺加固而得到非织造布。由于甲壳胺纤维强力偏低，在开松过程中要注意对纤维作用尽量柔和，避免对纤维的损伤；由于甲壳胺纤维本身滑、散，梳理时可根据情况适当添加对皮肤无刺激的助剂，如黄酸酯类、液态石蜡和聚乙烯醇类的油剂等，以确保纤网具有良好的均匀度；应适当降低针刺频率，以免刺断纤维。该方法具有加工流程短、产品柔软、吸湿透气性好及储存性能好等优点，但制成的产品厚、强力低，因而使用起来不太方便，且成本也较高。

3. 水刺法　甲壳胺纤维在高压水刺作用下重新取向并获得缠结，得到加固，制成非织造布。在水刺加工时，水压的设定要合理，以免过高的水压将纤维打断，还应在各水刺辊之间设定合理的牵伸以补偿纤维所产生的自然延伸，避免对纤维可能造成的任何损伤；烘燥时为使产品获得柔软的特性，温度不能过高；为避免纤网沾染任何带菌物，还要注意循环水的洁净度，加大过滤效果。该方法所制成的产品具有透气、吸湿、强度高、弹性好及耐储存等特点，但是加工过程中耗能大，因而生产成本较高。

二、甲壳胺医用敷料加工技术

以甲壳胺溶液为原料生产医用敷料有浸渍和成膜两种方法。

1. 浸渍法　将棉纱布经消毒处理后，经过2%甲壳胺醋酸溶液浸轧处理，使甲壳胺溶液均匀地涂在纱布的正反面上，然后经过烘干而得到医用敷料。该方法生产成本较低，但产品手感偏硬，对人体生物组织吸收效果不好，疗效较差。

2. 成膜法　将甲壳胺浆喷成薄膜并凝固拉伸后可制成膜式人造皮肤。该产品疗效尚好，但保质期短，降解快，易碎裂，无法批量生产。

三、人造血管后处理技术

制造人工血管应用的是光加工技术，光加工技术以其方便、快捷等优势备受加工领域的关注，其中激光因拥有方向性好、高能量和单色性等一系列优点，自应用以来，就受到科研领域的高度重视。激光加工技术推动了诸多领域的迅猛发展，应用范围越来越广。光加工指光束作用于物体的表面而引起物体形状的改变，或物体性能改变的加工过程。按光与物质相互作用机理，大体可将光加工分为光热加工和光化学反应加工两类。热加工是光速作用于物体引起快速热效应，从而引起材料表面的性质改变，而光化学加工指的是光作用于物体表面，高密度高能量的光子引发光化学反应的一系列加工过程，也称为光冷加工。

制备人造血管不能直接使用，要进行制备后处理，以改善其某些生物相容性，最常见的处理方式如下。

1. 致密化处理 改善表面空隙密度，通过致密化处理可以减小制备血管的孔隙率，防止因孔隙率过大造成渗血出血等现象。一般使用高温加热（热蒸气、热水浸泡、热空气）或者溶剂浸泡（二氯甲烷）等方式处理。

2. 波纹化处理 此种方法可以改善血管的顺应性，在表面高温压印出螺旋或条纹状结构，增加了血管扭曲拉伸力，同时也改善了血管的纵向抗拉伸性质。但增加的条纹结构会降低血管的有效内径，且条纹状结构对于外壁组织贴壁生长有限制作用，减小了血管外部对组织的亲合效果，对于小口径血管来说此方法不适用。

3. 清洗处理 使用蒸馏水或溶剂对制备的血管进行浸泡漂白清洗处理，除掉血管上的外毒素，防止植入后在体内毒性释放引起的过敏感染化脓等危害。

4. 涂层化处理 有些大口径血管为了增加在体内的顺应性和弹性，不得不将机织纤维间距变大，导致血管孔隙率过大，为了防止渗血及透血现象，需要将制备好的血管放入植入体血液中进行浸泡预凝处理，使血细胞充满空隙以到达降低孔隙率的作用，这种方法会延长手术准备时间，对于危重患者比较难以应付。

5. 加固处理 对于主动脉血管，为了加强其抗压强度，在血管外壁缠绕加固丝状纤维后进行加热处理，使其相互融合从而改善血管的强度，同时也加强了人造血管在手术缝合过程中的抗抻拉挤压性质。

6. 表面改性处理 表面改性处理可以进一步改善血管的生物相容性质，增加血管内外表面与组织细胞的亲和性，减少血管在体内的排斥反应，增加血管表面与生物体之间的相互作用。表面改性处理的方式主要分以下两种。

（1）表面等离子体处理。使材料表面的带电性改变，有利于改善表面的亲水性以及减少细胞和其他血液分子在管壁的吸附。有时单纯地改变材料表面的带电性可以有效改善材料的长期通畅率，等离子体处理还可以进一步改善材料本身的抗氧化性。

（2）修饰生物化学分子。在血管内壁修饰特定的蛋白或者肝素等化学生物因子可以有效地改善血管的生物相容性，其原理与等离子体处理相似，且化学和生物因子对特定血液分子的排斥效应远远超过单纯的物理处理效果。这些生化涂层不仅改善材料的亲水性质，抵抗特异性免疫排斥，减少血浆凝固，降低血小板吸附，还可在一定程度上改善血管内壁内皮化进程。

7. 表面微结构处理 人体内自体血管由三层膜结构构成，由平滑肌细胞组成的中膜结构能保持血管的弹性和柔顺性，中膜的最内侧呈现网格状微结构，这种复杂的动态三维结构有利于内层内皮细胞平铺在其上形成内膜。在人造血管内壁模仿生成此种结构，可极大程度地改善血管内皮化进程，使内皮细胞最大限度地在管壁内侧生长排列，恢复体内正常生理功能。常见表面微结构加工方式有电刻蚀、静电纺丝以及激光加工等。

第四节　医疗与卫生用纺织品的特殊性能要求

一、吸收性

医用敷料应具有较高的吸液能力，防止局部积液，与创面有良好的亲和性，并且不会因为大量吸收渗出物后而导致敷料与伤口分离。医用敷料的吸收能力主要通过吸水时间和吸液量两个指标来反映，其测试可分别参照脱脂纱布 WS1－196－86－89 和 EDANA 10.1 中的相关标准进行。

二、物理性能和透气性

医用敷料应具有一定的强度、可弯曲性、透气性和保湿性。具有良好物理性能的敷料可以适应不规则伤口表面的挠曲性和柔韧性，防止伤口收缩，满足人体组织活动的弹性和剪切强度的要求。医用敷料在保持润湿状态的同时，还能将多余积液排放到空气中，其物理性能和透气性的测试参照 FZ/T 60005 和 ASTMD 737－75 的试验方法进行。

三、对人体的防护性

医用敷料不应有毒性，使用后对皮肤不会产生刺激和引起皮肤过敏、慢性炎症和癌变等。防护性的测试一般按照标准 GB/T 16886 中的相关条款进行。

四、生物治愈性

医用敷料在使用后，在生物组织完全治愈前应维持其机械性能和功能，当生物组织完全愈合后，材料应尽快降解而被吸收，未吸收部分会自动脱落，具有良好的生物相容性；医用敷料还应能促进肉牙和上皮组织正常生长，促使创面愈合，减少疤痕或不留疤痕。上述性能必须在指定的医院临床试验，通过一定数量病例的治愈情况来证明。

五、生物相容性

生物相容性指所合成的血管植入人体后与人体内部发生的物理、化学以及生物免疫学反应后与人体的相容程度，换而言之就是材料对人体的毒性。此种性质是人造血管多种性质中最重要的一种，分为血液相容性和细胞组织相容性。

第五节　高端医疗与卫生用纺织品应用实例

一、人工胸壁

胸壁肿瘤、感染、放射性溃疡和胸部创伤等疾病的广泛发病，胸壁切除及先天性胸壁畸形均可造成胸壁大块缺损，如不进行有效的修补易造成胸壁软化，反常呼吸，严重影响患者的呼吸循环功能。

因此，胸壁重建手术对于胸壁大块缺损患者而言具有非常重要的作用，而这项技术的关键就是胸壁替代品——人工胸壁。

从结构上看，临床上应用的人工胸壁有条状的、板状的、网状的。条状和板状的人工胸壁与生物体胸壁缺损周围的肋骨连接，以代替原来病变的硬性结构。由于是硬质材料，其支撑作用好，防止反常呼吸效果好；但是其表面光滑、内部空洞少，不利于细胞的攀附及生长，故与组织结合困难，术后常因松动造成组织破坏，限制了其应用。网状的人工胸壁与生物体胸壁缺损周围的软组织紧密缝合，能够有效地防止反常呼吸，减少肺功能损害，并且具备一定硬挺度，不易起皱，术中缝合简单方便；但其不能对胸壁缺损中的硬性结构进行修补。近年来，出现了与人体胸壁结构比较相似的"三明治"式复合结构的人工胸壁，这种结构能够综合硬质材料和软质材料的优缺点，修复大范围胸壁缺损，在临床上已取得良好的效果；但其也有一些不足，如：一般使用缝纫的方法固定网状材料和硬质材料，存在手术操作复杂、固定不牢的缺点。徐志飞等采用机织的方法设计出的纵向多管道人工胸壁修补网与硬质材料配合使用，在结构与功能上可实现对缺损部位较完整的修复，但是沿经向带管道的修补网在织造时因为管道部分和片状部分的缩率不同，随着织造的进行，经纱张力差异越来越大，增加了织造难度；同时，也缺少性能优良的硬质材料与之配合，使其应用范围与修复效果受到影响。

（一）胸壁修补网的结构

胸壁修补网的结构如图 8-9 所示，分为片状部分和管道部分。管道部分可容纳硬质材料，起到修复肋骨的作用；片状部分一方面可以固定肋骨，另一方面可以修复软组织。这样硬质材料与软质材料相互配合，可以更好地维持胸壁的稳定性。

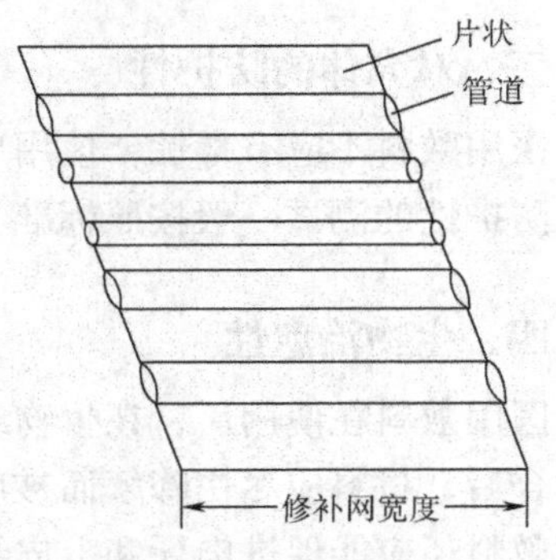

图 8-9　修补网结构示意图

（二）人工肋骨的结构设计

临床上要求人工肋骨要具有导通的微孔洞，以利于成骨细胞的攀附，促进新骨的形成。三维编织物是一种整体网状结构的立体织物，具有良好的力学性能，同时也具有大量相互导通的微孔洞，所以，本文采用三维编织的方法制作人工肋骨。在三维编织结构中，三维五向编织结构由于第五向纱（轴纱）的加入，大大提高了轴纱方向的力学性能，可以满足在体内受力较复杂的肋骨的要求，故用三维五向编织工艺制作人工肋骨。

（三）人工肋骨的结构

三维五向编织物的结构如图 8-10 所示。作为人工肋骨的三维五向编织物，其编织纱与织物成形方向都存在一定的夹角（编织角），编织角越大，肋骨在体内所能承受的力越大，因为肋骨在体内的主要受力分布在垂直于成形方向的平面内（面内）；垂直于成形方向的轴纱的引入，可有效改善织物成形方向的力

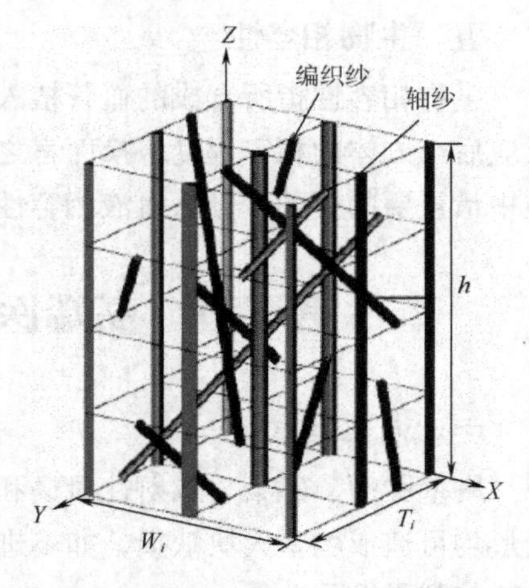

图 8-10　三维五向编织物结构

学性能，能够保证在不降低面内性能的前提下提高肋骨的纵向支撑性能；同时，编织纱以折线排列方式连续贯穿结构的整个部分，使织物有一定的弯曲性能，满足肋骨可稍微弯曲的要求。

二、人工心脏瓣膜

人工心脏瓣膜是可植入心脏内代替心脏瓣膜（主动脉瓣、三尖瓣、二尖瓣），能使血液单向流动，具有天然心脏瓣膜功能的人工器官。当心脏瓣膜病变严重而不能用瓣膜分离手术或修补手术恢复或改善瓣膜功能时，则须采用人工心脏瓣膜置换术（图 8－11，彩图 4）。换瓣病例主要有风湿性心脏病、先天性心脏病、马凡氏综合症等。以下是一些人工心脏的实物图（图 8－12，彩图 5）。

图 8－11　人工心脏瓣膜手术过程模式图

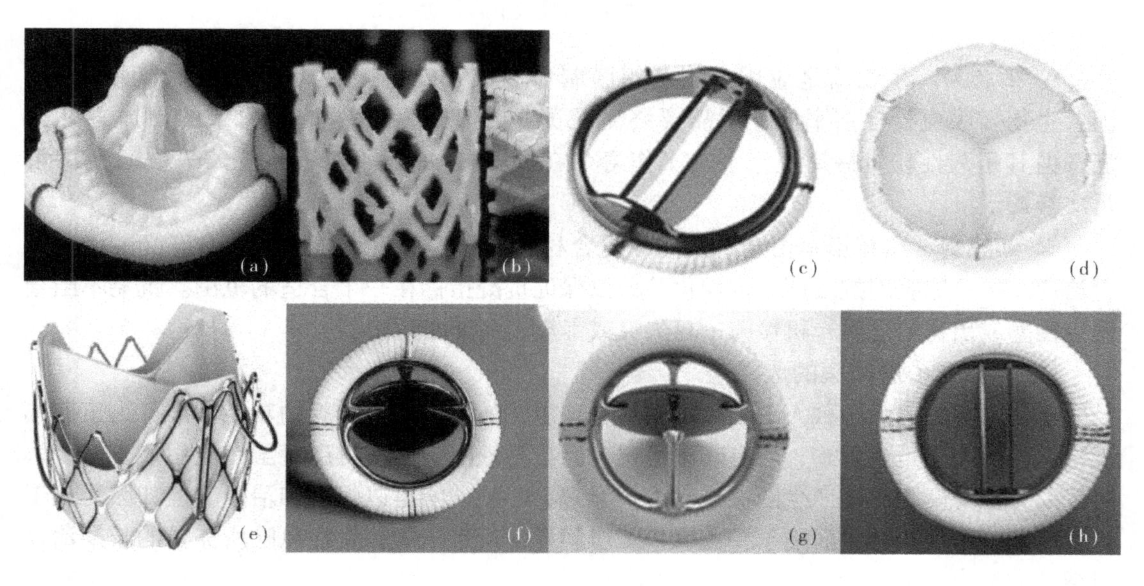

图 8－12　各种不同类型支架瓣膜

（一）分类

人工心脏瓣膜分为生物瓣和机械瓣两种（图8－13，彩图6），其置换图如图8－14（彩图7）所示。

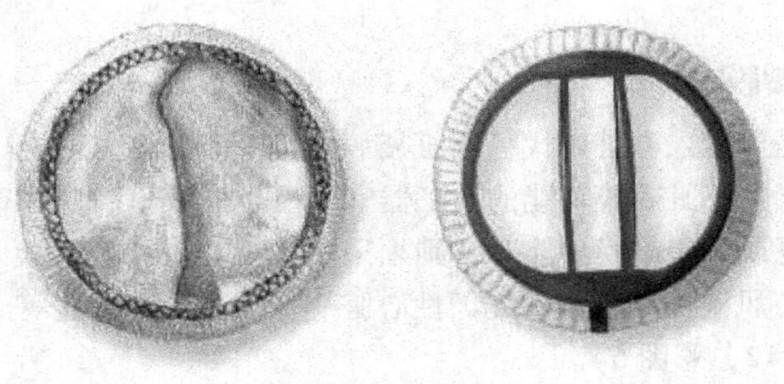

（a）生物瓣　　（b）机械瓣

图8－13　生物瓣和机械瓣

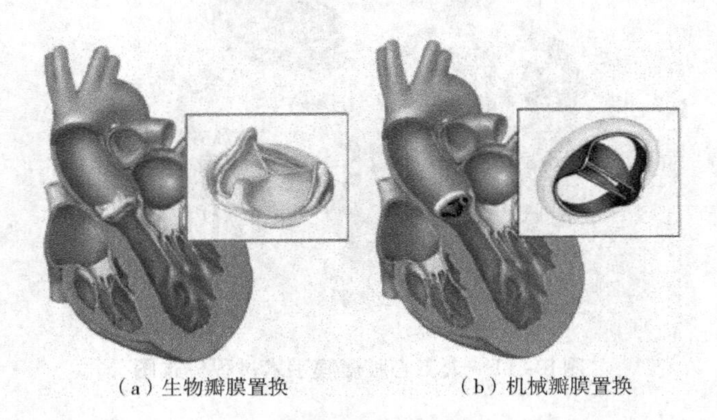

（a）生物瓣膜置换　　（b）机械瓣膜置换

图8－14　生物瓣和机械瓣膜的置换图

1. 生物瓣　生物瓣是应用生物组织膜制作而成，或直接取材于同种或异种心脏瓣膜。生物瓣膜血栓栓塞率低，不需要终生抗凝，当然也免除了抗凝所致的出血等并发症，但其耐久性较机械瓣差，平均工作寿命在10年左右。不过，生物瓣失去效用后可再次换瓣。

2. 机械瓣　机械瓣是由金属及高级复合材料制作而成。耐久性强，但需终生接受抗凝治疗。每日需服用抗凝药，定期化验，以保证抗凝指标在一个合适的范围。抗凝不当会发生栓塞或出血等危险，机械瓣一旦失灵或卡瓣，将非常危险。

（二）人工心脏瓣膜的选择

至今为止，仍无一种人工心脏瓣膜具备理想化的人类正常瓣膜的功能标准，人工瓣膜无论是机械瓣还是生物瓣，均有其不可避免的自身缺陷，而使得患者虽然应用人工瓣膜解决了因为自身瓣膜病变产生的血流动力学异常，心脏功能得以保护和治疗，但却因为人工瓣膜的某些不良特性，而陷于要克服人工瓣膜异常所带来的并发症风险所需要的长期治疗与维护的努力之中。

1. 人工瓣膜优劣特点　机械瓣长期耐久性好、手术植入技术相对简单，但患者需要终生抗凝治疗，由此而产生的相关不良事件风险要高于生物瓣；生物瓣术后不需长期抗凝治疗，由此产生的相关不良事件要低，但是其与年龄相关的耐久性问题，以及导致二次手术的风险和费用是患者必须面对的现实。

但瓣膜置换手术中采用何种人造瓣膜应根据具体情况进行具体分析，要考虑患者的年龄、职业、体力、精神状态，病人对瓣膜选择的意见，患者的心肌情况和患者能否接受长期的抗凝治疗等。

生物瓣膜有良好的血液动力学，血栓栓塞率低，部分病人可不需要长期抗凝治疗，但是生物瓣膜的最大缺点是耐久性差。

2. 人工瓣膜选择

（1）希望妊娠的育龄妇女选生物瓣。

（2）就年龄而言，60 岁以上患者应首选生物瓣，50 岁以下宜选择机械瓣，这样可以保证其耐久性并避免生物瓣在青少年中发生钙化。

（3）有出血性素质和出血性疾病以及其他原因而不能接受长期抗凝治疗的患者选生物瓣。

（4）根据病人的经济条件和保健条件，在农村无法进行抗凝治疗者宜选用生物瓣。

（5）三尖瓣是所有瓣膜置换栓塞中血栓栓塞率最高的部位，这可能与此部位压力低、血流缓慢有关。临床观察在三尖瓣部位血栓栓塞率以碟瓣最高，球瓣次之，生物瓣膜最低，因此，三尖瓣部位的瓣膜置换采用生物瓣膜比较理想。

（6）而机械瓣的耐久性好，就目前情况来说，无论何种材料制成的机械瓣植入心脏后，都需要患者终生抗凝治疗。随着整个心脏外科与体外循环技术的进步，瓣膜外科手术安全性明显提高。

换瓣手术必然存在着一定的风险，其中最主要的危险因素是：手术前病人身体状态，主要是心脏代偿功能与肺血管病变；附加心脏手术，例如，换瓣同时行冠状动脉搭桥手术者危险性较大。目前，即使患者年龄偏大或再次手术也不十分困难，因此，未来人工心脏瓣膜的发展在这些方面还需要进行更多的研究。

三、可吸收缝合线

在手术缝合当中，植入人体组织后，能被人体降解吸收，并且不用拆线，而为免除拆线痛苦的一类新型缝合材料。它的缝针由高质、高韧的进口钢材制成，针头锋利，针面纵纹平滑，易于穿透组织，缝合时对组织无损伤。目前根据缝合材料的可吸收程度，可分为羊肠线、高分子化学合成线、纯天然胶原蛋白缝合线。但是由于材质原因，造成线体张力不够。优点是植入人体内酶解，8 ~ 50 天基本吸收且吸收良好，具有肌腱特性，柔韧性好，拉力强；吸收完全，无毒副作用，无化学物残留，对人体不产生毒性反应，易穿过组织，如图 8 – 15 所示。

（一）特性

1. 抗张强度　抗张强度维持时间超过伤口愈合所需的 5 ~ 7 天，其打结强度大大超过羊肠线，为患者提供了安全保障。

2. 生物相容性　对人体无致敏反应，无细胞毒性，无遗传毒性，无刺激，并能促进纤维性结缔组织向内生长。

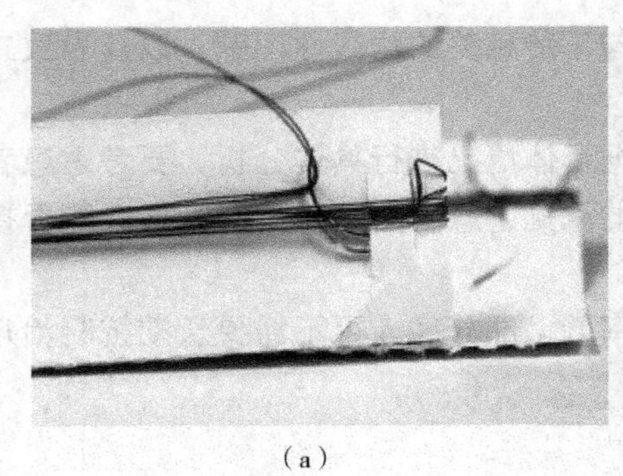
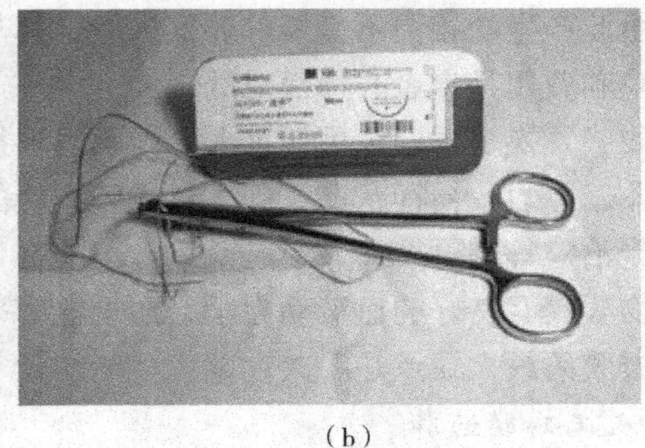

（a）　　（b）

图 8－15　可吸收缝合线

3. 吸收可靠性　能被人体通过水解的方式吸收。植入体内 15 天后开始吸收，30 天后大部分吸收，60～90 天完全吸收。

4. 操作简便　质软、手感好，使用时滑爽、组织拖曳低、打结方便、牢固、无断线之忧。经过灭菌消毒的包装打开即可使用，操作便利。

（二）规格

分蓝色，本色，蓝、本色交织色；带针，不带针多种类型，线长分 45～90cm 不同规格，也可以按临床手术需求定制特殊长度的缝线。

（三）应用范围

可广泛应用于妇科、产科、外科、整形外科、泌尿外科、小儿科、口腔科、耳鼻喉科、眼科等手术和皮内软组织的缝合。

四、高端功能型生物医药敷料

医用敷料是一类用以覆盖疮伤口或其他损伤的重要医用材料，它们可替代受损的皮肤起到暂时性屏障作用，避免或控制伤口感染，提供有利于创面愈合的环境。近年来，人们对多功能、新材质、高附加值医用敷料的需求越来越迫切，医用敷料每年都保持 20% 以上的速度增长。临床对新型多功能医用敷料有较大需求，但是我国医用敷料的市场规模还很小，占主导地位的还是传统产品，高端敷料主要依靠进口。得益于国家经济快速发展、新医改深化、医保覆盖率扩大等利好形势，作为刚性需求的医用敷料，其市场容量将继续高速发展。

（一）甲壳胺生物活性止血护脐包

新生儿脐带残端是一个开放的伤口，又有丰富的血液，是病原菌易生长之地，如处理不当，病菌就会趁机而入，引起全身感染，导致发生新生儿败血症。新生儿的脐带会在 3～7 天自然脱落，这段时间以及脐带脱落后相当长的一段时间需要对脐部进行精心护理，保持脐部干燥，消毒消炎，防止感染等。传统方法是采用灭菌纱布，该敷料虽然透气、引流性好，但容易与组织粘连，易造成新生儿脐部新的损伤，从而导致脐带愈合延迟，给新生儿带来痛苦等弊端。目前，临床上出现一些新生儿脐部护理产品，大多以纱布制成，功能单一；为了达到最佳的护理效果，需要一定的护理液配合该脐部护理产品同时使用，消毒和保持干燥操作仍然比较烦琐。

甲壳胺生物活性止血护脐包从新型海洋生物高分子材料特性出发，对其进行开发利用，并在生产技术、生产工艺以及生产线建设的不断优化升级中进行关键点创新。不但从设计外观上对传统新生儿护脐产品进行了改进，简化操作流程，更重要的是利用海洋生物活性材料壳聚糖粉或者海藻酸粉，充分利用两者的抗菌消炎、止血止痛、促进愈合等作用，最大限度地避免新生儿脐部感染。壳聚糖（又名：甲壳胺）和海藻酸作为海洋生物活性物质，具有良好的生物相容性和无毒、无刺激、无致敏的特性。

与传统的护脐产品相比，本新型生物活性护脐包的创新点及先进性在于以下几方面。

1. 结构上 该项目产品包括长条状的针织布，在针织布上还设置有甲壳胺非织造布层；甲壳胺非织造布层为圆形或者椭圆形；甲壳胺非织造布层的四周与针织布缝合；在甲壳胺非织造布层和针织布之间的夹层中设置有吸水垫层；采用针织布、吸水垫层以及甲壳胺非织造布，布质柔软，贴合性好。

2. 原料上 摒弃传统的杀菌物质，利用生物活性壳聚糖粉或者海藻酸粉，喷附于甲壳胺非织造布层的外表面，吸附性、抗菌止血、促进组织愈合性能力强，并且不与创面部位粘连，更换时无疼痛和二次伤害。

3. 设计上 该生物活性护脐包结构简单，采用带状结构，随新生儿腰围大小可调、操作简便、安全有效。

（二）医用海藻酸止血修复功能性新材料

海藻酸是一种生物性能优异的高分子材料，以其良好的生物相容性、生物降解吸收性、高吸水成胶性、高透氧性、止血修复及促进伤口愈合等优越特性制备新型医用海藻酸功能性敷料，并采用离子注入技术将羟基磷灰石粉、海藻酸微球或胶原蛋白等材料注入功能性敷料表面，加强提升其抗菌、促进组织创面止血修复的功能，并致力于高端医用功能性敷料关键技术的研发。

医用海藻酸止血修复功能性新材料的研究开发首选利用海洋生物大分子海藻酸及其盐的生物特性。

1. 优势 与传统的止血修复材料相比，医用海藻酸止血修复功能性新材料优势主要有以下几项。

（1）采用海藻酸非织造布作为基体材料，为伤口提供一个良好的愈合环境，吸水率高，不会对伤口新生的上皮及肉芽组织产生粘连，从而降低患者在使用和更换敷料时的痛苦。

（2）在海藻酸非织造布层上采用离子注入技术将羟基磷灰石粉或海藻酸微球及胶原蛋白材料喷附在表面，其抗菌、抑菌效果更好，更有利于伤口的快速止血止痛、加速愈合、促进组织修复等作用。

（3）利用离子注入技术处理海藻酸非织造布，将羟基磷灰石粉或海藻酸微球或胶原蛋白材料注入海藻酸非织造布材料表面，使其喷附的材料等更加具有持久性，不易脱落。

（4）利用等离子体修饰医用高分子材料表面的化学结构，使其不仅延长了抗菌效果，更有利于细胞和组织生长繁殖，而且保障了材料表面的生物相容性。

2. 现状 据统计，我国新农合参合人数增加，城镇居民医保参保人数增加，各地方也不断扩大医保诊疗项目范围，从而进一步促进了参保人员的诊疗需求。新医改无疑给国内医药市场带来了前所未有的发展机遇，也会显著增加国内医用敷料等医疗必需品的市场容量。

我国医用敷料制造业销售收入大幅增长得益于国家经济快速发展、新医改深化、医保覆盖率扩大等利好形势，作为刚性需求的医用敷料，其市场容量将继续高速发展，据临床专家介绍，我国每年约有数千万人会因意外事故和手术造成皮肤创伤，国内每年开展的烧烫伤、创伤治疗及外科手术超过千万台次，每年发生的相关医疗费用达到千亿元人民币规模，其中，烧烫伤、创伤治疗及外科手术所用医用敷料的费用占3%以上，达30多亿人民币。随着居民消费水平的提高，消费者对医用敷料的功能要求提高。

思考题

1. 定义生物相容性，从生物相容性考虑，对医疗用纺织品有何要求？
2. 生物可降解性和生物可吸收性的意义是什么？说明这类材料的主要特性。
3. 对移植用纺织品有哪些主要要求？并做解释。
4. 哪些性能对缝合线有重要影响？缝合线性能测试方法有哪些？
5. 人造腱和人造韧带的区别何在？
6. 哪些织物用于血（脉）管植入物？解释其性能。
7. 结合自身所学，说明为什么纺织品适宜于医疗行业？

参考文献

[1] 刘泽堃，李刚，李毓陵，等．生物医用纺织人造血管的研究进展［J］．纺织学报，2017（07）．

[2] 刘泽堃，李刚，李毓陵，等．纤维基腔内隔绝分叉机织人造血管的研究［J］．产业用纺织品，2017（06）．

[3] 李刚，李毓陵，陈旭炜，等．多层机织人造血管的设计与织造［J］．东华大学学报：自然科学版，2009（03）．

[4] 野一色泰晴，杜景文．人造血管和纤维材料［J］．国外纺织技术：针织及纺织制品分册，1981（20）．

[5] 野一色泰腈，杜景文．人造血管的设计试制［J］．国外纺织技术：针织及纺织制品分册，1981（20）．

[6] 关颖，关国平，杨小元，等．丝涤混构小口径人造血管的设计与成型［J］．东华大学学报：自然科学版，2015（01）．

[7] 关颖，关国平，杨小元，等．丝涤混构小口径人造血管的结构与性能［J］．东华大学学报：自然科学版，2015（02）．

[8] 赵书尧，李毓陵，陈旭炜．人造血管用织物的研制及其渗透性能的研究［J］．产业用纺织品，2002（12）．

[9] 佚名．西德专用于编织人造血管的特种横机［J］．上海纺织科技动态，1975（08）．

[10] 佚名．真丝人造血管［J］．丝绸，1975（05）．

[11] 涂君植．Dacron 的新用途——人造血管［J］．合成纤维，1985（01）．
[12] 李刚，李毓陵，陈旭炜，等．分叉人造血管的制备技术研究［J］．产业用纺织品，2008（08）．
[13] 钱程，丁淑琴．甲壳胺非织造布及其在医用敷料方面的应用前景［J］．产业用纺织品，2004（01）：22－25＋6.
[14] 孙陶利，彭雁，倪京满．纳米金刚石材料在生物医药领域中的应用［J］．中国生物医学工程学报，2012，31（03）：451－455.
[15] 吴长福，王文祖．人造血管的发展与应用［J］．产业用纺织品，2003（8）：4－7.
[16] 季国标，朱宁．中国产业用纷织品的发展趋势［J］．西安工程科技学院学报，2003（2）：95－99.
[17] 秦益民．新型医用教料：几种典型的高科技医用数杆（11）［J］．纺织学报，2003，24（6）：85－86.
[18] 蔡倩．医卫用纺织品　国产化道路还有多远？［J］．纺织服装周刊，2015（13）．
[19] Alex James，沈莉莉，金立国．医疗技术的进步推动医用纤维市场［J］．合成纤维，2005（1）：47－49.
[20] 张艳明，邱冠雄．医疗纺织品在人体内的应用［J］．产业用纺织品，2004（06）．
[21] 田文华．奶类企业保障食品安全的有效措施［J］．中国牧业通讯，2004（20）．
[22] 张鹏，刘丽琴，李春霞．气相色谱—质谱法测定非织造卫生用纺织品中的三丁基锡［J］．产业用纺织品，2012（09）．
[23] 钱小萍．毛绒型人造血管——一种新型纺织医疗器材［J］．纺织学报，1980（03）．
[24] 张艳．我国医疗卫生用纺织品行业发展制约因素和对策探讨［J］．纺织导报，2011（05）．

第九章 包装用纺织品

第一节 纤维原材料

近年来，随着能源枯竭、自然环境的破坏，包装界也提出了绿色、环保、循环再发展的口号，体现得最为迫切的是包装材料的选择，从传统的钢、铁、塑料逐渐转向天然材料。天然材料由于其自然、环保、可循环等特性在众多的材料中脱颖而出，逐渐受到消费者和设计师的青睐。同时，随着人们物质生活水平的提高，对包装也提出了越来越多的要求，如色彩、材质和形式，所以，包装不仅要实现最基本的包装储运功能，还在人们使用的心理上、情感上更加丰富和多样化，而天然材料其特有的亲肤性、自然纹样、质感能更好地满足人们日益增长的需求。因此，在工业大时代的背景下，重新认识天然材料包装、重新开发和利用其功能，让天然材料包装焕发新的生机是新一代包装设计师的课题。而麻作为天然材料其中一种，其独特的性质和功能使得其在现代绿色包装的浪潮中大放异彩。

一、麻纤维

麻作为一种天然材料，其独特性质和功能使得其在现代绿色包装的浪潮中大放异彩。以亚麻为原料的包装材料以其良好的透气性，在包装用纺织品中占有一席之地。麻袋、麻布用于包装材料主要采用单经平纹组织、双经平纹组织等，密度的选择可稀可密。另外，还有些物资有特殊要求的，如防异味、防皮屑、防杂质黏附等，那么在麻袋、麻布生产过程中相应增加一些辅助工序，并在加工过程中要减少毛羽，加强除杂，减少皮屑、杂质等黏附来达到相应的目的。食品作为日常生活必需品，其安全卫生与身体健康息息相关。因此，食品包装既要考虑该材料的安全卫生无毒，又要考虑其坚固、耐用，方便储运。

（一）麻的特性

麻布是以麻纤维纯纺或与其他纤维混纺制成的纱线和织物，也包括各种含麻的交织物。麻的范围很广，品种繁多，其纤维性能相差悬殊，我国麻类作物从原料进行区分，可归纳为八大类，即苎麻、亚麻、黄麻、洋麻、苘麻、大麻、剑麻、蕉麻。其中前六类为韧皮纤维，后两类为叶纤维，除苎麻布、亚麻布外，其他麻织物在服装上很少使用，多用于包装袋、渔船绳索等；黄麻织物能大量吸收水分且散发速度快，透气性良好，断裂强度高，故主要用作麻袋、麻布等包装材料和地毯的底布和窗帘等装饰织物。麻是植物的皮层纤维，种类繁多，其中苎麻、亚麻可作纺织原料，具有许多其他原料无法比拟的优点。如经现代植物解剖学证明亚麻含有天然纤维中唯一的束纤维，具有许多优良的性能。亚麻布料比普通布料透气高25%以上，能及时调节人体皮肤表层的生态温度环境，常被称作“天然空调”。这是因为亚麻纤维具有天然的纺锤形结构和独特的果胶质斜边孔结构。当亚麻纤维与皮肤接触时产生毛细孔现象，可帮助皮肤排汗，并能清洁皮肤，亚麻纤维遇热张开，吸收人体的汗液和热量，并将吸收到的汗液及热量均匀传导出去，使人体皮肤温度下降，遇冷则关闭，保持热量。同时，亚麻纤维中空，富含氧气，氧菌类无法生存，抗菌性能良好，而且亚麻还因正负电荷平衡而不产生静电，灰尘无法吸附。由于亚麻透气性好，吸湿散热，保健抑菌，防污抗静电，防紫外线等特性常被制成高级成衣品。麻是柔性包装材料，能给消费者明确的产品信息，其随物赋形的特性利用到特征明显的产品上，不管是初期的手工作坊，还是后期强大的配套封口，都可以实现，即封口方式灵活，比如捆扎、缝纫。麻也有缺陷，不好印刷、弹性差、阻隔性能差，外观较为粗糙、生硬。但总的来说，麻的诸多优点足以弥补其缺点的不足，再加上回归大自然的色调，因此，成为公认的环保产品，麻之所以能作为包装材料，不仅具有吸湿散湿快、透气性好、染色性能好、不易褪色等特性，也符合当今人们的审美质感，其朴实无华的外观给人原始自然的清醒气息。中国由古至今就有人与自然协调发展的理念，古代中国人喜欢平淡、自然、简约、朴素的自然美学观，而天然材料麻恰好是简约、自然、亲切的材料，与中国古代朴素的审美观不谋而合，因此，在现代社会中，麻越来越受到人们的欢迎。

（二）麻在现代包装设计中的应用

随着现代社会科技迅速地发展，现代天然材料包装是用现代高新技术对草、竹、麻、藤等自然材料重新进行深加工，使这些材料在保持原有材料质感、优点基础之上，又具有比原始材料更多的优点，如承重力、防水性、防潮性、防腐性、抗压力等，再加上自身的轻便性、可重复使用性、大工业化生产的可行性和经济性，麻布用于包装设计中的主要种类有黄麻、洋麻、苘麻、大麻、剑麻、蕉麻和复合型麻布材料，其中黄麻的应用极其普遍，根据不同的肌理和所成型的视觉效果和美感，其所采用的印刷和装潢的方法也不同，由于麻布的纤维特性使得其对颜料的渗透不均匀，所以和其他包装原料的结合使用可大大减少印刷过程中所产生的问题，比如附上牛皮纸、瓦楞纸等与麻布质地外观相呼应的材料，再采用平面设计中的专色或者四色印刷，就能达到极佳的视觉效果。

在现代包装中，将传统文化和包装装潢结合在一起并以麻布材料为载体，不仅脱俗淡雅，而且更能显示地域特色。麻在现代包装设计中主要应用于易受潮发霉的食品、酒类或地方特色产品等外包装上。例如，在食品包装中，米包装运用相当普遍（图 9－1），该设计以质朴、简单、清新自然的形式将麻原有的特性优点发挥得淋漓尽致，最大限度合理地利用材料本身来体现产品的质感，不仅减少了成本，而且从设计美感来说无可挑剔。这种表现形式不仅很好地体现出了产品的主题宗旨，也极好地达到了材料与产品之间的平衡，以最少的成本达到表现产品而又不偏离设计的完整性。从消费者角度看，明快自然的视觉美感，返璞归真的材料质地，促使消费者强烈的购买欲。

图 9－1　有机大米包装

麻的独特质地和固有颜色使其能在包装设计上充当后期装潢的一部分，复合型麻材料在视觉上比普通的黄麻、苎麻材料更具备冲击力，但也要根据产品所承载的历史而言，尤其是在茶叶包装当中，材料的选择不仅考虑材料自身的特性和成本等方面的问题，还应考虑内容物即所包装的产品的性质。在采用天然材料包装产品时，首先应考虑包装物的性质和特征，比如产品的种类是食品还是生活用品，是固体还是液体等方面，以及产品的地域特征。以茶叶包装为例，茶类包装一般都有一套保存茶叶的包装，而麻多作为外包装材料。图9-2（a）所示普洱茶包装采用了单一剑麻材料作为外包装材料，而图9-2（b）所示绿茶采用的外包装是棉麻复合型材料，两者都采用了印刷染色技巧，但后者所呈现的质感和视觉冲击比前者更强烈，可以说后者更“花哨”，色彩感更鲜明。普洱茶越陈越香，是云南特产，贵有茶之祖的赞誉，朴实无华的设计更能体现普洱茶的历史悠久和特点；而绿茶居各类茶叶产量之首，行业竞争激烈，对于厂家而言，能吸引消费者购买是主要目的，所以，在视觉上做文章不失是一个很好的选择。

除了传统的米、茶叶运用麻之外，设计师也积极扩展麻等天然材料包装的种类，例如，美国Yummy Earth的创意包装就使用了麻（图9-3）。原来糖果包装使用的是塑料，由于Yummy Earth是有机糖果，因此，设计师想做朴实的包装，给人更有机自然的感觉，同时消费者可以重复利用外包装袋。

（a）普洱茶包装

（b）绿茶包装

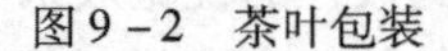

图9-2　茶叶包装

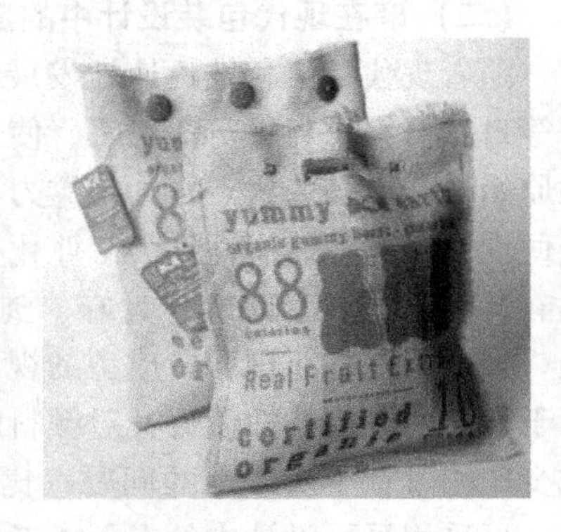

图9-3　Yummy Earth糖果包装

除了各种麻布，麻绳也在包装设计中得到应用，或返璞归真，更加自然质朴（图9-4）；或加以现代科技配合，更加赏析悦目。设计首先考虑的是实用性，其次才是美观，这点在麻绳包装产品中体现得尤为突出，以麻绳为材料的包装设计给人以通透的感觉，其手工编织所产生的纹路、间隙本身就可以视为一种装潢方式，而且就单个产品而言，其所耗费的资源比麻布类包装更少，成本更低，而且实用性和反复利用率更强更高，这也就造成了麻绳类包装产品多发挥容纳、承载的功能。

图9-4　麻绳收纳箱

同时，麻绳还可以与众多材质搭配使用，例如，台湾某品牌大米包装，包装盒用环保纸制，采用大地色系的低彩度印刷，搭配以麻绳和竹节串成的提柄，传达商品质朴的品质，表达设计者简约的设计理念，同时表现台湾当地特色，是精致的伴手礼包装（图9-5）。现代

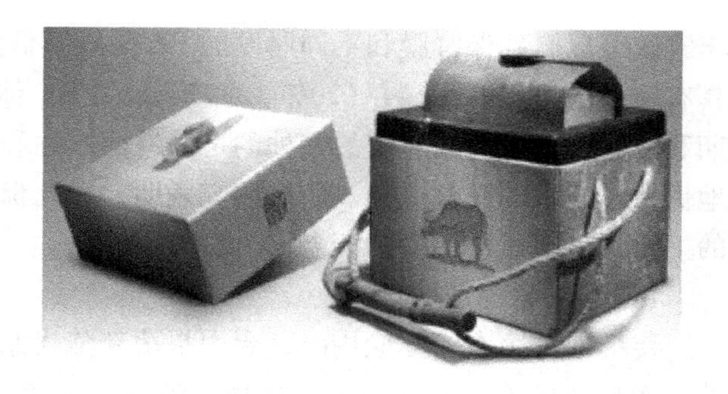

图9-5　米食包装

社会的人越来越崇尚自然，喜欢怀旧，这是大工业时代背景下过度追求科技、功能、理性的一种反叛。

科技越发达，人们对情感的需要就越强烈，越是现代化，人们就越怀旧，渴望回归自然。天然材料包装由于其天然、质朴、可循环等特性重新获得了消费者的关注，麻作为天然包装材料之一，取之自然，其纹理、质地、色泽形成了与自然环境统一和共生的特性。首先，麻作为天然包装材料的天然纹理虽不是特别精细但却十分美丽，给人以淳朴、亲和、远古的感受；其次，麻的粗犷的外形、粗砺的质感、自然的形态，都能让消费者感受返璞归真的纯朴气息；最后，麻的色彩朴素自然，吻合天然材料包装的特性。总之，在包装设计中运用麻天然材料，首先要保证其基本功能，即可以保护商品方便储运等；其次要让麻与商品包装结合起来，应切合商品内涵，并根据麻的特性，最大化利用材料本身的优点与特性，并将之融合到设计作品中。

二、普通保鲜包装材料

（一）聚乙烯、聚丙烯薄膜

具有高阻隔性能的塑料，被广泛应用在火腿肠肠衣、冷却肉的包装等领域。PP保鲜膜安全、无毒，与PE膜相比，虽具有高透明度、高耐热性等优点，但其韧性差，温度低于-35℃会发生脆化。商业应用的PP保鲜膜主要是双向拉伸聚丙烯薄膜（BOPP），BOPP有着比传统PP膜更高的机械强度，更好的透明性和光泽度等特性，被广泛地应用于香烟、纺织、食品等的包装。BOPP薄膜在荔枝、西兰花等果蔬上取得了较好的保鲜效果。

（二）硅窗调气薄膜

硅窗调气保鲜膜是一种常见的气体选择透过保鲜膜，它是通过在普通保鲜膜上粘贴一个可以调节透气性能的硅胶膜而制成。具有特殊的透气性，其中CO_2透过率是O_2的5～6倍。呼吸作用产生的过多的CO_2可通过硅窗排出，防止高浓度CO_2对果蔬造成伤害，而呼吸作用消耗的O_2则可通过硅窗透入得到补充。根据果蔬的呼吸强度调节硅窗大小，使薄膜的透气性能与果蔬的呼吸强度相适应，以达到保鲜的效果。Steward等利用硅橡胶膜保持香蕉在储藏期间的气调环境（O_2：3%，CO_2：3.5%～5%），15℃条件下储藏42天，与普通气调相比，硅橡胶气调包装更好地保持了香蕉的感官品质。李铁华等采用硅窗气调包装与普通气调包装储藏茶树菇，研究发现硅窗气调包装更好地保持了茶树菇的口感、脆度、糖类、蛋白质等储藏品质。

（三）微孔果蔬保鲜膜

微孔保鲜膜是采用特殊的工艺，使薄膜上形成一定数量的微孔，孔径一般为0.01～10μm。这些肉眼看不见的微孔在薄膜上大量分布，具有较高的气体和水蒸气透过率。微孔保鲜膜对O_2和CO_2的渗透系数是普通保鲜膜的10倍以上，同时具有较好的保湿作用。

李家政等以微孔保鲜膜和不同厚度的PE保鲜膜低温储藏蜜柚，结果发现微孔膜包装袋内具有较高的O_2体积分数（20%）和较低的CO_2体积分数（0.7%~1.4%）。在整个冷藏期和货架期，微孔膜包装的蜜柚的可溶性固形物和可滴定酸含量均高于其他膜包装，更好地保持了蜜柚的良好风味。还有研究表明，微孔保鲜膜减少了大枣果实中VC含量和硬度的下降，延缓了枣果实的衰老。

(四) 防雾保鲜膜

传统保鲜膜在实际应用时，会因果蔬新陈代谢产生的水汽而结雾，不仅降低膜的透明性，而且加快了微生物的生长繁殖，造成生鲜食品的腐败。现已开发出防雾功能的保鲜膜。常用的防雾剂分为内添加型和外喷涂型两大类。其中内添加型防雾剂是在塑料聚合物中加入带有亲水基团的表面活性剂，这些物质在薄膜表面形成防雾的单分子层，使凝结在表面的水均匀地形成很薄的水膜，不会形成水滴，从而起到保湿与防雾作用。外喷涂型防雾剂是将具有消雾效果的助剂直接喷涂在膜材表面。其操作相对简单，然而外喷涂型防雾剂的研发目前还处于起步阶段，仍需深入的研究。刘璐等研究结果表明0.05mm的防雾保鲜膜对"砂蜜豆"樱桃的保鲜效果优于0.02mm的防雾保鲜膜和0.02mm微孔袋。

三、可食性膜材料

包装材料中加入挥发性抗菌剂，其不与生鲜食品直接接触即可起到良好的抑菌效果，如添加乙醇的气体发生剂，可通过乙醇的挥发释放来实现抗菌。其基本原理在于乙醇作为比较理想的抗菌剂，可使细菌细胞内的蛋白质发生变性，干扰代谢，导致细菌死亡达到抑菌效果。常见的可食性膜基材主要包括3种类型，即多糖、蛋白质及脂类。

(一) 多糖膜

多糖具有良好的机械性能，是一种很好的成膜资源，然而由于其良好的水溶性以及较差的透湿性，其应用范围受到一定的限制。目前用于可食性膜的多糖主要包括纤维素、壳聚糖、淀粉、果胶、褐藻酸盐、卡拉胶等。Dashipour等以羧甲基纤维素（CMC）为材料，添加不同含量的木香精油（ZEO）研究膜的机械性能、抗菌及抗氧化能力，研究发现该膜对革兰氏阳性菌和阴性菌均有抑制作用，且随着木香精油添加量的增加而抑菌能力逐渐增强。Sayanjali等以山梨酸钾作为抗菌剂的CMC可食性膜为材料，研究其对新鲜开心果上霉菌的抑菌特性，结果发现试验组均无霉菌生长，而对照组的霉菌总数高达2.02×106CFU/g。

Arnon等以CMC和壳聚糖对采后柑橘类水果进行双层涂膜，研究其保鲜效果，结果表明，双层涂膜不仅能提高果实表皮亮度，而且能够提高脐橙和葡萄柚的硬度，其对失重率影响不大。张丹丹等分别用0.5%，1.0%，1.5%质量分数的壳聚糖涂膜鲜切南瓜，结果表明3种涂膜液均能延缓鲜切南瓜的衰老，其中质量分数为1.0%的处理组效果最好，能抑制乙烯增加，减少多糖和类胡萝卜素降解。Fakhouri等以玉米淀粉和明胶为基材，以甘油或山梨酸醇为增塑剂制膜，研究对红葡萄的保鲜效果，结果发现，第17天时涂膜组失重率降低10%，而对照组则降低了18%；21天时对照组已完全腐烂失去商品价值，而试验组则保存较好。Ifezue分别用Mater－Bi材料（淀粉与聚己内酯等可生物降解的高聚物混合后制得的塑料）、PLA、LDPE材料包装新鲜芹菜，在5℃、相对湿度95%的条件下储藏3个月，各材料对芹菜的色泽、失重率、气味、硬度等指标影响均不明显，而 Mater - Bi 的机械性能却优于其他材料。Kantola 等将新鲜的马铃薯分别放入 Mater - Bi 包装袋和 LDPE 袋储藏3周，发现两种包装袋中马铃薯的品质无明显差异。Rojas - Graü 等以结冷胶和褐藻酸盐为基材，对鲜切富士苹果涂膜，研究其保鲜效果。结果表明，可食性涂膜能够抑制鲜切苹果上微生物的生长，货架期能够延长至2周，而对照组在第4天就出现褐变及组织软化现象。

（二）蛋白膜

蛋白膜具有良好的气体阻隔性，优良的机械性能和光学特性，然而其水蒸气阻隔性差。用于可食性膜的蛋白质类物质主要包括乳清蛋白、大豆蛋白、玉米蛋白、小麦蛋白等。乳清蛋白中的 α - 乳白蛋白是膜形成的最主要物质，也是乳清蛋白内含量最多的成分。Manab 等研究发现以乳清蛋白为材料，添加增塑剂、类脂等，制备的膜柔软、透明，在较低湿度下氧气透过率低。Pérez 等在浓缩乳清蛋白膜内加入山梨酸钾研究其对产志贺毒素大肠杆菌 O157 和非 O157 的产志贺毒素大肠杆菌的抑菌效力，结果在 $pH = 6.0$ 的条件下，对两种菌的 MIC 分别为2.5mg/mL 和5mg/mL。

（三）类脂膜

用于涂层的类脂物质主要包括乙酰化甘油、石蜡、蜂蜡、植物油等，其中，用途最广的是石蜡和蜂蜡。类脂膜最主要的作用是利用其本身的低极性有效阻止水分散失，然而类脂膜较厚，透气率低，且脆性大，一般而言，疏水相浓度越高，水蒸气透过率越低。蜡质是非极性类脂的一种，疏水性高，由于化学组成和晶体类型不同，所以渗透性不同。用于涂层的蜡质主要包括石蜡、蜂蜡、小烛树蜡、棕榈蜡、聚乙烯蜡等。Xu 等在淀粉中加入果蜡、壳聚糖玉米淀粉后，拉伸强度和断裂伸长率明显增加，红外光谱下的氨基酸峰值由 $1578cm^{-1}$ 移动到 $1584cm^{-1}$。

四、纳米复合包装材料

PE、PP、PVC 等传统包装材料，单独应用于生鲜食品包装通常具有一定的局限性；而利用纳米技术将这些柔性高分子聚合物与分子水平或超微粒子的纳米材料相结合形成的复合材料，能在一定程度上弥补传统包装材料的不足。近年来，将纳米技术应用在材料、生鲜食品包装领域的研究越来越多，新型纳米复合材料以其抗菌效果好，机械强度高，阻隔能力强等特点在现代包装市场很受欢迎，且因胞内含巯基酶，抑制微生物体内蛋白质的合成，从而在生鲜食品防腐保鲜上有广泛应用。另外，植物精油类，如 AITC、香芹酚等，由于其本身具有特殊的性质，也常用作抗菌包装材料中的挥发性抗菌剂，并且对包装中的细菌、霉菌、酵母等表现出较好的抑制作用，所以，在生鲜食品抗菌包装上有良好的应用前景。

纳米复合包装材料是通过纳米颗粒添加等加工工艺，使传统包装材料转变成为具备纳米结构、尺度、特异功能的复合包装新材料。纳米复合包装材料与传统包装材料相比，有着明显的优越特性。

一是具有较高的力学性能。纳米复合包装材料具有较高的强韧性、耐磨性和可塑性，作为包装材料，可靠性更好，使用寿命更长。

二是具有优异的物理化学性能。纳米微粒由于粒径小，比表面积大，具有奇异或反常的物理和化学性能，如高耐热性、较好的光泽和透明度、高阻隔性、抗磁防爆等特性。

三是具有优良的加工性能。由于纳米复合包装材料具有较高的弹性、韧性和屈挠度等，在吹塑、压延、浇铸、注塑等成型中，表现出较好的加工性能。

四是能够提高被包装产品品质。在塑料及复合包装材料中加入纳米微粒，可使其具有驱除异味、杀菌消毒的功能，用其包装食品，可延长产品货架期。

五是有利于降低生产成本。例如，在新型抗菌材料 PA66 中掺加一种特殊的纳米黏土复合材料，将纳米氧化锌用于包装材料的生产等，均可大幅度降低生产成本。

六是具有良好的生态性。添加纳米 TiO_2 制成复合包装材料，由于纳米 TiO_2 具有很强的紫外线吸收和光催化降解能力，制成的包装材料可通过降解作用避免对环境造成危害，满足环保的要求。

（一）常用纳米复合膜

纳米复合膜是由两种以上不同材料组成，这两种材料可以是纳米晶/纳米晶，也可以是纳米晶/非晶态，每种材料的粒子尺寸为 3～10nm。常用的纳米材料，如纳米 Ag/PE 类、纳米 TiO_2/PP 类、纳米蒙脱石粉（Montmorillonite，MTT）/PA 类等，在啤酒、饮料等食品包装工业上已开始大规模应用，并取得了较好的效果。

余文华等将 LLDPE 与 LDPE 按一定比例混合作为主要成分，添加 5% 的纳米抗菌母粒及其他功能性辅料，经吹膜工艺得到纳米保鲜膜，并将其用于青椒保鲜，结果发现纳米保鲜膜不仅具有气调和抑菌的作用，还能有效抑制青椒后熟，使得青椒的保鲜期在 3 个月以上，失重率低于 5%，好果率在 90% 以上。雷艳雄认为纳米 SiO_2 与 PVA 之间通过杂化反应生成的 Si—O—C 键，可大幅提高改性复合膜的阻水性、耐水性、阻气性和透光率。此外，纳米 SiO_2 的适量加入也明显提高了复合膜的抑菌性能；PVA 基纳米 SiO_2 复合材料涂膜包装咸鸭蛋，能有效阻止其水分散失，抑制微生物生长繁殖，降低挥发性盐基氮的产生，可在 6 个月储藏期内较好地保持咸鸭蛋的色泽和风味。

（二）生物材料纳米复合膜

高分子生物聚合物是纳米复合膜的优良基材，主要包括植物源、动物源、微生物和天然衍生物单体聚合物等。它们最大的优势是可降解性，而其较差的机械特性和阻隔性能限制了在工业领域的应用，利用纳米技术对其改性或与其他材料复合能突破这种限制。淀粉不仅来源丰富，成本低，且易降解，被广泛用于生鲜食品包装材料。研究发现加入无机物材料和合成聚合物可以改善淀粉的耐水性。淀粉—蒙脱土复合物是当前应用和报道广泛的一种可降解纳米复合材料。Hassan 通过乳化将淀粉—聚苯乙烯与 MTT 黏土聚合形成纳米复合膜，结果表明淀粉纳米复合膜的拉伸强度明显提高。Azeredo 等研究发现，纤维素纳米纤维可改善基于芒果肉膜的拉伸特性、水汽透过性和玻璃化转化温度。这可能是由于纤维素纳米纤维在基质中形成的纤维网络，明显提高复合材料的拉伸强度和杨氏模量。

Arrieta 等将酸解之后的微晶纤维素添加到聚乳酸—聚羟基丁酸酯（PLA—PHB）中，以提高 PLA—PHB 纤维素纳米晶体复合膜的性能，研究结果表明：PHB 良好的成核效应能提高 PLA 的结晶度，纳米复合膜的加工性能、热稳定性和高聚物之间的相互作用均优于单一组分膜。PLA 机械性能和光学特性良好，且具有生物兼容性和生物可降解性，属环境友好型材料。和普通商业聚合物相比，PLA 作为包装材料大规模利用，仍被其高成本所阻碍。PLA 在食品包装应用中的最大局限性是其低气体阻隔性。Cabedo 等研究发现非晶态的聚乳酸与高岭土合成的纳米复合物氧阻隔特性增加了 50%。此外，高岭土的特殊结构还能改善增塑剂带来的增加 PLA 脆性和降低其阻气性的负面影响。Zhou 等发现少量的（<1%）TiO_2 纳米颗粒能明显提高乳清蛋白膜的拉伸强度。以 TiO_2 和乳清蛋白复合形成的透明纳米薄膜作为阻氧物，不仅可以改善材料的抗菌性能，而且食用安全，生物可降解。

纳米技术与纳米复合包装材料的开发开创了高性能、高效比、高功能等高新包装技术新时代，纳米包装材料具有比传统包装材料更好的机械强度、化学稳定性和一系列新功能，大大促进了其在食品等商品包装领域的应用。可以预计，在今后 20 年内将会有越来越多的高新纳米包装材料应用于各种商品包装和流通领域，从而从根本上改变人类的生活环境和生活方式，改善和方便人类的物质生活。因此，纳米包装材料有着强劲的发展动力和广阔的应用前景。

五、非织造布

（一）非织造布果袋包装材料的应用

随着人们对健康食品、绿色食品的认识和需求的不断提高，非织造布在包装用纺织品上的应用越来越多，其中在水果的果实套袋上应用尤为突出。

提高单产和品质是我国果树业当今的主攻方向，而提高品质的主要途径之一是套袋栽培，果实袋培是提高果实商品质量、增产增收的一个重要举措。果实套袋更大的好处是保护果实免遭农药污染和环境污染，生产绿色果品。随着消费者环保意识的增强，绿色食品备受青睐。幼果期即套袋，阻隔了农药污染，阻止了多种侵害果实的病菌和害虫的危害，全年减少喷药 2~3 次，既减轻环境的污染，也降低了生产成本。现在套袋材料的种类比较多，有薄膜袋、蜡纸袋、牛皮纸袋、非织造布袋、泡沫纱网袋等。

非织造布袋因其透气性、防虫防病等优点已经开始引起人们的注意。水果套袋护果技术在发达国家的水果生产地、出口地，包括我国的台湾省，早已成为一项普及的大田生产技术。例如，每年通过海关进入我国的香蕉达 50 万吨，相当于我国海南省香蕉总产量的 83.3%，主要是因为进口香蕉使用非织造布套袋技术后，香蕉肉厚、皮薄、颜色均匀、把型好，且无农药残留，非常受消费者的欢迎，售价自然高，为水果生产者带来了丰厚的利润。张致盛等在葡萄、番石榴、杨桃、梨上进行了非织造布套袋的研究。葡萄以巨峰及密红两品种为试材，以基重 $35g/m^2$ 外层拔水较适合套袋，且和传统纸袋进行比较试验后发现，在没有防鸟网情况之下利用非织造布套袋防鸟效果相当良好；在番石榴套袋试验中以 PE 袋内衬非织造布套袋为好，可以使果粒肥大；杨桃套袋选用纸袋、$19g/m^2$ 非织造布袋及 PE 袋衬非织造布三种材料，PE 袋内衬非织造布套袋果粒重最大；梨果套袋结果显示，非织造布套袋果实颜色较深，效果类似于市场上以白色纸袋原色袋之果色，颇受市场欢迎。

王惠聪等在盛花期后用非织造布套袋能有效地降低荔枝叶绿素的含量，使果面的红色色泽更艳。胡桂兵等对“妃子笑”荔枝果实进行采前非织造布套袋处理，采后置于常温、无任何药剂处理和纸皮包装的条件下，其耐储性明显优于无套袋对照，坏果率较低、果皮失水较慢、pH 相对较低。罗保康等通过用各种规格材料的袋在果实发育至荔枝大小时，套果可有效地防治病虫危害，其中以套两层非织造化纤布袋和牛皮纸袋效果最好，无副作用，采收时一级无病果分别比对照提高 35.18% 和 19.25%。套两层非织造化纤布袋的果实采收时光滑漂亮，效果甚佳。张志娟等通过对荔枝、香蕉上使用非织造布套袋与其他材质套袋的应用比较，证明了纺粘法非织造布具有良好的性能，荔枝使用 52g/m^2 白色非织造布套袋、香蕉使用不同克重的纺粘非织造布效果良好。王元理等比较了 6 种套袋材料与 3 种套袋时期及其组合处理对芒果果实品质的影响。结果表明，非织造布袋套袋处理果面光洁、果实着色好。曾凯芳等试验表明非织造布套袋“紫花”芒果果实果面的锈斑发生率和锈斑指数都比纸袋果实低，布袋比纸袋效果更好。刘德兵等通过纸袋和非织造布袋等不同材料对红果实进行套袋处理，结果表明其中以白色非织造布袋和双层黑纸袋效果最佳，其次是黑色非织造布袋和白色纸袋，套袋对防虫防病效果非常明显，改善了果实的外观品质和营养品质并增强贴字效果。罗学刚等采用非织造布套袋苍溪雪梨，非织造布套袋既可防蜂蛰、病虫，着色良好，又能防日灼和过度无氧呼吸。袁显等在沙田柚上进行套袋试验，白色非织造布袋综合表现较好，非织造布果袋还可重复使用。沙田柚果实套袋后，非织造布果袋的果面病斑较少，果面光洁度和色泽较好；透光透气，着色均匀，袋质坚固耐用，经过 4 个月的风吹日晒，套袋不损坏，重新清洗消毒，可循环使用，适合作为沙田柚果实套袋。王磊等研究表明套袋显著降低了越冬番茄果实的硬度、可溶性固形物含量和糖酸比，减少了果实 VC、可溶性糖等物质含量，降低了果实的农药残留，加速了果实叶绿素的降解。通过以上结果可看出，使用非织造布果实套袋比传统方法有显著的特点，同时纺粘法非织造布有很高的抗拉伸强力，可满足果实套袋应用要求。还可以有效地保护果实不受病虫危害；使果面着色均匀，清洁漂亮，改善果实外观；减少有毒农药残留，提高果品档次，从而增加了经济效益，增强市场竞争能力，是一种生产高品质、无公害果品的有效措施之一。

（二）目前存在的问题

目前，国内果实非织造布套袋尚在起步阶段，在果实套袋中有时还存在一些问题，如因雨水夹带一些空气中杂菌渗入非织造布纤维间，以致非织造布袋部分长霉菌，甚至感染果实表皮。因此，今后需要在实践中改革套袋工艺，比如，在使用合适的非织造布密度基础上加载外层防水蜡纸层、添加助剂和生产专用防水套袋等。

（三）改进措施

今后可以利用非织造布理化特性，在原料布的颜色、克重、抗菌、防水等方面进行研发，使其具有保温或改变光质的材料来增进果实品质、促进果实发育，加快果蔬产业化进程。目前，随着社会的发展，非织造布再也不是发展初期时被人称作的传统纺织品的低档“代用品”，而是成为当今经济发展所不可缺少的、传统纺织品所不可取代的高新技术产业资材。张致盛、曾凯芳也提出虽然目前的布袋价格高于纸袋，但是纸袋是利用最多的袋耗材，由于地球森林资源逐渐减少，纸袋的成本会越来越高，同时纸袋不耐风雨，在潮湿后不具防鸟效果，耗损率高，因此，采用纸袋后经常需加果伞或其他被覆资材，增加管理人力及生产成本。非织造布袋具有防鸟、防病虫害的优点，并且可以利用理化特性，使其具有保温或改变光质的材料来增进果实品质、促进果实发育，在未来势必日益普遍应用。而且随着限塑令的进行，非织造布的应用必将减轻“白色污染”对农业生产环境的危害，促进园艺产业的健康、可持续发展。非织造布包装袋是否能在果蔬保鲜包装上一展风采，还有待于科技发展过程中更加完善的新的系列非织造布产品的出现，从而适应绿色食品的需要。

六、其他传统类型包装材料

（一）保鲜用减震材料

运输过程中的震动是造成果蔬机械损伤、鲜蛋破损的主要原因。缓冲材料对果蔬震动的保护作用主要在于缓冲衬垫对冲击能量的吸收，缓冲材料应对冲击的压缩变形等。缓冲材料主要包括纸板、泡沫、塑料、植物纤维等。有研究表明，纸板和塑料都具有减震缓冲作用，而纸板包装更有利于番木瓜的成熟。纸包裹和泡沫网都能减少黄花梨的运输震动，而泡沫网缓冲材料等更能保持黄花梨的储藏品质。李春飞等采用6种缓冲包装结构对箱装苹果震动损伤进行了研究，结果表明，同一种缓冲包装结构中中间层苹果的损伤率最大，底层次之，顶层苹果损伤率最小；当采用瓦楞纸板衬垫、泡塑料网作缓冲包装时，可有效降低苹果损伤率，而发泡塑料网对苹果的整体保护特性优于瓦楞纸板衬垫。

（二）蓄冷材料

随着人们对物流配送时限及新鲜度的要求日益提高，在不断完善生鲜食品，尤其是易腐农产品及冷冻产品冷链的同时，应提供更加方便、快捷的蓄冷式配送。朱冰清通过比较自主研发蓄冷材生鲜食品包装材料研究进展与市售蓄冷材料对荔枝的保鲜效果得出：不同的蓄冷材料虽然冷量释放不同，维持时间不同，但都在一定程度上使得呼吸强度、褐变指数、好果率、果皮细胞膜渗透率等与果皮相关的指标在一定时间内能保持较好的水平，三者相比，研发的蓄冷材料的蓄冷效果好于市购的蓄冷材料。

七、其他新型包装材料

（一）聚乳酸（PLA）纤维

聚乳酸（PLA）纤维材料是采用可再生的玉米、小麦等淀粉原料经发酵转化成乳酸，经聚合纺丝而制成的，对人体安全。与棉、麻、丝、毛等天然纤维一样，聚乳酸纤维的原料来自于可生物降解和自然循环再生的淀粉。它们在正常状态下是非常稳定的，只有在有特殊高温和高温的条件下才会完全降解成二氧化碳和水，在透气性、强度、弹性和耐热性方面更胜于其他生物降解型纤维材料，而且聚乳酸纤维制成的织物，触摸时有舒适的肌肤接触感和手感，还有真丝一般的光泽，所以可用于食品包装袋。被废弃后在土壤或水中，会分解成二氧化碳和水，随后在太阳光合作用下，成为淀粉的起始原料。

（二）甲壳素

甲壳素是甲壳质的脱乙酰化的衍生物，是一种天然多糖高聚物。甲壳素纤维是以虾、蟹等的甲壳为原料，经提纯和化学处理后纺丝而成。由于甲壳素在自然界中资源丰富，价格低廉，具有生物活性、生物相容性、生物可降解性、无毒性、对人体无刺激性等生物医药性能，又有永久的抗菌功能，经由其生产的抗菌织物的吸湿性、透气性和手感好，这些都是目前其他非天然抗菌材料无法比拟的，因而甲壳素类抗菌纺织品正越来越受到人们的青睐。以甲壳素纤维制成的纺织品作为包装材料，不需要进行抗微生物整理，就具有良好的抗菌防臭作用，并可遏止大肠杆菌、金黄葡萄球菌等微生物的繁衍，是食品类、医药用品类包装的极佳选择。目前，在欧美、日本等国已大量应用，中国对这种包装材料的应用尚处于起步阶段。

（三）碳纤维

《国家中长期科学与技术发展规划纲要（2006~2020年）》提出的材料科学领域中的新型化工材料重点推出碳纤维、芳纶等。碳纤维作为一种强度大、密度小、耐腐蚀、耐高温、具有导电性的新型材料，其强度是不锈钢纤维的5倍，碳纤维的密度为1.7~1.9g/cm^3，而铁的密度为7.8g/cm^3，铝为2.8g/cm^3，故碳纤维制品比金属材料轻得多。碳纤维对一般的酸、碱有良好的耐腐蚀作用，对空气中的酸气成分有很好的抵抗能力。碳纤维除可加工成织物及其他材料外，还可作为增强材料加入到树脂、金属、陶瓷和混凝土作为复合材料，可作为高档商品的包装材料，用途广泛。

（四）香蕉纤维

日本研制用香蕉纤维作包装袋。香蕉纤维是一种在收割果实后获得的叶型纤维，以香蕉纤维作经纱，棉和人造纤维作纬纱制织不同功能需要的织物，再以活性或直接染料染色制成的香蕉布色泽很均匀，手感如麻，可以用于制作食品的包装袋。还有以玉米为原料的纤维制品，在舒适、耐磨、弹性、抗皱、防护等性能方面，大大优于现有的化学纤维制品，它制成的纺织物染色性能好，花色品种丰富多彩，制成的人造皮革更柔软，更似真皮，可作为仿真皮风格的产品外包装材料，可回收再利用。

第二节　包装用纺织品专用设备

随着世界从工业经济时代到知识经济时代的变革，以资源和劳动力为主体的生产方式已经不能适应现有生产型企业的发展和市场的需求，企业需要采用科技水平较高的先进的自动化生产设备来满足企业的可持续性发展和市场的需求。现在我国包装机械行业已进入快速发展时期，包装设备供应商已经大举进入中国的各个生产行业，尤其是在纺织行业尤为明显，这些设备以可靠的稳定性、人性化的设计、较高的科技含量等特性为人们带来了诸多便利，下面介绍一些相关的包装用纺织品专业设备。

一、非织造布套袋机

非织造布套袋机（图9-6）是一台用于生产香蕉育果袋缝合切割设备，运用触摸屏操作，配以步进式定长、光电（运行准确平稳），自动计数（可设定计数报警）等工控装置。它从原材料入料，封边，裁切成品为一条线自动化作业，它以PP非织造布环保材料为原料，采用超声波无缝缝合，透气性更好，产出的非织造布育果袋更适合无公害蔬果的生长和保护；它还能在一定范围内调节果袋尺寸，适应不同需求。

该设备用于生产一次性非织造布育果袋，非织造布育果袋是由非织造布环保纤维通过超声波压合而成，非织造布育果袋在不影响、不损害水果正常生长与成熟的前提下，不仅能隔离农药与环境污染，使水果无公害，而且还能通过隔离病虫害及尘土的作用使成熟水果表面光洁、色泽鲜艳，提高了水果档次，效益显著。通俗地讲，非织造布育果袋就是水果的外衣，也是保护膜。

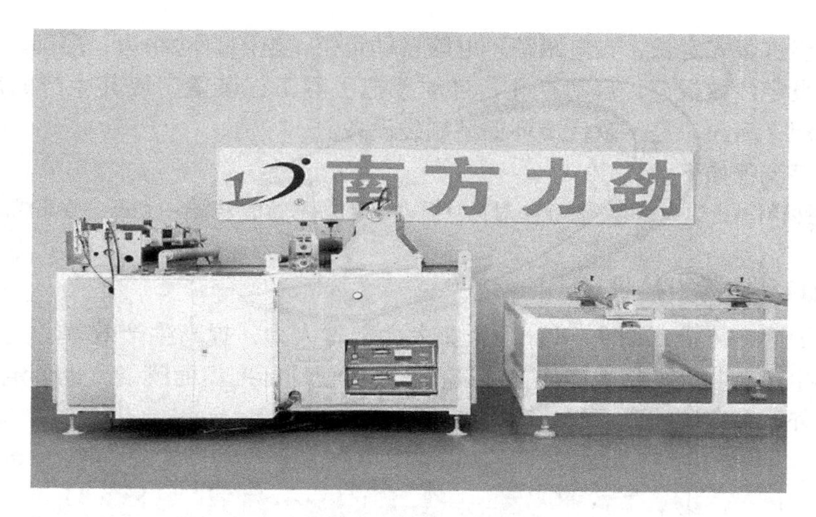

图9－6　非织造布套袋机

1. 产品特性

（1）设计紧凑小巧，节省空间。

（2）性能稳定，运行精准。

（3）采用特制花轮对非织造布进行超声波缝合，分切，效果美观。

（4）PLC 自动化控制，触摸屏操作，更简单便捷。

（5）全机台使用铝合金，美观、坚固不生锈。

2. 基本工序流程　该流程可实现全部自动化，只需 1～2 人进行操作，可在一定范围内调节生产速度和产品尺寸。

上料→超声波缝合→裁剪→成袋→计数

二、非织造布制袋机

非织造布制袋机（图9－7）适用原材料非织造布，能加工各种不同规格、不同形状的非织造布袋，可做中药袋、茶叶袋、育苗袋等，该机集机电为一体，运用 LCD 触摸屏

图9－7　非织造布制袋机

操作，配以步进步式定长，光电跟踪，电脑自动定位，电脑自动纠边，准确、平稳，自动计数，即可设定计数报警，自动打孔，自动烫把手等工控装置，使其生产的成品封线牢固，切线美观，高速，是一款优质环保型制袋设备。

基本工序流程如下：

卷筒料→折边→穿绳→热合→对折→插边→定位→打孔→热合→切断→收集成品

三、全自动面膜一体机

全自动面膜一体机（图9-8）为企业大大节省人力，提高生产效率，完善产品合格率，是面膜生产企业大批量生产的首选设备，既可使用标准型面膜袋，也可定制异形袋装置。除此之外，可定制喷码系统，喷码和打码可以通用。

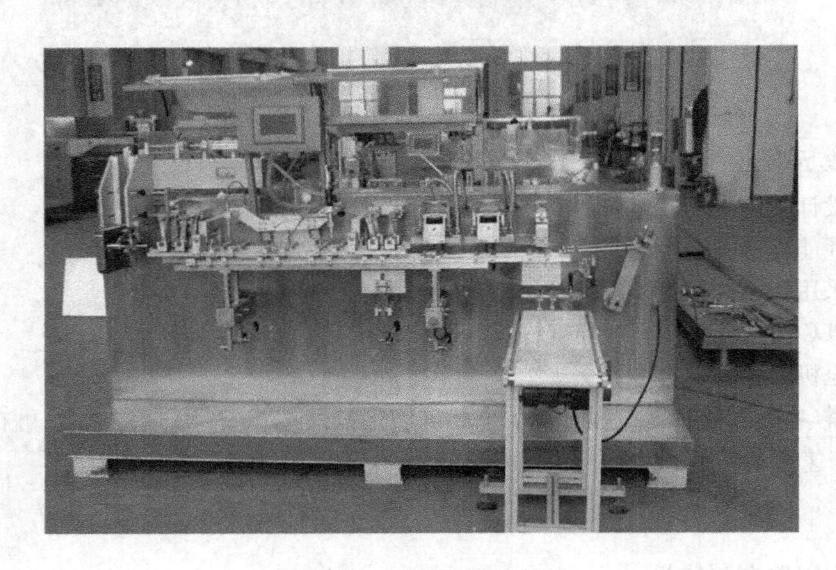

图9-8　全自动面膜一体机

1. 技术特点

（1）包装流程全自动，不需人工操作。

（2）物料接触部分均采用优质不锈钢材料钢制造，符合GMP标准。

（3）可根据充填物料的性质选配不同的灌装装置。

（4）智能检测，有袋灌装封口，无袋则不充填，无袋，不封口。

（5）整机控制采用彩色中文触摸屏，设备运行参数设定方便、直观，同时具备产量统计和设备故障自动诊断功能，让生产管理、设备管理更高效。

（6）智能数显温控系统，封口温度自动补偿，控温精准。封口不良率超低。

（7）整机气动原件均选用知名品牌，工作寿命长，维护更换方便。

（8）生产速度。3600～4200袋/h。

2. 基本工序流程

自动下袋→自动注液充填→自动封口→自动打码→成品输出

第三节　包装用纺织品工艺技术

一、玻璃纤维/聚乳酸复合包装薄膜的制备

（一）PLA/GF 复合包装材料的制备

实验前将 PLA 和 GF 放入烘箱 40℃预热干燥 5h。先将 GF 在二氯甲烷中用电动搅拌器在 25℃条件下充分搅拌 2h 后，再加入 PLA 搅拌 2h 直至全部溶解，将 PLA 配成 0.1g/mL 的溶液。取 GF/PLA 中 GF 的质量分数分别为 5%，10%，15%，20%，25%，30%，用全自动刮膜机以 10mm/s 的速度在玻璃板上刮膜以保证薄膜的厚度均匀性。待干燥后揭膜，在 50℃烘箱内将其干燥 24h，彻底除去二氯甲烷，最终得到厚度均匀的薄膜，厚度约为 65μm。测量复合材料的力学特性，找出玻璃纤维最佳的质量分数。

（二）偶联剂 KH550 改性处理玻璃纤维

将无水乙醇与蒸馏水按体积比 9∶1 的比例混合，加入硅烷偶联剂，30℃水浴加热预水解并磁力搅拌 2h。偶联剂与硅相连的 3 个 Si—X 水解成硅醇 Si—OH，硅醇再发生缩聚反应生成低聚物，低聚物中的 Si—OH 与基材表面上的—OH 形成氢键，吸附于玻纤表面，再通过加热脱水在玻纤表面形成共价键的分子层，完成改性。偶联剂质量分别为玻璃纤维的 0.5%，1%，1.5%，2%，2.5%。将改性后玻璃纤维再与聚乳酸在 25℃条件下均匀分散在二氯甲烷溶液中，测量薄膜的力学特性，并找出偶联剂的最佳用量。

二、复合材料的性能测定

1. 拉伸强度　首先对不同质量分数的薄膜试样进行取样，在恒温恒湿箱中（温度 23℃，相对湿度 50%）放置 24h，按照 GB/T 1040—2006 测试试样的拉伸强度，试样为 15mm×150mm 的长条试样，每组样品测试 10 个数据，误差范围为 5%，取平均值，拉伸速度为 50mm/min，找出玻璃纤维最佳的质量分数。

2. 冲击强度测试　对样品进行取样，大小为 100mm×100mm，按照 GB/T 8809—2015 进行测定，数值误差范围为 5%，测试 5 个数据，取平均值。

3. 透光率雾度测定　根据 GB/T 2410—2008 将试样裁成 50mm×50mm 的方片，测定试样的透光率（P）和雾度（H），每组样品取 5 个样，数值误差范围为 5%，并取平均值。

4. 红外光谱分析　取样，将薄膜直接放于载物台与探头之间，利用美国 Nicolet i S5 型傅里叶变换红外光谱仪进行测试。采用反射的方法扫描（550～4000cm^{-1}），得到红外光谱图。

5. 扫描电镜分析　将薄膜剪成适当大小，粘在导电胶上进行喷金处理，使用日本日立公司的冷场发射扫描电子显微镜 Hitachi S4800，扫描电压为 10kV，观察纯 PLA 及共混物的断面形貌。

三、玻璃纤维含量对 GF/PLA 复合包装材料的影响

玻璃纤维质量分数对 GF/PLA 复合包装材料的拉伸强度的影响如图 9－9（a）所示，可以看出，GF/PLA 复合包装材料的拉伸强度随着 GF 含量的增加先增大后降低，玻璃纤

维质量分数为15%时达到最大，复合材料的拉伸强度达到45.2MPa，比PLA纯膜增加了35%。原因是玻璃纤维的机械强度佳，刚度良好，在聚乳酸薄膜中起到了一定的骨架作用。当玻璃纤维质量分数超过15%后，由于玻璃纤维的主要成分是二氧化硅，与聚乳酸之间相容性差，所以极容易出现脆性断裂，复合材料的拉伸强度降低。复合包装材料的冲击强度随着GF质量分数的增加先上升后下降，如图9-9（b）所示，玻璃纤维的质量分数为25%时，复合包装材料冲击强度最大。这是因为大量的GF在PLA薄膜中交错排列，在摆锤冲击时，需要吸收更多的能量使之戳穿，表现为薄膜的冲击强度增加。不同玻璃纤维含量对GF/PLA复合包装材料的透光率的影响如图9-9（c）所示，可以看出，PLA纯膜的透光率最好，随着GF的质量分数逐渐增加，复合包装材料的透光率逐渐降低。质量分数为30%的GF薄膜的透光率与PLA纯膜相比，下降了15.8%。复合包装材料的雾度随着GF添加量的增加而增大［图9-9（d）］，可见，随着GF用量的增加，薄膜对于光的吸收增加，透射光量减少，雾度上升。对于薄膜来说，GF的加入影响其透明性，影响产品在包装后的可视性。

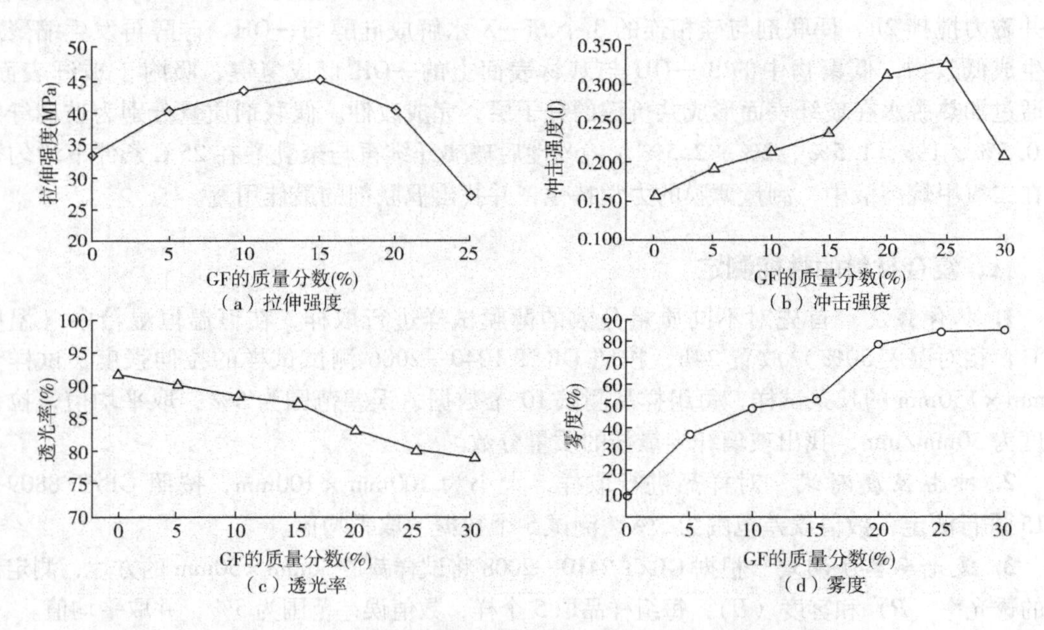

图9-9　玻璃纤维含量对GF/PLA复合包装材料的影响

第四节　包装用纺织品的特殊性能要求

一、牛奶包装袋的性能标准

由于牛奶是供人们食用的，因此，包装材料、印刷油墨、复合胶黏剂、吹塑粒子和添加剂等必须符合包装材料食品卫生标准以及食品包装法规的要求，无毒、无臭，无异味，残留溶剂少，不含有毒重金属等。

塑料薄膜加工成型过程中，需要加入各种助剂，如抗氧化剂、抗静电剂、滑爽剂等。

所有加工助剂、色母粒子、原材料粒子、油墨、胶黏剂、溶剂等都必须要经过 GB 15193—2014《食品安全性毒理学评价程序和方法》的试验检测，经急性毒性试验和慢性毒性试验，证明安全无毒方可使用。

食品包装材料的国家卫生标准比较多，有原材料、加工助剂卫生标准以及成型品卫生标准。在成型品卫生标准中，常用的有：聚乙烯包材 GB 9687；聚丙烯包材 GB 9688；聚苯乙烯塑杯 GB 9689；聚酯塑瓶 GB 13113；纸张 GB 11680；复合袋 GB 9683 等。在液态奶包装中，一般单层或三层共挤黑白袋须满足 GB 9687，而 EVOH 五层共挤黑白袋，PVDC 涂布三层共挤黑白袋，PVA 复合袋，纸基复合包装材料等建议满足 GB 9683，其共挤吹塑层 PE 须满足 GB 9687。GB 9683 和 GB 9687 的差别主要在于甲苯二胺含量和正已烷蒸发残渣量上。甲苯二胺含量是针对复合袋中胶黏剂的，甲苯二胺是一种致癌物质。正己烷蒸发残渣量在 GB 9687 聚乙烯成型品卫生标准中规定为不得大于 60mg/L，而在 GB 9683 复合包装袋卫生标准中规定为不得大于 30mg/L。这个指标主要是模拟食品包材在油浸泡液中的溶出量，生产企业如果控制不当，非常容易超标。在 GB 9683 测试时，须严格规定浸泡条件和公称容量，以保障检测结果的科学性和公正性。如果将整个包装材料浸泡，这样不仅浸泡内表面和外表面，包括印刷油墨，其公称容量也无法精确计算。

一般乳制品包装袋需要经过印刷、复合、吹塑等加工工序，而印刷油墨、复合胶黏剂中均含有一定含量的溶剂，在生产中还需要加入一些溶剂来调节印刷适性和稀释胶黏剂以利于涂布等作用。作为加工助剂，溶剂必须满足 GB 9685 食品容器、包装材料用助剂使用卫生标准的要求，采用醇类或酮类溶剂。对于食品包装，对异味和潜在毒性要求越来越严格，要求溶剂残留量越低越好。国家标准中规定溶剂残留总量小于 $10mg/m^2$，苯类和酯类溶剂残留量小于 $3mg/m^2$。企业标准可能会高于国家标准为总量小于 $5mg/m^2$，苯类和酯类残留小于 $2mg/m^2$。微生物检测方面，针对不同的生产过程、灌装方式、储存条件、内容物、保质期等，规定微生物检测指标不同。GB 19741—2005 液体食品包装用塑料复合膜、袋中规定普通塑料袋包装细菌总数小于 1 个$/cm^2$，无菌包装袋细菌总数小于 5 个$/cm^2$，致病菌不得检出。为方便检测，一般企业会规定以每个包装袋或包装瓶或包装盒等为检测单位，细菌总数小于 5 个，大肠杆菌、酵母菌、霉菌、致病菌等不得检出。

二、牛奶包装安全性能要求

为了适应牛奶高速自动灌装机的要求，牛奶包装膜在生产时必须满足以下几方面的性能要求。

1. 滑爽性能 薄膜的内外表面应当具有良好的滑爽性，以确保其在高速自动灌装机上能够顺利地进行。因此，薄膜的内外表面摩擦系数一般要求在 0.2～0.4，且外/外摩擦系数 > 内/内摩擦系数。薄膜的滑爽性主要是由原料中和外添加滑爽剂来实现的。滑爽剂通常是油酸酰胺或芥酸酰胺，或高分子无机合成物。它与高分子的聚乙烯只是物理混合，不能很好地相容，分子热运动使其逐渐向表面迁移，聚积成均匀的薄层，能够显著地降低薄膜的摩擦系数，使薄膜具有良好的滑爽效果。但牛奶膜的滑爽剂添加量必须严格控制，在能保证自动灌装的前提下不能过多，过多的滑爽剂迁移到薄膜表面会影响薄膜的印刷适性，降低油墨的附着牢度和热封强度。要根据设备、生产工艺、灌装要求、外界环境、内容物和保质期要求等调整滑爽剂用量，建议原料 PE 采用不含滑爽剂的粒子。另外，滑爽剂的种类选择非常重要，这将影响奶膜的异味问题。

2. 拉伸性能 由于在灌装过程中塑料薄膜必须具有足够的拉伸强度，防止在自动灌装机拉力作用下变形或被拉断。在薄膜配方中可选用拉伸强度较好的 LLDPE 或者 HDPE 来提升拉伸强度。

3. 热封性能 薄膜自动包装最担心的就是漏封、虚封、粘刀等导致破袋问题，灌装速度越快，热封要求越高。优良的热封性能应包括：高的热封强度，保证封口在运输过程中不会破损；高的热粘强度，保证薄膜在热切断灌装时封口的完好性；宽的热封温度范围，保证因外界因素引起的一定温度范围内正常封合；良好的封断性，保证薄膜在热切断时，能够顺利切断无拉丝粘刀现象；一定的封口抗污染性，保证封口在有夹杂物时仍具有一定的热封强度。在薄膜配方中添加一定比例的 LLDPE 和 MLLDPE 对提高热封性能有较大帮助，但含量过高会影响切断效果。

4. 表面润湿张力 为了使印刷油墨能够在聚乙烯塑料薄膜表面顺利铺展、润湿和附着，要求薄膜的表面张力应当达到一定的标准，需依赖电晕处理而达到较高润湿张力，否则就会影响油墨在薄膜表面的附着力和牢固度，从而影响印刷品的质量。一般要求聚乙烯薄膜的表面张力应达到 38dyne 以上，若能达到 40dyne 以上更佳。由于聚乙烯属于典型的非极性高分子材料，分子结构中不含极性基团，且结晶度高，表面自由能低，惰性较强，化学性能稳定，因此，薄膜材料的印刷适性较差，对油墨的附着力不理想。

5. 阻隔性能 包装材料具有阻氧、阻光、防潮、保香、防异味功能，要根据不同的内容物、保质期、生产设备、储存条件等选择阻隔材料。一方面要保证外部环境中细菌、尘埃、气体、光、水分等不能进入包装袋中；另一方面要求包装材料本身稳定性好，不吸收异味，小分子难迁移；还有是保证牛奶中所含水分、油脂、芳香成分、对产品质量必不可少的成分等不向外渗透，从而达到包装食品不变质的目的。

6. 对油墨性能的要求 牛奶包装膜通常采用表印方式进行印刷，除了具有表印油墨的一般技术要求，如黏结力、耐磨性和抗刮性，作为液态奶包装，则必须能够耐受巴氏杀菌或双氧水杀菌以及水煮处理要求，要求油墨还必须具有耐氧化性、抗水性、耐热和耐冷冻性能，以保障薄膜在生产、流通、运输、储存等环节中不会发生油墨脱落、发花、凝结等现象。

7. 在高温下的稳定性 包装袋的稳定性直接影响乳品的安全性和卫生性。由于包装材料、配方、结构、加工助剂、生产工艺、环境条件等原因，导致包装袋中活性成分的分解、迁移、吸附甚至与内容物发生化学反应，进而影响乳品质量，如异味、奶香味丧失，分层，组织结构变化等，严重的甚至会引起人体副作用；或者是包装袋在一定温度水或牛奶中浸泡发生分层、收缩、脱色、粘连等现象。夏季高温长时间存放尤其要注意。

第五节 高端包装用纺织品应用实例

一、纳米包装

纳米包装通过有效地利用原子、分子赋予材料新特性特点，改变包装材料的性能，满足特种包装功能需求，纳米包装技术在包装领域内具有广阔的应用前景。金针菇分布世界各地，深受消费者欢迎。凹凸棒土是一种运用广泛的层状硅酸盐天然纳米材料，具有高效的阳离子交换效率、大的比表面积和对金黄色葡萄球菌、大肠杆菌等有害菌的吸附作用。

研究表明，纳米 PE 包装虽然透气性比普通材料低，但是与普通包装相比并没有对菇类产生无氧病害，这是由于菇类储藏喜好低氧高二氧化碳（$O_2$2%、$CO_2$10%）的环境，纳米材料制成的薄膜袋改良了包装材料的气体透过性和机械性，调节了袋内的气体成分，使 O_2 和 CO_2 达到适当的比例，既维持了金针菇较低的呼吸强度，又避免了高 CO_2 伤害，抑制了金针菇的呼吸和蒸腾作用，进而减缓相关的生理生化活动，保存了营养成分，保持了金针菇较强的生理活性和病害病菌抵抗力，从而达到延缓衰老的作用。纳米 Ag 和纳米 TiO_2 协同可以更好更安全地发挥抑菌和减少袋内乙烯的作用，改善了金针菇的储藏环境。因此，纳米材料是通过调节金针菇的内源代谢和改善外部储藏条件发挥保鲜效果的。至于纳米粒子的安全性，目前尚无足够的证据证明纳米粒子对人体有害，传统的毒理学方法运用于纳米毒理学有很大的干扰和局限性。对于聚合物基纳米复合材料，活性成分是否迁移到食品中是最关键的安全因素，由于聚合物基固定了纳米粒子，加之添加的纳米粒子含量低，食品形态多样性造成食品与纳米粒子接触情况很复杂，传统的方法不能客观反映食品包装中纳米粒子的安全性。因此，更全面系统的活性包装安全标准和规范还有待完善，以期对纳米包装等活性包装行业的发展起指导作用。

二、散式吊挂包装

服装工业出现了日益成功的服装吊挂大厅，在这里，一些首屈一指的零售商、生产商和批发商正在将服装从箱内取出，放到衣架上。每件服装从生产商处，经过几道手续，一直到顾客手里都能吊挂在同一聚乙烯套袋保护的衣架上。一大优点是，服装的型号和颜色（如果不是尺寸的话）能时刻通过透明的套袋加以检查。这一革新是由一些大的零售商（例如 Marks & Speneer 公司）发起的，他们讨厌纸箱和包装纸的废料和处理问题，另外，在服装陈列或吊挂在衣架之前，还要将衣服进行整理和熨烫。许多纤维织品在折叠后会有折痕，事实上，在生产商将服装整烫后，可能还要经过数十次的整烫处理。这种根本改变的包装需要有新的运输方法，需要合适的悬挂运输系统。在仓库内，服装的分类和运送是用一种有趣的“eJtAge”悬吊传递系统。服装用聚乙烯袋套住，再挂到衣架上。然后将服装成组放在一起，可以将 10 件大衣或 20 件上衣集中吊挂到一只特粗铁丝的衣架上。“JetAge”悬吊传递系统每小时可输送多达 2400 组（平均 36000 件服装）。

三、箱式吊挂包装

如果不具备任何令人满意的悬吊传递系统的运送方法，可以选择使用一种“箱式”吊挂包装的方法。服装吊挂在可回收或不可回收到生产厂的“箱子”内。从经济的角度出发，这种箱子至少能容装两打服装，必须有足够的强度，以承受公路或铁路的正常运输方法。箱子的设计是十分重要的，可以使用硬纸板或瓦楞纸板箱。瓦楞纸板通常较便宜，但箱子设计的关键是要使箱子不能倒立。服装挂于箱内的挂杆上，如果箱子的四个垂直面中的任何一面着地，服装不会受损，虽然这种情况应该避免。可以证实，一只装两打服装的箱子通常不会高于四只每只装二分之一打服装的箱子的价格。但如要使用套袋，或为了避免陈列中不必要的整理，建议不要去除衣架，这样，箱子、套袋和衣架的全部费用会高于箱子和袋子，或高于一些目前使用的防褶痕设施；但是可节省大量的劳力，并可尽可能减少褶痕的风险。另外须注意，吊挂服装的占地面积要多于普通的箱装服装。

四、箱装服装

（一）产生折痕的因素

当对加工完毕的服装的装箱毫无选择余地时，对于服装包装的准备工作必须小心谨慎，考虑周到并运用技术。必须考虑服装的料子和式样，最有效地使用防褶痕的设施，例如，折叠纸板、薄纸和聚乙烯袋。产生不必要皱痕的因素如下。

1. *服装料折痕复原性能差*　某些新型的合成材料虽说是防折痕的，但实际上易于产生永久性的褶痕。在这种情况下，解决问题的办法是直到服装运送前才进行包装，尽可能少折叠，并限制箱装数量，避免出现过重现象。

2. *服装在熨烫后仍有潮湿情况下装箱*　服装潮湿时，更容易产生褶痕。同样，潮湿时折叠的服装处于压力下会使服装的折叠处留下长久的折痕。服装在折叠和装箱前，必须用干燥温度在一工作间服装箱式吊挂包装内彻底烘干。

3. *折叠不当*　不应为了适应箱子尺寸而将服装折叠。必须考虑折缝的定位，从而当服装吊挂时，折叠缝同服装的专门式样的自然折缝相一致，这在将服装对折的情况下是不可能做到的。因而如有可能，应该避免，或仅只限制在一条对折缝。定好折缝后，箱子的尺寸应适合容纳加工完毕并且熨烫折缝的服装尺寸。

4. *箱子过大或过小*　对某些尺寸的服装使用小尺寸范围的箱子，这是虚假的节约。过小的箱子常起源于这一理论，即箱盖会产生压力，防止可能会造成褶痕的滑动，但过多的压力会造成更糟的褶痕。

（二）防止服装皱痕注意事项

防滑动的折叠纸板和使用恰当的薄纸（不光平铺在服装上）在一定程度上消除了永久性的褶痕。现已普遍采用用于陈列、保护，或者仅用于防尘的聚乙烯袋，但聚乙烯袋还有减少褶痕的用途。长时间包装服装，使之有良好折缝的聚乙烯袋内有能防止重量压力的空气衬垫。这相似于“气球”式包装。这里两点是关键的：一是薄膜的厚度（至少 120μm）应能足以承受服装的重量。薄膜越厚，袋内保留的空气越多，去除压力后，服装的复原也就最快。二是封合必须牢固，但不必要密封。最令人满意的封合是将袋子的顶端紧贴服装、箱子摇盖压上斜角的折缝线，并用胶带封合。热封合速度被公认为较快，但手提式烙铁对于这种操作是无用的。最好使用一种能一次性封合袋子的钳式封合机。但是，在将袋子放在封合机夹具里时必须小心，保证不因操作者手的压力而将袋内空气挤跑。以取出内容物加以检查并放回包装盒内，而无损于盒子的外观。有些服装以无包装或松散的状态进行陈列销售，例如，短袜、领带、女帽等有些服装需进行预包装，不管服装是在自助、自选商店出售，或是在全副店员配备的商店出售。松散服装（不管是以库存包装形式，还是以运输包装形式运送）会有同吊挂服装相同的问题要求。应该认识到，对于预包装的柜台服装，有店员服务出售的服装的质量、价格、价值和条件的说明应同吊挂服装一样详细。

可是，陈列的方法和商品说明无关紧要，因为顾客可以向店员询问。在自选，或更典型的自助商店内，上述陈列因素和商品说明是关键的，旨在促进销售吸引力的商品说明可以千差万别，但顾客希望能快而简便地知道：货物（包括牌号、材料和式样等）、尺寸、价格、使用/洗涤说明（这可以印在包装本身上，也可印在吊牌或箱内标签上）。

思考题

1. 综述包装用纺织品的应用领域，并阐述在每一种应用领域中的主要性能要求。
2. 纳米包装的原理是什么？它的应用前景主要有哪些？
3. 包装用纺织品的特殊性能要求有哪些？
4. 在所有用来包装的材料中，包装类纺织品有哪些优点和不足？
5. 包装类纺织品在具体运用中，应该注意哪些方面的问题？
6. 在日常生活中可见到形形色色的包装类纺织品，请列举几个例子，并对其性能作用加以简要说明。

参考文献

[1] 孙智慧，徐克非．包装机械概论［M］.2版．北京：印刷工业出版社，2007.
[2] 刘浩．包装设计中的视觉流程设计［J］．包装工程，2005.
[3] 范玉吉．审美趣味的变迁［M］．北京：北京大学出版社，2006.
[4] 崔华春．包装设计［M］．南昌：江西美术出版社，2006.
[5] 王安霞．包装形象的视觉设计［M］．南京：东南大学出版社，2006.
[6] 柳林，王晔，彭立．包装装潢设计［M］．武汉：武汉大学出版社，2005.
[7] 李建文．意象插画设计［M］．武汉：华中科技大学出版社，2006.
[8] 黄国松．色彩设计学［M］．北京：中国纺织出版社，2001.
[9] 柳冠中．设计方法论［M］．北京：高等教育出版社，2011.
[10] 何小滨，徐习．常用软包装材料阻菌效果影响因素［J］．中国消毒学杂志，2010，27（3）：366－367
[11] 刘妤，占必传．包装设计中纺织品材料的运用［J］．包装工程，2011，32（18）：6－10.
[12] 周博宇．纺织品和食品塑料包装材料中三氯生检测方法的建立及应用研究［J］．吉林大学2014，04（1）.
[13] 赵永霞，董奎勇．再生纺织材料的发展及应用［J］．纺织导报，2007，11（2）：54.
[14] 刘妤，占必传．包装设计中纺织品材料的运用［J］．包装工程，2011，32（18）：6－10.
[15] 武继松，李建强．防伪包装纺织品的探讨［J］．包装工程，2007（07）：36－37＋53.
[16] 顾宏杰，金晓燕．现代家纺包装设计的审美创新［J］．大众文艺，2017（04）：128.

第十章　安全与防护用纺织品

第一节　纤维原材料

一、高性能纤维

（一）超高分子量聚乙烯纤维

超高分子量聚乙烯（UHMWPE）纤维，外观白色，其相对密度为0.97，是化学纤维中一种密度较小、唯一能够漂浮在水面上的高性能纤维。

1. UHMWPE纤维的性能特点　UHMWPE纤维是玻璃化转变温度低的热塑性纤维，韧性很好，可以在塑性变形过程中吸收能量，因此，它的复合材料在高应变率和低温下仍具有良好的力学性能，其抗冲击能力比碳纤维、芳纶及一般玻璃纤维复合材料还要高。UHMWPE纤维复合材料的比冲击总吸收能量分别是碳纤维、芳纶和E玻璃纤维的1.8倍、2.6倍和3.0倍，其防弹能力比芳纶装甲结构的防弹能力高2.6倍。在防弹头盔方面，防弹效果相同的UHMWPE纤维头盔的重量只有芳纶纤维头盔重量的2/3。

UHMWPE纤维是UHMWPE经凝胶纺丝法制备的，其比强度是同等截面钢丝的十多倍，是所有纤维中最高的，而比模量仅次于碳纤维。因此，它是当今世界高科技纤维中的一大类。

UHMWPE纤维不仅具有很高的比模量和比强度，还有极佳的耐磨、耐冲击性。在安全防护、坦克装甲、防弹衣、防弹背心、头盔、可抵御炸弹的容器、轻型车辆、航空航天、缆绳中具有广泛应用。

UHMWPE纤维UD材料是近些年国际市场上出现的、主要用于高级防弹领域的一种新型高性能复合材料，也称为UD防弹布、防弹无纬布。其基本结构是两层或两层以上单向排列的无纬布，按照一定的纤维轴旋转角度（多为0°/90°/0°/90°）进行交叉铺层，其中使用胶黏剂进行复合后形成软片形式，作为基本成品材料提供给下游用户使用。它与传统结构的防弹材料（机织布、针织布、编织布等）在成型结构、加工工艺和抗弹性能上存在极大差异。UHMWPE纤维无纬布中的长纤维顺直、平行地排列在基体材料中，加之在加工过程中纤维的强度损失极小，能充分发挥UHMWPE纤维本身的独特优势，所以成品的抗弹性能极好。而在传统机织布、针织布、编织布等结构中，其经向与纬向的长纤维相互交错、弯曲，且在织布加工过程中纤维的强度损失大（最高可达40%左右），所以传统织物的抗弹性能不高。

2. UHMWPE纤维的应用范围　UHMWPE纤维无纬布将会成为世界军队、警察系统所需的防弹服、防刺服、防弹装甲、防爆毯、防雷靴、防弹头盔等装备的主要原材料。其下游产品市场广阔，开发应用的重点领域为：防弹服，防弹头盔，防弹装甲，防弹胸插片，防爆毯，海洋工程及游艇，军用、民用飞机，战舰、冲锋舟，军用地下防护工程，大型公共场合防护，防弹高级轿车及运钞车，其他反恐设备设施。

（二）芳纶纤维

1. 芳纶纤维的性能 芳纶作为一种高科技特种纤维，不仅具有耐高温、高强高模等特点，还兼有优异的机械性能和良好的可加工性，密度与聚酯纤维相当，具有较好的耐化学腐蚀性、耐辐射性、耐疲劳性、尺寸稳定性等优良性能。根据化学结构差异，芳纶纤维主要分为间位芳纶和对位芳纶。

间位芳纶全称为聚间苯二甲酰间苯二胺，在我国被称为芳纶 1313，在国外商品名为 Nomex，其耐高温、阻燃、耐磨、耐腐蚀性能较为突出。芳纶 1313 在 260℃下持续使用 1000h 后，其强度仅降低约 15%，在 300℃高温下使用 7 天，强度损失约 50%，500℃时强度降为零。芳纶 1313 对酸的稳定性较好，绝大多数酸对其无损害作用，仅与盐酸、硝酸或硫酸长时间接触后，强度略有下降；芳纶 1313 耐碱性也较好，仅不能长期与氢氧化钠等强碱接触，不足之处与锦纶相同，耐日晒性较差，且染色困难。

对位芳纶的显著特征是高强度、高弹性模量、耐热性，全称为聚对苯二甲酰对苯二胺，我国称为芳纶 1414，国外商品名为 Kevlar、Twaron、Tevlon 等。高强高模是对位芳纶的突出特点，其强度是钢的 3 倍，涤纶的 4 倍，初始模量是涤纶的 4～10 倍，是聚酰胺纤维的 10 倍以上。对位芳纶具有很好的热稳定性，在 150℃时收缩率几乎为零；在高温环境下强度保持率较好，如在 260℃温度下，约能保持原强度的 65%，密度较低，具有优异的减震、耐磨损、耐冲击、耐疲劳等特性，以及优良的热学性能、介电性能。

芳纶 1313 和芳纶 1414 可以制成为芳纶安全防护、复合材料、过滤材料、摩擦密封、电子、运输工具、体育器材及土木建筑、国防军事等领域的产业用纺织品。主要应用于橡胶工业、摩擦密封材料、防弹防护、复合材料和绳缆等领域。

2. 芳纶纤维的应用

（1）安全防护领域。主要利用芳纶 1313 的耐高温、阻燃性能、不熔融和芳纶 1414 的高强度、耐高温阻燃、无热收缩性能开发安全防护用纺织品。芳纶耐高温、阻燃、防火防护面料主要用于石油化工、冶炼、防火隔热、消防、军队等领域，如防火阻燃服、消防服、防热手套、防切割手套、防刺手套等。为了获得理想的使用性能，往往将芳纶与其他纤维混纺。例如，芳纶ⅢA 面料包含 93% 的芳纶 1313、5% 的芳纶 1414，和 2% 的防静电纤维。虽然芳纶 1313 的阻燃性很好，但为了提高织物的热稳定性能，故加入了 5% 的芳纶 1414，加入 2% 的防静电纤维可以使织物具有防静电功能。采用 30%～40% 的芳纶 1414 和其他耐热纤维混纺可以得到热防护性能较好的面料，这种面料常被用作消防服的外层。外层单位面积质量（克重）为 $293g/m^2$ 的芳纶面料、里层克重为 $177g/m^2$ 的阻燃棉的双层组合热防护服 TPP 值为 2.19，防护时间为 11.8s，而外层克重为 $361g/m^2$ 的阻燃涤棉、里层克重为 $127g/m^2$ 的双层组合热防护 TPP 值仅为 1.67，防护时间仅为 6.7s。

采用对位芳纶与高强聚乙烯、不锈钢丝等材料复合，开发生产防割、防穿刺、防撕裂等防机械损伤纺织品，可制作成手套、工作裙、袖套、护腿罩等，可减少甚至避免操作人员受到伤害。上述制品主要用于建筑、林业、金属加工、树木修剪等行业，例如：400g/双对位芳纶防割手套比 800g/双涤/棉手套的抗切割性好得多。以往链锯操作防护服由尼龙织制而成，现在改用芳纶 1414 织物和毡复合制成，6 层复合就可达到尼龙材料 12 层的防护效果，并且具有质量轻、穿着舒适、灵活等优点。

（2）军事国防领域。传统战训服主要功能是为士兵抵御雨雪风寒等环境的影响，随着化学、核热等新式传感系统的发展，对军用防护服要求显著提高，不仅要求能适应环境、生理要求，还要求轻便、耐用、防弹、抗化学、阻燃及良好的伪装性能等。现代战训服主要是芳纶 1313、芳纶 1414、防静电纤维混纺面料（$186g/m^2$），比以前尼龙棉面料（$237g/m^2$）轻了 20%，且具有阻燃防火、防静电等功能。

采用芳纶 1414 材料可以使防弹背心质量轻、体积小，显著改善防弹性能，防弹效能可提高 40%。因此，用芳纶制成的防弹头盔和防弹背心取代了老式罐形钢盔和尼龙背心。同时，芳纶也可与其他材料复合，制成各种强度高、耐冲击的板材，如防弹盾牌、防弹装甲板等。

芳纶织制的织物黏结固定在结构物的内壁，可以吸收爆炸波，防止弹片及建筑物对人的伤害。在现有的建筑物内可以快速地创建一个安全空间，不需要修建额外的房间或升级现有的防空洞和安全房。另外，利用芳纶强度高、耐冲击性好的特点，制成的防爆毯、防爆罐，能承受普通手榴弹爆炸产生的冲击，现已广泛应用于地铁站、机场、大型会议场所。

二、安全与防护用纺织品原材料

（一）防辐射纤维

1. 耐辐射纤维——聚酰亚胺纤维 20 世纪 60 年代，美国成功开发了聚酰亚胺纤维。聚酰亚胺的大分子链全部由芳香环组成，而且芳环中的碳和氧是以双键形式结合，有效地增强了结合能。当辐射线作用于聚酰亚胺纤维上，分子可吸收的辐射能远不足以打开分子链上的原子共价键，仅转化为热能排走。正是这种分子组成和结构决定其耐辐射性、耐热性、分子链不易断裂、强度高等一系列优良性能。将单体芳香族二胺溶解于二甲基甲酰胺、二甲基乙酰胺或二甲基亚砜中，随后将另一单体均苯四甲酸等摩尔加入，在室温、氮气保护下进行溶液缩聚反应，最后得到浓度为 10% ~20% 的聚均苯四酰胺酸浴聚体溶液，然后通过干法纺丝或湿法纺丝可制得聚酰亚胺纤维。

2. 复合型防辐射纤维 通过长期研究，人们对各种合成高聚物耐各种射线的能力进行了评价，确定了各种高聚物在辐射环境下的使用极限和耐辐射性能，聚乙烯、聚丙烯、聚苯乙烯、聚碳酸酯、聚酯、聚氯乙烯等凭借优良的耐辐射性及可纺性，均可用作融纺制造复合型防辐射纤维的基本高聚物。复合型防辐射纤维所添加的防辐射剂，有重元素和具有大吸收截面的元素及其化合物。重元素用以阻滞中子，而截面大的元素既能阻滞快中子，又能吸收慢中子，且不释放 γ 射线。

（1）防 X 射线纤维。X 射线作为电离辐射的一种，在材料 X 光探伤、人体 X 光透视、X 光分析中已取得成功应用。工作人员长期接触 X 射线，对性腺、乳腺、造血骨髓等都会产生伤害，超过剂量甚至会致癌，给人体带来严重威胁。

20 世纪 80 年代，苏联纺织材料研究所和核研究所共同开发了腈纶防 X 射线纤维。方法是首先对腈纶纤维进行改性处理，然后用醋酸铅溶液进行浸渍，发生离子交换，得到共价结合接枝铅金属的腈纶织物。该方法制得的织物能明显减弱 X 射线的辐射强度。如果采用复合型添加剂如铅、铀和镥等，还能进一步提高防X射线的防护性能。该产品用于个人防护，测试结果相当于0.6mm铅板的效果。近年来日本新兴人化成公司和奥地利的Lenzing公司分别将硫酸钡添加到黏胶纤维中，制成的防辐射纤维可用于制作长期接触X光的工作人员的服装，效果良好。

美国佛罗里达州的一家辐射防护技术公司用辐射防护技术对聚乙烯和聚氯乙烯进行改性，研制成功demron防辐射织物，它是由一层聚乙烯（PE）和聚氯乙烯（PVC）聚合物夹在两层普通机织物之间构成。它不仅能防X射线还能防γ射线。这种防辐射织物的防辐射性能与用铅制作的衣服一样好，但它不含铅，无毒而且质轻。它的用途很广，既可以制成轻便的全身防护服、防辐射帐篷，又可以作为飞机、宇宙飞船用内衬材料等。

我国天津纺织工学院（现天津工业大学）经研究发现，将防X射线纤维加工成的织物经层压或者在织物中间添加含有屏蔽剂的黏合剂后热压制成的层压织物，均是防X射线辐射的良好材料。

（2）防中子辐射纤维。在众多辐射中对人类伤害特别严重的是中子辐射。一枚相当于1000t TNT当量的中子弹于200m高空爆炸，在炸心900m范围内的作战人员和坦克乘员会立即昏迷，10日内全部死亡。面对如此恐怖的战争威胁，加上冷战后中子弹随着核电站的修建和中子技术的民用化，防中子辐射纤维作为设施防泄漏材料和人身防护材料而备受关注。20世纪80年代以来，日、美及欧洲共同体等国家就把防中子辐射作为高技术项目，投入了大量的资金，例如，欧洲原子能共同体在1985～1989年花费0.6亿美元用于防辐射技术研究和开发；日本1983年宣布用4年时间研制出了中子辐射防护纤维；20世纪80年代后期，我国也开始了这方面的研究。

1983年日本东丽公司采用复合纺丝方法研制出防中子辐射复合纤维，具体做法为将中子吸收物质与高聚物在捏台机上熔融混合后作为芯层组分，以纯高聚物为皮层进行熔融复合纺丝，所得纤维为皮芯结构，经干热或湿热拉伸制得具有一定强度的纤维。

我国对防中子辐射材料的研究成果显著。例如制备皮芯（或并列型）复合防中子辐射纤维，取30份经表面活性剂处理、粒径为0.5μm的B4C微粒与70份聚丙烯，240℃下，在双螺杆共混制成芯材，然后以聚丙烯为皮材，芯皮重量比为10∶90，进行皮芯型复合纺丝，纺丝温度为260℃，纺丝速度为800m/min，120℃下拉伸4倍。制得的防中子辐射纤维对热中子屏蔽率达96%，二次感生辐射BQ/cm^2。

天津工业大学在开发防辐射透明板材的基础上也曾研究开发防中子辐射纤维，1985年宣告成功。这种纤维也采用皮芯复合结构纺出复合纤维。芯部掺入偶联剂和中子吸收物质的粉末。纤维在测试现场中子辐射强度为国家防护标准正常工作人员累计20年的剂量，单层布克重为84mg/cm^{2}时，中子吸收率达59%，且防中子辐射织物经长时间辐照后，屏蔽率无变化。

3. 导电型吸波纤维——防电磁辐射纤维 电磁辐射，是指电磁波中的微波段、射频段和工频段的电磁辐射。这种辐射作为非电离辐射，对人体的危害是通过积累效应而显现的。但是这种危害是不容忽视的，特别是近20年来，它已成为继大气污染、水污染和噪声污染三大环境污染之后的第四污染源而引起人们普遍的关注。防电磁辐射纤维的屏蔽机理不像防X射线纤维和防中子辐射纤维那样以吸收为主，而是凭借低电阻导电材料对电磁辐射产生反射作用，在导体内产生与原电磁辐射相反的电流和磁极化，形成一个屏蔽空间，从而减弱外来电磁辐射的危害。归纳起来有以下几种方法。

（1）将金属丝与纱线共同编织。三菱人造丝公司使用涤纶纱或棉涤混纺纱和高纯极细防氧化铜丝，凭借特殊的复合技术编结在一起，开发出复合纱屏蔽布，商品名为“代梅克斯－α”，这种织物不仅屏蔽效果好，而且还耐洗涤，还可进行常规染色和缝制。其产品开发后，用作需要屏蔽电磁杂波的医疗仪器保护罩，用作心电图测试场所的屏蔽帷幔，也可用作佩戴起搏器的心脏病患者的服装。

（2）将金属纤维纺入纱线内部。这是当前防电磁辐射纺织品的主要材料，所用金属纤维有铜纤维、铁纤维和不锈钢纤维，其中以不锈钢纤维综合性能为最好。美国最早开发不锈钢纤维，比利时购买美国专利后扩大了生产，供应欧洲各国。河北省纺织研究所于1979年在国内率先开展了不锈钢纤维的研发，经过20余年的发展，20世纪90年代已形成规模化生产。

（3）使用金属化纤维。金属化纤维是指表面具有用涂层或镀层方法形成导电膜的纤维。1998年，美国SAVQVOIT公司研制成功了含银30%的镀银锦纶丝，该纤维与传统纤维混纺制成的防电磁辐射纤维织物，可以屏蔽90%以上的电磁辐射。

（4）开发本体导电性单体和聚合物。用ASF3、I2、BF3等物质进行化学掺杂而制成的具有本体导电性的共轭聚合物，如聚乙烯类、聚苯胺类、聚杂环类聚合物。尽管这项技术20世纪70年代就已开发出，但如今仍处于接近实用化程度，生产成本很高，且成纤困难，但作为防电磁辐射纤维的后备材料，前景可观。

从社会需求观察，防辐射纤维不仅在军事、国防、国民经济相关产业的需求迅猛增长，而且产品正在进入千家万户。随着科技的不断进步，可以预见，新的研究成果将如雨后春笋般不断涌现。

（二）柔性防刺材料用原料

1. 纤维原材料 常见的纤维原料包括超高分子量聚乙烯纤维、对位芳香族聚酰胺纤维、聚对苯撑苯并双噁唑（PBO）纤维，此外，聚对苯二甲酸丁二酯（PBT）纤维、蜘蛛丝、蚕丝丝胶、陶瓷纤维、碳纤维、聚酯纤维等也有所应用。目前，市场上应用较多的是对位芳香族聚酰胺纤维（芳纶）和超高分子量聚乙烯纤维，纤维特性见表10－1。

表10－1 几种高性能纤维的力学性能比较

项目		密度（g/cm^3）	拉伸强度（GPa）	拉伸弹性模量（GPa）	断裂伸长率（%）
超高分子量聚乙烯	Dyneema SK66	0.97	3.1	100	3.5
	Dyneema SK66	0.97	3.6	116	3.8
芳纶	Kevlar 49	1.45	2.8	199	2.4
	Twaron HM	1.45	2.8	121	2.1
聚对苯撑苯并双噁唑纤维	Aylon HM	1.56	5.8	280	2.5
	Zylon AS	1.54	5.8	180	3.5

续表

项目		密度 (g/cm^3)	拉伸强度 (GPa)	拉伸弹性模量 (GPa)	断裂伸长率 (%)
碳纤维	CF HS	1.78	3.4	240	1.4
	T300	1.76	3.5	230	1.5
玻璃纤维	S-2	2.55	2.1	73	2.0
尼龙纤维	HT	1.41	1.0	5	18.2
聚芳酯纤维	Vectran	1.41	2.9	69	3.7
	Ekonol	1.40	4.1	134	3.1
高强聚酯纤维		1.41~1.42	3.61	833	3.5~3.8

2. 剪切增稠液体　美国陆军研究实验室发明的剪切增稠液体（STF）为防刺服提供了新的原料，STF由悬浮在液体中的硬质粒子组成，属于非牛顿流体，当搅动速率或者外力增加时，其黏度也随之增加。在平常条件下，STF是可以流动和变形的，一旦有强大的外力作用在STF时，剪切的渗透诱导了硬质粒子的瞬间聚集，黏度增加，冲击点会变成类似坚硬的固体板块。冲击力消失后，冲击点恢复液态，材料又变得十分柔软。这说明其剪切增稠效果是可逆的。

目前，主要研究手段是通过将高性能纤维织物浸渍STF赋予其防刺能力。通常，STF是由聚乙二醇和纳米级二氧化硅颗粒均匀混合制成。M. J. Decker等人将平均直径为450nm的SiO_2粒子分散在200万分子量、体积分数为52%的聚乙二醇溶液中得到STF，并对比测试STF浸渍后的Kevlar织物抗刺性能。结果显示，对于刀的防刺效果，STF-Kevlar明显好于Kevlar织物；而对于防锥刺效果，Kevlar织物在只有4J能量时就可以穿过5层，而STF-Kevlar在17J的高水平能量时也只能穿过3层，并且此时锥子产生塑性弯曲。

（三）防弹衣的材料选择

在防弹衣的材质选择上，目前主要有硬质防弹材料与软质防弹材料两大类。为了保证防弹衣能够最大限度地消耗弹头、弹片的动能，各类防弹材料必须具备高强度、韧性好以及吸能性强的特点。就硬质防弹材料而言，其主要采用特种钢、超强铝合金、氧化硅、碳化硅等金属或非金属硬质材质。考虑到相关人员在穿着防弹衣后，仍需较为灵活地完成各项动作，而硬质防弹材料一般均不具备柔韧性，故前述硬质材料主要以防弹插板或增强面板形式呈现。软质防弹材料除需具备高强度性能外，对于其柔韧性也有较高要求。因而，软质防弹衣或软硬式防弹衣的内衬材料大多采用高性能纤维织物。当前，诸如凯夫拉（Kevlar）、特沃纶（Twaron）、斯拜克特（Spectra）等高性能纤维织物以其优良的综合性能，成为软质防弹材料的主要选择。而硼纤维或碳纤维等高性能纤维，虽也具有极高强度，但其柔韧性较差，且不易被纺织加工，故并不适宜作为防弹材质。从理论角度而言，防弹纤维材质的拉伸强力越高，其变形能力也越强，防弹效果也越好。但防弹衣的实际应用中，还要求相关材质不得变形过大，故作为防弹材质的高性能纤维同时还需具备较强的抗变形能力。

（四）防爆服材料

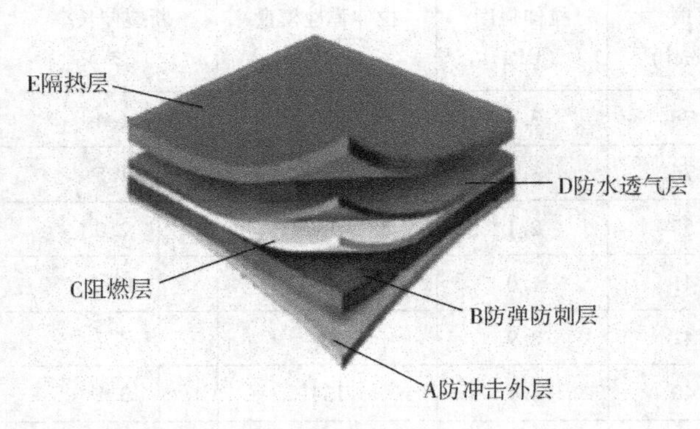

图 10－1　防爆服结构层次示意图

防爆服中含有多种高性能纤维，防爆服的外层材料采用高强涂层面料，环保无毒；其各防护层部件的耐高温性能、耐刺穿性能、抗冲击性、能量吸收性能以及阻燃性能均要满足相关规范标准。国际上比较通用的防爆服结构分为防冲击外层、防弹防刺层、阻燃层、防水透气层、隔热层（图 10－1）。下面就从这五层所用的材料进行介绍。

1. 防冲击外层　防爆服坚固的防冲击外层能够抵挡超压冲击波的能量，同时也能抵御飞射的爆炸物碎片。防冲击外层材料主要采用超高分子量聚乙烯纤维，其具有良好的耐冲击性、柔软弯曲性以及耐磨性能，吸收能量较强，并且是目前世界上数一数二的强力最高的高性能纤维材料，能达到优质钢的 15 倍，在防爆服中具有轻柔、防破甲和穿甲的性能。

2. 防弹防刺层　防冲击外层虽然能抵挡部分超压冲击波的能量，但是，超压冲击波还是会穿透坚固的外层，并进而接触到里面的防弹防刺层，这一保护层可以阻挡贯穿了外层装甲的碎片，起到防弹防刺的效果。这层材料主要采用芳纶，它的强度比碳纤维高，质量比玻璃纤维、碳纤维都轻，热膨胀系数低，抗疲劳性好。且密度是钢丝的 1/5，强度是钢丝的 5 倍，能在 －192 ~182℃的范围内保持稳定的尺寸和性能，不会燃烧，不会熔融，这种材料具有较高的应变速率敏感性，即其可以随着冲击速度的增加而变得更坚硬。

3. 阻燃层　芳砜纶纤维（PSA），即聚砜基酰胺纤维，是上海市纺织科学研究院和上海市合成纤维研究所共同研究和生产的一种耐高温纤维，由对苯二甲酰氯和 4’4 －二氨基二苯砜及 3’3 －二氨基二苯砜为主要原料聚合后，溶解于二甲基乙酰胺中，然后经湿纺工艺或干纺工艺加工而成，其具有优异的耐热特性，在防爆服中起到较好阻燃效果。

4. 防水透气层　防水透气层是为了防止爆炸现场有腐蚀性液体或热气的进入，通常为涂层或防水面料。并且爆炸现场温度高、热量大，人体排汗量多，如果防爆服不透气就会使人体感到闷热、窒息，严重影响战斗力。目前解决该问题的方法是采用复合微孔四氟乙烯膜的阻燃布，微孔四氟乙烯膜本身是耐高温的，能阻挡水的通过而又畅通地排出汗蒸气。

5. 隔热层　据资料表明，爆炸现场的温度较高，因此，防爆服应具有良好的隔热性能，包括防直接灼烧的热传导性能和防辐射热的渗透性能。PBO 纤维的热分解温度可达 650℃，是热稳定性最高的纤维，对爆炸形成的高能量高温度环境有很好的防御作用，可以起到隔绝热量的作用。

（五）防弹防爆方舱中应用的高效抗冲击复合材料

随着复合材料技术、材料性能的大幅提升和制造工艺的日益成熟，新型复合材料方舱的技术性能越来越好。与传统的铝蒙皮夹芯大板式结构金属方舱相比，新型复合材料方舱的优点在于：质量轻、防腐蚀，不产生有害气体；环境适应性好，能够经受高低温、热循环和潮湿的影响；复合材料蒙皮耐用，使用寿命长，修理维护成本低；绝热性能好，能量利用率高；作战反应迅速，部署快捷。在防弹防爆方舱的研制过程中，高效抗冲击复合材料因高比强度、高比模量、低密度、抗冲击效率高、性能可设计性好，功能集成性强，可与装甲钢、装甲铝、抗弹陶瓷及其他材料匹配使用，得到了科研人员的重视和应用。当前可用于防弹防爆方舱的高效抗冲击复合材料主要有玻璃纤维复合材料（GFRP）、芳纶纤维复合材料（AFRP）、超高分子量聚乙烯（PE－UHMW）纤维复合材料、聚对苯撑苯并二噁唑（PBO）纤维复合材料、陶瓷/纤维复合材料结构单元等。

（六）相变材料

相变材料是一种化学材料，主要用于储存能量和释放能量。相变材料按成本分为无机相变材料、有机相变材料和复合相变材料。这种材料和外界环境变化有着密切的关系，能够随着环境的变化而变化，实现材料本身不同状态的转化，如：实现固态向固态的转化和实现固态向液态的转化，在这种状态改变过程中，会释放大量能量。在对该材料实际作业过程中，要采用正确的作业方式，保持与周围环境的协调，实现相对平衡。相变材料运用在纺织品上，能够成为性能优异的耐热调温产品，这种产品被称为“智能调温纺织品”，该材料是利用相变过程中所产生的大量热能，这种热能能够形成一种外在的微气候，萦绕在纺织品周围，最终实现对温度的调节。这种材料产品能够针对周围不同的温度变化，实现自动调节，自身温度控制在最佳状态。如果周围的温度升高了，借助固液状态相变所储存的能量，减少热量内部供应，在一定程度上，调节了内部温度的升高幅度，实现内部自动制冷的效果。如果外界温度降低，该材料能够通过固液状态相变过程所储存的能量，调节过低的温度，从而实现对纺织产品的保温。该材料具有优异的性能，不仅具有较低的质量，节约成本，而且具有能够减少能量的消耗，容易操作等性能；能够适应不同条件下的作业要求，无论是炎热的夏季，还是寒冷的冬季；无论作业难度较大的管道作业，还是有色金属的冶炼过程，这种材料都能够满足不同作业岗位人员的需求。目前，市场上的任何一种方法都会产生成本消耗，轻质量的产品和过低的能源消耗，在高温恶劣环境的影响下，这种材料能够对作业人员形成一种外在的保护。随着相变蓄热材料的出现，为高温危险作业人员提供了一种保护性的可能。

该材料的一种重要应用是在高温矿井的营救救援，能够及时应对这种危害带来的困难。当矿难发生的时候，营救受困人员的生命成为了工作的重心。对救生舱的使用有一定的要求，保证受困人员能够有 120h 以上的生存条件。如果救生舱内的温度持续上升，需要保障受困人员处于最佳的舒适范围之内，也是保障受困人员的生命时间，赢得最终的营救时机。蓄能相变材料能够从根本上解决这样的问题。该材料有较低的维护成本，根据矿井的不同实际情况，合理调整温度。该材料平时处于固态，不必担心成本的维护费用，减少了营救工作所带来的风险。该材料较大的密度能够保障对周围热量的最大吸收，合理调控温度，控制温度所处的时间，有较高的换热效率。该材料占用空间较少，不会争夺救生舱内的狭小救援空间，为救援人员提供宝贵的空间。

（七）PTFE 膜材料

PTFE 膜是以聚四氟乙烯为原料，采用特殊工艺，经压延、挤出、双向拉伸等方法制成的具有微孔结构的薄膜。PTFE 膜具有原纤状微孔结构，孔隙率达 85% 以上，每平方厘米有十多亿个微孔，每个微孔直径在 0.1～0.5μm，比水分子直径（20～100μm）小几百倍，比水蒸气分子（0.0003～0.0004μm）大上万倍。这种孔径结构可以阻挡液态水的进入，却能使水蒸气顺利通过。因此，利用这种微孔膜结构可实现特殊的防水透湿功效。由于这类微孔膜孔径极小，且每个膜孔沿膜材料的各个方向呈现不规则的弯曲排列，使风难以透过，因此又具有防风性和保暖性等特点。聚四氟乙烯微孔膜由于其出色的防水透湿性能，被誉为“可呼吸的”功能性面料。

聚四氟乙烯材料由于其分子结构的特殊性而具有极好的化学稳定性，耐强酸、强碱并耐多种化学品的侵蚀。同时它还具有极其宽广的耐温性能，在 -180～260℃ 可以长期使用。因此这种材料在劳动防护领域有着广阔的应用前景。

传统防护服材料的加工，通常针对使用场所所面临的危害性化学物质，对面料进行特种整理或涂层处理。但是，这些材料往往缺乏足够的透气舒适性。比如，传统的防化学液体或蒸汽的氯丁或丁基橡胶涂层防护材料，可以有效地防止危害性化学物质侵害人体。但因为材料不透气，长时间或高温环境中穿着时，人体产生的汗液及热量不能及时排出，从而使人体产生严重的不适感。利用聚四氟乙烯微孔膜材料与其他纺织面料复合后，可制作出既不妨碍人体排汗，又能防止外部环境中的液体和其他有害物质侵入的防护服面料，可用于多种涉及危害性物质的作业环境。也可以用聚四氟乙烯微孔膜做成防护手套以及防护鞋的里衬，极大地提高穿着舒适性，进而提高作业人员的工作效率。

（八）纳米纺织材料

随着科技的不断发展，纳米纺织材料逐渐引起了人们的关注。纳米纺织材料因小尺寸效应和表面效应等的影响，产生巨大的变化，形成很特别的功能。和常规材料相比，该材料有着特殊的防护功能，该技术发展较为迅速，已经在多个领域得到了应用。纳米纺织材料所衍生出来的纺织材料能够对抗紫外线的辐射。纳米四氧化三铁和二氧化硅等和纳米云能够吸收太阳的这种辐射波，这些波容易对人的身体造成伤害。化学纤维掺入纳米微粒，这种整合后的织物能够有效地阻挡紫外线的照射。制成的这种纺织材料能够对户外作业人员形成一种外在的防护功能，实现对作业人员的实际保护。该材料借助纳米技术实现了对纺织品的处理，应用特殊加工工艺，在该材料表面形成了纳米分子层，该纳米分子层能够有效地屏蔽外来的伤害，最终形成了防液体沾染和防污等功效。所制成的纳米纺织材料能够有效地避免纺织污染，保护处于污染环境作业中的人员，有较大的现实意义。

（九）用于消防服装的高性能防护纤维

1. Nomex 纤维　美国杜邦公司生产的 Nomex（聚间苯二甲酰间苯二胺纤维）纤维材料在 20 世纪 60 年代开始商品化生产，这种纤维具有优越独特的性能，因此具有广阔的市场前景，世界各国纷纷投入生产和科研。随着科学技术的发展，好多具有耐高温阻燃材料得到蓬勃发展，但是目前应用于消防服的耐热阻燃材料仍以芳纶织物为主。由于消防服的外层面料需要具有很高的阻燃性、抗静电性和其他各项性能指标较高的物理性能及相关化学性能，因此，目前外层面料织物通常都是芳纶和其他纤维的混纺织物。在 20 世纪 60 年代开始生产用于消防服的间位芳纶是在 Nomex 的基础上研制出最新智能纤维 Nomex on Demand，在紧急高温环境可自动膨胀包容更多空气，从而提高其绝热性能，耐热性能提高

20%，由其制成的防热内衬薄且柔软，具有良好的热防护性能和舒适性能。

2. 芳砜纶纤维　芳砜纶是上海市纺织科学研究院和上海市合成纤维研究所共同研究和生产的一种高性能合成纤维，属于芳香族聚酰胺类耐高温材料。芳砜纶在国防军工和现代工业上有着重要的用途，是我国急需的高科技纤维，填补了我国耐250℃等级合成纤维的空白。芳砜纶具有优良的耐热性、热稳定性、高温尺寸稳定性、阻燃性、电绝缘性及抗辐射性，同时具有良好的力学性能、化学稳定性和染色性。芳砜纶在250℃和300℃时的强度保持率分别为70%、50%。比芳纶1313高5～10个百分点，即使在350℃的高温下，依然保持38%的强度，而此时芳纶1313已遭破坏。芳砜纶在250℃和300℃热空气中处理100h后的强度保持率分别为90%和80%，而在相同条件下芳纶1313仅为78%和60%。可见，芳砜纶的耐热性和热稳定性优于芳纶1313，它可在250℃的温度下长期使用。芳砜纶的沸水收缩率为0.5%～1%，在300℃热空气中的收缩率为2%，其高温尺寸稳定性比芳纶1313好得多，在制备消防服和特种军服时，克服了Nomex需要加入价格昂贵的低收缩纤维，以保持受热时服装平整的缺点。芳砜纶的LOI值高达33，比芳纶1313高5个百分点，阻燃性更佳。此外，芳砜纶具有较强的抗酸性和较好的稳定性，常温下，对各种化学物均能保持良好的稳定性。并且芳砜纶在常用的高温高压条件下即可染色，面料的后整理成本较低，十分适合应用在防护服领域。消防服采用芳砜纶后，可大大提高阻燃隔热材料的国产化，集阻燃、隔热、防水、透气和舒适等多种功能于一体，使消防战士穿着后倍感舒适、轻软和贴身；并减轻消防服的整体重量（每套小于3.5kg），保障广大消防战士的生命安全。

3. PBO、PBI纤维　PBO纤维（聚对苯撑并双咪唑纤维）和PBI纤维（聚苯并咪唑纤维）属芳香族杂环类纤维。由于杂环基团的引入，共价键能增加，分子以伸直链的形式形成纤维，取向度和结晶度高，纤维经加热后结构进一步致密，结晶也更完整。PBO纤维的强度、模量、耐热性和难燃性都比有机纤维的性能好许多，其强度和模量更超过了碳纤维和钢纤维，它在火焰中不燃烧、不收缩而且仍然非常柔软。PBI纤维具有良好的纺织加工性和阻燃性能，吸湿性高。由于PBI纤维的最大特点是耐高温性，PBI纤维可耐850℃的高温，因此从其诞生起，就应用于特殊的领域。如图10－2所示消防服，参照标准：GA10—2002、NF－PA1976、EN471 AS4967—2002，此款消防战斗服装抗热性能极好，防水透气性能优良，轻巧舒适，是当今高档的布质消防战斗服之一。衣服的主体由多层特殊材料构成，包括德国PBI的防火布、阻燃隔热棉、Tetratex隔水膜和阻燃里布，采用Nomex阻燃线缝制，主要用于消防救火，道路事故抢险场合。

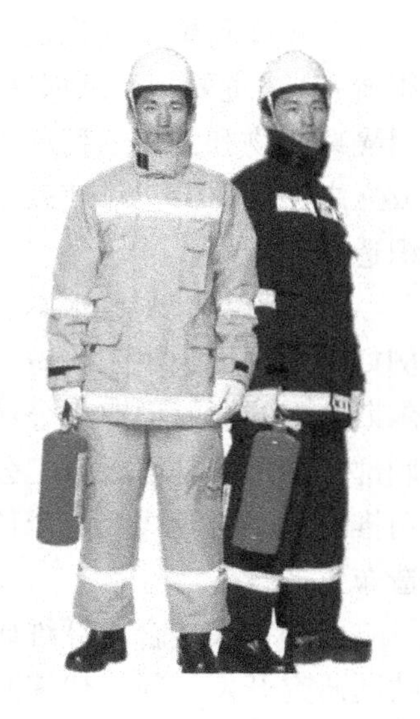

图10－2　我国消防战斗服装

4. 聚苯硫醚纤维　聚苯硫醚（PPS）纤维是一种线型高分子质量结晶性高聚物，具有很高的热稳定性、耐化学腐蚀性、阻燃性及良好的加工性能。聚苯硫醚纤维加工成的制品很难燃烧，把它置于火焰上时会发生燃烧，但一旦移去火焰，燃烧立即停止，燃烧时呈黄橙色火焰，并生成微量的黑烟灰，燃烧物不脱落，形成残留焦炭，表现出较低的延燃性和烟密度，发烟率低于卤化聚合物。不需添加阻燃剂就可达到

UL94V—0 级标准。其极限氧指数可达 34% ~35%，在正常的大气条件下不会燃烧，它的自动着火温度为 590℃，聚苯硫醚具有突出的耐化学稳定性，仅次于聚四氟乙烯纤维，在极其恶劣的条件下仍能保持其原有的性能。能抵抗酸、碱、烃、酮、醇、酯和氯烃等化学品的侵蚀，在 200℃下不溶于任何化学溶剂；只有强氧化剂（如浓硝酸、浓硫酸和铬酸）才能使纤维发生剧烈的降解。在高温下，放置在不同的无机试剂中一周后仍能保持原有的抗拉强度。在 250℃以上仅溶于联苯、联苯醚及其卤代物，因此，PPS 纤维是优良的消防服制作用纤维。

第二节　安全与防护用纺织品专用设备

主要是非织造机械设备。

一、纺粘非织造设备

德国的 Reifenhauser（莱芬豪舍）公司在冷却、拉伸、铺网等工艺方面进一步优化了 Reicofil IV 型纺粘设备，通过增强正压拉伸、增加喷丝板宽度和喷丝孔数量，生产速度和生产线的年产量显著提高。例如，PP 的纺丝速度最高增加到了 5000m/min，生产线的产量提高到了 20000t/年。美国 Nordson（诺信）公司研发了幅宽为 3.6m 的双模头纺粘非织造设备。该设备采用了美国 J & M Laboratories 公司和日本 NKK 公司的技术以及狭缝拉伸技术，且适于加工多种聚合物丝，包括 PET、PP 等。该设备加工 PET、PP 的纺丝速度最高分别可达 8000m/min 和 5000m/min。产品幅宽最大为 5m，最薄的纺粘非织造布克重为 $10g/m^2$，纤维最细为 0.8 旦。

法国 Perfojet（已被 Andritz 集团收购）公司生产的 Per fobond3000 纺粘设备采用整幅的狭缝拉伸技术，且将喷丝板与机器的前进方向的夹角设计为 45°，不仅在相等幅宽内增加了喷丝孔的数量，而且提高了纺丝速度，并改善了非织造布的纵横向强度比。

东丽高新聚化（南通）有限公司专门从事高性能聚丙烯长纤维非织造布（PP 纺粘非织造布），主要用于纸尿裤、卫生巾等卫生用特种纺织品，以及手术隔离衣、盖布等医疗用隔离织物和其他工程用材料的研发、设计及相关中高档产品的生产和销售。自 2006 年成立之初到 2014 年年底已陆续建设了四条生产线，目前以年产 77000t 成为亚洲最大的非织造布制造商。

纺粘可与针刺、水刺、气流成网、梳理成网等多种非织造加工技术进行差别化组合。例如，中国恒天重工股份有限公司推出的纺粘/水刺生产线，其纺丝部分采用的是美国希尔斯公司的橘瓣型双组分纺丝技术，拉伸部分引入了希尔斯公司的整板正压拉伸技术，水刺部分使用的是恒天重工公司自行研制的水刺装备。再如，大连华阳化纤工程技术有限公司推出了小板管式气流牵伸双组分复合纺粘水刺生产线以及涤丙两用纺粘针刺 + 水刺非织造布生产线。

此外，大连合成纤维研究设计院股份有限公司与江苏省仪征市海润纺织机械有限公司共同研究开发了新一代聚酯纺粘针刺非织造布生产线，并已投入市场。从运行生产线的生产情况来看，第二代生产线具有第一代生产线无法比拟的优点，如产品的均匀度以及产品性能指标明显提高，机器的调整操作更方便，运行成本大大降低等。

二、非织造布纺粘—熔喷设备

提供成套生产线的国外企业有德国Nanoval公司、瑞士欧瑞康（Oerlikon）集团的德国纽马格（Neumag）公司、奥地利Andritz（安德里兹）集团、日本卡森（Kasen）公司、意大利Ramina公司等。

1. 德国Nanoval公司　德国Nanoval公司依靠在熔喷领域的技术优势，进入了纳米纤维的开发阶段，成功开发了Nanoval纺粘法新技术（又称为分裂纺技术）。其研究的纺丝模头分裂拉伸技术和拉伸部件达到国际先进水平。公司展示了Nanoval分裂纺丝的纺丝模头及克重为$6g/m^2$、$10g/m^2$、$24g/m^2$ PP纺粘法非织造布的小卷样品（纤维直径均为1～2μm），目前国内已在海南成功安装一条门幅750mm的实验生产线。Nanoval技术是目前纺粘法非织造布的最新技术，其产品强度可达到普通纺粘水平，纤维线密度与熔喷相媲美，纤维直径为0.7～4μm。它采用冷空气对从喷丝头中挤出的熔体进行拉伸。冷空气从喷头两侧进入，对熔体拉伸并使之分裂。该技术的关键在于拉伸气流被导入一个先收缩后扩散的嘴（喷嘴）。刚进入喷嘴时，纤维表面受冷空气的拉伸而迅速固化，而纤维内层仍为液态，当气流达到喷嘴的喉口时，其速度接近声速，随着喷嘴的迅速扩散，气流压力急剧下降，丝的内层和表面层产生很大的压力差，像爆炸似的分裂成许多纤维。

2. 瑞士欧瑞康（Oerlikon）集团的德国纽马格（Neumag）公司　德国纽马格（Neumag）公司的纺粘生产线在中国市场上尚未实现销售，但在国外已有多条生产线正常运转。如出售给意大利的门幅为5m的双模头、皮芯结构（PP/PE）的双组分生产线，在德国投产的门幅为4.2m的SCA（纺粘/梳理成网/气流成网）生产线和门幅为7m的SMS生产线等。该公司介绍了独特的纺熔创新技术。

（1）通过将纽玛格公司的纺熔技术与其他技术相结合，如梳理、气流成网、针刺或水刺，可以组成独特的非织造布成套工艺，提高了非织造布的多种性能和特殊功能，形成了全新概念的纺粘法生产线。如：纺粘/熔喷/纺粘热轧生产线、纺粘/纺粘针刺生产线、纺粘/纺粘水刺生产线、纺粘/气流成网/纺粘水刺生产线、纺粘/梳理成网/气流成网生产线等。

（2）纺程和成型距离均可调。喷丝板与牵伸器之间的可调范围很大，纺程可以降到最短以减少纤维与空气之间的阻力，从而达到所需的高纺丝速度（这样也有利于降低能耗）。牵伸狭缝与成型网之间的距离也可调，以获得最优纤网。

（3）双组分设备可以生产皮层含量只有5%的产品，产品中纤维与PE表面黏合力好，SMS材料中与熔喷层黏合力好，产品极为柔软。

同时，由于废料中皮组分含量极低，有利于将废料回用到芯组分熔体中。纽玛格公司仅用文字资料介绍了其熔喷设备的一些特点，主要包括：衣架式模头可提供均等的熔体滞留时间、压力降和剪切史；组件工艺中风出口设计采用了空气层流体模型技术，减小了纤维直径的*CV*值；温度控制加热均匀，消除了端点效应；无论单箱体还是多箱体都有废气处理系统；可选的旋转箱体技术可降低废品率，增加吐出量，产生各向同性纤网特性。

3. 奥地利Andritz安德里兹集团　奥地利Andritz（安德里兹）集团的纺粘水刺线的纺粘部分采用的是Riter Perfojet公司的技术，纺丝和牵伸采用整板纺丝和正压牵伸，其主要特点是热轧、水刺两用。可根据客户最终产品的需求提供纺粘热轧技术或纺粘水刺技术，在一条生产线上生产热轧和水刺两种产品，而且是单一来源的系统供应，热轧机采用寇司德公司的 neXcal 系列，水刺机采用 Perfojet 公司的 Jetlace 3000 机组。

4. 日本卡森（Kasen）公司 日本卡森公司在世界上是以喷丝板的设计、加工制造闻名。随着纺粘法和熔喷非织造布市场的快速发展，卡森公司也进入了这一领域。在实验室内建立了一条整板正压、幅宽为 1m 的试验线。其成套的纺粘和熔喷生产线已进入国际市场，实现了产业化。虽然中国尚未引进卡森的纺粘线，但它的纺粘喷丝板、拉伸器和熔喷模头已嫁接在国内的聚酯及 SMS 生产线上，国内许多企业纺熔成套设备都在使用他们的产品，拥有相当高的市场占有率。此次展会上，卡森公司通过它的主要代理商双日（日绵）株式会社介绍了其纺粘、熔喷喷丝板及模头。

5. 日本喷丝板公司（Nippon Nozzle） 日本喷丝板公司特别推出了水刺针板、熔喷和纺粘模头，2012 年已经开始提供熔喷生产设备交付客户使用，给人留下深刻印象。熔喷喷丝板长径比可以做到 100，对提高熔喷纤维的均匀性和降低线密度有利，孔间距最小仅为 0.25mm，也就是说 1m 宽的熔喷板单排可以布近 4000 孔，单丝最小直径可以小到 ϕ0.8μm，都具有相当高的水平。熔喷试验线可以进行各种不同聚合物的纺丝测试，还可进行新功能材料的添加剂（如芳香料、催化剂、炭素等）试验，一天能达 7 种试验。纺粘喷丝板能够设计和制造从小型到大型的各种高加工精度的纺粘喷丝板，同时为达到分配均匀，也设计制造纺粘用分配板，根据客户要求量身打造。其生产的水针板号称市场占有率世界第一，其中大约有 30% 的水针板供应中国。最新进展和亮点为客户提供了一套熔喷生产设备，可适用的原料包括 PE、PP、PET、PBT、PPS、EVA、PU 等。该生产设备也可加装在纺粘生产线上。

6. 德国安卡（Enka Technica）公司 德国安卡（Enka Technica）公司是喷丝板领域的全球领先制造商，可以提供用于纺粘和熔喷工艺的、品种齐全的喷丝板和纺丝组件，包括喷丝板、分配板、冲孔板、模头。另外，还可提供水刺用的水针板。安卡公司提供的纺粘喷丝板最大宽度为 7m，孔密度达 7000～8000 孔/m。目前，国内纺粘、熔喷成套设备中许多都采用了安卡公司的纺丝组件与模头，在国内市场上有很大影响力和占有率。此外，该公司还可为用户提供喷丝板的翻新和维修服务，包括预防性维护、微孔和表面检修、喷丝板损伤恢复、重新打孔及堵孔和整个熔喷系统的检修等。

7. 大连华阳化纤工程技术有限公司 大连华阳化纤工程技术有限公司是国内首家开发成功薄型涤纶热轧纺粘法工艺和设备的公司。近年来，华阳潜心研究国产化涤纶纺粘法针刺油毡胎基布及土工布生产线，自行开发了 7.0m 涤纶纺粘针刺油毡胎基布及土工布生产线（幅宽已超过进口生产线），产品质量达到国家标准 GB/T 18840—2002《沥青防水卷材用胎基》。公司近几年开发的涤纶纺粘针刺油毡胎基布及土工布生产线、涤丙两用纺粘针刺＋水刺非织造布生产线、双组分（裂片型、海岛型）复合纺粘水刺非织造布生产线、纺粘热轧非织造布生产线都被业内认可。

8. 中国恒天重工股份有限公司 中国恒天重工股份有限公司与其他两家公司一起合作，已研制开发了双组分橘瓣型复合纤维的纺粘水刺成套设备，用于超细纤维纺粘非织造布的生产。纺丝和拉伸部分引进美国希尔斯（Hills）公司较为成熟的橘瓣型双组分复合纺丝工艺和设备，拉伸部分采用希尔公司的整板正压装置，水刺部分配恒天重工的生产线。

橘瓣为16瓣分裂型，生产线门幅为1.6m。

9. 恒天九五重工邵阳纺织机械有限责任公司　恒天九五重工邵阳纺织机械有限责任公司目前可以向市场提供丙纶纺粘生产线、SMS生产线、SMXS生产线和涤纶纺粘生产线。其中，丙纶纺粘和SMS生产线采用整板、狭缝式、负压拉伸技术，关键部件喷丝板和熔喷模头从德国恩卡公司引进。涤纶生产线采用小板、正压、管式拉伸工艺。邵阳纺机最新研制开发的成套设备是五模头的SSMMS生产线，用于生产高质量的卫生材料。该生产线已在安装调试中。

10. 大连合成纤维研究设计院股份有限公司　已为客户提供了多条涤纶纺粘针刺生产线，其中包括热轧和针刺两用生产线、涤纶瓶片料生产针刺纺粘产品的成套生产线等。该技术具有先进的双螺杆挤压、双排列纺丝、管式牵伸；分丝采用静电纺丝及板式摆丝；高速成网针刺成布新工艺，包含防翻网技术；可提供涤纶瓶片料生产针刺纺粘非织造布的技术与装备。年产5500t再生PET瓶片纺粘针刺非织造布生产线已在山东投入产业化生产，可生产100～800g/m^{2}的涤纶纺粘产品，幅宽6.6m。该生产线的研发成功，开拓了再生PET瓶片新的应用领域，对实现环境保护和资源综合利用具有积极的促进和推动作用，为非织造布行业提供了技术先进、生产成本低、利润率高的成套生产装置。

11. 温州朝隆纺织机械有限公司　温州朝隆纺织机械有限公司的各类生产线近400条，产品远销欧洲、东南亚、南非等地，在国内外享有较高的知名度和信誉度。该公司非织造布成套设备的技术特点是：全线结构合理，操作方便；全线自动化程度高；全线采用PLC控制，触摸屏式操作；控制元件全部采用名牌产品，性能可靠，控制稳定；主机和辅助设备的布局，可根据用户条件专门设计、配置。

该公司自主研发的双组分复合非织造布生产线已投入生产运行，该成套设备采用整板窄缝牵伸技术，为国内首创。而该公司最新研制开发的门幅3.2m的五模头SSMMS生产线，用于生产高质量的卫生材料。该生产线已在安装调试中。

12. 常州纺兴精密机械有限公司　常州纺兴精密机械有限公司每年提供纺粘喷丝板和熔喷模头近百套，部分已出口。纺粘喷丝板最大宽度为3700mm，孔径为0.3～0.6mm，一般为0.4mm，布孔密度为5000～6000孔/m。熔喷模头最宽为2400mm，孔径为0.25mm、0.3mm，长径比为1∶10，单排布孔，布孔密度约为2500孔/m。

13. 北京中丽制机喷丝板有限公司　北京中丽制机喷丝板有限公司在20世纪70年代开始开发生产喷丝板，拥有从瑞士、日本、美国进口的部分先进加工设备和精密检测装置，公司生产的可配套各种熔融纺、复合纺、熔喷非织造布等设备使用的喷丝板遍布全国，并远销俄罗斯、印度等国，产品受到一致好评。该公司提供的熔喷法非织造布用喷丝板，长度可加工到2000mm，喷丝孔数可达3000孔。

第三节　安全与防护用纺织品工艺技术

一、辐射的防护技术

（一）电离辐射的防护

电离辐射对人体和材料的危害很大，但不同的电离辐射在穿透能力、电离能力和对人体及材料造成损伤的程度方面有不同的表现，有的电离辐射不需要专门的防护材料即可有效阻隔，有的电离辐射则还没有有效的材料能加以阻挡和拦截。

1. α粒子 α粒子是带2个正电荷的氦原子核，有很强的电离能力，但由于其质量较大，穿透能力差，在空气中的射程只有几厘米，只要一张纸或健康的皮肤就能挡住，故不需使用专门的材料进行阻隔防护。

2. β粒子 β粒子是放射性物质发生β衰变时放射出的高能电子，电离能力比α粒子小得多，但穿透能力强。β粒子和由电子加速器的高压电场加速的电子束均需用铝箔等金属薄片进行阻挡，因此，金属箔片是防止高能电子入射的防护材料。

3. 质子 质子是带正电荷的亚原子粒子，高速质子流在人体中有极强的穿透能力，但单纯穿透对人体造成的损伤不大，通常作为医疗手段定位杀灭肿瘤细胞，公众和普通职业人员不易遭遇高速质子的辐照，故不存在防护问题。

4. 中子 中子是电中性的粒子，不直接导致电离，但易在衰变后引发电离。中子穿透能力极强，可穿透钢铁装甲和建筑物而杀伤人员，并可产生感生放射性物质，在一定的时间和空间上造成放射性污染。高能中子（>10MeV）可在空气中行进极长距离，其有效拦截物质是水等富含氢核的物质。在合成纤维中添加锂、硼、氢、氮、碳等中子吸收剂，并利用纤维集合体可起到使中子慢化的作用，对中子有一定的拦截屏蔽作用，但通常只对低速热中子有一定的阻隔效果。例如，厚度5mm的含硼中子防护服，对热中子（0.025eV）的防护屏蔽率为80%；含硼石蜡、含碳化硼的聚丙烯等均对热中子有一定的屏蔽效果。

5. X射线 X射线是由高速电子撞击物质的原子所产生的电磁波，波长为0.01～10nm，极具穿透性和杀伤力，通常用铅板、钡水泥墙等作为阻隔防御材料。接触X射线较多的医务人员大多穿着局部（多为正面）插入铅橡皮的防护服装，来阻隔X射线；铅纤维与普通纤维混纺制成的服装比铅橡皮柔软；在化学纤维中添加氧化铅、硫酸钡制成的防X射线纤维，制成纺织品后对低能X射线有一定的遮蔽效果，比铅衣柔软轻便。

6. γ射线 γ射线是原子核能级跃迁蜕变时释放出的射线，是波长短于0.02nm的电磁波。γ射线有比X射线更强的穿透力和杀伤力，医疗上用来治疗肿瘤。γ射线的防护材料与X射线类似，也采用铅板、铅纤维与普通纤维混纺，以及含铅、硼、钡等元素的纤维及其他材料，均对γ射线有一定的屏蔽作用，但防护效果不如X射线。

综上所述，电离辐射除α粒子外，制成纤维状或织物状的防辐射材料尚难有效遮断高能射线和粒子流的入侵，仍然以铅橡皮为最常用且相对有效的防护材料。

（二）电磁辐射的防护

电磁辐射的防护主要针对高频电磁波，根据现有的电磁辐射防护标准，对频率为30～300MHz的电磁波有最严格的防护标准，即暴露限值最低。该频率范围以及更高的频率范围内的电磁波对人体的损伤主要是由电场造成的，对此进行防护主要采用反射电磁波的机理，而吸收电磁波的防护方式相对困难，除非允许采用很厚重的防护层，而这对于纺织品而言并不合适。

1. 电磁辐射纤维的制取方法 不锈钢、铜、铝、镍等电导率高的金属纤维是传统的屏蔽材料，但由此制得的防护服装过于沉重，手感偏硬。基于反射机理的防电磁辐射纤维常用的制取方法如下。

（1）以普通合成纤维为基材，在外层包覆（化学镀、涂覆）金属层，制成镀铜、镀镍、镀银纤维。

（2）原位聚合聚苯胺、聚吡咯制成导电纤维。

（3）通过涂层加工，将导电的各种粉体附着在纤维表面制成高电导率的纤维。对这些纤维可制成合适的细度和长度，以使防电磁辐射纤维适合于后续纺织品或非织造布加工。对于低频电磁波，虽然对人体的损伤很小，但在特殊场合（例如，扫雷艇产生的强大磁场）下，需将磁场集中在磁性纤维内，从而保证由磁性纤维护卫的人体内部只有很低的磁场强度。与金属纤维类似，传统的磁性纤维由铁镍合金等高导磁材料制成，目前发展成为以铁、铁氧体粉体添加到合成纤维中制得磁性纤维。

2. 电磁屏蔽纺织品的制成方法 由高电导率纤维和高磁导率纤维制成的织物或非织造布，可获得电磁辐射防护效果。但能够直接制成具有电磁屏蔽效果纺织品更为简捷的方法如下。

（1）采用金属纤维或将金属化纤维与其他纤维混纺制备电磁屏蔽织物。

（2）对合成纤维织物直接进行金属化处理（例如，镀铜、镀镍、镀银等）。

（3）原位聚合聚苯胺、聚吡咯等导电高分子。

（4）施加导电涂层（涂覆导电高分子材料，含铜粉、银粉等导电粉体的涂料）等。

通常采用15%～20%的不锈钢纤维混纺制成的电磁屏蔽织物，可使织物的电磁屏蔽效能达到20dB左右，而经过金属化处理的织物，屏蔽效能可达65dB左右。

但是，对于电磁辐射防护服装而言，因服装结构上存在一系列破坏整体密闭效果的缝隙孔洞和开口，故会使服装的电磁屏蔽效能大幅低于面料的电磁屏蔽效能。整体金属化处理的织物，即使在各开口设计上已经尽可能封闭，并配置带披风的帽子，但服装的屏蔽效能也只能达到30dB左右，如进一步提高屏蔽效能，则必须采用全封闭结构，但防化服类的全封闭结构，会导致使用者热负荷增大，影响舒适性和功效性。

二、防静电技术

（一）传统防静电方法

1. 采用防静电纤维 防静电纤维具有较高的吸湿性和平衡回潮率，能吸附空气中的水分子，使纺织品具有较好的防静电性能，即不易产生静电，已经产生的静电比较容易逸散。

2. 施加防静电剂 防静电机理同防静电纤维。不锈钢与纤维混纺：利用金属纤维良好的导电性能使已经产生的静电荷容易逸散。

3. 有机导电长丝嵌织或有机导电短纤维混纺 防静电机理与不锈钢等金属导电纤维类似，即起到容易使电荷逸散的效果。对于有机导电纤维而言，不但有采用炭黑为导电物质的灰色产品，也有以金属氧化物、金属碳化物为导电物质的白色或接近白色的有机导电纤维。

（二）防静电新技术

1. 镀银纤维或长丝 由于银纤维具有良好的抗菌作用和导电性能，故纺织品含较少镀银纤维（1%左右）时就有抗菌功能及良好的防静电功能，如果在镀银纤维使用时，使之在织物内形成导电的网络结构且这个结构相对比较致密，还可以具有良好的电磁屏蔽效果。对于防静电功能，由于银纤维的导电性能良好，静电荷的逸散能力强于有机导电纤维，故其防静电效果通常优于有机导电纤维。

2. 导电高分子材料 导电高分子如聚苯胺、聚吡咯、聚噻吩等，是在近几年才开始进入工程应用的。现在的导电高分子已经可以制成纤维或者涂料，具有较低的电阻率，可以作为纺织品防静电加工的一种新型原料。

三、柔性防刺服的结构和后加工工艺

（一）结构

柔性防刺织物由叠层高性能纤维织物或高性能纤维单向带层合柔性复合材料构成。柔性防刺层材料选用的纤维聚合体形态可以是机织物、针织物、非织造布、无纬布等，目前国内外都是利用纤维聚集态结构经过一定的处理来生产柔性防护服的。

1. 机织物 机织物是目前防刺织物采用最多的一种织物结构形式，由经纬纱交织形成，结构比较紧密，一般用于防刺服的机织物都具有较高的紧密度。平纹的机织布结构比较紧密，匕首等锐器很难刺入，但是一旦刺入并有纱线断裂时，经纬纱交织的结构就会出现接连很多根纱线断裂，裂口突然扩大从而会影响织物的防刺性能，所以一般选用该种结构的织物来生产防刺服时需先对织物进行一些处理弥补其不足之处。机织物是目前应用比较多的一种防刺服结构。机织材料多是平纹组织或三维机织组织（图 10－3），也有少量缎纹组织。Du－Pont 公司在专利 US 6323145 中描述了以高强高模芳纶纤维为原料织造而成的具有交织结构的织物（图 10－4）。

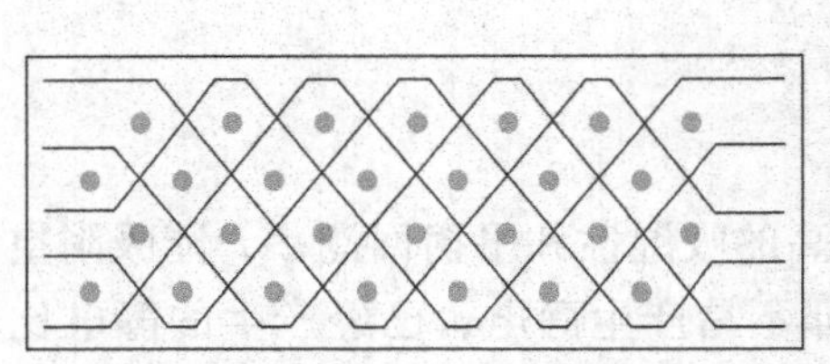

（a）某种角连锁三维机织结构经向截面示意图

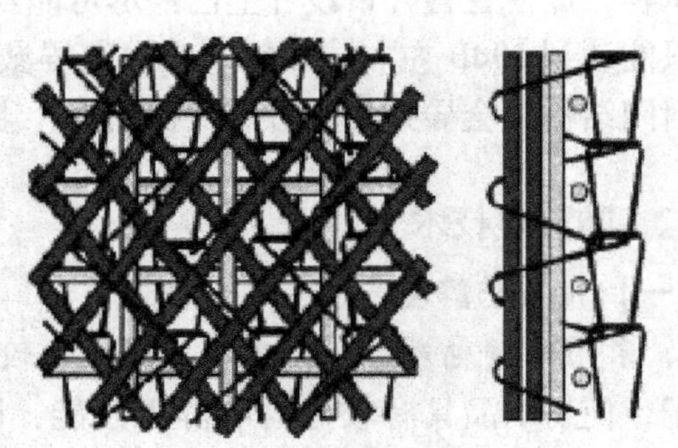

（b）某种三维针织物结构示意图

图 10－3　两种织物三维结构

2. 针织物 针织物柔软的特性和线圈结构的特点，使其具有良好的吸收穿刺冲击能的特性。纬编针织物在横列方向由纱线连成一体，经编针织物在纵向由纱线串套形成，在匕首等锐器刺入过程中，被刺入针织物的线圈会滑移，相邻线圈由于纱线滑动而抽紧，随纱线滑动被抽紧的线圈数量增加，阻碍被刺入线圈扩张的纱线间摩擦力增大，在此过程中吸收掉一部分冲击能，当线圈纱线达到无法滑动的程度时，针织物变形达到的状态定为“自锁”状态（图 10－5），前提是织物本身结构紧密，纱线的剪切力足够大，在达到此状态之前没有被剪断，此时会吸收掉大部分的冲击能。针织物线圈的这种特点，在某种程度上可以裹住刀尖，起到防刺作用。图中数字1～3代表相邻排序的线圈，被穿刺时，刀刃周围的相邻线圈所呈现的松紧程度不同。

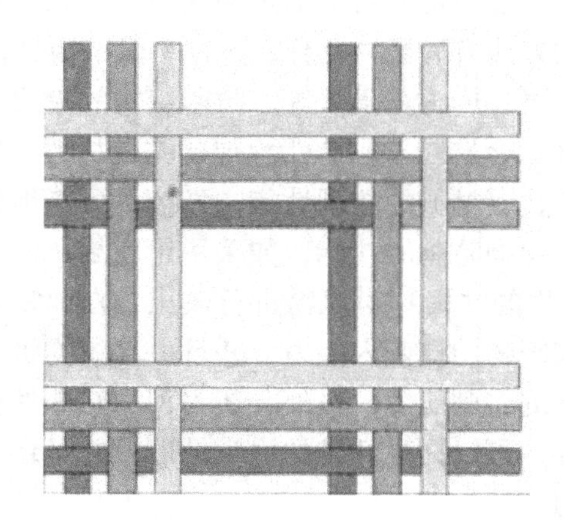

图10-4　具有交织结构的机织组织

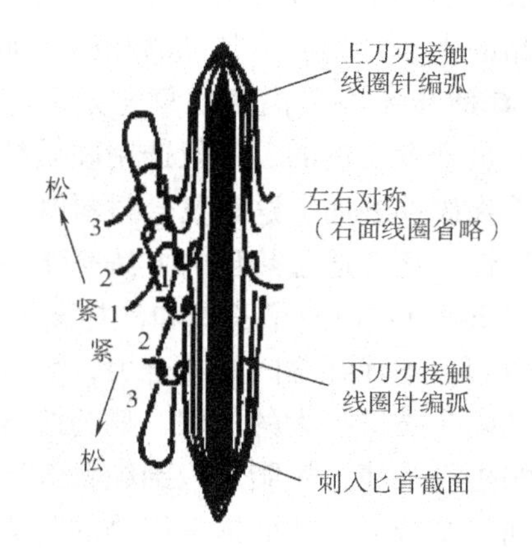

图10-5　针织物线圈的自锁

3. 非织造布　非织造布是直接利用高聚物切片、短纤维或长丝通过各种纤网成形方法和固结技术形成的具有柔软、透气和平面结构的纤维制品。理论上讲，非织造布片材属于面内各向同性材料，这种材料结构致密，所以对锥子等尖锐利器的穿刺有很好的防护作用。非织造布的抗刀刃切割能力（图10-6）并不是很好，因为纱线的面内排列较松散，纤维间抱合力差，平行伸直状况不一致，则使纤维的不同时断裂度提高，同时在切割的过程中还会有纤维抽拔分离过程，对冲击力的整体响应性不好，在受到冲击时表现为材料的逐层破坏，若单独用作防刺材料则防刺性能不理想。

4. 无纬布　无纬布一般是用于防护领域中的防弹材料，它是采用超高分子量聚乙烯纤维或芳纶单向平行排列并用热塑性树脂黏结，再经0°/90°正交复合层压而成（图10-7）。由于织物表面没有交织点，有利于能量的迅速传递，因此在防弹领域有广阔的应用空间。东华大学俞建勇等对无纬布防刺性能进行了测试，结果显示与机织物和非织造布相比，在

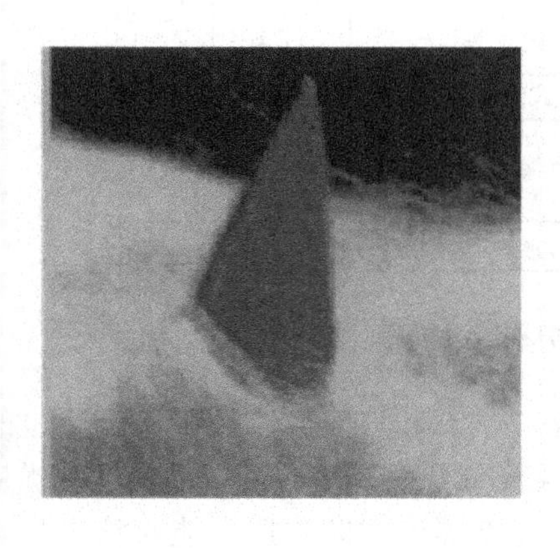

图10-6　非织造布在刀尖穿刺后的织物形态

图10-7　无纬布

达到同样防刺性能的基础上，无纬布厚度最小，但是最硬，其服用性能并不能满足要求，故一般在柔性防刺服中不予采用。

（二）后加工工艺

一般织物都不能直接用于防刺产品，都要经过一定的后加工弥补其不足之处后再投入防刺产品的生产，目前，常见的几种后加工的方法有高聚物复合、多种纺织结构复合等。

1. 高聚物复合 高聚物复合方法包括涂层、热压及浸渍等。防刺织物的涂层最早是由国外人员开发研制的，一般选用硬质粒子（如金属粒子）作为涂层的主要材料，通过黏合剂附着在织物表面，这种复合材料既能发挥金属材料的防刺性能，又能尽可能地保持织物的柔软性；还有通过热压的方法来增强防刺织物防刺的功能，如采用聚乙烯、沙林离子聚合物（Surlyn）以及聚乙烯和沙林离子聚合物的共聚物对织物进行热压，在织物表面形成一层薄膜，增强纤维间的结合力，可以提高织物的抗刺入能力，并且一旦织物被刺入还可以起到阻止裂口扩大的作用，显著改善织物的防刺能力；另外，还可利用热塑性树脂对防刺织物进行浸渍，树脂进入到织物纤维内部，可以提高纤维的力学性能，并且还可以改善纱线间的结合力，从而提高织物的防刺能力。

2. 多种纺织结构复合 各种不同的织物结构在防刺材料应用上既有它的优势，又有其不足。可以通过不同结构的复合来改善织物的防刺性能。其中最常用的方法就是在原有机织物或针织物的基础上复合非织造布。非织造布织物结构致密，其防护织物的质量很轻，面密度较小，经测试冲击后背衬胶泥的变形深度小，能有效防护锥子等尖锐物体的穿刺，可减小对人体的损害。

四、生化防护服

德军在弗兰德战场伊泊尔附近首先使用黄十字毒剂弹，这种毒剂使呼吸防护面具也不能提供有效防护，由此引起了人类对生化防护服的高度重视，各种形式的生化防护服装不断涌现。按照防护原理，生化防护服主要分为四大类：隔绝式、透气式、半透气式和选择性透气式生化防护服。图 10－8 表明了这些防护服的防护和透湿机理。

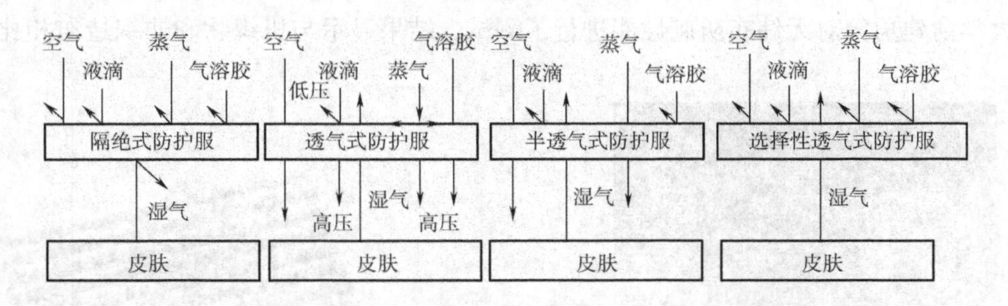

图 10－8 生化防护服的防护和透湿机理

1. 隔绝式防护服 隔绝式防护服是一类对液态、气态和气溶胶物质都不能透过的防护服。它通常采用丁基橡胶或氯化丁基胶的双面涂层胶布等不透气材料制成，具有优良的生化毒剂防护性能。采用丁基橡胶涂层制成的 SMA 轻型隔绝式防护服，能对核生化威胁及控爆剂提供全身防护。但它存在易燃性和溶胶性的缺点，因此，美国正在研究用氯化丁基胶和溴化丁基胶取代丁基胶。TST 防护服、英国的 HZ07OJX21B 生化防护服均属于此类。

2. 透气式防护服　透气式防护服是一类可透过空气和湿气，但阻止毒剂气体透过的防护服。它通常由外层织物、吸附层和内层织物构成，具有防毒、透气、散热的功能，生理性能得到明显改善。但高静态压力时液态化学物质、有毒蒸汽和气溶胶均可以透过。为获得排斥液体的能力，通常在外层织物上涂覆含氟聚合物涂层之类的功能表面剂。

3. 半透气式防护服　半透气防护服是一类允许小分子气体，例如水汽、小分子化学毒气透过，但阻止大分子气体及液体和气溶胶透过的防护服，它通常由微孔材料制成。当材料微孔处于合适的尺寸时，具有良好的液体和气溶胶阻隔性能，同时允许水蒸气透过，因而具有良好的舒适性能。

4. 选择性透气式防护服　选择性透气式防护服是一类选择性地只允许水汽分子透过，而阻止其他液体、气体和气溶胶物质透过的防护服。它通常由选择性渗透膜材料制成，通过溶解/扩散机理透过水汽分子。不需要添加吸附型材料就可以对液态、气相化学剂、气悬物、微生物和毒素提供有效的防护。

五、国内外防弹防爆方舱防护技术

方舱装备起源于美国，最早应用于朝鲜战场，用于战争中军用地面电子设备的运输。经历了半个世纪的发展，军用方舱在直接作战、技术支援、后勤保障装备中得到了广泛应用。其中，美国和西欧国家的方舱在技术标准、产品开发、技术性能、产品制造和装备应用方面均居先导地位，代表了当今世界的先进水平和技术发展方向。

1. 美国　美军一直重视防弹防爆方舱的预先研究、研制开发和产品应用工作。1990年，美军制定了防弹防爆方舱研制规划，确定了近、中、远期研制目标。选定了抗核及防弹防爆加固的三个等级标准，其中承受冲击波超压分别为 2.75×10^4Pa，4.18×10^4Pa，6.86×10^4Pa；防弹标准为轻武器发射，7.62mm 球形头子弹和弹着速度为 600m/s、质量为 40g 的弹片不能垂直击穿方舱壁。

目前，国际先进军用方舱防弹防爆设计包括两种形式：模块式附加结构与整体式结构。模块式附加结构是指方舱本身并不具备防弹层结构，其防弹系统由数块附加式标准防弹板组成，使用时标准板拼接成方舱防弹面，任意一块损坏的防弹板可随时拆卸更换。使用时，将预制好的模块化防弹防爆板挂接在方舱上，由方舱承受防弹板的质量。该结构防爆能力有限，不能防护核爆炸超压，主要履行防弹功能，在常规战场上有一定的实战作用，其优点在于：可为成品方舱或无防弹能力的方舱提供一定的防弹能力，提高战场生存率；模块化结构使用灵活，可与方舱分开放置、运输，模块化附加结构的尺寸和质量不受方舱运输结构的限制；不同种类的方舱可使用同一种模块化防弹板，通用性好，制造成本低。整体式结构是指防弹防爆层是方舱大板的一个组成部分，防弹防爆结构与方舱大板同步生产加工，完全粘接在一起，防弹防爆性能成为方舱的固有性能。方舱大板为“三明治”结构形式，无论大板制造采用现场发泡成型工艺还是粘接压制成型工艺，整体结构形式的防弹防爆性能均好于披挂结构形式，适于提高方舱的整体防弹防爆性能。

美国方舱生产厂商 Craig 系统公司推出的 N－1080 防弹防爆方舱，长 3.734m，宽

2.21m，高2.12m。舱内主要装载电子和各种通信设备，用于战地前线的通信，能够最大限度地阻止核武器爆炸效应对舱内设备的破坏。该方舱壁板、地板和顶板是Kevlar层压板，内部配件很多也都采用了Kevlar加强产品。在舱门上安装了专用防爆铰链，门上方装有V－864防爆阀。该方舱已在新墨西哥州白沙导弹靶场通过了战术武器爆炸模拟试验，进行了小批量生产。S－658方舱属于抗核加固方舱，由美国Harry Diamond研究所负责研制，意大利MiKi SPA公司生产Kevlar复合大板，Craig公司组装成方舱。舱体采用了Kevlar层压复合大板，大板厚63.5mm。芯材采用了防水纸蜂窝芯，芯中设置由Kevlar和玻璃纤维合成的盒状加肋。试验证明，该方舱经受住了最高峰值达6.9×10^4Pa的超压，经受热脉冲时间为3s，能量达2.3英制能量/平方英寸。同时，该方舱还能防常规弹药破片的洞穿和核、生、化武器的攻击。美国S－280标准电子设备方舱，在其大板内、外铝面板上粘接了铝蜂窝材料和Kevlar层压复合材料，其中Kevlar层压复合材料采用了9层织物的Kevlar 49，面密度为$0.23kg/m^2$，用环氧树脂粘接、加压、固化而成。采用尺寸为3.2mm的铝蜂窝，密度为$130kg/m^3$。该方舱能够防直径为7.62mm子弹的射击和弹着速度为600m/s，质量为40g破片的攻击。在爆炸试验中，经受住了5.0×10^4Pa的超压。

2. 德国　德国“泰斯普瑞克”高防护性载员舱能够给乘员提供比输送普通人员装甲车高得多的防护水平，其外部防护装甲能够抵挡炸弹碎片、狙击枪弹、高爆地雷以及临时爆炸装置的袭击，还能够在各种气候环境（－32℃～55℃）下工作。试验证实，“泰斯普瑞克”高防护性载员舱可全向防御7.62×54mm狙击步枪子弹以890m/s的初始速度在30m外的射击；可抵挡≤8kg TNT当量的地雷爆炸，内部乘员却安然无恙。

3. 丹麦　丹麦COMPOSHIELD公司研发的防弹防爆方舱有两种形式，一种是在方舱外安装可卸去的防弹防爆复合材料模块，另一种是在方舱内壁永久性安装防弹防爆复合材料。以上方舱容许总质量为12000～16000kg；方舱箱体空重2500kg；防弹防爆材料重5000kg；负载能力为4500～8500kg。防爆防弹能力要求达到以下水平：标准化协定（STANAG）45692级的防弹要求，包括直径为7.62mm穿甲弹多次弹着；防直径为12.7mm穿甲燃烧弹丸洞穿；防直径为81mm炮弹1m距离上的爆炸；防直径为105mm炮弹10m距离上的爆炸；防10kg TNT炸药在5m距离上的爆炸。该公司生产的防弹防爆方舱已于2005年供应军品市场，可用作侦察、指挥所、战术作战中心、医疗和弹药储运等方舱。

4. 中国　我国从20世纪70年代末开始进行方舱研究，1982年研制出第一台方舱，目前已有几十个单位从事方舱研制和生产。方舱结构由原来的钢骨架、钢角架和铝面板组成的骨架式方舱，发展成为采用夹芯板结构，整板压力发泡和粘接固化等工艺生产的大板式结构，满足我军各领域对地面机动装备车载的需求。

然而，国内现有装备部队的方舱大多不具备防弹防爆功能。现役金属方舱的铝蒙皮夹芯板表面平整光滑，易反射雷达波、激光，同时，方舱的空调散热器是红外末制导的寻的热源，这都成为方舱遭受打击的隐患因素。另外，铝蒙皮夹芯大板强度有限，难以抵御弹头打击和爆炸物碎片袭击，易被洞穿，易被摧毁。当舱内的人员受伤、设备受损时，方舱就好比一堆废铁，完全不能履行其作战功能。

六、消防员个体防护装备技术

国外发达国家和地区如美国、欧盟、日本等非常重视消防员个人防护装备的研究，不仅采用新材料、新工艺用于研制新型、高性能的防护装备，对防护装备的设计与性能不断优化，而且建立了系统的消防员个人防护装备整体性能测试手段，运用人机工程学、工效学等现代先进理念，对防护装备进行测试和评估，实现了以技术带动装备发展的基本发展趋势，主要体现在以下几方面。

1. 消防员灭火防护服方面　发达国家通过混纺技术，开发用于消防员防护服的新型纤维材料，以提高防护服的综合性能。美国重点开发芳纶 1313、芳纶 1414 和抗静电丝的混纺纤维材料。日本重点开发以阻燃羊毛和芳纶 1313 和芳纶 1414 纤维混纺的新材料。法国主要研究聚丙烯腈纤维和 PBI 纤维混纺面料。

2. 消防员避火和隔热防护服方面　发达国家的消防员避火防护服和消防员隔热防护服已发展成系列产品。例如：美国的消防员避火防护服包含有 1000 系列、900 系列和 800 系列 3 个系列，3 个系列分别为八层、七层和五层结构，防护性能不同。隔热防护服包含 300 系列、400 系列、500 系列、600 系列、700 系列 5 个系列。日本的避火防护服和隔热防护服分为超耐热防护服，消防耐热防护服等。德国的避火防护服和隔热防护服有 10 余种，其中有适用于油库火灾、飞机火灾的 B3－S 式加厚型避火防护服，有适用于一般火灾的 B4 式中型避火防护服以及 B14 式轻便型避火防护服，还有 B10 式、B11 式等轻便型隔热防护服。

3. 消防员人体降温装备方面　发达国家开发了带有冷却系统的特种防护服。例如：美国开发的特种防护服由阻燃外套和冷却系统组成，冷却系统能以 250W 的功率提供 25～35min 的全身冷却。日本开发了用于消防员防护服中的高分子凝胶冷却剂，将含有冷却剂的冷却袋放置在防护服内侧起到降温作用。

4. 空气呼吸器方面　德国新设计研制了世界上第一个球形储气瓶的空气呼吸器，采用多个球形瓶，供气量比圆柱形瓶提高 50%，从而延长了消防员在火场作业时的呼吸防护时间。此外，在空气呼吸器报警装置方面，采用防爆电子数据处理报警器，能够将呼吸器报警信息（包括剩余空气体积/剩余使用时间信息、面罩内严重超压和设备自检的信息）、佩戴人员紧急事故报警信息（包括呼吸器佩戴者血压、脉搏等数据信息）以及环境状况报警信息（包括环境温度、危险气体信息等）传送到全面罩中的数据显示器上。该空气呼吸器集成无线电子设备和先进的储气设备，使呼吸防护技术进入新的发展时代。

世界各国包括美国、英国、瑞士、日本等都陆续开发出“消防假人”测试系统，用于评价各种消防员防护服装的整体热防护性能。最先开发“消防假人”测试系统的是美国的 Thermo－Man 系统，假人身体的各个部位总共安装有 120 个热通量传感器。试验时，Thermo－Man 穿着防护服装暴露于火焰中，采用丙烷燃料，火场负荷和燃烧时间可控，传感器持续采集热通量数据，传输给计算机。RALPH 系统是英国研制的“消防假人”测试系统，其设计功能和测试方法与 Thermo－Man 基本相同。HENRY 系统是由瑞士研制的“消防假人”测试系统。与 Thermo－Man、RALPH 和 SOPHIE 不同的是，HENRY 增加了手套和靴子的热防护性能测试功能。

第四节　安全与防护用纺织品的特殊性能要求

中国工程院院士姚穆表示纺织服装产业要有高性能、新功能、特殊需求、精细精致、优异品质的要求，要根据不同的人群、不同的工作和生活环境、不同的季节、不同的地域而有不同的要求。服装领域的一般安全防护重点包括：高温工作场所、战场、火灾现场；防静电、引爆（油田、天然气田、汽车加油站、石油加工企业等）以及防电弧袭击等专用工作服；防固体撞击；有毒有害物质泄漏的防控；特种场所高能辐射的隔离；工作现场防止某些刀刃损伤的防割手套，尖钉地区行走的防刺靴等。而这些防护需求都需要使用特殊的纺织材料。

中国产业用纺织品行业协会会长李陵申表示，“十三五”期间，国内安全防护行业应加强四方面的工作：一是坚持创新驱动，实现重点突破，依靠原始创新带动行业发展；二是依靠需求导向，加强军民融合，以国内安防领域高新技术加强军队武装，以军队安防需求促进行业进步；三是重点研制智能防护用品，促进品质提升，开发可在恶劣环境中使用的高性能防护服装；四是完善检测与评价体系。

一、防电磁辐射纺织品的屏蔽原理及防护标准

虽然微波等非电离辐射对人体的危害没有电离辐射严重，但其防护原则可以沿用国际放射防护委员会（ICRP）提出的辐射防护三大原则——实践正当化原则、防护最优化原则和剂量限值原则，即：对于有强电磁场等危害的场所，只是在有必要时才进入这样的场合；进入这种危险场合时应采用尽可能完善的防护措施；应按照人体受照的剂量限值来限制职业人员的受照（或暴露）时间。所有防护措施都是需要付出代价的，包括费用的代价及人员因使用防护装备导致工作效率和舒适感的下降。因此，对各种辐射的防护是“宽严皆误”。

（一）屏蔽机理

屏蔽电磁辐射的基本原理主要是基于电磁波穿过防电磁辐射服时产生波反射、波吸收和电磁波在服装内的多次反射，导致电磁波能量衰减。当采用被动防护措施时，电磁波的屏蔽主要靠屏蔽体的反射、吸收作用来实现，其在材料中的传播过程如图10－9。

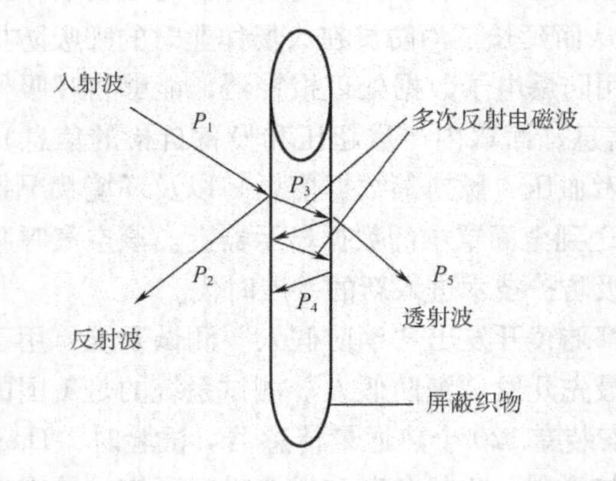

图10－9　电磁波在屏蔽体中的传播示意图

P_1—入射波能量　P_2—屏蔽织物表面反射的电磁波能量

P_3—电磁波进入屏蔽织物被吸收部分后剩下的能量

P_4—屏蔽织物内部多次反射的电磁波能量

P_5—透过屏蔽织物的电磁波能量

根据Schelkunoff理论，防电磁波辐射织物总的屏蔽效能SE（Shielding Effectiveness）主要由织物的表面反射损耗（R）、内部吸收损耗（A）和内部反射损耗（B）三部分组成，即$SE = R + A + B$。

屏蔽效能SE的数值越大，表示屏蔽体对辐射的屏蔽效果越好，SE的数值越小，表

示屏蔽体的屏蔽效果越差。材料的厚度、电导率、磁导率、介电常数等因素都对电磁屏蔽效能有影响。因此，纺织品的电磁屏蔽效能主要取决于织物中的屏蔽材料及其含量、织物厚度及紧度等。对于低频电磁波，织物表面反射占主要部分；对于高频电磁波，其衰减主要取决于电磁波在屏蔽材料内的吸收损耗。

（二）测试方法与标准

1. 测试方法　目前，对织物屏蔽效能的测试一般采用平面材料的电磁辐射屏蔽效能测试方法，常用的有远场法、近场法和屏蔽室法，包括美国国家标准局使用的法兰同轴法和 ASTM－ES－7 同轴传输法。我国电子行业军用标准 SJ 20524—1995《材料屏蔽效能的测试方法》中也采用法兰同轴法，可测试 5kHz～1.5GHz 频段材料的屏蔽效能。

到目前为止，国内外对电磁屏蔽效果的评价指标有 2 个，即屏蔽效能（SE）和衰减率（%）。屏蔽效能通过测量出有屏蔽材料与无屏蔽材料时所能接受的功率之比、场强之比，以对数形式表示，即 $SE = 10\lg(P_1/P_2) = 10\lg(E_1/E_2)$，式中：$SE$ 为织物的屏蔽效能（dB）；P_1 为织物屏蔽前测得的功率；P_2 为织物屏蔽后测得的功率；E_1 为织物屏蔽前测得的场强；E_2 为织物屏蔽后测得的功率，衰减率 ＝（1 － 10 － SE/10）× 100%。

2. 估算方法　忽略织物缝隙、孔洞等因素，同时根据电磁屏蔽原理得到了计算屏蔽效能 SE 的相关公式，当 SE 值在 10dB 以上时，B 值因过小可忽略不计，因此，公式可整理为：

$$SE = R + A = 50 - 10 \times \lg(f \times p) + 1.7 \times t \times (f/p)1/2$$

式中：p——屏蔽材料的比电阻，Ω · cm；

　　f——电磁波的频率，MHz；

　　t——屏蔽材料的厚度，cm。

可以看出，f、t 一定时，p 越小，即屏蔽层导电性越好，SE 值越高，屏蔽效果越好。根据 GB/T 23463—2009《防护服装—微波辐射防护服》，屏蔽效能的电磁波频率范围为 300MHz～300GHz，适用于采用金属纤维混纺、织物金属化加工等方法生产的反射型微波辐射防护服，也适用于采用吸波材料衰减微波辐射的吸收性微波辐射防护服。此标准按照屏蔽效果高低划分为 3 个等级，见表 10－2。

表 10－2　微波辐射防护服的防护等级

防护等级	A	B	C
屏蔽效能标准值 SE（dB）	50	30	10

同时，适用于鉴定添加金属纤维的针织面料为主要材料制成的适合于民用穿着的防辐射针织品的国家标准 GB/T 22583—2009《防辐射针织品》明确规定，屏蔽效能必须≥95%（电磁波频率范围 10～3000MHz）。

二、防静电产品标准和测试方法

新的 GB/T 12703 纺织品静电测试方法标准分为 7 个部分：包括 GB/T 12703.1—2008《纺织品　静电性能的评定　第 1 部分：静电压半衰期》；GB/T 12703.2—2009《纺织品

静电性能的评定　第2部分：电荷面密度》；GB/T 12703.3—2009《纺织品　静电性能的评定　第3部分：电荷量》；GB/T 12703.4—2010《纺织品　静电性能的评定　第4部分：电阻率》；GB/T 12703.5—2010《纺织品　静电性能的评定　第5部分：摩擦带电电压》；GB/T 12703.6—2010《纺织品　静电性能的评定　第6部分：纤维泄漏电阻》；GB/T 12703.7—2010《纺织品　静电性能的评定　第7部分：动态静电压》。纺织生产过程中和服装穿着使用中所产生的静电及其干扰的程度都能通过这7个部分的静电测试方法测得。

目前，除正在执行的国家标准GB/T 12703《纺织品静电测试方法》外，还有部分行业标准也在同时执行，如FZ/T 01059—2014《织物摩擦静电吸附性测定方法》，其他国家标准如GB/T 18044—2008《地毯　静电习性评价法　行走试验》等。

一般根据防静电纺织品使用场合的不同，各行业也有不同的技术要求。因此，分出了不同行业的产品标准和相应的技术要求，主要有军工、特殊行业、民用等。我国根据需要制定了为特殊行业服务的GB 12014—2009《防静电服》、GB/T 24249—2009《防静电洁净织物》、GB/T 22845—2009《防静电手套》等标准，以及作为劳动保护配套产品的GB/T 23464—2009《防护服装　防静电毛针织服》等相关产品标准。表10－3列举了以上标准的测试方法和技术要求。

表10－3　防静电产品及对应的测试方法和技术要求

产品标准	测试项目	技术要求	测试方法	环境要求
GB 12014—2009《防静电服》	点对点电阻	A级 $10^5 \sim 10^7\Omega$ B级 $10^7 \sim 10^{11}\Omega$	GB 12014—2009	温度：20℃ 相对湿度：35%
	带电电荷量	A级＜0.2uC/件 B级0.2～0.6uC/件	GB 12014—2009	
GB/T 23464—2009《防护服　防静电毛针织服》	带电电荷量	＜0.6uC/件	GB/T 2014—1989	温度：20℃ 相对湿度：35%
GB/T 22845—2009《防静电手套》	带电电荷量	＜0.6uC/只	GB/T 12703中的E方法	
GB/T 24249—2009《防静电洁净织物》	表面电阻率	$10^5 \sim 10^{11}\Omega$	GB/T 12703	温度：23℃ 相对湿度：12%
	摩擦起电电压	一级：200V 二级：1000V 三级：2500V	GB/T 24249—2009	

三、柔性防刺材料性能要求

美国全国司法学会（NIJ）在STAB STANDARD 0115.11－PROTECTION LEVELS中指出防刺服的设计新理念，即：可穿性＋适当的防护＝挽救生命。因此，穿着舒适性和防护性是表征柔性防护材料性能的两个关键指标。

防护性是指保护人体免受致命伤害，但是并不能绝对防止人体受伤的情况。所以，各种防护服的防护范围首先要确保致命的器官，尤其是心脏、肝脏、脊椎、肾和脾等不受伤害。设计者需要根据各个器官以及各种场合下，穿着者所需面对的危险等级来设计防护服。这就需要设计者了解不同场合下，人体的安全穿刺深度。Bleetman 等对 25 个不同年龄段的志愿者在仰卧、直立、前倾 45°的姿势下，对人体的肾脏、脾脏、心包膜以及胸膜、肝脏等进行超声波评估，得出人体皮肤到器官的最小距离，以设定人身安全刺穿深度。试验证明，7mm 的人体刺穿，可以在 99% 的置信水平上保证人体致命器官不受伤害，而 NIJ STANDARD－0115. 00 以及 PSDB 防刺标准也对各个等级能量水平下所能允许的最大刺穿深度进行了规定，见表 10－4。表 10－4 中允许最大穿刺深度均为 7mm。

表 10－4　防刺等级及能量划分

防护等级/PSDB 等级	能量水平 *E*1（J）	允许最大穿刺深度（mm）	能量水平 *E*2（J）	允许最大穿刺深度（mm）
1	24 ±0. 5	7	36 ±0. 6	20
2	33 ±0. 6	7	50 ±0. 7	20
3	43 ±0. 6	7	65 ±0. 8	20

舒适性通常意义上指生理舒适性，一般用热湿舒适性进行表征。测试方法有主观评价方法和客观测量方法。主观测试方法就是依靠人的主观感觉进行评分，通过问卷调查表，让试穿者通过试穿来对衣服的舒适性指标进行主观评分。客观评价方法就是通过实验仪器测试服装面料的保暖率、热传导系数、透湿率等。张月庆等针对高密度聚乙烯针刺非织造防刺材料通过测试透湿量、透气性以及材料的柔顺角间接反映防刺材料的穿着舒适性能，为柔性防刺材料的穿着舒适性的研究提供了借鉴实例。

四、防爆服的安全技术指标

防爆服的安全技术指标水平见表 10－5。

表 10－5　防爆服的安全技术指标水平

序号	项目	技术要求
1	防护面积	前胸、后背 >0. 10m^2，上肢 >0. 18m^2，下肢 >0. 30m^2
2	耐冲击性能	以 120J 能量冲击，相应部位不应破损、开裂
3	击打能力吸收性能	以 100J 能量冲击，胶泥压痕深度不应超过 20mm
4	防刺性能	以 20J 动能垂直刺入防护部件，刀尖不应穿透
5	阻燃性能	防护部件表面能燃烧后续燃时间应小于 10s

五、防弹防爆方舱防护标准与等级

美国是世界上方舱标准最健全和最先进的国家。据不完全统计，涉及美军方舱的通用规范、产品规范、材料规范和试验规范等多达 60～70 种，主要包括：ASTM E 1925—01

《硬壁可移动结构的工程和设计准则》、ASTM E 1976—01《非扩展战术方舱规范》、ASTM E 1977—01《单侧扩展战术方舱的规范》、ASTM E 1978—01《双侧扩展战术方舱规范》、ASTM E 1091—03《方舱大板用非金属蜂窝芯规范》等。

20 世纪 80 年代，我国研制成功了第一代军用方舱设备，经过不断发展，方舱装载体制在我军装备的发展进程中发挥了重要作用，推广和应用力度不断加强。目前，我国已逐步建立起方舱标准体系，军用方舱的发展进入技术规范化、质量优质化阶段。各部门分别组织制定的方舱标准包括：信息产业部电子设备车辆专业通用部标 20 余项，航天部专用部标 1 项，空军通用国军标 2 项，总后军事交通运输部通用国军标 9 项，总后军事医学科学院专用国军标 1 项，总参四部专用国军标 1 项。

然而，国内目前还没有防弹防爆方舱的专用防护标准体系，其防弹防爆等级主要参考 GA 164—2005《专用运钞车防护技术条件》、GA 668—2006《警用防暴车通用技术条件》、GA 17840—1999《防弹玻璃》，欧洲标准 PREN 1522、北约标准 STANAG 4569、美国司法部 NIJ 标准等。防弹防爆方舱的防护等级可按照方舱装备服役环境及受威胁的程度不同，参考有关标准规定。

六、消防服材料的要求

消防员在进行作业的时候，必然会受到来自环境外部的损伤，同时也会受到来自自身新陈代谢的压力，所以，消防服的作用就必须同时协调解决这两者之间的联系与矛盾，这就要求消防服装也必须满足人体工效学的要求。

1. 消防服的结构 传统消防服为三层结构：外层为防火层，使用高性能防火材料并经拒水整理形成一道坚实的外壁；中间层为防水透湿层，防止水分接触皮肤发生烫伤，并把人体新陈代谢产生的水汽挥发出去；第三层为隔热湿舒适层，主要是用热阻较大的材料来阻挡外界热量进入人体，且对人体接触舒适。消防服的发展总趋势是全面防护，实现由单一危险因素防护到多种危害因素的综合防护，由强调防护性向重视人体工效学特征与舒适性的转变。这种趋势主要体现在三方面：一是服装材料的高性能化；二是新技术的发展；三是织物复合及后整理加工技术的不断成熟。

2. 消防服的性能要求 在有火存在的情况下可能对人体造成伤害的主要因素是：火焰（对流热）、接触热、辐射热、火花、熔融金属滴、热气和蒸汽。因此，消防服须满足以下要求：阻燃、耐高温、性能稳定（受热不收缩、不熔融或形成烧焦炭化等）、绝热和防液体渗透（防止油、溶剂、水或其他液体渗透）。基于消防服非常高的性能要求，越来越多的高性能纤维及其后整理技术正逐步应用于消防服装的制作。

3. 消防服材料分类

（1）消防服材料按照其研制方法来分。分为三类：采用高性能纤维材料，如芳纶纤维；对织物进行功能性阻燃整理；高性能纤维材料和功能性阻燃整理相结合，如复合膜材料。

（2）消防服材料按照其功能特性来分。分为三类：具有持久阻燃性能的外层织物；具有良好的防水透气性能的防水层；具有良好隔热性能的隔热舒适层。这三种织物相互影响，各自发挥作用构成消防服的多层织物系统，完成消防服所需要的各项功能指标。

第五节　高端安全与防护用纺织品应用实例

一、新型防刺服

（一）国外研究现状

目前，国内外对防刺服的研究已经取得了很大进展。杜邦的 Kevlar® Correctional 穿刺纤维，能够紧密交织在一起，当遇到突然强烈的能量时，它可以消耗和吸收渗透的能量以阻止纤维的分离，同时还具有质轻、灵活、隐匿性强的优点。利用该纤维制成的防刺背心通过了美国 NIJ0115.00 标准的所有防护级别。Warwick Mills 公司的 TurtleSkin MFA 防刺服结合了高性能纤维纺织品和防刺金属面板，金属面板很薄，厚度小于 3.5mm，柔软的纺织品增加灵活性，金属固件提供防刺保护。美国 Criminology 国际公司申请的针织轻型防刺背心专利，该产品是利用芳纶或者高强玻纤经过针织而成，层与层之间经过缝合或者热黏合贴在一起，可以起到很好的防刺效果。另外，还可以通过浸渍热塑性树脂或环氧树脂的方法来增强防刺作用。

国外的科研机构在防刺织物研发方面做了很多的工作，主要是从原料、结构、后加工、实验刀具、测试方法和实验模拟等方面进行研究。防刺织物原料一般是采用芳纶、超高分子量聚乙烯或以它们混纺的形式，如美国特拉华大学利用芳纶生产的机织防刺织物和英国 ASEO Europe 公司利用美国霍尼韦尔公司的 Spectra 超高分子量聚乙烯纤维生产的办公室人员专用隐蔽式防刺服，提供专业的防刺防护，符合英国 PSDB2003 防刺标准。结构上，国外一般是采用机织物结构以生产出高紧密度的织物，也有采用针织物结构来获得防刺织物的，如法国 Genitex 实验室利用针织物生产出高质量的柔软防刺服，符合相关防刺标准要求。后加工主要是利用高聚物复合的方式，如美国特拉华大学开发了剪切增稠液防刺服，是世界首创最薄的防刺服，主要是用剪切增稠液浸渍由高性能纤维如芳纶或超高分子量聚乙烯生产的机织物，大大地增强了原机织物的防刺性能，具有防刺能力强、舒适性好的特性。这种新型液态材料平时非常容易变形，纳米级硬质粒子呈悬浮状态，然而一旦受到冲击，在碰撞点原先呈现悬浮状态的硬质纳米粒子便会聚集成微粒簇，从而使剪切增稠液体在瞬间变得十分坚硬，阻止致命冲击对人体的伤害。图 10－10 所示为有无剪切增稠液（STF）的织物被刺后的状态，可明显看到剪切增稠液有效地增强了织物的防刺性能。美国军事研究实验室主要是研究防刺刀具的形状对防刺性能的影响；而英国 Cranfild

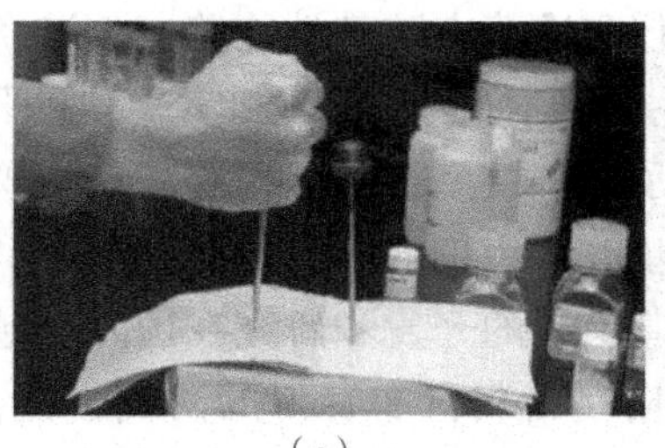

（a）

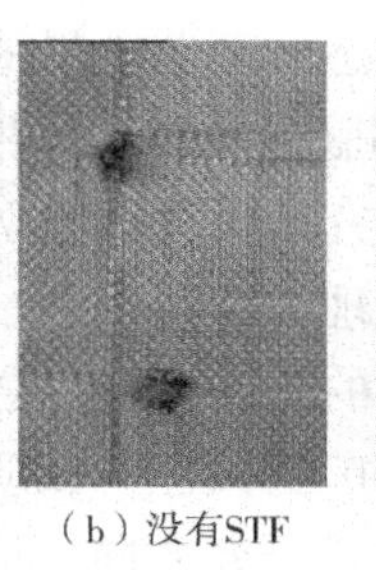
（b）没有STF

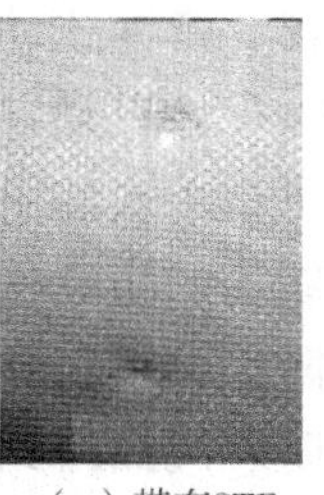
（c）带有STF

图 10－10　没有 STF 和带有 STF 的织物被刺效果

大学主要是对防刺性能的测试方法进行了相关的研究，研制出一种灵活的测试防刺性能的测试方法——机械式测试方法；英国 Strathclycle 大学通过使用红外照相机进行模拟实际刺伤数据对防刺结构及机理进行相关的研究等。

2017 年 7 月 7，霍尼韦尔在成都发布会上，向现场来宾全方位介绍了新产品特性，并现场提供样品展示。

目前，该防刺服是国际上能够在功能性、实用性和舒适性上做到平衡的最优产品。福瑞至与霍尼韦尔此次的合作基于防刺服的原材料，即防刺服的碳纤维材料 spectra。这款新型材料提供了更高强、更安全的性能，其断裂强度相比其他材料高出 6 ~ 15 倍，而密度却仅为其他材料的 0.2 ~ 0.85 倍。这种新材料的合成，使得防刺服轻量化，更纤薄，更强大。当然，这种碳纤维不仅能够作为防护服的新型材料，也可以摇身一变，成为海军或舰艇上用的缆绳，大大提升了产品在韧性、强度等方面的性能。

霍尼韦尔这款新一代个人防刺布料及防护服产品，在降低重量与厚度的同时，加强了防护性和隐蔽性，并可根据强度要求进行定制。从而能够满足民用、医用、警用等多方对防护能力及重量的不同要求。

（二）国内研究现状

国内也有很多企业具备防刺服的研发和生产能力，比较出色的有北京君安泰防护科技有限公司、北京同益中特种纤维技术开发公司和重庆盾之王公司等。北京君安泰防护科技有限公司利用超高分子量聚乙烯纤维和芳纶短切纱制成软质防刺服，能有效地阻挡刀具、匕首等冷兵器的刺、割、砍攻击，符合 GA 68—2008 标准，0.3m^2的防护面积只有 1.15kg。北京同益中特种纤维技术开发公司采用超高分子量聚乙烯纤维生产护星牌高性能软质防刺材料，具有重量轻、防刺性能高、舒适透气等特点。其外观为非织造结构，纤维分布均匀、致密，安全防护级别超过 900N。重庆盾之王公司研制的半柔型防刺背心，是用多种新材料按特殊的复合新工艺制成，不但具有防刺功能，还能有效地阻挡一般爆炸物品及破片的侵袭，同时兼有防水、耐酸碱、防紫外线等功能。

国内的研究机构对防刺织物也进行了深入的探究，在防刺材料的结构、防刺机理、防刺设备和计算机模拟等方面获得了一定的成果。研究出纬编复合防刺织物结构、机织防刺织物结构和非织造布防刺织物等，纬编复合防刺织物结构以纬编针织物与非织造布叠层复合的形式来实现，而机织防刺织物结构可以是机织物叠层复合也可以是机织物与非织造布叠层复合的形式；从防刺织物原料、织物的结构参数和后加工等方面对织物的防刺机理进行了分析；在研究开发防刺织物的过程中研制了防刺性能的测试设备，如滚筒记录式织物防刺性能测试仪、落锤式动态防刺性能测试仪和准静态防刺性能测试仪装备等，可按照我国公安部 GA 68—2008 防刺服标准和国际相关防刺标准进行防刺实验，能采集相关曲线便于理论分析；更高层次的研究结果就是建立了穿刺模型，如利用有限元模拟穿刺过程可方便地研究防刺织物的防刺机理并有利于进一步改善织物的防刺性能。

随着个体防护装甲材料的快速发展，防刺材料的开发和研究在国际上越来越受研究者的重视，个体防刺产品得到广泛关注。软质防刺材料具有良好的防刺性能，且穿着舒适、灵活，已经成为该领域的重点研究方向。液体防刺服方兴未艾，是新的研究热点。另外，防刺服除了具有防刺功能外，良好服用舒适性同样必不可少。功能性和舒适性的统一，直接影响其市场推广。同时，尽管国内外防刺和防弹标准各自独立，但是开发防刺防弹兼具的柔性材料将会成为研究趋势。

二、防静电纺织品守护安全“红线”

我国20世纪80年代开始导电纤维的研究，相继开发出了不锈钢金属纤维，锦纶基、涤纶基含碳导电纤维，锦纶基、涤纶基含氧化物导电纤维，促进了我国防静电面料的生产，并培育了许多专业开发、生产防静电面料的企业。特别是在参考欧美和日本防静电面料标准，制定了GB 12014—2009《防静电服》标准后，使我国防静电面料的性能达到甚至超过欧美和日本防静电面料的性能要求。

随着技术的发展，人们安全意识的加强，对安全防护服装的要求越来越高，防静电面料已经不局限于满足防静电功能。例如，防静电超净面料，其与普通防静电面料的区别主要在于“超净”的概念；夏天要求防静电面料有吸湿排汗功能；石油、化工等易燃、易爆场所要求防静电防火功能面料；电力野外操作需要防静电、防撕裂面料等。可见，防静电面料正在向和其他功能面料组合，形成防静电多功能面料方向发展。

许多发达国家的防静电布已经用于家用纺织品领域，如床上盖的、铺的、垫的都用上了防静电金属布，需求量十分庞大。另外，为了克服静电释放的问题，许多研究人员正在研发具有持久防静电、静电逸散快、微尘粒子产生概率低、抗腐蚀性和舒适性能好等功能的复合型防静电纺织材料。毫无疑问，防静电已成为纺织品的一个常用功能，防静电产品的市场前景十分广阔。不过值得关注的一点是，为与防静电产品类型的不断发展和完善相呼应，使新型防静电产品更快进入市场，发挥其应有的防护作用，生产企业和相关单位还要在防静电产品的标准及相应测试方法标准的制修订方面做更多工作，从而使防静电产品的产业链不断完善。

浙江蓝天海纺织服饰科技有限公司下设湖州蓝翔特种面料有限公司、中国纺织科学研究院江南分院特种面料研发中心及中国产业用防静电纺织品研发中心，是GB/T 29510—2013《个体防护装备配备基本要求》的主要起草单位。

据悉，蓝天海的主导产品为“蓝翔”常规型及“蓝翔·艾尔赛特”冷暖型防静电职业安全防护工装面料，主要用以制作石油、化工、煤矿、水泥、矿山、烟花爆竹、航空、航天、环卫、烟草等行业规定装备的防静电防护服。目前，“蓝翔·艾尔赛特”冰爽、保暖、特种防静电冬装面料均已获得国家专利。

作为中国产业用防静电纺织品研发中心，蓝天海还开展了导电纤维、功能性面料的研发；与防静电防护服的配备、功能及材料相关的国家法律（如中华人民共和国安全生产法等）、法规（如小型民用爆炸物品储存库安全规范等）、标准（如GB/T 29510—2013《个体防护装备配备基本要求》、GB 12014—2009《防静电服》、FZ/T 54042—2011《导电涤纶牵伸丝》）的汇总及宣贯工作。

“强化红线意识，促进安全生产，个体防护产品已成为安全生产中的最后一道防线。防静电纺织品将从目前的石油、化工等行业开始向煤炭等行业普及。所以，随着防静电纺织品的应用领域的扩张，多功能防静电纺织品将是发展方向，如防静电阻燃纺织品，防静电散热降温纺织品及防静电保暖纺织品等。”陈明青表示，从采用不锈钢导电材料生产开始，蓝天海经历了防静电整理剂、金属氧化物导电材料、炭黑导电材料等阶段，为确保面料的防静电安全防护性能，目前已进入了量身定做阶段，蓝天海将以“量身定制”的模式不断满足各产业工人对防静电职业安全防护工装面料的要求。

陕西元丰纺织技术研究有限公司主要从事特种功能性纺织品及纺织机电产品的研究与开发。近年来，该公司先后承担了防静电面料、防静电工作服国家标准修订任务，并成功开发了具有国际先进水平的“方科”牌防静电系列产品、防电磁波辐射、防油拒水等功能性系列纺织品，其防静电系列产品还被国家劳动保护用品质量监督检验中心鉴定为符合国家标准的A级产品并颁发产品质量合格证书，获得了全国2008畅销面料技术创新奖。

公司副总经理蔡普宁表示，目前，企业的防静电纺织品主要应用于石油、电力、化工、食品安全等领域。他说，如今，防静电服呈现出产品多样化、防护功能复合化、服装舒适化等特点，比如在石油行业，服装在防静电的同时还需要阻燃、防油、防水；而在电力行业，又要求服装既防静电又要耐热、阻燃、防火，因此，元丰纺织根据这种不断变化的市场需求将防静电与其他功能复合起来，实现防静电纺织在功能上进一步实现多元化。

保定三源纺织科技有限公司是产业用纺织品和个体防护装备行业唯一集技术纺织品应用研究、纤维原料开发、材料加工、终端制品生产为一体的高新技术企业，是国内唯一的中国纺织工程学会“全国防护用纺织品技术研发中心”。

据了解，三源纺织凭借其在行业内雄厚的技术实力，已成为我国卫星发射、神舟1号至10号、天宫一号、嫦娥工程等参研参试人员所用特种防静电、防电磁辐射服装面料的唯一生产供应商。三源纺织将在中国国际产业用纺织品及非织造布展览会上展示多功能多组分防静电阻燃防护服及面料，其特点是防静电、防止热收缩、防止燃烧破裂，舒适性好、强力高。

三、生化防护服

（一）隔绝式防护服

隔绝式防护服完全不透气，难以长时间穿着在身，因此需要配备质量重、体积庞大、价格昂贵的微气候调温装置。美军成功开发了隔绝式环境防护服装备（STEPO）。该防护服采用丁基胶涂层尼龙制作，并连有聚碳酸酯护目镜，利用系在身上的干净供气系统或背在身上的隔绝式再呼吸器提供呼吸道防护，穿在服装里面的冰冷背心提供冷却，能够为陆军化学设施/仓库、军械弹药爆炸处理和技术护送部队人员提供OSAH A级防护。它在化学战剂、工业化合物、火箭燃料、氧化剂以及缺氧环境中可使用4h。与此类似的隔绝式防护服还有：JFIRE防护服能对10g/m^{2}液体毒剂提供24h防护；SCALP防护服由涂有聚氨基甲酸酯蒂维克的材料制成，可穿于制式防护服外，提供1h防护粗液滴沾染；自行灭火的I－TAP防护服对于10g/m^{2}的HD、VX、GB、L毒剂能提供1h防护，并且至少重复使用5次，每次2h。另外，奥地利的ABC－90和ABC－90－HR型防护服也属于此类，均配有可提供新鲜空气的送风机。

正压防护服是一种特殊的隔绝式防护服，可提供较高安全等级的防护，主要应用于存在高危污染或无法预知危险的环境。截至2003年4月1日，只有美国杜邦公司的CPF3系列个人正压式防护服（3T463和3T464 2个型号）通过了NF－PA1994的1级生化恐怖防护服认证。在这方面我国的有华泰 HTZF 系列正压防护服。隔绝式防护服防护性能好、造价低、可重复使用，可供接触高浓度物质的人员使用。但由于其不透气，生理舒适性能极差且笨重，因此只能在生化战剂污染较严重的地方短期使用。

（二）透气式防护服

20 世纪 50 年代末期，美国率先研制出氯胺浸渍防护服。20 世纪 80 年代，英国和美国共同研制出活性炭纤维防护服，如美军的作战服罩衣（Battle Dress Overgarment，BDO）和萨拉托加防护服（Marine Corps Saratoga Overgarment，MCSO）。BDO 的外层为锦纶（尼龙）棉混纺织物，内层为浸炭聚氨基甲酸酯泡沫塑料，可防化学战剂蒸气、微液滴、生物战剂（包括毒素）和放射性 α、β 粒子，它能够防化学战剂 24h，在野外穿着 22 天。MC－SO 由内外两层组成，外层是经拒水拒油整理的高阻燃棉织物，内层为粘有匀称微球活性炭的棉织物，用来吸附有毒蒸气，其活性炭含量高达 $200g/m^2$ 以上，具有较好的透气散热性能，综合性能优良，可作为重量较轻的可洗涤冷却服使用。

美军最新型的生化防护服为联合军种轻型综合防护服技术（JSLIST）罩服，在穿着 45 天和经历 6 次洗涤后仍能够提供 24h 防护，JSLIST 罩服由连有头罩的 2 件式上衣和裤子组成。外层采用能防水、抗撕裂的锦纶（尼龙）与棉府绸混合材料，内衬材料基于活性炭技术，取代了粉末活性炭泡沫塑料技术，能够有效抵御生化战剂，可为作战人员提供最佳的皮肤防护，现已装备美国陆海空三军、海军陆战队和特种部队。联合防护空勤人员防护服（JPACE）具有防火性能，内衬由氨基甲酸酯基质和附着在其上的活性炭构成，能够吸收和容纳生化战剂，可连续穿着 30 天，抵御所有已知生化战剂的侵袭。美军的化学防护内衣（CPU）是用含有活性炭的非织造织物制作的两件式轻型内衣，用作战斗车辆乘员服或作战服内穿，能防毒剂 12h，并能穿着 15 天。美军还分别为海军和空勤人员研制出 OGMK Ⅲ型防护服和 CWU－66/P 防护服。德国 Helsa－Werke 防护服含有均匀分布的活性炭颗粒或其他吸附剂。Blucher Saratoga TM 防护服是基于活性炭的滤过性织物，以具有坚硬外壳的小球形吸附剂形式存在，活性炭的潮湿缓冲能力和复合织物的弹性提供通风效应。

法军生化防护服的衬里是经压缩的聚氨酯纤维三维网、活性炭浸渍而成，法国 S3P 型防护服的最里层为 2mm 厚的浸渍球形椰壳活性炭的聚氨酯层；T3P 型防护罩衣的内层为压缩成 1.2mm 厚的浸渍有活性炭的泡沫塑料层。经检测，法国防护服的毒气渗透量平均值低于 $0.7\mu g/(m^2 \cdot 24h)$。

英军 MK4 型防护服外层材料为可减弱核闪光作用的耐火变性聚丙烯腈尼龙斜纹织物，内层为经氮化处理、浸渍有活性炭和阻燃剂的非织造织物。

（三）半透气式防护服

美国 Gore 公司研制的 Gore－Tex® 膜是微孔膜材料的代表性产品，是一种由聚四氟乙烯微孔膜和拒油亲水聚氨酯构成的复合膜。Gore－Tex® 膜具有良好的透湿性，能有效减少防护服的“热应激”现象；并且 Gore－Tex® 膜具有良好的抗渗透性能，可有效防止液体和气悬溶胶的穿透。因此，它被广泛应用于生化防护服体系。

符合 NFPA 1999 性能要求的 CROSSTECH® 医疗急救防护织物同时具备防护和舒适性能，为医疗急救专业人士提供了一系列选择。它是由功能性纺织品与抗渗透、透气 CROSSTECH™ 隔离层经层压而成，隔离层为双组分透气薄膜，其防护和舒适性能均高于其他材料。

由 Tyvek（特卫强）经多聚物涂层而成的杜邦 Tychem® C 防护服，既具有较高的强度/质量比，又具有 Tyvek 的柔软性，耐撕裂、耐磨损，100%的颗粒阻隔性，完全防护超细有害粉尘、高浓度无机酸碱以及水基盐溶液的侵入，防溅射能力达到 2×10^{5}Pa，可防止体液、血液以及血液中病毒的侵入。

郝新敏等研制的“非典”防护服，面料采用涤纶或纯棉嵌织有机导电纤维，然后进行抗菌、抗油拒水、阻燃整理，再与 PTFE 复合膜（微孔聚四氟乙烯/聚醚酯复合膜）进行层压，里层采用网眼经编织物。具有耐久的隔离病毒、防血液渗透、防静电、防水、防油、抗菌、透湿等多项功能。其综合防护性能达到并超过国标 GB 19082—2003 的要求。

张文福等研制的生物防护服，采用“三明治”结构：外层为涤纶防水防油处理面料、中间为 TPU 涂层，内层为吸湿针织布面料（网眼结构）。具有抗病毒、透湿、抑菌、防血液渗透、防水、防静电等多项功能，可100%过滤空气中的自然微生物、粉末状生物粒子（枯草杆菌芽孢）、液体中 SARS 病毒（80~120nm）和脊髓灰质炎病毒（27nm）等。

半透气式防护服只能提供生物防护，对于有毒的化学蒸气仍可透过，若要增加化学防护，还必须添加吸附材料。

（四）选择性透气式防护服

美国杜邦公司为消防队员、士兵、警察和其他必须在极端条件下工作的专业人员研制出一种新型生化防护服，该防护服含有一种 PTFE 选择性渗透膜，不仅能透汗、防热，而且还可有效防护有毒物质和生物成分的侵入。这种新型生化防护服具有多层防护功能，强度高、耐火性能优越、质量轻，仅为原来防护服质量的1/2，质地柔软，能保障人员在极端条件下的行动更方便，反应更迅速、高效，同时克服了传统防护服通透性较差的缺点，可以帮助穿戴者自由“呼吸”。目前，此种新型生化防护服正在由美军进行试验。

选择性透气式防护服的关键是选择性渗透膜材料的研究，目前，很多国家都致力于此。美国和德国的科学家研制出一种叫 Spiratec Hybird 的防护织物。可防护各种形态的毒剂和各种类型的生物病毒或细菌。防炭疽模拟剂穿透性能比 Saratoga 作战服提高了 20~90 倍。美国 WL Gore 公司和 Akzo Nobel 公司研制的胺基薄膜/纤维系统和纤维基薄膜/纤维系统可防护毒性很高的各种有毒化合物，包括攻击性的化学战剂和生物战剂。英国研制出一种由 PVOH（聚乙烯醇）和 PEI（聚乙烯亚胺）组成的新型聚合物材料，由该材料制备的膜不但对化学毒剂具有良好的阻隔性，并且具有和普通织物相同的透湿性能。美国科学家研制出一种在微孔聚四氟乙烯膜的微孔中充填选择性聚合物的新材料，该材料只允许汗液形成的水蒸气透过。

随着选择性渗透材料研究的深入，既能防液态、气态、气溶胶等多种形态的有毒化学物质、微生物和病毒，又具有轻薄、透湿、防水等良好生理功能的防护服必将成为现实。

四、新型防弹衣的研发及问世

（一）俄罗斯 NII Stali 公司研制出新型军民两用防弹衣

NII Stali 公司是俄罗斯著名的 Concern Tractor Plants 公司的子公司之一，Concern Tractor Plants 公司简称 CTP，其以生产重型机械为主，是全球排名前 10 位的大型机械制造公司。

NII Stali公司宣称，已经研制出一种新型军民两用防弹衣，该防弹衣的民用型外观呈蓝色，并且前胸印制有PRESS字样，即“媒体”之意，适用于战地记者穿着；军用型外观呈军绿迷彩色。

图10－11　新型军民两用防弹衣

2015年，NII Stali公司对新型军民两用防弹衣（图10－11）进行了测试，以检验防弹衣减轻质量时的防弹能力。该防弹衣是在Zhuk防弹衣的基础上研制的，具有Br3级防护能力。Br3级防护能力是俄罗斯国家军用产品防弹能力检测标准中的一个防护等级，相当于北约军用产品防弹能力检测标准（该标准的编制序列号为4569）中的二级防护能力。NII Stali公司还宣称，新型防弹衣加装防护板后，可将防护能力提升到Br6级，与北约4569标准中的3级防护能力相当。

（二）美国“龙鳞甲”防弹衣

“龙鳞甲”防弹衣（Dragon Skin），是美国尖峰装甲公司（Pinnacle Armor）设计并研发的一款新型防弹衣。其命名来源于该防弹衣采用小块钛合金或陶瓷防弹瓦与新型防弹纤维的鱼鳞状编织，故取名为“龙鳞甲”。严格来说，这一防弹衣亦属于软硬复合式防弹衣。只不过与普通的第三代软硬复合式防弹衣相比，它并未采用整块的增强陶瓷插板，而是将多块小片状的钛合金或陶瓷防弹瓦铺成一片并进行缝合。相较于普通的硬质插板，“龙鳞甲”的防护面积更大，且更为贴身与舒适。

根据美国尖峰装甲公司所做的实验测试显示，该款防弹衣对于子弹具有极强的防护能力。9mm口径的微型冲锋枪在“龙鳞甲”防弹衣面前无丝毫杀伤力。而其在6m距离内被7.62mm口径标准军用弹连续击中40次后，亦不会被击穿。在面对普通步枪与手枪发射的子弹时，该防弹衣仅仅外层尼龙被射穿，而内部无任何的损伤。此外，“龙鳞甲”防弹衣还可抵挡住7.62mm口径钢芯穿甲弹的射击。在面对美军标准作战手雷的零距离爆炸中，手雷也仅仅只能炸开其外表尼龙层，而内部无法炸开。目前，已研发的“龙鳞甲”防弹衣产品具有两种型号，分别使用钛合金防弹瓦与陶瓷防弹瓦。陶瓷防弹瓦不仅在制造成本上高于钛合金防弹瓦，其防护能力也高于钛合金防护瓦。

（三）液体防弹衣

第三代软硬复合式防弹衣虽综合了硬质防弹材料与软质防弹材料的优点，且能够覆盖人体大部分区域并予以有效保护。但软硬复合式防弹衣仍相对笨重，大大降低了穿着者的灵活性、机动性与移动速率。

穿着时，湿气在防弹衣内表面大量积聚，易使人体造成潮湿、闷热等感觉。比如，士兵在炎热的阿富汗或伊拉克战场穿着前述防弹衣时，不仅需要忍受户外的高温，较为笨重的防弹衣亦加剧了士兵的体能消耗。

针对这一问题，当前科学家已研制了一款采用液态超级凝胶材料的新型防弹衣——液态防弹衣（Liquid body armor），即将剪切增厚液体（Shear Thickening Liquid）灌注至多层凯夫拉纤维之中，并利用这种新型“复合材料”制成防弹衣。

不过，从目前已问世的液态防弹衣来看，并非是将流动的特殊液体直接填入凯夫拉纤维层，并形成独立的液体层；液体防弹衣的制作方式，是将现有高性能防弹纤维浸泡至剪切增厚液体中。一旦防弹衣遭到弹头或弹片的冲击，其富含的特殊液体即可转变为一种坚硬材料，并阻止射体侵入，同时具备防弹、防刺与减震等多种功能。

液体防弹衣的防弹原理与车辆的安全气囊较为类似，安全气囊在打开后，能有效分散因碰撞而产生的高强度压力，并减缓躯干由此而发生的运动。

液体防弹衣抵御弹头动能的强度是钢质材料的五倍左右，但其重量却只有普通防弹衣的50%，穿着感更为轻便。

举例而言，士兵或警察在穿着普通防弹衣遭到弹头射击时，防弹衣通常会向内发生弯曲及变形。其虽然可以消耗弹头的大量动能，且有效避免人员的死亡，但穿着者依旧可能因弹头的击打造成一定的损伤与疼痛。遇到此类情形，新型液态防弹衣因材质中所含有的特殊液体材料，可以有效分散弹头的撞击动能，并将射击弹头的动能分散至较大的一个表面上，避免因击打而造成的肋骨骨折、内脏器官受损以及体表挫伤疼痛等情况。

（四）转基因技术与纳米技术研发的防弹衣

而今，各类新型防弹材料的研发已得到了科学家的广泛参与。

当前，科学家已通过转基因技术，生产出一种特殊的蛋白质。该蛋白质经过热塑作用后，既具有高强度与高韧性，又如同蛛丝般轻便。此外，该项技术利用了微藻光合作用所具有的高效特点，生产出的特殊蛋白质不仅成本较低，且适合大批量的工业化生产。

此外，防弹衣是损耗品，除具有使用年限外，被击中后，也无法再次使用。针对这一情况，有科学家利用纳米技术，研发了一种新型聚氨酯纳米材料。该种纳米材料不仅具有抵御弹头击打的功能，更可实现自我修复。当这一纳米材料遭到小型物体的高度击打后，其即会“融解”为液体，进而阻止弹头、弹片等射体进一步往前，并封堵其所形成的射入口，进而完成自我修复的功能。倘若这一纳米材料最终得以成熟应用至防弹衣领域，不仅能使防弹衣更轻便、抵御强度更高，也可提升防弹衣在遭受击打后的反复使用次数，降低成本。

（五）舒适型软质防弹防刺服

北京航天雷特机电工程有限公司在开发防弹衣、防刺服等产品的基础上，根据高性能芳纶耐温性、高强度、高模量的特性，探索防弹和防刺原理，进行模拟计算和实弹测试，开发出具有防弹防刺功能的纯芳纶无纬布软质双防服产品。该产品不仅解决了防弹衣和防刺服防护功能单一的问题，而且还具有较高的舒适性（可任意弯曲180°）、安全裕度等优势，是一款性价比高的个体防护产品。已广泛应用于军警人员的防护，同时在医护人员、保安等大众职业中也得以应用。

这款防弹防刺服的技术创新点有以下两点。

（1）采用芳纶［0/90°］无纬布单一结构，无需叠加多种结构，即可实现防弹、防刺两种功能，在国内尚属首创。

（2）采用模压后整理的工序平衡防弹和防刺性能，将矛盾的防弹机理和防刺机理得以兼顾，使产品的重量更加轻量化、柔软度更加舒适化。

研制的纯芳纶无纬布双防服在结构、舒适度上均具有一定的创新性，且该产品属于市场需求产品，因此，该产品具有较高的经济效益。产品可沿任意角度弯曲 180°，穿着舒适度大幅提升，达到或接近国际先进水平。根据市场情况分析，该产品的研制将大幅提高公司的影响力，提高公司的营业额，年税收额将增加 100 万元以上。

该双防服产品质量轻、厚度薄，更具轻量化、舒适化、高可靠性等功能，提高了执勤人员的执勤效率，增强了社会的稳定性。

五、隐身衣技术的重大突破

近来，一家加拿大公司成功研发了一种量子隐形材料：quantum stealth camouflage，中译名为量子隐形伪装材料。隐身衣采用特殊的量子隐形伪装材料，这种材料能够使物体周围的光线弯曲，从而与环境融为一体，实现隐身效果。隐身衣（图 10－12）甚至能躲过红外线探测和热成像技术追踪。隐身衣重量轻，成本低。已经获得美国和加拿大军方认可，将运用到战场上，帮助士兵躲避敌军搜索和隐蔽进攻敌人。某些军用品已制造出来，正在试用阶段。还能用于飞机、枪炮、坦克等的隐身。

图 10－12 新型隐身衣

思考题

1. 综述安全与防护用纺织品的应用领域，并阐述在每一种应用领域中的主要性能要求。
2. 列举主要的阻燃性能测试方法，并对其中三种方法作说明。
3. 阐述消防服的结构，这种服装采用哪种类型的纤维原材料？
4. 防护辐射作用的纺织品材料有哪些特性？
5. 防化服的用途是什么？阻燃服和防化服的区别何在？
6. 从阻燃角度来看，纤维材料或织物结构哪个更为关键？为什么？

参考文献

[1] 杨年生. 安全防护注重高性能 [J]. 纺织科学研究, 2016 (07): 34 - 36.

[2] 黄安平, 朱博超, 贾军纪, 等. 超高分子量聚乙烯的研发及应用 [J]. 高分子通报, 2012 (04): 127 - 132.

[3] 赵莉, 谢雄军. 超高分子量聚乙烯纤维 UD 防弹材料市场前景 [J]. 纤维复合材料, 2010 (03): 32 - 35.

[4] 何飞, 孟婧垚, 么正奇, 等. 超高分子量聚乙烯纤维及其在复合材料中的应用 [J]. 电力机车与城轨车辆, 2015 (S1): 66 - 69.

[5] 刘强, 赵领航. 芳纶在产业用纺织品中的应用及展望 [J]. 棉纺织技术, 2014, 42 (6): 74 - 77.

[6] 李宁, 宋广礼, 刘梁森, 等. 芳纶针织物的防刺性能 [J]. 纺织学报, 2014 (12): 31 - 35.

[7] 王慧玲, 唐虹, 高强. 防爆服的防护性能及其研究进展 [J]. 纺织报告, 2016 (05): 33 - 37.

[8] 甄琪, 钱晓明, 张恒. 防刺材料的研究现状及展望 [J]. 棉纺织技术, 2014 (10): 77 - 81.

[9] 林娜, 蔡普宁, 白媛. 防弹背心内外层织物组成及关键技术研究 [J]. 棉纺织技术, 2016 (01): 76 - 79.

[10] 郝秀阳, 云高杰. 防电磁辐射纺织品的种类及其产品标准 [J]. 轻纺工业与技术, 2013 (02): 42 - 43.

[11] 李卫斌, 赵晓明. 防辐射纤维的研究进展 [J]. 成都纺织高等专科学校学报, 2016, 33 (3): 187 - 191.

[12] 施楣梧, 周洪华. 防辐射纤维及其纺织品研究 [J]. 纺织导报, 2013 (05): 90 - 93.

[13] 邬文文. 防辐射纤维及其研究进展 [J]. 中国纤检, 2010 (5): 82 - 84.

[14] 雍飞. 防辐射纤维及其织物的发展前景 [J]. 山东纺织科技, 2009 (06): 54 - 56.

[15] 段守江. 防静电纺织品的现状与发展 [J]. 非织造布, 2013 (06): 72 - 75.

[16] 徐长杰. 防静电纺织品守护安全"红线" [J]. 纺织服装周刊, 2014 (24): 30 - 31.

[17] 苏雪寒, 吴丽莉, 陈廷. 纺粘非织造工艺与设备的新发展 [J]. 纺织导报, 2014 (09): 28 - 30.

[18] 马新安, 张莹. 纺织品热防护技术研究进展: "力恒杯" 第 11 届功能性纺织品、纳米技术应用及低碳纺织研讨会 [Z]. 中国福建长乐: 2011, 11.

[19] 朱华. 纺织新材料新技术及其在职业安全防护领域的应用 [J]. 中国安全生产科学技术, 2013 (11): 142 - 146.

[20] 赵万荣. 纺织新材料新技术在职业安全防护中的运用分析 [J]. 中国新技术新产品, 2015 (23): 185.

[21] 黄浚峰. 高强聚乙烯防切割手套织物工艺与性能的研究 [D]. 杭州: 浙江理工大学, 2016.

[22] 魏汝斌, 翟文, 李锋, 等. 高效抗冲击复合材料在防弹防爆方舱中的应用 [J]. 工程塑料应用, 2016 (04): 131 - 135.

[23] 关新杰. 高性能纤维在防弹衣制造中的应用 [J]. 非织造布, 2010 (06): 20 - 22.

[24] 刘丽, 崔淑玲. 高性能纤维在柔质防护领域的应用 [J]. 河北纺织, 2013 (01): 11 - 16.

[25] 张月庆, 钱晓明. 个体防刺装甲的现状与发展 [J]. 非织造布, 2012 (2): 48 - 50.

[26] 徐丽慧, 葛凤燕, 蔡再生. 功能性防护纺织品研究进展 [J]. 染整技术, 2011 (01): 6 - 10.

[27] 王建平．功能性纺织品的性能评价方法与标准［J］．印染，2016（06）：45－52.
[28] 乔辉，沈忠安，孙显康，等．功能性服装面料研究进展［J］．服装学报，2016（02）：127－132.
[29] 刘何清，刘天宇，高黎颖，等．国内外防护服的发展与对比［J］．矿业工程研究，2016（03）：71－76.
[30] 冯学本，王宁．国内外非织造装备的新进展及趋势（二）［J］．非织造布，2013（01）：74－77.
[31] 王得印，李小银，黄强，等．国内外隔绝式皮肤防护装备的现状及发展趋势［J］．中国个体防护装备，2015（06）：17－22.
[32] 崔琳琳．国内外灭火消防服发展现状及趋势［J］．天津纺织科技，2016（02）：3－5.
[33] 田涛，段惠莉，吴金辉，等．国内外生化防护服的研究现状与发展对策［J］．医疗卫生装备，2008（07）：29－31.
[34] 钟卫兵，卿星，王跃丹．纳米技术在生化防护服中的应用及研究进展［J］．山东纺织经济，2016（01）：32－34.
[35] 李利君，李风．耐高温阻燃防护服研究进展［J］．消防技术与产品信息，2009（04）：12－16.
[36] 冯倩倩，陈萌，信群，等．热功能防护服装的分类及发展现状分析［J］．中国个体防护装备，2016（02）：22－29.
[37] 李丽娟，蒋高明，缪旭红．柔性防刺材料的现状与发展［J］．产业用纺织品，2010（08）：8－12.
[38] 甄琪，钱晓明，张恒．柔性防刺材料的研究进展［J］．上海纺织科技，2015（01）：4－7.
[39] 徐玲玲，李亚滨．柔性个体防刺材料的浅析［J］．山东工业技术，2016（09）：213－214.
[40] 张莉，李美真．软质防刺材料的现状与发展［J］．纺织科技进展，2015（07）：14－16.
[41] 罗益锋，罗晰旻．世界高性能纤维及复合材料的最新发展与创新［J］．纺织导报，2015（05）：22－24.
[42] 赵富森．我国消防员个人防护装备产业和技术状况及未来发展方向［J］．中国个体防护装备，2013（03）：12－16.
[43] 何维，钱晓明，王俊南．消防服外层织物的研究现状［J］．棉纺织技术，2015（07）：80－84.
[44] 牛丽，钱晓明，张文欢．消防服装防护性能研究进展［J］．纺织科技进展，2016（11）：5－8.

第十一章 结构与增强用纺织品

第一节 纤维原材料

一、玻璃纤维

玻璃纤维在拉制过程中经过浸润剂的作用，获得了柔软性，使之易于纺织。在大多数情况下，玻璃纤维必须要有一定的组织形式才能充分发挥它的性能。玻璃纤维织物分为机织物与针织物两大类。

在玻璃纤维的总产量中，约有 70% 用作复合材料的增强材料，其中主要用于塑料增强。玻璃纤维增强塑料（即玻璃钢）是以合成树脂为基体，以玻璃纤维及其制品为增强材料制成的，具有优良的比强度、刚度、耐气候性、耐腐蚀性和耐用性；几乎可设计和塑造成任何所需形状，达到期望的美学要求；可实现部件整体成型，大大减少组装零件数量，节省模具费用。

（一）汽车、火车和船艇方面

玻璃钢用于汽车车身的最大优点是减轻重量。与钢材相比，玻璃钢能使很多部件减重 35%。其他特性还有刚度高，能量吸收性好，不锈，防腐，不易产生压痕和擦伤，设计灵活等。汽车工业是玻璃钢的最大市场之一，采用玻璃钢的汽车部件有进气歧管、发动机罩、保险杠、横梁、车门板、仪表板、隔热板等。使用玻璃钢部件的轨道车辆有高速火车、轻轨列车和地铁，主要优点如下：减轻重量，降低能耗；使刹车和启动时能耗降低；提供优良的强度和刚度性能指标；在树脂中添加阻燃剂，具有防火性能，保证乘客安全；能吸收火车的大量振动，增加乘客的舒适度等。玻璃钢适用于各种船只的设计和制造，其特点是重量轻、强度高、耐腐蚀、防水浸、维护量小。

（二）建筑和基础设备方面

玻璃钢在建筑领域有着广泛的应用。近 10 年来，旧建筑和基础设施的加固、修复和翻新已成为一种重要工程。由于长期荷载、气候老化、腐蚀、环境降解、不良设计或施工、缺乏维修以及天灾或事故等原因引起的建筑结构如桥面、梁、柱、房屋、停车场等的老化给玻璃纤维或碳纤维增强塑料（FRP）带来机遇。在加固技术获得成功的基础上，进一步应用 FRP 进行新的建设。这方面已有不少成功的范例，特别是步行桥的建设。混凝土是世界上用得最广泛的建筑材料，但它有一个重大的缺陷：当它的压缩强度较高的时候，其拉伸强度则非常有限。通常利用钢筋来克服这一缺点，但是在腐蚀性很强的环境中，钢筋腐蚀会导致混凝土开裂和剥落，最终引起构筑物毁坏。用玻璃钢代替钢作混凝土筋材，具有重量轻、屈服强度和弹性模量高、不生锈、耐腐蚀、防磁性能好等优点。

（三）能源开发方面

能源开发是玻璃钢较新的应用市场，主要有风力发电、海上采油采气等。风能是世界上发展最快的能源技术，是无污染的清洁能源，风力发电依靠涡轮机完成，其中涡轮机叶片是关键部件。由于增强塑料在重量、强度、气动弹性及其他性能方面的优点，它最能与风力涡轮机的操作条件相匹配。玻璃钢叶片已广泛用于岸上和海上的风力发电项目。叶片制造商采用的玻纤原材料有短切原丝毡、连续原丝毡、无捻粗纱、单向和多轴向的缝编布和机织布等。海上石油和天然气的开采是前景广阔的工业，也是应用玻璃钢的新兴市场。玻璃钢产品耐腐蚀、耐紫外线照射、耐热阻燃、轻质高强，这些特性都符合海上苛酷环境的要求。

（四）航空航天方面

复合材料已在航空航天飞行器上获得多种应用，如飞机机身、机翼、内装件、火箭和导弹发动机壳体、导弹弹药箱、喷管、雷达罩和压力容器等。由于刚度关系，航空结构的外部通常多用非玻璃纤维的增强材料，但较小飞机的外部机身则可采用玻璃纤维增强，玻璃钢在航空器中的成功应用是商用飞机的内部器件，如波音 747 飞机上层客舱的舱顶板等。在航天和军事工程方面，玻璃钢早就用作火箭、导弹的外壳或其发动机的外壳、玻璃钢还在人造地球卫星和电视卫星等方面获得了应用。

（五）国内外玻璃纤维的最新生产状况

国外生产厂家在改善玻璃纤维性能方面做了大量的研究，并且取得了可喜的成果。他们不仅在前道拉丝工序采用不同的浸润剂对单丝进行化学涂敷，而且在后道织布工序采用不同的偶联剂对织物进行表面化学处理，不同的浸润剂与不同的偶联剂就是不同用途的产品。比如，有一种超细玻璃纤维织物，国外称为“贝它”纱。由于纤维直径极细，故它的柔软性特别好，它比开司米软 7 倍，比“的确良”涤棉布软 14 倍，比一般工业用的玻璃纤维软 36 倍，手感柔软，耐皱折，可用作宇航服及充气屋顶材料。国内玻璃纤维行业由于很快推广了池窑拉丝规模化生产新技术，使玻璃纤维的产量迅速提高。全球玻璃纤维产量从 2008 年的 492 万吨增长至 2016 年的 875 万吨，其中，中国是推动全球玻璃纤维产量增长的主要动力。2016 年，中国玻璃纤维产量为 633 万吨，占全球玻璃纤维产量的 72.34%。2016 年，我国玻璃纤维和玻璃纤维增强塑料制品制造行业销售收入 2562.38 亿元，同比增长 1.31%。其中玻璃纤维行业为 1631.41 亿元，同比增长 2.06%；玻璃纤维增强塑料 930.97 亿元，同比增长 0.03%。

（六）玻纤产品应用领域不断扩大

目前，国外玻璃纤维行业已经发展到拥有 3000 多个玻璃纤维品种，50000 多种规格，每种规格都有一种用途相对应。国外玻璃纤维产品按用途划分基本上可分为四大类：增强热固性塑料用玻璃纤维增强材料、增强热塑性塑料用玻璃纤维增强材料、增强沥青用玻璃纤维增强材料及玻璃纤维纺织材料。

除了汽车、船艇等传统产品外，玻璃钢风力发电机、风轮叶片、拉挤玻璃钢门窗、玻璃钢筋材、玻钢雷达罩、连续成型玻璃钢瓦及板材和混凝土结构的修复补强均是玻璃钢新的应用领域。

玻璃纤维作为应用最广泛之一的产业用纺织品，由于具有技术含量高、劳动生产率高、产品性能独特和用途广泛等特点，在国民经济的各个领域得到了广泛应用，成为许多行业和部门不可缺少的一种新型材料，成为衡量一个国家和地区纤维制品加工工业发展水平和工业化程度的重要标志。

二、芳纶

芳纶具有超高强度、高模量、耐高温、耐酸碱、质量轻等优良性能，其中比强度是钢的5~6倍，模量是钢丝和玻璃纤维的2~3倍，韧性是钢丝的2倍，而密度仅为钢丝的1/5左右。芳纶是综合性能优良、产量最大、应用最广的高性能纤维，在高性能纤维中占有重要的地位，在国防，航空航天，汽车减重、节能减排，新能源开发等各方面具有不可替代的作用。

芳纶也可制成芳纶纸。芳纶纸是全球公认的耐绝缘材料和结构材料，具有高强度、低变形、耐高温、耐化学腐蚀、阻燃和优良的电绝缘等性能。芳纶纸大多以芳纶短切纤维（如杜邦公司的Nomex纸中的纤维，是Nomex长丝切断成的3~8mm短纤维）和芳纶沉析纤维（芳纶浆粕）按一定比例制成。这是因为芳纶表面光滑，无法形成氢键连接，因此需配以浆粕，以沉析纤维“表面绒毛状、微纤丛生、毛羽丰富”的特性将芳纶短纤维黏结在一起。芳纶短纤在纸张结构中起到了增强纸张强度的作用，芳纶浆粕用来固定芳纶。杜邦公司的Kevlar浆粕的比表面积为7~11m^2/g，短纤维长度为0.5~1mm。

芳纶纸经涂胶、叠合（涂胶部分错位）、拉伸、浸胶（酚醛树脂）、固化、片切后，可以制成芳纶纸蜂窝芯材。芳纶纸蜂窝芯材可进行再加工，并制成平面类蜂窝芯材制件、变厚度及复杂型面蜂窝芯制件。蜂窝芯与铺层即两层薄的、高强度的面板（蒙皮）胶粘后，形成复合材料夹层零件。这种夹层结构零件重量轻、强度高，在航空航天工业中得到广泛应用。

芳纶织物是一种较理想的建筑工程加固材料，其延展性与碳纤维相比更好。芳纶织物柔软度好，加固棱角处时不必做倒角，尤其对不规则形状的构件而言，芳纶织物是目前最好的加固材料。芳纶织物与碳纤维织物相比，在建筑结构加固工程中工艺简单、省工、省时、先对建筑结构进行表面处理，再经过涂刷底胶，底层浸渍树脂、粘贴芳纶织物、外层浸渍树脂，最后对其表面进行防护，常用于建筑构件的梁柱、烟囱、隧道等建筑物的加固。相关试验资料表明，桥梁和民用建筑或工业厂房梁柱只要不是超筋梁，贴一层ASF-40可以提高30%左右承载，贴两层就可提高40%左右承载，一般可延长建筑物使用寿命5~10年。对于水塔、烟囱之类细高型建筑结构的维护加固特别困难，常规材料及方法已不适用，采用芳纶1414加固是一种较好的选择，其操作方便，效果好。正是芳纶1414原料优异的力学性能决定了其材料具有非常好的抗冲击和抗震性，杜邦公司研制的由芳纶1414作为增强材料的家庭避难场所能很好地解决飓风和龙卷风带来的家庭伤害。

三、碳纤维

碳纤维具有高强度、高模量、耐高温、优异的电性能和较小的体积质量等特性，既具有碳材料的固有特性，又具备纺织纤维的柔软可加性和优异的力学性能，近年来，已广泛用于国防、军用和民用等领域，是我国现阶段鼓励优先发展的高技术纤维。国外已经实现了碳纤维的工业化，而我国还处于研制阶段。由于发达国家作为战略物资进行管制，在一定程度上制约了我国碳纤维的发展。因此，加速碳纤维的研制和生产是一项艰巨而迫切的任务。

（一）碳纤维的性能及分类

1. 碳纤维的性能　碳纤维的抗拉强度很高，是钢材的 4 ~ 5 倍，比强度为钢材的 10 倍，高模量碳纤维抗拉强度比钢材大 68 倍以上，弹性模量比钢材大 1.8 ~ 2.6 倍。而碳纤维的密度为钢材的 1/4，即便是制作复合材料，密度变化也不大。纤维的热膨胀系数小，热导性好，导热率随温度升高而下降，耐高温和低温性能好，耐骤冷、急热性能好。碳纤维的导电性优良，25℃高模量碳纤维电阻率为 $7.75 \times 10^{-2} \Omega \cdot m$，高强度碳纤维为 $1.5 \times 10^{-1} \Omega \cdot m$。碳纤维的稳定性好，如耐酸性强，能耐浓盐酸、硫酸的腐蚀和浸渍，还抗辐射，能吸收有毒气体。碳纤维与其他材料相容性好。碳纤维质量较轻，弯曲性好，可加工性好，适用于不同的构件形状。碳纤维设计自由度大，成型较方便，能满足不同产品性能的要求。施工时不需要大型设备，工艺简单，对原结构没有损伤。

2. 碳纤维的分类

（1）按原丝类型分类。可分为聚丙烯腈碳纤维、沥青碳纤维、黏胶碳纤维和酚醛碳纤维四类。聚丙烯腈碳纤维应用最广、发展最快，产量约占 95%，主要用于碳复合材料骨架构件；沥青碳纤维具有高模量、高强度、导电、耐高温等优良特性，用于航天工业的工程材料，产量约占 4%；黏胶碳纤维产量约占 1%，用于隔热和耐烧蚀材料；酚醛碳纤维处于研究阶段，暂未形成工业化。

（2）按形态分类。可分为长丝、短纤维和短切纤维三类。长丝用于宇航和工业构件中；短纤维用于建筑行业。

（3）按力学性能分类。可分为高性能型和通用型两类。高性能型碳纤维强度为 2000MPa、模量为 250GPa 以上；通用型碳纤维强度为 1000MPa、模量为 100GPa 左右。

（4）按行业应用分类。可分为宇航级小丝束碳纤维和工业级大丝束碳纤维。小丝束为 1K、3K、6K（1K 为 1000 根长丝），现在较多的为 12K 和 24K；大丝束为 48K 以上，直到 480K。

（二）碳纤维的需求及应用

1. 碳纤维的需求　据赛奥碳纤维技术统计，2011 年全球碳纤维需求量为 4.41 万吨，2016 年需求量为 7.65 万吨，年复合增速 11.6%，预计到 2020 年，需求量将达到 11.20 万吨。2016 年，全球碳纤维应用领域集中于风电叶片、航空航天、体育休闲、汽车等领域。树脂基碳纤维复合材料市场规模已达到 110.4 亿美元。

我国碳纤维需求量由 2011 年 0.93 万吨增长至 2016 年 1.96 万吨，年复合增速 16%，预计到 2020 年将达到 3.08 万吨。随着我国航天航空和工业制造的不断发展，未来几年我国碳纤维需求量将进入一个快速增长的时期，《2015 ~ 2020 年中国碳纤维行业市场竞争趋势及投资战略分析报告》中指出：预计到 2020 年，国内碳纤维的需求将达 25000t，年均增长速率约为 15.5%。

2. 碳纤维的应用　目前，国内外一致认为，最富有前景的应用领域是工业应用，如汽车工业，应用碳纤复合材料可以减轻重量，节约能源，增加可靠性；风力发电是能源领域增长最快的，其叶片使用碳纤维量可观。随着汽车轻量化和风力发电的不断发展，我国的碳纤维在工业领域的应用将越来越多，预计到 2020 年，国内工业领域的碳纤维需求份额将增长到 50%。

四、连续玄武岩纤维

连续玄武岩纤维是以单一的天然玄武岩矿石为原料，将其破碎后在1450～1500℃的高温熔融后，通过铂铑合金拉丝漏板快速拉制而形成连续纤维，简称CBF（Continuous Basalt Fiber）。连续玄武岩纤维属于无机非金属纤维，是继碳纤维、芳纶和超高相对分子质量聚乙烯纤维之后的又一种高技术纤维，除有较高的力学性能外，还拥有一系列特殊的优异性能，如绝缘性能好、耐热性及热稳定性优异、抗辐射等，可制成各种性能的复合材料，应用于交通基础设施、建筑、汽车、船舶、电力、环保、消防、石油天然气、工业、海洋工程等广泛领域。连续玄武岩纤维是一种低能耗、少排放的环境友好型绿色新材料，是关系国防安全、促进国民经济升级换代和支撑高科技产业发展的重要基础材料。

1. 连续玄武岩的性能　连续玄武岩纤维的密度为2.63～2.65g/cm^3，拉伸强度为3000～4800MPa，弹性模量为91～110GPa，断裂伸长为3.2%，由此可见，连续玄武岩纤维具有优异的耐磨和抗拉增强性能，是金属的2～2.5倍，是E－玻璃纤维的1.4～1.5倍，比大丝束碳纤维、芳纶等都要高，与S－玻璃纤维相当。

连续玄武岩纤维的使用温度范围为－260～650℃，而玻璃纤维在相同条件下的使用温度一般不超过400℃。连续玄武岩纤维的耐热性能优异，在400℃条件下，其断裂强度仍保持在85%左右；在300℃的条件下，其抗拉强度能保持80%以上，可以作为耐高温材料使用。

玄武岩矿石是非人工合成的天然原料；其次，在熔化过程中不排放有害气体，因此，始终不会对环境造成污染。故连续玄武岩纤维是一种新型、环保的纤维。

2. 连续玄武岩纤维的应用　由于连续玄武岩纤维性能优异，因此，具有十分广泛的用途。在国外，连续玄武岩纤维最初被用于军工领域，如军事工程建筑材料、飞机机身材料以及导弹、坦克等武器装备材料等，目前已拓展到输油管道材料、车用轻量化材料、耐高温过滤材料等工业领域。在国内，作为增强材料已应用于道路建设、绿色保温建筑材料等。

将短切连续玄武岩纤维掺入混凝土，在混凝土内部形成一种网格体系，可以提高其抗冲击性能并增加韧性，能有效提高混凝土的强度和使用期限。此外，将连续玄武岩短切纤维与沥青混合进行改性，不仅可以提高道路的高温稳定性，同时也改善了耐久性，减少了路面发生二次车辙的现象，能明显提高路面养护质量和路面使用寿命，从而降低了日后路面的养护费用。此外，以连续玄武岩纤维为增强材料制成的复合筋已成功应用在公路建设中，替代部分钢筋。

连续玄武岩纤维具有优异的力学性能和较高的耐酸碱腐蚀性能，这两大特性决定了其可以应用在桥梁、隧道、堤坝、楼板这些混凝土结构，以及沥青混凝土路面、飞机起落跑道等重要且经常受到高湿度、酸、碱、盐类介质作用的建筑结构中，具有广阔的应用前景。连续玄武岩纤维在建筑工程领域中的主要用途有三种：一是作保温防火材料，利用连续玄武岩纤维制成的外墙保温板具有不燃、耐久、防水、保温、环保等特性，可有效解决我国公共建筑、高层建筑等保温节能和防火难题；二是作连续玄武岩纤维的内装饰材料，起到吸声、防火、防潮、隔断等作用；三是用连续玄武岩纤维制成单向布、片材、复合筋、格栅等材料，用于建筑和桥梁的结构加固。

利用连续玄武岩纤维制成的纤维增强树脂复合材料（BFRP）具有低容重、低导热率、低吸湿率和对腐蚀介质的化学稳定性，能够有效降低结构质量，形成一种新型的轻质化结构材料，可用作汽车部件的增强材料，如保险杠、车身等。

由于连续玄武岩纤维具有良好的化学稳定性和热稳定性，制成的管材无须涂敷防锈层以及其他防护和防腐处理，资料表明，连续玄武岩纤维地面输油管道在20℃情况下连续使用50年，腐蚀程度不超过5%。同时，连续玄武岩纤维具有较好的弹性模量、拉伸强度和断裂伸长率，使得地面管材制品能够绕过障碍物，无须增加转向接头，且施工成本低，具有良好的经济和社会效益，为连续玄武岩纤维管材应用提供了广阔的潜在市场。据资料显示，俄罗斯已将连续玄武岩纤维管材应用在石油领域，包括油气井油管、套管及地面油气输送管道等，并取得了较好的效果，目前应用在石油领域的连续玄武岩纤维管材的比例已达到50%左右，同时俄罗斯已申请了多项连续玄武岩纤维管材领域的专利。

连续玄武岩纤维还是制造大型风力叶片和压力容器的新型增强材料。此外，连续玄武岩纤维还可在军事领域中用于绝缘性好、透吸波等用途。随着玄武岩纤维的大规模生产和应用，以及新的特性的发掘，其绿色材料的应用推广价值将会日益体现出来。连续玄武岩纤维在各领域中的应用见表11－1。

表11－1　连续玄武岩纤维在各领域中的用途

应用领域	用途	应用领域	用途
土建交通	增强、加固、提高耐久性	航空航天	增强复合材料、阻燃
建筑工程	阻燃、节能	汽车工业	增强复合材料、吸声、隔热
环境保护	过滤材料	纺织工业	阻燃面料、防护面料
能源化工	耐腐蚀材料、轻质材料	—	—

五、车用天然纤维

天然纤维主要是指矿物纤维、动物纤维和植物纤维，天然植物纤维包括麻纤维、稻草纤维、麦秆纤维、竹纤维和棉纤维等，天然植物纤维具有可再生、可降解、可回收、价格低廉、对皮肤无害等优点，被广泛用于开发车用产品。

天然纤维主要由纤维素、木质素、半纤维素、果胶和蜡质等组成，纤维素是由许多D－葡萄糖相互以β－1，4糖苷键连接组成的大分子多糖，纤维素大分子的每一个重复单元中都有三个羟基，故天然纤维具有很强的吸水性，进而造成以其作为增强材料的复合材料抗吸水性能差和界面性能低。为了使吸水性的天然纤维和疏水性的树脂之间具有良好的界面性能，有必要对天然纤维表面进行物理或化学改性处理。

天然纤维的力学性能很大程度上取决于天然纤维的结构、化学组成、螺旋角和细胞尺寸缺陷等。一般来说，纤维素含量越高，天然纤维的力学性能就越好。纤维素含量又受种植地域和环境的影响，因此，天然纤维的力学性能具有分散性。将汽车复合材料的增强相改用天然纤维后，所制备的汽车复合材料可以获得很高的抗冲击强度，很好的尺寸稳定性和耐候性。

六、航空用蜂窝夹层结构材料

（一）蜂窝芯子

蜂窝种类包括 Nomex 蜂窝、铝蜂窝及玻璃布蜂窝等，其功能是将上、下面板隔开，以承受由一个面板传递到另一个面板的载荷和横向剪切力。根据孔格形状可分为正六边形、过拉伸、单曲柔性、双曲柔性、增强正六边形和管状等，如图 11－1 所示。

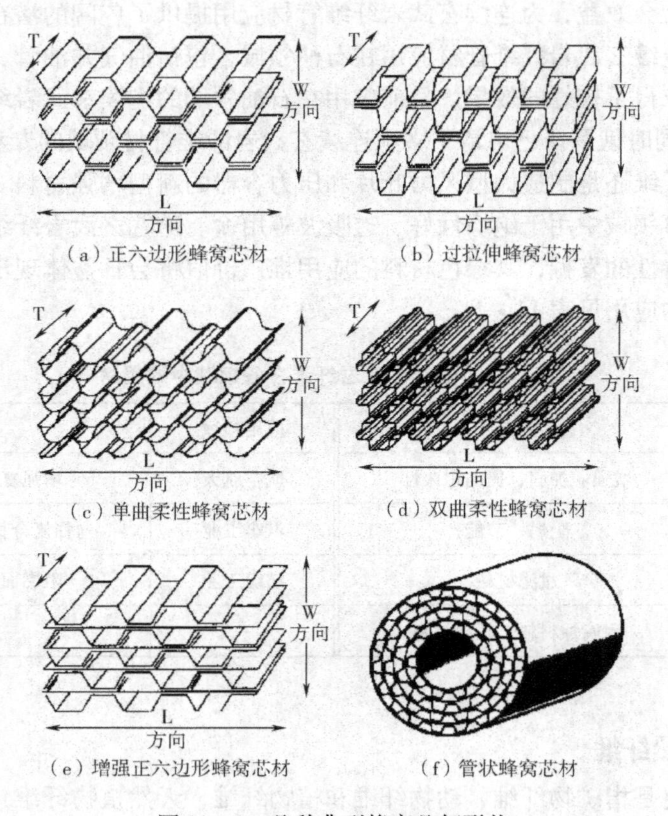

图 11－1　几种典型蜂窝几何形状

在这些蜂窝夹芯材料中，以增强正六边形蜂窝芯材强度最高，正六边形蜂窝芯材次之。由于正六边形蜂窝制造简单，用料省，强度也较高，故应用最广。应用上，由于 Nomex 蜂窝与铝蜂窝相比，局部失稳的问题要小得多，而且 Nomex 材料不导电，不存在电化腐蚀问题，还能够满足 FST（烟雾毒性）等要求，所以在航空制造上具有广泛的应用领域。

不同规格的蜂窝具有不同的密度和力学性能，密度小于 $48kg/m^3$ 的蜂窝属于低密度蜂窝，这类蜂窝在民机、直升机、无人机等亚音速飞机上具有广阔的使用前景。密度为 48～$80kg/m^3$ 的蜂窝称为中、高密度蜂窝，具有较高的强度及刚度，广泛应用于某些有特殊力学性能要求的部位，如歼击机的平尾、鸭翼及方向舵等。目前，国外航空用蜂窝的生产厂家主要有 Hexcel、M. C. Gill、Plascore、Advanced Honeycomb Technologies 及 Euro - Technologies Inc. 等，国内主要是中航复合材料有限责任公司。不同厂家生产的 Nomex 蜂窝制造标准和产品性能有差异，选用时可参考 GJB1874 及其他有关资料。

（二）面板材料

面板种类包括铝合金、玻璃钢及碳纤维复合材料等，目前航空结构上采用的大多为碳纤维单向带或织物增强复合材料。面板主要功能是提供要求的轴向弯曲和面内剪切刚度。面板材料的选择需要考虑重量、承载、腐蚀、表面质量及成本。因此，针对结构形式和工艺需要进行具体选择。目前，Hexcel、Cytec 及 ACG（Advanced Composites Group）等公司均开发出了适用于各种用途的材料体系，如 HexPly 8552 及 CYCOM 977 - 2，国内中航复合材料有限责任公司开发的 BA 9913 中温环氧及 BA 9916 - Ⅱ 高温环氧体系等。

随着对低成本的追求，热压罐外固化预浸料（OOA prepreg）技术在最近 10 年得到了快速发展。相对于传统的热压罐固化预浸料体系，OOA 预浸料体系在烘箱内即可加热固化，大大节省了热压罐设备费用。用于航空结构的 OOA 预浸料应具有固化后层板低孔隙含量，固化后性能与热压罐成型相当的特点，而且还应具有好的黏性及可操作性，可用于自动铺带/铺丝操作。目前，已经商业化的航空用热压罐外固化预浸料树脂体系主要为环氧树脂体系，见表 11 - 2。

表 11 - 2　商业化的航空用热压罐外固化预浸料树脂体系

厂家	预浸料体系	典型固化工艺	黏性期（21℃）（天）	T_g（℃）（干/湿）
ACG	MTM44 - 1	130℃/2h + 180℃/2h	21	190/155
	MTM45 - 1	130℃/2h + 180℃/2h	10	180/160
	MTM46	120℃/2h + 180℃/1h	30	190/130
Cytec	Cycom 5320 - 1	121℃/3h + 177℃/2h	20	-/163
Hexcel	Hexply M 56	110℃/1h + 180℃/2h	30	203/174

目前，一些厂家还开发了可直接与蜂窝复合制造夹层结构的预浸料，其采取共固化方法制备的夹层结构性能能够满足设计与使用要求。由于不使用胶膜，简化了工艺，降低了成本，减轻了结构重量。李勇等研究了 MTM 45 - 1/Nomex 蜂窝的性能，指出其夹层结构符合航空主承力结构对空隙的要求，并且其基本力学性能与 Cycom 977 - 2/AF 191/Nomex 夹层结构相当，可以用于主承力结构。

（三）结构胶黏剂

结构胶黏剂主要功能是将剪力传递至蜂窝芯子和由蜂窝芯子传递给面板。根据基体类型可以分为环氧类、酸马来酰亚胺类及氰酸酯类胶黏剂等。其中环氧类具有高的强度和韧性及工艺性，可耐温到 200℃，故被广泛应用于航空结构中；酸马来酰亚胺类可以在更高的温度下（230℃）保持较好的性能，主要用于超音速飞机的胶接；氰酸酯具有好的介电性能和低的热膨胀系数，主要用于功能结构的胶接，胶黏剂还可以根据物理状态和组分进行划分。

胶黏剂的选择除考虑强度和使用温度外，还需考虑质量、工艺性及储存期等，一般用于蜂窝胶接的胶膜质量为150~400g/m^2。其工艺性除与共固化预浸料的化学特性及固化工艺性兼容外，还要与蜂窝拼接胶、发泡胶及表面处理剂兼容。成型过程中胶黏剂应具有足够的流动性，能够在面板与蜂窝孔壁之间形成胶瘤，但也不能从面板上完全流进蜂窝孔格内，胶黏剂储存期在-18℃一般不低于6个月。

目前，主要的航空用蜂窝夹层结构胶黏剂有Hexcel的REDUX系列、3M的Scotch-Weld^{TM}系列、Cytec的FM系列和Henkel的Hysol系列等。

第二节　结构与增强用纺织品专用设备

一、结构与增强用针织机械

（一）多轴向技术设备

多轴向技术是一种于20世纪70年代后期在国外迅速发展起来的新型织造技术，在20世纪90年代得到广泛研究和推广应用，其特点为需求量大、生产效率高、生产成本低。德国在多轴向经编机制造方面长期处于技术垄断地位，如卡尔迈耶的Malimo Multiaxial型多轴向经编机最高机速可达1400r/min，相应产量可达240m/h。我国先后成功研制“RCD-1型多轴向经编机”和“GE2M-2型多轴向经编机”，但国产多轴向经编机只能满足玻璃纤维多轴向织物的生产，不能用于生产碳纤维多轴向织物。多轴向经编增强材料研发较先进的国家有美国、德国、法国、英国、挪威等国家。

我国在20世纪90年代中期引进了第一台多轴向经编机。常州润源机械有限公司、常州市第八纺织机械有限公司先后研制出多轴向和双轴向经编机，机器速度达1000r/min以上。目前，国内已生产多轴向经编机100多台，这些设备采用先进的集成控制技术和机械设计原理，整机性能达到国际先进水平，主要用于风力发电叶片及机舱罩的生产。

利用横机的成形技术和小筒径圆纬机及袜机，采用平针、提花、双罗纹和毛圈等组织，配合弹力纱的积极式给纱系统和衬纬系统，可以加工具有不同弹性区域和延伸性的护膝、毛圈按摩手套、金属丝或玻璃纤维等衬纬织物。电脑横机如德国斯托尔的CMS 730T织可穿型以及日本岛精的MACH2X/2S全成形机器，结合移圈技术、楔形编织技术、多层织物技术、衬纬技术和多针距技术，可以加工各种变针距和多段密度的织物，使得加工三维结构及多通管状织物成为可能。

（二）经编间隔类产业用纺织品的生产设备

产业用经编间隔纺织品一般采用高性能纤维编织的经编间隔织物与树脂复合制成的高性能复合材料，应用于车船制造、水利工程、航空航天、土木建筑等领域。根据具体要求，织物结构可以灵活设计，间隔层的距离可以调整，上下两表面也可以选择网眼状结构或密实状结构。

比如，经编间隔织物在车船产业用纺织品方面的应用。经编间隔织物由于其特殊的三维结构及优异的性能，在车船装饰中应用越来越广泛，正在逐步取代车船内饰的层压制品等。例如，用于航海和游艇上时，可应用在缓冲、通风、防护和包装上，挂在船边或栏杆上的透气帆袋、甲板上的厚垫、船座上的衬垫等；汽车座椅套、车座加热系统、包覆层、内衬布等。

此类织物一般在 RD6DPLM/12－3 型经编机上生产，机号、组织结构、间隔距离则根据产品用途确定。为了保证间隔织物的优异性能，间隔丝必须选用品质较好的涤纶单丝。例如，生产座椅套时，一般是采用经编间隔织物和丝绒织物黏合在一起的方法。其中，间隔织物可以在 E22 的 RD6DPLM/12－3 型经编机上生产，间隔高度为 3～8mm，两面均为密实结构，GB1 和 GB2 在前针床走反向的经平组织和经绒组织，GB5 和 GB6 在后针床走反向的经平组织和经绒组织；GB3 和 GB4 则连接前后组织，分别走 1－0－2－1/2－3－1－2//和 2－1－1－0/1－2－2－3//。

（三）经编取向类产业用纺织品的生产设备

取向类经编结构，又称轴向经编结构，具有优良的力学性能和机械性能，在产业用纺织品领域广泛应用。取向经编织物通常作为复合材料的增强基体，经过树脂整理后，是优异的复合材料。按照取向经编织物中衬入纱线方向（角度）的不同，可以将其分为单轴向、双轴向和多轴向经编织物。

土工格栅是一种新型的土工建筑材料，具有拉伸强度高、稳定性好、耐腐蚀、抗老化等性能，已广泛用于险坡防护、松软地基处理及高承载力的结构中。例如，将格栅和路面材料融合在一起用于铁路路基加固防护。经编土工格栅通常在 RS3MSUS 或 RS3MSU－(V) 经编机上生产。此外，利巴公司的 Copcentra HS－2－ST－CH 型经编机也可生产该类产品，它带有平行式多头衬纬和编链式喂纱装置，生产速度高，最高转速可达 2000r/min。机号为 $E6$ 或 $E12$，穿纱情况则根据织物规格而定。编织纱通常选用普通涤纶或高强涤纶，细度在 140dtex 左右；衬纱一般为玻璃纤维束，线密度为 1100dtex 左右。后整理一般采用 PVC 或改性沥青进行涂层，如图 11－2所示。

图 11－2　土工格栅

（四）多轴向经编纺织品的生产设备

多轴向经编织物编织灵活性较高，可根据设计要求实现多层多角度编织，织物整体铺覆性好，对纤维的约束性好，可精确控制预成型体中的纤维方向，纤维屈曲度小且利于发挥纤维强度。经编结构捆绑组织极大地增加了复合材料的层间剪切强度、冲击韧性及冲击后压缩性能。由于碳纤维多轴向经编织物力学性能优异、制造成本低，已被广泛应用于航空航天、风力发电叶片、汽车、造船、体育用品、建筑、能源和医疗等领域的高性能复合材料中。

1. 风电产业用纺织品的生产设备　多轴向经编织物在设计上具有极大的灵活性及各向同性的适应性，在纵向、斜向、横向都能承受极强的拉力。由于自然界中风的大小和方向是极不稳定的，因此，将多轴向经编织物应用于风机叶片具有独特的优势，同时可降低成本，如图 11－3 所示。

在生产风电用多轴向经编织物时，要根据叶片各个区域受力情况的不同，以及各部位要求厚度的不同，设计织物的铺设层数。因此，多轴向经编织物的结构参数要根据叶片的不同位置来具体确定，例如，衬经衬纬的铺设层数、铺叠方向，铺纬纱的材质、细度、密

图 11－3　风电用多轴向经编织物

度等。原料一般采用玻璃纤维、碳纤维或二者混合纤维长丝束；克重一般在 $600g/m^2$ 左右，而每层铺纬纱所占的比重基本相同，编织纱一般占总重的 1% 左右。

2. 航空航天产业用纺织品的生产设备　目前，碳纤维多轴向经编织物预成型体工艺制件，已在新一代大型飞机空客 A380、波音 787 和空客 A400M 等机型上得到了成功应用。空客 A380 和波音 787 飞机的后承压框穹形框壳均采用 0°/90° 经编碳纤维织物制备预成型体；A380 外翼翼梁、A400M 货舱门、A380 窗口框采用碳纤维多轴向经编织物缝纫加强筋。生产中，一般采用 12K 及以上碳纤维进行编织。生产设备采用先进的 Copcentra MAX5 CNC Carbon 型经编机，它是一种专门用于碳纤维的生产轻型或重型碳纤维织物的机器。碳纤维既可以使用预先展平的碳纤维盘头喂入，也可以直接从带有铺展装置的纱架喂入。该机器生产的织物克重一般为 $100 \sim 300g/m^2$。

二、结构与增强用纺织品的三维机织预制件加工设备

（一）三维剑杆织机

刘健等研制出三维多剑杆织机，采用特有的多眼综丝配合多剑杆引纬织造三维织物。经纱通过多眼综丝的综框升降形成多层梭口，纬纱由多剑杆引过多层梭口与经纱交织形成三维机织物。边纱经边经剑与钩边针配合形成针织边。三维多剑杆织机如图 11－4 所示。

由于采用多剑杆引纬，多剑杆织机每次引入的是双纬。为了形成完整的布边，该织机上采用了针织边技术。采用边经剑将边经纱插入梭口外侧双纬纱形成的纱圈内，织口处的钩边针前伸钩住边经纱圈，钩边针退回时，舌针将前一个边经纱圈脱出，从而形成纱圈套纱圈的针织布边，如图 11－5 所示。

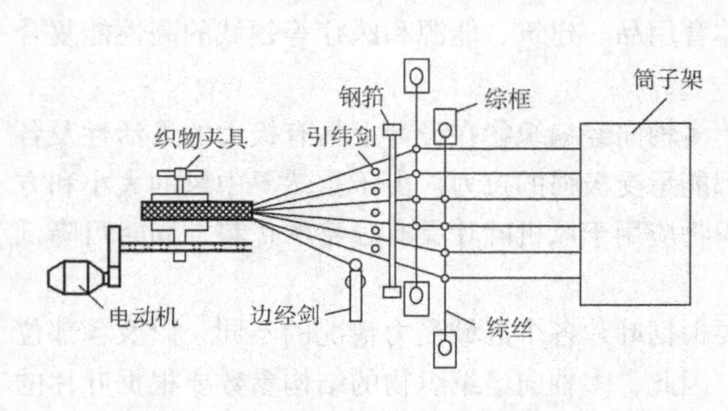

图 11－4　三维多剑杆织机的织造原理

三维多剑杆织机的经纱只能沿幅宽方向开口，每梭口只能一次引入双纬。目前，三维多剑杆织机只能织制三维正

交、三维层间角联锁等几种结构类型，由于三维多剑杆织机的主要机构与传统的织机相同，因而只能织造一些截面为“I”“L”“Ⅱ”和“T”形等较规则结构的高厚板材织物。总之，传统二维织机织造仍是经纱上下运动形成梭口，这样的三维机织物仍是经纬纱以某种规律相交织，三个方向的纱线不能完全交织，织物各向同性差；同一层经纬纱交织紧密，不同层之间通过接结纱固结，易造成分层。

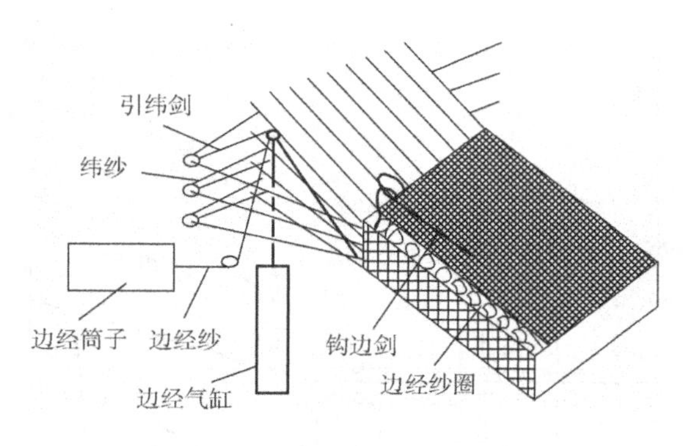

图 11－5 多剑杆织机的织边结构

（二）Noobing 织造装置

图 11－6 为单轴向 Noobing 织造装置。轴向纱 Z 穿过板 P 上纵横排列的管 L，接结纱 X 和 Y 的导纱器分别在板 L 的水平和垂直方向的轨道 H 和 V 内运行。轨道 V、H 与纵管、横管 L 分别相间排列，这样三组纱线 *X*、*Y*、*Z* 就通过板 P 上的嵌壁式区域 R 正交成 Noobed 织物，如图 11－7 所示。

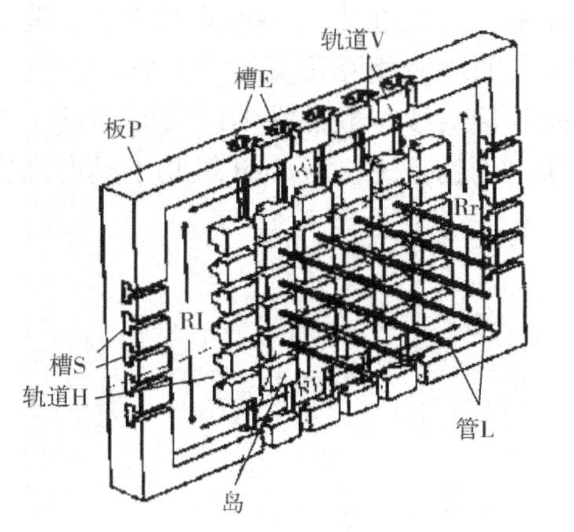

图 11－6 Noobing 织造设备中板 P 的结构

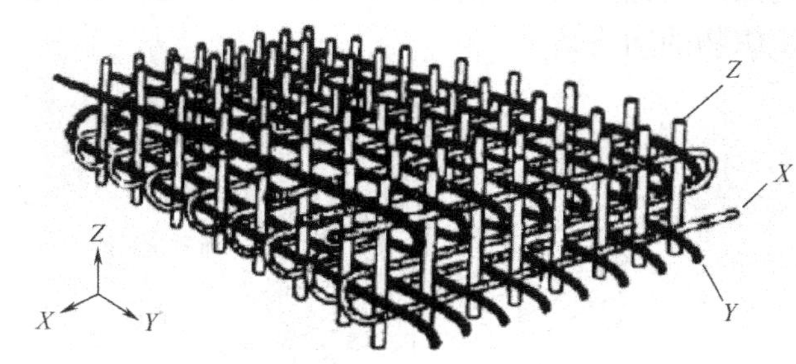

图 11－7 单轴向 Noobed 织物

接结纱 *X* 和 *Y* 的导纱器的结构与纵横向轨道 H 和 V 的结构正好啮合，因此，织造过程中可以平稳地在轴向纱 Z 之间交替地引入接结纱，如图 11－8 所示。

单轴向 Noobing 织造设备中最具创造性的是 N. Khoklar 发明的一种叫作打纬导纱器的装置。如图 11－6 所示，Noobing 织造过程中轴向纱排列紧密、间距小，采用普通引纬方式在轴向纱之间引入接结纱非常困难；而且连续引纱所需纱线较长，普通引纬方式难以完成。另外，普通织机的钢筘只能打紧横向的接结纱，纵向接结纱因与筘齿同向而不能打紧。因此，普通引纬和打纬装置适应不了 Noobing 织造的需要。打纬导纱器的结构如图 11－9 所示。该打纬导纱器由三部分组成：两端渐尖的导向头，用于在轨运行和分纱；卡式盒用于储纱和引纱；前后向为斜面的打纬齿，用于打紧纬纱。

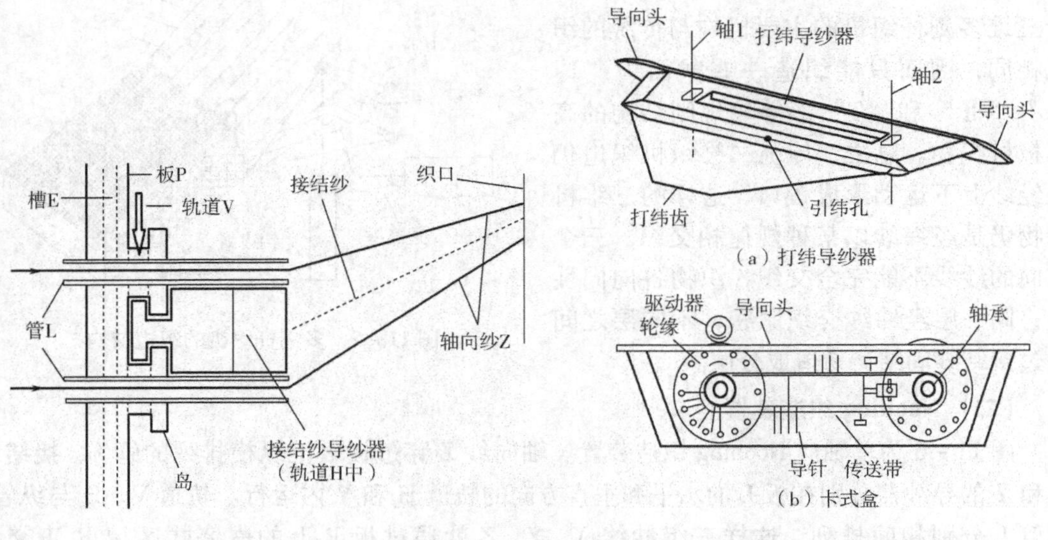

图 11－8　导纱器结构　　图 11－9　打纬导纱器结构

图 11－10 为打纬导纱器工作原理图。导纱器在进行引纱的同时完成了打纬，并且每一组的所有导纱器可同时运动，极大地提高了织造效率。由此可见，Noobed 织物在织造过程中没有了传统二维织机的开口运动，织物中三个方向的纱线相互正交而不交织，织物只在厚度方向上由接结纱束缚，通过两个相互垂直方向的接结纱与最外端的纱交联保证了织物的结构完整性，接结纱与内部轴向纱之间没有交联。也就是说，Noobed 织物不具有全交织织物的网络结构。

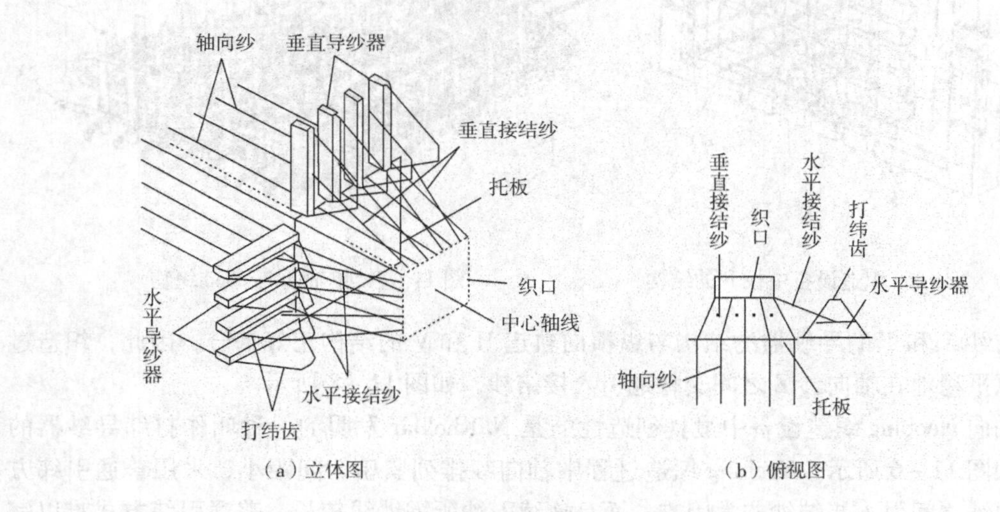

图 11－10　打纬导纱器工作原理

（三）三维曲面织物的圆织机

马崇启研制了可织制三维曲面织物的圆织机。该织机主要由送经和张力控制、提综机、环形筘齿、梭子、举升机、芯模等装置构成。该织机采用一种自行式电动梭子，如

图 11－11所示。梭子主要包括固装在梭体下部的滚轮、减速器和动力轮以及安装在梭体内与小电动机连接的导电片。当主控装置通过通信线路传来工作指令时，梭体内的自身行走电动机驱动动力轮与环形筘的筘齿啮合，梭子携带纬纱通过梭口，电动梭通过环形箱供电。纬纱供给部分主要由纬纱管、支架、弹簧、控制纬纱退绕张力的摩擦片等组成。

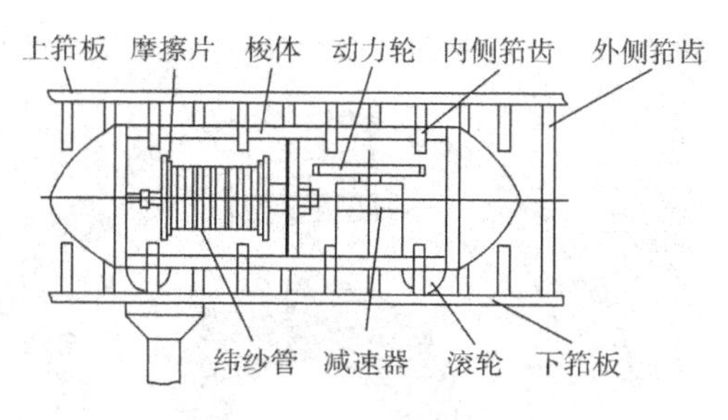

图 11－11　电动梭子

该织机可以织造各种各样的多层三维曲面形状的空心织物。图 11－12 为该织机织造的几种典型的多层三维空心织物的形状示意图。该织机没有打纬机构，可以大大减少织造过程中的经纱损伤，有利于高性能纤维的织造。织物的成型依靠芯模的形状，芯模设计成什么形状，就可以织成什么形状的织物。

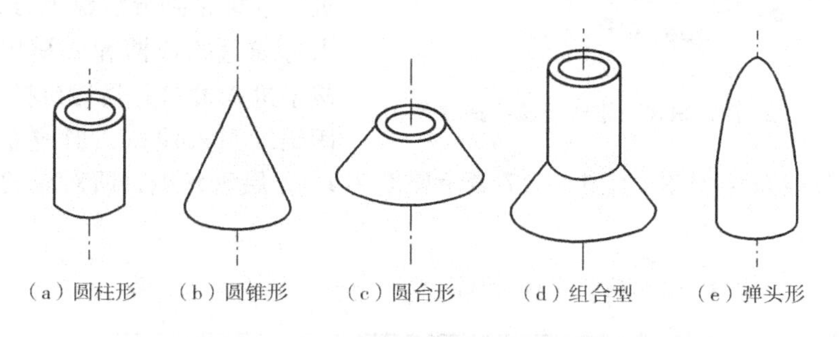

图 11－12　几种典型空心织物的形状结构

（四）立体管状织物的圆织机

孙志宏等人开发出复合材料立体管状构件的纺织成型装置及其方法，即三维圆织法。图 11－13 为三维圆织机结构示意图，经纱由四周的经纱架经筘板引入尺码环内。主盘转动带动开口装置分开经纱形成梭口。主盘上的推梭装置驱动引纬器，将纬纱或固结纱引入梭口中形成织物，形成的织物从圆织机中心向下方或上方由收卷机构引出。在织造过程中，做圆周运动的纬纱或固结纱在引纬张力的作用下向圆心收紧，所以不需要设置打纬机构。

图 11－14 为三维管状织物三维圆织法织造原理图。从织机四周依次引入的经纱参与织物相应层的织造，推梭装置驱动开口和引纬，开口装置按织物组织将外层经纱拨至引纬器上方，将内层经纱拨至引纬器下方，形成梭口。引纬器将纬纱引过梭口与经纱分别交织成管状织物的外层和内层。与纬纱的引入方式相似，固结纱通过固结纱引纬器引入梭口，在组织中也是

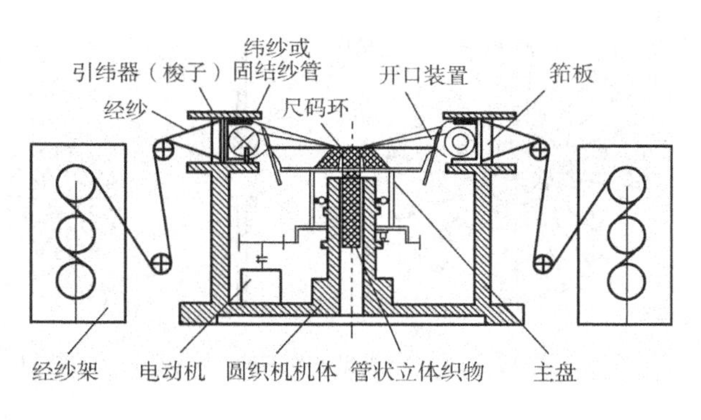

图 11－13　三维圆织机成型设备

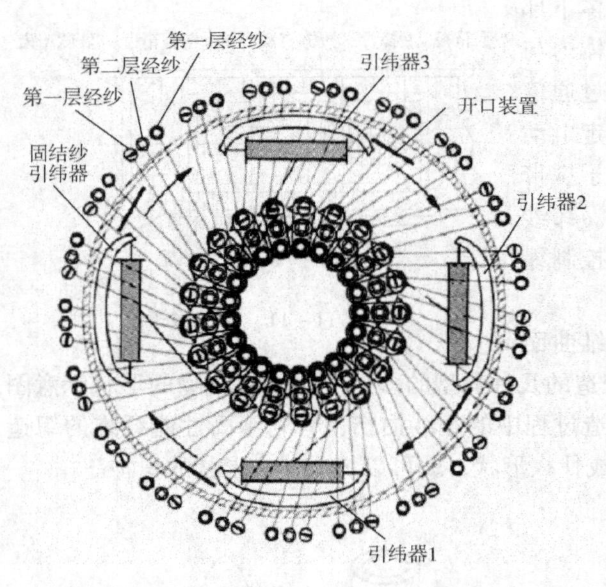

图 11－14 三维管状织物三维圆织法织造原理

呈螺旋状分布，不同的是纬纱只在层内进行交织，而固结纱在层间进行交织，从而形成具有一定厚度的三维立体管状织物。

图 11－15 为该圆织机的关键成型部件。梭子放置在由上方跑道、下方跑道和筘板组成的梭子轨道中；经纱穿过筘板中的筘槽连接到尺码环内。当主转盘转动时，安装在主转盘上的推梭器、分线盘和导纱板也一起运动，推梭器推动安装在梭子上的推梭轮，使梭子随主转盘一起沿梭子轨道运行；同时，经纱被导纱板带到分线盘上方，随即分别落入分线盘的顶槽和底槽中，形成梭口；梭子进入梭口并将梭口扩大，将纬纱或固结纱引入梭口，形成立体管状织物。图 11－16 为分线盘结构图。图 11－17 表示厚度为 1～5 层管状织物所对应的分线盘形状。

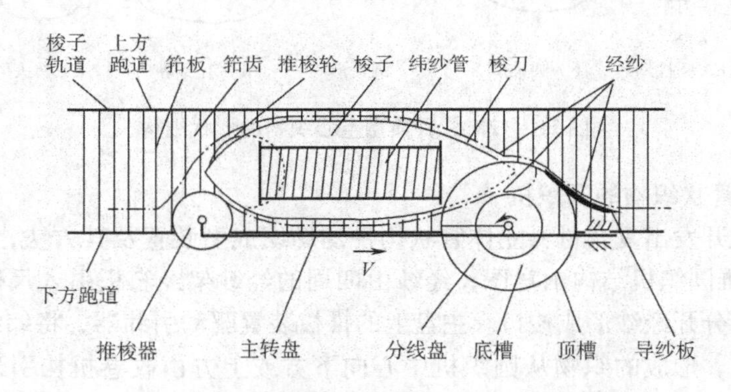

图 11－15 三维圆织机的开口及引纬装置

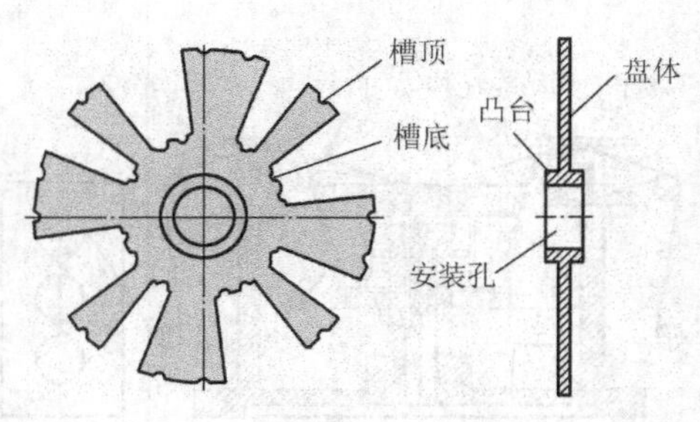

图 11－16 分线盘的结构

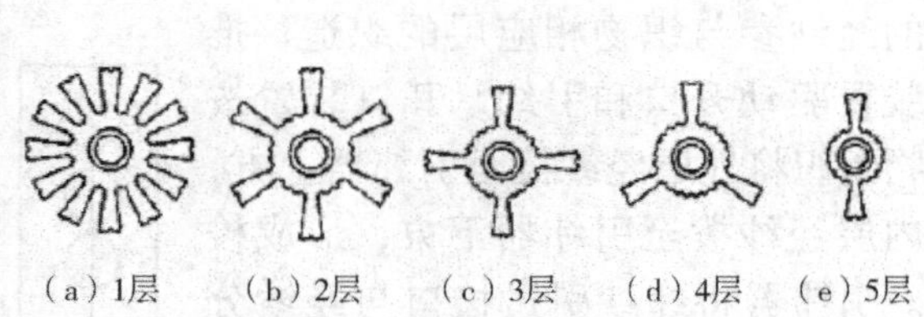

图 11－17 不同层数管状织物的分线盘形状

三、结构与增强用纺织品三维编织机

目前，三维编织机主要分为笛卡尔式或纵横式（Cartesian or track and column）编织机和旋转式（rotary）编织机两类。编织机的编织盘的形状又可分为矩形、圆形和异形等。

笛卡尔式或纵横式编织机的构造如图 11 - 18 所示，由多排和多列携纱器、基座、导轨等组成。笛卡尔式编织机通常按照四步法或多步法编织工艺工作，编制过程的每一步数排或数列上的携纱器按照设定的方向沿着基座上的机械导轨移动，一个编织循环之后，携纱器回到起始位置，编织纱交织形成三维织物。由于这种编织机底盘上的导轨纵横交错，纱锭在运动过程中很容易出现卡死现象；为避免这种问题，就对机械导轨的加工精度和携纱器运动过程中的定位精度提出较高要求。

旋转式编织机是由二维 Maypole 编织机发展而来的，二步法、四步法、多步法编织工艺均可应用于此种旋转式编织机。编织机编织盘构造如图 11 - 19 所示，编织过程中通过叶轮的旋转带动纱锭运动，在交换点处选择性地调整纱锭的运动方向，使纱锭沿着预定轨道运动，编织纱在空间交织，形成三维织物。旋转式编织机的喇叭状叶轮最多安装四个纱锭，并带动纱锭顺时针或逆时针旋转。旋转式编织机中单个纱锭的运动由叶轮控制，编织物制造过程设计时，可以通过调整叶轮的旋转方向和纱锭在相邻叶轮间的转移，调整单个纱锭的运动轨迹，大大增加了设计的灵活度；类似于二维编织机，旋转式编织机通过对叶轮的改造，选择性地添加轴向 0°纱。

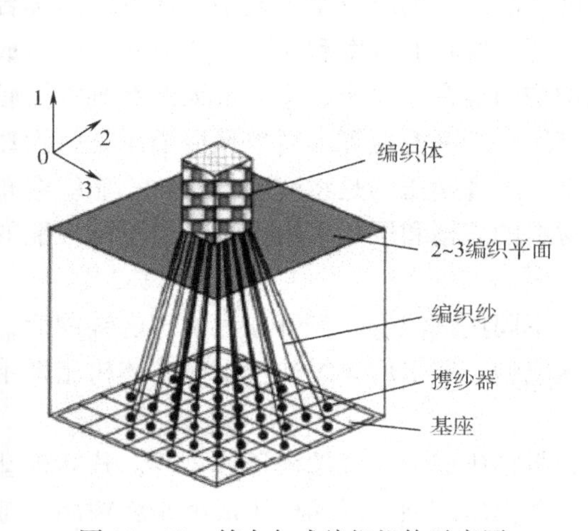

图 11 - 18　笛卡尔式编织机构示意图

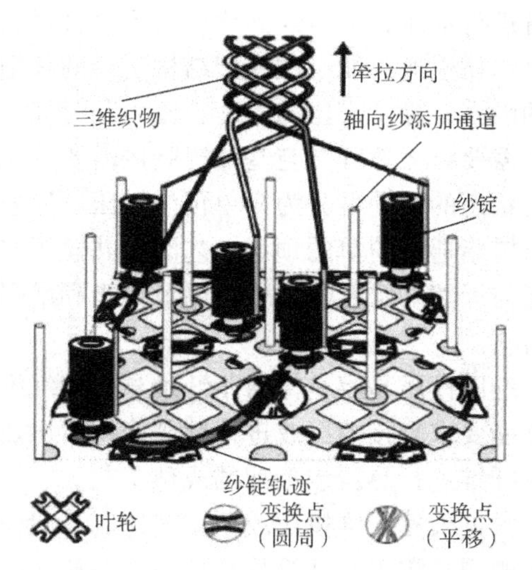

图 11 - 19　旋转式编织示意图

除了笛卡尔式和旋转式三维编织机外，1996 年美国 Alantic 公司耗资 1000 多万美元研发了三维径向编织机。类似于二维径向编织机，三维径向编织机的载纱器指向编织盘中心，但此编织机处于严格保密状态。

第三节　结构与增强用纺织品的工艺技术

一、车用天然纤维复合材料加工工艺

天然纤维复合材料成型工艺主要有注射成型、模压成型、结构反应注射成型、可变纤维增强反应注射成型等。

（一）注射成型

注射成型是将混合塑化后的原料借助压力和流速注入并充满模具型腔，经冷却脱模后得到制件，用此成型工艺制备的制品尺寸精确、形状完整，该成型方法对设备要求不高，投资成本不大，制作产品的周期短，自动化程度高，适用于批量生产形状复杂的小型制件。注射成型可分为一步法注射成型和两步法注射成型。两步法注射成型是先造粒后成型，制备过程为：预处理的天然纤维与基体树脂经高速混合机搅拌均匀，再经挤出机挤出造粒后注射成型。一步法注射成型是用预处理的天然纤维与树脂经高速混合后直接加料注塑，无需造粒工序，但是对设备的要求较高。两步法对设备要求相对较低，且该方法可提高纤维在树脂中的分散性，研究者较多。

（二）模压成型

模压成型工艺是复合材料生产制备中比较传统且使用率高的成型方法。具体过程为：将一定量的预混料、预浸料或坯料放入金属对模内，物料经加热装置进行加热，再经压力设备进行加压，最后经固化后获得复合材料制件。该工艺易于操作，生产效率高，便于实现自动化生产，能一次成型结构复杂的高精度产品。在模压成型工艺中，影响制品综合性能的因素，除了模压的温度、压力和时间外，还有模具的厚度和模具加压方式。模压成型前，需要将天然纤维与基体树脂按需要的比例均匀混合、模压成型，按天然纤维和树脂的预混状态的不同可分为简单预混模压、层叠模压、纤网模压等。简单预混模压是将天然纤维与树脂通过简单的预混工艺混合并模压成型。层叠模压的是将薄膜、片材、非织造布型树脂与天然纤维复合，通过调节树脂和增强材料的规格和层叠结构可制备出不同性能的复合材料。

纤网模压是将基体树脂纤维与天然纤维以不同比例混合，经开松、梳理、铺网后，根据性能要求直接模压或进行针刺成毡后再热压成型。即采用非织造技术对基体树脂纤维与天然纤维进行热压成型前的成毡工艺。

常见天然纤维模压成型工艺还有片状模塑料模压成型、混编模压成型等。片状模塑料模压成型是将天然纤维片状模塑料叠放在一起并模压成型；混编模压成型是将树脂纤维与天然纤维混编的织物模压成型。

（三）结构反应注射成型

反应注射成型（Reaction Injection Molding，RIM）所用的原料不是聚合物，而是将两种或两种以上液态单体或预聚物，以一定比例分别加到混合头中，在加压下混合均匀，立即注射到闭合模具中，在模具内固化定型成制品。由于所用原料为液体，用很小的压力就能快速充满模具型腔，故合模力低，模具造价低；由于成型温度低，成型快，故所需能耗少。该成型特别适用于生产断面形状复杂或大面积制件，如汽车内外饰大型塑件。

结构反应注射成型（Structural Reaction Injection Molding，简称 SRIM）是建立在 RIM 基础上的一种新型成型工艺。它不仅保持了 RIM 的优点，还大大提高了聚合物的力学性能。SRIM 是先将增强天然纤维铺放入模具型腔，然后再利用高压计量泵提供的高压冲击将两种单体物料在混合头内混合均匀，最后在一定温度下注射到模具内固化成型得到制品。这种工艺也有缺点：一是需要预制纤维毡及铺放工序，二是加入纤维量有限。

（四）可变纤维增强反应注射成型

可变纤维增强反应注射成型（Variable Fiber Reinforcement Reaction Injection Molding，简称 VFRIM）又称为长纤维增强反应注射成型，该工艺是在 SRIM 的基础上发展而来，VFRIM 是先将长的增强天然纤维切割成可变长度的短纤维，然后再将短纤维送入 L 形混合头，与树脂混合，最后经化学反应固化成型得到制品。此工艺不需要预成型工艺，省去了预成型体的搬运和铺放工序，故在制备制品（特别是大型制品）时，可大大提高生产效率。

天然纤维复合材料的成型工艺除以上所述外，还包括纤维缠绕成型、树脂传递成型、隔膜成型等。

二、聚乳酸/天然纤维复合材料加工工艺

聚乳酸具有良好的生物相容性和力学性能，适合各种成型加工，广泛应用于包装、服装、纺织、医疗卫生等领域，但也存在脆性大、热稳定性差、成本高等缺点。天然纤维作为增强材料，其比强度和比刚度相对较高，耐冲击性和能量吸收性较好，还兼具价廉质轻等优点，能较大程度地改善聚乳酸的物理、力学性能。

聚乳酸/天然纤维复合材料的制备工艺根据聚乳酸的形态不同大致有挤出成型、注射成型、模压成型等。成型工艺的选择直接影响纤维与基体树脂的界面及性能，也影响应力的传递和转移，最终影响产品的质量。

（一）挤出、注射成型

对于粉状或粒状聚乳酸，与粉状、短纤或长纤型天然纤维混合时，多采用挤出成型工艺。利用螺杆型挤出机、混炼机等周而复始的剪切与挤压，将组分混合塑化并分散。该工艺具有批量化的生产性，但剪切混合过程中，材料因温度和剪切作用易发生降解。

K. Oksman 等将长纤型亚麻纤维手动连接成亚麻粗纱，用双螺杆挤出机与聚乳酸复合挤出，制备聚乳酸/亚麻纤维复合材料，其力学性能优于汽车常用的聚丙烯/亚麻纤维复合材料。亚麻纤维的加入对复合材料整体的生物降解性和热稳定性影响不大，复合材料的拉伸强度和拉伸弹性模量随着纤维含量的增加呈现先增加后减少的趋势，当亚麻质量分数为 30% 时，复合材料力学性能最佳。P. Pan 等将短纤型洋麻纤维与聚左旋乳酸（PLLA）通过熔融挤出制备复合材料，洋麻的加入可以显著地提高 PLLA 的结晶速率、拉伸弹性模量和储能模量。注射成型是将混合塑化后的原料借助压力和流速注入并充满模具型腔，经冷却脱模后得到成型品，是重要的成型方法之一。所得制品尺寸精确、形状完整，适用于批量生产形状复杂的部件，市场需求较大。

如 K. Salasinska 等以聚乳酸为基体，将磨细的向日葵壳和开心果外壳分别作为增强组分，利用注射成型工艺制备了生物可降解复合材料。两种植物填料均改善了聚乳酸的拉伸

弹性模量和储能模量，但拉伸强度、断裂伸长率和硬度降低。添加向日葵壳粉可提高复合材料的冲击强度，而添加开心果外壳粉却使复合材料的冲击强度降低。

C. Way 等将质量分数为25%棉短绒或50%以上枫木纤维与聚乳酸混合，通过注射成型制备复合材料。聚乳酸基体的结晶度降低，但复合材料的拉伸弹性模量、弯曲弹性模量和冲击强度大幅度提高。聚乳酸对木纤维的润湿性良好，使得两者的界面相容性比聚乳酸/棉绒复合体系更优异。

H. Peltola 等利用注射成型工艺制备了多种木纤维与聚乳酸的复合材料，与化学漂白牛皮纸浆、木粉相比，磨木浆因在基体中分散均匀而使其对聚乳酸力学性能的提高最为显著。

B. Asaithambi 等对香蕉/剑麻混合纤维进行碱处理，再用双螺杆挤出和注射成型工艺制备了纤维质量分数为30%的聚乳酸基复合材料，碱处理能有效地改善树脂与纤维的界面相容性，从而提高了复合材料的拉伸、弯曲和冲击强度。

Song Yanan 等将脱胶后的大麻纤维与少量聚乳酸纤维混纺成粗纱加热成型，并将其切割成6mm长的混合纤维球，再与聚乳酸球双螺杆挤出并注射成型，制得聚乳酸/大麻复合材料，该工艺能有效地分散大麻纤维，改善复合材料的力学性能。

（二）层叠模压

层叠模压工艺适用于片材、薄膜、非织造布型聚乳酸与天然纤维复合，通过调节基材和增强材料的规格及层叠结构可制备出不同性能要求的复合材料。如 M. S. Huda 等将洋麻纤维（长度为18~24mm）与聚乳酸膜以每两层聚乳酸膜之间夹一层洋麻纤维的堆叠结构层层组坯，聚乳酸/洋麻复合材料层压工艺如图11－20所示。通过热压成型工艺制备了洋麻纤维增强聚乳酸基复合材料，通过对纤维进行表面处理提高了纤维与聚乳酸基体的界面相容性，从而提高了复合材料的力学性能和热力学性能，复合表面处理工艺可使复合材料获得比单一地经过碱液或偶联剂处理后更好的弯曲性能。

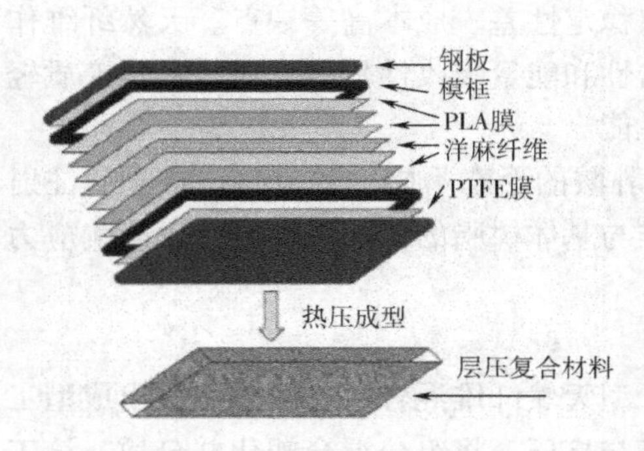

图11－20　聚乳酸/洋麻复合材料层压工艺

Chen Dakai 等将不同形态基体（PLLA薄膜、PLLA粉末）及增强材料（苎麻短纤、苎麻织物）通过层叠模压工艺制备了纤维质量分数为30%的苎麻增强聚乳酸基复合材料。经表面处理后，短纤型苎麻纤维因具有更好的分散性使得复合材料的储能模量更优异，而苎麻织物的纤维束结构及层层堆叠的PLLA使得该复合材料在燃烧时具有更好的抗滴落性能。研究中还发现，苎麻织物经表面处理后，可使复合材料具有更好的界面相容性从而获得更好的力学性能。紫外水热老化试验中，虽然PLLA的分子量未出现明显下降，但由于苎麻纤维吸水后破坏了苎麻与基体之间的界面结合力，从而导致该复合材料的力学性能急剧下降。

P. David 等将聚乳酸制膜后与黄麻纤维非织造毡层层堆叠，聚乳酸/黄麻复合材料层压工艺如图11－21所示。通过快速真空热压成型工艺制备了黄麻毡增强聚乳酸基复合材料。

复合材料的拉伸强度和刚度成倍增加，但冲击性能未能得到改善，而且黄麻纤维束与聚乳酸基体之间易出现孔隙，应力传递和转移有待改进。此外，快速真空热压工艺还导致了聚乳酸一定程度的降解。

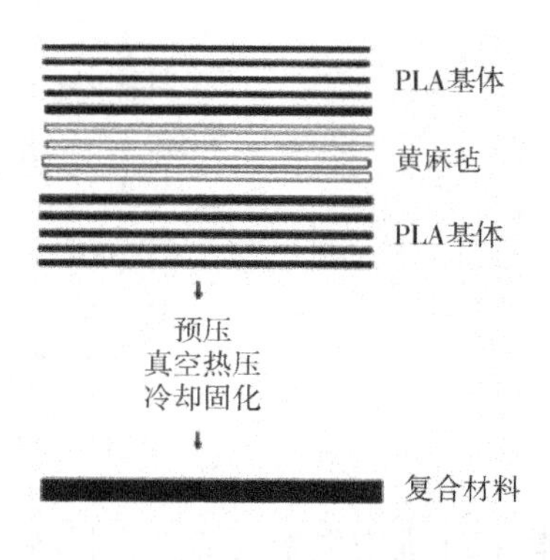

图 11－21　聚乳酸/黄麻复合材料层压工艺

（三）纤网模压

纤网模压是将一定长度的聚乳酸纤维与天然纤维以不同比例混合，经开松、梳理、铺网后组成网状纤维层，再根据性能要求直接模压成型或者将网状纤维层针刺成毡后再热压成型。已有研究显示，聚乳酸/天然纤维复合材料中天然纤维的体积或质量分数为 20%～55%，而纤网模压工艺可制备更高纤维含量的复合材料，原料广泛，产品品种繁多。网状纤维层的高孔隙率不仅降低了复合材料的密度，实现产品的轻量化，还大大降低了原料成本。Hu Ruihua 等利用开松机将黄麻短纤与聚乳酸短纤混合，经过梳理、铺网、针刺成毡，再通过热压制备了聚乳酸/黄麻复合板，其制造工艺如图 11－22 所示。含质量分数为 60% 黄麻纤维的复合材料的拉伸强度为 1.9MPa，而含质量分数为 70% 的复合材料的拉伸强度为 3.69MPa。加工成的卡车衬垫也具有良好的加工成型性。

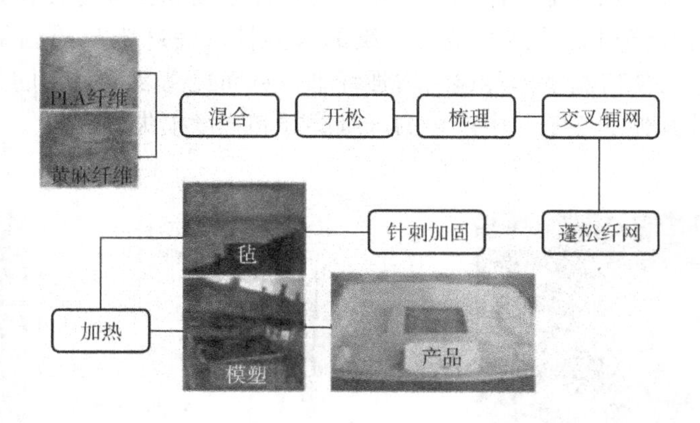

图 11－22　卡车衬垫的织造工艺

B. H. Lee 等利用梳理机将不同含量的洋麻长纤维与聚乳酸纤维混纺成毡，经针刺后减小毡的厚度，热压制成聚乳酸/洋麻复合材料。其制作工艺及制成的典型汽车顶棚如图 11－23 所示。低浓度硅烷偶联剂浸渍处理针刺毡，可有效改善力学性能和热变形温度，减弱复合材料对湿度的敏感性。洋麻纤维质量分数为 50% 与偶联剂质量分数为 3% 制成的聚乳酸复合材料可用作典型的汽车顶棚材料。

N. Graupner 等将棉纤维、洋麻纤维、大麻纤维分别与聚乳酸纤维梳理混合并模压成型。不同纤维增强的聚乳酸复合材料的性能不相同，可满足不同的技术要求。洋麻和大麻纤维与聚乳酸复合后的拉伸强度和拉伸弹性模量较高，而聚乳酸/棉复合材料具有较好的冲击性能。他们还利用梳理机将质量分数为 30% 的 Lyocell、质量分数为 40% 的洋麻纤维与聚乳酸纤维及聚 β－羟基丁酸酯（PHB）纤维混合，模压成型，其力学性能优于一些市

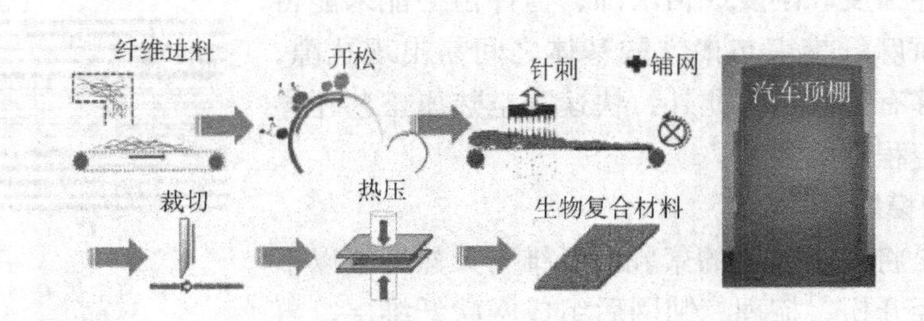

图 11－23 纤维混纺模压工艺及制成的典型汽车顶棚

售麻纤维增强聚丙烯复合材料，除汽车内饰外更可应用于对力学性能要求较高的家具、玩具、电器设备外壳等。若能解决易燃、耐热耐候性差等问题，此类复合材料还能用于汽车、风电产业。

(四) 缠绕模压

缠绕模压是将预浸或预混好的连续纤维以一定张力缠在模具上，再对模具进行加温加压制得成型品。如 O. A. Khondker 等利用管状编织技术将聚乳酸纤维编织在轴向增强纤维（黄麻纱线）周围，制成微编织纱线，再将微编织纱线缠绕在平行金属模具中热压制备长纤维增强型单向热塑性复合材料，其制备工艺及装置如图 11－24 所示。该工艺下纤维与基体均匀分布，增加增强纤维的体积分数可提高拉伸强度和拉伸弹性模量。微编织技术结合缠绕成型工艺可改善树脂基体对增强纤维的润湿性，使纤维与树脂基体的界面结合良好，能有效地将应力从树脂基体传递给增强纤维，从而提高复合材料的力学性能，同时还能避免注射成型等其他加工工艺中产生的纤维磨损和强度损失。

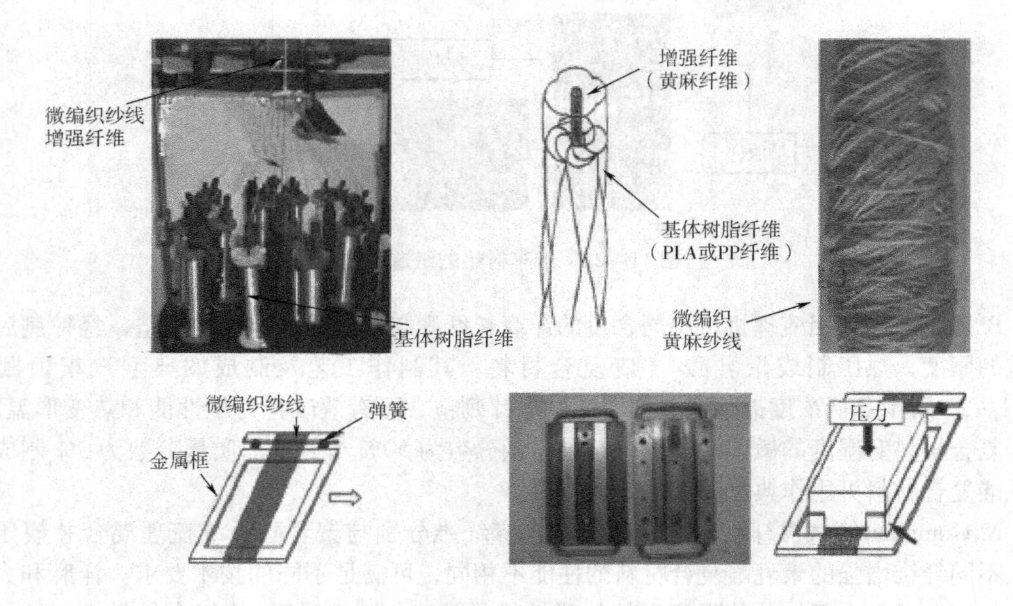

图 11－24 微编织纱线的制造工艺及缠绕成型装置

三、结构与增强用纺织品针织技术

针织技术是从早期的手工编结、棒针编织以及钩针编织发展而来的。根据生产工艺不同，针织可分为经编和纬编，纬编包括圆纬编和横编。针织生产因工艺流程短、原料适应性强、翻新品种快、产品使用范围广、噪声小、能源消耗少等特点，而得到迅速发展。机械、控制、信息技术的进步推动了针织装备的快速发展，全球针织行业发展迅速，在纺织工业中所占的比例逐步上升。针织物平面覆盖系数较低，织物刚度较小，生产效率高，力学性能好，易于加工成复杂的形状和结构。结构多样性是针织技术的显著特征，为各种产业用纺织品领域材料提供了优势条件。

（一）结构增强技术

结构增强是针织关键技术之一。针织结构用于复合材料增强始于20世纪90年代，它的线圈结构受负荷时能产生较大变形，可制成复杂形状构件。针织物线圈的严重弯曲，虽提高了织物整体可变形性，但织物的刚度和强度受到影响。此外，加工时由于纱线受到损伤，降低了复合材料的力学性能。因此，针织结构复合材料应用发展缓慢。直到以经编多轴向为代表的针织结构以其优异的力学性能和较低的生产成本在航天航空与风能发电等领域得到广泛应用，针织结构复合材料才开始被重视起来。

针织增强结构含纬编和经编两大类。圆纬机通过衬经、衬纬增强来实现多种管状结构材料的生产；横机通过衬经、衬纬来织造异形管状织物或双轴向平面增强材料。经编可通过经编间隔织物、网布及轴向材料等实现结构增强。其中，无屈曲结构的经编轴向增强材料自20世纪80年代初开发以来，备受产业界的关注，特别是近年来在风能发电叶片和机舱罩上的应用，推动了新能源的发展。

（二）轴向技术

针织轴向织物按照生产加工装备的不同可分为经编轴向、纬编轴向织物，图11－25分别展示了两种针织轴向织物。

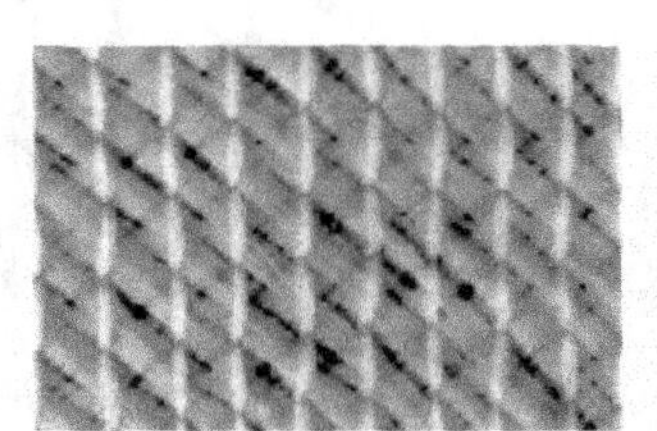
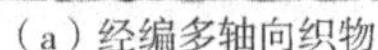
（a）经编多轴向织物

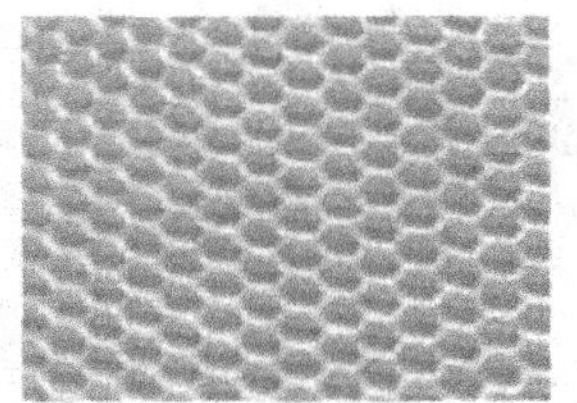
（b）纬编双轴向织物

图11－25　针织轴向织物

由于轴向经编织物具有较低的生产成本、较高的生产效率以及较强的结构整体性、设计灵活性、抗撕裂性能、层间剪切力等优点而越来越引起人们的注意，在产业用领域具有很大的潜力，尤其是用作树脂复合材料的骨架，其应用日趋广泛。将轴向经编织物作为骨架材料与树脂复合后，制成纤维增强复合材料，可用于飞机、航天器、汽车、舰艇、装甲车等方面。轴向织物按照纱线衬入方向的不同又分单轴向、双轴向和多轴向织物三种（图11－26）。

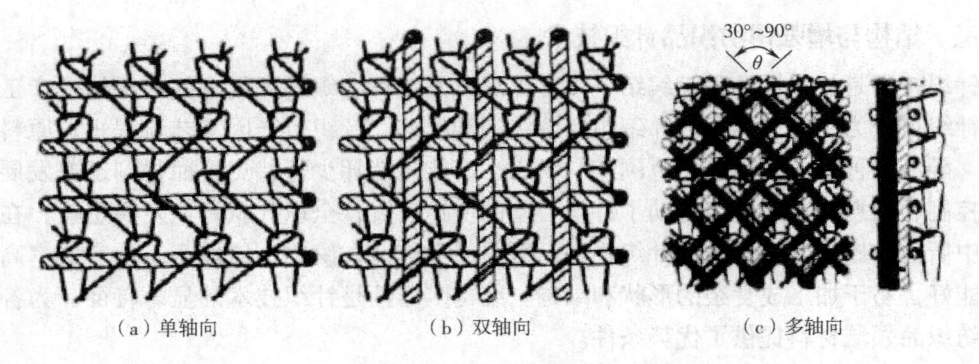

（a）单轴向　（b）双轴向　（c）多轴向

图 11－26　轴向织物

多层多轴向纬编组织的绑缚系统采用平针组织，衬纱除了0°和90°外，还加入了±45°方向的衬纱，因此，织物可以分担各个方向的负荷，提升了织物的整体力学性能。图 11－27 所示为多轴向增强纬编针织物几何结构。

双轴向增强纬编间隔织物是在改进的横机上进行编织的，实现了轴向增强织物与间隔织物的有机结合。织物在前后针床分别编织平针组织，前后 2 片通过特殊的导纱器进行连接，经纱和纬纱平直地衬入前后针床的平针组织中。图 11－28 所示为双轴向增强纬编间隔织物结构图侧视图。

图 11－27　多轴向增强纬编针织物几何结构

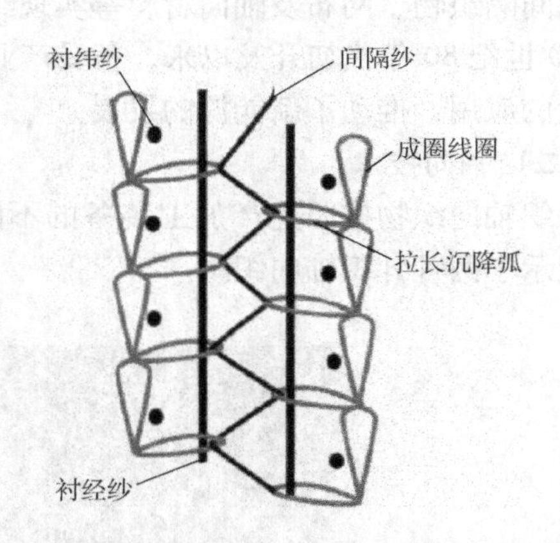

图 11－28　双轴向增强纬编间隔织物几何结构

目前，碳纤维多轴向经编技术已成为研究热点，国内正在积极研发碳纤维多轴向经编机，碳纤维多轴向经编结构增强材料的开发和应用成为重要的研究课题。随着科学技术的不断发展，轴向经编复合材料在各行各业中的应用将会越来越广。

除碳纤维外，玻璃纤维、玄武岩纤维等高性能纤维应用到轴向针织物中，进一步促进了其产品进入产业用领域中。甚至一些金属纤维材料在经编和纬编中都能得到应用，如用镍丝编织的经编网用于卫星天线，用纯合金铅纤维丝作芯、外包化学纤维用于防核辐射软铅屏和防护服等。

（三）成形技术

针织物特别适宜做形状复杂与高能量吸收复合材料的增强结构，可通过衬垫纱制成结构稳定性高的结构材料，可形成不同大小网格，电子全成形压脚针织可形成特殊形状的织物，尤其是经编织物较纬编有较大的幅宽，生产效率高。针织物的线圈结构受负荷时能产生较大变形，可制成复杂形状构件；线圈可在复合材料中形成孔或编成孔，以代替钻孔，孔边有连续纤维，使强度和承载能力不会降低，可应用在圆形多轴向、多通管件、厚型三维结构体等异形结构的成形上。

横机技术的优势在于组织和多功能的创造性，以及产品的适应性，可以使用多种原料进行单面、双面组织及衬纬、添纱和嵌花技术组合，实现三维、间隔、无缝、半成形或全成形的结构；有移圈弹簧的织针为实现三维夹层织物提供了可能，移圈技术不仅能方便地将一个针床上的线圈转移到另一个针床，而且通过线圈转移使一半织针空了出来，以编织不同结构的织物或中止编织一段时间而不干扰针织过程的连续性；采用玻璃纤维混合纱线加工复合针织预制件，利用衬纬方式生产碳纤维复合材料等横机产品均可形成横机复合材料，用于航空航天领域；利用多针距技术及多段变密度技术为无缝弯管提供了完美的解决方案。

成形针织是针织横机技术的重要性能，用针织横机生产三维成形织物，可获得三维实心成形织物，如图 11－29 所示，不仅改进了三维结构的均匀性，而且减少了材料的耗费，降低了生产成本。与缠绕法管状结构材料相比，横编管状结构织物具有更高的能量吸收性能，同时节约了增强织物的线材消耗，并且与基体的黏合力强，其各种异形管可以避免管道弯曲时周围骨架层受力不匀问题，提高材料的抗爆破强力。

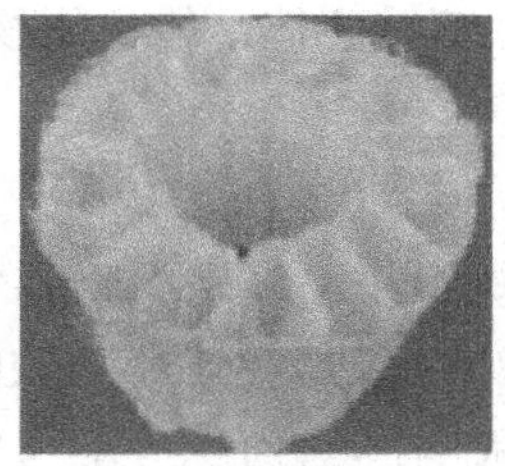
（a）管状材料

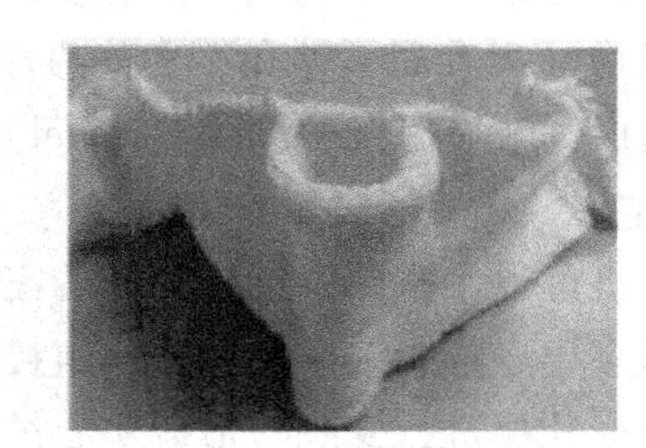
（b）全成形结构

图 11－29　横编管状复杂结构织物

（四）经编间隔织物预型件

经编间隔织物是由双针床拉舍尔经编机生产的由上、下两个表面层和中间间隔层组成的一种三维立体织物。间隔层结构主要有 I 字形、V 字形、X 字形、IXI 字形等形态，这些不同的形态主要取决于间隔纱在编织时前后针床依次顺序垫纱的针背横移数，以及间隔纱垫纱角度和表层组织结构形态。上下表层几乎所有的经编组织都可用于该表层的编织。经编间隔织物厚度范围为 1.5～60mm，如有需要还可以增加，目前厚度最高可达 150mm。经编间隔织物预型件因为其孔洞空隙、三维立体结构和织物设计厚度可变范围较大而有着超出常规织物预型件的特殊机械、物理性能和复合材料成型性，可以通过改变结构设计来开发大量具有特殊用途的复合材料。图 11－30 为经编间隔织物示意图。

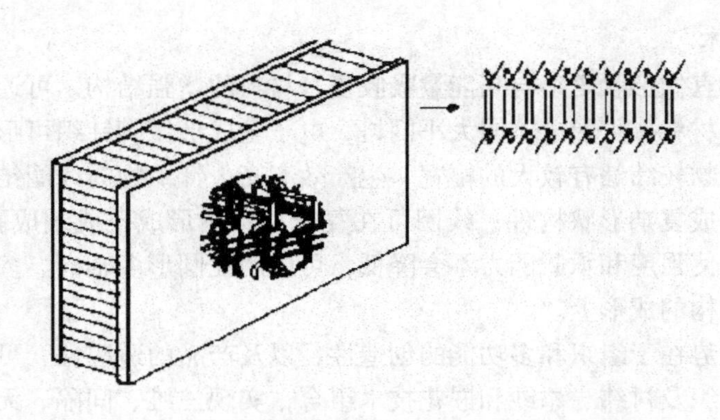

图 11－30　经编间隔织物

四、三维机织预制件的织造技术

机织物设计方便、结构紧密、不易变形，穿过织物厚度的接结纱可以加固织物，减少分层的危险。三维机织复合材料可以制成复杂几何结构的整体构件，减少零件加工、连接和材料消耗，制造简单、成本低。三维机织预型件抗冲击能力强，层间剪切强度高，抗弯曲疲劳性能好，其综合力学性能优于二维层合复合材料。近年来，纺织复合材料在汽车、飞机、航天器等领域的应用从次承力构件逐渐发展到主承力构件。

三维机织物是指由三个相互垂直方向的纱线构成的纺织制品。三维机织物的织造方法有三种：二维织造法、三维织造法、三维无交织织造法（Noobing）。三维机织物按其结构可分为下列四种：实心结构三维机织物（有多层结构、三维正交结构和角联锁结构三种）；三维空心结构机织物（有表面平整和不平整两种）；三维壳体结构机织物，通过织物组合、差动卷取或模塑而成；节肢三维机织物（Nadal）。

（一）二维织造法

传统的二维织机可以生产两种结构特征的三维机织物：多层织物和管状织物。多层织物采用三组纱线即多层经纱、多层纬纱和一组接结纱（经纱或纬纱）织制而成，接结纱穿过多层织物的各层或几层进行交织，形成实心结构或夹心结构。传统多层织造加工技术的特点是经纱做上下开口运动，由此形成的三维织物的特点是经纬纱以某种规律相互交织，如图 11－31 中的正交和角联锁结构。

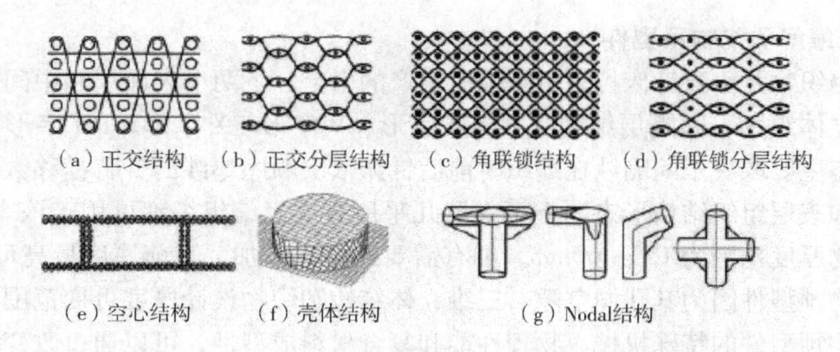

（a）正交结构　（b）正交分层结构　（c）角联锁结构　（d）角联锁分层结构

（e）空心结构　（f）壳体结构　（g）Nodal结构

图 11－31　不同结构的三维机织物

（二）Noobing 织造法

Noobing 是一种三维无交织织物的生产方法，是专为预型件制作而发展起来的。该方法首先由美国航天部门研发，后来被 N. Khoklar 称为“Noobing 加工技术”。Noobing 织物由三组互相垂直的纱线，即多层经纱、多层纬纱和固接经纱，通过固接经纱将多层排列的经纬纱连接成相互不交织的整体结构三维织物。Noobing 是无交织、垂直取向与接结的英文缩写，因其织造过程中纱线间没有交织，不具备常规意义上的“织造原理”。Noobing 加工技术又有单轴向和多轴向两种类型，下面主要介绍单轴向 Noobing 加工技术。如图 11－32 所示，两组接结纱导纱器 X1～X6 与 Y1～Y6 交替着分别从横行与纵列两个方向穿过预先排列好的轴向纱 Z 之间，直接形成织物。

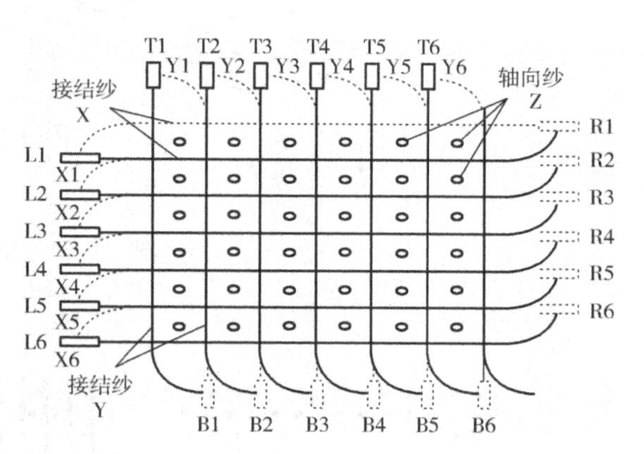

图 11－32　Noobing 织造设备的工作原理

（三）双向梭口织造法

为了克服二维织造技术开口方式的局限性，Fukuta 等开发了一种可以使三组纱线充分交织的三维织造技术。该技术不但可以形成通常的织物幅宽方向的梭口，而且可以在织物厚度方向形成梭口，两种梭口（双向梭口）相继而非同时形成，从而使得横向纱 X、纵向纱 Y 与地经纱 Z 相互垂直地交织成完全交织的三维织物，如图 11－33 所示。

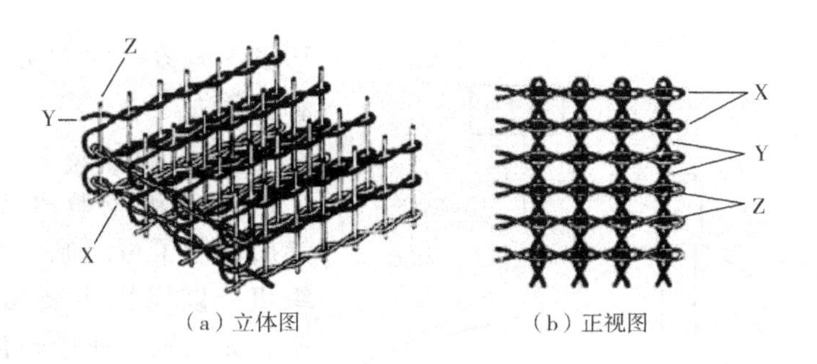

（a）立体图　　（b）正视图

图 11－33　三维织物结构示意图

为使网格状的地经纱 Z 形成纵向和横向的梭口，开口时地经纱 Z 间必须彼此分开。图 11－34 为一个双向梭口的示意图，图中纵向和横向的多梭口是交替而非同时形成的，因为垂直方向和水平方向的纬纱必须在各自方向的梭口内引纬。

图 11－35 为双向梭口的形成过程。首先地经纱 Z 水平方向分开形成垂直方向的梭口，垂直梭口中引入纵向纬纱 Y 后与地经纱 Z 形成交织，然后经纱 Z 垂直方向分开形成水平方向的梭口，水平梭口中引入横向纬纱 X 后与地经纱 Z 形成交织。如此交替进行，不断地织成三维织物。

两个传统的单向梭口垂直配置并不能形成纵向和横向双向开口运动。目前有两种可以

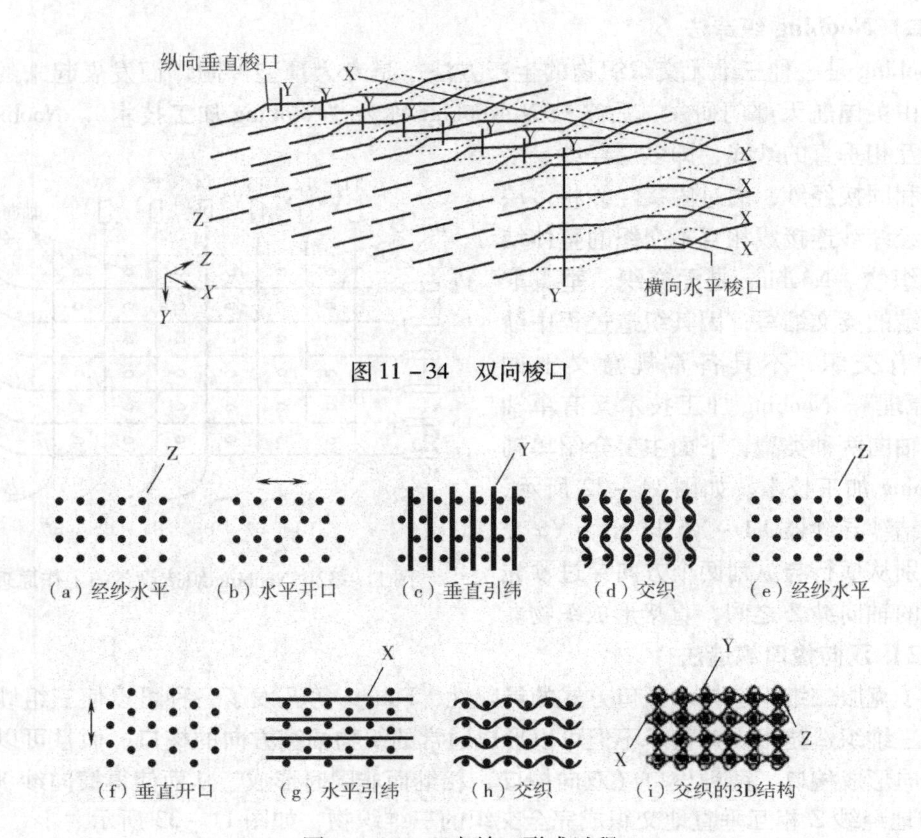

图 11－34　双向梭口

图 11－35　双向梭口形成过程

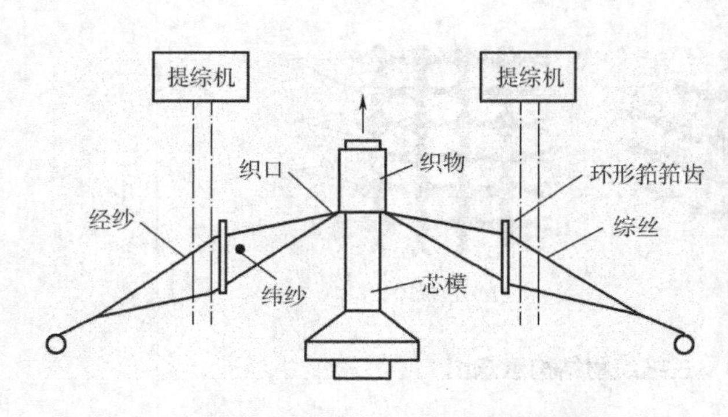

图 11－36　三维机织物的织造原理

形成双向梭口的方法，分别是线线法和线角法。

（四）圆形法

1. 三维曲面织物的圆织法　马崇启研制了可织制三维曲面织物的圆织机。该织机主要由送经和张力控制、提综机、环形筘齿、梭子、举升机、芯模等装置构成。其织造原理如图 11－36 所示。

经纱从四周的送经装置上引出，经过综框、环形筘，与纬纱交织形成的圆形织物包卷在位于织机中心的芯模上。环形筘用于控制经密，构成梭道，举升机上升以控制织物纬密。

由于梭子做圆周引纬运动，其引纬张力和向心力可自动拉紧纬纱，故没有打纬机构，如图 11－37 所示。

2. 立体管状织物的圆织法　孙志宏等开发的三维圆织法织制这种管状织物过程中，经纱沿圆周轴向排列，而纬纱则沿圆周方向连续引入梭口，因此，纬纱在织物中呈螺旋状分布。

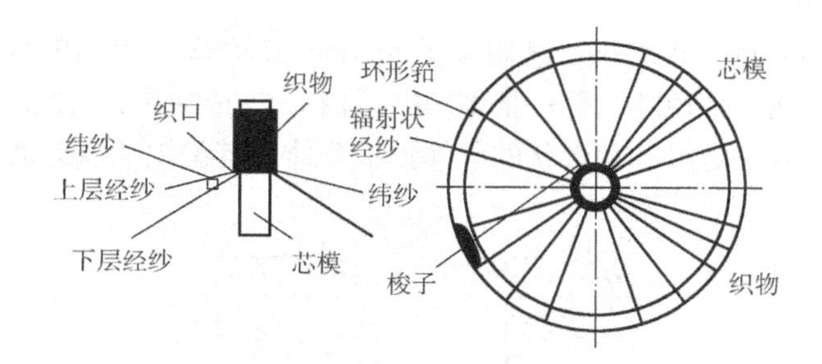

图 11－37　三维机织物中经纬纱的交织

立体管状织物的显著特点是其厚度方向上有用于连接和增强的固结纱，固结纱可以是经纱也可以是纬纱。图 11－38 为两种立体管状织物的结构形态。若用经纱作固结纱，固结经纱也要和普通经纱一样由综框控制开口顺序，且经纱张力也比普通经纱小很多，送经机构也应不同。相对而言，采用纬纱作固结纱，固结纬纱可与普通纬纱一样采用引纬器引纬，极大地简化了设备结构。故该圆织机采用了固结纬织造法。

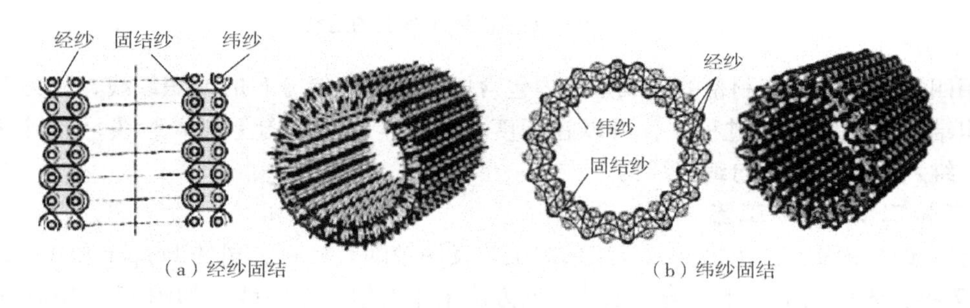

图 11－38　两种立体管状织物的结构形态

五、三维编织技术

三维编织技术具有较强的仿形编织能力，可以实现复杂结构的整体编织。近年来，发达国家对三维编织复合材料成型装备技术研究取得了突破性进展，自动控制的三维成型装备研究已经取得成功。我国对复合材料成型技术的研究始于 20 世纪 70 年代，经过 30 多年的发展，工艺技术水平有了很大进步，但与发达国家相比，产品质量不高，使用水平仍较落后。出于对经济利益和国家军事战略利益的考虑，发达国家对复合材料技术采取保护政策，特别是对航空航天等领域的高性能复合材料预成型装备采取技术封锁。

三维编织技术是二维编织技术的拓展，主要应用于复合材料增强织物的织造。美国最先致力于多向增强复合材料在航天上的应用研究。20 世纪 70 年代初，美国通用电气公司根据常规的编织绳原理发明了万向编织机；20 世纪 80 年代中期，法国欧洲动力公司也发明了类似的编织机；20 世纪 80 年代初，美国 Gumagna 公司发明了磁编技术，自此，三维编织技术得到了迅速发展。随着三维编织技术的不断进步，多种编织工艺相继出现，最常用的编织工艺有四步法、二步法以及其后发展的多层联锁编织工艺。

（一）四步法编织工艺

四步法编织也称为行列式编织，其源于 Forentine 在 1982 年提出的专利方法。编织纱线以行和列的方式排列成一个矩阵，每一根编织纱线由一个携纱器单独控制，携纱器沿行和列做交替运动，形成具有一定尺寸和形状的整体预成型体，其编织纱线运动如图 11－39 所示。

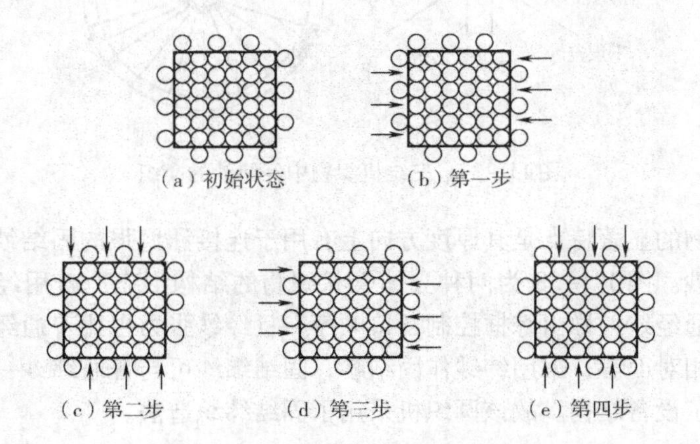

图 11－39　四步法编织纱线的运动

用四步法编织工艺制备的预成型体内包含四种空间倾斜分布的编织纱线，称为三维四向编织结构。在编织的过程中，可以在长度、宽度、厚度方向上加入纱线，形成三维五向、三维六向和三维七向编织结构。

（二）二步法编织工艺

与四步法编织工艺相比，二步法编织工艺发明较晚。杜邦公司的 Popper 和 Mc Connell 于 1987 年首先研究了二步法编织工艺。该方法采用两组基本纱线，如图 11－40 所示。一组是固定不动的纱（实心圆点），另一组是编织纱线（空心圆圈），固定不动的纱线沿立体编织物的成形方向（轴向）在结构中基本呈一条直线，并按其主体编织物的横截面形状分布，而编织纱线以一定的式样在固定不动的纱线之间运动，靠其张力束紧固定不动的纱线，以稳定三维编织物的横截面形状。二步法形成的结构与四步法形成的结构相比，其差别在于该结构对轴向纱线有较大的依赖性。

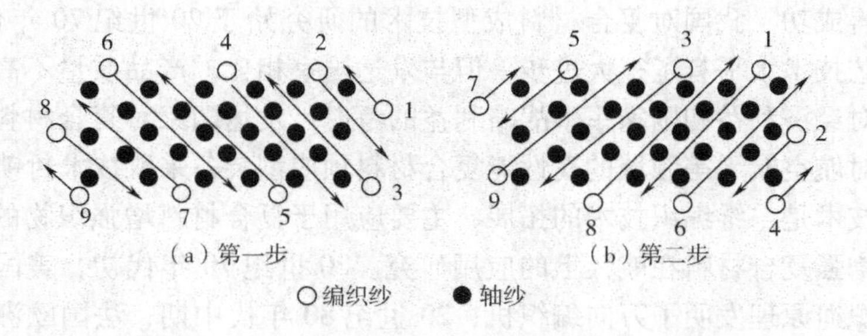

图 11－40　二步法编织过程的纱线运动

（三）多层联锁编织工艺

多层联锁编织是 Albany 国际研究协会研制的一种独特的生产三维编织物的方法。主要结构特点是邻近薄层之间相互连接，如图 11－41 所示。生产多层联锁编织物用的典型机械装置是相对旋转的四位置角齿轮组成的网格，如图 11－42 所示。

图 11－41　多层联锁结构交织示意图

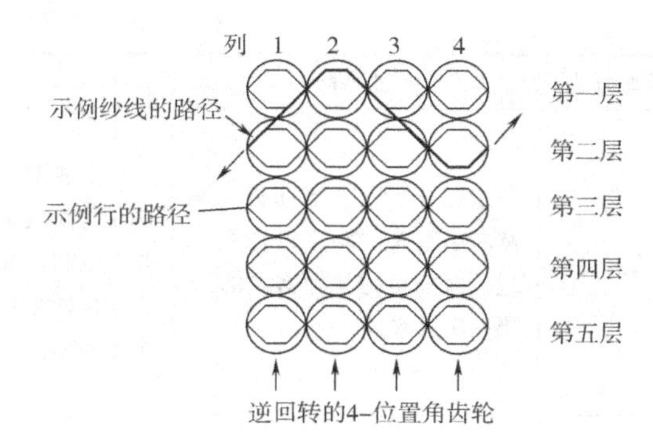

图 11－42　多层联锁编织工艺中行和齿轮的构造

每当奇数列时，编织机执行机构就横穿相邻的两个薄层，不同于四步法和二步法的来自织物一侧薄层外表面的纱线到达织物另一侧薄层的外表面，而是把两薄层的内侧面连接起来。当织物一个表面受到损伤时，用这种方法制成的织物仍可以保持较大的机械性能，且这种方法的机械运动是平稳和连续的，与四步法和二步法的不连续运动形成了鲜明的对比。

Albany 国际研究公司已经制造出多层联锁编织机，能够生产相邻层交织的预制件，与二步法编织工艺、四步法编织工艺相比，多层联锁编织工艺着重于生产复杂的三维预制件，如截面形状为字母“C”“I”“J”“L”“Z”和“X”等形状的三维预制件。

六、航空用蜂窝夹层结构的制造工艺

蜂窝夹层结构通常是由比较薄的面板与比较厚的蜂窝芯胶接而成，如图 11－43 所示。由于其具有质量轻、弯曲刚度与强度大、抗失稳能力强、耐疲劳、吸声、隔声和隔热性能好等优点，长期以来备受航空领域的关注。在航空工业发达国家，蜂窝夹层结构复合材料已成功地大量应用于飞机的主承力结构、次承力结构，如机翼、机身、尾翼、雷达罩及地板、内饰等部位。

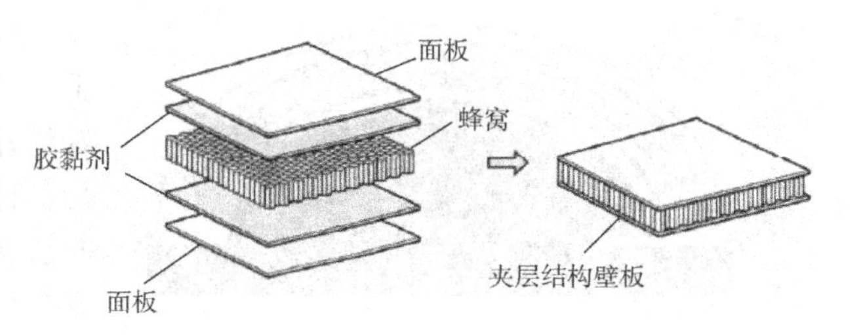

图 11－43　蜂窝夹层结构示意图

蜂窝夹层结构复合材料的设计和制造工艺是先进飞机研制的关键技术之一。随着新材料、新工艺和新技术的发展，飞机结构用蜂窝夹层结构在蜂窝类型、规格（容重与孔格大小）、预浸料特性（流变特性、自黏性、悬垂性）及面板厚度、胶膜选择及使用与否均有新的特点，其结构特性与成型工艺、性能和成本有着密切关系。

夹层结构的成型方法可以根据面板与蜂窝夹层结构的成型步骤分为二次胶接法和共固

化法，针对形状复杂的结构还可以采取胶接共固化或分步固化。不同成型方式及特点见表11－3。

表11－3　蜂窝夹层结构成型方式

成型方法	过　程	特　点	适用范围
共固化	未固化的上、下面板，蜂窝芯和胶膜按顺序组合在一起，面板固化与蜂窝芯的胶接一次成型	一次成型，制造周期短，制造成本低；芯子与面板黏结强度高；受蜂窝芯抗压强度限制，成型出的面板表面质量差，力学性能偏低；生产过程较难控制，单个零件超差将导致整体零件报废	平板或型面简单的制件
二次胶接	上、下面板及骨架零件预先固化成型；再与蜂窝芯、胶膜等材料组合胶接	二次成型，制造周期变长，制造成本增加；面板表面、内部质量好；蜂窝芯材、梁肋与面板胶接面精确配合控制难度较大	舵面类全高度蜂窝夹层结构及对上、下面板质量要求高的零件
胶接共固化	一侧面板先固化成型；再与蜂窝及另一面板进行胶接共固化成型	二次成型，制造周期长，制造成本增加；预先固化的面板表面和内部质量好	形状复杂的制件或对单侧面板质量要求高的零件
分步固化	一侧面板先固化成型；再与蜂窝胶接固化后，铺叠另一侧面板；最后固化成型	三次成型，制造周期长，制造成本高；预先固化的面板表面和内部质量好	内部无骨架或骨架较少，形状非常复杂的零件

（一）热压罐工艺

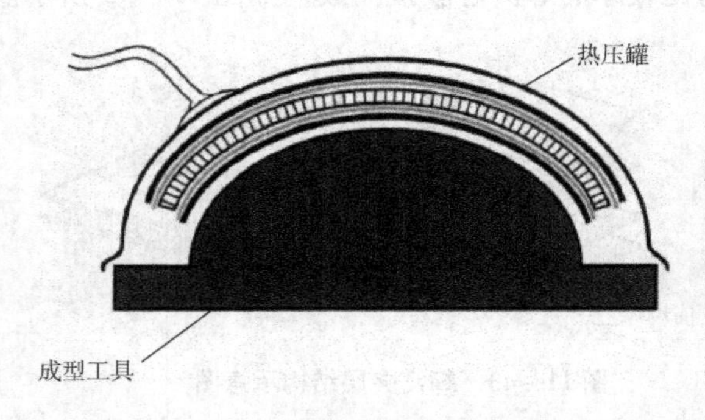

图11－44　热压罐成型典型封装方式

传统的蜂窝夹层结构主要采用热压罐工艺，它的最大优点是能在大范围内提供好的外加压力、真空及温度精度，可以满足各种材料对加工工艺条件的要求，而且能够制造形状复杂的零件。热压罐成型的复合材料结构件具有力学性能优异、面板孔隙率低、树脂含量均匀及内部质量良好等优点。热压罐成型时工艺辅助材料及封装方式如图11－44所示。但该方法经济性差，设备一次性投入及维护成本较高，目前主要用于生产高性能复合材料。

（二）真空袋工艺

真空袋工艺的特点是设备简单，投资少，易于操作。但传统预浸料/真空袋工艺能达到的质量标准不太高，一般用于承力较小的结构。这是因为与热压罐工艺相比，虽然铺叠和封装技术基本相同，但其成型压力小，较低的压力可能导致空气从蜂窝孔格内流入面板，造成高孔隙率。因此，空气必须在树脂软化之前从蜂窝孔格中排出。J. Kratz 等人指出，如果在加热前，蜂窝孔格内的压力降低到 0.05MPa 或更低，空气就不会流入面板，即空气在固化过程中仍然留在芯材内。制造上可以通过采用低面密度的玻璃纤维织物作为导气介质排出蜂窝孔格内的空气，但固化后织物会留在夹层结构中增加重量，事实上，目前许多带载体的胶膜其载体也可以起到导气作用。另外，新的 OOA 预浸料通过控制干纤维的浸润程度（图 11-45）来提供足够的排气通道及通过树脂流变性能的优化达到“可控流动性”来实现固化过程中气体的排出，降低面板的孔隙率，得到高质量的夹层结构零件。

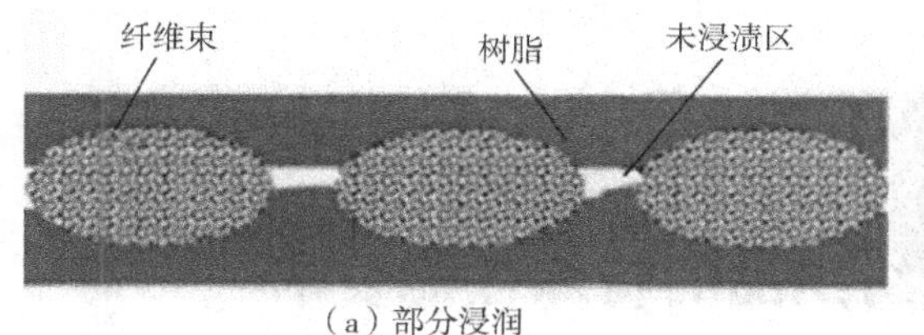

（a）部分浸润

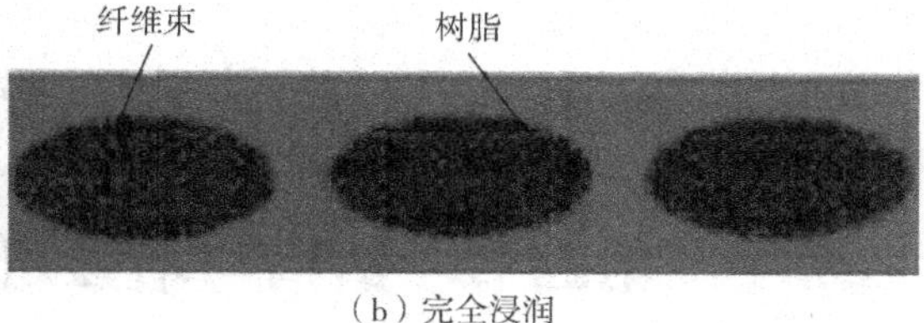

（b）完全浸润

图 11-45　预浸料浸润程度对比

（三）模压工艺

模压工艺兼有热压罐工艺和真空袋工艺的优点，具有成型压力大、成型效率高及经济性好等特点，能够准确保证夹层结构的厚度和尺寸，构件同时具有两个光洁表面。通常用于批生产，采用模压工艺的构件有飞行控制部件及直升机旋翼等。其主要缺点是模具成本相对较高，特别是结构较大的复杂零件，图 11-46 为模压工艺制造蜂窝夹层结构示意图。

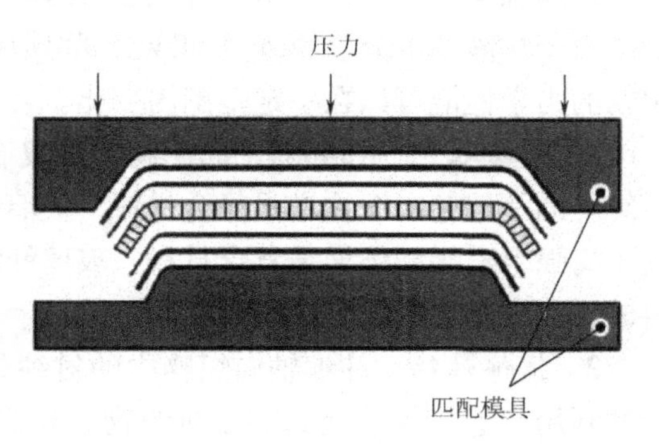

图 11-46　模压工艺制造蜂窝夹层结构示意图

（四）液体成型工艺

除上述传统工艺外，Euro-Composites 公司开发了蜂窝液体成型工艺（EC-HLM）首次在 RI（Resin Infusion）工艺中使用蜂窝，其主要特点就是在蜂窝与面板预成型体之间放置一层阻挡层，防止低黏度的注射树脂流入蜂窝孔格。成型过程中先将阻挡层与蜂窝芯预固化黏合在一起，再进行树脂灌注，如图 11-47（彩图 8）所示。与采用传统的预浸料/热压罐技术制造的部件相比，此工艺降低了材料成本（干织物和纯树脂代替预浸料），减轻了 10%～15% 的质量（胶膜减少），降低了工艺成本（不采用热压罐工艺），减少时间 30%，并且提高了水密性，降低了面板的孔隙率（蜂窝孔格密封）。该技术已经在空客 A380 上得到应用。

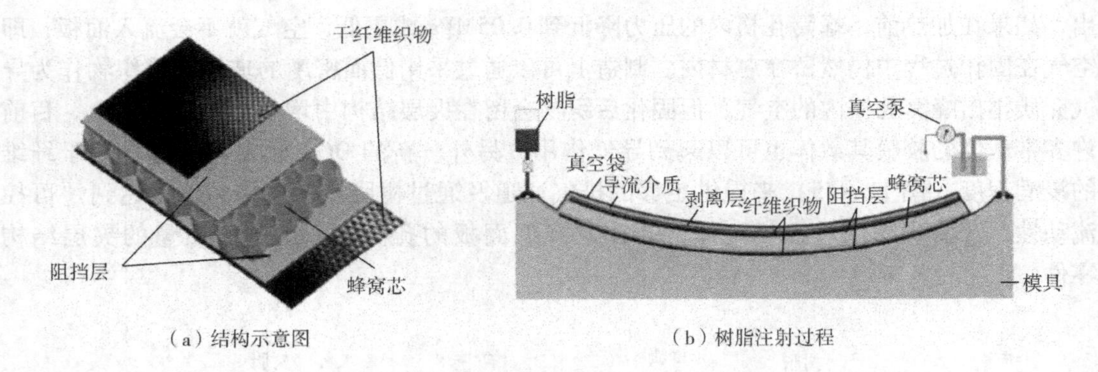

（a）结构示意图　　（b）树脂注射过程

图 11－47　蜂窝液体成型工艺

第四节　结构与增强用纺织品的特殊性能要求

一、纬编轴向织物的性能特点

纬编轴向织物的衬纱呈平直状态绑缚在织物中，织物具有良好的结构稳定性和力学性能。由于衬纱的组分、容纱量和线密度可以根据实际需要进行设计改变，因此，纬编轴向织物的力学性能可以在一定范围内变化。

1. 弯曲性能　纬编双轴向织物增强复合材料具有良好的弯曲性能。对于衬纱采用单一纤维的纬编轴向织物增强复合材料，玻璃纤维增强复合材料的弯曲比强度和弯曲比模量高于高强聚乙烯纤维增强复合材料，玻璃纤维与高强聚乙烯纤维层间混合织物增强复合材料的比强度和比模量介于两者之间。

2. 拉伸性能　纬编轴向织物中的衬纱处于平行伸直状态，其对高强高模纱线力学性能的利用率达 90%，远远高于机织物。双轴向纬编复合材料具有很好的拉伸性能，较高的拉伸强度和弹性模量，且横向拉伸性能优于纵向。在拉伸破坏过程中主要破坏模式为纤维抽拔断裂和各层增强织物之间分层，层内有少部分的分层出现，其拉伸断裂为脆性断裂。采用芳纶作为衬纱生产复合材料时，其拉伸性能优于玻璃纤维。

3. 剪切性能　纬编轴向织物中的绑缚系统通常采用罗纹组织或者平针组织，其在织物的任意方向上均具有延伸性。衬纱在织物中分层平铺，无交织屈曲，在受到外力作用时，会发生滑移和转动，产生自由剪切，衬纱可沿 ±45°方向发生集束，因而抗剪切性能良好；而且其变形性比经编轴向织物更加灵活，模压成形性良好，避免了起拱现象。

4. 冲击性能　冲击性能指的是复合材料吸收冲击能量的性能。不同材料的冲击性能由大到小为：高强聚乙烯纤维复合材料 > 芳纶复合材料 > 玻璃纤维复合材料。利用两种纤维混合编织的增强复合材料的冲击性能介于两种单一纤维编织的增强复合材料之间。

5. 平压性能　平压性能是衡量双轴向增强纬编间隔织物性能的一个重要指标。采用 E 型玻璃纤维作为衬纱和连接纱，高强涤纶丝作为编织纱编织的纬编间隔织物作为增强体形成的复合材料与泡沫夹层复合材料的平压性能对比可以发现，其平压强度是泡沫夹层结构的2倍，平压弹性模量是泡沫夹层结构的4倍。因此，双轴向增强纬编间隔织物具有良好的力学性能和稳定性。

纬编轴向织物不仅具有经编轴向织物的优点，而且其原料适应性广、幅宽变化灵活、打样方便、成形性好，在产业用领域具有独特的用途。目前开发较多的纬编轴向织物有筒形双轴向纬编织物、多层双轴向纬编织物、多层多轴向纬编织物以及双轴向纬编间隔织物。不同结构的织物有各自的优缺点，在生产实践领域，可以根据实际需要，趋利避害加以利用。纬编轴向织物中对织物性能影响较大的是衬纱的原料，常用的衬纱原料有玻璃纤维、碳纤维、芳纶以及超高模量聚乙烯纤维等。随着科技的不断进步，更多的新型纤维将应用于纬编轴向织物的生产中，提高其科技含量和附加值。

二、经编产业用纺织品的研发要求

（一）设计产品结构

经编产业用纺织品的结构设计对织物性能具有一定的影响，因此，织物的结构必须达到具备产品所需特性的要求。例如，在设计网眼类织物时，要根据具体使用场合和要求，确定网眼的形状大小、织物的稳定性等。

（二）选择原料

原料的选择，首先要根据产品类型决定，具体的规格应根据对产品的要求确定。例如，轴向经编织物的衬纱多选用玻璃纤维丝束、碳纤维丝束等，如果产品要达到较高的要求，应选择高性能纱线，否则选用普通的长丝即可。

（三）确定机器参数

机器参数的确定依赖于所生产的织物参数。在确定好所用生产设备的前提下，根据织物的基本参数，如纵密、横密、缩率等，判断机器的机号、梳栉数目等参数。

（四）确定上机工艺

上机工艺具体包括确定织物组织结构、整经工艺、送经量、牵拉、原料比、克重等。现在一般都是利用CAD软件完成织物的工艺设计，再输出机器文件，最后导入到机器中，进行生产。

（五）确定后整理工艺

对于产业用纺织品来说，后整理是关键的一步。大多数用于产业用的经编织物都要进行后整理，比如对轴向经编织物进行树脂整理、涂层整理等。织物结构的创新是开发经编新型产业用纺织品的关键。面对日益激烈的市场竞争，不断完善现有产品结构，使其更加适应于所服务的领域或物体，是今后产品开发的重点。例如，为了使经编间隔织物的力学性能更加完善，可以通过调整织物两表面的结构或间隔层的结构，再或者在其现有结构中增加新的结构来实现。

近年来，随着对环保行业的不断关注，经编产业用纺织品正在朝着环保、节能、低碳的大方向发展，今后更要在这个方面进行拓展，研发更多利于环境、助于发展的新产品。

三、航空用蜂窝夹层的结构特点

目前，航空用蜂窝夹层结构主要有两类，第一类为蜂窝夹层壁板结构，如图11－48

（a）所示，主要用于机身和机翼结构。其特点是上、下面板较薄，一般不超过1mm，整个蜂窝夹层板厚度一般不超过30mm，结构内部有梁/墙作为支撑，与机体的连接主要通过金属预埋件或梁/墙上的接头；第二类为全高度变截面结构，如图11－48（b）所示，主要用于方向舵和升降副翼等。其特点是梁肋等零件固化后通过铆钉连接在一起，梁肋零件与蜂窝芯材之间一般采用发泡胶填充，整个零件与机体的连接主要依靠复合材料或金属梁上的接头。

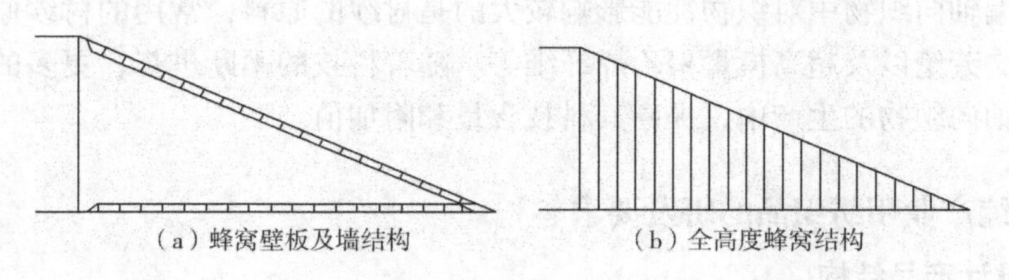
（a）蜂窝壁板及墙结构　　（b）全高度蜂窝结构

图11－48　典型蜂窝夹层结构

四、多轴向三维编织的性能特征

多轴向三维编织物可以在纵向、横向或是斜向直接地衬入平行纱线，并且这些纱线能够按照使用要求平行伸直地衬在所需方向上，不需要弯曲，从而避免了传统的机织物纱线结构呈弯曲状，纱线的性能得不到充分发挥的缺陷，使纱线的性能得到最大程度的发挥。多轴向三维编织物中，纱线呈平行排列，理论上内应力为零，不会产生纱线的蠕变和松弛现象，当相同的纱线受到冲击时，其所承载的应力也比机织物大。

多轴向编织物的性能特点如下：织物的抗拉强力、弹性模量较高；织物的悬垂性较好，可设计性强；抗撕裂性能好；原料适应性好；生产成本低、生产效率高，经济性强。

多轴向三维编织物可以作为复合材料的基布，这类基布经树脂浸渍固化后可得到所要求的复合材料。这类多轴向三维编织物很好地解决了机织物由于屈曲效应导致的纤维性能不能充分发挥的问题，从而进一步提高了复合材料的性能。

第五节　高端结构与增强用纺织品应用实例

一、碳纤维的应用实例

（一）航空航天领域

到2015年航空航天用碳纤维比2011年增长约87%，达到13100t，预计到2020年达到19700t。碳纤维将在航空航天领域以多种应用趋势成为喷气飞机发动机、涡轮发动机、涡轮等主要的结构材料（图11－49）。统计显示，碳纤维复合材料在小型商务机和直升机上的使用量占70%～80%，军用飞机占30%～40%，大型客机占15%～50%。美国军用飞机AV－8B改型“鹞”式飞机所用碳纤维约占飞机结构重量的26%，使整机减重9%。我国直－9型直升机复合材料占60%，主要是碳纤维复合材料。日本OH－1“忍者”直升机，机身40%是碳纤维复合材料，桨叶也是碳纤维复合材料。

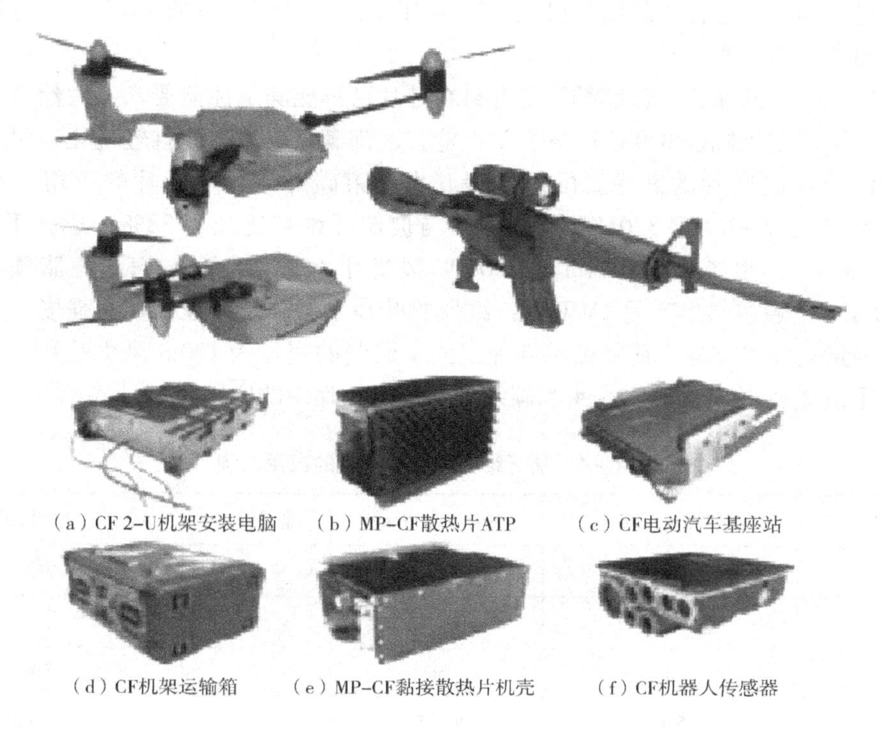

（a）CF 2-U机架安装电脑　（b）MP-CF散热片ATP　（c）CF电动汽车基座站

（d）CF机架运输箱　（e）MP-CF黏接散热片机壳　（f）CF机器人传感器

图 11－49　MP－CF 增强热塑性树脂的各种应用实例

民用领域里，世界最大飞机（欧洲空客 A380）使用的复合材料是结构重量的 25%，碳纤维复合材料占结构重量的 22%；美国波音 B787 复合材料质量比例高达 50%，机身、尾翼采用碳纤维层合结构，升降舵、方向舵保留碳纤维夹芯结构；波音 777 客机全机碳纤维用量为 7t 左右；中国商飞 C919 第一阶段采用 10% ~15% 的碳纤维复合材料，第二阶段采用 23% ~25% 碳纤维复合材料。

宇航工业上，碳纤维多用作导弹防热材料及结构材料，如导弹发射筒、固体火箭发动机（壳体、喷管与连接部件）、导弹鼻锥与大面积防热层；卫星的构架、天线、太阳能翼片底板、卫星—火箭结合部件；航天飞机与高速飞行器的机头、机翼前缘和舱门、大面积防热盖板等制件的抗氧化材料。航天飞行器的重量每减少 1kg，就可使运载火箭减轻 500kg，采用碳纤维复合材料将大大减轻火箭和导弹的惰性重量，减轻发射重量，节省发射费用或携带更重的弹头或增加有效射程和落点精度。

（二）风电领域

2010 年，全球的风电新增装机容量达 4210 万 kW，全球风电累计装机容量达 2.0 亿 kW。据欧洲风能协会预测，到 2020 年，全球风电装机将占总电量的 12%，风力发电已从“补充能源”向“战略替代能源”转变。

风电设备的叶片、机舱罩是采用复合材料的主要部位，碳纤维复合材料叶片是风机轻量化及大型化的必然趋势。一台风机按 12t 计算，碳纤维用量 0.6t/片，则风机消耗碳纤维 1.8t/台。2016 年，全球风电新增装机的新增容量超过 54.6GW，全球累计容量达到 486.7GW。2016 年的风电市场由中国、美国、德国和印度引领，法国、土耳其和荷兰等国的表现超过预期，尽管在年新增装机上，2016 年未能超过创纪录的 2015 年，但仍然达到了一个相当令人满意的水平。

随着风机叶片的加长，玻璃纤维复合材料叶片已不能满足性能要求，大丝束碳纤维复合材料叶片不仅在风机强度和刚度等力学性能方面都满足要求，而且轻量化、耐腐蚀的特征也成为海上风能叶片的需求。国外已展开大丝束碳纤维风电叶片的应用，维斯塔斯（Vestas）生产的 V－90 型 3.0MW 风机叶片与玻璃纤维相比减重 32%，成本下降 16%。歌美飒（Gamesa）生产的长达 44m 的 2.0MW 风机叶片采用碳纤维/环氧树脂预浸料，质量仅 7000kg。南通东泰生产的 2MW 碳纤维风机叶片主梁，既保证叶片高强度，又顺应了大型化、轻量化发展方向。荷兰戴尔佛理工大学研制的直径为 120m 风机叶片，梁结构采用碳纤维重量减轻 40%。表 11－4 为碳纤维在风机叶片中的应用实例。

表 11－4　碳纤维在风机叶片中的应用实例

公司	产品规格（MW）	叶片长度（m）	重量（t）	使用情况
Vestas	3.0	44	6	主梁
Gamesa	2.0	44	7	
Nordex	5	56		主梁
Lm	5.0	61.5		主梁与翼缘
NEG Micon	1.5	40.0		主梁
Siemens	6.0	75.0		主梁
GE	3.0	48.5		主梁
Repower	5.0	62		碳纤维和玻璃纤维混合织物
南通东泰	2			主梁
明阳风电	3.0	58.5		主梁及 TE－UD
中材科技	3.0	56.0		主梁
国电联合动力	6.0	66.5		主梁

（三）汽车领域

随着汽车轻量化、发动机高效化、车型阻力减小化的要求，碳纤维复合材料成为质轻和一体多能的理想结构材料。主要应用在发动机系统中的推杆、连杆、摇杆、水泵叶轮，传动系统中的传动轴、离合器、加速装置等，底盘系统中的悬置件、弹簧片、框架、散热器等，车体上的车顶内外衬、地板、侧门等。2013 年的汽车领域碳纤维用量大约 3000t，预计 2020 年达到 10000t。

另外，碳纤维制作的复合材料刹车片，可做到无热龟裂、无热膨胀、无热衰退，具有摩擦率低、冲击强度好、硬度值好、刹车无噪声、利于环境保护等优点，现已进入高档轿车和世界名车、列车、飞机等交通领域应用（表 11－5）。

表 11－5　碳纤维在汽车上的应用实例

公司	车型	部位
宝马	Z－9、Z－22	车身
宝马	M3	顶盖和车身
日本	Skyline GT－R	外装
丰田	MARK	内装
大众	2L	车身等
法国 SP	Boxster S	发动机罩盖
戴姆勒克莱斯勒	Dodge Viper	挡板支架系统
SGL Carbon AG	Porscbe AG	碳纤维—陶瓷制动盘
美国摩里逊		传动轴

（四）建筑补强领域

20 世纪 80 年代初在欧美、日本和澳大利亚等国开始对碳纤维展开大力研究与应用，主要在桥梁、海工构筑物、非磁性建筑物等工程方面，其中桥梁方面应用较多。我国在 1996 年前后开始研究应用，主要有碳纤维复合材料片材、筋及型材、预应力索、拉索、吊杆，因其良好的抗疲劳性，也在大跨度索桥、系杆拱桥中广泛应用。用碳纤维管制作的桁梁构架屋顶，比钢材轻 50% 左右，而且，碳纤维做补强混凝土结构时，不需要增加螺栓和铆钉固定，对原有混凝土结构扰动较小，施工简便。

（五）石油工业领域

抽油杆是采油系统的主要部件，传统钢制抽油杆在柔韧性和抗腐蚀方面不足，碳纤维抽油杆相比钢制抽油杆强度高、抗腐蚀、耐磨。碳纤维抽油杆比钢材的质量轻，减小了抽油杆截面积，降低了在抽油杆上下冲程时的阻力，目前已在中石油、中石化等油田广泛应用。

20 世纪 90 年代，钢制管道的碳纤维修复缺陷技术兴起。钢制油气管道在服役期间进行焊接修复风险较高，操作过程可能发生渗透、氢脆和冷脆，增加作业难度，采用碳纤维修复技术，在管道外加一层碳纤维加固层，以此来承载管道经向和环向压力引起的膨胀，分担压力载荷，达到管道内外压力平衡，从而实现管道修复目的。国内西气东输管道、东黄输油管道、陕京输气管道及秦京输油管道等已成功推广应用碳纤维修复技术。

此外，碳纤维在海上钻井平台得到应用，与钢制平台相比，除了力学性能优异、质量轻外，碳纤维具有良好的耐腐蚀性，不生锈，在海水复杂环境中比钢耐用，延长了使用寿命和维护周期。

二、天然纤维复合材料在汽车上的应用

（一）天然麻纤维复合材料在汽车上的开发应用

目前，国内外在汽车内饰上应用的天然纤维主要是麻类纤维，且麻纤维复合材料的隔热性能和吸声性能好，用于汽车内饰能有效降低噪声。

德国 BASF 公司用黄麻、亚麻和剑麻纤维作为增强材料与聚丙烯等热塑性塑料复合，

制备出天然纤维毡增强复合材料。Kafus 环境工业公司开发的洋麻增强材料，具有良好的冲击强度，且重量比玻璃纤维轻20% ~30%。可代替玻璃纤维增强材料用于汽车，用该复合材料生产的产品包括车门面板、座椅靠板、顶篷等。日本科研人员也开发出一种由天然苎麻纤维和生物可降解塑料（以玉米为原料）制成的复合材料，该材料的强度是玻璃纤维增强塑料的1.5倍，有望代替后者应用于汽车上。丰田纺织也将洋麻材料应用于汽车门板内饰件的制造。丰田汽车公司以聚乳酸和洋麻为原料研制开发出复合材料汽车轮胎罩和车垫。

国内研究麻纤维复合材料起步较晚，但是一些汽车厂商也已经开始生产和使用天然麻纤维增强复合材料汽车内饰件。安徽铜陵华源汽车内饰材料有限公司生产的麻毡板，广泛应用于客车的前顶、后顶，轿车前车门内饰板、后车门内饰板，轿车衣帽架，轿车行李架盖板，卡车前顶篷，卡车前顶置物盒，客车空调风道，客车后立柱。某汽车内饰材料有限公司主要生产天然麻纤维复合板材，用于大客车、重卡、轻卡、面包车等汽车的前顶、后顶、风道、侧板等。另一汽车内饰复合材料公司制备的 Loperfin 低压天然纤维复合材料，采用麻纤维为原材料，在环保上具有绝对的优势。该材料加工性好，可与表面装饰材料一起热压成型各种汽车内饰产品，如仪表板、车门内板、柱护板、遮阳板、顶棚、帽架、地毯、行李架等。河南某汽车内饰件有限公司也生产汽车专用麻纤维/聚丙烯复合材料，主要产品包括轿车、客车及货车顶盖、门饰板、仪表板等。湖南某汽车内饰有限责任公司生产以热塑性麻毡为主要原材料的汽车内饰件。

天然麻纤维复合材料不仅可以应用于汽车内饰件，也已开始应用于汽车外部部件，如挡泥板衬、扰流板、变速箱盖、刹车片；荷兰供应厂商为福特公司的“Focus”牌汽车生产的发动机护罩也采用了大麻纤维增强 PP 材料。

（二）天然竹纤维在汽车上的开发应用

麻类纤维需要专门的耕地进行种植，随着耕地资源紧缺，麻纤维价格呈上涨趋势。而天然竹纤维属于森林资源，不占用耕地，且生长周期短，资源丰富，受到天然纤维复合材料研究者的欢迎，丰田、尼桑等公司已开始天然竹纤维复合材料的研究。

浙江农林大学在车用竹纤维复合材料的开发上做了很多工作。该大学与多家科研机构联合开发了多种车用竹纤维复合材料，目前已试生产的产品主要有汽车的门内板、顶棚、行李厢、衣帽架、座椅背板、仪表盘等；另外，该大学研发的竹纤维隔热、隔声和阻尼材料参加了日本爱知博览会，并受到了与会专家的强烈关注。

（三）其他天然纤维在汽车上的开发应用

芬欧汇川（UPM）公司以精选的纤维素纤维和原生聚丙烯为主要原料，开发出天然纤维增强复合材料 UPM ForMi。该材料为注射成型的理想原料，其刚性比 ABS 塑料高出一倍，可用于汽车工业，且该材料环保性好，可以回收，也可以直接燃烧获取能源。在2014年举行的日内瓦汽车展览会上，展出的概念车 Biofore 的内饰件就是采用该材料制作。福特公司选用麦秆作为增强材料，注塑成型 2010Flex 跨界车的储物箱和内盖。

三、针织技术在结构增强用纺织品的应用

（一）航空航天用

航空航天是最早应用经编复合材料的领域。20 世纪 80 年代，美国 Owens Corning 公

司、Hexcel 公司和 Milliken 公司开发了该产品在航空航天领域的应用，NASA 对 Hexcel 公司和 Milliken 公司的产品进行了鉴定，证明经编复合材料是适合于航空航天领域使用的高性能、高可靠性材料。

应用轻质高强的多轴向经编复合材料能使飞行器的重量降低 20% ~25%，从而节约燃料，增加有效载荷。此外，多轴向经编织物的原料适应性好，且织物的力学性能优异。由于经编多轴向织物纤维平行且伸直排列，所以纤维强度与刚度在复合材料中可以充分发挥。

在诸多高性能纤维复合材料中，碳纤维复合材料在航空航天领域中的使用最为成熟。碳纤维复合材料与钢材相比，其质量减轻 75%，而强度却提高了 4 倍。经编碳纤维复合材料在此领域应用广泛。大型客机如"空客 A380"和"波音 787 - DREAM LINER"，同时包括民用小飞机，都大量使用碳纤维复合材料，目的是减轻机身重量、节省能源、减少部件数量、增强部件力学性能、降低维护费用等。经编产业凸显出较高的科技含量，多轴向经编增强材料也应用于航天航空等高科技领域，比如"玻璃纤维经编网格材料"作为关键技术和产品已成功应用于"天宫一号"。

（二）车船外体用

多轴向经编复合材料因其轻质高强可用于制造车辆壳体、发动机引擎盖、保险杠等，还可以在高铁无砟轨道上用作充填式垫板，地铁中作为第三轨保护罩、电缆支架、逃生平台等（图 11 -50）。

（a）高铁无砟轨道上充填式垫板

（b）车辆壳体

图 11 -50 经编复合材料在车辆制造中的应用

同时，经编复合材料稳固性好，可用来制造船艇的船身（图 11 -51）、舱壁、甲板、上部结构、桅杆、船帆等，造船业是目前经编复合材料应用很大的市场。

（三）增强混凝土用

经编复合材料越来越多地用在增强混凝土上，用于重建和修复建筑物。如德累斯顿工业大学提出了一个新的观念，旨在使混凝土立柱在修复后承载能力能够得到提高。其方法是在混凝土立柱的整个长度方向上包覆一层多轴向经编增强结构来增固混凝土［图 11 -52（a）］，这样可以恢复其稳定性，还能够提高抗扭转应力和弯曲应力。德国设计了第一座经编复合材料增强分断桥［图 11 -52（b）］，该桥的跨度为 8.6m，

图 11 -51 经编复合材料船身

宽度为 3m，含有 $2.5m^3$ 的混凝土和 $300m^2$ 的针织品。

（a）多轴向经编增强织物包覆混凝土

（b）经编复合材料增强分断桥

图 11－52　经编复合材料增固混凝土及桥梁

经编间隔结构复合材料的芯柱能分布载荷并提供良好抗剪切作用；与传统蜂窝、泡沫等夹层结构材料相比，不存在面芯剥离现象；受力时是一个渐变失效的过程，可以较长时间保持结构的整体性；结构中空，具有隔声、保暖、轻质高强等特点。在混凝土中使用的经编间隔织物，其两面有双轴向覆盖加固面，由 AR 玻璃纤维束加工制成，随后在其两面涂覆一层 4mm 厚的混凝土薄层，如图 11－53 所示。这种材料用作中间层在生产建筑材料 PUR 泡沫三明治结构墙板中使用。针织网眼织物因其孔率大、密度小、结构稳定，则常用作树脂砂轮增强复合材料、建筑外墙保温材料等。

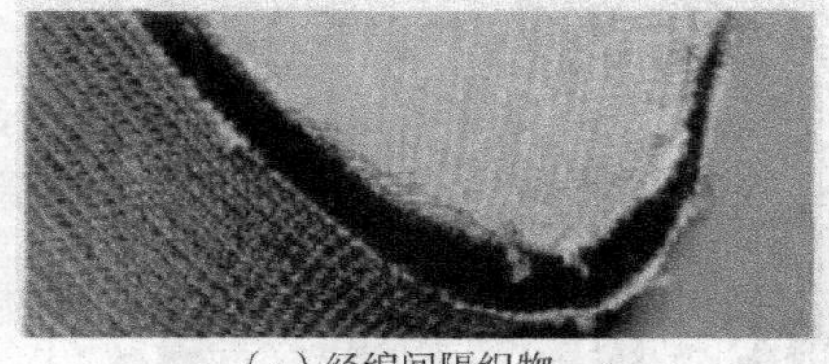

（a）经编间隔织物

（b）两面有双轴向覆盖加固

图 11－53　建筑用间隔结构复合材料

（四）土工布

在工程中，土工布的使用非常重要，利用针织物的防护功能可应用于堤坝、道路等场合。在这个领域内，经编技术显示出独特的吸引力，土工用经编针织物有土工布、土工格栅、土工膜、土工管材等，利用经编穿纱工艺的空穿和满穿［图 11－54（a）］及轴向垫纱，可以形成网状结构、轴向结构；也可以利用双针床织造形成双层结构或复合结构，在

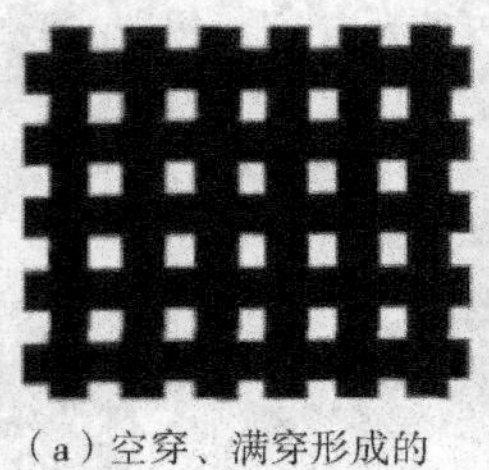

（a）空穿、满穿形成的土工格栅

（b）路基防护

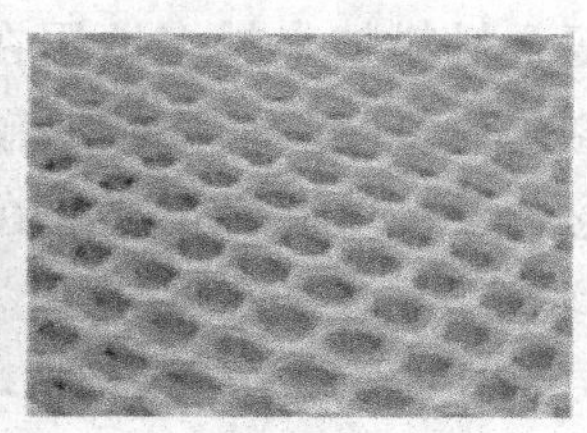

（c）网状格栅

图 11－54　针织土工防护材料

工程中起增强防护作用［图11－54（b）］；网状结构孔隙率大、密度小、结构稳定，是土工格栅的理想材料［图11－54（c）］。经编土工布既有经编布高强低伸的优点，又有过滤性能优越的特点，可以广泛用于加筋、隔离、排水和过滤等领域。另外，土工格栅、灯箱布也使用无屈曲结构的经编轴向增强材料。

针织工艺的技术灵活性、结构多样性、原料普适性、装备高效性使得针织产品在产业用纺织品领域的比重日渐提升，随着原料和装备的不断研发和创新，给针织技术在产业用领域的应用进一步提供了发展的机遇。

四、三维编织复合材料的应用

（一）工程领域

缅因大学和A&P科技公司联合研发设计了使用碳纤维编织拱肋的公路桥梁。该桥梁克服了严酷环境的腐蚀，延长了桥梁的寿命，降低了维护成本；还大大缩短了桥梁的建造周期，桥梁设计完成后，30天内就能完成桥梁的制造、运输和安装。在建筑中，碳纤维和玻璃纤维编织棒被用来增强水泥。由于编织物表面的特殊纹理，水泥和编织棒间接触更加牢固，编织棒具有良好的耐剪切性能，可通过调整轴心碳纤维和玻璃纤维的含量比来改变编织棒的机械性能。编织棒还具有良好的应变传递性，可用作建筑物中的应变传感器。

（二）交通工具领域

部分汽车中，编织复合材料已经取代金属，作为前纵梁。与金属相比，编织复合材料具有更高的能量吸收率，在汽车发生碰撞时可吸收更多能量。此外，制造商使用编织复合材料作为汽车的A柱、B柱、C柱、车顶梁等，可以减轻汽车重量。高档公路赛车制造商使用编织结构中控车架代替传统金属车架，以减小公路赛车的质量。

（三）航空航天领域

美国通用电气公司在其为波音787和747－8飞机设计的GEnx发动机上使用了编织喷气发动机风扇机匣，发动机密封性能提升30%，单个发动机的重量也减少了350磅（1磅约合0.45kg）。相对于金属，编织机匣具有更好的耐冲击性和耐疲劳性。

NLR国家航空航天实验室成功研发了直升机编织结构起落架组件。与金属材料起落架组件比，编织结构起落架组件质量减少20%，制造成本降低15%，设计和制造时间缩短。

据资料显示，苏－30能长时间进行空中巡逻飞行，不进行空中加油的续航时间达到10h。该机的一大特点就是能使用新型的R－77中距空中导弹，在雷达制导下同时发射两枚导弹攻击两个空中目标，这使得普通战斗机与苏－30相比，在空战中的作用不可同日而语。

现代战机配置先进的电子装备，一般电缆护套使用金属铜丝编织而成，电缆增加导致重量增加，这对于战斗机来说，相当于减弱了空中的灵活性和战斗力。

苏－30战机电缆护套采用的是我国纺织业自主开发的高性能材料——聚酰亚胺纤维编织而成，由于聚酰亚胺纤维具有高强度、高耐热性以及质量轻的特点，用其制成的苏－30战机电缆护套可以减重500kg，这意味着战机可以多带1～2枚导弹，因此大幅提高了空中作战能力。

作为被业界公认最有前途的高性能纤维材料，聚酰亚胺纤维一直以来在世界上只有奥地利兰精公司有商品化供应。“十二五”期间，我国纺织科技工作者不懈攻关，长春某聚酰亚胺材料有限公司利用长春应化所的湿法纺丝技术，实现了耐热性聚酰亚胺纤维的规模化生产。连云港某新材料股份有限公司采用东华大学的干法纺丝技术，建成了世界首条干法纺聚酰亚胺纤维千吨级生产线。

聚酰亚胺纤维在国防尖端领域的应用，标志着我国纺织业在高性能纤维领域有了革命性的突破。高性能纤维已经在经济建设、国家安全、航天航空等方面成为不可或缺的战略物资。

纺织科学家曾为天宫一号编织出“玻璃翅膀”而享誉业界。这以后，航天与纺织结下不解之缘，大飞机、火星车、卫星天线、太空飞船等都有与纺织相关的高科技。

作为提供飞行动力的关键设备，电源系统被誉为航天飞行器的“心脏”。以往的航天器大多使用较重的金属材质全刚性电池帆板。因此，让电池帆板“瘦身减重”，使“天宫一号”飞得更轻盈，这是对电池帆板的要求。用玻璃纤维做“天宫一号”电池板的附着物再合适不过，我国纺织科学家不负重托，研发出了高强度、低延伸度、高柔软性的特种玻璃纤维（图11－55，彩图9）。

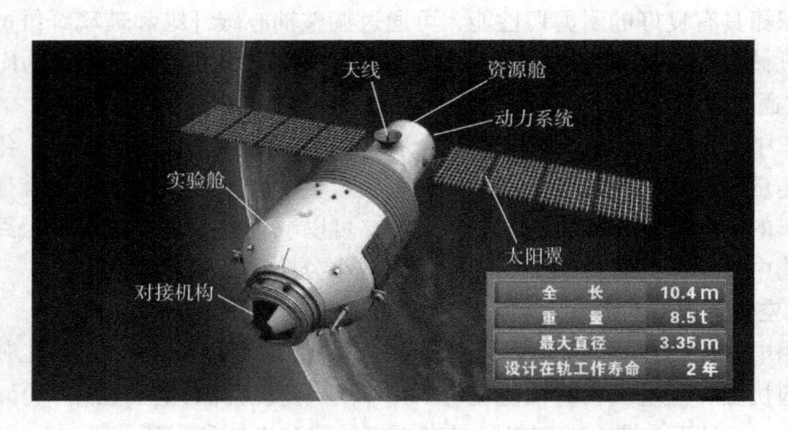

图11－55　“天宫一号”目标飞行器结构示意图

据陈南梁教授介绍，“天宫二号”升级主要是对生产装备进行改造，包括决定网格材料花纹结构的横移机构，均匀送出经纱的送经机构，以及使得线圈相连串套的编织机构。

经过这样的改造，织出来的玻璃纤维网格材料过不过硬，够不够强，能不能经受住恶劣的外太空环境考验，一切的源头都在生产机器和工艺上。

经过一系列的机器和工艺改良及优化，应用于“天宫二号”上的半刚性玻璃纤维网格材料的结构精度、强度、稳定性得到了很大提高，织物疵点由原来的3米一个疵点降为10米一个，总体强度较前提升了10%，从而有力地确保了此次“天宫二号”飞天任务的顺利完成。

天津工业大学复合材料研究所工作人员密切关注着有关“神舟十一号”的消息，因为“神舟十一号”关键部件复合材料采用的是该研究所研制的高技术含量的三维立体纺织增强材料，代表了中国先进复合材料的应用水平。

据天津工业大学复合材料研究所陈利教授介绍，为了适应严酷的飞行环境和减轻结构重量，“神舟十一号”飞船（图11－56，彩图10）的关键部位选用了高性能复合材料，天津工业大学研制的三维立体纺织增强材料成为复合材料关键部件的首选增强骨架材料，具有重量轻、强度高、抗烧蚀的优异性能，同时减轻了结构重量，显著提高了飞船的性能。

图11－56　“神舟十一号”飞船

三维立体纺织增强材料具有高维自由度的可设计性，通过改变材料内部结构，可以在很宽的范围内“量体设计”材料的力学性能和物理性能以满足特殊环境下的使用要求。到目前为止，三维立体纺织增强材料被认为是提高复合材料的强度、抗烧蚀、抗热震和抗蠕变等性能的最为有效的方法，同时也是实现飞行器结构一体化设计制造的技术关键，因而成为新一代飞行器研制的核心技术和重点发展领域。

五、UHMWPE 纤维双纬锁心三维机织物

天津工业大学钟智丽教授带领团队设计了一种新型高厚、高密、多层三维机织物——双纬锁心三维机织物，包括单经双纬锁心三维机织物和双经双纬锁心三维机织物。以 UHMWPE 纤维为纱线原材料，在重磅宽幅产业用片梭织机上成功完成试织，织物厚度可达8mm 以上，如图11－57所示为双纬锁心三维机织物的结构图，实现多层经纬纱一次交织成型，为双纬锁心三维机织物的量化生产提供可能。并将所织造的双纬锁心三维机织物和环氧树脂进行复合制备双纬锁心三维机织物复合材料。

1. 弹道冲击实验结果　通过弹道冲击实验，研究了双纬锁心三维机织物及其复合材

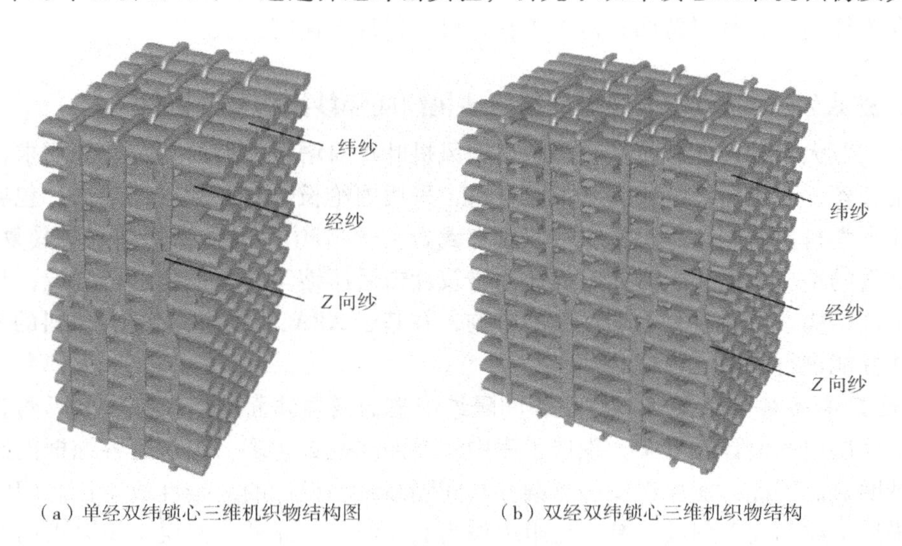

（a）单经双纬锁心三维机织物结构图　　（b）双经双纬锁心三维机织物结构

图11－57　双纬锁心三维机织物

料的防弹性能。分析结果得到以下结论。

（1）入射弹速相同的情况下，单经双纬锁心三维机织物及其复材的吸能值分别高于双经双纬锁心三维机织物及其复合材料。且随入射弹速增加，双纬锁心三维机织物及其复合材料的吸能值和弹道极限速度均增加。靶板的弹道极限速度与其吸能值密切相关。

（2）低弹速下和高弹速下，双经双纬锁心三维机织物及其复合材料单位面密度的靶板吸能高于单经双纬锁心三维机织物及其复合材料，中弹速下与之相反。

（3）子弹侵彻防弹材料的过程具有阶段性特征，为使防弹材料的防护效果达到最好的状态，防弹材料的设计应具有一定的层次性。由于子弹在接触材料时，具有较高的速度，受弹面以材料的压缩和剪切破坏为主，故选用复材作为优化结构的最外层；背弹面以纤维的拉伸破坏为主，故选用织物作为最里层，在防弹的同时保证一定的舒适性；中间层选用质轻、抗冲击性能好、强度高的透明聚酯板（平方米克重为：2.30kg/m^2，厚度为1.9mm）进一步阻止子弹的侵彻。

2. 防刺性能实验结果 对防弹优化结构（双经双纬锁心三维机织物复合材料/聚酯板/双经双纬锁心三维机织物）进行测试，通过静态、动态防刺实验，研究双纬锁心三维机织物及其复合材料的防刺性能，分析结果表明以下几点。

（1）静态防刺测试。对于双纬锁心三维机织物来讲，主要靠刺刀与纱线之间、纤维束之间的反作用以及纱线变形、织物凹陷变形来吸能。对于双纬锁心三维机织物复合材料来讲，主要靠基体开裂、纤维断裂以及材料的背凸凹陷进行吸能。单经双纬锁心三维机织物及其复合材料的防刺性能更好；材料的面密度越大，防刺效果越好。

（2）动态防刺测试。织物的经、纬向密度以及纱线性能对材料最终的防刺性能起到十分重要的影响，Z向纱的锁心固定作用减少了纱线的抽拔根数，减弱了材料的背凸程度；在受穿刺方向相同时，单经双纬锁心三维机织物的动态防刺性能更优，且两种织物的刀尖透过长度均小于7mm，已具备一定的防刺性能；树脂的加入对机织物的防刺性能具有很大程度的改善。在受穿刺方向相同时，两种结构复合材料的防刺性能均优于机织物。且当受穿刺方向为纬向时，复材背面只留下微孔，可以保证人体的安全。

六、玄武岩纤维长丝/芳纶短纤纱双层机织间隔纱织物复合板材

天津工业大学钟智丽教授带领团队根据风机叶片对增强材料的特殊性能要求，选择玄武岩纤维长丝、芳纶短纤纱作为基本原材料，采用丙纶长丝对玄武岩纤维进行包缠，使用天津工业大学自主研制小样织机织造双层玄武岩长丝/芳纶间隔纱织物并制备其复合材料。对复合材料的平压、侧压、弯曲、低速冲击及冲击后压缩等力学性能进行测试，从宏观角度分析不同结构参数对复材力学性能的影响，并基于ABAQUS软件对复合材料的平压、侧压及弯曲性能进行有限元模拟。

1. 增强体面层组织的设计 机织间隔纱织物的增强体面层组织是指上下两表面的织物组织。面层组织设计越复杂，织造工序中需要的综框数越多，织造时各综框的经纱张力差异就越明显。因此，面层组织的复杂性与间隔纱织物设计的复杂性成正比。间隔纱织物一般多采用平纹和简单斜纹及其变化组织作为面层组织。此外，面层组织要求结构紧密规整、方便织造，否则织造过程中综框数越多，造成各综框经纱张力不匀，影响织造。钟教

授团队主要选择平纹组织作为面层组织，如图 11－58 所示，该组织经纬纱上下交织，交织点较密，织物表面平整、牢固、织造工艺简单，织物设计和生产的难度也有所降低，利于大规模生产加工。

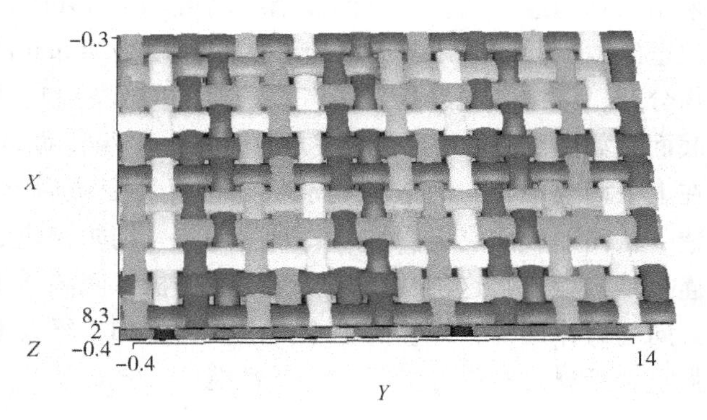

图 11－58　TexGen 模拟织物面层组织

2. 接结组织的设计　为能够实现大规模加工双层机织间隔纱织物增强复合板材的织物增强体结构，综合考虑不同连接结构的机织间隔纱织物在设计、加工难易程度以及各种配置对其增强复合材料及后期填充复合工艺的影响，认为双经接结作为接结组织为最优连接结构。

对于双经接结间隔纱织物而言，接结纱是连接且垂直面层组织的第三系统纱线，接结纱将上下面层组织稳定地连接起来使其能够承担更大的剪应力，而接结点的分布则影响织物的整体性能和外观，一般要求其分布均匀，合理选择接结组织及接结纱密度是提高间隔纱织物复合材料性能的前提。钟教授团队的接结组织选用平纹，形如“8”字交织。利用 TexGen 模拟织物中纱线交织规律（图 11－59），即一个循环包括两根接结纱 1、2，接结纱 1 先与上层纬纱按上层组织规律进行交织，接结纱 2 与下层纬纱按下层组织规律进行交织，织造完所需要的纬纱根数，接结纱 1、2 同时上下换层继续参与面层组织织造。

由于接结纱是连接且垂直于面层组织的第三系统纱线，因此，在织物的织造过程中需

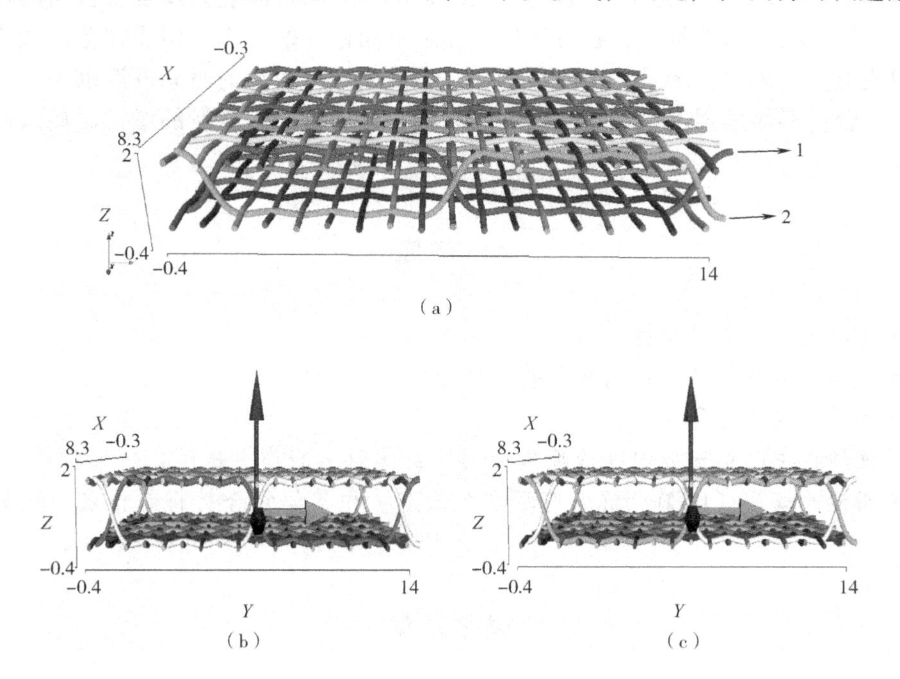

图 11－59　TexGen 模拟织物中纱线交织规律

采用双轴送经。实验设计的接结纱高度均为 14mm，在接结经纱换层时，接结纱经轴需要放送经纱，同时采用具有一定厚度且高度为 14mm 的钢条支撑起接结经纱，使上下面层织物分开，接结纱送经量采用定长送经的方式控制。用 TexGen 软件模拟的间隔纱织物纵向截面图如图 11－60 所示，一方面，在一个组织循环中两根接结纱在一定位置同时改变其在上下面层中参与织造的最末状态位置，变位后继续参与面层组织下一个组织循环的织造，从而形成面层组织均匀、厚度均匀且结构稳定的面层结构；另一方面，与单经接结的连接结构相比，这种双经换层交织使得机织间隔纱织物在后续填充环节中，织物受到厚度方向的力作用时，织物的上下面层受力均匀，不易发生应力变形，从而保证间隔纱织物增强复合板材具有较好的整体力学性能。

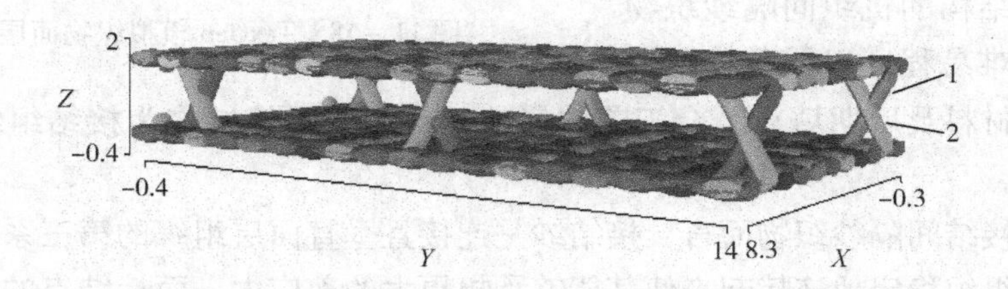

图 11－60　TexGen 模拟“8”字形间隔织物纵向截面图

3. 结论　采用玄武岩长丝包缠纱、芳纶短纤纱，能够实现双层间隔纱机织物的织造。在合适的芯纱细度、包缠纱捻度时，包缠纱表面光滑且包覆均匀，可用于面层组织织造。

面层组织经纱细度增大，复合板材的平压强度和平压弹性模量无明显差别，板材侧压性能、经向弯曲能力提高。冲击后，随着经纱细度的增加，上、下面板的损伤程度逐渐减小；增强体面层组织密度增大，复合材料压缩强度、经向弯曲能力及复合板材的抗冲击能力均下降。且不同冲击能量下，各规格板材受到不同程度的损伤，但受损范围较小，板材没有出现明显分层现象；随着冲击能量增加，达最大冲击载荷的时间逐渐缩短。不同能量冲击后，复合材料侧压强度呈现不同程度的衰减，且随着冲击能量的增加，剩余侧压强度逐渐减小。

思考题

1. 阐述航天服的主要特性。
2. 定义结构增强纺织品并列举其基本特性。
3. 解释纺织品的防弹原理。
4. 增强结构中的第三方向（厚度或 Z 向）纤维材料的作用是什么？
5. 树脂传递模塑（RTM）机如何运作？该方法和其他复合材料制作法相比的优缺点是什么？

参考文献

［1］赵家琪，赵晓明，李锦芳，等．玻璃纤维的应用与发展［J］．成都纺织高等专科学校学报，

2015，32（3）：41－46.
[2] 常燕，王兆增，安运成，等．车用天然纤维复合材料的研究进展及其应用［J］．山东化工，2015（17）：48－51.
[3] 孔祥勇，缪旭红．多轴向经编织物的防刺性能［J］．纺织学报，2012（07）：60－65.
[4] 孔海娟，张蕊，周建军，等．芳纶纤维的研究现状与进展［J］．中国材料进展，2013（11）：676－684.
[5] 刘强，赵领航．芳纶在产业用纺织品中的应用及展望［J］．棉纺织技术，2014（06）：74－77.
[6] 李陵申．高性能纤维成产业用纺织品重要方向［N］．中国工业报，2013－2.
[7] 程文礼，袁超，邱启艳，等．航空用蜂窝夹层结构及制造工艺［J］．航空制造技术，2015（07）：94－98.
[8] 丛洪莲，李秀丽．经编产业用纺织品的生产与开发［J］．纺织导报，2011（07）：29－33.
[9] 龚小舟，郭依伦，吴中伟，等．经编间隔织物多层复合材料的防刺性能［J］．纺织学报，2014（05）：55－60.
[10] 陆振乾，吴利伟，孙宝忠，等．经编间隔织物增强柔性复合材料冲击性能［J］．复合材料学报，2014（05）：1306－1311.
[11] 严涛海，蒋金华，陈东生．经编织物预型件的研究进展［J］．玻璃钢/复合材料，2016（03）：89－94.
[12] 程卫平．聚丙烯腈基碳纤维在航天领域应用及发展［J］．宇航材料工艺，2015（06）：11－16.
[13] 陈勰，顾书英，任杰．聚乳酸/天然纤维复合材料成型加工研究进展［J］．工程塑料应用，2014（9）：102－105.
[14] 杨超群，王俊勃，李宗迎，等．三维编织技术发展现状及展望［J］．棉纺织技术，2014（07）：1－5.
[15] 王美红．三维机织预型件的织造技术［J］．产业用纺织品，2013（4）：1－9，37.
[16] 李建利，张新元，张元，等．碳纤维的发展现状及开发应用［J］．成都纺织高等专科学校学报，2016（02）：158－164.
[17] 陈显明．碳纤维的性能、发展及应用研究进展［J］．印染助剂，2015（07）：1－4.
[18] 郑佳，袁学敏．碳纤维技术在不同应用领域中的发展状况研究［J］．高技术通讯，2016（01）：37－44.
[19] 程俏艳．特种纺织品的最新应用——玻璃纤维制品的发展与应用［J］．轻纺工业与技术，2014（01）：89－91.
[20] 陈大凯，李菁，任杰．天然纤维增强型聚乳酸复合材料的研究进展［J］．塑料，2010（06）：108－110.
[21] 丛洪莲，雷惠．纬编轴向织物的开发与应用［J］．纺织导报，2014（07）：36－37.
[22] 李斌太，邢丽英，包建文，等．先进复合材料国防科技重点实验室的航空树脂基复合材料研发进展［J］．航空材料学报，2016（03）：92－100.
[23] 蔡璐，李娜娜，宋广礼，等．增强型织物复合膜的研究进展［J］．纺织学报，2013（12）：152－156.
[24] 陈德茸．连续玄武岩纤维的发展与应用［J］．高科技纤维与应用，2014，39（06）：17－20.
[25] 危良才．充分发挥玻璃纤维的特性——开拓新的应用领域［J］．纤维复合材料，2004，19（1）：53－54.
[26] 宋清华，肖军，文立伟．玻璃纤维增强热塑性塑料在航空航天领域中的应用［J］．玻璃纤维，

2012 (06): 40 - 43.

[27] 郝巍，李勇，罗玉清．中、高密度 Nomex 蜂窝力学性能研究［J］．航空材料学报，2002，22 (02): 41 - 45.

[28] 陈喆，陈龙敏．我国非织造材料工业的发展现状及存在问题［J］．非织造布，2004，12 (04): 3 - 7.

[29] 胡培．航天航空泡沫夹层结构的设计［J］．玻璃钢，2013 (04): 1 - 14.

[30] 董琳琳．玻璃纤维/不饱和聚酯复合材料的海水老化研究［D］．天津：天津工业大学，2007.

[31] 张新元，何碧霞，李建利．高性能碳纤维的性能及其应用［J］．棉纺织技术，2011，39 (04): 65 - 68.

[32] 李岩，罗业．天然纤维增强复合材料力学性能及其应用［J］．固体力学学报，2010，31 (06): 613 - 630.

[33] 胡显奇．把握时机　抢占高性能纤维发展高地——刍议我国连续玄武岩纤维产业发展［J］．新材料产业，2012 (06): 40 - 44.

[34] 孙伟社，杨明成，刘小娟．浅谈芳纶纤维布在结构加固工程中的应用［J］．科技信息：学术版，2007 (26): 29 - 30.

[35] 编余．走进玻纤大世界［J］．砖瓦世界，2002 (4): 13 - 14.

[36] 竺林，张寅．玻璃纤维骨架材料及其与硅橡胶的复合［J］．玻璃纤维，2007，49 (3): 18 - 20.

[37] 李敏．无油润滑 CNG 压缩机用聚醚醚酮材料的配方与性能研究［D］．华东理工大学，2012.

[38] 黄宁，郭成．谈芳纶纤维布在结构加固工程中的应用［J］．黑龙江交通科技，2009，32 (8): 74 - 75.

[39] 霍冀川，雷永林，王海滨，等．玄武岩纤维的制备及其复合材料的研究进展［J］．材料导报，2006，20 (s1): 382 - 385.

[40] 初琪．玄武岩连续纤维浸润剂研制及其对纤维性能的影响［D］．哈尔滨：哈尔滨工业大学，2010.

[41] 杨锐，王兆．玄武岩纤维混凝土物理力学性能试验研究［J］．人民长江，2015 (13): 78 - 81.

[42] 韩嘉．溶剂萃取法提取碳纤维中间体沥青的研究［D］．天津：天津大学，2012.

[43] 杨忠敏．低碳经济带来轻量化碳纤维新材料的发展机遇［J］．化学工业，2011，29 (z1): 1 - 5.

[44] 杨明清，秦黎明，付丽霞．玄武岩纤维管材在石油领域的应用现状及前景分析［J］．科技导报，2013，31 (7): 75 - 79.

[45] 张元明，赵鹏飞，何颖，等．热压罐成型小型无人机机体结构用复合材料［J］．玻璃钢/复合材料，2005 (2): 53 - 56.

[46] 谢永贵．碳化钙与卤代烃、草酸化学反应制备微纳碳球及表征［D］．长沙：中南大学，2011.

[47] 周志伟．泡沫铝合金与芳纶纸蜂窝的屈服行为研究［D］．太原：太原理工大学，2013.

[48] 王海英．碳纤维的发展前景与市场分析［J］．高科技纤维与应用，2007，32 (4): 23 - 26.

[49] 陈可亮．碳纤维—铝蜂窝结构承载性能试验与优化研究［D］．北京：北京交通大学，2014.

[50] 吴智深，吴刚，汪昕．玄武岩纤维在土建交通基础设施领域研究与应用若干新进展［C］．第六届全国 FRP 学术交流会．2009.

[51] 李春玉．多重针织结构复合材料的制备及其力学性能的研究［D］．上海：东华大学，2009.

[52] 赵剑英，区颖刚，申德超，等．木塑复合材料制备中的硅烷改性研究［J］．吉林农业大学学

报，2010，32（5）：568－571.
[53] 郑新利，张晓明．芳纶纤维布在桥梁加固中的应用［J］．黑龙江交通科技，2009，32（1）：90－91.
[54] 杨小兵．连续玄武岩纤维复合材料制备技术研究［D］．镇江：江苏大学，2009.
[55] 关莹，陈阁谷，张冰，等．农林生物质材料基水凝胶的研究进展［J］．林产化学与工业，2015，35（2）：171－178.
[56] 辛玉甫，荣姗姗，尤爱民，等．脑卒中偏瘫临床应用的支具材料：种类及其生物相容性［J］．中国组织工程研究，2015，19（30）：4887－4891.
[57] 庚莉萍．未来前景广阔的高科技纤维［J］．中国医疗器械信息，2008，14（1）：23－27.
[58] 窦润龙，胡培．复合材料泡沫夹层结构在民机中的应用［J］．民用飞机设计与研究，2004（03）：42－45.
[59] 郑宁来．四项纤维技术通过中石化鉴定［J］．合成纤维，2014：54－55.
[60] 任彦华．短切碳纤维混凝土静载力学性能及微观结构研究［D］．昆明：昆明理工大学，2009.
[61] 张建辉．竹材液化物碳纤维的制备、结构与性能表征［D］．北京：北京林业大学，2011.
[62] 葛宏伟．CFRP 粘结钢板复合构件的剥离性能试验研究［D］．合肥：合肥工业大学，2007.
[63] 刘松柏．碳纤维产业发展迎机遇［J］．化工管理，2013（19）：47－48.
[64] 孔海娟，叶盛，刘静，等．超高相对分子质量 PPTA 树脂及其高模量芳纶的研究［J］．高科技纤维与应用，2014，39（3）：15－20.
[65] 梁振武．外粘贴 FRP 布加固新疆杨木柱轴心抗压承载力实验研究［D］．乌鲁木齐：新疆大学，2014.
[66] 程丽美，黄慧，朱一辛．玻璃纤维增强杨木单板层积材弯曲性能的初步研究［J］．南方林业科学，2008（6）：54－54.
[67] 樊鹏飞．玄武岩纤维布加固既有损伤钢筋混凝土梁抗弯性能试验研究和理论分析［D］．天津城市建设学院，2012.
[68] 吴剑青，钟智丽．玄武岩纤维在汽车行业上的应用前景［J］．产业用纺织品，2012，30（04）：26－28.
[69] 付洪波，李艳，乔英杰．玄武岩纤维的制备、性能及应用［C］．第十五届全国复合材料学术会议．国防工业出版社（National Defense Industry Press），2008.
[70] 叶鼎铨．玻璃纤维产业织物及其应用［C］．全国玻璃纤维专业情报信息网第二十六次工作会议暨技术研讨会．2005.
[71] 郭欢，麻岩，陈姝娜．连续玄武岩纤维的发展及应用前景［J］．中国纤检，2010（05）：76－79.
[72] 杨香莲，韦春，龚永洋．SF 含量对 SF/PF 动态力学和摩擦性能影响［J］．现代塑料加工应用，2009，21（03）：5－8.
[73] 吕立斌，荀勇．碳纤维及其复合材料性能与应用［J］．山东纺织科技，2004，45（6）：53－56.
[74] 包兆鼎，戴方毕，陈杰．增强混凝土用玻璃纤维复合材料筋［C］．第二届全国土木工程用纤维增强复合材料（FRP）应用技术学术交流会．清华大学出版社，2002.
[75] 王安．玄武岩纤维 SMA－13 的路用性能研究与应用［D］．长沙：长沙理工大学，2013.
[76] 赵明良，唐佃花．关于玄武岩连续纤维的性能及其复合材料应用的研究［J］．非织造布，2008，16（4）：20－22.
[77] 王一鸣．短切玄武岩纤维增强橡胶混凝土基本力学性能研究［D］．开封：河南大学，2014.

[78] 王美红．三维机织预型件的织造技术［J］．产业用纺织品，2013（04）：1－9.
[79] 丛洪莲，李秀丽．经编产业用纺织品的生产与开发［J］．纺织导报，2011（07）：29－33.
[80] 常燕，王兆增，安运成，等．车用天然纤维复合材料的研究进展及其应用［J］．山东化工，2015，44（17）：48－51.
[81] 程文礼，袁超，邱启艳，等．航空用蜂窝夹层结构及制造工艺［J］．航空制造技术，2015，476（7）：94－98.
[82] 赵展，Md. Hasab Ikbal，李炜．编织机及编织工艺的发展［J］．玻璃钢/复合材料，2014（10）.
[83] 万爱兰，丛洪莲，蒋高明．针织技术在产业用纺织品领域的应用［J］．纺织导报，2014：28－32.
[84] 杨婷婷．三维筒状织物的织造技术研究［D］．上海：东华大学，2015.
[85] 徐进，张伟．多轴向经编复合材料在风电叶片制造中的应用［J］．玻璃钢/复合材料，2010（5）：78－80.
[86] 谈昆伦，刘黎明，段跃新，等．碳纤维经编织物在大飞机复合材料结构制造上的应用［J］．玻璃纤维，2013（1）：11－14.
[87] 周申华，单鸿波，孙志宏，等．立体管状织物的三维圆织法成型［J］．纺织学报，2011，32（7）：44－48.
[88] 潘虹，马丕波．机织针织混编复合材料的冲击拉伸性能及有限元模拟［J］．东华大学学报：自然科学版，2013，39（3）：265－270.
[89] 朱梅，胡红，周荣星．高性能纤维可编织性的研究［J］．上海纺织科技，2003，31（6）：30－31.
[90] 王文燕，姜亚明，刘良森．纬编双轴向多层衬纱织物增强复合材料的弯曲性能研究［J］．玻璃钢/复合材料，2009（01）：51－53.
[91] 曹红蓓，王君泽，瞿畅，等．管状立体编织物三维动画仿真探索［J］．纺织学报，2004，25（5）：71－73.
[92] 马丕波，朱运甲，高雅，等．针织结构复合材料的应用与发展［J］．玻璃纤维，2014（1）：5－10.
[93] 严彬涛．碳纤维材料在石油行业中的应用［J］．金属世界，2013（05）：8－10.

第十二章　文体与休闲用纺织品

第一节　纤维原材料

体育与娱乐用品中使用的纤维种类很多，其发展经历了天然纤维、化学纤维与高性能纤维几个阶段。碳纤维、超高分子量聚乙烯纤维、芳纶、高强度玻璃纤维、PBO纤维等是复合材料中较理想的纤维品种。这些复合材料制作的体育器材与多功能运动服给体育界营造了良好的运动环境，也逐渐提高了竞技运动的成绩。

一、高性能纤维

（一）玻璃纤维

玻璃纤维增强复合材料具有良好的力学性能，比重小、比强度大，耐磨、耐热、耐疲劳、耐蠕变，现世界上典型的生产企业有美国欧文斯科宁、中国的巨石玻纤。其产品已在各个领域得到了广泛的应用。高强度、高模量玻纤作为纤维增强材料可用来制作滑雪板和冲浪板、游艇、帆船等陆上及水上项目用品；也可以用来制作山地自行车、钓竿、曲棍球棍、棒球和垒球棒、网球/羽毛球拍、赛艇/皮划艇、高尔夫球杆、撑杆、滑雪板等，已广泛渗透生活的各个领域。

（二）芳纶1414

对位芳纶即芳纶1414，与碳纤维和超高相对分子质量聚乙烯纤维并称为世界三大高性能纤维，其具有高强高模、耐高温、低密度、热收缩性小、尺寸稳定性好等优点。初期，对位芳纶只是应用于国防军工等高端领域，随着技术的成熟及产量的提升，后期也逐步在安全防护、橡胶及光缆增强材料、建筑结构加固材料、摩擦及密封材料等工业领域有广泛的应用。由于对位芳纶价格昂贵且加工困难，产业化应用进程较慢。随着对位芳纶在民品领域的推广，其在运动器材领域的应用逐步完善，这不仅有助于提高运动员的竞技水平，而且也满足了人类对运动器材不断求新求鲜的心理需求。虽然当前碳纤维复合材料在运动器材领域仍旧占据主导地位，但由于对位芳纶（简称芳纶）有其独特性，使其在运动器材领域发挥着特殊作用，也逐步获得广大消费者和专业人士的肯定，正越来越多地占据市场。

（三）聚丙烯腈基碳纤维（PAN－CF）

美国Cytec公司除拥有PAN原丝、CF、织物、预浸料及复合材料制品的完整产业链外，还拥有400t/a的中间相沥青基碳纤维（MP－CF）及下游制品，其中Thornel K1100的MP－CF模量高达965GPa以上，居世界领先。

Cytec Engineering拥有从丙烯腈、原丝、碳纤维、织物、预浸料到复合材料制品的全套产业链，并拥有全球强度和模量最高沥青基碳纤维K1100。Cytec可提供各种CF预浸料、树脂膜、结构黏合剂、真空带系列组件及天线罩和头盔。

美国 Sigma MX 公司专业生产多轴 CF 纺织品，在英国 Cheshire 和上海有分公司，织机由德国 LIBA（利巴）引进，可生产多达 9 层织物，每层宽度达 2.54m，由克重为 $100g/m^2$ 的层材以不同方向组成。同时生产再生 CF 织物，用于增强热塑性聚酯，应用于体育休闲用品。

图 12－1　精确加捻碳纤维

美国 Concordia Fibers 公司自 1920 年起便专业设计和开发各种工业纱和纤维，如碳纤维、可生物吸收纤维、陶瓷纤维等，用于生产多种工业织物，供制作复合材料、滤材、动力传送带、气囊等。该公司还生产先进复合材料用的精确加捻碳纤维（图 12－1）、CF/PEEK 混杂纤维（图 12－2）、CF 和 PPS 纤维的混杂编织绳（图 12－3）、CF/尼龙纤维混杂纱编织的网球拍柄（图 12－4）及 FF/PPS 混杂纤维编织物制的异形管（图 12－5）等。

图 12－2　CF/PEEK 混杂纤维

图 12－3　CF 和 PPS 纤维的混杂编织绳

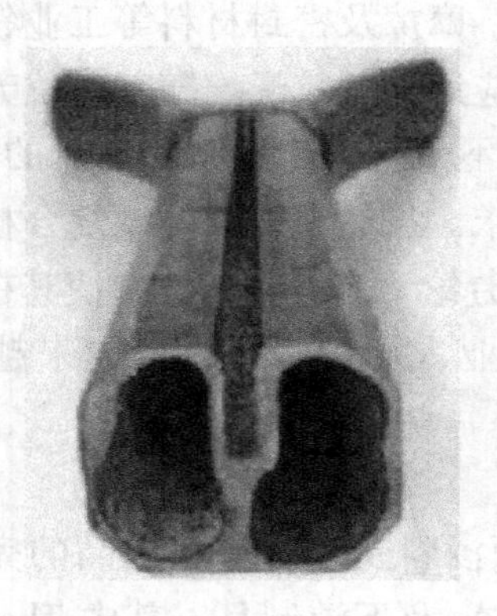

图 12－4　CF/尼龙纤维混杂纱编织的网球拍柄

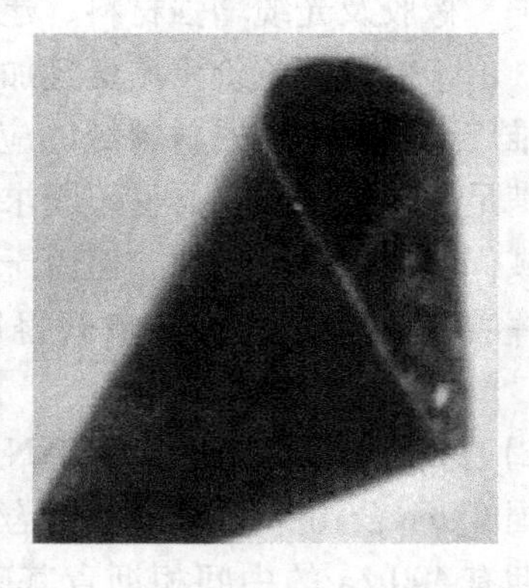

图 12－5　FF/PPS 混杂纤维编织物制的异形管

美国 PlastiComp 公司是专业从事设计、分析、CFRTP 母粒制造和模塑物生产的企业，除长碳纤维（LCF）和玻纤（LGF）增强 N－66、N－6、PP、PU、PEEK 和 TPU 半透明系列树脂外，还有对位芳酰胺纤维和不锈钢丝及其混杂纤维增强热塑性树脂产品。

美国商场上已出售鞋底含碳纤维织物的运动鞋，具有穿着舒适性，且鞋底不会断裂（图 12－6）。

图 12－7 为 LCF 和 LGF 增强 PP、N－6、N－66、TPU 的拉伸强度对比，并与镁、铝、不锈钢和钛作比较。图 12－8 对比了 LCF、LGF 与短碳纤维（SCF）和玻纤（SGF）增强 N－66 的拉伸强度与密度。用途包括弓箭、棒球棒、橄榄球运动员面部护具等（图 12－9，彩图 11）。

图 12－6　鞋底含碳纤维织物的运动鞋

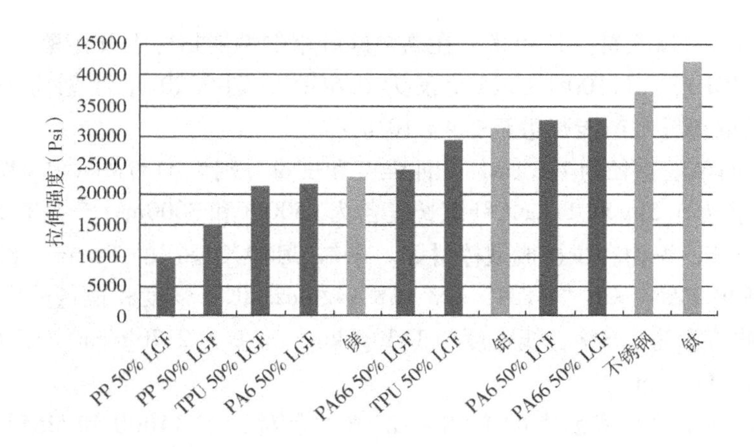

图 12－7　LCF 和 LGF 增强 PP、N－6、N－66、TPU 的拉伸强度对比及与金属对比

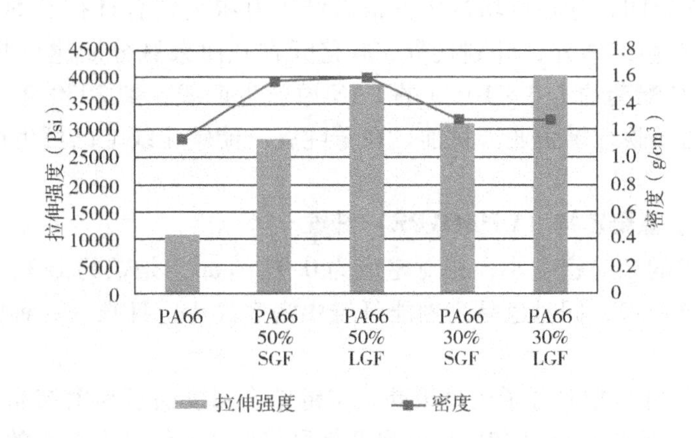

图 12－8　LCF、LGF 与 SCF、SGF 增强 N－66 的拉伸强度与密度对比

据调查，日本 PAN－CF 的总产能约为 7.5 万吨/a，其中东丽的产能为 4.6 万吨/a，是世界级生产厂家，品种有近 20 种，从原丝至 CFRP 部件形成了完整的产业链，而且大

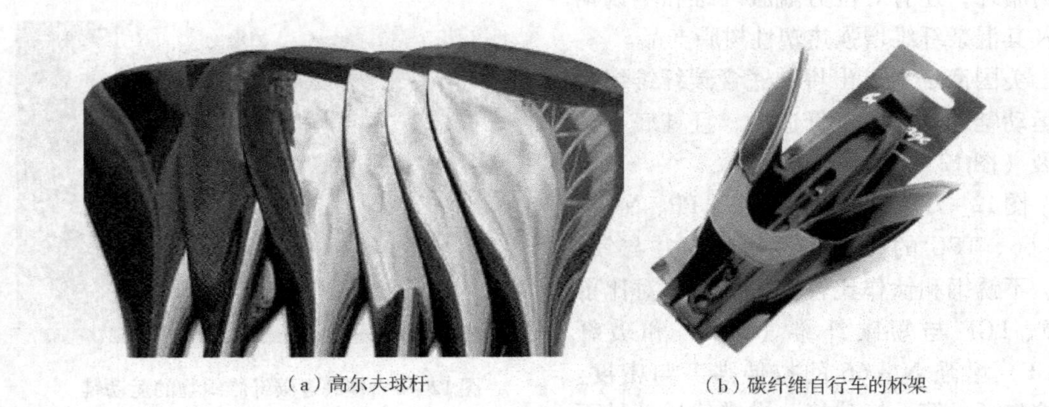

（a）高尔夫球杆　　（b）碳纤维自行车的杯架

图 12-9　LCF 和 LGF 增强材料的一些用途

小丝束的产能均居全球之首。近年来，在高端碳纤维的性能指标上开始落后于 Hexcel 和三菱丽阳（均达 7GPa），T1100G 的强度仅为 6.6GPa。到 2020 年计划将所收购的美国 ZOLTEK 的大丝束碳纤维产能翻番至 2.4×10^{4}t/a。

PANEX 35 的单丝直径为 7.2μm，拉伸强度和模量分别为 4137MPa 和 242GPa，密度为 $1.81g/cm^3$，卷装为 5.5kg 和 11kg，纤维长度各为 1500m 和 3000m，产品有 50K 丝束、短切纤维、研磨纤维、织物和拉挤成型棒材等。东邦 TENAX 公司的 Tenax 碳纤维共有 20 个品种，其中镀镍的 PAN-CF "HTS40 A23 12K 1420tex MC" 强度和模量分别为 2900MPa 和 225GPa，断裂伸长率为 1.3%，线密度为 1430g/km，密度为 $2.70g/cm^3$，直径为 7μm，导电率为 $1.0\times10^{-4}\Omega\cdot cm$。

目前，我国基本已配齐所需的 PAN-CF 基本品种，但 T1000 和 M55J 尚未产业化，强度 7GPa 和 M60J 和 M65J 商品还未研制成功，超高性能和低成本品种拉大了与我国的差距。我国的康得集团，除在廊坊的中安信碳纤维有限公司合计拥有 5000t/a 的小丝束和大丝束 PAN-CF 生产线外，计划投资 500 亿元在威海荣城分期建设共 5×10t/a 的大丝束 PAN-CF 及其配套约 1.3×10t/a 的 PAN 原丝生产线，到 2030 年，有望形成可与东丽平起平坐的超级碳纤维企业。目前，在千吨级产能碳化线上已可生产 T1000 水平的碳纤维。

（四）超高分子量聚乙烯（UHMWPE）纤维

UHMWPE 纤维的相对密度小，相对密度为 $0.97g/cm^3$，是铝的 1/3、钢的 1/8，是芳纶的 2/3，碳纤维的 1/2，同时也是高性能纤维中密度最小，且唯一一种能够漂浮在水面上的高性能纤维。

由于 UHMWPE 纤维相对分子质量极高，主链结合强度高且高度结晶取向，赋予纤维很高的强度和模量。它的比强度和比拉伸强度是目前高性能纤维中最高的，其比强度比芳纶、碳纤维分别高了 35%、50%；其比模量仅低于碳纤维，是芳纶的 2.5 倍。由于 UHMWPE 纤维化学结构单一，具有高结晶度和取向度，分子链排列得很紧密，因此，它耐强酸、强碱及多种化学试剂。与芳纶比较，其耐化学腐蚀性能更好，水对它的强度几乎没有影响，只有极少数有机溶胶能使纤维产生轻度溶胀。

UHMWPE 形成的复合材料无论是在低温条件下还是在高应变率条件下，其力学性能和抗冲击性能都较好。UHMWPE 纤维耐日晒性能较好，经过 1500h 光照之后，纤维强度保持率仍大于 60%，而其他纤维的强度将小于 50%。还耐 γ 辐射和电子射线等高能辐射。当辐射的能量为 3MJ/kg，纤维的强度仍可正常使用。还具有良好的耐紫外线辐射、耐磨损、电绝缘性能、耐低温、自身润滑、抗疲劳性和抗弯曲性等特性。

用 UHMWPE 纤维制成的绳索、缆绳、船帆和渔具适用于海洋工程，是该纤维的最初用途。普遍用于负力绳索、重载绳索、救捞绳、拖拽绳、帆船索和钓鱼线等。UHMWPE 纤维制成的绳索，在自重下的断裂长度是钢绳的 8 倍，是芳纶的 2 倍。该绳索用于超级油轮、海洋操作平台、灯塔等的固定锚绳，解决了以往使用钢缆遇到的锈蚀和尼龙、聚酯缆绳遇到的腐蚀、水解、紫外降解等引起缆绳强度降低和断裂，需经常进行更换的问题。

在体育用品上已经制成安全帽、滑雪板、帆轮板、钓竿、球拍及自行车、滑翔板、超轻量飞机零部件等，其性能较传统材料为好。

（五）硼纤维

硼纤维是重要高科技纤维之一，实际上它是一种复合纤维。通常它是以钨丝和石英为芯材，采用化学气相沉积法制取。最早开发研制硼纤维的是美国空军增强材料研究室（AFML），其目的是研究质轻、高强度增强用纤维材料，用来制造高性能体系的尖端飞机。随着商业规模生产，硼纤维应用领域延伸到宇航用品、体育娱乐用品以及工业用品，硼纤维的生产方法有化学气相沉积法（CVD）乙硼烷（diborane）的热分解及熔融乙硼烷的生产方法，到目前为止，CVD 是最经济的方法，其制备方法通常是使用直径为 12.5μm 的钨丝作为芯材，通过反应管由电阻加热，三氯化硼（BCl_3）和氢气（H_2）的化学混合物从反应管的上部进口流入，加热至 1300℃左右，经过化学反应，硼层就在干净的钨丝表面上沉积，制成的硼纤维被导出。硼纤维的优异特点是高强度、高模量，可用来增强树脂和金属材料。硼纤维增强环氧树脂型体育运动器材是高强、高模纤维增强塑料中性能最好的一种复合材料。

（六）碳化硅纤维

碳化硅纤维拉伸强度大、模量高、耐热性好（可耐 1250℃的高温）、相容性好，碳化硅纤维有两种制备路线，一种是先驱体转换法，另一种是化学气相沉积法。先驱体转换法是由日本东北大学矢岛圣使教授发明，日本碳公司于 1983 年完成批量生产开发，并以 NICALON 作为产品名称。1984 年，日本宇部兴产公司以低分子硅烷化合物与钛化合物合成有机金属聚合物，采用特殊纺丝技术，制成性能更好的碳化硅纤维，称为 TYRANNO，之后美国 DOW CONING 公司也开始生产。我国长沙国防科技大学研制开发出了先驱体转换法生产碳化硅纤维的方法，分别命名为 KD－Ⅰ型、KD－Ⅱ型和 KD－SA 型 SiC 纤维。碳化硅纤维具备拉伸强度大、模量高、耐热性好的特点，所以，用其复合材料制成的体育运动器材具备抗压、抗冲击及耐磨的特性。

（七）混杂纤维

混杂纤维增强是指两种短纤维混杂或两种长丝单向增强体育运动器材，也可以是两种不同纤维组成的包芯复合纱作增强材料。混杂纤维增强复合材料除了具有单一纤维优点之外，还具备另一种纤维的特殊性能，它可满足不同的应用需要的体育运动器材，做到优势互补。

混杂复合材料研究的重要意义在于：节约成本，通过采用便宜的纤维取代昂贵的纤维来降低成本；通过对所用纤维及其体积含量的优化选择，从而达到较宽范围的物理和机械性能；可以得到独特的单项或组合的性质，这是只用单一类型纤维所不易得到的。

二、文体与休闲用纺织品原材料

（一）运动衣原材料

与肌肤相贴的运动衣常常是平纹或缎纹机织物，连续长丝制作的经编织物和短纤维制作的纬编针织物被广泛地用于制作运动衫。聚酰胺、棉、聚酯/棉和聚酯/黏胶是运动衫中的常用纤维。在实际运动中，合成纤维最受欢迎，因其不会像棉织物那样留住湿气，所以在出汗时不会加重分量。合成纤维运动衣还有较好的尺寸稳定性。如今高科技运动服中，合成纤维可提供三种所需性能：保暖、抗风、湿分散、质轻；有天然纤维的舒适感；风格与色彩多变。

采用高科技，棉花与羊毛这类天然纤维也能用于高性能运动服与户外运动服，现在可以用棉花制成防风、透气和防水服。

Spandex 是一种超细聚氨酯纤维，它能被伸长到原来的 5 倍长度，并能立即恢复原状。Lycra Spandex 这种弹性纤维被广泛地用于游泳衣、溜冰服和体操服，它贴身、可伸长但无受限制感。Spandex 与其他纤维如棉、丝、人造纤维、羊毛、聚酰胺纤维、Supplex、Tectel、聚丙烯纤维、美里奴羊毛、安哥拉棉毛、甚至开司米等混合，用来制作各种运动衣。

田径运动服、冬季运动服等这类质量较重的织物常用聚酰胺、聚酯、聚丙烯腈及它们与醋酯纤维、棉、羊毛的混合物，这些织物可加工拉毛起绒作里子以保暖，也可以将其制成松捻织物，以确保穿着舒适。

职业体操运动员不愿意在闲季放弃有氧锻炼，他们需要那种能免受风雨侵害，又能散发运动所产生的热气的服装。棉、毛与鹅毛会让汗水浸涨，潮湿的织物与干燥的织物相比，能使身体冷 25 倍。因此，聚酯纤维取代了鹅毛，聚丙烯纤维取代了羊毛。聚丙烯的原料来源于石油，实际上聚丙烯纤维不吸湿。织物制作商综合使用各种纤维材料，设计制造出高级合成纤维织物，如用疏水性织物作里层，它可以使汗水离开肌肤，排到外层亲水性织物上，汗水在外层很容易蒸发。

1976 年，W. L. Gore & Associates 开发出一种新型膜材料 Gore - Tex，该材料对体育运动与运动服作出了卓越的贡献。Gore - Tex 是一种薄膜，或者说是一种层压材料。该薄膜每平方米上有百万个微孔，由于其与织物的相容性，它使常规织物既防水又透气，因其微孔比水滴小，但又比水气分子大，因此，雨水不能通过，湿气能透过织物向外蒸发。1985 年，加利福尼亚州伯克利的 Thoratec Laboratories 公司的一个子公司开发了一种材料，名为 Bion Ⅱ，它不同于 Gore - Tex，这是一种连续性薄膜，汗水通过该薄膜散发出来并蒸发到外面。

Bion Ⅱ也可以与织物直接层压，它本身很薄，与织物层压之后手感好，悬垂性好。此后，人们又相继开发出几种膜，使防水透气类织物得到较大的发展，其用途也更加广泛。

100%的丙烯腈系纤维织物用于猎装，织物通常需经过防雨与防污处理。织物的颜色与图案可根据不同的场合改变。还可以将其制成高能见度织物或低能见度织物，根据不同的用途，制作伪装服。

（二）球类运动器材原材料

将玻璃纤维与其他纤维结合在一起使用，如石墨纤维、陶瓷纤维等，其目的是要增加网球拍的强度与耐久性。现在制造商使用陶瓷纤维、石墨纤维、硼纤维、玻璃纤维与芳纶的机织物与树脂黏合在一起的新材料，这种结构的复合材料在网球拍中起着十分重要的作用。复合材料网球拍的性能大大优于木材和铝材。纤维与树脂交联所制成的网球拍十分耐用。

石墨纤维是应用于复合材料比较好的纤维，因其具有质量轻、耐久的双重性能，同时增强了球拍的爆发力，使球拍易于控制。石墨的缺点就是材料的成本高。石墨纤维网球拍比铝合金球拍坚固 5 倍，比传统的木材坚固 30 倍。其他用于航天方面的纤维，如芳纶、硼纤维与碳纤维联合使用可制造出品质极好的网球拍，硼纤维复合材料比钢硬 6 倍，比铝硬 5 倍。

某些名牌高尔夫球棒是用硼纤维与具有高弹性模量的石墨纤维手柄组成的，就重量而言，其比刚度、弹性模量要超过传统高尔夫球棒 7 倍。高模量、高强度是轻质手柄非常理想的性能。

（三）塑胶跑道原材料

国际上的体育运动场地铺装材料可分为天然高分子材料和合成高分子材料两大类，天然高分子材料为天然橡胶，合成高分子材料主要是聚氨酯材料、聚乙烯和聚丙烯材料，而聚乙烯和聚丙烯材料主要是用于做人造草坪。天然橡胶跑道和人造草坪的铺设采用在工厂内预制成卷材，然后用聚氨酯黏合剂粘贴在沥青或水泥地面上。

塑胶跑道又称全天候田径运动跑道，它由聚氨酯预聚体、混合聚醚、废轮胎橡胶、EPDM 橡胶粒或 PU 颗粒、颜料、助剂、填料组成。塑胶跑道具有平整度好、抗压强度高、硬度弹性适当、物理性能稳定的特性，有利于运动员速度和技术的发挥，有效地提高运动成绩，降低摔伤率。塑胶跑道是由聚氨酯橡胶等材料组成的，具有一定的弹性和色彩，具有一定的抗紫外线能力和耐老化力，是国际上公认的最佳全天候室外运动场地坪材料（图 12－10）。

目前，主流的塑胶跑道一般采用 SBR 橡胶颗粒、EPDM 橡胶颗粒、聚氨酯胶水和其他辅料，现场铺装而成。

聚氨酯塑胶跑道是 20 世纪 60 年代中期发展起来的一种新型体育设施，最早由美国明尼苏达采矿制造，并在 1961 年首次铺设 200m 的赛马聚氨酯塑胶跑道，1963 年开始铺设体育田径运动跑道。1968 年在墨西哥召开的 19 届奥林匹克运动会正式采用美国“3M”公司的聚氨酯塑胶跑道，世界田径比赛纪录不断刷新。由于其具有弹性好，强度高，耐磨防滑，色彩鲜艳的特点，并具有良好的田径运动使用性能，体育界认为：聚氨酯塑胶跑道是世界运动设施技术进步的标志之一，从此，国际奥委会和各项运动专业委员会都正式把塑胶跑道定为国际体育比赛必备的设施。

图 12－10　渗水透气性塑胶跑道材料

我国应用塑胶跑道的起步较迟。直到 1979 年 9 月，北京工人体育场首次采用聚氨酯塑胶跑道。1998 年，全国塑胶跑道的原料生产厂家已有 30 多家，原料产量 5000t。2010 年前，除了用于国际比赛的场地外，95% 以上的运动场跑道仍然是煤渣跑道，既不利于运动员的日常训练和竞赛水平发挥，又易造成体育环境的污染。随着世界体育运动的发展，国际田联最近明确规定："凡举办奥运会、世界锦标赛、世界杯赛和国际田联承认的各项比赛，只准在国际标准的人工合成跑道上举行。"

（四）运动场地面、草坪与场地遮盖物的原材料

人造草坪的绒头纤维即带子状纤维为抗磨的聚酰胺 66，其底布织物通常是由高强度聚酯帘子线制成的，该底布铺在泡沫衬垫上，泡沫塑料垫是软垫。

从毛毡型人造地面的横截面看，从上到下依次为毛毡表层或称纤维绒头、表层所连接的基层织物、垫子或减震层（纤维或类似橡胶层）和有排水装置的坚固地基。毛毡通常是由密实的针刺合成纤维制成，如聚丙烯纤维等。纤维经过熔焊不会掉毛。在有些应用中，高密度的丙烯腈系纤维被针刺入机织聚丙烯基础织物。

赛车场用全天候人造草皮由固态 PVC、聚氨基酸酯与其他聚合物组成。这些材料与混凝土或沥青基黏合在一起，典型的赛车场人造草皮结构从上到下依次为有韧性和弹性的聚酰胺纤维、面层抗冲击垫、细密沥青碎石、沥青碎石及沥青路面结合层、碎石或大石块层和压实土壤。

棒球场遮盖物广泛使用的是聚氯乙烯涂层织物或层压织物。聚氯乙烯具有防水、防霉并保护织物不受阳光中的紫外线照射的作用。树脂中添加增塑剂可以使织物在零下 40℉的气候里防裂。层压织物与涂层织物都可用作场地遮盖织物。聚酯和聚酰胺是最常用的遮盖织物中的支撑织物。在不同温度下，聚酯有很好的尺寸稳定性，还有较好的防紫外线性能。聚酰胺被认为比聚酯更适合作为场地遮盖物，但它有收缩的倾向。

第二节　文体与休闲用纺织品专用设备

一、圆编成形设备

最早的无缝针织机为袜机，已有多年的历史。现有的全成形技术可以在一台袜机上形成完整的成品，免去后道的缝头工序。无缝成形圆机的最初设想来源于袜机。1984 年意大利胜歌（Sangiacomo）公司申请了无缝内衣针织机的专利。1988 年意大利圣东尼（Santoni）公司通过对先进技术的不断研究，使得无缝内衣产品开始大批量进入市场。目前，引领无缝成形圆机潮流的主要是以下几家公司：意大利圣东尼、胜歌公司和德国迈兹（Merz）公司。

2010 年亚洲市场的无缝产品占全球总量的 80% 以上，共出口无缝内衣 73.07 亿件，从发展趋势来看，无缝服装将逐步成为传统纺织服装的升级替代产品。国内无缝内衣机售价大约 10 万元/台，包括国外进口和国产无缝内衣机，目前，国产机年产量为 8000 ~ 10000 台。国内无缝针织机生产商主要集中在浙江和福建，浙江义乌目前拥有百余家生产企业，产量占全国的 80%，已经成为全国乃至世界无缝内衣的最大生产基地之一，年产值近 40 个亿。

二、横编成形设备

电脑横机制造成形产品的能力是非常卓越的，现有的电脑横机都能编织成形衣片，部分电脑横机还能编织全成形产品，即一次可织出一整件衣服，无须任何缝合，实现真正意义上的全成形无缝产品。

继 1979 年斯托尔（Stoll）公司开发出第一台电脑横机 CNCA – 3，1995 年日本岛精（Shima Seiki）公司推出世界首台全成形无缝合电脑横机 SWG。目前，可以制造专用于全成形服装编织的四针床电脑横机的只有斯托尔公司和日本岛精公司，四针床电脑横机的两个附加针床用于移圈、翻针，可提高服装的花样性，改善织物的外观风格。

我国从 2000 年开始逐步研制与开发电脑横机；2008 年起，我国电脑横机开始出现爆发式增长，行业销量从 2008 年的不到 2 万台，快速增长至 2010 年的 9.6 万台，2011 年销量为 10 万台；2012 年开始呈下滑趋势，销量降至 6.3 万台，2013 年和 2014 年仍在持续下滑。我国电脑横机产业链完整，生产厂家多达上百家，横机品种丰富但是同质化严重，因此，加强新产品研发力度，提高产品附加值，提高机器稳定性、可靠性，是未来我国电脑横机发展的趋势。

三、经编成形设备

全电脑控制双针床贾卡拉舍尔经编机是一种完全的现代化机器，制造精密、结构复杂，对机构间相互协调控制的要求高，可生产一次成形的无缝直筒管型服装。该机器主要由成圈机构、横移机构、送经机构以及牵拉卷取机构配合集成控制系统共同构成。

国内经编成形设备约有 400 台，其中卡尔·迈耶（Karl Mayer）占 50 台，国产约 350 台，以加工袜子、连体衣等订单为主，主要面向国外市场。国外产经编无缝设备主要由德国卡尔·迈耶和意大利圣东尼公司生产，机速最高可达 900r/min，机号最高可达 32 针/25.4mm。国内全电脑控制双针床贾卡拉舍尔经编机制造厂商主要包括常州市润源经编机械有限公司、常州五洋及常州市中迈源纺织机械有限公司，其机速最高可达 600r/min，机号最高可达 30 针/25.4mm。今后经编成形设备要进一步提高机号，结合双针床、贾卡和多梳栉使经编无缝服装花型更丰富、更精致、层次更立体。

四、网状类针织物及生产设备

网状类织物又称渔网，包括渔业用网、建筑安全网、植物遮阳网、体育用网等。组成渔网的基本结构为网线构成的镂空几何多边形，多边形的顶点称为结节。根据构成结节网线之间的相互位置关系的稳定性，结节分为有结型和无结型。有结型结节构成的渔网在受到外力作用时，多边形的形状可能会发生改变，但相邻结节之间的距离不会改变。无结型结节构成的渔网在受到外力作用时，多边形的形状和相邻结节之间的距离都可能会发生改变。图 12－11（a）是有结型结节构成的渔网，图 12－11（b）和图 12－11（c）分别是 2 种无结型结节构成的网状类织物。在各类网状织物中，有结渔网的结点相对稳定，对鱼体的伤害较轻，所以在渔业生产和养殖中普遍使用有结渔网，对应的市场需求量和设备需求量都较大。

（a）有结型结节

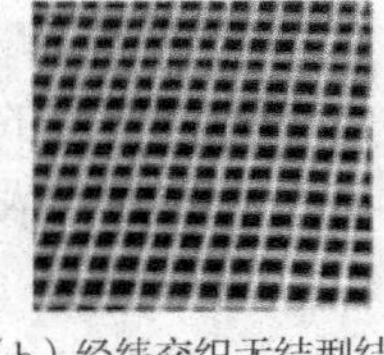
（b）经纬交织无结型结节

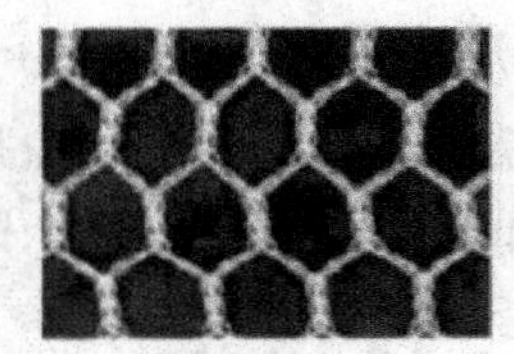
（c）经编无结型结节

图 12－11　不同结节类型及相应网状类织物

1. 无结型渔网设备　经纬交织无结型渔网由剑杆织机织造，其织机结构与编织一般面料的剑杆织机结构基本相同，只是机号较低，因此，整机的发展水平与剑杆织机的发展情况有关。经编无结型渔网由少梳栉经编机编织，一般采用梳栉数为 2～8 把的双针床或少梳栉单针床机型，机号 E2～E22，织针采用舌针或复合针。编织无结型网状织物的单针床少梳栉经编机，最早由卡尔·迈耶公司开发，早期市场使用的均为该公司的产品。这类机器结构相对简单，国内有多个企业生产，价格相对也较低。国内市场使用的机器，除了少量二手机器是卡尔·迈耶公司生产之外，其余基本上都为国产机器。目前，这类国产机器的成圈机械传动系统大多采用开式结构，凸轮、偏心轮、连杆机构等的润滑效果差，整机制造精度低，整机转速偏低，价格也较低（十几万元/台）。由于这类机器的整体市场需求不是很大，各个生产企业对此重视不够，导致其性能远不如其他类型经编机的技术发展水平。国内多梳栉经编机的最高转速已经达 1000r/min 左右，少梳栉经编机最高转速也已经达到 2000 多 r/min。

2. 转钩型有结渔网设备　有结型渔网由转钩型渔网机编织，为了实现打结编织过程，有结渔网机主要采用上钩、下钩和孔板 3 个主要机件的配合实现对网线的“打结”、横移等。由于整机有上钩和下钩 2 种钩针，而且在一个编织周期中，上钩牵引网线旋转两周半以实现打结，所以也称这类编织设备为双钩型渔网机或转钩型渔网机。有结渔网机按照结节是单节或双结可分为单结型和双结型渔网机，两者的不同点在于梭距、网目、机器的幅宽、线盘直径等略有差异，适合编织网线的粗细也有所不同，而运转速度为 10～30r/min。国内有结型渔网机的主要结构仿制于 20 世纪 70～80 年代日本的同类产品，几十年来，机器的主要结构未有太大改动。由于整机的运动、配合复杂，编织机件的动作共有7个独立的运动机构，分别采用了平面连杆凸轮组合机构、空间连杆凸轮组合机构、平面连杆凸轮齿轮齿条组合机构等，因此，在分析与设计过程中，对机构的结构、运动和动力学等方面的知识提出了很高的要求。正是这方面的限制，目前国内所有生产厂家生产的机器仍然是对以前引进设备的简单模仿，并没能对原有机器的结构进行大的改进或创新，所以，整机的性能没有明显提升。目前，生产上使用的有结型渔网机的整机转速大多在20r/min左右，生产过程中噪声很大，经线断头频繁，工人接头工作强度较大，整机生产效率较低。编织出的网片有较多漏针，出现网洞，需要再由人工进行修补，既增加了人工成本，又影响了产品质量。

五、缝编类层状织物及缝编机

缝编是通过经编线圈结构对各种材料或其组合层进行缝制，或在机织布等底基材料上加入经编结构，产生毛圈效应，构成底布型毛圈织物。产业用缝编织物较多应用于人造革底布、高强度传送带、绝缘材料等。

表12－1列出了国内外缝编机两家主要生产厂家产品的情况，即德国的马里莫公司（现已与德国卡尔·迈耶公司合并）和国内的常州市润源经编机械有限公司。两家公司的产品结构基本相同，与轴向类经编机产品一样，国内产品的差距主要体现在转速、可靠性、稳定性等方面。缝编机产品市场相对较小，原因有以下两点。

表12－1　国内外缝编机主要生产厂家产品情况

生产厂家/国别	型号	梳栉数（把）	针型	机号	门幅（mm）	转速（r/min）	应用
马里莫/德国	马里莫K－2、K－2－S/G、P2－2S、P2－2S/G	1～2	复合针	3.5～18	1600、2800	1000	生产“三明治”结构织物，两层玻纤短切纱中间夹一层非织造布
	马利瓦特	1～2	复合针	3.5～22	2900、4150、5150、6150	1000	对纤网等底布进行缝编
	马利伏里斯	1～2	复合针	3.5～22	2900、4150、5150、6150	1000	人造革底布、汽车内衬织物、土工布等
	库尼特	1～2	复合针	3.5～22	2900、4150、5150、6150	1000	内衬里布、长毛绒、汽车内装饰等
	马提尼特	1～2	复合针	3.5～22	2900、4150、5150、6150	1000	汽车坐垫、过滤布、绝缘材料等
	斯尤柏尔	4	复合针	12、16	2700	1000	毛圈织物

续表

生产厂家/国别	型号	梳栉数（把）	针型	机号	门幅（mm）	转速（r/min）	应用
润源/中国	BS1－F	1	复合针	7	2400、2600、2800、3300	50～900	短切小段玻璃原丝缝编成片状物
	BS1－2F	1	复合针	7	2600	50～800	生产“三明治”结构织物，两层玻纤短切纱中间夹一层非织造布
	BSM2/1－F	1	复合针	7	2400、2600、2800、3300	50～600	横向衬入纬纱，如普通长丝、短纤维纱线，玻璃石棉纤维、棉条或粗纱等，缝编成片状物
	BS1－V	1～2	复合针	9、4、18、20、22	2800、3300、3600、4400、5600	50～1500	松散或预缝制过的纤维网进行加工，应用于家用装饰、卫生用品、鞋和服装里料等

（1）缝编产品多为产业用，用量没有服装用或家用纺织品那么大，缝编单机效率又较高，所以，这就决定了市场整体需要的缝编机台套数总量不会太多。目前，我国缝编机总保有量约为300台套，织物产品已经基本能满足市场要求，因此，市场不会对缝编机有大量需求，但会有少量产品更新需要。

（2）缝编机的编织工艺与新近发展起来的双轴向经编机的编织工艺基本相同，缝编机可以生产的织物品种，完全可以由双轴向经编机替代生产。缝编机受穿纱空间位置限制，梳栉数一般为1～2把，双轴向经编机的梳栉数则没有这种限制。

第三节　文体与休闲用纺织品工艺技术

一、防水透气透湿功能性复合布的加工技术

（一）层压复合织物的加工技术

热熔黏合技术是20世纪80年代末期开始研究开发的，20世纪90年代中期开始高速发展的技术，它使用的反应型热熔胶，其黏合机理为：反应型热熔胶在抑制化学反应的条件下，加热熔融成流体，以便于涂覆；两种被黏体贴合冷却后，胶层凝固起到黏结作用；之后借助于存在空气中或者被黏体表面附着的湿气与之反应、扩链，生成具有高聚力的高分子聚合物，使黏合力、耐热性等显著提高。其具有应用面广、对环境污染小、低能耗等优点。

工艺流程：织物→热熔黏合→层压复合→成品。

使用经特殊处理的面料，选择合适的薄膜和黏合剂，在进口的层压复合设备上进行复合加工。

关键技术主要包括以下三方面。

1. 面料的处理　使面料得到相应的风格，同时具有很好的黏合性能。

2. 薄膜的选择　根据产品的要求，选择合适的厚度（0.005～0.05mm）和透湿量[1000～10000g/(m^2·24h)]的薄膜。

3. 黏合剂的选择　根据面料和薄膜的特性，选择合适的黏合剂，保证最佳黏合效果。

（二）涂层织物的加工技术

工艺流程：织物→前处理→烘干→涂层→烘干成膜→后处理→焙烘→成品。

关键技术包括以下两方面。

1. 涂层剂的配制　根据成品的要求，选择合适的涂层剂进行复配。

2. 涂层工艺条件的控制　根据涂层剂的性能、面料的性能、成品的质量要求，确定涂层的厚度、烘干的温度等。

二、球类运动器材的加工技术

高性能产业用纺织品可以与树脂相结合，直接模压成特殊形状的设备与器材，这比后来加装零部件要好得多，同时也节约了生产成本，保证了复合材料的可靠性。在竞争力很高的网球拍工业中，制造商在不断地研究更好、更坚固、更耐久的纤维制成新型、性能不断改进的网球拍。

机织或针织网球毡可以制成网球，薄膜织物用于制作露天网球场的挡风屏，耐用的聚乙烯单丝用于制作球网。

已经开发出两种重要的复合材料球棒，即石墨复合材料球棒与木头复合材料球棒。石墨复合材料球棒是在自动化长丝缠绕机上制成的，这些机器能精确地配置好坚固的石墨纤维与玻璃纤维，用环氧树脂将这些纤维连续地黏合在一起制造出中空球棒结构。木头复合材料的实芯部分是用高强度材料制成的，其制作材料是用树脂浸渍过的合成纤维与纱线。球棒的表层材料是白腊树，木头复合材料外观非常像传统的硬木球棒，但它不像硬木球棒那样容易折断。对这类复合材料进行测试显示虽然经受3000次撞击，其质量没有下降。

三、塑胶跑道的加工技术

塑胶跑道的主要成分是聚氨酯弹性体，其基本原料可分为聚醚多元醇等无毒原料、催化剂和多异氰酸酯（主要为TDI）。目前工艺一般为双组分工艺。即在原料厂由过量的多异氰酸酯和聚醚多元醇反应制得含异氰酸酯端基的预聚物（甲组分）和以聚醚多元醇、无机填料、颜料、增塑剂、抗氧化剂和紫外线吸收剂等混配的乙组分。施工队在施工现场将从原料厂家购得的甲、乙组分大桶料在现场混合设备中混合后，再加入一种催化剂，利用机械或手工施工铺设，铺设好的跑道在几小时后表面即可固化，3～7天完全固化。一般10天后交付使用。（以上乙组分中的聚醚多元醇、无机填料、颜料、增塑剂、抗氧化剂和紫外线吸收剂是在各种塑料中广泛使用的安全性原材料，其中大部分还可用于食品行业的包装材料。）

目前，主流的塑胶跑道一般采用SBR橡胶颗粒、EPDM橡胶颗粒、聚氨酯胶水和其他辅料，现场铺装而成。塑胶跑道主要有三种类型：传统型、复合式、透气式。主要涉及聚氨酯材料有双组分弹性体和单组分胶水。聚氨酯跑道类产品包括双组分弹性体产品体系以及单组分聚氨酯胶水体系。这些都为100%固含量产品，不含溶剂、有毒增塑剂、有机重金属催化剂等毒性污染物。作为跑道配方的原料，杜绝了剧毒品和致癌物来源。

四、运动护具的加工技术

由于三维织造技术能直接织造不同形状的异型整体件，还可以按要求对纱线结构进行设计，因此，三维织物复合材料的力学性能和其他性能具有可调节性，这在制作运动型护具方面有很好的优势。

目前，主要采用三维针织、编织和机织技术来制备三维织物复合材料。其中三维针织技术主要用于织造经编织物；三维编织技术则可生产各种形式的预制件；三维机织技术由于可在专用设备或稍加改造的普通设备上使用，且生产效率较高，成为应用最广泛的技术之一。三维织物复合材料织造技术同样具有多样性，因此，采用三维织造技术不仅使直接织造不同形状的异型整体件成为可能，还可以使三维织物复合材料的纱线结构具有可设计性，从而达到了对三维织物复合材料力学性能和其他性能进行调节的目的。

高性能纺织复合材料还可以通过运用复合固化工艺对三维织物复合材料制件进行加工而获得。目前，树脂传递模塑（RTM）工艺和树脂膜溶渗（RFI）工艺是三维织物复合材料复合固化的主要工艺。RTM 工艺是先向一个填满纤维增强材料的密闭模腔内注入液态树脂并加压，利用压力使其浸透增强纤维，然后加热固化成型。RFI 工艺是在 RTM 等工艺基础上发展的一种新工艺技术。使用这两种工艺都可以制得尺寸精确、纤维含量高的优质复合材料产品。在对采用复合固化技术制备的复合材料进行力学性能测试时发现：采用三维织物增强的树脂基复合材料的冲击损伤面积更小，三维织物增强的碳基复合材料的拉伸强度更大，三维织物增强的陶瓷基复合材料的弯曲强度更高。结果表明，通过复合固化技术可以大大提高三维织物复合材料的力学性能。

采用三维机织技术可以整体织造具有回复性能的高弹性筒型护具，如护肘、护腕、护膝、护踝等。

三维弹性机织物是一种三维立体结构的纺织产品，通过层间的组织变化，可以实现整个织物的高弹性回复性能，使该织物具有良好的抗压弹性，可以根据关节和肢体的形状整体织造起固定和保护作用的护踝、护膝、护肘、护腕等。

运动型护具大多是贴身使用，因此不仅要有防护功能，还要有良好的热湿传递功能。三维针织间隔织物独有的三维结构表现出的优点是防止湿气和热贴近皮肤，并在人体周围产生良好的微气候，利用其结构特点可以设计和织造出紧贴皮肤层即表层具有拒水性，中间层用于湿气和空气的流通，最外层具有良好的吸水性，能够很好地吸热和散热的新型三维运动型护具。

利用三维织物的复合固化技术不仅可以提高纺织品的舒适性和使用性能，还可以获得具有较强抗冲击性的复合材料，如 D30 材料和硅树脂三维织物复合材料，将硅树脂注入一个三维织物空间的纺织品中，不仅能够通过控制灌注的程度使织物保持良好的透气性以满足舒适性要求，还可利用硅树脂的膨胀特性提高织物的抗冲击强度。所做成的复合材料要比其他防护材料薄，不需要专门定型，设计师可以根据需要设计出各种形状、颜色及厚度的防护服，它易于裁剪，固定，组装方法简单，这种织物在制成用于摩托车手或足球、橄榄球等接触式运动的高效防护服时，能起到更好地保护运动员身体的作用。另外，它还可以用于制作其他防护器具，如头盔、护腿板、护膝、垫肩、鞋子和手套，而且这种强力保护产品还具有透气性、柔韧性、穿着灵活性和轻便性的特点，这都是其他防护产品难以比拟的。

五、运动场地面、草坪的加工技术

天然草坪常用合成纤维进行加固，加固的方法有两种：一是将天然草皮卷起来，再将纤维网置于其下；二是将纤维网埋在土下，再将草籽播种在土上。纤维网是柔软的，抗腐蚀、多空隙，它可以让草根在纤维网之间伸展，并穿过纤维网。纤维网稳定了土壤，同时又防止了在体育运动过程中出现草被连根拔起，减少了草皮的损伤，改善了天然草坪的生长条件，即使有损坏也容易复原。

赛车场用全天候人造草皮大约厚10mm，由固态PVC、聚氨基酸酯与其他聚合物组成，表面防滑。这些材料与混凝土或沥青基黏合在一起，典型的赛车场人造草皮结构从上到下依次为有韧性和弹性的聚酰胺纤维、面层抗冲击垫、25.4mm厚细密沥青碎石、38.1mm厚沥青碎石及沥青路面结合层、152.4mm厚碎石或101.6mm厚大石块层和304.8mm厚压实土壤。

高尔夫球场应尽可能与正规球场相似，但同时应兼具耐用性和多功能性。种类繁多的经编针织物能满足这种要求，作为其支撑材料。开球处用拉舍尔经编人造草皮；击球回弹区由大面积经编间隔织物组成；球场四周使用经编安全网，可有效防止球场周围遭到高尔夫球的破坏。

开球处覆盖的人造草皮与最初的跑马场具有相似的结构和厚度，但更易于保养。这种人造草皮是在双针床拉舍尔经编机上生产的，从筒子架上抽取扁丝，织成双层织物，然后将其轴向剖成两块单独的人造草皮，并分别在织物反面涂上合成树脂。在双针床拉舍尔经编机上还可织出高密度均匀的毛绒，毛绒纱线能牢固地固定在底布上而无须背面涂层。这种人造草皮的一个优点是不需要通常草皮所需的大量修剪和虫草治理工作。

间隔织物种类繁多，由两块织物和中间相连的间隔纱组成。织物可以是密实组织或稀松织物，也可以是尺寸稳定的织物或弹性织物。间隔纱的密度以及纱线自身的密度都可以改变。

高尔夫球场四周安置的防护网安全地挡住击飞的高尔夫球，使球不在附近区域造成危害，同时也便于寻找高尔夫球。因为使用防护网隔开球场，减少了相邻球场的间隔，节省了空间。这种类型的网眼织物在特殊的拉舍尔机上生产，不同用途的轻型网或中重型网的额定幅宽可达6600mm。与传统的接结网相比较，拉舍尔经编网表面光滑无结，抗撕裂强度高，质量轻，安装方便。防护网具有防滑功能，安装时不需要任何辅助设备。

第四节　文体与休闲用纺织品的特殊性能要求

一、高性能运动服装的性能要求

（一）性能的功能化

目前，运动服趋向于更加轻薄、柔软、耐穿且易洗、快干。能在最大程度上发挥运动员的潜能，又能提高穿着的舒适性。

1. 温湿度调节性能　在温度控制织物领域最重要的发展是相变材料（PCM）的应用。相变材料可以根据温度的变化从固态转化成液态，而且在不同状态之间转变的同时，材料可以储存、释放或吸收热量。穿着具有温度调节功能的运动服，在运动员运动时，材料与人体相互作用，可以防止由于剧烈运动导致的温度升高所形成的“热量尖峰”。

由于湿度会直接影响穿着舒适性，所以对湿度控制的创新无疑会提高服装舒适性。在这方面最早最突出的贡献就是英威达公司的 CoolMax® 纤维，可以快速吸收皮肤的潮气并散发到外界环境中。此外，近几年 Nike 公司生产的 Dri FIT 面料和 swift 面料也具有排汗快速的特点，可提供优良的排汗功能及舒爽感。

2. 防水透湿性能　由于许多运动项目不可避免接触水，做到既防水又不阻碍运动产生的湿气的散发是保证服装舒适性的前提。目前，市场中该类面料大多是由高支高密纱线织成，其一方面可以阻止水分子从外界进入，另一方面又允许体内的水气散发到外界；或者采用泡沫聚四氟乙烯薄膜，水汽可以通过薄膜散失，而液态水则无法穿过。且具有拒油特性，可以防止因人体油脂污染而导致的薄膜透湿性的降低。

3. 防水拒油性能　由于荷叶表面有大量的微细凹凸结构，可以使水滴聚成球形而不至于润湿荷叶，因此，人们模拟荷叶的结构和功能，开发了防水拒油织物。它不仅可以防水拒油，而且还具有透湿性，可以广泛应用于室外运动服、滑雪服和普通服装。

4. 伸缩性能　大多数运动项目都是竞技性、对抗性很强的项目，队员的动作幅度很大，若运动服的伸缩性不好，就会使关节、肌肉活动的范围和活性受限，影响人体运动。所以，运动服拥有良好的伸缩性可以更好地增加服装的舒适性。此外，弹力服装对提高运动员的速度、耐力和力量等运动性能起到重要帮助作用。

（二）功能的多样化

由于环境的多变要求服装也必须能满足多种环境下的穿着舒适性，所以高性能运动服必须同时具备多种功能。例如，登山运动员在登山过程中可能会遇到大风、大雨、严寒等不确定的恶劣天气，这就要求他们所穿的登山服既能防雨、防风，还能保暖透气。

目前，世界上有代表性的薄膜复合防水透湿织物是美国的 Gore－Tex 和德国的 Sympatex，它们的产品属于当今世界上的顶尖水平。

防水透湿薄膜及其复合织物由于成功地解决了长期存在的防水与透湿两者不可兼得的难题而被人们称为“可呼吸布料”。由 PTFE 双向拉伸微孔薄膜构成，厚度为 20～70μm，孔隙率为 25%～96%，平均孔径为 0.18～1.3μm，约为水滴的 1/20000，比水蒸气分子大 700 倍，其耐水压为 90～170kPa，透湿量为 4000～17000kg/(cm^2·24h)，透气量为 0.3ml/(m^2·s)。因而具有良好的防水透湿防风功能。

聚四氟乙烯（PTFE）微孔薄膜具有良好的热稳定性及宽广的使用温度，可在 -200～260℃的温度范围内连续工作，熔点高达327℃，具有不燃性，优异的化学稳定性、抗酸碱性好，能耐许多高腐蚀性杂质，摩擦系数小，疏水性强。

优良的防水性使织物外侧的水不会穿透织物，浸到内侧。良好的透湿性又能使人体本身散发的汗蒸气通过织物扩散或传导到外界，使汗蒸气不集聚在体表和织物之间，人体没有发热的感觉。由于外界气流不能透过织物与人体接触，所以具有防风性。而保暖性体现在两方面，一是由于具有很好的防风性，从而阻止了衣服内暖空气外流和冷空气侵入；二是由于具有优良的透湿性，把人体的汗液及时地排出，保证衣服内微气候的干爽。如果透湿性差的话，人体的汗液无法以蒸汽的形式排出，在衣服内部形成冷凝水，在恶劣天气下，会因结冰而造成冻伤。

目前，许多运动服装公司都在生产适用于多种运动项目的多功能运动服，如运动服既可以跑步时穿着，也可以在骑车或做有氧健身时穿着，以此来吸引运动爱好者。

（三）设计的细节化

随着人体运动工程学研究的加深，由于人体不同部位在运动过程中的作用不同，需要运动服提供的性能也不同，所以高性能运动服的设计必然要细化到每个部位。例如，耐克的快衣系列运动服，根据人体运动时不同肌肉群的温度变化及风力的影响，手部用低摩擦力纤维，背部用一种大网眼材料，全身按体形分成29个部位，采用特别的热接合无缝设计，以达到理想的降温增速的效果。

（四）用途的专业化

根据各种运动项目的特点，为了更有效地提高运动成绩，高性能运动服的设计开发应该专业化。

1. 短跑运动服　对于短跑来说，0.01秒对提高成绩都是至关重要的，如果运动服能提升运动员的起跑和冲刺能力，无疑对运动员获得好成绩起到巨大作用。例如，Nike Swift运动衣的设计充分考虑了这些因素，采用紧身无袖运动衫和短裤，再配上专门的运动长袜和长袖，大幅度减少了空气阻力。袜子和长衣袖的制作材料上布满凹陷的小坑，就像高尔夫球一样，这样能够减小风的阻力，与裸露的皮肤相比，长衣袖能减小19%的阻力，而短袜可以减小12.5%的阻力。此外，该运动衣的面料比皮肤更容易减小阻力，因此，提升了领口位置，切开袖扣以增加胸部的覆盖面积，并将接缝转移到运动服的后背以减小阻力。此外，Swift采用弹力纤维及紧身设计，能够保持肌肉协调，防止运动员在高速奔跑过程中手臂和腿部肌肉因震动导致肌肉疲劳，提高了运动员的爆发力和持久性。

2. 长跑运动服　对于长跑来说，大量的汗液和热量会使运动员感觉不舒服，影响体育成绩。所以，运动服必须要能快速排汗快干和降低温度。Nike设计师埃迪·哈勃和里克·唐纳德设计的nike sphere长跑背心，衣料内面有一个个的突起使衣服材料与皮肤脱离，即使汗流浃背也不会粘在身上。而且这种面料的降温效果比一丝不挂还要好。有实验证明，负离子纺织品对于体力的大量损失起到缓解作用。利用人体的热能和人体运动与皮肤的摩擦加速负离子的发射，从而使细胞活化，促进新陈代谢，净化血液、清除体内废物。这一功能可以有效地减除体内乳酸的堆积，加快机体的恢复。

3. 游泳运动服　科学研究表明，水的阻力大约是空气阻力的800倍，因此，水中运动无疑会更加消耗体能。有效减小水的阻力将大大减小运动的不必要能量损失，提高运动成绩。

Speedo公司推出了第4代鲨鱼皮系列泳衣，名称为“LZR Racer”。由美国航天局研制的“LZR Pulse”面料制成，具有极轻、低阻、防水和快干性能。泳衣的制作采用无缝设计，并在泳衣的胸部、腹部和大腿外侧加上了特别的镶条，令水流更舒畅地通过泳衣表面。此外，泳衣中覆盖在人体主要肌肉群上的部分使用了高弹力的特殊材质，强有力地压缩运动员的躯干与身体其他部位，降低肌肉与皮肤震动，帮助运动员节省能量、提高成绩。

4. 冰雪运动服 如果户外运动员遇到冰雪天气，穿着防寒防雨的高性能运动服无疑大大增加了野外的存活概率。日本运动衣公司Desscente制造的SolarA防寒服，采用含有碳化锆粒子的面料制成，能吸收太阳能再转换成热能，而且还可以根据湿度的变化来改变织物的空隙，大大提高实用性。

参加大运动量的滑雪、登山等运动时，人体常常产生过量的代谢热，在许多环境下热量不能尽快散失，如果汗液在服装中积累，对流性降温逐渐增加。美国Gentec公司开发了一种层压织物，织物中有一层不透水的防水材料，既可阻挡任何湿气从外面潜入，又可以将汗水传送到外面，使穿着者保持干燥和舒适。在理想条件下，内衣应该由疏水性纤维制成，不具有吸水性或者吸水性很小。

5. 球类运动服 球类运动具有耗能大、强度大、流汗多、时间长、技术性复杂、肢体运动幅度大等特点，所以，球类运动服的设计要充分考虑人体运动的机能性和穿着舒适性。如排球运动服为长袖运动衣，虽然看上去不如短袖运动衣那样便于运动，但长袖运动衣有助于运动员在比赛的时候避免出现“连击”的现象。Nike公司为沙排设计的Airborne服装使用了无缝拼接技术，并借鉴了田径比赛用服的创新设计，尽可能地减少后背和肩部的材料，使活动更自如，还加强了衣服前部的支撑力，后背部采用了网层面料增强透气性，保持背部干爽。

（五）服装的智能化

运动装是智能型服装最有发展潜力的领域之一。具有随身体动作和环境条件的改变，性能也发生变化的特点，尤其受到消费者的青睐。拥有最佳设计的智能运动服可以提高运动舒适性，从而提高运动员的训练效果和比赛成绩。

1. 智能纺织材料的应用 新型智能纺织材料可以感知周围的环境条件并对其变化或刺激产生反应，如机械作用、热作用、化学作用、电、磁或其他外界作用等。目前，已经用于运动服装的智能材料有相变材料、形状记忆材料、变色材料、全息纤维（Holofibre）、吸入性材料（Stomatex）和耐撞击材料等。例如，全息纤维可以储存人体通常所不用的能量来提高重要的生理机能，因此，它可以提高人体器官的含氧水平，加快运动员新陈代谢，有利于运动员体力透支后的恢复。

2. 可穿电子技术的应用 在高端运动服中已经出现了可穿电子技术，可以将各种功能相结合，例如，生理监测（运动员的心率、呼吸、体温等）、娱乐（音乐、游戏）、全球卫星定位（GPS）、运动监控或肌肉调节、通信等。

（六）生态化

任何科技的发展都不可回避对环境带来的影响，如何能将污染降到最低，这个问题贯穿从纤维生产到服装使用完毕后处理的整个过程。高性能运动服具有许多功能，其中也包含一些对环境和人体造成污染的功能性后处理，例如，防紫外线处理，电子纺织品可能产生电磁波辐射等。随着人们生态意识的提高，运动服向生态环保的方向发展是高性能运动服发展的必然。

（七）时尚化

运动中的时尚、动感中的快乐、健康与美的结合是现代生活所追求的。随着各大体育盛事的举行，运动风将持续高涨，运动服设计的个性化、时尚化也将成为必然。人们要求运动服不仅具有运动的功能性，而且还更注重通过运动服彰显自己的个性和品位。例如，当今许多时尚年轻人打球时穿着的运动牛仔裤。运动服的设计越来越多地结合时尚流行元素，在款式、颜色和细节等方面给人以审美享受。

（八）市场商业化

随着人们生活水平的提高，人们更加追求健康的生活方式，希望通过强身健体来抵御疾病，延年益寿，更好地享受生活；而且人们对于自身健美的追求也越来越高，生活更讲究质量和舒适。因此，越来越多的人参与到健身和体育运动中，穿戴高科技功能性运动服也不仅仅是少数运动员的专利。拥有吸湿性控制、温度调节、抗拉伸性、防风防雨性以及抗摩擦性等专业功能要求的功能性运动服装，开始出现在普通百姓的衣柜里，以满足不同人群的个性化需求。此外，作为休闲穿着的运动服装也越来越受到人们的欢迎，在工作场合穿休闲服装被称作“星期五工作便装”。运动服装生产销售商也不会放弃如此巨大的消费市场，著名品牌 Nike 和 Salomon 等都利用这一趋势，生产这种“交叉型服装”以赢取更多市场。

二、芳纶应用到运动器材中的性能要求

当前，高性能纤维应用于运动器材中最主要的形式为纤维增强复合材料，其中主要的增强体包括玻璃纤维、碳纤维、芳纶等，由于玻璃纤维和碳纤维具有性能好、价位低、产量高、产品成熟、国产化早等优势，在运动器材领域的应用已经相当普及。而对位芳纶由于其价位高，国产化起步相对较晚，在运动器材领域的应用发展较慢。但是，芳纶具有其他材料不可比拟的潜在优势，可在运动器材领域发挥重要的作用。相较于其他材料，芳纶及其复合材料在以下方面具有明显特性优势。

（一）轻质高强的力学特性

众所周知，质量是影响运动器材使用性能的重要因素，如球拍、赛艇、皮划艇、撑竿、高尔夫球杆、自行车、滑雪板、赛车、帆船等，都希望其越轻越好。芳纶复合材料在此方面具有明显的特性优势，芳纶密度仅为 $1.44g/cm^3$，碳纤维密度为 $1.76 \sim 1.80g/cm^3$，玻璃纤维密度为 $2.5 \sim 2.8g/cm^3$，其纤维复合材料密度分别为 $1.4g/cm^3$、$1.45 \sim 1.6g/cm^3$ 和 $2.5 \sim 2.8g/cm^3$，而铝合金材料密度为 $2.7g/cm^3$、钛合金材料密度为 $4.5g/cm^3$。显然，纤维复合材料比金属材料轻得多，尤其是芳纶复合材料。与此同时，从表 12－2 可以看出芳纶复合材料还具有较好的比强度和比模量，因此是制造各种轻质高强运动器材的首选材料之一。

表 12－2　各类材料的性能参数

品种	密度 (g/cm³)	拉伸强度 (GPa)	拉伸模量 (GPa)	比强度 (10^7cm)	比模量 (10^9cm)
玻璃纤维复合材料	2.00	1.06	40	0.53	0.20
碳纤维Ⅰ/环氧复合材料	1.60	1.07	240	0.67	1.50
碳纤维Ⅱ/环氧复合材料	1.45	1.50	140	1.03	0.97
芳纶/环氧复合材料	1.40	1.40	80	1.00	0.57
铝合金	2.80	0.47	75	0.17	0.26
钛合金	4.50	0.96	114	0.21	0.25

（二）振动阻尼的减振特性

芳纶复合材料的重要特性之一就是它对振动的阻尼作用（表 12－3）。表 12－3 数据可知，碳纤维复合材料对振动的阻尼特性与铸铁相同，铸铁在所有金属中对振动的阻尼特性最佳。而芳纶复合材料则显示出极佳的振动阻尼能力，其阻尼系数大于铸铁和碳纤维复合材料五倍之多，利用这一特性最适合用来制造与空中飞行器有同样要求的体育器材等产生高频率振动的产品。

表 12－3　材料振动阻尼特性

阻尼系数（$\times10^4$）				
钢	铸铁	碳纤维复合材料	玻璃纤维复合材料	芳纶复合材料
<20	30	30	47	160

（三）耐冲击和过载安全特性

耐冲击和过载安全又是芳纶复合材料的重要特性之一。可在实验室用各种单向增强纤维复合材料板及铝板做类似加压—弯曲对比试验，芳纶复合材料板的试样不会像碳纤维或玻璃纤维复合材料板那样突然产生脆断，而在过载时的行为与铝板相似，可避免灾难性的急剧破坏发生。另外，当芳纶以混杂形式与碳纤维或玻璃纤维等其他脆性纤维形成复合材料后，会产生混杂效应，其耐冲击强度能奇迹般地得到提高。综合芳纶复合材料耐冲击和过载安全特性，能有效保障运动员等使用者的人身安全。

（四）加工成型性好和可设计性强特性

纤维复合材料为各向异性，通过改变纤维的铺叠方向和方式，可以局部增强或加强某一方向的受力状况；同时，也可根据选手本身的不同情况分别加以设计，最大限度地发挥体育器材的使用效果，这是一般各向同性的金属材料难以实现的。同时，芳纶是韧性纤维，可任意铺层及编织，而玻纤及碳纤很容易在铺层及编织过程中导致纤维的断裂，产生强力损失，从而影响产品的最终使用性能。此外，芳纶复合材料与其他纤维增强复合材料一样，其成型工艺的发展使得设计自由度大大提高。可根据产品的特点进行合理的设计，在保证产品质量、降低生产成本、提高效率的前提下，适应预浸料铺层、热压罐、树脂传递模塑、缠绕、模压、拉挤等各种成型工艺制备产品。

（五）其他综合特性

除以上主要特性以外，芳纶还具有诸多优异综合特性。

（1）具有较高比模量前提下，延伸率仅为2.5%，这比别的高强纤维要低得多。

（2）低的蠕变性，使得芳纶复合材料制品有极好的尺寸稳定性。

（3）优异的动态抗张力疲劳性，确保制品性能的永久发挥和延长制品的使用寿命。

（4）与尼龙、棉花等合成纤维和天然纤维相比，其防割性能要高得多。

（5）防热和耐高低温性极佳，芳纶可在－160～200℃的温度范围内仍保持其优良的力学性能，并在高温时不像其他合成纤维那样产生熔融。

（6）有很强的抗有机溶剂性能，在常温下耐酸和碱。

（7）耐摩擦和不磨损性优异，在显示出很强的耐摩擦、磨损的同时，还不会磨损相邻物件的表面。

（8）芳纶不导电，是高等级绝缘体，其复合材料制品不会像碳纤维及其复合材料制品那样，因导电造成对人身的致命伤害等。

三、塑胶跑道的性能要求

据了解，我国目前针对塑胶跑道有两项国家标准：GB/T 14833—2011《合成材料跑道面层》和 GB/T 22517.6—2011《体育场地使用要求及检验方法第6部分：田径场地》。

前者于2011年12月5日批准发布，自2012年5月1日起实施，适用于由合成材料（包括聚氨酯）铺设的跑道面层。标准制定参照了国际田径联合会《田径场地设施标准手册》中对田径场地合成材料跑道面层质量要求，并结合环境保护及产品发展需要。标准不仅规定了合成材料跑道面层的厚度、有效性、耐久性、物理性能等指标，还对合成材料跑道面层含有的有害物质做出了明确的限量要求。同时，标准还明确要求：合成材料用于跑道面层应避免和减少对环境和人体造成的危害。

后者于2011年12月30日批准发布，自2012年5月1日起实施，规定了室外合成面层田径场地的使用要求、检验方法及合格判定规则。该标准适用于渗水型和非渗水型现场浇注铺装和预制铺装的竞赛、训练、教学和大众健身用室外合成面层田径场地。标准中规定了面层铺装、面层材料等要求，其中，面层材料部分提出了材料选型、有害物质限量值、无机填料限量值、物理机械和耐久性能。

上述两项标准均对合成材料跑道面层中有害物质做出了具体限值要求。比如：苯0.05g/kg、甲苯和二甲苯总和0.05g/kg、游离甲苯二异氰酸酯0.2g/kg。此外，还规定了可溶性铅、可溶性镉、可溶性铬和可溶性汞重金属的限量。

媒体曝出的“校园有毒跑道”应属于“适用于教学和大众健身”的第三类跑道。对这类跑道，不仅对其物理性能制定了标准，还对其所含有的有害物质进行了限量。其中苯的含量应小于0.05g/kg，甲苯和二甲苯总和含量应小于0.05g/kg，游离甲苯二异氰酸酯的含量应小于0.2g/kg。另外，对于一些重金属，例如，可溶性铅、可溶性镉、可溶性铬以及可溶性汞等物质的限量也有明确的规定。标准对检测方法也进行了详尽的说明。

国家体育用品质量监督检验中心是国家体育总局认可的全国唯一国家级体育用品质量监督检验权威机构。中心对于塑胶跑道的检测是依据国家标准进行的，国家标准对跑道的材质、添加剂没有要求，材质只要求是橡胶。中心对塑胶跑道的检测偏重于运动性能的检测，但检测中的“有害物质限量”项目是对跑道的环保性能进行检测。

国家体育总局规定：“运动场至少10年要翻新一次”，全国运动场地面临更新换代的阶段，2010年国务院出台了《国务院办公厅关于加快发展体育产业的指导意见》，为体育产业的发展提供了强大动力。随着国家对教育重视程度的提高和全民健身运动意识的增强，各种类型的塑胶跑道日渐出现在市场中，年需求量也逐年增长。据国家体育权威统计部门的初步预测，自2017年之后的5年内将有76亿以上运动场地产值，这将给广大的运动场地生产商、施工单位提供更为广阔的发展空间。

四、运动护具的性能要求

运动护具种类根据从事运动的不同而存在差异，它们的主要目的是为了防止从事该运动的使用者在运动时某些肌肉或者关节受到伤害，并且能保护身体的要害部位，运动护具主要采用限制某一关节的活动度、降低表皮的摩擦力或吸收冲击的能量来达到防护的目的，护具的要求是有弹性，有较高的抗冲击性，重量较轻，结构上具有整体性及可重复使用，能起到很好的保护作用，并能把对运动的影响降至最低。高性能的三维织物复合材料能够满足上述要求，制备出具有优良性能的运动型护具，技击性运动护具和抗冲击性运动护具等。

五、运动场地面的性能要求

人造运动场地面的主要要求是能耐久、耐磨、防损伤、防污和可清洁性。作为户外场地使用，纤维必须能抗光化学降解和生物降解（防霉与细菌）。户外运动场人造地皮还应当有较低的回潮率。在人造运动场草皮结构中广泛使用的是聚丙烯纤维、聚酰胺纤维和丙烯腈纤维。表层织物要有较好的色牢度，在纤维被挤压成型之前，将染料加到熔融聚合物中。这些染料应该是惰性染料，并且不会受到光和各种气候条件的影响。工程师在设计人造运动场草皮时，应仔细考虑特殊运动的特点，如人造草皮应与天然草皮一样能引起球的回弹，特殊运动还有一些其他的特殊要求。为了使弹跳均匀，人造草皮本身必须是均匀的，运动员踩踏其上要感觉舒适。特别重要的是运动员滑倒落地时，人的肌肤触地而不会受到损伤。

第五节　高端文体与休闲用纺织品应用实例

一、高性能运动服的应用

（一）航天服

中国航天员专用服装是以功能性和工效性优先，兼具美观性的多功能服装，东华大学航天员服装研发设计团队在设计上紧扣“飞天梦”和“中国梦”时代主题，无论是面辅料、色彩图案，甚至服饰细部缝迹线都融入了中国特色时代元素，展现中国航天员作为中国梦的太空筑梦人和守护者的美好形象。

“神舟十一号”飞行任务的航天员穿着的秋冬常服，据该服装的主持设计者东华大学周洪雷副教授介绍，服装一方面突破以往单一用色模式，在天空色湖蓝基础上加入象征地球天际线和外太空色调元素，深浅明暗的变化搭配，使服装看起来更立体饱满，更有层次感；另外，工艺上多以立体直线条为主，前肩隐喻航天飞行轨迹的“S”型弧线与前胸象征胜利的“V”型直线拼条呼应，呈现粗细曲直和谐之美。男款服装展示中国航天员威武庄重，女款服装展现中国女性飒爽英姿的同时也突出了东方女性的柔美气质。

东华大学航天员服装研发设计团队刘灿明副教授主持设计的运动锻炼服装，由可拆卸组合式上衣与裤装构成，用于航天员在“天宫二号”空间实验室进行“太空跑台运动、骑自行车运动”时穿着。在设计运动服时，既要在服装结构上满足失重状态下航天员肢体运动的动作变化和舒适度要求，又要兼顾狭小空间实验室内的视觉感受。最终，该系列运动锻炼服依据失重着装感觉模拟舱中视觉心理学实验分析结果，采用了不同纯度蓝色色块匹配使用，动感的线条分割符合人体工学，衣摆、袖口、裤口宽松度都可以自由调节，衣袖、裤腿可自由拆卸组合，特殊针织面料具有良好的热湿传递性、接触舒适性、卫生清洁性能，让运动锻炼服既符合功能科技要求，又具有时尚外观设计，成为了“太空酷跑服”。

制作一件普通成衣往往需要经历调研、企划、造型设计、原辅料采集与结构设计、工艺开发与样衣试制等十多个环节数十道工序，而在复杂的太空环境，航天员服装对于功能和品质的要求会更高，专用服装的研发设计几乎要跨越整个纺织、服装、产品设计、材料等多个学科和全产业链。

航天员服装采用连体服整体造型，需要较大活动自由度并兼顾美观合体性，本身对于工艺结构方面的要求高。团队王云仪教授和杜劲松、夏明、李小辉等副教授根据人体肢体活动功能的规律将服装分解为多个设计区域，针对各个区域的特征进行分区设计，反复修订版型弧线角度，以达到肩部、腰部等各部分尺寸之间的平衡。

不同于普通服装，进入“天宫二号”空间实验室用于保障航天员健康的运动锻炼服装对舒适工效等功能要求特别高，每件衣服重量误差超过1g就为不合格，特殊部位的尺寸误差超过2mm就要返工，要满足所有的这些技术指标要求，不仅仅是服装艺术设计领域，更需要工程技术学科力量的加入。李俊介绍说，因为航天任务对产品的高度可靠性要求，团队花在测试和风险控制上的时间要远远多于正常任务的时间。团队依托高校科研优势，分别在美观性、舒适性、防护性、工效性等工程化测试平台中模拟各种场景和突发状况，通过对航天员专用服装进行上千次各类整体和局部测试，慎之又慎地力求精准完成每项工作，尤其是更加注重服饰细节对整体状态的影响。

（二）冬季运动服

日本运动衣公司Desscente制造出一种高档滑雪服，品名为SolarA，制作该服装的织物含有碳化锆粒子，碳化锆粒子能吸收太阳能，然后再转化成热能。它所设计的滑雪织物根据湿度的变化能改变织物的孔隙率。该公司开发的另一种滑雪服面料Therma Start，是一种用聚酯中空纤维为原料制成的织物，升温快，保暖率高。它与聚丙烯、聚酯/聚酰胺等纤维相比，保暖率提高了23%，水分传输快了40%，透气性改善了30%。美国Gentec公司开发了一种层压织物，织物中有一层不透水的防水材料，可阻挡任何湿气从外面潜入。该织物能防雨、防水、防冰雪、防风，可以将汗水传送到外面，使穿着者保持干燥和舒适。该织物坚固轻质，有较好的耐磨性、柔韧性以及可透气性，在潮湿的气候里有较好的防湿作用。

（三）能透过紫外线的海滩服

英国一家公司研制成一种织物（专利号 GB 2268513），该织物可以使2/3的紫外线辐射穿过并晒黑穿着者的肌肤。该织物是基于聚酰胺和聚氨基甲酸酯弹性体纱线的网状结构，与以往结构不同，织物并不呈均匀六边形网眼。聚酰胺聚氨基甲酸酯织物具有成排蜂窝状结构网孔，至少向两个分支方向扩展。织物由40旦的聚酰胺和280旦的Lycra纱线制成。织物重160g/m^2，聚酰胺与Lycra弹性纱之比为73∶37，网孔孔径约为0.5mm。织物在潮湿时保持半透明状态。

（四）增强锻炼，控制湿气的训练服

美国一家公司研制了一种多层结构外衣，当受训运动员增加训练强度时，可以使体汗直接散发掉，作者 Timothy P. Dicker 将其发明描述为“能量消耗服”。多层结构中里层使用了疏水性材料，它可以使湿气直接散离穿着者身体；中间一层亲水性材料则储存这种湿气；外层材料是非多孔型的，即非透气型的，这样便提供了一个隔离层，使保留在中间的湿气不易蒸发。据报道，其内层材料即疏水性材料可以是聚四氯乙烯，如杜邦公司的 Teflon，内层材料使湿气散离人体，积聚在一些区域，如手腕、肘弯、后肩胛、胸部等区域。在现代体育锻炼中，据报道每小时有1.5~2L的湿气从人体蒸发出来。将这些液体留住就是增加了工作负荷，也就是提高了锻炼强度。液体的再水合、织物的阻力和肌肉的疲劳对于受训者来说显然增加了训练负荷。热量不会形成积聚，因为人体散发的热量由汗水带走了。发明者建议内层织物可以用杜邦公司生产的 Coolmax，该材料能使湿气散离皮肤；棉织物适用于作第二层或中间层，中间层还可以制成盘旋状结构以增加表面积；外层，即阻止蒸发的无孔外层，用聚酰胺机织物就很好。这种服装由躯干连着衣袖与裤子、裤腿。躯干部分使用新材料制作，内含储存垫，裤管、袖子具有储存湿气的功能。

（五）夜反光运动服

美国 Melton 公司利用 Retroglo 回归反射材料，研制生产了许多具有很高反射率的反光防护服装，以利于穿着者夜间活动的安全。这种 Retroglo 纱线是利用3M公司研制生产的 Scotchlite8710 回归反射材料层压到聚酯传导膜上予以增强，再切裂成细窄的线条状而制成的，可采用机织、针织或编织制成织物，在一平方英寸面积内约有5万多个极细微的玻璃小圆珠，该织物有很高的反射率，能把入射光线直接按原路反射回去。这种反射材料除了能反光之外，还有两个优点：一是在白天能表现出很好的美学外观；二是能组成织物组织的一部分，有很好的水洗性。反光织物有很多用途，如能制成运动衣、运动器具，以确保夜间自行车骑行者与跑步者的安全。

二、运动器材的应用

（一）赛艇、皮艇、划艇

赛艇、皮艇、划艇等水上运动器材是大型体育器材的典范，其竞赛项目是奥运会金牌大户。过去赛艇、皮艇、划艇多以碳纤维/玻璃纤维复合材料制备，但是这类艇存在艇体质量超重、抗冲击性能不好、稍有不慎艇壳会碎裂等问题。因此，提出了碳纤维/芳纶复合材料结构赛艇的方案。以碳纤和芳纶的混织平纹织物直接制作艇壳内外蒙皮的层内混杂；或以芳纶平纹织物糊制艇壳内外蒙皮，再以碳纤维（T300）织物（带）在艇身有关

部位增强的层间混杂；以及将以上两种混杂形式组合为一体的层内、层间交叉混杂形式方案。以此三种形式制成的艇体可充分显示出混杂纤维复合材料的特性优势，达到令人满意的效果。国外的皮艇、划艇生产商包括葡萄牙的 Nelo、波兰的 Plastex 都采用芳纶与环氧树脂真空固化成型，国内的赛艇、皮艇、划艇生产发展也相当成熟，其产品主要供给国内赛艇、皮艇、划艇队以及出口欧美市场，其中浙江富阳被国家体育总局命名为中国赛艇之乡，该地区的赛艇、皮艇、划艇制造商亦多采用碳纤维、玻璃纤维、芳纶、Nomex 蜂窝夹芯、环氧树脂等原材料，主要以真空袋压成型工艺制备而成，根据用户不同使用要求采用不同材料组合，其具体组合方案见表 12－4。

表 12－4　国内外某赛艇、皮艇、划艇制造商使用材料的组合选择

结构部位	竞赛	竞赛	探险	训练
外蒙皮	碳纤维	芳纶	芳纶	玻璃纤维
内蒙皮	碳纤维	碳纤维/芳纶	芳纶/碳纤维	玻璃纤维
芯材	蜂窝芯材	蜂窝芯材	强芯毡	强芯毡
局部增强	碳纤维带			
固化体系	中温热固型环氧		不饱和聚酯	不饱和聚酯

（二）乒乓球拍

乒乓球运动在全世界相当普及，其开展的条件宽松，可参与性强，是我国的国球和奥运强项。以前，乒乓球拍多用木质胶合板加工而成。但是，这类拍的刚性和反弹性差，有碍运动水平的发挥，特别是对进攻型运动员而言，这类拍的性能就有些欠缺，因此，通常在板中夹两层纤维，或碳纤维、芳纶、玻璃纤维、PBO 纤维等，不同的纤维强化底板在击球时会表现出不同的力学性能。如碳纤维初期振幅最小、振动频率最高、振动减衰较慢，因此，该底板击球感觉最硬，球滞板时间最短，击球感觉脆爽，但劲感不够；而芳纶的初期振动幅度最大，频率不高，振动减衰速度最快，因此，芳纶底板击球感觉最柔和，吃球时间较长，拉球时有抓住球的感觉。因此，将这两种纤维混织在一起使其优势互补，利用芳纶与碳纤混织后刚柔相济的特性，既能适应乒乓球弧旋球的摩擦用力技术，又能适应推挡、扣杀等击打用力技术的需要，具有较广泛的适应性，适合全面技术的发挥。

目前，国内外各大知名乒乓球拍品牌均有采用芳纶的系列产品，如瑞典的 STIGA、德国挺拔的弗雷塔斯，其中弗雷塔斯采用不同属性的天然木材复合高科技的“芳纶/碳纤”混编织物，成功研究出兼顾底板强度与稳定性的理想比例，让选手击球更从容自若。国内上海红双喜、河北银河及世奥得等著名乒乓球厂商也出品芳纶增强底板，其既能减轻质量又能够减震，尤其适用于攻击性的快拍选手。图 12－12 即为世奥得 RG70 系列产品，其采用 6 层木＋2 层芳

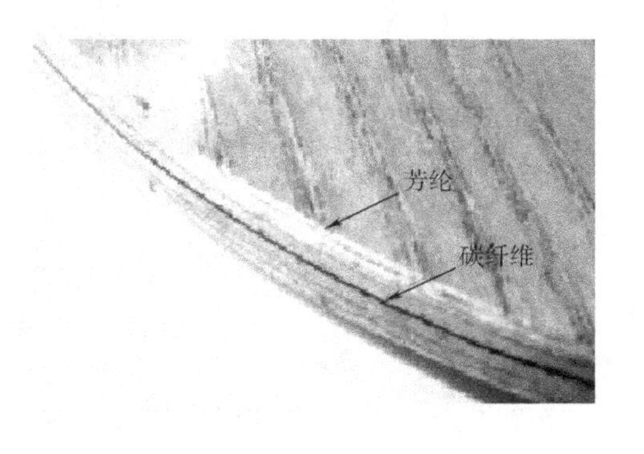

图 12－12　世奥得 RG70 乒乓底板结构细节

纶 +1 层碳纤维的复合结构，将高稳定性和高弹性的芳纶和碳纤维完美结合制成 3 层纤维结构增强底板，其拉球旋转强，弧线好，击打速度快。

图 12 – 13　Alpha 羽毛球拍的芳纶编织结构

（三）羽毛球及网球拍

目前，世界上中高档的羽毛球及网球拍大多用碳纤维复合材料制成，只有少部分引入芳纶，其主要是用于加固三通接头的强度（如 babolat、kennex 等）。后期也有一些品牌（如 Alpha、Winex、Forza 等）推出了全拍添加芳纶的球拍。羽毛球拍中 Alpha 就推出芳纶系列（图 12 – 13），其拍框及中管均采用芳纶编织物，并以碳纤维及纳米环氧树脂固化成型，其利用碳纤维/芳纶的刚性高和韧性强特性组合，提升球拍适应爆发力，弹性好，杀球威力大，适用于进攻型选手。网球拍中 Wilson 精心研制的 ProStaff 专业系列最早使用编织碳纤维和芳纶制作。世界上有许多顶级职业选手使用过 Wilson ProStaff 系列网球拍，桑普拉斯从 1994 年起一直使用 ProStaff6. 0　original85，费德勒使用 ProStaff Tour 90 获得多次世界冠军。

（四）帆板

帆板由带有稳向板的板体、有万向节的桅杆、帆和帆杆组成。运动员站在板上，利用自然风力，通过帆杆操纵帆，使帆板产生运动速度在水面上行驶，靠改变帆的受风中心和板体的重心位置转向。该项运动的条件较为复杂，在中国开展的较少，但是在欧洲等国家较多，芳纶主要应用于帆板，此外，由于芳纶轻质高强，也有将芳纶层板用于增强帆耳受风处，使得沿载荷方向分散风帆受力［图 12 – 14（a）］，同时还将带有胶黏剂的编织芳纶带［图 12 – 14（b）］用于整个帆后缘和脚带，这带条通过载荷方向的拉伸来稳定帆后缘的形状，同时还能提供完美的控缝合线能力，防止其在航行中撕裂。

（a）用于帆耳受风处

（b）用于帆后缘

图 12 – 14　芳纶编织带应用在帆板上

在帆板运动中，派利奥风帆以及澳大利亚的 KA Sail Windsurf 在多个部位都采用复合材料，其中多数采用的是碳纤维复合材料，只有局部采用芳纶增强，Cabrinha 风筝滑板中采用军用级芳纶进行铺层，以提高其抗冲击性并均衡脚下的载荷分布。其铺层如图 12－15 所示。帝人公司还将芳纶与碳纤维应用于帆的增强，如图 12－16 所示。

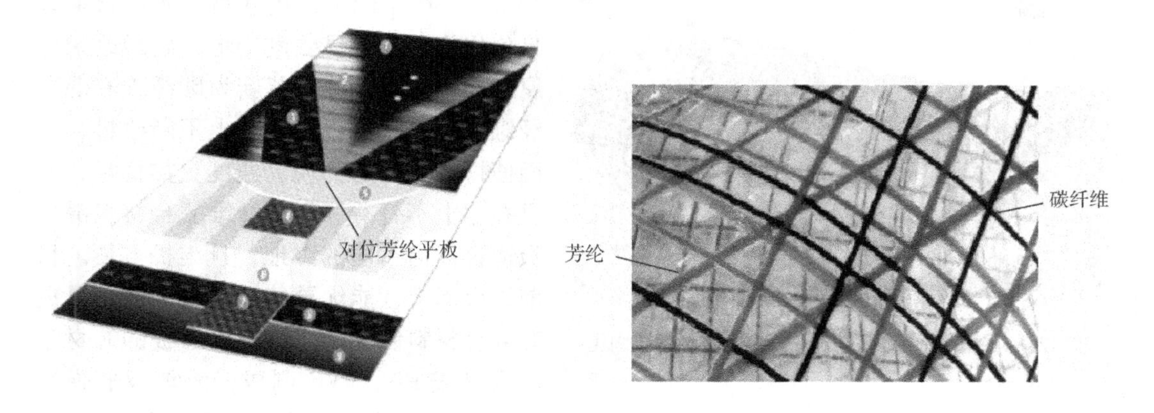

图 12－15　风筝滑板铺层结构图　　　图 12－16　用于增强帆的芳纶和碳纤维

（五）滑板

滑板是一种青少年喜爱的休闲娱乐活动，现阶段滑板主要是通过木材压制成型，但木材的韧性较差，容易断裂，所以，部分产品在滑板内部添加玻璃纤维、碳纤维或芳纶进行增强。同时，由于滑板爱好者常常进行一些翻转等特技动作，有些特技动作中包括以手握持滑板前端，虽然成品滑板在销售时表面经过处理很光滑，但是滑板经使用后，其边缘难免因一些动作而导致其越来越粗糙，一旦纤维复合材料外露，在进行手抓等动作时很容易伤到手。因此，通常在制备滑板时添加的纤维复合材料的尺寸略小于整版的尺寸。国际知名滑板生产商 Flip、Toy Machine、PlanB 以及 Habitat 相继推出 P2 技术的系列板面。该技术在板面上部附加一个椭圆形防护纤维层，以便加强枫木的自然表现力与弹性水平。与传统的桥钉处减压设计相比，椭圆外形设计可以更有效分担板身压力。同时 P2 结构技术也更为科学地增添了板面的弹性效果，使其比 7 层枫木板面更轻和更薄。图 12－17 为 Flip 采用 P2 技术生产的芳纶增强滑板产品图。

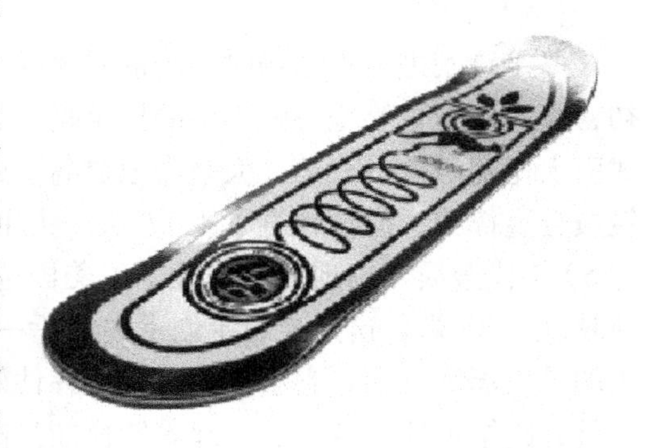

图 12－17　P2 技术滑板产品

（六）冰球棒

瑞士 Composites Busch SA 公司采用一体成型加工技术，在不同密度的泡沫塑料上面铺覆碳纤维、玻璃纤维及芳纶，其后采用 RTM 成型方法灌注树脂。这种工艺制造的冰球棒要比木质冰球棒的耐久性高 7 倍，而且还拥有很好的振动吸收性以及快速能量释放性，如图 12－18 所示。

（七）滑雪板

滑雪运动中，滑雪板关系运动员的生命安全和运动成绩，但滑雪板的结构和材料比较

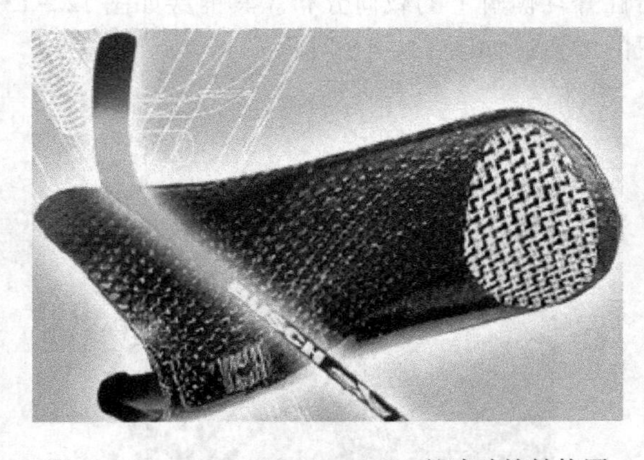

图 12－18　Composites Busch SA 的冰球棒结构图

复杂。虽然滑雪板的形状依然是一副“老”面孔，但制作材料却是变了又变。20 世纪 50 年代全采用木材，木质材料轻且价格便宜，但易受潮变形，之后改用金属或玻璃纤维，接着革新为碳纤维和混杂纤维。如今滑雪板在设计上不断改进，从而使得转弯更加方便，速度更加稳定，并且在冰上不打滑。新型纤维复合材料滑雪板适合任何雪质的雪地，且维护方便。目前，市面上性能优异的滑雪板一般是以夹芯复合材料制成的。这种滑雪板的芯材是由木材或 PU、PVC 制成，滑雪板的弹性正是来源于此，碳化纤维位于芯层上部，可加强滑雪板屈伸度；玻璃纤维置于芯层上方，能起到一定的连接作用，可连接面板和芯层，增加滑板的韧度，也能够使滑板更有力度。

（八）篮球

Spalding 公司应用一种全新的设计理念和材料生产了新型篮球，这类新篮球比当前皮革篮球手感更好。它采用两块对接交叉板而不是传统篮球的八块椭圆形板材构成，材料是抗潮湿的混杂微纤维复合材料（Microfiber composites），在比赛过程中，这种篮球更具手感并防滑，特别是篮球上粘有球员的汗水时，也容易被球员掌控。这也体现了混杂纤维应用的优势互补准则。

（九）撑竿

撑竿跳刚进入田径场时，用的是木竿。由于木竿硬而脆，效果很不理想，在 19 世纪初，人们发现竹竿是一种不错的撑竿跳工具，既有弹性，又比较轻，于是就代替木竿，正式引入比赛，这一改革，大幅度地提高了成绩。第二次世界大战期间，欧美各国开发研制轻质合金撑竿，成功越过了 4.77 米，从此，竹竿在世界纪录中失去了昔日的光彩。20 世纪 50 年代金属竿出现并一统天下，美国选手保持着这个项目的绝对优势，美国选手德比斯越过 4.83 米，这是金属竿创下的最后一个世界纪录。在此之后，真正使撑竿跳纪录腾飞的是玻璃纤维竿，它承受强度大、弹性好、重量轻、经久耐用，这种“玻璃钢竿”在运动员起跑结束插入斜穴后，起着转换能量的作用。运动员快速持竿助跑的动能，一部分转变成撑竿的弹性变形能，撑竿被压弯到最大弧度后，这部分的弹性变形能再释放出来，转变成运动员的势能，帮助运动员腾空跃起，飞越横竿，正是由于玻璃纤维的应用使得撑竿跳征服一个又一个惊人的高度。

（十）弓弦

要提高射箭的成绩，关键是提高弓和弓弦材料的比弹性率，弓的形变恢复越大，箭飞行的距离就越远，其命中率也就越高。1972 年，在慕尼黑大赛中，美国选手在大赛前推出了秘密武器（加聚酯纤维的新型弓弦材料），取得了金牌，这种材料质轻、比弹性率高，它可使箭的速度增大 2 倍，一般情况下射 1200 环，在采用聚酯纤维新型材料制成的弦时可射 1250 环。之后开发的超高分子聚乙烯弦材料使射箭的命中率又有了进一步提高。

（十一）夹心隔热帐篷

目前，隔热帐篷大部分采用3层结构。外层材料有涤纶、聚氨酯、聚氯乙烯、全棉有机硅、有机氟等防水材质，中间层为保温层，一般为3~5mm厚纺织类隔热材料；里层为平纹阻燃布、牛津里子布或涤塔夫等面料。作为帐篷夹芯隔热材料的纺织类材料主要有合纤（聚酯）针刺毡、真空棉、棉布、超细纤维复合隔热材料等，合纤针刺毡热导率为0.058~0.07W/(m·K)，单位面积质量为500g/m^2，防潮效果一般，柔韧性能较好。

章洪良等发明设计了一种隔热帐篷布，该帐篷布包括中间夹持有纤维网的基布，在基布的一面或两面附着有涂层，在基布与一面或两面涂层构成的外表层的内侧依次设置隔热层和内表层；隔热层材料采用海绵或真空棉、丝棉、针刺毡、泡沫等；隔热层与外表层、内表层通过热复合、贴合、高频焊接、缝制、发泡等方式结合。该隔热帐篷布是对现有帐篷布料结构的改进，通过在现有篷布料的基础上设置了纤维网夹芯、隔热层和内表层形成四层合一，从而具有强度高、防寒、耐热、保温的作用，制作成的帐篷布使用在运输设备上起到防寒或保温的作用。这种布料结构简单，实用性强，不仅适宜制作篷布，也适宜制作帐篷等产品。

Cam Brensinger等发明的保温隔热帐篷采用3层结构，外层为防水透湿材料，第2层采用3M新雪丽（Thinsuate）隔热材料或其他薄型隔热材料，内层采用防水透湿尼龙防撕破材料，3M公司的新雪丽隔热材料是用合成纤维如聚酯、腈纶、丙纶等制成的超细纤维，通过非织造技术加工成隔热材料，热导率在0.035W/(m·K)左右，该材料具有很好的保温效果，目前多用于外衣、手套、家纺等。

纺织类隔热材料具有较好的柔韧性，适于在帐篷使用过程中反复折叠和收拢、隔热效果较好，尤其是超细纤维材料的热导率较低，且吸水率较低。提高纺织类隔热材料的防潮、阻燃性能，并进一步降低热导率是今后发展的方向。

三、引领体育与健身新潮的生态纺织品

（一）白松类运动服装与体育用品

据悉，白松类运动服装缘于法国设计师布莱士·马特森的孩子对于漂染衣服有过敏反应，促使他研究出了这款生物纺织新品。就职于法国迪卡侬体育用品公司的马特森，曾经在欧洲、中国及加拿大选择巨型白松树木，利用酵素分解树木，再抽取纤维，纺成名叫“Lenpur”的纺织品，这种生物纺织品含有一种被誉为“白松开司米”的黏胶纤维，因此，回潮率高、不易缩水、耐洗性好，纤维表面有小裂片而具有柔软的手感，其纤维断面还具有特殊的空隙形结构，使其具有吸湿快干能力，同时保温隔热，具有良好舒适感。因而它具有丝的光泽，开司米的柔软，麻的清凉和棉的温暖等特点。白松生物织物正在法国人的运动场上风靡——如Mae的健美服装和Drouault运动内衣。

（二）银纵木类运动服装与体育用品

由加拿大McFarlane运动服装公司新开发的Multi functional fibre纺织品，是采用北极银纵树木生产的生物纤维，它在化学剂的处理中比普通棉纤维少受20%~40%的污染。这种叫作“Multi functional fibre”的纤维是依照生态学精心培育出的结果，它的纤维特别长，可以在科技处理下变得不怎么平滑，因此，在炎热或寒冷季节运动时，穿在身上就感觉非

常棒——有丝绸上身的凉飕飕的顺滑感，又有山羊绒的质感及亚麻的饱满度。这种叫作“Multi functional fibre”的纤维还具有良好的韧性与弹性，良好的稳定性，更有防缩水、防皱褶与抗起球、不易松垂和鼓包的效果，能够经受氯漂、石磨、激光印花、树脂和高温焙烘，其纺织面料尤其适合制作登山、飞行与赛车等极限运动的服装与用品。

（三）竹子类运动服装与体育用品

这种新型的时尚纤维来自中国竹或日本竹的茎，经特殊的工艺将竹茎磨成浆后，再经搅碎、蒸煮、消毒与黏胶抽丝等物理方法制成原生竹纤维。竹子非常经济，因为它每天生长1m，耗水量却只有棉花的1/4，原生竹纤维具有良好的韧性、透气性、稳定性、瞬间吸水性，以及较强的耐磨性、良好的染色性与抗UV功能，并且具有防缩水、防皱褶与抗起球的效果。原生竹纤维可以纺纱织布，还可以与棉、麻及其他天然纤维混纺交织制成运动服装、高档健美服、运动用纺织品等织物。

（四）椰壳类运动服装与体育用品

这是具有自然环保与运动健身功效的新一代运动纺织品，其生物纤维是利用废弃的天然椰壳材料经制浆、纤维改性与喷丝而成，符合可循环使用资源的发展趋势。由于椰壳纤维中的微孔面积比竹炭还要大4倍，比竹炭纤维的透气性更好，因此，吸附能力更强。椰壳纤维可纯纺，也可与羊毛、棉或彩色棉、绢丝、大豆蛋白纤维等纤维混纺，用于机织或针织，生产各种规格的机织面料和针织面料及其服装。机织面料可用于制作竞技类运动服、赛车服、健美健身用品、户外体育用品等。针织面料适宜制作运动内衣裤、休闲服、运动短衫裤、袜子和婴幼儿服装等。

（五）木棉类运动服装与体育用品

这是美国兰希尔研究所开发的新型生物纤维。它是利用特殊工艺从夏威夷吉贝种木棉果中提取的，这种天然纤维具有独特的圆形或椭圆形薄壁大中空结构，中空度高达80%～90%；其截面细胞未破裂时呈气囊结构，破裂后呈扁带状。木棉纤维独特的纤维结构也决定了它不同于其他自然纤维的基本性能，首先是在光泽、手感、吸湿性、隔热与保暖性方面具有独特优势，具有比棉高出50%的高强吸湿性，而且透湿速度极快，同时它具有很好的柔软性、染色性及良好的保形性，手感如真丝。木棉生物织物正在北欧与北美的时装界兴起——其在女士外套、内衣、运动服装和家用纺织品中的应用显得时尚新颖。

（六）大麻类运动服装与体育用品

用大麻纤维制成运动服装与体育用品，是英国迪尔晟运动用品公司新产品。该公司的新工艺软化了麻纤维，使这种耐穿的布料变得柔软，迪尔晟的另一项新技术是将麻根炭化的纳米微粒加入麻纤维中，制成具有更好物理性能与保健功能的纺织品，具有很强天然环保效益的麻织物重新焕发了魅力。但是，新型大麻纺织品非得来自萨迪瓦大麻的茎才算好——不能是印度大麻。这种植物于环境友好，生长迅速，无需施肥，自身还能使土地肥沃。大麻生物织物正在受到欧美人的青睐——现在有许多专业制造商与迪尔晟合作生产，像Peaudechanvre公司与Canlate duchanvre生产商的体育用品专卖店推出的100%纯麻运动内衣与外衣、纯麻体育纺织用品等，其面料最耐磨，不变形，可吸收30%的汗渍而又不会和皮肤沾在一起，颇受消费者们欢迎。

（七）金雀花类运动服装与体育用品

在德国第65届最佳运动员颁奖盛会上，获得最佳女运动员殊荣的奥运会游泳冠军汉娜·施托克鲍尔在颁奖前坚决要求穿着自己的宽松上衣，其材质取自一种西班牙金雀花（Spartium Junceum）纤维。用 Spartium Junceum 纤维纺织的面料是目前欧美最流行也是最高贵的绿色环保生物面料。这种开着黄色花蕾的灌木生命力极强，扩散于整个欧洲南部西班牙的原野。Spartium Junceum 纤维就是德国阿迪达斯体育用品公司从金雀花茎秆中提取的天然木浆纤维，只是萃取的工艺困难复杂，需要耗费许多精力，但是 Spartium Junceum 纤维具有比棉花纤维高出50%的高强吸湿性，而且防皱效果极佳，同时，它具有很好的柔软性、染色性及良好的保形性，手感如真丝。

（八）海藻类运动服装与体育用品

这是冰岛 Zimmer 球类用品公司研制的新型纺织品纤维 SeaCell。据 Zimmer 总裁拉切尔·库克介绍：SeaCell 是采用北极海洋中的棕色海藻或红色海藻所含有的蛋白质（氨基酸）、纤维素和丰富矿物质等成分，在纺丝溶液中加入研磨得很细的海藻纳米粉末予以抽丝而成。用 SeaCell 纤维制成的运动服装具有一种神奇的力量，能把活性因子散发到人的皮肤中，使人感觉舒适。德国吉玛体育用品公司经理阿南德·米利斯表示在25次洗涤后，生物矿化活性作用仍然有效。法国环保时装公司弗兰茨·赫尔诺认为，由这种材料生产的东方超轻型武艺裤子，是坐禅时最理想的衣服。

（九）大豆类运动服装与体育用品

用大豆蛋白纤维制成的面料，被誉为新一代“体育生态型纺织品”，大豆蛋白纤维的主要原料来自于大豆豆粕，由英国 SerSeBensimon 公司率先开发成功。该纤维单丝纤度细，比重小，强伸度高，耐酸碱性好，其纺织成的面料，具有羊绒般的手感、蚕丝般的柔和光泽，兼有羊毛的保暖性、棉纤维的吸湿和导湿性，穿着十分舒适，而且能使成本下降30%~40%。大豆纤维作为一种性能优异的新型纤维，是生产各种高档纺织品的理想材料。由英国 SerSeBensimon 公司及瑞士 Les 3Suisses 公司推出的运动T恤衫、健美操裙子、套衫和运动内衣系列，抗细菌，难撕裂，易晾干，而且隔热保温又不影响排汗。

（十）玉米类运动服装与体育用品

经玉米淀粉发酵得到的这种有光泽的人造纤维被称之为 Corn silk。美国 Cargill Dow 运动专用设备公司的工程师格拉芙·兰帕德指出：生产 Corn silk 可比传统高分子聚合物减少68%的石化燃料耗用量，而且玉米纤维具有垂顺、柔软且光滑等特性，具有与涤纶相似的性能和真丝般的光泽，其回潮和芯吸性都优于涤纶，它的弹性、卷曲性、染色与抗褪色性能都很好，并且收缩率和悬垂性优良，尤其适用于运动服饰。由 MoralFervor 休闲运动用品公司与 Versace 体育品公司用玉米纤维生产的户外运动上装和室内运动T恤等服装，除了具有无皱、随形、柔软舒适及手感极佳的优点外，还具有保暖、排汗、易干、不易点燃、耐冲击等特点。

（十一）牛奶类运动服装与体育用品

德国阿迪达斯体育用品公司的服装设计师安科·杜马斯克汉诺利用牛奶蛋白纤维的纺织品推出了新颖时尚的运动服装系列，只要6L牛奶就可以做出一套舒适合身的健美操连衣裙，售价则高达1300马克。牛奶蛋白纤维是将液状牛奶脱水、脱脂，利用新工艺产生蛋白质纺丝液，然后制成新型高档纺织纤维。当前生产牛奶纤维纺织品的厂家有美国 OHilch 体育用品公司、意大利 Beringheli 运动器材公司、法国 Milkofil 休闲用品公司和德国阿迪达斯公司等。新上市的牛奶纤维纺织品有高档运动内衣、健身服、休闲服饰等。

（十二）虾蟹壳类运动服装与体育用品

这是美国、日本与欧洲一些公司利用虾蟹壳研制的新型纤维成品运动服装。它是将虾与蟹废弃的壳类废物经过溶解、脱泡、喷丝、凝固与拉伸后制成的，日本的富士纺织株式会社已经实现了虾蟹壳纤维及其纺织品的工业化生产。虾蟹壳纤维在结构上具有聚糖类的优势，使其不但具有类似纤维素的用途，而且具有透气、透汗、爽身与保健等功能。特别是虾蟹壳纤维的生物相容性、广谱抗菌性、生物可降解性等特殊功能，已为人们所关注。

四、里约奥运里的中国纺织品

2016 年里约奥运会的体育经济冲击全球，中国的体育经济以惊人的态势冲向全球市场。中国文教体育用品协会部分会员企业通过产品创新，赢得里约奥运会订单，打破了国外体育用品公司多年的垄断。

1. 上海红双喜股份有限公司 本届乒乓球比赛采用“红双喜”双标乒乓球。乒乓球拍属个人器材，马龙、丁宁、李晓霞等奥运冠亚军都使用“红双喜”的底板和套胶，中国队 90% 以上选手采用“红双喜”的正手套胶。还有包括乒乓球比赛的裁判桌椅、翻分器、暂停计时器；羽毛球比赛的光控自动出球器、暂停计时器、运动员装备框等。另外，全球首创的 LED 乒乓球台“电光彩虹”，国内首家也是唯一获得国际足联 FIFA PRO 最高质量认证的 FS180 全天候高级比赛用足球，以及“奥运三朝元老”高科技光控供给羽毛球出球器入驻了里约奥运会“中国之家”。

红双喜率先完成了中国品牌连续五届进军奥运会的壮举。

2. 江苏金陵体育器材股份有限公司 2015 年 5 月 9 日，经国际排联认证，江苏金陵体育器材股份有限公司成为 2016 年里约奥运会排球比赛器材指定供应商。主要为排球比赛供应沙滩排球和室内排球，还向奥运会供应排球网柱、裁判椅等器材。

3. 泰山体育产业集团有限公司 泰山体育器材成为里约奥运会 11 个项目的全部器材供应商，以及相应的服务保障，占全部项目器材的 40%。奥委会主席巴赫称赞泰山体育为中国赢得了赛场外的一面金牌。中国自参加奥运会以来，自行车项目一直使用他国产的器材，这一次中国队终于骑上了“泰山”正宗国货品牌。

泰山集团是通过材料创新赢得里约奥运会的订单。柔道、摔跤、跆拳道三个项目的运动垫全部由泰山集团提供。各类垫子采用新型的 XPE 新材料和世界上领先的热合技术，使产品更加环保，进一步保障了运动员的健康。创新依靠的是泰山集团厚积薄发以及对研发的大力投入，泰山集团每年用于创新研发的资金过亿元，成立国家体育用品工程技术研究中心、国家级企业技术中心、国家认可实验室等 6 个国家级科研平台。目前，泰山集团拥有国内外专利 1000 余件，主持参与国际、国内标准 30 余项，多项创新成果国际领先。凭借突出的创新能力和过硬的产品质量，泰山集团 100 多项产品分别通过国际田联、体联等各专项体育协会认证。

4. 舒华股份有限公司 舒华股份有限公司的 X5 跑步机，为本届里约奥运会“中国之家”指定产品。

5. 河北泊头张孔杠铃公司 河北泊头张孔杠铃公司是 2016 年里约奥运会举重器材

唯一供货商，“奥运订单”上有70套专业举重器材，其中41套用于奥运会举重赛事，29套用于测试赛，打破了国外体育器材品牌对排球和举重比赛的垄断。

提供给里约奥运会的杠铃，融入许多创新元素，对于杠铃杆的弹性、转动量、手握处摩擦系数等技术指标进行改进，增强了杠铃使用舒适度，降低了运动员受伤概率。0.2mm的比赛用杠铃轴线弯度、5g的杠铃片重量误差，正是不断的自主创新，使张孔杠铃得到了里约奥组委的首肯。

6. 杭州华鹰游艇公司　2015年，杭州华鹰游艇公司接收奥运订单：为里约奥运会制造包括单人艇、双人艇、四人艇在内的共计56艘赛艇。

五、“热电半导体丝线”智能服装或可以辅助表达情绪

美国普渡大学（Purdue University）的科学家Kabuki Yazawa发明了一款热电半导体丝线（图12-19），在织入面料或其他表面后，能吸收热量并将其转化为电能。这款材料的元件层使用了四种材料：两层高分子外表层，金属闸极，纤维芯和覆盖纤维芯的半导体。

这款新材料能从接触到的各类复杂表面吸收热量，然后转化成少量电力。Kabuki Yazawa表示，这种新材料的诞生打破了传统热能发电机的局限性。最重要的研究部分在于，这种面料能利用人体的热量，为心率和呼吸检测器等物联网设备提供动力。

这项技术的优势在于，不用携带体积庞大且沉重的电池，或为设备充电。在普渡大学旗下Discovery Park的Birck纳米技术中心工作的Kabuki Yazawa表示：“将来的服装或许帮助穿戴者表达个人情感，这种灵活的电源设备能将多种电子元件应用于服装和面料，然后大幅改变时装的功能。比如，穿着者将来或许能通过LED发光、改变服装颜色、互动显示屏等方式，丰富个人情感的表达方式。”随着这种技术日益成熟，时尚将有更多机会与其他领域相结合。

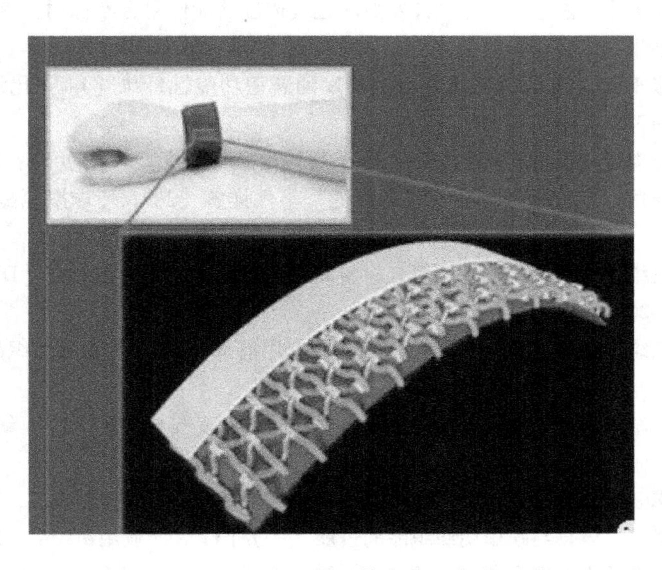

图12-19　“热电半导体丝线”智能服装

思考题

1. 综述体育与休闲用纺织品的应用情况。
2. 体育器材和运动器材采用纺织品结构复合材料有哪些优缺点?
3. 用纺织品替代体育场天然地表材料时，要考虑的最主要因素是什么?
4. 织物的透气性在产业应用中为何起重要作用? 请简要说明。
5. 搜集整理里约奥运会中还有哪些是“中国制造”的纺织品。

参考文献

[1] 文兴．“中国制造”挺进里约奥运［J］．文体用品与科技，2016（21）：15.
[2] 李春霞，王双成，邱召明，等．对位芳纶在运动器材领域的应用［J］．高科技纤维与应用，2013（03）：57－61.
[3] 刘树英．法国户外运动市场发展趋势［J］．文体用品与科技，2015（01）：24－26.
[4] 文永奋．纺织行业发展新趋势——功能化、智能化、健康化、产业化［J］．高科技与产业化，2004（03）：14－20.
[5] 张鑫哲，陈丽华．高性能运动服装发展现状与趋势［J］．纺织导报，2010（05）：105－107.
[6] 李明珠．户外纺织品用隔热降温涂料的研制及应用［D］．上海：东华大学，2012.
[7] 藏洁雯．户外运动服的设计与应用研究［D］．上海：东华大学，2014.
[8] 陈朔．基于用户体验的运动休闲产品设计研究［D］．南京：南京理工大学，2009.
[9] 刘骏．经编户外运动面料的设计与开发研究［D］．无锡：江南大学，2013.
[10] 徐浩，王鸣义，刘则馥．聚酯新产品开发应用现状及发展趋势［J］．合成纤维工业，2008（04）：45－48.
[11] 余永生，段国平，左志忠，等．开发防水透气透湿功能性复合布探讨：雪莲杯第10届功能性纺织品及纳米技术应用研讨会［C］．中国江苏常州：2010，8.
[12] 靳贺玲，张玉萍．浅谈四种我国自主研发的新型功能性纤维［J］．化纤与纺织技术，2013（02）：30－32.
[13] 吴泽建．球类运动器材的技术发展［J］．文体用品与科技，2009（01）：12－13.
[14] 佚名．全视角“塑胶跑道”——“毒跑道”事件详解［J］．环球聚氨酯，2015（11）：44－53.
[15] 沈玲燕．三维正交机织玻璃纤维复合材料动态性能和抗侵彻规律研究［D］．合肥：中国科学技术大学，2013.
[16] 叶冬茂．三维织物复合材料在运动护具上的应用前景［J］．产业用纺织品，2012（02）：1－4.
[17] 罗益锋，罗晰旻．世界高性能纤维及复合材料的最新发展与创新［J］．纺织导报，2015（5）：22－32.
[18] 柴雅凌，幸云．体育与娱乐用纺织品的进展（二）［J］．产业用纺织品，2001（06）：1－6.
[19] 林新福，幸云．体育与娱乐用纺织品的进展（一）［J］．产业用纺织品，2001（04）：1－5.
[20] 吴志勇．新型纤维在体育器材中的应用［J］．体育科技文献通报，2012（04）：87－90.
[21] 赫布，玛琳娜，罗曼．引领体育与健身新潮的生物纺织品［J］．中国纤检，2014（19）：34－37.

[22] 钱晶晶，冯军宗，姜勇刚，等．帐篷夹芯隔热材料的研究进展［J］．材料导报，2014（03）：84－87.

[23] 罗益锋，罗晰旻．从中远期碳纤维及其复合材料市场预测看企业竞争态势与对策［J］．高科技纤维与应用，2017（4）：1－7.

[24] “热电半导体丝线”智能服装或可以辅助表达情？［J/OL］，纺织导报，［2017－05－18］. http：//mp. weixin. qq. com/s？_ biz = MjM5MzE1NTI3Ng = = &mid = 2651167909&idx = 3&sn = 996aab229a9488acbbbf11858d4b447b&chksm = bd6a6d068a1de410e6a15b7080ae9175dbcf551648e680-b8047f4f53fd5be5ea7a7768943d41&mpshare = 1&scene = 1&srcid = 0518m5sLH1KYtgGhaqmEiwol#rd.

[25] 蒋高明，彭佳佳．针织成形技术研究进展［J］．针织工业，2015（05）：1－5.

[26] 陈进强．浅谈塑胶跑道基层做法［J］．广东科技，2003（08）：42－44.

[27] 毕鸿章．硼纤维及其应用［J］．高科技纤维与应用，2003，28（1）：32－34.

[28] 郭慧军．田径场透气型塑胶面层不同成份配比的性能研究［D］．北京：首都体育学院，2010.

[29] 徐婷．CVD 法 SiC 连续纤维制备技术［D］．西安：西北工业大学，2006.

[30] 王萌．Ti_ f/Al 复合材料微观组织和力学性能研究［D］．哈尔滨：哈尔滨工业大学，2010.

[31] 赵稼祥．碳化硅纤维及其复合材料的进展［J］．飞航导弹，2001（01）：60－63.

[32] 洪桂香．超高相对分子质量聚乙烯纤维市场现状与展望［J］．化学工业，2015，33（z1）：62－65.

[33] 张扬，李占一．一种新型硼纤维/环氧复合材料的研制［J］．高科技纤维与应用，2007，32（03）：17－19.

[34] 程玉洁．后纺工艺对不同冻胶浓度 UHMWPE 纤维结构性能的影响［D］．北京：北京服装学院，2009.

[35] 罗兵．高强玻纤渐成复合材料行业热点［N］．中国质量报，2012－08－02（005）.

[36] 闫洁．硼纤维增强铝基复合材料的研究进展［J］．上海金属，2009，31（6）：47－51.

[37] 何文佳．UH_ L/EP 复合材料吸湿行为及吸湿应力的有限元分析［D］．广州：华南理工大学，2011.

[38] 韩利雄，曾庆文．高强度高模量玻璃纤维特性与应用［J］．化工新型材料，2011，39（8）：1－3.

[39] 赵凤华．塑胶跑道到底环保不环保［N］．科技日报，2005－03－22.

[40] 王波．高性能纤维防弹材料的基本种类、结构及其防弹性能［J］．轻纺工业与技术，2010，39（4）：22－24.

[41] 汪家铭．超高分子量聚乙烯纤维产业现状与市场前景［J］．化学工业，2014，32（8）：32－38.

[42] 杜希岩，李炜．纤维增强复合材料在体育器材上的应用［J］．纤维复合材料，2007，24（1）：50－52.

[43] 文思维，肖加余，曾竞成，等．橡胶改性对硼纤维/环氧单向复合材料力学性能的影响［J］．复合材料学报，2007，24（4）：8－12.

[44] 徐静．不同浓度超高分子量聚乙烯冻胶纤维的萃取干燥工艺研究［D］．北京：北京服装学院，2008.

[45] 张文光．产业用纺织与复合材料［J］．产业用纺织品，1998，16（6）：1－7.

[46] 罗永文，陈向标．高性能纤维的性能与应用［J］．当代化工，2014（4）：528－531.

[47] 元轶，徐先林．无缝全成型技术的现状及发展［J］．纺织导报，2006（11）：61－62.

[48] 刘淑琳．论短跑运动的本质、特征及其演变规律［D］．武汉：武汉体育学院，2012.

[49] 郭宇微，邱红娟，方远．针织无缝产业的现状及产品应用［J］．山东纺织科技，2006，47（6）：39－41.
[50] 曹清林，夏卫东，崔荣．渔网编织设备发展现状［J］．纺织导报，2014（8）：54.
[51] 黄灿艺．功能性运动服装面料的开发现状与发展趋势［C］．“力恒杯”第11届功能性纺织品、纳米技术应用及低碳纺织研讨会．2011.
[52] 白刚．塑胶运动场与绿色健身环境的构建［J］．浙江传媒学院学报，2006，13（6）：62－63.
[53] 高翎翎．经编针织物在高尔夫球场的应用［J］．国外纺织技术，1998（03）：15.
[54] L. Muran，赵丽丽，朱方龙．运动服和其他高性能服装的技术创新与市场趋势［J］．国外纺织技术，2004（1）：1－5.
[55] 雷思雨．有氧运动装的设计研究［D］．上海：东华大学，2014.
[56] 陈利．三维纺织技术在航空航天领域的应用［J］．航空制造技术，2008（04）：45－47.
[57] 杜淑芳，周建．涂层、层压复合织物生产技术与设备［J］．国际纺织导报，2011（9）：48－48.
[58] 姚重军．聚氨酯塑胶跑道发展趋势探讨［J］．中国建材科技，2009，18（02）：44－46.
[59] Graham，Budden. 防护与舒适并存的新型抗机械冲击防护服［J］．纺织导报，2006（9）：62－63.
[60] 朱民儒．三维纺织复合材料的结构特点和应用［J］．产业用纺织品，2002，20（06）：1－5.
[61] 王中珍，丁帅，王蝶．耐冲击运动防护服的研究进展及设计要素［J］．山东纺织科技，2013，54（01）：43－47.
[62] P. Kanakaraj，N. Anbumani，钱程．三维针织间隔织物及其应用［J］．国际纺织导报，2007，35（6）：66－69.
[63] 赵辉．国内外功能性运动服科学论文研究状况分析［J］．科技信息，2010（33）：164－165.
[64] 李朝晖，王春梅．纺织品的热熔黏合新技术及设备［J］．上海纺织科技，2005，33（11）：4－7.
[65] 张鑫哲．高性能户外运动内衣面料服用性能研究［D］．北京：北京服装学院，2010.
[66] 田俊玲．热塑性聚氨酯热熔胶的合成及改性研究［D］．广州：广东工业大学，2012.
[67] 王荣荣，黄故，马崇启．三维弹性机织物的组织设计［J］．产业用纺织品，2008，26（2）：6－9.
[68] 姚笑坤．户外运动休闲服装的设计及品牌研究［D］．苏州：苏州大学，2012.
[69] 佚名．中国体育用品商机蓬勃［J］．商界，2007（6）．
[70] 赵雪，展义臻，何瑾馨．仿生学研究现状及其在纺织上的应用［J］．纺织科技进展，2008（05）：36－43.
[71] 马维平，晏冬丽．体育运动与高科技运动服装［J］．解放军体育学院学报，2004，23（03）：126－128.
[72] 彭雪涵．现代新材料技术与体育运动水平的提高［J］．福建体育科技，2000，19（05）：4－8.
[73] 陈树玉．现代运动服装设计研究［D］．苏州：苏州大学，2008.
[74] 钱晶晶．聚酰亚胺气凝胶帐篷的制备与性能研究［D］．武汉：武汉纺织大学，2014.

第十三章　合成革（人造革）用纺织品

第一节　纤维原材料

一、合成革的发展阶段

人造合成革简称合成革，是将基布浸渍聚氨酯树脂再经后整理制成。合成革工业发展历史按照产品性能主要分为三个阶段：人造革阶段、合成革阶段、超细纤维合成革阶段。

（一）人造革阶段

人造革是人工革的第一代产品，开发的目的是为了弥补天然皮革资源不足。从20世纪30年代开始，就研究通过不同的化学材料和方法制造天然皮革的代用产品。从硝化纤维漆布到后来的PVC高分子材料涂覆，在天然革的替代工作上实现了工业化应用。到20世纪60年代，人造革发展到达了黄金时期。以日本为例，1960年产量超过4亿m^2，但随着合成革的诞生，人造革的产量逐渐减少。

（二）合成革阶段

20世纪60年代，随着人造革产品缺陷日益突出，聚氨酯工业和非织造技术的发展及其在人工革上的应用，使人造革产量逐渐减少，从此走进了合成革工业时代。1962年，杜邦公司历时17年成功开发了一种以合成纤维非织造布为底基，中间织物增强，涂层聚氨酯在水中凝固后形成微细小孔的表层与底基构成整体的合成材料，由于此材料用的非织造布，其纤维交织形成的毛细管作用，有利于湿气的输送，所以，此材料具有透湿防水性，为合成革发展奠定了基础。合成革真正的发展壮大开始于1965年，由日本可乐丽公司开发的由两层结构组成（取消了中间织物），即非织造材料和聚氨酯多孔膜产品，此产品改善了产品的柔软性，并得到了大力的推广。

（三）超纤革阶段

超细纤维合成革是日本东丽公司于1966年研究开发的，根据麂皮的微观结构用超细纤维仿制。1968年，东丽公司又研制出涤纶超细纤维合成革。此后，还开发了锦纶超细纤维合成革。它们都是由极细的纤维组成，都采用海岛法。所以超细纤维合成革是合成革行业划时代的创新技术。1970年，超细纤维工业化技术确立，此后逐步推向市场。目前，以超细纤维和聚氨酯复合制成的类似于天然皮革外观及性能的超纤革是目前世界上最接近真皮的合成皮革。

纤维的选择和合理的配比至关重要，它是保证基布有较好的力学性能及表面光洁度、柔软性、弹性、密度、上染性能的先决条件。目前，制造基布采用的主要纤维有涤纶、锦纶、黏胶纤维、超细纤维。它们的主要性能见表13－1。

表 13-1 几种纤维的主要性能

原料	纤度（dtex）	长度（mm）	断裂强度（cN/dtex）	断裂伸长（%）	初始模量（cN/dtex）	20℃，RH 65%回潮率（%）
涤纶	1.54	38	5.76	23	33.8	0.4
黏胶纤维	1.54	38	3.52	18	45	13
超细纤维	2.2	38	6.12	48	18	4
锦纶（高强）	1.54	38	6.01	60	26.4	5

涤纶有较大的强力及刚挺性；黏胶纤维刚挺性好，上染性能佳，强力较低；锦纶弹性及柔软性佳，强力好；超细纤维提供较好的强力、柔性及基布表面密度。另外，纤维的硬软性、截面形状也是选择原料时需要考虑的。

生产厂家可根据客户对基布性能（强力、透气性、柔软性、刚挺度、密度、拒水性、弹性等）的不同要求，选择原料及原料的不同配比。

二、人造合成革基布原料的发展

（1）将织物做底布，在其表面进行再加工，这从 14 世纪就开始了，当时人们用亚麻油涂布，用氧化聚合成膜法制作防水布、帐篷等。

世界上最早的革基布产生于 1921 年，当时的人们通过在底布上涂覆硝酸纤维素溶液而得到硝化纤维漆布。

（2）最早的人造皮革出现在 20 世纪 50～60 年代，是以棉织物为基布，以聚氯乙烯（PVC，氯纶，常用作管材）高分子合成物为原料浸涂而成的外观类似皮革的复合材料，简称人造革。其外观类似于天然皮革，生产成本低且容易加工，主要用于车辆座椅套、家具、装饰等。人造革具有面层与底布黏结牢度差，耐气候性差，手感较硬，增塑剂气味大等缺点。人造革不具备天然皮革的结构和特性。

最开始，革基布采用棉机织布、帆布、针织布、起毛布，后来采用的原料从棉纤维扩大到了合成纤维。在生产和使用过程中，人们发现天然皮革是由普通纤维 1/100～1/10 粗细的微细胶原纤维在三维方向上相互交络而成，要做到仿真皮效果，基布必须具有类似于天然皮革的三维网状结构。但是机织物和针织物等织物不具备这样的结构。

（3）普通合成革始于 20 世纪 60 年代中期，随着非织造布的出现，这种不用机织和针织的方法而直接采用天然纤维或化学纤维制成的具有三维立体交缠结构的非织造布被应用于革基布。以非织造布为基布，经浸渍聚氨酯材料或丁苯、丁腈胶乳材料等而成。与人造革相比，它不仅从外观模拟天然皮革，其结构也与天然皮革相似：以非织造布为基材，将合成纤维采用针刺、黏结等工艺形成三维立体网络，模拟天然皮革的网状结构。聚氨酯树脂富有弹性和柔软性，且强力高，耐磨性、耐折性、耐拉伸性、耐溶剂性及透气透湿性好。不但力学性能优越，而且加工性能好，微细孔结构的聚氨酯层，模拟天然革的粒面。

早期生产的非织造布基布所使用的纤维是常规纤维，细度为 1.5～6 旦，产品的柔软度和弹性较差，因而使制成的人造合成革仿真效果并不理想。

（4）超细纤维合成革阶段始于 20 世纪 70 年代初，纤维细度一般为 0.001～0.01dtex，甚至达到0.0001dtex。超细纤维具有柔软的手感、巨大的表面积和强烈的吸水特性，尤其是它的细度非常接近于天然革的束状超细胶原纤维。用超细纤维非织造布制成的合成革几乎具有天然皮革的一切特性和优点，并在机械强度、耐化学性能、吸排湿性、质量均一性、保形性、自动化剪裁加工适应性等方面更优于天然皮革。因此，超细纤维是人造合成革基布的理想原料。

非织造布基布中采用的超细纤维主要有分裂型超细纤维和海岛型超细纤维。采用海岛型超细纤维时，一般以针刺法加工非织造布，然后经过后整理以溶去纤维中的“海”部分而成，所得最终产品有比较明显的针孔，手感差，纤维损伤严重，并在生产过程中有断针的危险。采用分裂型超细纤维时以水刺法加工非织造布，利用高压水刺的能量冲击纤维，使其分裂成超细纤维。两种方法各有特色，水刺法生产的产品流程较长，产品成本相对要高一些，但手感好，表面密度和外观平整度好，对纤维损伤小。

三、人造合成革基布的发展趋势

（1）超细纤维非织造布。以超细纤维为原料，用水力缠结的工艺技术加固而制成的高撕裂强力、高强力、高仿真性超细纤维非织造布革基布。

（2）复合织物。复合织物兼具了非织造布和有纺织物的优点，综合性能好，是高档人造合成革基布产品。

（3）功能性非织造布。赋予人造合成革基布新的功能，如具有防水、透湿、抗菌防臭等功能的革基布。

目前，世界上人造革合成革的主要产地在欧、亚两洲，欧洲主要分布在意大利、德国、法国、西班牙、葡萄牙、匈牙利等国，亚洲主要分布在中国大陆、中国台湾、日本、韩国、印度和印尼等地。虽然中国已成为人造革合成革生产和消费大国，但是以意大利、西班牙等为代表的欧洲国家在合成革产品的时尚性和研发速度方面引领潮流；中国台湾、韩国等地的合成革产品在表面花纹和内在功能性两方面有一定优势；日本则占据着高端合成革产品的市场，是当今国际合成革行业的“领头羊”。

根据原材料的不同，人造革合成革可以分为PVC人造革和PU合成革。PU合成革无论是在功能性方面，还是在环保方面，都要优于PVC人造革。随着消费者对产品性能及环境保护的重视，以及各国环保政策的不断出台，PU合成革替代PVC人造革已成趋势。目前，欧盟已经对PVC人造革的生产和销售进行限制，日本已经在汽车装饰材料中禁止使用PVC人造革产品。在我国，“聚氯乙烯普通人造革生产线”也被列入了限制类发展项目。

从技术发展的角度来看，高物性PU合成革及超细纤维PU合成革将成为未来市场主导产品，同时，随着人们消费观念的转变和下游制品业的要求提高，许多应用领域内的消费需求也将随着人造革合成革产品品质的提高和差异化功能的增加而越来越大。

传统的运动休闲鞋都采用真皮或布作材料，天然皮革虽然在外观、透气性方面具有明显的优势，但是在某些性能上存在较大局限，如强度低、易发霉、易脆化、易变形等，同时受生态平衡、环境保护等因素影响，天然皮革的应用日益受到限制；而布类产品在外观感觉上不能满足现代消费者的要求；另外，传统的PU合成革一般采用起毛机织布或针织布加工而成，虽然外观、手感较好，但物性上难以达到高档运动休闲鞋材的要求，而普通涤纶或涤锦非织造布生产的PU合成革手感板、物性相对差、质量重，不符合今后消费要求。合成革是采用高密度非织造布作基布，并经聚氨酯浸轧、涂层加工而成，产品具有质轻、手感丰满、物性优良的特点，是高档运动鞋今后重点看好的产品。

复合材料类的合成革基布国外也有生产，复合加工的方法有浸渍黏合法和水刺法，复合材料用作革基布具有手感风格非常好、断裂强力和撕裂强力高、弹性好等优点，是高档合成革产品的理想材料。

近年来随着全球产业转移的不断推进，人造革合成革产业中心逐渐由世界向我国转移，促使我国的人造革合成革行业产能持续放大，产量亦不断提高。随着消费者对环境保护意识的提高以及消费需求的不断增加，人造革合成革行业正在朝着生态环保性、功能多样性的方向发展。生态功能性合成革正依靠其自身的优势领跑整个行业的发展。

随着新材料和新后处理工艺的应用，人造革合成革产品的档次和花色品种类得到了迅速发展。从开始的增消光到以后的龟裂、变色、疯马、擦色、羊巴、喷涂光油等各种特殊表面材料的开发和使用，人造革合成革产品更加多样化、多元化。

人造革合成革市场发展前景之广阔还体现在当前现代化军事装备上，在国外军用装备中，各种功能化合成革随处可见。目前，军用合成革的应用不单单是军鞋、军靴、枪套等领域，已经开始拓展出一些新兴的市场空间，如军用车、装甲车辆上的电磁屏蔽应用的就是屏蔽（导电、隔热）合成革；起到消声阻尼减震作用的合成革，应用在舰艇、飞机中的驾驶舱和战斗舱；适用在卫星导航定位上的定长、定宽、定反射率和耐老化合成革；雷达和红外线隐身的需求量也非常大，据海湾战争统计，没有隐身装备的被击毁率比有隐身装备的被击毁率高12倍。

生态功能性合成革代表行业的发展方向：PU合成革的两大趋势是生态性和功能性，既具备生态环保性，又具备各种优良性能的PU合成革，通常称为生态功能性合成革。相比普通PU合成革，生态功能性合成革拥有价格适中、功能多样、高物性、生态环保等优势，逐步取代PVC人造革、普通PU合成革制品以及天然皮革制品，市场份额逐步提升。

生态功能性合成革的功能性主要包括力学性能，如运动休闲鞋用人造革合成革在引领时尚的同时，还具有剥离强度、撕裂强度、拉断强度、顶破强度及缝合强度高，耐寒性、耐磨性、耐酸、耐碱、耐水解性及色泽稳定性好等特点，其制成品穿着轻盈舒适、不易变形，并具备很好的吸湿透气性及防霉抗菌性；沙发用人造革合成革不但色牢度好，耐磨性、耐刮性、耐光性及耐老化性能强，而且具有超强的防水透气性、防霉抗菌性及阻燃性，保证了制成品的干爽舒适、清洁卫生及安全性。

生态功能性合成革的生态环保性主要体现在四个方面：第一，生产过程中不会污染环境，且原料为可再生资源；第二，在加工过程中不会产生对工人的健康安全造成危害的物质；第三，消费者在使用过程中对其安全和健康以及环境不会造成损害；第四，产成品具有优良的环保性能，废弃后可以在自然条件下实现降解，不会对环境产生污染。

第二节　合成革用纺织品专用设备

一、针刺合成革基布的生产设备

针刺非织造布具有致密的三维结构，类似于真皮胶原蛋白组织的交错结构，且生产装置投资少、见效快，因而得到广泛使用。针刺合成革基布的性能直接影响合成革的性能。

1. 针刺工艺流程　针刺法合成革基布的生产工艺流程是：原料开包→粗开松→混棉→精开松→梳理→铺网→针刺→修面→轧光。

利用进口和国产设备合理搭配，配置了一条适合生产针刺合成革基布的生产作业线，其设备配置如下：开包机→开松机→大仓混棉机→精开松机→梳理机→铺网机→预针刺机→主针刺机1→主针刺机2→主针刺机3→主针刺机4→修面机→轧光机。

2. 针刺工艺原理　针刺固结法发展历史较为久远，它是一种以机械方式加固纤网的工艺技术。随着非织造布的高速发展，这种技术也取得了较为迅速的发展。与其他固结工艺相比，用针刺加固方法生产的非织造材料具有诸多优点，如过滤性能、机械性能优良，通透性好等。

针刺法固结纤网的加工过程主要是由针刺机来完成的。针刺机由送网机构、针刺机构和输出机构组成。实际生产中，加工能否顺利进行以及所得到的产品质量的好坏与这三个机构的参数设计以及速度配合的合理性直接相关。蓬松的纤网之所以得到固结，是针刺机利用内部成千上万枚带有钩刺的刺针，对其进行反复穿刺所致。针刺机构作为针刺机的关键机构，主要是完成对纤网的固结。它由传动系统、针梁、刺针、针板、托网板和剥网板组成。通过改变纤网在针刺区域中的输送速度或针刺频率可以改变针刺密度，而针刺深度是由改变预刺机和上主刺机的下托网板或下主刺机的上压网板对于其刺针刺入纤网达到最深处时相对于刺针长度的位置来实现的。另外，调整托网板与剥网板或压网之间的距离可以调整针刺区域中纤网厚度的适应性，而改变针刺频率不会改变刺针对纤网的针刺力。

针刺机利用具有三角形或其他形状的截面，且在棱边上带有刺钩的刺针对纤维网反复进行穿刺。由交叉成网或气流成网机下机的纤网，在喂入针刺机时十分蓬松，只是由纤维与纤维之间的抱合力而产生一定的强力，但强力很差，当多枚刺针刺入纤网时，刺针上的刺钩就会带动纤网表面及次表面的纤维，由纤网的平面方向向纤网的垂直方向运动，使纤维产生上下移位，而产生上下移位的纤维对纤网产生一定挤压，使纤网中纤维靠拢而被压缩。当刺针达到一定的深度后，刺针开始回升，由于刺钩顺向的缘故，产生移位的纤维脱离刺钩而以几乎垂直状态留在纤网中，犹如许多的纤维束“销钉”钉入了纤网，从而使纤网产生的压缩不能恢复，纤网内纤维与纤维之间的摩擦力加大，纤网强度升高，密度加大，纤网形成了具有一定强力、密度、弹性等性能的非织造产品。

3. 工艺特点

（1）适合各种纤维，机械缠结后不影响纤维原有特征。

（2）纤维之间柔性缠结，具有较好的尺寸稳定性和弹性。

（3）用于造纸毛毯大大提高寿命。

（4）良好的通透性和过滤性能。

（5）毛圈型产品手感丰满。

（6）无污染，边料可回收利用。

（7）可根据要求制造各种几何图案或立体成型产品。

4. 设备种类 包括条纹针刺机、通用花纹针刺机、异式针刺机、环形针刺机、圆管形特殊针刺机、四板正位对刺针刺机、倒刺针刺机、双滚筒针刺机、双主轴针刺机、起绒针刺机、提花针刺机、高速针刺机、电脑自动跳跃针刺机、针刺水刺复合机等。

二、水刺合成革基布的生产设备

水刺非织造布是将高压微细水流喷射到一层或多层纤维网上，使纤维相互缠结在一起，从而使纤网得以加固而具备一定强力，得到的织物即为水刺非织造布。其纤维原料来源广泛，可以是涤纶、锦纶、丙纶、黏胶纤维、甲壳素纤维、超细纤维、天丝、蚕丝、竹纤维、木浆纤维、海藻纤维等。

1. 水刺机结构及分类 作为整套设备的核心部分——水刺机，产品的力学性能、悬垂性、透气性、柔韧性等优越性均由它来决定。它影响基布质量的因素包括设备和工艺两方面。

（1）水刺机主要装置。包括机架、水刺头、纤网托持装置（辊筒托持和平面托持）、抽吸脱水装置、气动和电气控制系统等。辊筒托持装置包括抽吸辊筒和金属网套，配置的水刺头呈圆周排列；平面托持装置又分为入网输送托持和平刺机出网输送托持，主要内容包括托持网帘、导送辊、抽吸箱、纠偏装置、张紧装置等，配置水刺头呈水平排列。

（2）水刺机分类。目前，水刺行业多根据配置的抽吸辊筒数量将水刺机分为单辊筒水刺机、二辊筒水刺机、三辊筒水刺机或多辊筒水刺机。在此基础上又进行更进一步地细分为压网辊筒夹持入网或者压网帘夹持入网，但这两种入网形式一般用在多辊筒水刺上。

育豪公司提供的设备有三道及四道水刺头两种选择。在生产过程中，纤网经过正面—反面—正面水刺（或正面—反面—正面—反面水刺），纤网的缠结及平整性有充分的保证。由于育豪设备是针对皮革基布市场设计的，故机械结构较合理。图 13－1 为其水刺机的分布图（以三道水刺为例）。

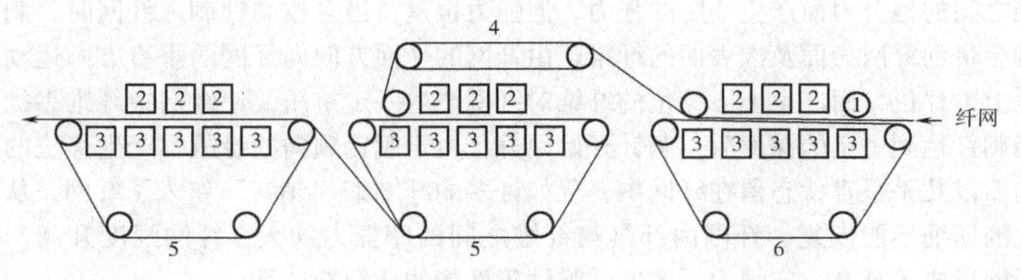

图 13－1　三道水刺分布图

1—预湿轮　2—水刺头　3—真空吸汽槽　4—过桥网　5—水刺网

2. 生产工艺参数

（1）托网帘网目的选择。选择恰当的托网帘是决定缠结效果的因素之一。一般来说，网目密度大，纤网在接受水刺时得不到应有的穿刺，纤维与纤维之间相互缠结的可能性下降，反映到产品质量上即抗撕拉强度下降。而网目密度小，纤维损失率大，容易造成凹凸不平的情况，同时给水处理带来困难。布面不平整的产品应用到制革上，会因为基布渗浆不匀而引起革面起麻粒，因而托网帘选择相当重要。实际生产中，一般第一道托网帘相对于第二、第三道网目密度小，第二、第三道网目密度相同以使布两面一样平整光滑，故密度宜大以稳定布面形状。

（2）水针道数。水针道数多，即纤网接受水刺的机会多，从而使得纤网中的纤维再取向的机会增多，进一步完善基布纤维的无规程度，同时亦增加了纤维与纤维的缠结机会。

（3）水针孔径。水针孔径的大小，一方面关系水刺压力，另一方面关系布面的纹路大小。在相同的供水量条件下，孔径大，压力小，水刺能量小，不利于纤维的缠结，同时布面纹路偏大，会对生产合成革带来不利因素。尽可能优化孔径，是水刺布生产商与水针片生产商应共同研究的问题。选择抛物线型比漏斗型针孔更有利于产品质量的提高。

（4）水针孔排列密度。水针孔的排列密度直接影响纤维接受水刺面积的大小。密度大，单位面积纤网接受水刺次数多，纤维间的缠结程度高。反之，密度过小，缠结效果不理想，其机械性能下降，达不到合成革工艺的要求。

3. 水刺法加固纤网原理　与针刺工艺相似，但不用刺针，而是采用高压产生的多股微细水射流喷射纤网。水射流穿过纤网后，受托持网帘的反弹，再次穿插纤网，由此，纤网中纤维在不同方向高速水射流穿插的水力作用下，产生位移、穿插、缠结和抱合，从而使纤网得到加固。

4. 工艺特点

（1）柔性缠结，不影响纤维原有特征，不损伤纤维。

（2）外观比其他非织造材料更接近传统纺织品。

（3）强度高、低起毛性。

（4）高吸湿性、快速吸湿。

（5）透气性好。

（6）手感柔软、悬垂性好。

（7）外观花样多变。

（8）无需黏合剂加固、耐洗。

（9）生产流程长、占地面积大。

（10）设备复杂、水质要求高。

（11）能耗大。

第三节　合成革用纺织品工艺技术

我国人造合成革工业从20世纪80年代开始发展。特别是最近几年高速度地发展，生产人造合成革的企业已有上千家，现已成为世界最大的合成革生产国。

一、合成革基布的种类

我国合成革基布包括机织布、针织布、非织造布和复合织物四大类。以下主要介绍前三类。

1. 机织布 机织布是由相互垂直排列的经、纬纱相互交织制成，可分为平纹织物、斜纹织物、缎纹织物和起毛织物四大类。机织布所使用的原料主要有纯棉、涤棉及涤黏混纺纱，织物具有良好的尺寸稳定性，在聚氨酯人造皮革加工中用量最大，主要用于鞋革、装饰用革、服装革及箱包革等。

作为产业用的机织物，其织造技术与衣着用机织物相比，有时需要特殊的装置或技术来满足其不同的要求，如织物的尺寸、重量、形态不同，经纱或纬纱有特殊要求，织物的性能特征要求不一样等。

（1）厚重类织物的织造。单位面积质量大的织物一般采用重磅织机织造。织造时，有时需采用复数织轴的送经装置以及两次打纬机构的打纬以便打紧纬纱。

（2）袋类织物的织造。一般可用圆形织机织造，但密度非常高、幅宽较窄的织物，还是多用普通织机织造。

（3）特殊织机的制织。

①圆形织机。生产效率高，多用于制织袋状织物。

②织带机。用来制织带状的狭幅织物，可用于各种机械的传动带、搬运用的传送带、各种密封材料等。

③超阔幅织机。幅宽可达20m，在幅宽方向，按一定间隔连续开口，在梭口内由多个载纬器同时将几根纬纱引入梭口。

2. 针织布 针织布指用针把单根（或一组）纱线弯曲成线圈，然后将线圈串套而形成织物，可分为经编针织物和纬编针织物两大类。针织布的原料多采用棉、黏胶、涤纶及锦纶长丝，具有很好的伸长率、弹性、柔软性和保持制品形状的能力，抗弯曲变形能力好，因此，常用在人造合成革基布中。主要用于柔软和有宽松感的衣料革，手套、鞋里、汽车坐垫和沙发包皮等。它既可以是平面针织物，也可以是多层多轴向的针织物。与机织工艺和机织物相比较，针织工艺和针织物有着许多特点和优势，如生产效率高、织物结构多变、工艺流程短、建设投资少等。产业用针织物所占比例逐年增加。

3. 非织造布 非织造布与传统纺织品中的机织物、针织物不同。机织物和针织物都是以纤维集合体（纱线或长丝）为基本材料，经过交织或编织而形成一种有规则的几何结构。典型的非织造布是由纤维组成的网络状结构形成的。为了达到结构稳定，纤维网必须通过施加黏合剂、热黏合等作用，使纤维与纤维缠绕，外加纱线几何结构等予以固结。非织造布是由纤维组成的网络状结构形成的，为了达到结构稳定，纤维网必须通过施加黏合剂、热黏合、针刺、水刺等作用，使纤维与纤维缠绕，以几何结构予以固结。

非织造布在制造工艺原理上，根本不同于传统的纺织品加工。它的制造工艺可以分成纤维准备、成网、黏合、烘燥、后整理、卷装六个过程。其中成网有干法成网、湿法成网和纺丝成网三种；固结包括机械固结、化学黏合、热熔黏合、自身黏合四种方法。

二、非织造合成革基布的生产方法

用于人造合成革基布的非织造布生产方法主要有针刺和水刺两种方法。

1. 针刺法 原料性能直接影响针刺合成革基布的质量，纤维原料应具有较高的强伸度。纤维强度高，在相同的针刺工艺情况下，其剩余的断裂强度可保持在较高水准。纤维的伸长大，则纤维的柔韧性好、抗弯刚度小，因而，在金属刺针对纤维反复穿刺、冲击以及纤维随钩刺不断上下运动过程中，纤维断裂少、短绒少、相互穿插多、缠结牢，非织造布的力学性能好。此外，纤维还要具有良好的抱合性能，即需要纤维具有较高的卷曲数和卷曲度；疵点含量少，以免影响基布质量及皮革表面平整度和染色性能。

纤维原料搭配既要考虑成品的性能特点，又要考虑实际生产的工艺条件和产品的成本，还要注意组成混合料的各种纤维的平均长度、线密度和密度等特征参数，其差异不要太大。合成革基布的原料一般为涤纶、锦纶以及海岛型纤维，其规格一般为 1.65 ~ 3.3dtex ×38 ~51mm 和 5.5dtex 左右 ×38 ~51mm。

（1）开松工序。开松工序主要是对原料进行开松和混合。一般合成革基布生产选用 2 ~3 台开松机，较先进的设备都选用带有自动称量装置的开松机。一般自动称量的喂棉周期设定在 50 ~60s，每次喂入 12 ~15 斗，每斗以 800 ~1000g 为宜，可使开松和混合的均匀度增加，纤网不匀度降低，以减少产品面密度的偏差。开松工序的工艺过程为：混料喂棉机 1 + 混料喂棉机 2（带自动称量装置）→混合输送带→梳针打手开松机→混棉仓→精开松机。

（2）梳理工序。梳理工序使用出网速度为 20 ~50m/min 的双锡林双道夫非织造梳理机，其针布适合使用的纤维是线密度为 8.1 ~27tex，长度为 38mm 和 51mm 的涤纶。棉箱要密封，需调节好打手的速度，上下棉箱的气压差宜高不宜低（一般上下棉箱气压分别为 600 ~900Pa 和 200 ~300Pa），且压力波动要小，调整的要点是保持喂棉风机的速度在最佳范围内。各辊的速度是梳理效果的关键，一般是通过变频器和链轮来调节速比。应控制好锡林与工作辊两者的速比，以免纤维因作用力过大而使纤维长度损失严重。合成革基布用的纤维较细，锡林的速度可设定较快一些，加大与工作辊的速比，一般取 800 ~1200m/min。道夫速度的设定随锡林的速度变化而变化，且要考虑道夫速度直接关系产量。杂乱辊用于调整纤网的纵横向强度，道夫与内杂乱辊的速比为（2 ~0.75）：1，内杂乱辊与外杂乱辊的速度比为（2.5 ~1.5）：1。梳理机输出纤网常见问题的原因分析及主要解决措施见表 13 -2。

表 13 -2　梳理机输出纤网常见问题的原因分析及主要解决措施

<table>
<tr><th>常见问题</th><th>产生原因</th><th>主要解决措施</th></tr>
<tr><td>纵条纹</td><td>主锡林和工作辊间的速比不当
锡林、道夫和杂乱辊的针布受伤，或是清洁欠佳，夹杂，两辊不平行
在梳理机罩板上有较长挂棉现象，或是漏底局部挂棉
温湿度不合适，纤维质量差</td><td rowspan="2">调整辊间速比，若条纹从道夫部分出现，则调整道夫和工作辊间的速度；若条纹从杂乱部分出现，则调整道夫和杂乱辊间的速度
检查梳理机各辊的动平衡，更换轴承或纠正各辊
修补受损针布，清理梳理机各部位
在开松机和棉箱处增加湿度，控制车间的整体温湿度
检查同批原料是否存在较大差异，适当改变原料配比</td></tr>
<tr><td>横条纹</td><td>各辊的动平衡出现异常
工作辊和锡林的速比，道夫与锡林的速比，杂乱辊与道夫的速比过小或过大
工作辊、剥取辊和喂入辊传动有顿挫现象
漏底的隔距偏大，飞花落入漏底</td></tr>
</table>

针刺工序中，影响合成革基布的因素有环境温湿度、纤网喂入形式（减少意外牵伸）、针板布针形式、刺针选型与排列、走步张力（减少牵伸）和针刺工艺等。

（3）铺网工序。合成革基布生产过程中对铺网的均匀度要求比较高，改变摇屏的速度可改善铺网均匀度。摇屏分前、中、后三个点，但是由于机器平动的存在，摆动到两端时速度慢，摆动到中间时速度快，导致铺成的纤网出现两边厚中间薄的现象，造成产品厚度不均。生产中可以改变铺网小车的加速度进行调整。

（4）针刺工序。在针刺工序中影响合成革基布的因素有环境温湿度、纤网喂入形式（减少意外牵伸）、针板布针形式、刺针选型与排列、走步张力（减少牵伸）和针刺工艺等。针刺非织造布的针痕现象是一个普遍存在的问题，导致出现针痕的影响因素依次为针板的布针、针刺步进量、一块针板上在同一直线范围内断针量和各个机台之间的张力。一般预针刺机造成的针痕在后面的针刺机上是很难消除的，所以预针刺工艺十分关键，要求调整导布环与预针刺机第一排针孔的距离越小越好。针刺合成革基布上的毛羽现象是另一个共性问题，其解决办法就是调整最后一台修面针刺机的工艺。

针刺深度是针刺工艺的一项重要参数。适当的针刺深度可以有效地增强纤维之间的抱合力，增加基布的强力。预刺针刺深度和密度的控制直接决定产品的效果，预刺最好能使纤网达到最大程度的压缩，针刺深度以取13mm为宜；修面是为改善非织造布的表面效果，针刺深度取3~4mm为宜。生产中针刺深度要视实际情况而定。若有少量的纤维粉尘产生，则针刺深度较为适当；若纤维状粉尘长度超过1mm，则说明纤维损伤严重，针刺深度偏大。针刺深度参数可参照表13-3。合成革基布生产对刺针的要求很严格，一般预刺针是38号，齿距为R；主刺针是40号，齿距为M或C；修面针是42号或43号。同时，对钩齿的深度、齿突也有严格要求。在生产中，同样规格的针，前一台机与后一台机的齿深、齿突都不一样。布针情况可参照表13-4。

表13-3　针刺深度参数

设备	针刺深度（mm）	针刺密度（刺/cm^2）	牵伸比（%）
预针刺机	10	75~95	35~40
主针刺机1	8~9	350~450	20~25
主针刺机2	6~7	400~450	10~15
主针刺机3	5~6	400~450	5~10
主针刺机4	4~5	400~500	2~5
修面机	3~4	450~500	0

表13-4　刺针规格配置情况

设备	刺针规格	刺针型号	设备	刺针规格	刺针型号
预针刺机	15×18×38×3.5	R222 G3027	主针刺机3	15×18×40×3	R222 G3027
主针刺机1	15×18×40×3	R222 G3037	主针刺机4	15×18×40×3	R222 G3027
主针刺机2	15×18×40×3	R222 G3037	修面机	15×18×42×3	R111 G3017

（5）定型工序。合成革基布的定型一般是对其进行热定型和轧光。非织造坯布材料尺寸稳定性较差，密度较低，断裂伸长较大，表面绒毛较多，耐热稳定性也差，通过热收缩定形处理后，合成革基布布面紧密细腻，定形充分不反弹。通过调整辊筒之间的间隙可以控制产品的厚度。在生产过程中应控制好温度。

2. 水刺法　有短纤水刺法和长丝水刺法两种。短纤水刺法是采用高压水流对经过混合、开松、梳理、成网加工的短纤网进行喷射，预湿加固，使纤网中的纤维相互缠结和紧密抱合在一起，再经多道水刺后，经滚筒烘干而成。长丝水刺法是以聚合物切片为原料，经熔融纺丝和气流牵伸，分丝铺网后形成均匀的长丝纤网，然后经过水刺加固而制成，长丝水刺非织造布比短纤水刺非织造布有更高的强度和拉伸性能，均匀度好，条纹浅。

（1）前梳理部分。充分重视前梳理部分（梳理机之前，工艺开棉部分的运转情况），它的好坏直接影响输出棉网的质量。保证喂入部分的匀整性是保证水刺基布平整度的大前提，需要确定的有如下几项。

①原料配比是否准确。对于生产两种原料混合的基布，原料配比准确与否直接影响水刺效果及上染效果。因为不同纤维接受水刺时，纤维强度损失率不一，缠结效果就不相同。水刺基布因纤维含量不稳定、含水率不均造成上染效果不一样，产品就可能出现各处拉伸强度不同、伸长率不同、色差等问题，所以，原料配比一定要准确。

②原料是否均匀喂入。均匀喂入是保障产品克重和厚度的基本条件。因为喂入均匀意味着在相同的机速下，纤网定量有了保证，产品克重偏差小，厚度均匀，有利于合成革的加工。

③开松棉团是否均匀蓬松、进入梳理机的棉层质量是否均匀可靠。开松棉团均匀蓬松，对后续加工有很大的帮助，单纤状越多，梳理效果越完美，纤网越均匀。棉层质量是否均匀可靠，取决于喂入的均匀，这也是保证产品克重和厚度的因素之一。以上要确定的因素是实际操作过程中必须首要把握的工艺，它们均可通过机械调节和电动机变速来控制，使前梳理部分达到理想水平。

（2）梳理及铺网。梳理机梳理效果的好坏直接从纤网上反映出来。一般来说，连续化生产意味着梳理机各辊隔距不变，为精确有效地处理未开松纤维，只有提高工作部件速度，才能达到应有的梳理效果。铺网的厚度、克重反映产品的厚度、克重。

①不同克重的基布及其力学性能。从表 13－5 中可看出，克重越大，基布强力越大；随着克重增大，伸长率有减少的趋势；随着克重增大，纵横强力比趋于接近，故克重增大，可提高产品强力，改善纵横强力比。

表 13－5　不同克重基布及其力学性能对照表

产品规格	克重（g/m^2）	拉伸强力（kg）		撕裂强力（kg）		伸长率（%）	
		MD	CD	MD	CD	ND	CD
CT－045PS	45	15.81	6.52	23	33.8	28	94
CD－060PS	60	18.88	9.13	18	45	26	87
CT－080PS	80	21.14	20.27	48	18	23	72
CT－0100PS	100	24.23	23.42	60	26.4	41	65

注　采用 100% PET，成网方式为双道夫铺网。

②不同成网方式的产品及其力学性能。从表13-6可以看出，A类成网方式的产品的纵向强力比C类成网方式的大，横向强力则恰相反，且纵横向强力差异大。以A方式成网的产品，纵向伸长率偏小，横向伸长率偏大。撕裂强力基本上有相类似的结论，生产厂家可以根据客户对纵横向强力要求、对纵横伸长率的不同要求来选择合适的成网方式。

表13-6 不同成网方式的产品及其物理机械性能的关系

规格	克重（g/m^2）	拉伸强力（kg）		撕裂强力（kg）		伸长率（%）		成网方式	原料
		MD	CD	MD	CD	ND	CD		
AT-045PS	45	14.01	2.56	0.93	1.15	22	100	双道夫+双道夫	100%PET
CT-045PS	45	12.75	4.85	1.43	2.26	44	87	双道夫+铺网	
AR-445PS	45	12.37	2.63	0.48	0.96	10	109	双道夫+双道夫	PET/RY=6∶4
CR-445PS	45	10.66	4.69	0.53	1.56	16	86	双道夫+铺网	
AM-060	45	15.21	9.76	1.47	2.21	25	63	双道夫+双道夫	100%超细纤维
CM-060	45	20.18	7.84	1.68	2.66	20	67	双道夫+铺网	

注 A表示两台梳理机梳理的棉网经交叉铺网后，又各自经双道夫梳理杂乱后直接复合的成网方式；C表示两台梳理机梳理的棉网经交叉铺网后，其中一纤网经双道夫杂乱成网后与另一纤网复合的成网方式。

③铺网工艺参数的合理控制。就某台机器的铺网工艺而言，合理控制有关参数是成网技术的关键。铺网机在铺网过程中，各机件运行的相对速度差值应尽可能小，这样才能保证纤网的均匀性、产品的平整性。

三、合成革用纺织品发展趋势

从非织造布的加工设备及其生产技术的发展情况来看，合成革用纺织品发展趋势主要有六个方面。

1. 超细纤维非织造布 以超细纤维为原料，用水力缠结的工艺技术加固而制成高撕裂强力、高强力、高仿真性超细纤维非织造布革基布。还要在原料的合理选用和改进生产工艺技术等方面继续进行研究，以进一步提高超细纤维的开纤度，增加纤维的线密度和比表面积，使超细纤维非织造布的经、纬向强力基本接近一致。

2. 复合织物 复合织物兼具了非织造布和机织物的优点，综合性能好，是革基布生产商看好并努力研制的又一高档人造合成革基布产品。下一步要进行的研究工作是对复合织物的单组分材料之一——非织造布的原料组成和加工方法进行改进，对复合加工技术进行改善，在提高复合织物风格的同时，进一步降低复合织物产品的生产成本，扩大其在人造合成革领域的应用。

3. 功能性非织造布 在努力研制开发超细纤维非织造布革基布和复合织物革基布的同时，赋予人造合成革基布新的功能，如具有防水、透湿、抗菌防臭等功能。使革基布具有一定的功能可以通过以下两种方法获得。

（1）采用差别化纤维，如抗菌纤维、调温纤维、异形截面纤维及进行表面改性的纤维，可以改善最终人造合成革产品的杀菌性、抗寒保暖性、透气性和耐磨性等，而且这些特定功能是永久不变的。

（2）采用后整理的方法赋予革基布特定的功能，如抗菌防臭整理、防水透气整理、仿皮革味整理、香味整理等，选用的整理剂有一般性的和含有微胶囊的两种类型。一般性整理剂整理方法的成本较低，经过整理的革基布可以具有多种功能，但功能持久性不好，不耐洗涤，即使在不洗涤的情况下，整理剂也会在短时间内挥发掉，使革基布丧失功能性。微胶囊技术是一种用成膜材料把固体或液体包覆使之形成微小粒子的技术，微小粒子即微胶囊的直径为2～2000μm。由于在形成微胶囊时，囊心被包覆而与外界环境隔离，使其本身性质能毫无影响地被保留下来，不受外界的湿度、氧气、紫外线等因素的影响，而在适当条件下，壁材被破坏时又能将囊心释放出来，因而使用期长久。采用含有微胶囊的整理剂，整理工艺简单，在一般的整理设备上就可以应用，其成本虽然比一般整理剂的成本高，但功能持久性好，如一些材料经过含有香味微胶囊整理以后，其留香性可以保持3年或3年以上。

4. 复合织物　复合织物是将两种或两种以上性能各异的织物通过化学、热或机械的方式复合在一起制成，由这种方法加工出来的复合产品集多种材料优良性能于一体，通过不同材料性能的互补作用，使最终产品具有优良的综合性能。复合织物兼具了非织造布和机织物的优点，综合性能好，是革基布生产商看好并努力研制的又一高档人造合成革基布产品。

用作合成革基布的复合织物一般采用热熔复合、黏合剂复合及水力缠结复合等技术，其中水力复合技术系采用高压水刺的方法将基材中的纤维打乱，使不同层材料中的纤维互相交缠、穿插而紧密结合在一起，形成复合材料。该方法所生产的产品手感柔软、风格好，产品性能优异，生产过程对环境没有任何污染，是当前非织造布领域一种正在崛起的复合技术。

5. 生态合成革清洁生产技术　生态合成革的开发必须采用清洁生产技术。低碳、低能耗、零排放或少排放、循环利用，是清洁生产技术的核心内容。合成革、人造革生产的各个环节均有可能产生污染，但污染的源头主要在于有机溶剂。合成革的清洁生产方向就是如何避免或消除这些溶剂的生产。表13－7列出了主要制造工序、污染源和清洁生产技术努力方向。

表13－7　主要制造工序、污染源和清洁生产技术努力方向

目标	工序	污染源	清洁生产方向
人造革	塑化	DOP及替代型增塑剂的挥发 邻苯酸酯类增塑剂毒性	开发环境友好、耐迁移、高闪点的增塑剂
	背衬贴合	背衬胶中有机溶剂的挥发	开发水性背衬胶
	表处	表处剂中有机溶剂的挥发	开发水性表处剂（高光、消光、效应）
	半PU革	表处、面层中有机溶剂挥发	开发水性半PU革面层树脂、表处树脂
		背衬胶中有机溶剂的挥发	开发水性背衬胶

续表

目标	工序	污染源	清洁生产方向
合成革湿法工艺	贝斯生产	DMF 回收率 90% 左右 回收塔排放废气	提高回收率，对废气生化处理
	贝斯改色	PU 树脂中有机溶剂挥发	开发水性改色树脂
	表处	表处剂溶剂组分复杂，回收率达 50%	开发水性表处剂及效应树脂
合成革干法工艺	面层	PU 树脂中有机溶剂挥发	开发水性面层树脂
	发泡层	PU 树脂中有机溶剂挥发	开发水性羊巴树脂
	贴合层	贴合胶中有机溶剂挥发	开发水性贴合胶
	表处层	表处剂溶剂组分复杂，回收率达 50%	开发水性表处剂（高光、消光、效应）
新工艺			无溶剂合成革制造技术
超纤革	基布含浸	PU 树脂中有机溶剂的排放	开发水性含浸树脂
	甲苯减量	甲苯挥发	采用碱减量工艺
	表面涂饰	表处剂中溶剂的挥发	开发水性表面涂饰剂

目前，大部分的合成革企业将节能、减排的重点放在废气、废水的回收、循环利用上，例如，干、湿法生产线的密封、配料、供料系统的密封，湿法生产线 DMF、废水回收利用等，尽管这些均是改善劳动者就业环境或是合成革清洁生产的重大举措，但不是解决合成革清洁生产的根本途径，只要采用溶剂型浆料，就不可避免地要造成对环境的永久性伤害。

合成革的清洁生产方向：一是采用水性树脂替代溶剂型树脂，从源头消除有机溶剂污染；二是采用无溶剂合成革制造技术，实现合成革的清洁生产。在目前转型升级阶段，做好废气、废水的回收、循环利用，也不失为减少环境污染的一种有效手段。使用水性聚氨酯是一种从源头上消除污染，从严格意义上制造生态合成革的新技术。水性聚氨酯不使用溶剂，安全环保，无需溶剂回收，无釜残、无废气产生，并且水性聚氨酯制得的合成革手感、透气、透湿性等方面甚至优于溶剂型聚氨酯。水性树脂与传统的机械设备具有很好的配伍性，无需大的设备改造和投资，无需溶剂回收，但只适合干法工艺、湿法贝斯的改色、表处、半 PU 革的制造等工艺，而不适合湿法贝斯的生产。据目前的专利文献报道，无溶剂合成革的制造有两种方法，一种方法是基于原位聚合法制备不含溶剂合成革，具体工艺是：将分子量适中的聚醚或聚酯多元醇在低温下加热熔融，然后加入计量的液态二异氰酸酯、扩链剂、助剂、催化剂、发泡剂、色粉等混合均匀，然后将混合液均涂覆于经预处理的革基布上，送入烘箱中熟化，上述组分在熟化过程中发生原位聚合（in－situ）反应形成皮革面层，经发泡后可获得不含任何有机溶剂合成革；另一种方法是以热塑性聚氨酯（TPU）为原料，制备无溶剂合成革。具体工艺是：将 TPU 粒料熔融分别制成 TPU 薄膜面料、TPU 热熔胶膜、TPU 发泡底料，然后按照上层 TPU 面料→中间层 TPU 胶膜→TPU 发泡底料顺序，经热压贴合机于 120～230℃ 热压贴合（3～30s），制成热塑性无溶剂合成革。另外，佛山飞凌皮革化工公司发明的一种双组分无溶剂发泡底料，其发泡温度低

（<130℃），双组分 PU 本身就是黏合剂，无需黏胶层。无溶剂合成革的制造需要特殊的热塑膜、热压贴合等制造设备，各工段的加工温度比传统的工艺要高，其透气、透湿性能和卫生性能也尚待提高。

6. 合成革后整理技术　后整理对提高产品附加值起着非常重要的作用。要为合成革厂家提供各种色彩、软硬度不同的基布，产品的后整理必不可少。后整理在提高产品的机械性能方面也占有相当重要的地位。一般高档的合成革都要进行后整理加工，通过各种后整理加工手段，可以增加成革的柔软性、平整度、光泽度，或者通过整理改善花纹品种，如绒面革、摔纹革、搓纹革、压花革等，整理加工直接影响最终产品的品质效果，因此合成革的后整理加工技术也是合成革工艺重要的加工手段之一。

（1）揉纹。

①揉纹原理。合成革揉纹是通过水、温度和机械力的作用使基布发生收缩，带动表面树脂膜收缩，使花纹的凹凸感更清晰。并且由于收缩的无定向性，表面花纹产生类似真皮的无规则性，效果更自然逼真。揉纹的同时也是进行机械做软的过程，通过机械力作用使纤维更加松散，基布变得更加柔软。既改善了表面纹路，又提高了革的柔软度，实现手感与花纹的综合提高。

揉纹过程是在揉纹机内完成的，革在设备内实现翻滚或翻滚与抛摔相结合的运动，类似于皮革的转鼓作用。基布不断受到抛摔、碰撞、摩擦和挤压，在这些作用下，基布不断发生拉伸、压缩、弯曲等形变，同时还受到水的冲击和摩擦以及温度的热力作用等。

揉纹时如果没有挡板，革在鼓内只做单纯的翻滚运动。靠内壁对革的摩擦作用带动并旋转一定角度，接着在自身重力作用下又往回滚动，革在鼓内仅仅是不断循环的翻滚运动，这种情况下的机械力是比较弱的。

当鼓内有挡板时，旋转过程中挡板将一部分革提升到一定高度，然后革脱离挡板做抛物线运动，降落下来，未提升的一部分则随着设备转动做翻滚运动。这种情况下的机械作用是比较强的。

②揉纹方法。揉纹又叫揉皮，是合成革加工的一个重要整理工艺。根据不同的揉纹方式所选择的设备也有所不同。

a. 干揉。合成革的干揉，多采用立式揉纹机完成，一般通过蒸汽加热。选择干揉时一般不对合成革进行任何处理，仅仅利用揉纹过程中的机械力和温度对合成革进行处理，具有一定的柔软作用，同时，花纹也会根据革自身的热收缩情况而表现饱满。

b. 轧水揉。轧水揉又称过水揉，利用轧车调节合成革的含水量，然后通过立式揉纹机将合成革揉干。一般合成革的过水时间比较短，含水量不高，干揉时间也较短。轧水揉就是利用合成革在遇水过程后，再通过干揉干燥，使合成革软度增加，底布遇水后收缩加大，花纹收缩大而更加饱满。

c. 水揉。合成革的水揉一般包括水揉和干揉两部分，水揉时一般都在水揉机中完成，水揉机以水为介质，合成革在水中与水充分接触，底布纤维充分润湿，利用纤维干湿态下的差别，获得良好的揉纹效果。水揉时间一般为 15 ~ 30min，温度一般不高于 50℃，水揉后轧干，再干揉揉干，总体操作上较为烦琐，但是水揉处理后的合成革自身柔软度要好于过水揉和干揉，花纹也较前两者饱满。

③揉纹设备。常用水揉机的主要参数如下。

a. 内桶要求。单仓或双仓，不锈钢材质。内桶中要有3个挡板，按120°间隔均匀分布。内桶表面进行机械打孔，数量应有所控制，保持转动时一部分工作液随革运转。开门在不影响机械性能的情况下尽量大，开关要便于操作。

b. 控制要求。在0~20r/min变频调速；可自动实现正反转和点动，可时间控制；温度显示准确，温度控制可设定，与蒸汽加热联动。

c. 外桶要求。有强承受能力；耐腐蚀；外门密封性能好；便于进出布。内外桶之间的距离在不影响加热的情况下尽量缩小。

d. 动力要求。采用15~20kW电动机，皮带传动，传动系统要加防护罩。

e. 加水加热要求。有工艺水最佳，也可使用自来水（硬度不要太高），进水管道上要安装水表，控制进水量。加热采用蒸汽，最好为盘管加热，而不是蒸汽直接加热，保证加热的稳定性。

④影响揉纹的因素。

a. 液比。液比在揉纹过程中非常重要，革的揉纹除了机械作用外，水的作用也非常明显。如果液比过大，革漂浮在水面，内壁的摩擦和挡板的提升都无法作用到革上，翻滚与抛摔作用几乎都无法实现。如果液比太小，革的湿润程度低，转动过程中只有革的运动，而没有工作液与革的同时运动，影响揉纹效果。液比的确定需要与革的量相匹配，通常在1∶(10~15）即可。

b. 转速。转速的影响主要是通过挡板对革的提升作用实现。增大转速可使革的降落角变大，革可以被提升得更高，受到较强的机械作用。但是当速度增加到临界转速时，革会升高到顶部而不会降落，即降落角为90°，此时革反而没有了抛摔运动，摩擦力将不起作用。实际操作中转速控制到8~10r/min，控制降落角在30°~35°，抛摔作用较大，揉纹效果好。

c. 温度。揉纹温度控制的目的是软化纤维和聚氨酯，加速基布的收缩过程。尤其是锦纶，在干态与湿态的形态变化非常大，适当的温度会加速纤维的收缩作用，效果非常明显，但是对涤纶则影响不大。温度一般不高于50℃。

d. 时间。揉纹时间的确定需要根据揉纹效果决定。如表面树脂模量较大，纹路要求较深的情况下，应适度增加揉纹时间，增强其效果。揉纹时间过短则收缩不足，表面纹路达不到规定要求；但揉纹时间过长的话则会产生“过揉”现象，即收缩过大，尤其是纵向收缩过大，容易产生横道的收缩纹。

e. 挡板。挡板的作用是非常重要的，现在的水揉设备内大部分未安装挡板，这是不正确的，对揉纹的效果影响很大。挡板的数量太少则革不可能受到适当的机械作用，如果只有两块板的话，每转动一次只有少部分的革受到抛摔，整批处理则需要较长的时间，减弱了揉纹效应。但是，挡板数量也不是越多越好，数量太多除了占据许多有效空间，还容易使革打结。板的数量一般以转动一周使所有革都提升一次为宜，并且提升时要做到随机性和无规律性，以三块的效果较好。板的高度以保证革能够被抛摔，并且不妨碍下落过程为原则，还要兼顾装载量的多少，一般高度为30~35cm。

（2）抛光。抛光工艺源自真皮生产，现在已广泛应用到合成革生产中。抛光处理是通过抛光辊在革面上的高速摩擦运动实现的。一般还要使用专门的抛光膏，消除抛光辊对革面的摩擦产生的静电作用和增加加工面的光洁度，使雾面的表面通过打磨使其局部变油变亮，增加了花纹的层次感和真皮感。抛光的实质是抛光辊以一定的压力和速度在革面上发生滑动和滚动，以摩擦的方式实现对表面聚氨酯的部分打磨。

抛光的核心部件是抛光辊，合成革一般采用绒布辊，用许多块裁剪成圆环形的绒布片套在钢制轴上重叠起来并加固。抛光辊的运动特点与磨皮辊类似，既有旋转运动，又有轴向振摆运动，使抛光作用更加均匀。

抛光作用主要是滑动摩擦，抛光时，抛光辊与革接触，革受力变形。当抛光辊以一定的速度转动时，则产生摩擦作用，对革的表面做功，这部分摩擦功最终变成热的形式，使表面温度升高，增强了抛光的操作效应。原来表面比较粗糙的涂层上，波峰被擦掉，波谷被填平，一些小缺陷也被消除，革面变得平滑，光泽度提高。

在抛光过程中，革都要受到挤压作用。压力太小则摩擦力小，热效应下降，革面光亮度不足；增大压力有助于提高抛光效果；但压力太大将使革受到较大的剪切作用，容易导致松面，对软革尤其要注意这点。

抛光辊的运动速度是其相对于革表面的滑动速度。较快的滑动速度有利于增强操作效应，单位时间内产生的摩擦点和摩擦热较多，革面更加光亮。但是速度过高则容易使表面过热，擦伤革面。

抛光工艺一般与其他材料和工艺配合使用，生产各种抛光效应革。如利用抛光工艺处理表面印刷微晶蜡乳液的服装革，其基本流程为：

基布干法贴面→印刷微晶蜡乳液→烘干→抛光→揉纹

蜡乳液用于顶涂时可增加革表面的光泽感或光亮度。产生光亮作用的蜡乳液粒径要求很小，组成比较单一，在革表面形成一层均相且连续的蜡的薄膜，微观上薄膜很平滑，对光波产生较强烈的反射作用，从而具有光泽感。经过抛光工艺后，革面显得富有层次感，而且再经揉纹加工，花纹顶部越揉越亮，更显自然本质。

擦焦革后处理效果流程：印刷压花→擦焦→喷蜡→干燥→抛光。擦焦要根据革颜色深浅来做擦焦效果，利用擦焦蜡和擦焦机速度变化打出层次和立体感。喷涂蜡水或蜡油，干燥后进行抛光，要抛出层次、蜡感和油感。

（3）柔软整理。

①机理。通过改变纤维间的动摩擦系数、静摩擦系数和表面积来改变基布柔软舒适的手感的过程。

②方法。分为干法和水柔软法。

③柔软剂的种类。

a. 表面活性剂柔软剂。阳离子型柔软剂、阴离子型柔软剂、非离子型柔软剂、两性型柔软剂。

b. 有机硅柔软剂。聚二甲基硅氧烷乳液、羟基硅油乳液、氨基聚硅氧烷乳液、亲水可溶性有机硅氨基改性聚硅氧烷。

（4）拒水拒油整理。

①原理。

a. 拒水整理。在基布纤维表面施加一种具有特殊分子结构的整理剂，改变纤维表面层组成，并以物理、化学或物理化学的方式与纤维结合，使基布不再被水所润湿。

b. 拒油整理。在基布纤维表面施加一种具有特殊分子结构的整理剂，改变纤维表面层组成，并以物理、化学或物理化学的方式与纤维结合，使纤维表面的张力下降到一定值，油类物质不能在表面润湿。

②拒水拒油剂的种类。石蜡——金属盐类（二浴法或一浴法），吡啶季铵盐类，羟甲基三聚氰胺衍生物，硬脂酸金属络合物，有机硅型防水剂，有机氟聚合物。

（5）阻燃整理。

①机理。纤维和聚氨酯经过阻燃处理后，不同程度地降低了可燃性，在燃烧过程中能有效地延缓燃烧速率，并在离开引起着火的火源后能迅速地自熄，从而具有不易燃烧性能。

②主要原理。包括覆盖层作用、气体稀释作用、吸热作用、熔滴作用、控制纤维热裂解、气象阻燃。

③常用阻燃剂。磷系阻燃剂（无机磷阻燃剂、有机磷阻燃剂），卤系阻燃剂，其他类型阻燃剂（氢氧化铝、氢氧化镁、膨胀石墨、硼酸盐、草酸铝和硫化锌为基的阻燃剂）。

（6）抗静电整理。

①原理。抗静电剂能够在纤维上形成电导性的连续膜，使纤维表面具有一定的吸湿性和离子性，从而使电导率提高，达到抗静电的目的。

②抗静电剂。非耐久性抗静电整理剂（阳离子表面活性剂、非离子表面活性剂、阴离子表面活性剂、两性表面活性剂），耐久性抗静电整理剂（聚对苯二甲酸乙二酯和聚氧乙烯对苯二甲酸酯的嵌段共聚物、丙烯酸系共聚物、含聚氧乙烯基团的多羟多胺类化合物）。

（7）辊涂。也称为辊涂印刷，是利用表处剂附着于辊筒表面的丝网梯形凹槽内，转移涂饰在合成革表面上的涂饰方法。特点有用料少，表处效果好，用途广泛等。除了用于一般的涂饰外，还可进行套色、印花、涂油、涂蜡、顶涂、双色等。辊涂法可以分为同向辊涂法和逆向辊涂法。

在同向辊涂法中，丝网辊筒表面与合成革接触处的运动方向与革的运动方向相同，而逆向辊涂法则与之相反。

丝网辊筒和输送辊的转速彼此可以独立。辊涂生产流程：

放卷—储布—第一表处—烘房烘干—(第二表处—烘房烘干—第三表处—烘房烘干)—冷却—收卷

涂辊作为核心工作部件，其大小、图案单元的深度和数量都直接影响辊涂的效果，为了满足不同转移量的要求，可以配置不同结构和规格的涂辊。

（8）喷涂。喷涂是通过喷枪将浆料以喷射的方法涂饰于合成革表面。通常的喷涂方法有压缩空气喷涂法和高压无气喷涂法。

①压缩空气喷涂法。优点：效率比较高，涂饰厚度均匀，光滑平整，外观装饰性好。缺点：浆料利用效率低，雾化飞散的浆料造成作业环境的恶化和环境污染，由于喷涂形成的涂膜很薄，如果对表面处理要求的涂量大，则需要反复喷涂几次才能达到相当的涂膜厚度。

②高压无气喷涂法。优点：生产效率高，涂膜质量好，边角处也能形成均匀的涂膜，减少了对环境的污染，喷涂漆雾少，节省浆料，改善了劳动条件。缺点：在不更换喷嘴的情况下，喷出量和喷雾幅度不能调节，涂膜外观质量也比空气喷涂略差。

喷涂机：常用的空气喷涂装置包括以下部分：喷枪、压缩空气供给和净化系统、输料装置、胶皮管、喷涂室、干燥室、传送装置。喷涂时调整的主要参数包括调整水平传送速度和喷枪旋转速度，实现良好同步配合，喷枪与革距离的调整，压缩空气压力，浆料量调节等几个方面。

（9）增光和消光。目前，人们对合成革的外观有两大类要求，一种是增加表面光泽，如打光革、漆革、抛光效应革等，需要用光亮剂；另一种是降低革面的光泽，消除涂层过于光亮而产生的塑料感，使合成革呈现更柔和、自然、优雅的外观，需要用到消光剂。

增光就是增加表面薄膜的平滑性，对光波产生较强烈的反射作用，从而具有光泽感。合成革增光剂分为溶剂型和水性两类，溶剂型主要是采用高光的聚氨酯（分子量高、玻璃化温度较低的光泽较高）透明溶液，通过印刷方式转移到革面，形成高流平性表膜。由于溶剂型涂饰中的DMF会对革面有二次溶解，溶剂的挥发又会造成隐形的斑点，严重时会出现所谓的“烂面”现象，这是溶剂型聚氨酯表面光亮效果不好的主要原因。所以，现在的增光剂主要是水性材料，可作为光亮剂的主要是蜡类、有机硅类和水性聚氨酯材料，如分散剂与聚乙烯复配的高光蜡粉；由特殊硅油经乳化聚合而成的弹性柔软光亮剂，能在表面形成一层永久的弹性保护膜，具有很好的增光效果。而水性聚氨酯材料的水在涂饰的过程中不会侵蚀已接近烘干的涂层，且水的挥发缓慢，不会有隐形斑点，镜面效果好。

消光就是采用各种手段破坏涂膜的光滑性，在革表面形成一种非均相且微观上不平整的表面，增大涂膜表面微观粗糙度，降低涂膜表面对光线的反射，而对光波产生强烈的散射作用，散射作用是消光剂产生涂膜作用的根本原因。硅藻土、高岭土、二氧化硅、钛白粉（金红石）等都是专门用作消光材料，它们属于无机填充型消光剂。在涂膜干燥时，它们的微小颗粒会在涂膜表面形成微粗糙面，减少光线的反射，获得消光效果。目前最常用的消光剂是合成的微粉化多孔二氧化硅。这是因为通过一系列先进的生产工艺使合成的微粉化多孔二氧化硅具有高效消光性、极佳的透明度和易分散性，对涂膜的其他性能影响最小。有机消光剂主要包括蜡类消光剂以及有机聚合物消光剂等。蜡是使用较早、应用较广泛的一种消光剂，属于有机悬浮型消光剂。在涂饰完成后，随着溶剂的挥发，涂膜中的蜡析出，以微细的结晶悬浮在膜表面，形成一层能散射光线的粗糙面，从而起到消光作用。主要是合成高分子蜡，如聚乙烯蜡、聚丙烯蜡、聚四氟乙烯蜡以及它们的改性衍生物，具有消光、防粘、防水等多种性能，手感也较好。

（10）变色效应。变色效应是指合成革表面在受到外力作用（如顶伸、拉伸、弯曲、折叠）下，由于受挤压时各部位作用力的不同，革面原来的颜色会出现局部深浅、浓淡不一的拉伸变色效应。当外力消除后，表面颜色逐渐复原，使颜色趋于一致。

变色效应源于西班牙和印度的打蜡牛皮。表面的皮纹清晰，立体感强。中国台湾地区称疯牛皮，内地则称为油浸皮，又称“变色龙”，其表面有磨砂效果，但手感光滑，手推表皮会产生变色效果，受力颜色就会变浅，抚平后又恢复正常，同时具有苯胺效应和皮层变色效应。适合做粗犷、休闲类的鞋革，常见色为黑色、深棕色、咖啡色等。

合成革变色效应一般是通过添加变色树脂实现。变色树脂组合物主要有聚氨酯树脂、二甲基甲酰胺、丙酮、聚四氟乙烯粉末、聚醚改性硅氧烷、应力变色蜡粉等。应力变色蜡粉为主要的工作部分，要求具有较高的熔点，在二次加工时不会发生吐蜡现象。由于变色树脂中变色蜡粉没有弹性，当合成革在拉伸弯曲及折叠等外部应用作用时，聚氨酯膜层中的变色材料会呈现其本身颜色，结果在形变部位出现颜色变化，外力消除后革面颜色又会自然恢复如初。变色革要求具有自然的变色效果、良好的变色恢复性、耐划画及耐挠曲性。变色革通常为多层结构，面层和变色层为半透明，而在底层添加色料，形成颜色叠加而增加变色效果。

合成革变色效应的另一种方法是通过专用油或蜡的作用而产生的拉伸变色效应。在加工过程中，一般采用变色油或变色蜡在65～85℃清渍或辊涂基布，使之渗透到聚氨酯中但不形成化学键结合，干燥时缓慢进行。

变色效应在一定温度或压力下颜色会有所变深。但随时间的推移，油蜡会发生渗透迁移，从而使拉伸变色效应淡化。为了使变色油蜡持久地保留在表层强化拉伸变色效应，应适当添加助剂阻止油蜡过度渗透。油蜡处理除了具有变色效应外，还赋予合成革轻巧而柔软的感觉，饱满性极佳，得到很好的油感及手感。

（11）裂纹效应。裂纹效应是指合成革的外观形成龟裂纹、皱纹及锤纹等图案。它是借助于一种具有独特性能的树脂涂饰在革面上，并在一定的温度下进行干燥，从而逐渐形成收缩性的龟裂，进而使革面形成碎玻璃状的花纹效果，立体感很强。

合成革裂纹工艺一般采用三涂层法。底层粘接树脂要求柔软，结合力强，使龟裂层与基布表面结合牢固；裂纹层要求能产生较硬的膜，涂层开始并不开裂，而是在干燥后通过摔、振等机械作用完成；表面层要求光亮透明，手感好，耐干湿擦，对裂纹层起保护作用。

裂纹层作为效应层，是通过添加裂纹树脂或助剂实现的。龟裂树脂通常采用丙烯酸酯类、丙烯腈等为主要原料合成，在助剂和温度作用下，高分子链断裂形成龟裂花纹。裂纹效应的大小取决于干燥的温度、速度与涂层的厚薄。涂层厚则温度低，干燥速度慢，则裂纹层中高聚物大分子热运动取向重排的时间增加，形成大花纹开裂。如果要得到小花纹，通常要提高温度来增加干燥速度。

良好的裂纹是效应树脂与机械力共同作用的结果。为了使裂纹清晰美观，产生“碎玻璃”或“龟裂纹”效果的仿古风格产品，在干燥后进行一次热压再进行干摔，可使裂纹间隙角平滑。通过树脂与助剂的变化可以得到不同风格的裂纹产品，利用长链的聚二甲基硅氧烷与树脂的不混溶性，达到一定浓度使涂膜发生严重缩孔而形成锤纹效应。添加皱纹、裂纹助剂，通过涂膜表里固化速度的差异或收缩不一致而产生花纹效应。添加超高分子量聚乙烯蜡，提供美妙的砂面效果及耐摩擦性。

（12）磨砂效应。磨砂革在国内又称为牛巴革或砂绒磨面革。湿法牛巴革产品是仿鹿皮革类产品的一个发展方向，牛巴表面为消光雾面的磨砂状，整个层是由湿式PU浆料在固化过程中形成直立的泡孔，经表面研磨后就具有绒毛状的触感。由于其直立的泡孔，故称其为“牛巴革”；由于需经研磨，也被称为“磨砂皮”。牛巴革产品具有类似天然皮革的优良特性，表面均匀，光泽柔和，质地柔软，富有弹性，且具有良好的透湿性、防水性及透气性。被用作生产高档运动鞋、旅游鞋及时装鞋等，也是在衣饰上的重要材料。

牛巴革加工的核心是形成微细直立泡孔和表面打磨工艺。一般采用柔软、吸湿性强的聚氨酯树脂以湿法涂层方式使聚氨酯在底布上形成含有无数柱型微孔的连续性弹性体，再将表面致密层磨去，使革表面具有一层分布均匀、触感丰满细腻的短绒毛。基本工艺为：

基布—预处理—湿法涂层—凝固—水洗—干燥—磨毛—印花、压纹—后整理

（13）合成革印刷。合成革印刷是利用印刷辊将油墨转印到基布表面，干燥后形成一定的颜色与色泽的树脂膜，并与基布紧密黏附。印刷工艺一般采用凹版印刷形式，在连续的印刷机上完成。凹版印刷的过程，事实上是使用网辊方式涂布的过程。

印刷机由多段印刷机构组成印刷生产线，每段印刷机构由凹纹金属辊、胶辊及油墨底盘组成。每段印刷根据要求可单独使用也可联合使用，加工时，印刷辊挂带底盘中的油墨，在压力作用下转印到基布表面上，热风干燥后进入下一印刷段。几次印刷干燥后，基布表面形成一层具有颜色的聚氨酯膜。各段印刷油墨一般不相同，根据配色原理，几段印刷后综合形成一种色调。

影响印刷工艺的因素包括印刷辊种类、印刷段数、印刷速度、干燥温度、压辊与压力、刮刀。

油墨的性质对印刷的影响因素：油墨的黏度、油墨的浓度、油墨的细度、油墨的密度、油墨的着色力、油墨的耐光性、油墨的耐热性。

印刷质量控制与处理的方法：油墨附着力差（基布表面性质、树脂的类型、溶剂体系）、印刷表面条纹或干涉斑、色调不良、橘皮、结皮、浮色与发花。

（14）压花。压花是合成革重要的后加工手段，主要用于带有湿法涂层合成革的表面纹路修饰。通过机械压花，使原本光滑的合成革表面呈现类似于天然皮革粒面的纹路，美化了合成革的表面，增加了仿真感。同时，压花也增加了革身的紧实程度，提高了力学性能。

①压花原理。压花通常使用仿造成天然革纹路的花辊或花版，在一定温度条件下对基布施加机械挤压力。基布表面聚氨酯涂层在温度作用下达到软化点以上，在压花辊的热挤压作用下发生不可逆转的形变，以热塑成形的方式获得花纹效果。基布出压力区后迅速冷却定型，挤压形变所形成的花纹得到固定，合成革表面就可形成与压花辊表面花纹的凹凸相反的清晰花纹。

②压花过程。第一步是基布与压花辊接触，严密地贴附在热的花辊上，基布表面的聚氨酯软化，在基布进入压花辊和支撑辊的间隙时挤压出花纹；第二步是基布经热挤压或从压花辊表面剥离。

聚氨酯在压花中发生的热形变一般只限于表面的致密层，而微孔层只发生压力形变，对表面的热形变形成有力的弹性支撑，也使热形变的纹路更加清晰自然。

③压花类型。根据基布在压花过程中受到的挤压作用不同，一般分为平面挤压和辊筒挤压，即通常所说的板压和辊压。

④压花技术参量。要得到好的压花效果，需要满足以下基本条件：适当的压力；一定的温度；在受热、受压下的持续时间。即压力、温度和作用时间是压花的三个基本参量。

第四节　合成革用纺织品的特殊性能要求

要仿皮革，必须先对皮革结构有所了解。皮革由骨胶原纤维相连而成，纤维是非连续的，纤维在毛孔四周呈一定的分布，其表面经磨绒后有特殊光泽。传统的合成革以机织或针织物作基布，这类基布组织简单，由较粗的纱线或长丝束有规则地交织而成，纤维连续分布，呈明显的经纬方向排列。其结构与皮革结构的差异，决定了以机织或针织物为基布的合成革与皮革性能方面的差异。

选择适当的基布是PVC、PU革生产厂家的首要任务。PVC、PU革要达到仿真的效果，其基布必须具备以下几个条件：结构一定要无规则；表观密度、致密程度高；纤维排列均匀，厚度一致性好；具有膨胀或变形能力。

水刺非织造布恰好能满足PVC、PU革对基布的要求。它的优越性在于它能很好地适应合成革加工，具有比其他任何一种纺织品更类似皮革的结构和性能。而且水刺非织造基布克服了针刺非织造布在生产PVC、PU革过程中的诸多不便（比如染色、柔软性、防收缩性等后处理），为PVC、PU革向更高档次发展提供了强有力的材料基础。

针刺合成革基布的要求如下。

一是生产合成革厂家一般要求基布的厚度，而对基布的克重无特别的要求（生产方面），而非织造基布的生产厂家一般采用克重指标。

二是要求基布具有较高的抗拉强力和撕裂强力，以避免基布在后道涂层过程中产生过大形变，保证合成革具有足够的强力。

三是要求基布有较低的厚度不匀率，是保证基布具有较好的外观和均匀度。基布的外观应达到铺网均匀，纤维分梳良好，云斑较少，无明显针迹（对针刺法生产的合成革基布而言），为确保合成革的涂层厚度均匀一致，基布的厚度差异一般在0.05mm范围内。

四是具有较好的延伸性，要求合成革在拉伸时能够产生形变，定形后结构稳定，因此要求基布有一定的抗拉强度，又有一定的拉伸变形（伸长率）。

五是要求基布具有一定的吸湿透气性能。

六是要求基布具有较高的密度，纤维多，基布质地致密，使其既有优良物理性能的同时又有好的仿真皮效果。

第五节　高端合成革用纺织品应用实例

随着我国市场的发展，制鞋、家具、箱包、家装、汽车等行业成为消费市场中的热门领域，而人造革合成革材料化身为企业的“宠儿”，主要源于其自身优势和市场现状使然。如今，人造革合成革的原材料制造商通过不断提升改进压延法、涂刮法、流延法等工艺，不断研究PU树脂、色浆助剂等原料的数值配比，不断设计出颜色丰富和花纹多样的原材料，能够让人造革合成革无论是在质感、手感，还是在视觉审美方面都能与天然皮革相媲美。

另一方面，天然皮革资源面临渐渐紧缺的局面，其市场价格飞涨，而人造革合成革生产工艺的日臻醇熟、生产设备的更新换代，使得这种新型材料的市场价格远低于天然皮革，这令越来越多企业看到人造革合成革的优势，纷纷选择人造革合成革作为产品原材料，而天然皮革在市场中慢慢“失宠”。

随着新材料和新后处理工艺的应用，人造革合成革产品的档次和花色品种得到了迅速发展。从开始的增消光到以后的龟裂、变色、疯马、擦色、羊巴、喷涂光油等各种特殊表面材料的开发和使用，人造革合成革产品更加多样化、多元化。由于人造革合成革产品在价格上低于天然皮革，且其生产受自然资源的限制较小，人造革合成革产品正逐步取代天然皮革得到广泛应用。如今，在人们的日常生活中，品种花色多样的合成革制品随处可见，合成革制品已经应用到人们日常生活的方方面面，如笔记本革、沙发革、汽车内饰革、服装革、鞋类革、球类革和箱包革等。另外，在交通工具等领域，合成革材料也得到广泛的应用，比如，汽车内部装饰大多数使用人造革、聚氨酯泡沫塑料、塑料壁纸等材料，增加车内美观。如干法 PU 合成革的加工就是在织物表面上涂上一层 PU 树脂，虽然在手感丰满度、回弹性方面较差，但其在耐磨、耐刮性、耐水解、耐候性方面却较好，同时生产加工过程中 VOC 含量低，基本无气味，并且价格较低、手感柔软、轻薄，表面真皮感强，因此，目前已被广泛地应用于汽车靠手和坐垫上。随着超细纤维技术的发展，国内已有很多厂家能够生产超细纤维 PU 合成革，它是采用与天然皮革中束状胶原纤维结构与性能相似的超细纤维，制成具有三维网络结构的高密度非织造布，再填充性能优异且具有开式微孔结构的 PU 树脂加工处理而成。这种 PU 合成革在外观、机械强度、弹性、耐化学物质稳定性等方面都与天然皮革十分相似，并且手感也非常轻薄。中国、日本、韩国等超细纤维企业已进行了这方面的研发工作，目前正积极向汽车领域推广，拓展了超细纤维 PU 合成革在汽车内饰革领域中的应用。

人造革合成革市场发展前景之广阔还体现在当前现代化军事装备上，在国外军用装备中，各种功能化合成革随处可见。目前，军用合成革的应用不单单是军鞋、军靴、枪套等领域，已经开始拓展出一些新兴的市场空间，如军用车、装甲车辆上的电磁屏蔽应用的就是屏蔽（导电、隔热）合成革；具有消声阻尼减震作用的合成革，应用在舰艇、飞机的驾驶舱和战斗舱；适用于卫星导航定位的定长、定宽、定反射率和耐老化合成革；雷达和红外线隐身的需求量也非常大，据海湾战争统计，没有隐身装备的被击毁率比有隐身装备的被击毁率高 12 倍。像以上这些新应用新市场将给 PU 合成革的发展带来了巨大的机会。

随着科学技术的发展，人造革合成革产品的强度、耐磨度、吸湿性、真皮感等指标均较之前有了较大的改善，性能的不断提升使人们逐渐接受了这种天然皮革的替代材料，将其应用于日常生活的更多领域。

思考题

1. 简述合成革干/湿法、后整理生产线上产生的污染物种类及其来源。
2. 作为第三代人工皮革，超纤革有何特点？
3. 人造革与天然皮革相比，优势体现在哪些方面？
4. 谈谈你对 PVC 人造革发展前景的看法。

5. 合成革在现代化军事装备的应用领域有哪些？

参考文献

[1] 汤春．合成革在轿车中的应用将不断增长［J］．北京皮革：中，2008（2）：55－55.

[2] 庄小兰．不锈钢纤维在人造革基布品种的开发应用［J］．纺织科技进展，2010（3）：33－35.

[3] 杜丛．人造革合成革基布概述［J］．魅力中国，2010（35）：395－395.

[4] 韩旭．适合于人造皮革基布生产的超级针刺技术［J］．产业用纺织品，2001，19（7）：35－37.

[5] 冯庶君．中国人造革合成革工业发展：革基布发展潜力［C］．全国针刺非织造布生产技术与应用交流会，2009.

[6] 陈旭炜，李毓陵，李长龙．Lyocell纤维机织起绒基布的性能［J］．东华大学学报自然科学版，2001，27（5）：109－111.

[7] 赵小龙，刘静平，严增涛．人造革基布用胶乳的合成［J］．石化技术与应用，2001，19（2）：76－83.

[8] 赵建明，徐菁，陆勤中，等．高成炭的聚氯乙烯人造革：中国，CN203938909U［P］．2014.

[9] 靳向煜，吴海波．我国水刺非织造布的技术进步［J］．纺织信息周刊，2001，20（2）：7－9.

[10] 刘维国，袁章梅．水刺非织造布在人造皮革行业中的应用［J］．产业用纺织品，2001，19（5）：33－36.

[11] 卢志敏，钱晓明．桔瓣型双组分纺粘水刺超细纤维革基布的发展及应用．非织造布，2011（02）：1－4.

[12] 冯捷．抗菌天然皮革、合成革的研究进展及现状分析［C］．2014年（首届）抗菌科学与技术论坛，北京：2014.

[13] 钱程，陈龙敏，范丽红．人造合成革基布的生产现状及发展．产业用纺织品，2005.23（1）：5－9.

[14] 中国塑料加工工业协会人造革合成革专业委员会．中国人造革合成革行业发展现状和展望［J］．国外塑料，2008（02）：36－42.

[15] 潘亚泽．我国人造革合成革现状及发展趋势［J］．山东工业技术，2014（18）：214－215.

[16] 刘维国，袁章梅．水刺非织造布在人造皮革行业中的应用［J］．产业用纺织品，2001，19（5）：33－36.

[17] 东丽不断推出人造革新产品［J］．纺织服装周刊．2015，（44）：78.

[18] 日本成功开发出新型环保人造革［J］．纺织装饰科技．2010，（1）：25.

[19] 廖正品，白杉．人造革、合成革发展综述［J］．西部皮革，2003，25（6）：59－60.

[20] 屈平．我国人造革市场现状、存在的问题及促进措施［J］．中国皮革，2005（12）.

[21] 汤春．中国汽车内饰用革需求激增［J］．北京皮革：中，2008（8）：62－62.

[22] 刘亚文．针刺合成革基布的生产技术探讨［J］．产业用纺织品，2005，23（5）：26－28.

[23] 邓洪．高密度针刺合成革基布的开发与生产［J］．产业用纺织品，2002，20（7）：9－11.

[24] 曾鹏程，李仙敬，郭秉臣．针刺合成革基布的生产［J］．产业用纺织品，2010，28（5）：23－25.

[25] 杨长辉．不定岛超细纤维高档合成革基布的针刺技术初探［J］．产业用纺织品，2005，23（1）：16－19.

［26］杨娜娜．桔瓣双组分纺粘水刺超纤革基布针刺工艺的探究［D］．天津工业大学，2015.
［27］陈杨．橘瓣超纤水性服装革的开发与性能研究［D］．天津工业大学，2015.
［28］强涛涛，王晓芹，王学川，等．胶原蛋白对超细纤维合成革基布改性作用方式的研究［J］．中国皮革，2015（7）：26－30.
［29］罗晓民，曹敏，魏照凡，等．阻燃型合成革湿法贝斯的制备研究［J］．陕西科技大学学报，2016，34（4）：16－20.
［30］张树仁，孙卫东．一种服装用高性能绒面超细纤维合成革的生产方法：中国，CN105401451A［P］．2016.
［31］金佐跃．一种耐老化聚氨酯合成革及其生产方法：中国，CN104480738A［P］．2015.
［32］曲建波．合成革材料与工艺学［M］．北京：化学工业出版社，2015.

第十四章　线绳缆带用纺织品

第一节　纤维原材料

最早的线、绳都是用天然纤维，如以棉、麻、丝、羊毛等为原料。随着技术的进步，对线绳缆带类纺织品产生了多种不同的要求。有的用途要求足够高的强度，比如，安全带、安全绳和吊装带；有的用途要求既结实又轻巧，比如，船用的缆绳；有的用途要求阻燃，比如消防用的绳索。为此，高强度的合成纤维被广泛使用，高强涤纶、丙纶、尼龙、超高分子量聚乙烯乃至芳纶等得到了广泛的使用。

在爬山、探险、帆船等方面，有专用的绳索。日常生活中，也会大量地使用绳索，包括捆扎物品、晾晒衣物、体育运动等。而技术水平要求最高的是降落伞用绳、导弹用芯线、军用装备的固定用绳、消防用索和带等。

一、线类纺织品

线类系列产品，除了各类棉、涤民用缝纫线、绣花线外，工业用的有医用缝纫线、锦丝、渔网线、各行各业的包装袋（化肥、水泥袋）用维纶缝纫线、缝纫裘皮用的高强低特纯棉蜡线、皮鞋行业缝纫皮鞋和皮箱用的高强涤纶缝纫线、锦丝缝纫线、尼龙透明线、工艺装饰线、编织线等。

缝纫线是指缝合各种材料用的线，其原料有很多种，如图 14 - 1 所示。依据原料可以分为棉线、丝线、麻线、涤纶线、锦纶线、维纶线、涤棉混纺线和合成纤维长丝线等。通常用的都是有机人造纤维，主要是尼龙与涤纶。缝纫线的单纱线密度范围一般为 7.4 ~ 65.6tex，合股数大多是 3 股、4 股和 6 股以上的，最多可达 12 股，2 股线稳定性较差，强力不均，在单薄织物中使用较多，6 股以上的缝纫线一般用于皮革、篷帆和制鞋工业，缝纫线的捻度一般要求较大，其捻系数为 475 ~ 570，且棉线一般经上蜡或浸渍乳化蜡，涤纶和锦纶丝线上硅油乳液，进行润滑处理。

从原料角度出发，缝纫线分类如下。

（1）棉缝纫线。不发生软化、熔融等现象，相比大多数常规合成纤维具有较高的使用极限温度，故而仍具有较广用途。

（2）涤棉混纺缝纫线。一般的涤棉混纺比为 65/35，涤纶高强、耐磨，棉线热稳定性较佳，混纺后的纱线具有两者优点。但由于两者性质差异造成染色不匀等问题，故而逐步被涤纶纱线取代。

（3）涤纶缝纫线。强伸性、耐磨性好，经有机硅乳液润滑处理后已达高速缝纫的要求，于许多场合取代了棉质缝纫线，是一种使用极为广泛的缝纫线品种（涤纶长丝线用于替代蚕丝线用于皮鞋工业）。

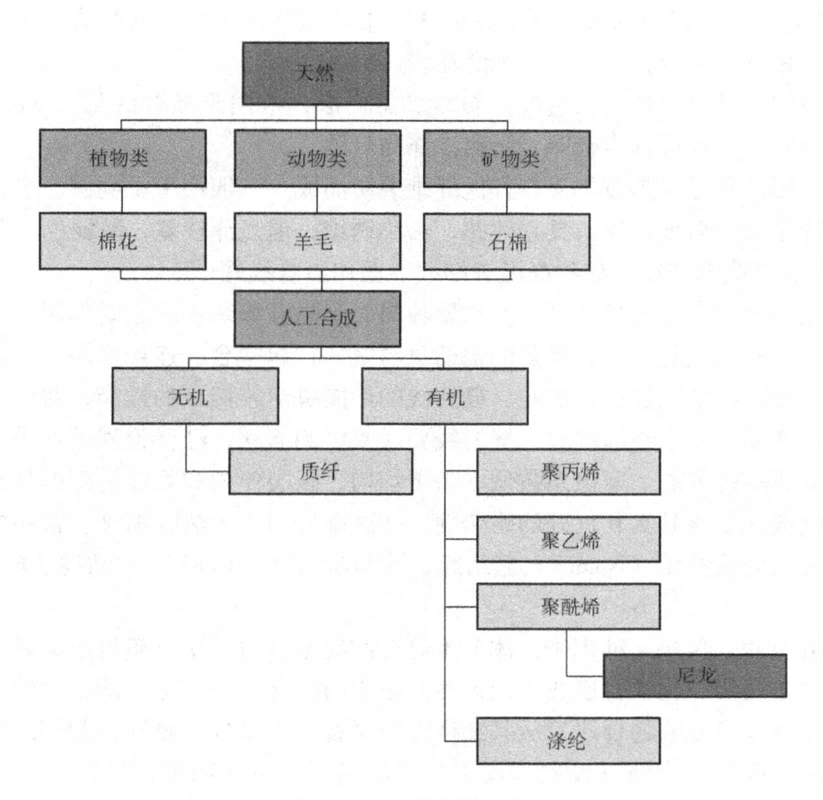

图 14－1 缝纫线原料

（4）涤棉包芯线。以棉纱线包覆于涤纶长丝外围，兼有涤纶、棉纤维的优点，是较为理想的缝纫用纱线。

（5）锦纶缝纫线。强伸性、耐磨性较好，但耐热性较差，一般用于鞋业与皮革产业。

（6）锦纶缝纫线。适用于任何色泽的缝纫织物，常用于拼色材料，但因纱质较硬，一般不能用于服装缝纫，故其适用范围受到限制。

（7）维纶缝纫线。价格低廉，耐酸碱腐蚀，但在湿热作用下易发黏、皱缩。维纶缝纫线适用于胶鞋、帆布、箱包、化肥与水泥袋等无洗烫产品的缝纫。

（8）丙纶线。力学性能优良，耐酸碱腐蚀，价格低廉，适用于染化工业过滤袋等。

（9）蚕丝线。用于缝制各种蚕丝高级服装。

（10）麻线。强力较高，经蜡光处理之后，可用于皮鞋、皮箱等行业以及纺织行业的吊综线和通丝线等，根据麻纤维种类可分为苎麻线、亚麻线、黄麻线。

（11）金银线。金银线是指以黄金、白银为主要原料制成的纱线及其仿制品。传统的金银线主要有扁金线（片金）、圆金线（捻金）两大类。

20 世纪 40 年代以后又发展了化纤薄膜金银线以及涤纶金银线，并可以不同的染料制成双色、五彩金银线，通过特种工艺可制成彩虹线、荧光线等。

金银线要求细度均匀、色泽明亮、色牢度好、无刀痕、强力高、耐磨性好、耐酸碱、耐皂洗、耐摩擦等，从而使织物具有富丽堂皇的风格。

（12）绣花线。以优质的天然纤维或化学纤维经纺纱加工而成的刺绣专用纱线。绣花线品种繁多，依材质可分为丝、棉、毛绣花线。

①丝绣花线。是以真丝或人造丝经纺纱加工而成，常用于绸缎绣花，制品色泽明亮，常用作装饰织物。但纱线强力较差，不耐洗涤与日晒。

②毛绣花线。是由羊毛或羊毛与其他纤维混纺而成，一般用于干呢绒、麻织物、羊毛衫，绣品色泽柔和、质地松软，具立体感，俗称绣绒，但光泽较差，易褪色，不耐洗涤。

（13）特殊功能缝纫线。如耐高温缝纫线、医用缝合线等。

①耐高温缝纫线。作为袋式除尘的重要辅料，耐高温缝纫线的主要作用是提供滤袋在接缝处的强力。缝纫线是除尘袋重要的辅助材料之一，起缝合、连接作用。在除尘袋的接缝处，强力主要由缝纫线提供，因此，缝纫线的性能决定着接口的性能，对滤袋的使用起着至关重要的作用。由于在缝制时，缝纫线要反复穿刺缝料，经受强烈的冲击和摩擦，因此，缝纫线要具有强度高、摩擦系数低、条干均匀、断裂伸长和弹性适度的特点。对于高温过滤用缝纫线还要求其具有良好的耐热性、抗酸碱性和小的热收缩性。常用的高温除尘袋缝纫线主要有间位芳纶（Nomex）缝纫线、聚四氟乙烯（PTFE）缝纫线、E－玻璃纤维缝纫线。

②医用缝合线。这是一种用于人体手术缝合的线型材料，从材质发展来看，其发展史经历了丝线、羊肠线、化学合成线、纯天然胶原蛋白缝合线的历程；从吸收性来看，经历了非吸收缝合线和可吸收缝合线；从其物理形态来看，可以分为单纤体和多纤体；根据原材料的来源分为天然缝合线（动物肌腱缝线、羊肠线、蚕丝和棉花丝线）和人造缝合线（尼龙、聚乙烯、聚丙烯、PGA、不锈钢丝和金属钽丝）两种；根据生物降解性能，可分为非吸收缝合线（金属线、棉线、聚酯、聚丙烯等）和可吸收缝合线（羊肠线、聚乙交酯等）。

③可吸收缝合线。如肌腱缝合线也称作纯天然胶原蛋白缝合线，取自特种动物肌腱组织，具有胶原蛋白材质的诸多特性，与其他缝合线相比具有吸收效果好、拉力强、促进伤口愈合等独有功能。化学合成线是现代化学技术发展的产物，具有生产容易、成本低等特点。羊肠线是由羊肠内黏膜下层的胶原基质制得。动物胶原基质通常用三价铬盐处理后可增加强度，通过交联可延长被吸收的时间，但仍改变不了拉力不足、吸收效果不理想、存在排异反应的缺点。

在手工缝纫时代，缝纫线的卷装形式，主要是胶装棉线和丝线，随着缝纫机的使用出现了木纱团，以后有了纸芯线、纸板线、线球、宝塔线等。各种卷装的容量依民用和工业用而有区别，民用缝纫线长度为50～1000m，工业用缝纫线卷装长度为1000～1100m，一般是卷绕在锥形筒管或有边筒管。

随着合成纤维的发展，其缝纫线具有强度高、耐磨、耐腐蚀、缩水率小等优点，已经在很大程度上代替了棉线，在缝制有弹性的织物时，常用低弹涤纶缝纫线，使缝纫线与织物保持缩率一致，为避免缝纫线与织物的配色困难，可选用透明的合成纤维长丝线，缝制各种颜色的织物。

缝纫线的品质要求：缝纫线需表面光洁、色泽均匀，需具有可缝性，能于高速缝纫机上对被缝纫织物产生连续、均匀、稳定的缝纫线轨迹；具有一定的强伸性、耐磨性、耐热性，能够承受高速缝纫过程中产生的热冲击、热摩擦以及牵伸作用，缝纫后能保持较为稳定的结构；外观质量上，要求其缝纫前后都要与被缝纫产品具有相匹配的外观效应，且洗涤后缩水率小、外观平整。

二、带类纺织品

产业用带类织物品种很多，且不同用途的带类织物采用不同的方法织成，并选用相适应的纤维。带类织物广泛应用于服饰和工业、农业、军需、交通运输、航空等各个领域。

（一）计算机带

计算机带是指计算机高速打印装置高速打字时的油浸渍带，一般统称为打字机带或油带。

在打印过程中，计算机带和打印纸在重叠作用下受活字或者锤子的高速打击作用，因此，要求其具有良好的耐打击性，同时要求印字敏捷清晰、长时间保持稳定而不沾污打印纸。

计算机带制造工艺：原丝准备、加捻（假捻）、织造→精练整理→熟成→裁剪→生带→油墨浸渍→打包→打字机带。

计算机带所用原料需具备高强高伸、条干均匀、无毛丝等缺陷的特点，织造用的捻丝是由环锭捻丝机或倍捻机加上捻度 1～3T/cm，其中薄丝带的纬纱需采用假捻变形纱。

锦纶丝带采用热切断机进行热熔式裁剪，同时对带边进行热熔黏结，因而不产生脱边问题。

丝带的油浸渍量为20%左右，且完全浸渍与涂布均匀，浸渍时须严格控制油温、丝带运动速率以及张力等。

上海曾研制一种圆环形打字机带，由 45 旦锦纶、涤纶长丝交织而成，无接头、使用寿命长，可与气相电动机配套使用。

（二）水龙带

水龙带是指用以输送液体并能承受一定液压的管状带织物。水龙带可于较高的液压作用下输送水、泡沫灭火液等，是一种重要的消防器材。此外，水龙带可用于输送汽油、淡水，还可用于农业灌溉、工矿与建筑工地的送水与排水系统。

水龙带用优质棉、麻或高强化纤为原料，织物组织为管状组织平纹结构，用重型平纹机制造，也可用高强锦纶丝或涤纶丝作原料。为提高水龙带的抗压性、耐磨性、耐久性等，需将用双梭圆织机织成管坯与柔性高分子化合物（如橡胶等）进行复合，内衬一层 1～3mm 厚的橡胶，或将管坯内外涂覆一层较薄的高分子合成材料，使能承受高压和耐磨、耐腐蚀。目前，我国棉、麻水龙带生产量和使用量仍占多数，世界经济发达国家棉麻水龙带已被化纤水龙带替代。国内化纤水龙带主要用普通涤纶长丝以及维纶交织或用涤棉混纺纱与涤纶长丝交织。

水龙带按其最大耐压值可分为低压水龙带和高压水龙带。低压水龙带是指耐压值在 7.84×10^5Pa 以下的水龙带；高压水龙带是指耐压值在 1.96×10^6Pa 以下的水龙带。

消防用水龙带的口径一般有 38、50、65、76、89、102mm 六种。

中华人民共和国成立初期，水龙带产品采用棉、麻纱线于平纹织机上进行管状平纹织造，产品耐压值低、易渗水、柔性较差、耐磨性较低、使用寿命短，无法适应高层楼房消防用等市场需求。

（三）商标带

商标带使用于商品标识的小方块形带状织物，生产过程中，一般连续织成长带状物，使用前进行开剪，可分为印刷与提花两类。

1. 印刷商标带 印刷商标带是指采用低特棉纱、涤纶长丝、锦纶长丝或人造丝等作为经纬纱线，于织带机上织出平纹或缎纹带胚，再经印染、印刷等加工，形成单色或多色的带状物。

2. 提花商标带 提花商标带一般以低特漂白或有色棉纱、生丝、涤纶丝、锦纶丝、人造丝、弹力锦纶丝、金银线等作为经纬原料，于多色提花商标带织机上进行织造，带宽范围为8～80mm，于地组织上进行纬起花成花纹或文字图案，具刺绣品外观。

对于热塑性合成纤维提花商标带而言，可直接于提花织机上织造出宽幅织物，再以热熔裁剪方式进行裁剪切割。

（四）松紧带

松紧带是指具有纵向弹性伸长性能的狭幅扁形带状织物，又称宽紧带。按制造方法的不同，松紧带又可分为机织松紧带、针织松紧带、编织松紧带三类。

机织松紧带是以棉和化纤作为主体原料，并与一组橡胶丝（乳胶丝或氨纶丝）按一定的规律交织而成，织物组织可为平纹、斜纹、重平、双层、提花等组织。机织松紧带质地紧密、品种丰富，广泛用于服装袖口、下摆、裤股、束腰、鞋扣以及体育护身与医疗绷扎等方面。

（五）尼龙搭扣带

尼龙搭扣带是指由尼龙扣带与尼龙绒带两部分组成的联用带织物。钩带与绒带叠合并略施压力，即可产生较大的扣合力、撕揭力。尼龙搭扣带广泛用于服装、背包、帐篷、降落伞、窗帘、沙发套、雨衣、提包、医用绷带等方面，可一定程度上替代拉链、纽扣等连接材料。

（六）其他带类织物

（1）棉纤维带。规格有18.5×2270、22×3350、23×2340、24×96、24×98、24×2340、25×96等，供卷烟机配套使用。

（2）涂胶锭带。规格有9～30mm，高强、高伸、耐久。

（3）磁头清洗带。规格为3.5mm棉织带。

（4）丙纶窗帘带。以60旦丙纶丝编织而成，光滑、柔软、高强，用于启闭窗帘。

（5）安全带。安全带是现代汽车结构的重要组成部分。在发生汽车碰撞事故时，安全带能有效地减轻乘员的伤亡和汽车的损坏。安全带是用来保护车内乘员，限制乘员的突然移动，以防止或减轻在交通事故中或紧急制动时乘员所受伤害的一种束紧装置。如发生交通安全事故时，由于儿童座椅汽车安全带要承受较大的冲击力，因而必须具有较高的断裂强力，儿童座椅汽车安全带所用的原料，经线必须采用高强涤纶工业长丝，以保证织带的强力，常用的原料为1670dtex/96f或1100dtex/96f，使用该类原料，既可以保证织带产品的强力，又可满足织带产品的耐摩擦要求。纬纱在织物中起固定经线的作用，可选高强涤纶工业长丝或普通涤纶长丝，常用的为1100dtex/192f或550dtex/96f，可提高织带柔软性，减少对儿童皮肤的摩擦，锁边线起到固定纬线的作用，防止织带边缘撕开的功效，织带强力更加稳定，常用的为270dtex/48f涤纶长丝。

（6）运输带。历史上，运输带一直使用多层棉帆布，经擦胶、黏合、硫化而成。耗布量大、使用寿命短，每万米扣带布约耗纱9800kg。日本则独特地发展了维纶运输带，约占其运输带总产量的30%。近年来，运输带的发展趋势如下。

①长度长。一般在煤矿主巷道，采用千米机，即运输带需2100m（每节100m由21节连接而成）。

②宽度宽。我国通常使用800～1200mm，国外一些国家运输带宽度可达1600～1800mm。

③强力高。一般进口强力带有的强力高达1750kN/m。

④速度快，运输带的运转速度一般为1.8～2.0m/s，最高不超过2.5m/s。

⑤层数少，由多层向整芯发展。尼龙运输带是由经浸渍、伸长、加热等预处理的尼龙帆布作骨架材料采用特殊的工艺制成的。与其他骨架材料的运输带相比，具有带体轻、强度高、弹性好、耐冲击、耐挠曲、成槽性好、运输效率高、使用寿命长等优点（表14－1）。

表14－1　各种骨架材料运输带的性能

材料	棉	维纶	锦纶（尼龙）	涤纶
单位比强度（相对）	1	2.7	5.9	4.8
扯断伸长率（%）	8	12	30	10
比重	1.52	1.26	1.14	1.38
耐水	差	好	优	优
耐冲击	差	好	优	优
耐磨	差	好	优	优
耐挠曲	差	好	优	优
耐化学腐蚀	差	好	优	优
耐热	差	较好	较好	优
一般使用寿命（年）	1～2	2～3	3～5	4～6

三、绳缆类产品

绳缆类产品由多股纱或线捻合而成，直径较粗，两股以上的绳复捻后称作索，直径更粗的称作缆。

（一）按照原料分

分为棉绳、麻绳、丝绳，以及锦纶、丙纶、维纶等化学纤维绳。化纤缆绳分为普通化纤缆绳系列和特种化纤绳缆系列。普通化纤缆绳包括丙纶缆绳，乙纶绳缆，维纶缆绳，涤纶缆绳，锦纶缆绳，防静电纤维缆绳、Atlas缆绳，混编缆绳系列等。特种化纤绳缆又分为化纤纤维/尼龙单丝复合绳索系列，高分子聚乙烯纤维迪尼麻系列、芳纶系列。结构有三股、四股、六股、七股、八股、十二股、十六股、四十八股双层多股编织，直径规格3～160mm不等。

（二）按结构分

分为编织、拧绞、编绞三类。

1. 编织绳 编织绳手感柔软，由若干纱线作为芯纱（也可无芯纱），再以4组、8组、12组……直至120组纱线以“8”字形轨迹编织成一层或多层结构，可用于降落伞绳、救生索、攀登绳、旗杆绳、拉灯绳等，直径为0.5～100mm。

2. 拧绞绳 拧绞绳是由3股、4股或多股纱线直接拧绞加工而成，直径为4～50mm，成型方便、产量较高，但在使用时易产生扭结，一般用于船舶拖带、矿山起重、装卸、民用等方面。

3. 编绞绳 编绞绳由8根拧绳分4组以“8”字形轨道交叉扭结而成，高强、耐磨、低伸、柔软，使用过程中不易产生回转扭结，操作安全方便，主要用于高吨位船舶带绳。因发展需求，编绞绳已从8股发展到16股、24股，有圆形、方形截面之分，直径为3～120mm。

（三）按用途分

对于绳缆类产品，要求具备抗拉、抗冲击、耐磨损、柔韧、轻软等性能，若原料采用合成纤维，还需具有强度高、比重轻、耐腐蚀、耐霉烂、耐虫蛀等优点，广泛用于交通运输、工业、矿山、体育和渔业等方面，还可根据特殊用途需要，在缆芯内编入金属材料。

1. 船用缆绳纤维材料 高分子强力绳索是由高性能纤维（UHMW POLYETHYLENE纤维）经过特定加工工艺制成的，是目前世界上强度非常高的绳索。该绳索的出现替代了传统钢丝绳应用，特别是在一些特殊行业中的应用。它在国外许多国家广泛应用于船舶系泊（军用、民用）、海洋救助、运输吊装等。其优越性能已经得到了充分的肯定。据报道，美国、俄罗斯等国家已经用高强度纤维绳索装备海军舰艇，以提高舰艇的战斗力。UHMW POLYETHYLENE纤维具有重量轻、特柔软、易操作等特点，重量轻可漂浮于水面，比同等直径钢丝绳轻85%左右。目前，世界上强度非常高的绳索，比同等直径钢丝强度高1.5倍左右。优异的耐用性、耐海水、耐化学药品、耐紫外线辐射及温差反复等使其操作方便、快速，使用安全，操作时间短，广泛用于渔业和海岸工业中的重负荷绳索，如海上打捞系统、救援系统、海洋石油平台系统、停泊、抛锚、拖泊、海洋地震勘测、海底电缆系统，帆船用帆缆、帆脚索、升降索、张帆和细绳系列等。可减少40%水阻力，可织成高强网，用于建筑安全网、拖渔网、围网、货物吊网等。

2. 渔业用绳的材料 直接用来制作渔具的材料，主要包括网线、网片、绳索等。其中，网线和网片又称为网材料。广义的渔具材料还包括制造各类渔具材料所用的原材料，种类很多，有纤维材料、钢丝和塑料等。其中，最主要的是纤维材料。它是制造网线、网片和绳索的重要原材料，在构成整个渔具（特别是网渔具）的用料中所占的比例最大。不同类型的渔具，依其捕鱼原理和操作特点，对渔具材料的性能各有不同要求，然而也有一些共同的要求。网线、网片和绳索等材料应具备的一般特性有：质量轻，湿态下具有较高的断裂强力和结强力，适当的伸长率，良好的弹性、韧性和柔软性，不大的吸水性和缩水性，良好的抗光性，耐光化性，耐腐性，耐磨性，耐热性和耐化学腐蚀性，以及对霉菌、水生生物附着和咬的抵抗能力。

渔用纤维材料主要有植物纤维和合成纤维两大类，植物纤维具有一定的力学性能，产量丰富，价格低廉，20 世纪 40 年代以前，几乎所有渔网的网片和绳索都由植物纤维制成。这类纤维主要有棉、大麻、亚麻、苎麻、蕉麻（马尼拉麻）、剑麻（龙舌兰麻）、棕榈、椰纤维和稻秸等，因其主要成分是纤维素，在水中使用，极易受纤维素细菌的分解腐蚀而遭破坏。因此，用植物纤维制成的渔网，必须经晒干、油染等防腐处理的方能使用，且使用期限短，具有劳力消耗多和经济效益低的缺点。

20 世纪 40 年代以后，合成纤维开始在渔业中应用。合成纤维不腐烂、断裂强力高、质量轻等，应用于渔业，对提高渔具的强度、耐久性和渔获效率等方面有着重要作用。现今渔业中，合成纤维几乎全部代替了传统使用的植物纤维，成为当代渔业最重要的技术革命之一。渔用合成纤维按组成主要有：聚酰胺纤维（PA）、聚酯纤维（PES）、聚乙烯纤维（PE）、聚丙烯纤维（PP）、聚乙烯醇纤维（PVA）、聚氯乙烯纤维（PVC）和聚偏二氯乙烯纤维（PVD）七大类。其中前四类在世界渔业中应用最广，后三类因力学性能较差，渔业中应用不普遍，渔用合成纤维一般制成四种基本形态：长丝、短纤维、单丝和裂膜纤维。不同形态纤维的制品，其性能和用途亦不同，以长丝、单丝和裂膜纤维制品的渔用性能为最佳。裂膜纤维是近年来才发明的一种新型纤维，来源于一种塑料扎带，这种扎带在捻合和制造中，受到拉伸后能自行纵向分裂成若干粗细不匀的纤维，强度较大，主要用来制造绳索和较粗的网线。在世界渔业技术的发展中，除推广使用合成纤维外，还改进了网材料的结构和制造工艺，不但能节省原材料，还提高了网片的使用性能，近年来又在四边形网目结构的网片基础上，研制和应用了网片利用率更高的六边形网目的网片；网线和绳索由捻制法发展为编制法，提高了制品的技术性能和使用性能。

另外，涤纶工业丝是指高强、粗旦的工业用涤纶长丝，其纤度不小于 550dtex。按性能，可将涤纶工业丝分成普通工业丝、差别化丝以及功能化丝，其在产业用行业的应用非常广泛。其中，普通丝（高强低伸型）的拉伸强度约为 7.0cN/tex，干热收缩率约为 8.0%，广泛应用于橡胶骨架材料、三角带线绳、矿用整芯带、箱包带、牵引带、消防水带、渔网、缆绳、工业缝纫线、土工织物及土工栅格等；差别化丝按其特点分为超高强型、高强低收缩型、高模低收缩型和高强耐磨易染型四大类。其中超高强型差别化涤纶丝主要用于生产吊装带、输送带、汽车安全带、土工格栅、特斯林布、缆绳、工业缝纫线，高强低收缩型差别化涤纶丝主要用于生产帆布、涂层织物、遮阳布、建筑织物等，高强耐磨易染型涤纶丝主要用于汽车和飞机座椅安全带、货物吊装带、婴儿约束带以及肩背带等的生产；功能化丝有抗芯吸型、活化型、拒海水型和阻燃型四大类，按照其功能的不同也可广泛应用于三角线绳、输送带帆布、子午线轮胎帘子布、防护用品以及锚绳等海洋用纺织品。

各类船舶配备、渔业捕捞、港口装卸、电力施工、石油勘探、体育用品、国防科研、航空航天等领域对绳的性能要求越来越高，需求量也越来越多。随着各种高性能纤维的应用及制造技术的发展，各种高性能绳也在发挥越来越重要的作用。

3. 新型电缆线　早在 20 世纪 90 年代，日本就开始用碳纤维复合材料代替钢芯来研发新一代电缆。这种新型电缆具有重量轻、强度大、耐高温、耐腐蚀、输送电容量大、线损小、弛度低和热膨胀系数小等一系列优异性能，从而引起各国的极大关注。之后，美国研制碳纤维和玻璃纤维复合芯铝绞电缆获得成功，使其成为当今典型的新一代电缆。碳纤维和玻璃纤维复合芯铝绞电缆（Alu - minum conductor composite core reinforced cable，简称ACCC)，其核心技术是芯棒的制造，关键材料是高温韧性环氧树脂。在碳纤维复合芯棒中，碳纤维占35%，玻璃纤维占35%，高温韧性环氧树脂占30%。所用碳纤维的拉伸强度高和断裂伸长大。例如，采用日本东丽公司生产的T700S；玻璃纤维采用耐碱的E型，即E - GF。E - GF的断裂伸长值大于T700S，因而为所制芯棒提供韧性和耐冲击性能。同时，E - GF的价格低于T700S，可降低生产成本。E - GF为绝缘体，为芯棒提供绝缘层。所用环氧树脂为高温型的韧性树脂。这是制造复合芯棒的又一技术核心。这种树脂固化温度高达260℃，一般环氧树脂648或AG80的固化温度都低于此值。换言之，这种高温固化型环氧树脂具有特殊的耐热结构。

成缆用新型交联发泡聚乙烯填充条有各种形状和规格，可用作圆形绝缘线芯组成的塑力缆、交联聚乙烯电缆及其他电缆的成缆填充，以代替网状撕裂聚丙烯绳。其主要优点：一是刚性好，能提高电缆的圆整度和结构稳定性，可克服采用网状撕裂聚丙烯绳时电缆圆整度差、电缆弯曲时易变形的缺点；二是可保证交联电缆线芯铜带屏蔽的质量，由于结构不稳定而造成线芯间互相摩擦，甚至导致屏蔽铜带纵向起皱；三是可以减少材料消耗，网状撕裂聚丙烯绳由于结构松软，工艺性损耗较多，而交联发泡聚乙烯填充条就不存在这个问题，而且用它成缆的电缆外径可减小，相应节约了电缆的护套和护层材料。

4. *光缆* 光缆主要是由光导纤维（细如头发的玻璃丝）和塑料保护套管及塑料外皮构成。光导纤维，简称光纤，是一种达致光在玻璃或塑料制成的纤维中的全反射原理传输的光传导工具。微细的光纤封装一束光纤在塑料护套中，使得它能够弯曲而不至于断裂。由于光在光导纤维的传输损失比电在电线传导的损耗低得多，更因为主要生产原料是硅，蕴藏量极大，较易开采，所以价格便宜，促使光纤被用作长距离的信息传递工具。随着光纤的价格进一步降低，光纤也被用于医疗和娱乐的用途。

光纤主要分为两类，渐变光纤与突变光纤。前者的折射率是渐变的，而后者的折射率是突变的。另外还分为单模光纤及多模光纤。近年来，又有新的光子晶体光纤问世。

光导纤维是双重构造，核心部分是高折射率玻璃，表层部分是低折射率的玻璃或塑料，光在核心部分传输，并在表层交界处不断进行全反射，沿“乙”字形向前传输。各国科学家经过多年努力，创造了内附着法、MCVD法、VAD法等，制成了超高纯石英玻璃，特制成的光导纤维传输光的效率有了非常明显的提高。

目前，用于通信中的光纤主要是玻璃纤维，在医学上，光纤用于内视镜，在娱乐方面，常用于音响的信号线。光纤通信就是在光导纤维内传输光波信号，实现信息传输过程。

第二节　线绳缆带用纺织品工艺技术

一、线类产品

制线工艺：并线与加捻、烧毛与丝光、煮练、漂染、后处理。

并捻技术：并捻技术和并捻纱的趋势是大卷装化和低噪声化，是将几根单丝并到一起然后卷取。并丝后加捻的并捻机，如缝纫线、绳、索一般经初捻再复捻加工。机器由单丝断头自停、单丝张力调整、除去单丝上的杂疵等装置构成。并丝后加捻，虽然多了一道工序，但它能改善单丝张力的不匀使力趋于一致，能减少纱线的接头。

（一）尼龙线

尼龙线又叫锦纶线、珠光线，是由连续长丝尼龙纤维捻合而成，平顺、柔软，延伸率为20%～35%，有较好的弹性，燃烧冒白烟。耐磨度高，耐光性能良好，防霉，着色度为100度左右，低温染色。因其线缝强力高、耐用、缝口平伏、能切合广泛不同缝纫工业产品的需要而被广泛使用。

（二）特多龙线

特多龙线又叫高强线、涤纶线，是由连续涤纶高强低伸长丝捻合而成，耐温130℃，强力高，低延伸率，无弹性；不过耐磨性差，比尼龙线硬，燃烧冒黑烟，130℃高温染色。

（三）PP纯涤纶线

PP纯涤纶线，又叫SP线，PP线，也是由高强力、低延伸的涤纶原料生产制成，表面有毛丝，耐温130℃，高温染色。涤纶原料是所有物料中最能耐受摩擦、干洗、石磨洗、漂白及其他洗涤剂的材料，其低伸度及低伸缩率，保障了极佳的可缝性，并能防止褶皱和跳针。常用型号有：20S/2、20S/3、20S/4、30S/3、30S/2、40S/2、40S/3、50S/2、50S/3、60S/2、60S/3。

（四）邦迪线（胶线）

邦迪线有Nylon 6和Nylon 6.6两种材料，是由持续尼龙长丝捻合，再加以黏合处理后，将所有股数的纱黏合在一起，即使是用剪刀剪过，也绝不会岔开。再经由高效能润滑处理，可配合日常的重型缝纫工序。

（五）聚酯纤维皮具缝纫线

聚酯纤维皮具缝纫线，又叫特品线，选用一种优质、高强力聚酯化纤长丝捻合而成，它与同级别的尼龙线或PP线比较，拉力较强、质料柔软、低伸度、无弹性、颜色鲜艳光亮、不褪色，并具有耐晒、耐热及耐磨损的特性，最适合于缝制各种皮具、女鞋、人造皮革制品等。

（六）马克线

马克线是在PP纯涤纶线的基础上倍捻而成，捻向有S向和Z向，也就是左捻和右捻。捻的方式有两种，一种是几股一起合捻，一种是以2股或3股或4股等先捻成一小股，再以这些小股以3股、4股、5股、6股等合捻成一大股，常用规格有：2×3、3×3，3×4，3×5，3×6，4×3，6×3。

（七）涤纶包芯线

涤纶包芯线是以涤纶长丝作线芯，外面再包覆涤纶短纤的缝纫线。强力更高更均衡，韧度适中，针迹缝合紧密，具有优良的低收缩率，良好的耐磨性，优秀的抗腐蚀性、抗静电性，再加专研润滑线油，用在精致车缝，而缝口强力要求高的操作上。常用规格有：602、402、403、202、203等。

（八）耐高温缝纫线

作为袋式除尘的重要辅料，耐高温缝纫线的主要作用是提供滤袋在接缝处的强力。缝纫线是除尘袋重要的辅助材料之一，起缝合、连接作用。在除尘袋的接缝处，强力主要由缝纫线提供，因此，缝纫线的性能决定接口的性能，对滤袋的使用起着至关重要的作用。由于在缝制时，缝纫线要反复穿刺缝料，经受强烈的冲击和摩擦，因此，缝纫线要具有强度高、摩擦系数低、条干均匀、断裂伸长和弹性适度的特点。对于高温过滤用缝纫线，还要求其具有良好的耐热性、抗酸碱性和小的热收缩性。常用的高温除尘袋缝纫线主要有间位芳纶（Nomex）缝纫线、聚四氟乙烯（PTFE）缝纫线、E-玻璃纤维缝纫线。

1. Nomex 缝纫线 Nomex 缝纫线由 Nomex450 纤维加捻纺纱制得。Nomex，化学名称为聚间苯二甲酰间苯二胺，是由苯环间位连接酰胺键形成的线性大分子，其结晶结构属于三斜晶系，结晶度在33%以上。由于苯环为刚性基团，酰胺键能形成分子间氢键，这些结构特性赋予了 Nomex 纤维较好的机械力学性能和耐高温、耐腐蚀性能。此外，在纤维类型的选择上，高温烟气过滤一般选用高强型的 Nomex T-450 短纤维，其为全皮层结构，与其他 Nomex 纤维相比具有更好的结晶度和力学性能，有利于得到更高强力和使用寿命的 Nomex 缝纫线。

2. PTFE 缝纫线 PTFE 缝纫线是采用膜裂制得的 PTFE 基带经热牵伸、加捻制得 PTFE 长丝，而后经自捻纺纱得到的。PTFE 化学名称为聚四氟乙烯，分子结构式为 $\text{[}CF_2—CF_2\text{]}_n$。PTFE 具有聚乙烯的各个氢原子完全被氟原子所置换的化学结构，具有高度的规整性和对称性，能形成高结晶结构。由于氟原子半径较氢原子大，且氟原子相互排斥，因此，相邻的 CF_2 单元不能完全按反式交叉取向，而是形成一个螺旋状的扭曲链，氟原子几乎覆盖了整个高分子链的表面，形成的屏蔽使最小的氢也很难进入 C—F 键。PTFE 分子结构的特点使得 PTFE 缝纫线具有突出的强力、耐高温、耐腐蚀性能。

3. E-玻璃纤维缝纫线 E-玻璃纤维是指成分中碱金属氧化物含量低于0.8%的一类玻璃纤维，与其他玻璃纤维相比，耐腐蚀较好。E-玻璃纤维属于无机纤维，刚性大、耐磨折性能差，不能直接加捻成纱。只能经柔软剂、偶联剂等浸润剂浸润后纺纱；且其主要成分为硅硼酸盐（弱酸盐），易受到无机酸、碱的侵蚀，因而用于高温过滤的E-玻璃纤维缝纫线一般还需用高浓度 PTFE 做被覆处理，而后在100℃左右烘干得到。此外，在纤维规格的选择上，高温烟气过滤一般选用目前最细的E-玻璃短纤维（直径为5.5μm），与其他的E-玻璃纤维相比其具有更高的强力和较好的耐磨折性，有利于得到更高强力、更高使用寿命的E-玻璃纤维缝纫线。

二、带类产品

带织物是宽度为0.3~30cm的狭条状或管状纺织品。有的工业传送带宽度也有达1m或1m以上的。带织物可用机织、针织或编织加工。带类织物根据用途、特性等不同，其构造、材料及加工也不同。材料：所用纤维有天然纤维和化学纤维，如棉、人造丝、尼龙、涤纶、芳纶等。构造：有狭幅机织物、狭幅编织物、裁剪布条织物三大类。另外，除了机织物、编织物外，还有非织造的裁剪条带。裁剪织物一般都经过树脂或涂层处理，以防止布边的滑移。

1. 制造方法

（1）狭窄织机。通常由5~20个梭子同时织造，转速高达2500r/min。

（2）裁剪加工。将阔幅织物裁成条带时，一般采用连续卷取装置，并用上下对接的滚刀，按所需的宽度来裁剪条带；合成纤维也可采用加热熔断方法。

（3）后加工。条带根据用途有多种后处理加工工序，如对于装饰条带就得进行染色加工；对于标签带、色带、胶带等，就得进行树脂加工和涂层加工等。

2. 带织物分类　大体可分为5类：弹性带：如松紧带、吊袜带、罗纹带、医用绷带等；薄型带：如电气绝缘带、打字色带、花边、饰带等；重型带：如背包带、裤带、吊具带、安全带、传送带、降落伞带等；管状套带：如水龙带、涂塑出水管、人造血管、鞋带等；其他：如尼龙搭扣带、拉链带、百叶窗带、丝绒带、环形卷烟带、刺绣花边带、军需用带等。带类织物的织造工艺如下。

（1）计算机带。计算机带制造工艺：原丝准备、加捻（假捻）、织造→精炼整理→熟成→裁剪→生带→油墨浸渍→打包→打字机带。计算机带所用原料需具备高强高伸、条干均匀、无毛丝等缺陷的特点，织造用的捻丝是由环锭捻丝机或倍捻机加上1～3T/cm，其中薄丝带的纬纱需采用假捻变形纱。锦纶丝带采用热切断机进行热熔式裁剪，同时对带边进行热熔黏结，因而不产生脱边问题。丝带的油浸渍量为20%左右，且完全浸渍与涂布均匀，浸渍时须严格控制油温、丝带运动速率以及张力等。

（2）水龙带。水龙带的管胚可于重型织机上采用优质棉、麻纱线或高强化纤长丝等以双层管状平纹结构织造，也可采用高强锦纶丝、涤纶丝于双梭圆织机上进行织造。为提高水龙带的抗压性、耐磨性、耐久性等，需将织造的管胚与柔性高分子化合物（如橡胶等）进行复合，即于管胚涂覆一层较薄的高分子化合物，也可直接在管胚内部衬垫一层1～3mm的橡胶材料。消防用水龙带的口径一般有38、50、65、76、89、102六种。

（3）商标带。商标带使用于商品标识的小方块形带状织物，生产过程中，一般连续织成长带状物，使用前进行开剪，可分为印刷与提花两类。

①印刷商标带。是指采用高支棉纱、涤纶长丝、锦纶长丝或人造丝等作为经纬纱线，于织带机上织出平纹或缎纹带胚，再经印染、印刷等加工，形成单色或多色的带状物。

②提花商标带。提花商标带一般以高支漂白或有色棉纱、生丝、涤纶丝、锦纶丝、人造丝、弹力锦纶丝、金银线等作为经纬原料，于多色提花商标带织机上进行织造，带宽范围为8～80mm，于地组织上进行纬起花成花纹或文字图案，具刺绣品外观。

对于热塑性合成纤维提花商标带，可直接于提花织机上织造出宽幅织物，再以热熔裁剪方式进行裁剪切割。

（4）松紧带。指具有纵向弹性伸长性能的狭幅扁形带状织物，又称宽紧带。按制造方法的不同，松紧带又可分为机织松紧带、针织松紧带、编织松紧带三类。

（5）尼龙搭扣带。尼龙搭扣带是指由尼龙扣带与尼龙绒带两部分组成的联用带织物。钩带与绒带叠合并略施压力，即可产生较大的扣合力、撕揭力。尼龙搭扣带广泛用于服装、背包、帐篷、降落伞、窗帘、沙发套、雨衣、提包、医用绷带等方面，可一定程度上替代拉链、纽扣等连接材料。

（6）其他带类织物。棉纤维带：规格有18.5×2270、22×3350、23×2340、24×96、24×98、24×2340、25×96等，供卷烟机配套使用。

涂胶锭带：规格有9～30mm，高强、高伸、耐久。

磁头清洗带：规格为3.5mm棉织带。

丙纶窗帘带：以60旦丙纶丝编织而成，光滑、柔软、高强，用于启闭窗帘。

①卷收器加工工艺。目前，卷收器有多种类型，即标准型卷收器、夹带式卷收器、预紧式卷收器等。其中，标准型卷收器运用自动锁止原理，也就是在卷收器启动时，卷收器即已锁死，乘客无法自由移动；常见做法是加一组齿轮在标准卷收器上，当将织带拉出最多时即自动锁死安全带，解除功能时，将带扣放松，任由卷收器将安全带收至最短时松开。夹带式卷收器锁止机构与标准型不同，是在卷收器的开口处以夹带方式将织带锁死。

卷收器加工过程中，不可或缺的加工工艺如下。

卷收器支架组装→织带下料→缝纫织带下固定板→缝纫织带→铆压定位口→穿织带及装主轴→铆压主轴→卷织带→卷簧组件组装→装回卷总成→装内棘轮及端头→惯性轮组件组装→装带感组件→装车感组件→检测卷收器

②带扣锁加工工艺。相对来说，带扣锁加工工艺比较简单，但是在进行带扣锁加工的过程中，也需要按照以下加工工艺进行加工，即：

装连动器→锁止总成组装→组装上下盖按钮→织带下料→装带扣→织带下固定板→装织带→缝纫带扣织带→装腰带下固定板→缝纫腰带总成→装舌片组

三、绳类产品

绳索的加工可按照粗、中、细号绳索的不同来进行加工。

1. 细绳、索 可采用捻丝机和纺麻纱机等合捻成股线，再将其通过制绳机合捻后而制成。

2. 中号绳索 用环锭捻纱机或纺麻纺纱机将原丝并捻纱线，然后根据所需的根数，做成股线，进而，将这股线通过制绳机制成绳索。

3. 粗号绳索 加工过程基本与中号绳索类似，只是更加粗。

第三节 线绳缆带用纺织品的特殊性能要求

一、缝纫线的品质要求

（1）缝纫线需表面光洁、色泽均匀，具有可缝性，能于高速缝纫机上对被缝纫织物产生连续、均匀、稳定的缝纫线轨迹。

（2）具有一定的强伸性、耐磨性、耐热性，能够承受高速缝纫过程中产生的热冲击、热摩擦以及牵伸作用，缝纫后能保持较为稳定的结构。

（3）外观质量上，要求其缝纫前后都要与被缝纫产品具有相匹配的外观效应，且洗涤后缩水率小、外观平整。

（4）特殊功能缝纫线有其特殊用途要求。如医用缝合线的要求：在创口愈合过程中能保持足够的强度，还应当能够伸长以便适应伤口水肿，并随伤口回缩而缩回到原有长度；创口愈合后其又能自行降解吸收，不再留下异物；不产生炎症；无刺激性和致癌性；易于染色、灭菌、消毒等处理；可形成安全牢固的结；制作方便，价格低廉，能大量生产。

二、带类织物性能要求

不同使用场合，对带类织物要求不一致。如汽车用安全带性能要求如下。

（1）力学性能。如安全带的拉伸强力应非常大，拉伸伸长率要小，要有较大的能量吸收性。

（2）耐久性。要具有良好的耐磨性、耐寒性、耐热性、耐水性、耐光性。

（3）外观、风格。对安全带的幅宽和厚度有一定的要求，宽度通常在50mm，厚度在满足上述性能的情况下，尽量薄。风格希望柔软、系着要舒适。

又如复印机、打印机色带，除了要适应高速印字的耐久性外，还需使所印的字清晰，性能长时间稳定，不污染纸张等。

三、绳索的性能要求

绳索的共同性能要求如下。

（1）直径、捻度、强度均匀。

（2）具有适合于使用目的要求的伸长、柔软性、耐磨性。

（3）所具有的性能能保持一定的期限。

（4）加工成形方便。

（5）具有一定的经济性。主要有船舶用（如将大型船舶停留在岸边或浮标等处所用的绳索）、登山用、渔业用等。

第四节　高端线绳缆带用纺织品的应用实例

高强高模聚乙烯纤维是20世纪90年代初出现的高性能纤维，由于分子量极高、主链结合好，取向度、结晶度高，因此，它的强度相当于优质钢丝的15倍，而且密度小、模量高，能抗紫外线和耐各种化学腐蚀，具有突出的抗冲击、抗切割韧性。目前该产品国际上只有荷兰DSM公司、美国HONEYWELL公司和日本三井公司生产。据荷兰DSM Dyneema公司介绍，若在起升机等机构上用Dyneema非旋转编织绳缆替代钢丝绳，可减少绳缆重量80%。Dyneema真正在起升机构上的应用出现在2014年拉斯维加斯国际工程机械展的格鲁夫RT770E起重机上，该机起升绳索由美国Samson和Manitowoc联合研制，并被命名为KZ100。

德国的KoSa公司生产出40多种具有不同性能和纤度的聚酯工业丝以满足许多行业各种不同的需求。用这些高强高模聚酯工业丝能制造不同规格的缆绳产品，用于海洋开发工程等许多重要场合；在许多情况下，它们能替代粗大笨重的钢丝绳及钢制锚链等受拉构件，例如，用它们把海洋钻井采油平台和栈桥等设施锚固到海床上。美国德克萨斯州Austin纺研所研究证明785 MF聚酯缆索锚固系统能在其75%极限强度作用下有效工作20年而不会发生疲劳断裂等损伤。海洋石油钻采平台对其结构工程材料要求很严格，而经严格评估，KoSa公司生产的聚酯工业丝具有耐光照、耐气候性好，耐辐射性优，抗腐烂性很好，耐泥土性很好，抗微生物性优，耐酸性很好，耐碱性有限，耐有机溶剂性优，耐石油产品腐蚀性优，特别能抗（耐）汽、柴油、燃料油、润滑油、脂及沥青的侵蚀作用。其耐热性很好，能长期在150℃环境下使用，也能耐180℃短期作用而不会明显损伤稳定性。这对缆绳类受拉构件很重要，因其内部常会因产生极大摩擦而引发局部高温。对露天使用材料的防紫外线辐射稳定性要求很高。聚酯对低于320nm的紫外光谱有最大吸收作用，在紫外线和热作用下，聚合物的高分子能发生氧化和水解反应，破坏其结构，降低强度。用高强聚酯缆绳代替钢丝绳类受拉构件的主要优点是：其重量可减轻5.5倍，还有优异的耐腐蚀性，更好的抗机械变形性和抗力学疲劳性。总之，用KoSa公司开发的高强聚酯工业丝制造缆绳、绳网和重型绳索等受拉构件具有很高的强度和诸多综合性能，还有极好的抗环境腐蚀性和抗老化作用。此外785MF型工业丝还有优异的抗磨蚀性，有很高的蠕变强度及长期力学稳定性，更是制造重型抗拉构件的好材料。

M5纤维（液晶芳族杂环聚合物聚［2,5－二羟基－1,4－苯撑吡啶并二咪唑］纤维）主要应用于高强重比的绳索、缆绳和丝束，包括动量交换绳索、电动绳索及航天用具。M5长丝用于高科技运动产品。M5的物理性能使之成为需要超高强重比的高级绳索应用方面的首选，因为不可能找到其他任何优于它的纤维，航天产品和先进面料也将得益于M5纤维极佳的韧性，也因韧性使其易于在现今任何织机上织造。NASA（美国国家航空和宇宙航行局）已为新型合成纤维M5在航空航天领域提供了崭新的应用途径。

Casar推出了其最新起升绳产品——Casar Doublefit，该绳单丝采用模拉技术，绳股及整绳采用压实技术，很大程度上提高了绳的截面填充系数，提高了整绳破断拉力，而且整绳外形更加圆滑，减轻了咬绳等现象。变幅绳则推出了针对性产品Casar Parafit，该绳采用内部注塑及双重压实技术，使绳获得良好的外表面，减少了绳之间的磨损、咬绳现象，同时在缠绕时为上层及侧面绳提供良好的支撑。Diepa在B55基础上进行升级，通过对其内部绳股和单丝进行模拉压实，得到全新产品B65，拥有更大的破断拉力以适应用户要求。

玄武岩纤维不仅有较高的拉伸强度和模量，还有较好的耐化学性能和宽泛的工作温度范围，是天然、环保、无毒的新材料，玄武岩纤维可以广泛应用于加工制作特种缆绳带类产品；碳纤维是一种重要的军事国防和国家经济发展的战略材料，从短纤维到长纤维对碳纤维的研究与开发，碳纤维加热材料的使用技术和产品越来越受欢迎。其物理稳定性高，在高温条件下使用。比强度越高的材料，组件的重量越少，比模量高，构件的刚度越大，由于碳纤维的性能优良，其应用前景在国防和民用及产业用领域是非常广泛的。用碳纤维制成的碳股绳或编织绳，已广泛应用于各种不同类型负离子导电电极、各种编织工艺的碳绳炉隔热层炭毡捆扎、缝制、化工、石油、食品机械、医疗机械、医用器材、土木建筑、电子仪器等领域。

TC－9702涤纶工业丝及帘子线油剂是由高分子量的平滑剂和其他表面活性剂复配而成的科学配比体系。经使用厂家考核后表明，该油剂乳液性能稳定，润湿性良好，能赋予纤维良好的平滑性、集束性、抗静电等性能，耐热性能优异，发烟小，能满足生产工艺的要求，可纺性好，满筒率高，成品丝质量达到规格要求，油剂的综合性能已达到国外同类产品水平。

思考题

1. 什么是线类纺织品？线类纺织品包括哪些品种？
2. 缝纫线的品质要求有哪些？
3. 绳、索、缆的区别是什么？按结构不同分为哪四种？
4. 常见的织带设备有哪些？电脑提花织带机有何特点？
5. 缝纫线捻合股数线密度的表示方法是什么？

参考文献

[1] 蒋华伟．中国汽车安全带的发展及现状研究［J］．中国机械，2014（16）：213－214.

[2] 徐大升．汽车安全带结构及加工工艺研究［J］．赤子，2014（7）：298－298.

[3] 闻培培，李宏华，赵福全，等．后地板安全带固定点结构优化设计［J］．汽车技术，2012（1）：26－30.

[4] 李孟洋．复合材料电缆芯拉挤成型工艺及性能研究［D］．东华大学，2011.

[5] 顾超英，赵永霞．纤维技术　国内外超高分子量聚乙烯纤维的生产与应用［J］．纺织导报，2010，（4）.

[6] 乐伟章，郭亦萍，马海有．超高强绳网的发展［J］．纺织信息周刊，2000（25）.

[7] 王国和．产业用线带绳缆类纺织品［J］．江苏丝绸．2000，（4）：39－43.

[8] 谢利霞，我国缝纫线发展综合报告，2003 中国杭州涤纶短纤市场与技术研讨会 2003：浙江杭州．112－129.

[9] 牛鹏霞，杨彩云．特种绳纤维材料的发展和应用．产业用纺织品［J］，2010.28（12）：33－36.

[10] 杨建国，索具产业的战略定位及在建筑结构工程中的应用，第六届全国现代结构工程学术研讨会 2006：中国河北保定．3.

[11] 赵江平，孙影．起重机绳索的应用及发展趋势．建筑机械，2015（05）：67－71＋75.

[12] 武尚春，田秀刚．我国带类纺织器材发展简史及现状［J］．纺织器材，2014，41（s1）：54－57.

[13] 李晓声．特种编织绳的技术开发与应用［J］．上海纺织科技，2005，33（10）：61－63.

[14] 李国元，俞洋，屈汉臣，等．高性能微消光缝纫线专用涤纶生产工艺［J］．合成纤维，2016，45（2）：23－25.

[15] 陈立军．12 头涤纶缝纫线专用丝高速纺设备及工艺的研制［J］．聚酯工业，2016，29（4）：19－21.

[16] 范晓健，李晶，刘红卫，等．碳纤维层叠布用缝纫机的改进设计与三维仿真［J］．纺织学报，2016，37（10）：141－144.

[17] 熊英．服装用辅料的分类及作用［J］．山东纺织经济，2016（1）：50－52.

[18] 刘克平，杜建文．一种用于编织螺旋绳的编织机：中国，CN103668772A［P］．2014.

[19] 毛成栋，郭昕，石东来．家纺包覆绳包覆技术探讨［J］．上海纺织科技，2011，39（8）：27－28.

[20] 周鲁豫．UHMWPE 纤维绳索的纺织工艺和力学性能研究［D］．青岛大学，2013.

[21] 陈丽珍，余洁峰，王善元．高强涤纶三股绳制绳工艺探讨——高强涤纶三股绳的捻度与强伸关系［J］．东华大学学报自然科学版，1994（1）：45－53.

[22] 绳丽云，王梅，张海霞，等．涤/莫代尔混纺3tex特细号纱及其提花织物的开发［J］．天津纺织科技，2007，45（1）：26－28.
[23] 陈玉珍．一种软光缆：中国，CN202330801U［P］．2012.
[24] 黄次沛．工业用纤维——光导纤维（综述三）［J］．产业用纺织品，1984（6）：43－47.
[25] 李曼，吴海波，张盼．超吸水纤维及其热轧非织造材料性能研究［J］．上海纺织科技，2011，39（10）：14－17.
[26] 吴海波，李国星，殷保璞，等．光缆或电缆包覆、接头用的阻水材料及其制备方法：中国，CN 101464548 A［P］．2009.
[27] 卫亚明．电缆线牵引绳索［J］．产业用纺织品，2003，21（2）：24.
[28] 王毅伟，韩晓林．电缆在工业工程中的使用［J］．黑龙江纺织，2012（1）：22－24.
[29] 许元巨．用金属化织物制造屏蔽电磁波的轻质电缆［J］．产业用纺织品，1996（2）：19.
[30] 徐正林，王子琪，何倩，等．高压电缆用抗静电纱的纺制［J］．纺织科技进展，2012（5）：13－15.
[31] 东亚．igus推出全新的芯线纺织方法［J］．航空制造技术，2005（1）：16－16.
[32] 宋华．耐高温电缆保护套管：中国，CN203311900U［P］．2013.
[33] D. D. 莫里斯．机织纺织织物、电缆用内导管以及具有其的装置：中国，CN 202430402 U［P］．2012.
[34] 杨小侠．亚麻水龙带织物的设计与性能［J］．上海纺织科技，2008，36（7）：47－49.
[35] 陆忠跃．斜纹水龙带编织机：中国，CN 201817649 U［P］．2011.
[36] 许元巨．新型超级传送带［J］．产业用纺织品，1994（2）：49.
[37] P. Heckenbenner，赵华蕾．用于传送带的聚酯静电导电单丝［J］．国际纺织导报，2015，43（5）：15－15.
[38] 王国和．骨架材料类纺织品［J］．江苏丝绸，2000（1）：33－35.

第十五章　交通用纺织品

交通用纺织品可大致分为交通工具用纺织品和交通建设用纺织品。

第一节　纤维原材料

一、交通工具用纺织品

（一）汽车用纤维

汽车用纺织品基本上用到了各类常规纤维，其分类和主要特点见表15－1。汽车用纺织品可分为装饰性和功能性装饰材料。有地毯、座椅面料、门饰窗帘等装饰性材料。不仅要求外在美观，还需具备良好的形态及质量。汽车地毯主要分为针刺地毯和簇绒地毯两大类。针刺地毯以聚酯纤维和聚丙烯纤维为主，而聚酰胺纤维因其优异的回弹性和耐磨性被广泛用于簇绒地毯中。目前，针刺地毯的比例远远大于簇绒地毯，且原料向细旦化方向发展；另一种材料非织造布以其质量轻、性价比高的特性主要用作汽车装饰充填、过滤等，如通过使用原料为80%～88%黏胶纤维和12%～20%锦纶长丝制备出克重为100～120g/m^2标准的非织造布，用来制作汽车座垫、多轴向经编复合材料，因其轻质高强可用作制造车辆壳体、发动机引擎盖、保险杠等，还可以在地铁中作为第三轨保护罩、电缆支架、逃生平台等。功能性材料有遮阳板、门窗封条、安全气囊、安全带、轮胎、防振材料等。

表15－1　汽车用纺织品常用纤维的分类

分类		特征
天然纤维	植物纤维	主要有棉和黄麻，其主要化学组成物质都是纤维素。在汽车用纺织品中，棉纤维在篷盖帆布、合成革基布等产品中仍保持一定使用量，也有用棉、毛、丝、麻等下脚料，约占20%。黄麻主要用于制造汽车内饰衬板，开发的主流产品是黄麻与聚丙烯纤维混纺制作的内饰衬板
	动物纤维	主要有羊毛和蚕丝，其主要化学组成物质都是蛋白质。羊毛纤维由于具有特殊的舒适性和庄重的外观，被用于高档汽车的座椅套，为克服羊毛耐日光牢度小（泛黄）和光稳定性差的缺点，对羊毛制的汽车座椅织物需采取一些措施，国外也有专门开发阻燃羊毛纤维用于汽车内饰的 蚕丝作为一种天然长丝，不仅外观华丽、染色鲜艳且吸放湿性能好、传导率低、保暖性好，并具有天然的阻燃性能，蚕丝织物能吸收紫外线，吸声、吸气性能好，覆盖度高，因此成为汽车内饰织物中的高档产品
	矿物纤维	石棉是矿物纤维中最主要的一种，具有不燃性，是优良的热绝缘体，因而可以用作热绝缘材料等，但是因石棉纤维有致癌性，因此西方各国已限制其使用

续表

分类		特征
化学纤维	再生纤维	黏胶纤维是再生纤维的典型代表，由于其强度较差、湿模量低，因而在汽车用纺织品中用量较少，而其改性的高湿模量纤维即富强纤维，可以部分用于汽车用纺织品
	合成纤维	汽车用纺织品中大量使用合成纤维，主要包括聚酯纤维、聚酰胺纤维、聚丙烯纤维、聚乙烯醇纤维、聚丙烯腈纤维、对位芳香族聚酰胺纤维、间位芳香族聚酰胺纤维、高强高模聚乙烯纤维等
	无机纤维	无机纤维大多是以无机物为原料制得，主要有玻璃纤维、陶瓷纤维。另外，还有用纤维素纤维或聚丙烯纤维作原料，经过预氧化、炭化制得的碳纤维等。金属纤维也是无机纤维的一种，常用作导电纤维。这些纤维经常作为功能性材料用在汽车用纺织品中

到目前为止，汽车用纺织品常用的材料有碳纤维、石棉纤维、玻璃纤维、芳纶、聚酯纤维、聚酰胺纤维等，以及天然纤维中的剑麻、洋麻、大麻、亚麻等。例如，汽车门窗密封条，它是以干法成网和纺粘法制成的聚酯纤维非织造布为衬垫和聚酰胺短纤维静电植绒织物复合制得。可以用来防止尘土、水等进入车内及保证空调效率，能适应较大的温差范围（-40~70℃）。酚醛是苯酚和甲醛的发泡物，它是轻质、防火、遇明火不燃烧、无烟、无毒、无滴落、使用温度范围广（-196~200℃）的绝热材料，将其通过后整体方式黏合到非织造布上，可制作成汽车防振材料。Saxony 纺织研究所推出了用于儿童安全座椅上可回收利用的三维非织造布以及适用于夏季的汽车座椅靠椅面料。安全带在汽车中也非常重要，它的主要成分是锦纶 66，较多采用无梭高速织带机进行织制，经纱通过消极送经装置，依靠张力分别从三个经轴上退解，可以防止起毛，有利于织造。考虑到工艺上要求严格控制经纱张力，经纱在穿综前需经过一道上油装置，以保证各组经纱张力一致。

大约从 20 世纪 80 年代开始，汽车制造企业与纤维生产企业合作已经做了很多细致的研究与开发工作，至今仍在沿用，主要包括车身的轻量化——应对燃油价的上升且节约能源和减少有害气体排放量，作为车用纺织品，纤维的细化，同时又要保证织物的强度要求和手感。1960 年后期，汽车的内装材料使用的是 PVC 革材料和黏胶纤维，强度极低，一撕即破，黏胶纤维的车用地毯遇到乘车人鞋底带入尘土中隐藏的细菌很快便会被腐蚀。为应对这一系列的问题，1970 年，人们开始了新材料的研制工作。

汽车用纤维量很大，按照纤维材料在车内的形状划分，薄型纤维材料占绝大部分，如车门的内饰材料是由涤纶长丝或短纤维制成的机织布或针织布，车顶天花板内饰材料是涤纶非织造布或针织布，车内地毯和后备箱的衬里通常使用的是锦纶、涤纶或丙纶的长丝机织物或短纤维针刺非织造布，座椅外包装或是真牛皮或是涤纶、锦纶合成革，安全带是高强涤纶或锦纶制造。

方向盘及挡把扳手的包覆材料是锦纶或涤纶合成革，高级轿车的仪表盘面板装饰多用真皮革。座椅外套、后备箱内层、开关式天窗等多使用 PVC 革或 PU 合成革，其增强材料通常可使用黏胶纤维或涤纶机织布、针织布或非织造布，要求其强度高，但是断裂伸长不可过大。安全气囊则是锦纶制成的，一旦出现紧急情况则会立即膨胀，保护乘坐者的安全。也有很多地方需要使用既非机织物也非针织物的块状纤维作为隔热或隔声的填充物。

欧洲生产高级轿车的座椅内还使用了再生（或新的）毛毡或棕榈垫类纤维集合体生态填充材料，它们具有良好的减震及对空气和水分的过滤功能。

汽车中还大量地使用了“木”纤维，木材密度小，将荚粉碎成颗粒状与黏合剂混合后压制成型材，用于车门的内填充和后备箱的底部隔热、隔声。

还有一些纤维是用作树脂的增强材料的，被用于内部功能性部件。又如轮胎内的帘子布是用于增强橡胶用的，而汽车发动机室内的许多管材类也是涤纶增强材料。

作为内装饰材料，主要采用了涤纶、锦纶、丙纶等合成纤维和黏胶纤维。只在特定的部位才会使用牛皮、羊毛和木材。作为树脂增强用纤维材料，所用纤维除涤纶、锦纶外，还有玻璃纤维和碳纤维；令人瞩目的是近期人们也开始使用芳纶1414作为树脂增强材料。

在大气污染和温室效应日益威胁人类生存环境的现实情况下，汽车的轻量化、节能化、电动化和环保化是大势所趋。近年来，通过更新传统电池的设计理念，采用高性能纤维的关键部件和不断降低生产成本，各种新能源动力汽车开始孕育而生。比如，目前出现的一种最先进的概念车采用了CFRP结构材料，先进电池，塑料光导纤维的光显示系统，对位芳香族聚酰胺纤维的子午胎、同步带和高压软管，碳纤维等耐热部件和刹车片，以及用碳纤维或聚丙烯毡等制成的消声器，而内装饰材料选用了可生物降解的聚乳酸纤维等绿色产品。

汽车轻量化的要求，除带动塑料部件的多方应用外，还推动了天然纤维增强塑料、碳纤维和超高相对分子质量聚乙烯（UHMWPE）纤维混杂复合材料部件、对位芳香族聚酰胺纤维子午胎、胶带、胶管、刹车片（含碳纤维制品）及塑料光纤（POF）的全方位应用。汽车的轻量化同时也带来了运行过程中噪声增大的问题，对此，除了利用CFRP本身具有震动吸收能力的优势，国外多家公司开发了汽车用吸声器或消声器。通常，高档车可选用对位芳香族聚酰胺纤维或碳纤维加工的针刺毡，普通车多采用涤纶或丙纶非织造布。日本帝人纤维公司开发了纵向排列的非织造布结构体“V－LAP”，作为汽车顶部和底盘的吸声材料；可乐丽Clarex公司开发了具有震动吸收能力的蒸汽喷射非织造布“フレクスター”，原料采用可乐丽生产的芯鞘型板状非织造布，芯材为聚酯，鞘材为乙烯—乙烯醇（EVA）共聚物。

此外，电池是电动汽车的关键部件，近年来，研发工作日新月异，出现了“百花齐放”的局面。如美国电动汽车Tesla（特斯拉）的市场化被认为对于新能源汽车的发展具有里程碑意义，对于这一车型的电池，改进的方向是采用碳纤维作为高强电极材料，而东丽和三菱树脂分别提供均质聚酰亚胺非织造布和湿法成型PE单层膜与芳纶非织造布相复合的电池隔膜，可耐200℃以上的高温。帝人提供在PE基材上复合Conex（一种间位芳香族聚酰胺纤维）非织造布并涂覆氟化物，以及间位芳香族聚酰胺纳米纤维非织造布作为锂离子电池隔膜。

对于氢—空气燃料电池，涉及储氢材料，目前最好的吸氢材料是经硝酸处理的单壁碳纳米管（SWCNT）和活性炭纤维。为防止催化剂中毒，需采用Pt和各种辅助金属（Ru、Sn、Pd、Bi、Mo等）的合金催化剂，并需中、小直径的碳纳米纤维（CNF）（直径为10～50nm）作为载体，才能用于高活性、低温型的燃料电池，并降低Pt的用量和成本。燃料电池的气体扩散层可选用碳纤维织物或非织造布等。

1. 汽车用纤维的特点 汽车是代步工具，越来越注意人性化和环境友好化的今天，汽车内装饰材料用纤维制品要与乘坐者经常直接接触，要求良好的手感，然而汽车的乘用者最期望的还是安心与舒适的环境，这也是汽车生产厂家的责任。因此，作为汽车内装饰用纤维最重要的要求就是安全性与耐久性，其后是应具备各种功能，为乘用者提供快乐、健康、舒适的空间环境。

（1）耐久性。汽车内装饰用纤维的耐久性是指耐热性、耐光性、耐磨性等。针对不同地域、不同生活环境条件——温度、湿度、日照射量等，对耐久性的要求是有区别的，必须进行基于某种环境条件的加速老化试验来考察纤维材料的功能性。例如，不同季节停靠在汽车停车场上汽车内的温度可能高达70～80℃；而阳光直射的汽车内部件不仅单纯地要做耐热试验，还要同时进行接受热与光考验的试验。紫外线和红外线会使纤维和染料的化学结构发生变化，导致纤维的脆化，染料的褪色。目前，之所以汽车内装材料大多集中于选用聚酯类材料，最关键的就是它具有优良的耐热及耐日光性。然而，即使是聚酯纤维，也会由于纤维直径及所用染料的不同而不能适用于所有场合。

（2）力学性能。车用纤维材料的强度和耐磨性等力学性能。因为反复的多次上下车乘降过程会使座椅织物磨损，残留坐痕等。为减轻车身重量，人们希望纤维细化，且纤维越细，手感也越好，但这样强力也越低，所以需要找到一个织物性能与细度的平衡点。汽车轮胎用帘子线、安全带和安全气囊等都要求高的力学性能。

（3）其他功能性性能。赋予纤维材料抗静电性、防水—疏水—透湿性、抗菌性等功能。在气候干燥的地域，乘车人经常从车上下来时遭受静电的威胁，长时间的乘坐难免在座椅及靠背处出汗，座位及地毯沾污后会受到细菌的侵蚀。因此，根据不同部位的需求，赋予纤维材料必要的功能是应当考虑的。近来，也有用蛋白质加工处理以改善肌肤触感的研究。但是无论赋予哪种功能，都必须同时具有经时稳定性。

2. 主要汽车用纤维材料及其发展

（1）纺织品面料在汽车领域应用。汽车产量飞快增长，车用纺织面料用量也在不断增长，纺织品的品种也在发生变化。作为内装饰纺织材料，有座椅、门饰、天花板、地毯等。所使用的纺织材料从最初的以天然纤维为主体，发展为锦纶，现在是涤纶占据主导地位。每台小轿车的纺织纤维材料使用量为14～15m^2。纺织材料的品种在不断变化。2003年，针织物与非织造布比1997年分别增加了137%和135%，机织物和PVC革类减少了56%和62%，这主要是天花板和座椅后背材料的变化，而所用材质聚烯烃类纤维用量增加了，机织物的用量1997年占40%，2003年减少到了22%，而针织物则从1997年的7%增加到2003年的21%，针织物用量扩大的重要原因是它的低成本和它的高伸长特性，起绒织物在汽车领域的应用正在逐渐扩大。

车用纺织面料应当具备必要的功能性，如难燃型、耐磨性、良好的缝制性及染色牢度。

今后车用纺织面料应当朝着“感性”“舒适”及“环保”的方向发展。

（2）确保安全用纤维材料。开车是为代步方便，首先要保证行车安全。目前，全世界有近8亿辆各种汽车，每年发生600万件交通事故，致120万人丧生。据WHO组织预测，2020年其数据将会上升至230万人。为了尽可能地减少伤亡，车载安全装置越发重要。

为此，应当设计乘车者全员装备安全带。前排驾驶员和副驾驶员必须要有安全带，后排座位也应备有。儿童专用安全带主要是设置在后面座位，供幼儿和学龄儿童使用。设置于方向盘上和副驾驶座位前方的气囊，用于保护驾驶员和乘者安全；在车门上方也应设置，用于保护所有乘车者头部安全；在乘坐者的膝盖部位也应设置。有些车甚至在汽车外部的发动机盖板上也设置了气囊，用以保护步行者的安全。

①安全带用纤维。安全带分为前排用和后排用，各有不同要求，大体分为低伸长率（5%～6%）和高伸长率（13%～14%）两类，长度为2.6～3.6m。要求的功能性略有不同，见表15－2。

表15－2　安全带用纤维性能

项目	低伸长率型（适用于前排座位）	高伸长率型（适用于后排座位）
纤维材质	PET	PET
纱线规格（dtex）	1670；840；560；280；78	
断裂强力（kN）	28～33	27～28
断裂伸长（%）（11.07kN）	4～7	11～13

低伸长型纤维的形变小，具有很强的束缚能力，此类纤维适用于驾驶员和副驾驶员用安全带；而坐在后排的人员遇到突然情况时，希望有一个缓冲过程，可以采用高伸长型纤维制造的安全带，用以适度地吸收能量。

安全带应具备下述功能。

a. 断裂强力为25～35kN。

b. 耐日光性。要求用碳弧灯照射100h后，强度保持率大于60%。

c. 耐磨性。能承受使用六角棒摩擦2500次。

d. 染色牢度。有较好的摩擦、日照和汗渍牢度。

e. 耐水、耐热及耐寒性好。

f. 难燃性。燃烧速度小于100mm/min。

g. 横向的刚性，不能卷成绳状。

h. 安全带的插口部位要求圆滑，具有柔软感。

②气囊用纤维。气囊系统中所使用的纤维材料占气囊总量的一半以上。目前，气囊使用的材料主要是用超强力PA66纤维制成的平纹布，又在其表面涂敷橡胶类制成基布，或是未涂敷橡胶类材料的高密度织物作为基布。这些基布因各种气囊的要求功能与性能不同而略有差异，也因各生产厂家产品概念的不同被分别使用于不同场合。自有气囊以来，一直使用PA66纤维，但是纤维的粗细种类在不断更新。最早的规格是970dtex的纤维，伴随着气囊的小型化、轻量化和高性能化，现在开发使用了更细的700dtex、470dtex、350dtex及230dtex的纤维。

气囊分为驾驶员用、副驾驶员用、侧面用、膝盖用和窗帘用多种，被安放在不同位置。气囊应当具有下述性能要求：优良的耐冲击强度；在通常环境下的力学性能和耐褶皱性能等的经时稳定性；对高温环境的耐久性；轻量、质薄、柔软；摩擦阻力小，对小褶皱有良好抵抗变形能力。

用于气囊的PA66纤维应当具有相应的性能要求：平衡和优良的强度等力学性能；优良的柔曲性能；对热、寒冷及湿热等一般环境的优良耐久性；市场可接受和合理的价格；熔融热高；密度小，质轻。

③轮胎用纤维材料。轮胎的功能在于：负重、制动与驱动、缓和冲击、操作的稳定性。轮胎的结构、材料和制造方法等，随着车辆的进步及特性要求的变化而进化。轮胎由轮胎帘子线与橡胶构成，轮胎帘子线是轮胎的骨架，对橡胶起增强作用。依据轮胎种类的不同以及使用部位及性能要求，轮胎帘子线的材料有涤纶、锦纶、黏胶纤维、芳香族聚酰胺纤维等有机纤维；也可以使用钢丝、玻璃纤维等无机材料。通常，对轮胎帘子线的要求是：强度、刚性（模量）、与橡胶的黏合性、耐疲劳性、尺寸稳定性及耐热性。

a. 聚酯是继黏胶纤维和锦纶之后出现的轮胎帘子线纤维，主要用于小轿车，其用途和特性还远未被充分发挥。涤纶比锦纶模量高，尺寸稳定性好，改善了锦纶帘子线轮胎的“平点”效应。他还具有价廉的优势，有发展前途。近年争相开发高模—低缩（HMLS）型涤纶，比常规型涤纶的热收缩率降低了50%，模量提高了25%。它的发展目标是制备比黏胶纤维具有更低的热收缩率和更高的强度（8cN/dtex以上）的纤维。其不足是与橡胶的黏合性不良，这也正是需要研究的工作。

b. 锦纶的耐疲劳性好、与橡胶黏合性好、强度和伸长率均高，曾经是斜交胎帘子线、缓冲层和大型轮胎用纤维材料。锦纶帘子线的发展方向是高强力化。锦纶类帘子线又有PA6和PA66之分，主要用于斜交胎，两者的强伸度差异不大，PA6的热收缩率略大。飞机和大型载重汽车要求轮胎的耐热性和耐疲劳性高，多用PA66帘子线。由于斜交胎向子午胎的转型，适用于斜交胎的锦纶帘子线用量已经下降。

c. 黏胶纤维在1960年时使用量最大，至今仍有超高性能丝（uHP）用于小轿车、飞机、摩托车轮胎帘子线。欧洲仍然愿意使用黏胶纤维帘子线，它比涤纶帘子线轮胎的操作稳定性好，乘坐更舒适。主要是因为黏胶纤维在常温下的高弹性；其模量对温度的依赖性小；又因其强度较低，纤维使用量大，反而提高了剪切刚性；具有高模低缩的性能以及与橡胶的良好黏合性。轮胎通常要在140～180℃进行硫化处理后从模型中取出，此时由于会发生热收缩，对于锦纶和涤纶帘子线的轮胎需要再次冲压后在扩张状态下冷却，而黏胶纤维热收缩率极低，无需这一过程。伸缩加工过程越少，轮胎的圆周均一性越好。

d. 芳香族聚酰胺纤维（芳纶1414）具有非常高的强度和模量，适用于高级轿车子午胎帘子布的带层材料和高性能摩托车轮胎帘子线材料。也有使用芳纶/锦纶混用轮胎帘子线，可降低成本。

e. 此外，还有聚萘二甲酸7－醇酯（PEN）纤维，聚醚酮（POK）纤维，都属于未来发展的方向，具有高强高模性能。

3. 非织造布材料 非织造布材料便于使用、质轻（孔洞率可达90%），正在成为内装饰材料主流。且纤维材料的大比表面积和遮蔽性可广泛地应用于车内外过滤材料，还可在天花板、地板、缓冲消声装置、后备箱等处作为隔声、隔热填充材料使用。

非织造布材料应当具备以下性能需求。

（1）舒适性。例如，保持车内安静、空气净化功能。

（2）安全性。如难燃型、耐久性。

（3）环境友好性。不产生环境污染物质或可挥发性有机化合物（VOC）。特别是材料的选择与加工条件一定要注意防止可挥发性有机化合物和其他污染物的产生，使用热黏合纤维要比使用黏合剂优越，从节能和减少二氧化碳排出量角度，将非织造布用作隔声和隔热材料才有发展前景。

用于非织造布的聚合物材料可以是难燃型的 PET、PP，也可用 PBT、PPS 等；还可以是纤维材料的复合化；为了减轻车重，还可考虑使用超细纤维材料，利用纤维间的小间隙特性，增加对热和声的阻尼用于超轻量吸声、隔热材料。

4. 碳纤维增强工程塑料在汽车领域的应用　应用目标是高强度、高模量，同时减轻车身重量。碳纤维增强工程塑料已经被用于飞机产业，机体的轻量化将会使机身大型化，多载油料，多载货以至远程运输，对提高运输效率有极大贡献。如喷气运输机的机体构造每减轻 1kg，机体重量可减轻 2～4kg。1980 年，开始在空客 A310、A300、A320 和波音 777 飞机的尾翼上得到应用；今年又在 F－2 战斗机和波音 787 的机翼上得到应用；至此，占据机体构造重量 10%～20% 的部件上碳纤维增强塑料的使用比例已经扩大到 50%。

汽车的轻量化同样可以节省汽油，有利环保。现在已经有了一款概念车，汽车的车体和外板是用碳纤维增强塑料，使整体汽车的重量减轻到以往的 1/3，车重仅为 420kg。然而，汽车上的实际应用还远没能得到实施，只是时间的问题。

5. 汽车用纤维材料的发展　不仅是汽车业，环境保护已经成为世界性大课题，是世界可持续发展的必然。汽车用纤维材料也应朝着这一方向发展。

（1）环境友好性与材料的可回收再利用。不仅限于纤维材料，所有的汽车用材料在制作和使用过程中都应当予以考虑，当汽车达到使用期限后，不应当给人类和环境带来不利的影响，因此，所使用的材料应当是对环境友好的，最好是可回收并可再利用的，纤维制品的回收再利用以至重新再制造成聚合物的技术正在越来越受到重视。此外，还应当考虑使用天然材料，环境的友好性还包括降低汽车的二氧化碳排出量和节约汽油，以及为保证纤维材料阻燃性能等配合使用的阻燃剂安全性等。

（2）可降解及可再生资源为原料的纤维材料。聚乳酸既可以做成纤维，也可用于塑料。它是以甘蔗渣或玉米等可再生资源为原料，经过发酵制成乳酸，再聚合而成的。聚乳酸可用于食品包装材料、容器以及农用或土工用材料等，在自然环境下易被生物彻底分解成水和二氧化碳等，是对环境友好的高分子材料。但是，聚乳酸的耐热性及耐冲击性较差。研究它在汽车领域的应用是今后的课题之一。目前已经开始使用聚乳酸（PLA）作为车门内装饰材料的热黏合树脂。

（3）天然纤维。天然纤维是取自天然的、可直接应用的可再生资源纤维，很多可应用于汽车工业。例如，洋麻纤维，又称槿麻，原产自非洲和印度，是一种可生长于横跨温带到热带广阔领域的一年生植物。而用于生产黏胶纤维的针叶林的生长期长达 30 年，从保护森林资源的角度出发，这是一个需要很好利用的原料。它能大量地吸收空气中的二氧化碳，相当于红松的 7.5 倍，生长速度极快，半年就可长高 3～4m。槿麻中可被利用的纤维素含量高，1999 年就已经被应用于汽车。将经过解纤后的槿麻韧皮纤维与 PP 纤维共混后铺成层状物，经热压使 PP 纤维熔融，相互间黏合并成型，以确保与槿麻纤维构成保温、隔声又质轻的材料，作为汽车门的填充材料，其外再用织物装饰。

（二）铁路运输用纤维材料

交通运输业最大的应用领域是篷盖材料，其在铁路运输中应用最广。篷布兼具织物和涂层的双重性能，可大大减少载运货物的空气阻力，同时利用涂层的特性起到防水、阻燃防霉、防老化等作用，对货物及车体进行保护有别于传统型篷盖布。我国新型篷盖布多为涤纶工业丝经边双轴向针织布，组织规格为1100dtex/200f/60z，7×7根/cm～9×9根/cm，基布重量为200g/m^2，剥离强度可达50N/5cm。

一直以来，防水帆布使用面广，用量大。过去，国内使用的各种棉防水篷盖布，由于易霉烂，耐久性差，每年耗用国家大量棉花，而维纶强力高，防霉性好，是目前国内已能大量生产的合成纤维，因此，维纶篷盖布被用来代替棉篷盖布，其经济意义十分重大。对篷盖布而言，最有实际意义的是淋雨和吊水。淋雨性能好，说明篷盖布在暴雨冲淋下不漏。吊水性能好，说明篷盖布使用时即便低洼处有积水也不渗漏。影响篷盖布耐久性的因素是多方面的，大量的试验结果表明，其中影响最大的是温度和湿度（区域性气候），纤维的种类与织物规格以及防水剂种类和配方。

此外，就铁路轨道方面而言，由于复合材料具有生命周期成本较低、减重潜力明显、强度/重量比较高等优点，可能在新的轨道车辆中使用的更多的是复合材料。高速轨道行业的首要关注点是与燃料效率和车辆重量直接相关的运营成本。复合材料不仅能克服这些挑战，而且因其赋予轨道车辆结构的高抗冲击性能而使乘客的安全性提高。此外，复合材料的设计灵活性也在引领原始设备制造商们利用复合材料作为金属的更佳替代材料。复合材料与金属相比的高成本、妥善连接技术的缺少、材料品级标准的缺乏、修复性能和循环利用性能不佳这些因素都可能限制复合材料的市场开拓。

（三）船舶用纤维材料

船舶作为海洋和内河上的流动建筑，在航运、海洋开发和国防建设中具有重要作用。纺织品作为船舶材料的一部分，在军用、商用、娱乐竞赛用船的船帆、内饰、救生筏、甲板和轮机舱用防护服等各方面广为应用。随着经济的快速发展，人们对船舶用纺织品的舒适性、豪华性、安全性和功能性等提出了新的要求，给纺织材料的应用带来了新的机遇。根据用途不同，船舶用纺织品可分为装饰性和功能性两大类。装饰性船舶纺织品主要用于座椅面料、背衬、顶篷、地毯、窗帘等，起着提高乘船环境舒适度的作用。这些纺织品要求手感柔软、透气性好、耐磨、防污。功能性船舶用纺织品主要有遮阳板、船帆、救生筏、个体防护服等，对提高船舶安全性有着重要意义。随着经济水平的提高，要求船舶用装饰性纺织品具有更多功能性，而功能性船舶用纺织品在追求更卓越性能的同时，要求兼具装饰性和舒适性。

1. 船帆用材料 船帆通常要求织物质量轻、耐久度高，且在湿润状况下有足够的抗撕裂性能和耐霉变性能。船帆的性能主要取决于设计方法、织物结构和使用的纤维材料性能。在设计方法和织物结构一致的情况下，纤维材料的弹性模量、拉伸断裂强度、蠕变性能、抗紫外线性能、弯曲强力损耗和价格6个因素决定了纤维是否适宜用于船帆。传统上，船帆多使用亚麻、大麻、棉等原料，而现代很少使用天然纤维，多使用细度为2.22～33.3tex（20～300旦）的人造纤维织物，如涤纶、锦纶、芳纶、高强高模聚乙烯纤维、液晶纺丝纤维、碳纤维和聚酯薄膜等。

（1）船帆用传统纤维。船帆用传统纤维为涤纶和锦纶。涤纶以杜邦的Dacron为代表，具有优异的弹性、耐磨性、抗紫外线性能、抗折强度，且成本低、吸水率低，是最常用的船帆用原料。尼龙质量轻、拉伸强度高、耐磨性和弹性很好，与涤纶相比，染色性好，但易被紫外线和化学降解，且吸湿性能下降，常用于制作高强、轻质三角帆。

（2）芳纶纤维。芳香族聚酰胺纤维（简称芳纶）具有超高强度、高模量和耐高温、耐酸耐碱、质量轻、绝缘、抗老化、生命周期长等优良性能，是目前竞赛用船帆的主要材料。但芳纶纤维易吸湿，并对紫外线较敏感，在光照下，强力损失率是涤纶的两倍，因此，需要其表面涂覆一层紫外线吸收剂。

芳纶可分为对位（PPTA纤维）、间位（PMIA纤维）和杂环芳纶三类。船帆用芳纶为PPTA纤维，主要有美国杜邦（Dupont）的Kevlar、日本帝人（Teijin）的Technora和Twaron、中国烟台泰和新材料（烟台氨纶Tayho）的Taparan等。Kevlar有29、49、129、149、159等不同型号，其初始模量依次增强，但抗折强度逐渐降低，因此，船帆用Kevlar为29和49两种型号。由于芳纶外观呈金黄色，所以芳纶材料船帆也呈典型的金黄色。

（3）高强高模聚乙烯纤维。超高分子量聚乙烯纤维（简称UHMWPE纤维）密度仅为芳纶的2/3或高模量碳纤维的1/2，质量比拉伸强度是现有高性能纤维中最高的，具有高强、高模、抗冲击、耐疲劳等优异性能，但蠕变性高，导致随着使用时间的延长，船帆形状发生变化，因此，UHMWPE纤维常用于需定期更换的高性能三角帆。目前，典型UHMWPE品牌有荷兰帝斯曼（DSM）的Dyneema、美国霍尼韦尔（Honeywell）的Spectra、日本三井（MITSU）、美国赫斯特（Hoechst）的Certran、中国山东爱地（ICD）的TERVO和中国宁波大成（DC）等。

（4）液晶纺丝纤维。液晶纺丝是20世纪70年代发展起来的一种将具有各向异性的液晶溶液（或熔体）经干—湿法纺丝、湿法纺丝、干法纺丝或熔体纺丝纺制纤维的方法，可以获得断裂强度和模量极高的纤维。船帆用液晶纺丝纤维主要有日本东洋纺（Toyobo）的Zylon聚对苯撑苯并双恶唑纤维（简称PBO）、日本可乐丽（Kuraray）的Vectran液晶芳香族高性能聚酯纤维。PBO纤维强度和模量为Kevlar纤维的2倍，热稳定性高，蠕变低，化学惰性好，耐冲击性、耐摩擦性和尺寸稳定性优异，能抗反复折叠拉伸，轻质柔软，但耐日晒性差，因此，需要在PBO船帆表面涂覆一层紫外线吸收剂。Vectran纤维强度、弹性模量、伸长率、耐热性等性能优异，蠕变速率较低，适用于耐用巡航帆。

（5）碳纤维。碳纤维具有质量比强度高、耐高温、耐摩擦、耐腐蚀等特点，按原丝类型可分为聚丙烯腈（PAN）基、沥青基和纤维素基3种，其中PAN基碳纤维发展最快，在高性能船帆中得到了日益广泛的应用，生产企业主要有日本东丽（Toray）的Torayca、日本东邦特耐克丝（Toho Tenax）的Tenax、日本三菱人造丝（MITSUBISHI RAYON）的Pryofil、美国赫氏（Hexel）的Hex Tow、德国西格里（SGL）的Sigrafil、韩国泰光（TK）的Acepora、中国台湾台塑（FPC）的Tairyfil。我国早在20世纪60年代就开始进行碳纤维研究，但产业化进展缓慢，目前主要有中复神鹰、天华溢威、威海拓展、江苏恒神等企业，且存在产能低、质量低等问题，与国外产品存在较大差距，2016年12月，国务院印发《“十三五”国家战略性新兴产业发展规划》（以下简称《规划》），对“十三五”期间我国战略性新兴产业发展目标、重点任务、政策措施等作出全面部署安排，碳纤维被列为发展重点之一，国产碳纤维将迎来重要发展期。

（6）聚酯薄膜。层压织物又称为复合织物、黏合织物、叠层织物，是一种织物与织物或织物与其他片状材料叠层组合的以纺织品为基材的复合材料。层压织物选材范围广、设计灵活、污染少，可以发挥不同材料的最优性能，实现不同材料性能的叠加、增效。自20世纪70年代美洲杯帆船赛首次使用层压织物船帆以来，层压织物船帆以其高性能得到了快速发展。船帆用层压织物是将面料和聚酯薄膜复合在一起，常用聚酯薄膜有杜邦公司的迈拉 Mylar PET（聚对苯二甲酸乙二醇酯）薄膜、日本帝人（Teijin）的 Teonex PEN（聚萘二甲酸乙二醇酯）薄膜等。Mylar 具有良好的耐热性、表面平整性和机械柔韧性，是层压织物船帆最常用薄膜。由于 PEN 分子链用刚性更大的萘环代替了 PET 中的苯环，所以 PEN 薄膜比 PET 薄膜具有更好的力学性能、气体阻隔性能、化学稳定性及耐热、耐紫外线、耐辐射等性能，但易折叠损耗，影响使用寿命，限制了其在船帆中的应用。

2. 内饰 船舶内饰用纺织品包括地毯和船舶内部家具用织物，例如，座椅套、地毯、顶篷、窗帘等在舒适性和装饰性方面要求较高，而且随着经济的发展，在功能性方面的要求也越来越高。在外观质量上，要求船用内饰织物质地厚实，高雅华贵，布面平整，手感柔软，挺括滑爽，有毛型感；在内在质量上，要求船用内饰织物透气性好，保形性好，坚固耐磨，色牢度高，具有良好的隔热、防火、阻燃性，且抗静电性、去污性好。

早期，舶内饰用纺织品多为棉、麻、涤纶、锦纶等。但随着科技的进步，它们逐步被各种改性纤维所取代，因此，各种物理或化学改性纤维开始广泛应用于船舶内饰纺织品。比如，异型截面纤维可以改善防污性空气变形丝，超细纤维、假捻丝和中空纤维可以提高舒适度，PTT 纤维可以防静电等。防护服一般有防水、防风、透风和阻燃的要求，目前开发的面料纤维有超细纤维高密织物、PTFE 薄膜、Nomex、间位芳香聚酰胺纤维、三聚氰胺纤维、PBO 纤维、PBI 纤维等。这些功能性纤维以国外生产的为主。我国自主研发的仍比较有限，随着生产生活的需要，要求船舶装饰性纺织品具备相应的功能性，而功能性船舶纺织品则需兼具一定的美观性，这也将促进我国船舶用纺织品的研发力度。

3. 救生筏 由于救生筏使用场合的特殊性，要求救生筏用织物必须具有足够的强力、耐撕破能力和耐顶破能力，不会被水流、岩石等撕破、划破；顶篷能防水、防雨、遮风、御寒，不渗透；防盐碱、防腐蚀能力；耐气候老化能力；能在 $-10\sim65$℃环境温度下存放多年而不致损坏；并能在 $-1\sim30$℃水温度范围内使用。救生筏用纺织材料由外层的橡胶和内层织物层压而成，一般有氯丁橡胶和聚氨酯橡胶涂层织物两种，外层橡胶起到防腐蚀、耐磨和防刺穿作用，内层锦纶织物可提高救生筏的强度。

4. 防护服 船舶用防护服按照使用对象可分为甲板工勤人员用防护服和轮机舱工勤人员用防护服两类。由于甲板多为露天设计，甲板上的工勤人员常暴露于湿冷的环境中，因此，甲板上工勤人员防护服必须具备防水、防雨、不渗透、防盐、防碱、防腐蚀、遮风、御寒能力。内燃机、船轮机舱通常有多个引擎，主引擎通常以柴油或重燃油为燃料，轮机舱通常温度较高、噪声很大、油污较多，且由于放置可燃染料、高电压设备和内燃机，存在着潜在危险，因此，轮机舱工作人员防护服必须具备防水、防油、防污、防火性能，并且具有良好的透气性。船舶用防护服按功能可分为保暖透气防护服、防水透湿防护服、隔热阻燃防护服等。

（1）保暖透气防护服。服装的保暖主要依靠织物中的静态空气层起隔热和保暖作用。传统上，保暖透气防护服主要依靠超细纤维、中空纤维实现，目前，也有通过远红外陶瓷整理开发远红外保暖织物的。世界各国对超细纤维尚无规范定义，通常把单根纤度小于 0.11tex（1 旦）的丝称细旦丝，小于 0.03tex（0.3 旦）的称超细纤维（Microfiber）。超细纤维与常规天然纤维、合成纤维相比，直径较小，比表面积相应增大，可以吸附更多的静止空气，因而超细纤维面料保温效果较好，可用于制作船舶甲板工勤人员用保暖夹克、裤子、手套、帽子和靴子等的里料。同时，超细纤维高密织物孔隙较小，水蒸气可以顺利穿透微孔空隙，而由于水的表面张力阻力作用，雨水不会通过织物，所以超细纤维高密织物面料在轻薄保暖同时又防水透气、挡风。经过多年发展，国外常见超细纤维品种有美国 3M 公司的 Thinsulate、美国 Al - bany International 公司的 Primaloft、日本帝人公司的 Tetoron 等，国产有盛虹、恒力等公司产的超细纤维。中空纤维内部有连续的空腔，减小了纤维的质量，能在纤维内部储存大量的静止空气，提高了织物的隔热保暖性。中空纤维经过多年发展，国外常见品种有美国杜邦（Dupont）开发的 Thermoloft 和 Thermolite（2006 年出售给英威达 INVISTA 公司）、日本帝人（Teijin）的 AEROCAPSULE 等，国产有盛虹化纤的 Shthermal、恒力的 Hengyuan 等。

（2）防水透湿防护服。防水透湿织物（Waterproof and Moisture Permeable Fabric），也被称作防水透气织物，在国外又称作可呼吸织物（waterproof，windproof，and Breathable fabric 或 WWB），能够阻止外界液体水进入体内，同时允许身体散发的水蒸气散发到自然界中，集防水、透湿、保暖和防风功能于一体，可满足甲板工勤人员的防护需求。目前，防水透湿织物主要依靠聚四氟乙烯（Polytetra fluoroethylene，简称 PTFE）或其他含氟聚合物经拉伸而形成原纤维状的微孔结构薄膜与织物复合而成。外层为耐磨保护层，内层为柔软贴身舒适层，中间层为防水透湿 PTFE 薄膜层。防水透湿织物以美国 W. L. Gore 公司的 Gore - Tex 为代表。

（3）隔热阻燃防护服。隔热阻燃防护服的基本要求是阻燃、隔热、耐高温，在高温高湿等恶劣气候条件下能保持足够的强度和服用性能；遇火及高温不会发生收缩、熔融和脆性碳化，面料尺寸稳定，不会强烈收缩或破裂；具有耐磨损、抗撕裂等特性，以使轮机舱工作人员远离每天面对的潜在危险。隔热防护服性能与防护服纤维原料、服装的设计、面料衬料、里料结构等因素相关。目前，耐高温阻燃防护服用纤维主要垄断在美国等发达国家，主要有美国杜邦（Du Pont）的 Nomex、日本帝人（Teijin）的 Teijinconex 间位芳香族聚酰胺纤维（简称 PMIA 芳纶纤维）、德国巴斯夫（BASF）的 Basofil 三聚氰胺纤维、法国罗那（Kermel）的 Kermel 聚酰亚胺纤维（简称 P84）、奥地利兰精（Lenzing）的 Lenzing FR 阻燃黏胶纤维、日本东洋纺（Toyobo）的 Zylon 聚对苯撑苯并双恶唑纤维（简称 PBO 纤维）、美国 PBI 纤维材料公司（PBI Performance Products，Inc）的聚苯并咪唑纤维［简称 PBI，由美国塞拉尼斯（Celanese）发明，2005 年 Celanese 将 PBI 生产线剥离给美国 PBI 纤维材料公司］、奥地利 HOS - Technik Gmb H 的 PBI 等。我国阻燃纤维的研究开发起步较晚，目前，我国自主知识产权产业化生产的有阻燃涤纶、芳纶、阻燃黏胶等纤维，如烟台泰和新材料（烟台氨纶 Tayho）的 Newstar 间位芳纶纤维。

5. 绳索 绳索按原料分为棉绳、麻绳、丝绳等天然纤维绳，以及锦纶、丙纶、维纶、芳纶、高强高模聚乙烯等化学纤维绳，还有石棉、玻璃、金属等纤维绳；按粗细分有细号（直径大约在4.5mm以下）、中号（直径在4~10mm）、粗号（直径在10mm以上）三类；按绳索断面分为3、4、6、7、8、12、16、48股或花式股等；按结构分为编织、拧绞、编绞三类。水上救生绳、船用旗杆绳一般为编织绳结构，船舶拖带、起重和装卸用绳一般为直径4~50mm的3股、4股或多股拧绞绳，高吨位船舶带绳由8根拧绞绳分4组以“8”字形轨道交叉编绞而成，直径在3~120mm。船舶用绳索材料要求具有强度高、耐磨性好、延伸率小、不易回转扭结、手感柔软、耐盐碱腐蚀、吸湿率低、吸湿后性能变化率低、低蠕变的特点，传统上使用丙纶（PP）、涤纶（PET）、锦纶（尼龙，Nylon）等化学纤维，随着高性能纤维材料的开发，逐渐开始使用芳纶、高强高模聚乙烯等纤维。

6. 新型高性能纤维材料的应用 随着科学技术的发展和生活水平的提高，人们要求船舶用纺织品在原有基础功能上增加新的功能，如在兼顾装饰性和舒适性的基础上，内饰用纺织材料要求具有良好的耐磨色牢度、阻燃、抗菌、防静电、防污易清洁和良好的尺寸稳定性；对于功能性船舶用纺织品，如保暖透气防护服、防水透湿防护服、隔热阻燃防护服和高性能绳索，使用效果更多取决于原料所具有的性能。因此，芳纶、高强高模聚乙烯纤维、液晶纺丝纤维、PBI、碳纤维和PEN薄膜等新型纤维材料以其优异的性能得到广泛关注，如美国Brainbridge/Aquabatten公司用芳纶、超高模量聚乙烯和液晶聚合物纤维制作基本织物，然后在其两面层压上0.013mm厚的PEN薄膜，开发了高质量比强度的竞赛用船帆。

此外，船舶用纺织品的性能主要取决于设计方法、织物结构和使用的纤维材料性能，要满足使用需求，仅依靠纤维材料自身的性能是不够的，纺织品的结构设计也至关重要。一般单一纤维材料难以同时满足船舶用纺织品的要求，所以，发展趋势是使用两种或两种以上不同性质的纺织材料，经过物理或化学的方法取长补短，产生协同效应，组成具有新性能的材料来满足使用要求，这时，结构设计显得尤为重要。如层压织物船帆，各层原料次序、层数都需经过精心设计才能达到预定目的。又如，阻燃隔热防护服一般有阻燃外层、防水层和隔热层三层，其性能不仅与阻燃纤维原料的性能相关，更与服装的设计、面料衬料、里料结构有很大关系。

（四）航空航天用纤维原料

航空航天材料是指制造飞机、火箭等专用的材料，它不仅仅为我国民航事业提供服务，也为我国军事、国防提供着重要服务。随着全球经济的不断发展，飞行器的制造业也越来越现代化，飞行器的制造主要是利用金属材料、无机非金属材料、有机高分子材料和复合材料等。从飞行器使用的角度进行分析，航空航天材料也可以按照结构和功能进行划分，例如：机体、航天器、承力筒等结构划分。按照功能划分就是指光、声、电、磁、热等功能。在我国航空航天事业不断发展的过程中，其重要的技术就是航空航天材料的制造，也可以说航空航天材料是我国航空航天事业发展的基础。由此看来，航空航天材料对我国的发展起到了重要的作用。

1. 航天服 航天服是航天出舱活动（Extra Vehicular Activity，EVA）生存和执行任务的基本装备，而热防护系统是舱外航天服（以下简称舱外服）的重要功能组成，随着国内外载人航天领域的不断拓展，与航天服热防护相关的技术也在不断发展。在我国完成的出舱活动任务及当前国际空间站的出舱活动任务中，所使用航天服的热防护技术主要是针对近地轨道热环境（Low Earth Orbit，LEO）的设计应用，而面向月球、火星的探索以及未来深空探测将需要研制新型航天服和发展更加完善的热防护技术。

宇航服能够成为适宜宇航员生活的人体小气候，它在结构上分为六层。

（1）内衣舒适层。宇航员在长期飞行过程中不能换洗衣服，大量的皮脂、汗液等会污染内衣，故选用质地柔软、吸湿和透气性能良好的针织产品制作。

（2）保暖层。在环境温度变化范围不大的情况下，保暖层用以保持舒适的温度环境，选用保暖性能好、热阻大、柔软、重量轻的材料，如合成纤维絮片、羊毛和丝绵等。

（3）通风服和水冷服（液冷服）。在宇航员体热较高的情况下，通风服和水冷服以不同的方式散发热量。若人体产热量大于1465J/h（如在舱外活动），通风服便不能满足散热要求，这时便有水冷服降温。通风服和水冷服（液冷服）多采用抗压、耐用、柔软的塑料管制成，如聚氯乙烯管或锦纶膜等。

（4）气密限制层。在真空环境中，只有保持宇航员身体周边有一定压力时才能保证宇航员的生命安全，因此，气密层采用气密性好的涂氯丁尼龙胶布等材料制成，限制层选用强度高、伸长率低的织物，一般选用涤纶织物制成。由于加压后活动困难，各关节部位采用各种结构形式，如网状织物形式、波纹管式、橘瓣式等，配合气密轴承转动结构以改善其活动性。

（5）隔热层。作为航天服热控系统设计中的一个重要问题，隔热设计的目的是使航天服从传热角度与外界环境相对隔绝，减少由空间多种辐射热源及极端温度交变环境造成的大量的热与散热。如果隔热措施欠缺，由空间外环境漏入或漏出服装的热流将大量增加，为了维持航天员的体热平衡，必将极大地增加航天服主动热控系统的负担和设计难度。在未来航天任务中，要求航天服隔热材料比当前轨道出舱活动所使用的材料具备更加全面的功能和更好的耐用性。国际上已开展了这类先进航天服的隔热技术和材料技术研究，各种非织造织物、纤维材料、多孔结构织物、气凝胶合成物等，是先进航天服提升隔热能力的颇具潜力的材料。随着我国长期载人空间任务以及未来载人登月等计划的逐步开展，有必要掌握航天服隔热材料技术的研究现状和发展方向。

宇航员在舱外活动时，隔热层起过热或过冷保护作用，它用多层镀铝的聚酰亚胺薄膜或聚酯薄膜，并在各层之间夹以非织造布制成。NASA进行了大量候选隔热材料的概念研究，包括泡沫材料、多孔材料、相变材料等多种类型。结合初步实验研究结果，从隔热效果、材料柔顺性、力学强度、厚度、质量以及工业技术的成熟性等多方面评估了各种材料在航天服隔热应用中的优劣性，认为纤维类材料综合性能突出，因此，初期的研究主要聚焦在纤维类材料上。同时，考虑到气凝胶新型材料优异的隔热性能，后期针对此类材料在航天服中的应用也开展了系统的研究。纤维材料是经典的低导热材料，在服装防寒保暖应用方面，纤维材料常具有良好的隔热性能。同时，由于纤维结构的多样性、纤维材料选择范围宽、纤维工业技术的成熟性以及纤维隔热应用上的研究经验等优势，使其得到了广泛的应用。在先进航天服隔热材料应用方面最早研究了Nomex芳纶非织造织物，由于其基材的导热特性、纤维空隙的介质特性和纤维的内部结构等因素，该织物具有较低的热导率。

测试结果显示，火星大气压环境下，Nomex 的热导率可达 15.7mW/(m·K)，不过该测试只针对单一的 Nomex 材料，没有将其整合进热防护、微流星防护服（TMG），也没有模拟火星表面的温度环境。这一阶段主要探索了纤维材料导热性能与不同气体环境及气体压力的关系，结果显示随气体压力降低材料有效热导率降低。聚四氟乙烯（PTFE）纤维凭其优异的耐高低温性能、化学稳定性、良好的电绝缘性能、非黏附性、耐候性、阻燃性和良好的自润滑性，已在化工、石油、纺织、医疗、机械等领域获得了广泛应用，它更是垃圾焚烧、航天服、消防服、过滤材料及航天材料等领域的优选材料。

（6）外罩保护层。外罩保护层是宇航服最外面一层，要求防火、防热辐射、防宇宙空间各种因素（微流星、宇宙线等）对人体的危害，这一层大部分用镀铝织物制成。与宇航服配套的还有手套、靴子、头盔等。

2. 飞机部位 目前，树脂基复合材料在我国已逐渐成熟，并在航空事业上取得了较大的成就。以复合材料为基础的连续纤维增强复合材料在很早就已经得到重视，英国帝国化学公司（ICI）、德国巴斯夫公司（BASF）、美国杜邦公司（DuPont）和氰胺公司（Cyanamid）等开发了聚醚醚酮（PEEK）、聚酰亚胺（PI）、聚苯硫醚（PPS）等多类芳香族热塑性聚合物。这些广泛应用和各个国家的重视充分体现了树脂基增强复合材料的优越性和重要性，还具有减重、更强的韧性、更高的损伤容限以及更好的耐溶剂的高品质性能。现代航空工业上应用的纤维增强复合材料有铝合金/玻璃纤维混杂复合材料（Clare）、玻璃纤维增强复合材料（GFRP）等。其中航空航天领域应用最多的是碳纤维增强复合材料，而玻璃纤维增强复合材料广泛应用于航海船舶领域。因此，对航空材料的主要要求是高比强度、抗疲劳、耐高温、耐腐蚀、长寿命、低成本。纤维增强复合材料以其典型的轻量特性、独特的耐烧蚀和隐蔽性、材料性能的可设计性、制备的灵活性和易加工性等使它成为航空航天工业中最理想的材料。

先进的纺织复合材料因其轻质、抗老化耐腐蚀等优越性能以及相对较低的制作成本被广泛应用于航空结构中，成为“科技经济适用型”材料。其材料主要包括热塑性树脂基复合材料和热固性树脂基复合材料。其中，在飞机上使用的机构部位大致为舱门、减速板油箱、翼梁、尾翼结构、舱内壁板、地板、螺旋桨、无线罩、鼻锥、外涵道等。目前，在新一代大型飞机，如空客 A380 和波音 787 等上面用到的碳纤维多轴向经编织物预成型工艺制件，它们的后承压框壳均采用 0°/90°经编碳纤维织物制备预成型体。其他应用，例如，A380 外翼翼梁、A380 窗口框，A400M 采用碳纤维多轴向经编织物缝纫加强筋。随着我国空间技术的发展，针对特殊的太空环境，航天用纺织材料与航空用纺织材料略有不同。其主要材料有树脂、金属和陶瓷基复合材料、碳化硅、芳纶、硼纤维等。在实际应用中，需对树脂进行改性处理方能在太空环境中抵挡原子氧和辐射的侵蚀；酚醛树脂具有良好的力学和耐热湿性能，更具有耐瞬时高温的优异性能。纺织复合材料（一般为碳/碳复合材料）也被用在火箭制造上，可发挥其耐烧蚀的特性。

3. 降落伞 降落伞是由柔性纺织品制成的伞状气动减速器，平时折叠于伞包内，通过连接部位与人体或物体相连。

背带系统是连接降落伞和跳伞人员、传递载荷的主要受力部件。作为降落伞系统中飞行员防护救生的重要装备之一，背带系统可以在飞机飞行的不同姿态下对飞行员身体进行约束，使其固定在座椅上，在飞行员被迫弹射（跳伞）离机的过程中连接减速装置，传递开伞载荷，并保障开伞过载在人体上合理分布。相关文献记载，根据以往对航空纺织材料的研究经验和技术基础，利用现有特种纺织材料研制和生产技术途径，采用了高强度的聚酰胺原料（平顶山锦纶 66，强度大于 0.88cN/tex）作为产品的经纬线原料；并针对该原料容易引起织造困难的问题，优化组织结构，增加经纬线之间的连接点和紧密度，以提高织物的耐磨性能。如针对 44－2000A 锦丝带斜纹组织结构相对比较松散的问题，采用增加经纬线并捻组合的初复捻捻度的方式，从而提高了合成纤维复丝间的抱合力，提高织物的耐磨性能。此外，选择不同种类的功能性整理剂配方，如不同种类的丙烯酸酯、聚氯乙烯、聚氨酯、有机硅等功能性整理剂，配合不同的工艺参数组合，采用后整理的方式以改善并提高织物的手感和抗勾挂性能。

二、交通建设用纺织品

（一）道路建设用纺织品

随着我国道路建设的飞速发展，选取优质的道路材料能优化道路性能，提高道路质量。其中，土工合成材料就是一种新型材料。土工合成材料是土木工程应用的合成材料的总称，它是以合成聚合物为原料制成的各种类型产品，置于土体内部、表面或各种土体之间，发挥加强或保护土体的作用。按照 GB/T 50290—2014《土工合成材料应用技术规范》，可将土工合成材料分为土工织物、土工膜、土工特种材料和土工复合材料、土工网、土工垫等类型。其中土工布最为常用，原料主要为涤纶、丙纶以及锦纶等。通过在路基中铺放土工织物，根据实际情况选取机织型、编织型、经编型及非织造布等。因土工织物与填土之间的作用能防止横向变形从而起到加固基层的效果。除了加固作用，土工布运用到高速公路施工中，可以起到承载的作用。防止路面出现开裂，有效地保证了路面质量，在土层中铺装土工织物可以在土层之间形成隔离，具有滤层作用；甚至是形成排水通道保证土体的稳固性能。土工布对于路基的防护也有帮助，在岩石边坡利用土工网和土工格栅，可以有效地抵御自然因素的破坏。将土工布放在沥青路面面层上，可减少路表温度裂缝，若放到面层下可防止反射裂缝，增加基层底部半刚性材料的使用寿命，从而延长道路的使用年限。放眼世界，美国高速公路里程排名世界第一，他们在施工中普遍使用土工织物，路面质量位居世界前列。西欧高速公路建设对土工布的使用比例高达95%。此外，如道路用玻璃纤维土工格栅是一种增强道路路面结构强度的优良材料，它主要以玻璃纤维无捻粗纱为主要原料，经过编织和表面浸渍处理而成，具有优良的机械性能和物理化学稳定性。沥青路面经常出现开裂，而在沥青路面中加入玻璃纤维土工格栅，有效地防止了沥青路面的开裂。

（二）道路防噪用纺织品

汽车行业的发展不仅带来了空气污染，也带来了噪声污染。修建声屏障成为一种有效治理噪声问题的方法，而吸声材料是核心部件直接决定了声屏障吸声降噪的性能。选用吸声材料，应从吸声特性方面来确定合乎要求的材料，同时还要结合防火、防潮、防蛀、重量、强度、外观等要求综合考虑进行选择。传统用于道路吸声的主要材料有玻璃棉、矿渣棉、工业毛毡、木丝板等，因这些材料对水、油等液体敏感，而且易受潮，影响了其使用年限。更多的学者开始对新型材料进行研究，比如对涤纶、不同厚度的针刺非织造布进行了吸声测试，研究表明：织物厚度越大，吸声效果越好，同时表面有涂层的非织造布吸声效果优于无涂层的非织造布。这一结果证明了非织造布材料应用于道路声屏障是可行的；另外，低密度纤维和中空形态的纤维具有较好的吸声性能，材料厚度增加，吸声效果越好，热熔加固及等离子处理对样品的吸声性能也有提高；对非织造布进行结构组合，也可获得较好的吸声效果。另有研究人员将高体积密度的针刺非织造布贴附于低体积密度的针刺非织造布上，使得产品的吸声系数得到明显提高。

第二节　交通用纺织品专用设备

自改革开放以来，我国的汽车产量平均每年以35%～50%的速度递增，近年出现了井喷式的良好发展势头。汽车工业的快速发展，极大地提高了汽车内饰材料的生产技术水平，并且带动了一大批相关产业，其中非织造布、针织设备及技术在汽车工业中得到了广泛应用，例如，针刺非织造汽车顶棚呢、针刺起绒非织造汽车地毯、隔声减震材料、过滤材料等。非织造布作为一种新型的汽车内饰材料，技术含量高，附加价值大，产品技术应用性能理想。但是，汽车工业对新型汽车内饰材料的技术性能要求比较严格，所以，此类产品基本上是依赖进口设备进行生产。国内常熟市伟成非织造成套设备有限公司在非织造汽车内饰材料生产技术与设备方面进行了积极大胆的探索与创新，并且取得了良好的社会效益和经济效益。

1. 针刺非织造汽车顶棚呢　常熟市伟成非织造成套设备有限公司从2003年开始研制汽车顶棚呢生产线。原有国产设备生产的汽车顶棚呢与进口设备生产的汽车顶棚呢比较，存在布面效果差的问题。在研制过程中，对针刺设备、布针以及工艺参数进行反复分析和对比，设备配置采用5～7台高速针刺机，通过理论计算设计了多种布针方案再经过试验和筛选，形成独特的针板排列专有技术，有效地避免了重针现象，形成均匀一致的布面效果，再加上选择合理的针型和工艺参数，成功地生产出可以和进口设备产品相媲美的顶棚呢。研制成功的第一条生产线在常熟金顶无纺布有限公司投入运行，经多年的共同研究与探索，取得了非常理想的效果，可以说产品质量达到了国际一流水平。目前，常熟金顶无纺布有限公司已经有5条顶棚呢专用生产线，年产量已达到1000万m^2。生产设备全年满负荷生产，产品一直供不应求，不仅应用于各档次的轿车，也应用于面包车、微型车，还应用于卡车、客车和机车。该公司的汽车顶棚呢产品已占据全国该产品市场的40%以上，且出口到美国、日本和欧洲。

2. 针刺起绒非织造汽车内饰材料　针刺起绒技术是针刺非织造汽车内饰材料生产中的关键技术。常熟市伟成非织造成套设备有限公司消化吸收德国迪罗公司针刺起绒机和奥地利菲勒公司针刺起绒机技术，集两家的优点于一体，在国内率先开发出双针区针刺起绒机，并获得了多项国家专利。主轴转速可达到1500r/min，独特的布针工艺结合高质量的毛刷传输系统，从根本上确保了布面的品质，起绒产品表面绒感丰满，绒高均匀一致。长春顺华汽车零部件有限公司、长春旭阳汽车地毯有限公司、山东莱芜三阳地毯有限公司、昆山和信嘉无纺有限公司等厂家应用该针刺起绒机进行生产，其产品质量达到了用进口生产线生产的同类产品水平，产品已大量应用在威姿、威乐、威志、丰田、捷达、宝莱、奔腾、高尔夫、马自达6、北京现代、南京依维柯、中华、骏捷、尊驰、佳宝、哈飞、金杯、阁瑞斯、极地之光等品牌汽车的内饰材料中。沈阳华晨集团于2006年年底已有由长春顺华汽车零部件有限公司提供针刺起绒内饰材料的汽车出口到德国SHO集团，在未来5年内将累计出口15万辆。也就是说，采用常熟市伟成非织造成套设备有限公司生产的针刺起绒生产线生产的产品不仅替代了进口，还能远销国外。目前已经开发出第一台国产4.5m幅宽的针刺起绒机，在山东莱芜三阳地毯有限公司运行了两年，用户反映良好。在借鉴国外先进设备的基础上，不断改进和完善自己的设计、加工和组装水平，生产线的技术水平在稳步提高。

3. HKS4－MEL 特里科经编机

HKS4－MEL（图15－1）是一款全新高效的四梳特里科经编机，能够实现大花型的织制，可以灵活地生产多种终端用途的面料产品，包括内衣、外套、运动装、鞋材、内饰面料、清洁面料、汽车用纺织品等。该机工作幅宽分别为3.3m（130英寸）、4.6m（180英寸）、5.3m（210英寸），机号范围为E18～E32，机号为E28的机型曾首次亮相于2015年米兰ITMA展会。这款创新设备采用碳纤维复合材料针床，运行速度比原设备提升25%，采用LEO®（低能耗）技术降低10%能源消耗，配备的EL电子横移机构可以快速、容易地变换花型。同时，该机采用KAMCOS®控制系统、调速主电机、智能提花机构、电子送经机构、电子牵拉卷取机构以及激光自停装置，控制操作更加方便，自动化水平进一步提升。

图15－1 HKS4－MEL 特里科经编机

4. HKS3－M 特里科经编机 机号为E32的HKS3－M三梳高速经编机（图15－2），速度可以达到2000～2500r/min，生产低密度基布的效率比普通拉舍尔经编机还要高，工作幅宽为5.3m（210英寸）的机器可以使生产商获得更高的生产能力。该设备同样采用碳纤维复合材料针床、LEO®（低能耗）技术以及KAMCOS®控制系统。该机拥有高度的灵活性，专门用于生产弹力/无弹平布和小提花面料，用于运动服装、室内装饰、蚊帐、汽车内饰、毛绒玩具、印刷与涂层基布等领域。

图15－2 HKS3－M 特里科经编机

第三节　交通用纺织品工艺技术

一般来讲，产业用织物及其加工技术主要有以下几类。

一、机织产业用织物及其加工技术

产业用纺织品的机织物有平面二向织物、平面三向织物及三维立体织物。其中平面二向织物的形成原理与服用及装饰用纺织品相同，仅所用原料特殊时，纺织工艺和设备有所变化，而三向织物及三维立体织物都是产业用纺织品所特有的。

（一）机织平面二向织物

作为产业用的机织物，其织造技术与衣着用机织物相比，有时需要特殊的装置或技术来满足其不同的要求，如织物的尺寸、重量、形态不同；经纱或纬纱有特殊要求；织物的性能特征要求不一样等。

（二）机织平面三向织物

1. 平面三向织物的结构与织物　平面三向织物是由三组经纱相互之间以60°的角度交织而成（图15－3）。三向织物的结构形式早在几百年前就用在篮筐、雪鞋与草帽等生活用品的生产中。20世纪70年代初，美国的Norris F. Dow对三向织物结构的原理进行了深入的研究，发明了织造三向织物的织机。1976年首次展出，引起了纺织界人士的重视。

三向织物由于是由三个系统的纱线所构成，且这三个系统的纱线互成60°，从而使它获得了各向同性的独特性能。因此，三向织物不存在两向织物的抗剪和抗拉薄弱环节。另外，当三向织物承受冲击作用时，其变形也是相当均匀的。

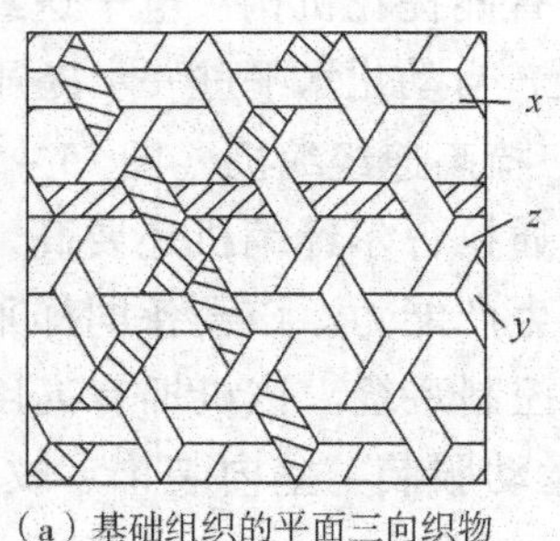

（a）基础组织的平面三向织物

（b）双平纹组织的平面三向织物

（c）基础方平组织的平面织物

图15－3　平面三向织物的结构

2. 平面三向织物的织造原理　三向织物的织造可以通过两种途径实现：一是采用1组经纱与2组纬纱交织，如图15－4（a）所示；另一种是2组经纱与1组纬纱交织，如图15－4（b）所示。后一种途径较为便捷。1971年，Skelton Czal开发了实验室用的三向织机，并将采用2组经纱与1组纬纱生产三向织物用的织机须满足的基本条件归纳如下。

（1）采用传统织机的开口运动方式，但必须提供1个或1套使2组经纱以相反的方向越过织幅的进给运动装置。

（2）当1组经纱到达织物边缘时，它必须从一组经纱的运动模式转换为另一组经纱的

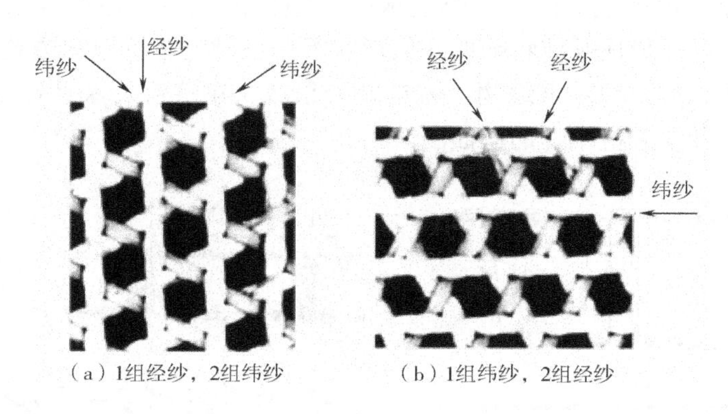

（a）1组经纱，2组纬纱　　（b）1组纬纱，2组经纱

图 15-4　三向织机两种成型方式

运动模式。

（3）为了避免经纱在综片后面交错纠缠，在进给运动中，经纱供给必须和开口机构同步运动。

3. 平面三向织物的应用　平面三向织物在日常生活中及产业用纺织品领域均有广阔的用途。例如帘帷、毯子、蚊帐、内衣、游泳衣、家具布、充气气球、飞机用织物、燃料袋、救生圈、降落伞、船帆等。

（三）三维立体织物

1. 三维正交机织物的结构与织物　三维正交机织物系由三个系统的纱线所构成，其中一个为地经，一个为缝经，还有一个为纬纱。这三个系统的纱线呈正交状态配置在织物中，纬纱的作用是构成水平纬纱层，同时又将水平经纱层隔开；地经的作用是构成水平经纱层，同时又将水平纬纱层隔开；缝经的作用是将水平方向上相互垂直的经纬纱层缝接在一起。三个系统的纱线呈正交状态且构成一个整体，这种结构能最大限度地发挥纱线固有的特性，适合制作复合材料的增强材料。

2. 三维正交机织物的织造原理　三维正交机织物的织造方法如下。

（1）提升最上层的所有地经，形成一次梭口，引入一根纬纱；然后，梭口保持不变，只是次上层的地经上升，再引入一根纬纱；依此类推，直至所有地经全部上升，仅留缝经在下，此时，引入最后一根纬纱，集中打一次纬（或每引入一纬打一次，或同时开多个梭口同时引入多根纬纱）。

（2）提升缝经及除最下层地经之外的所有地经，形成一次梭口，引入一根纬纱；然后，梭口保持不变，只是次下层的地经下降，再引入一根纬纱；依此类推，直至所有地经全部下降，仅留缝经在上，此时，引入最后一根纬纱，集中打一次纬纱。至此，完成一个组织循环。重复进行上述步骤，即可使织造连续进行。

若将地经层数进行适当调整，缝经组数不只一组，而是两组或更多组，则可制得横截面各异的制品，从而达到直接成型的目的。若将上述三维正交机织物中缝经的运动方式加以改变，使缝经与方向成一定角度排列，并与地经和纬纱交织，则可获得角锁结构的三维立体结构。

3. 三维空芯机织物的结构及织物　三维空芯机织物是在上下两层织物之间有纱线和

织物，这些纱线和织物将上下两层织物连成一个整体的同时，还具有某些特殊作用，比如，支撑、控制高度、形成某些特殊的几何形状等。三维空芯机织物主要在土工布和复合材料的增强材料中，如在防噪声织物、航空航天领域、建筑业及家具业等有广泛的应用。图 15－5 给出了几种空芯机织物的截面图。

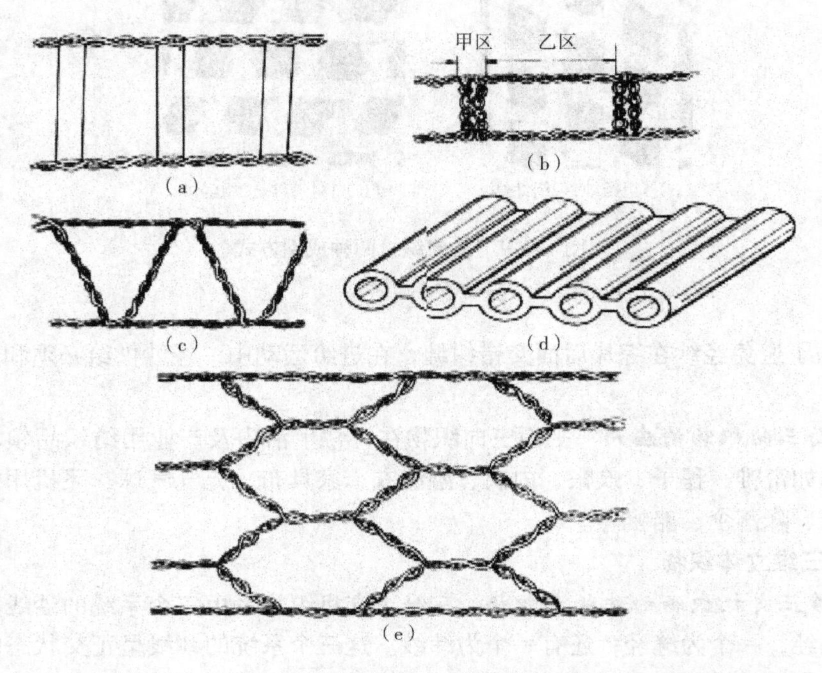

图 15－5　几种空芯机织物的截面图

4. 三维空芯机织物织造原理　三维空芯机织物的加工原理仍然为多经（多层）制织方法，不同点如下。

（1）并层。以图 15－5（b）为例，织造甲区时，织物有四层；而织造乙区时，织物仅有两层，此时，每一层内实际包含两层经纱。

（2）织口位置变化。仍以图 15－5（b）为例，织造乙区时，有一个织口位置，称为标准位置，织造甲区（立梁部分）时，每织一纬，织口相对于标准织口位置后移一纬的距离，此时停卷织物，直至织完立梁长度，织口才回到标准位置（需要用特殊机构才能完成）。

（3）边织造边成型。每织完一个组织循环，结构形状就显示出来，尤其是使用刚性较大的纤维时更明显，所以其卷取装置以具有保形性能为好。

5. 三维空芯机织物的应用　三维空芯机织物主要在土工布和复合材料的增强材料中，如在防噪声织物、航空航天领域、建筑业及家具业有广泛的应用。

二、针织产业用织物及其加工技术

（一）针织产业用织物的结构及织物

针织产业用纺织品多以化纤原料为主，可适应碳纤维、玻璃纤维等高性能脆性纤维的加工，甚至一些金属纤维材料的加工；产业用针织物所占比例逐年增加，并正在向以针织物为骨架，与其他高分子材料复合而成的复合材料方向发展。

（二）针织产业用织物加工技术

产业用针织物的加工原理与服用及装饰用纺织品的加工原理相同，仅仅是用特殊原料时，加工工艺与设备有所变化。

1. 平面针织物　平面针织物包括平面经编织物和平面纬编织物，它在各个方向上具有较大的伸缩性，适合于拉伸大的模压成型复合材料。该结构复合材料具有良好的抗冲击和能量吸收性能，在拉伸变形中有较好的延伸性，因而可以作为一种柔性复合材料。

针织物作为柔性复合材料的增强结构，是利用了其变形大的特点，但它不适宜用作承载结构。由于针织物易变形、尺寸稳定性差，这类复合材料往往刚性不够。于是，人们根据需要通过加入不参加织造的增强纤维或纱线，实现针织物结构的稳定。由于增强纤维或纱线不参加织造，处于伸直状态，力学性能能得到充分利用，且提高了刚度，织物尺寸稳定性提高。若在一个方向加入增强纤维，则可得到在该方向较稳定的针织物；若在经纬向均加入增强纤维，则可得到尺寸稳定的针织物。

2. 多层多轴向针织物　多轴向经编针织物是一种典型的复合材料增强结构，西方的工业国家对其加工技术、加工设备及复合材料竞相开展研究，其产品已应用于航空航天、汽车、建材等工业部门。

多层多轴向针织物是根据材料实际应用中的受力情况，在经向、纬向、斜向铺设伸直的强度较高的增强纤维（衬经、衬纬及斜向衬纬），再利用成圈纱线采用经编结构将这些纱线层缝合，确保纱线在织物中是平直状态而不像机织物中的波浪状，所以，纱线的拉伸强度可以充分利用。当四组衬纱采用碳纤维时，织造后用树脂固化成碳纤维复合材料，可替代传统的金属材料。如用玻璃纤维作衬纱，可用作T字梁、工字梁等结构材料，成本较低，适于在民用部门推广使用。这种多轴向针织复合材料最多可达8层纱线，但仍不能满足复合材料对厚度的要求。

多轴向编织物则可以满足厚度要求，它是将多轴向织出的织物两层、三层、四层或更多层地组合在一起，用缝纫法缝合在一起成为多层多轴向织物。

尽管多轴向缝编织物复合材料已有一定的应用，如在高速赛艇中多轴向缝编织物复合材料已经取代了机织物复合材料，但由于针织物复合材料中纤维体积含量较低及呈线圈结构，加之针刺过程中纤维的损伤，使针织物复合材料的强度和模量明显偏低，其应用要比机织物、编织物少。并且大多数针织物只能加工薄型预型件，专业加工设备尚处于开发阶段，相应力学性能的研究也不够深入。

三、编织产业用织物及其加工技术

编织技术的历史悠久，简单的草帽就是编织物的一种。编织的种类很多，按编织形状分为圆形编织和方形编织；按编织物厚度分为二维编织和三维编织。

由于复合材料发展的需要，这门古老的纺织技术才开始被广泛地应用到产业部门。如地毯、椅子的外表面包布、汽车内装饰品、弹性过滤材料、耐磨材料、渔网、农业用袋织物、农业用防水织物等。传统的编织技术是二维的，具有二维结构的一般缺点，即在复合材料中，层与层之间的机械强度较低，因此，提出了三维编织的概念。三维编织物按其横截面形状分为两大类：一类是横截面为矩形，与矩形组合形状如工字型等；还有一类是横截面形状为圆形，如圆管状、锥管状等。

（一）二维编织物

二维编织是指编织物的厚度不大于编织纱直径3倍的编织方法。一般用于生产鞋带和衣服上的绳、带等，但也可用于异型薄壳预型件。

二维编织物中的编织纱可分为两组，一组在轨道上沿一个方向运动，另一组则沿着相反方向运动，这样纱线相互交织，并与织物成型方向呈 ±θ 角。如果希望提高织物轴向性能，则可以在轴向加入轴纱系统。

（二）三维编织物

三维编织是指编织物的厚度至少超过编织纱直径的3倍，并且在厚度方向有纱线或纤维束相互交织的编织方法。它是最早应用于生产复合材料三维预型件的工艺，早在20世纪60年代，三维编织碳/碳复合材料就用作火箭发动机部件，可以减重30%～50%。

三维编织方法有多种，如二步法、四步法、多步法、多层角锁编织等，但常用的主要是二步法和四步法。

1. 四步法编织物　四步法，又称纵横步进编织法，由于一个编织循环包括四种机器，故得此名。四步法中，编织纱沿织物成型方向排列，在编织过程中，每根编织纱按一定的规律同时运行，从而相互交织形成一个不分层的三维整体结构。如果在编织过程中加入轴纱系统，则可以提高复合材料轴向的力学性能。

从四步法编织物的表面形状及内部的结构单元体可以看出，纱线在织物中呈空间取向排列，结构整体性好。

四步编织法按其横截面的形状分为两大类：第一类的横截面为矩形与矩形组合形状（如工字形等）；第二类的横截面为圆形（如圆管状、锥管状等）立体编织物。

（1）矩形横截面立体编织物的四步编织法。如图15－6所示为矩形横截面立体编织物的示意图。图中许多个载纱器4沿轨道5以一定规律反复运动，载纱器4的运动就带动从其退绕出来的纤维束或纱线（以下简称纱线）3的运动，其运动每重复一次称为一个循环。每完成运动的一个循环之后，打紧棒就在纱线3之间摆动，把相互编织的纱线打向编织物1的织口2，同时编织物向上运动一定距离（相当于编织物中的一个节距）。载纱器4以上述的运动规律进行下一个循环，这样不断反复进行载纱器运动、打紧运动、编织物输出运动，就可连续编织出立体编织物。

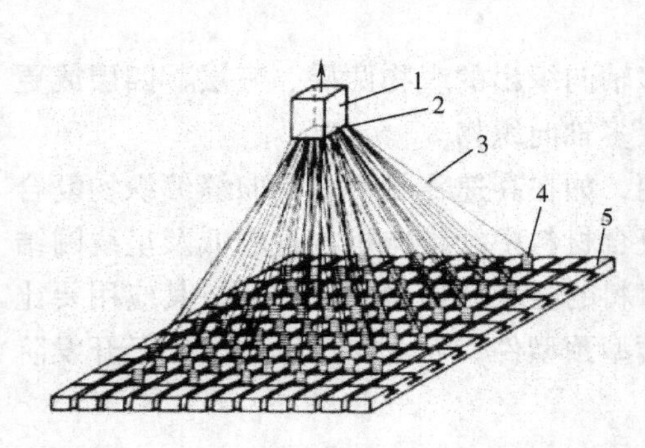

图15－6　矩形横截面立体编织物的示意图

（2）管状立体编织物的四步编织法。圆形横截面立体编织物的编织法与上述类似，其中不同的是，一方面载纱器分布在直径从小到大的若干圆周上，其导轨可使载纱器在周向和径向运动；另一方面，立体编织物内部有芯棒，纱线的张力使编织成的立体织物紧套在其芯棒上，如果芯棒为圆柱体，编织成的立体织物为圆管状，如果芯棒为圆锥体，编织成的立体织物为锥管状。

2. 二步法编织物　二步法编织的历史较短，它由 Popper 于 1987 年首先提出。在二步法编织中，纱线系统有轴向纱和编织纱两种。轴向纱的排列决定了编织物的截面形状，它构成纱线的主体部分；编织纱位于主体纱的周围。在编织过程中，编织纱按一定的规律在轴向纱之间运动，这样不仅它们之间相互交织，而且也将轴向纱捆绑成一个整体。

由于二步法中轴向纱的比例较大，并且轴向纱在编织过程中保持伸直状态，因此，二步法编织复合材料在该方向具有优良的力学性能。另外，二步法编织中只有编织纱运动，而且编织纱所占比例较小，故运动的纱线较少，便于实现编织的自动化。

从二步法编织物的表面形状及内部结构单元体可以看出，编织纱的比例较少，轴向纱占主要部分。

与四步法相类似，同样可分为矩形和矩形组合横截面立体编织物的两步法和管状立体编织物的两步法。

（1）矩形及其组合横截面立体编织物的两步法（图 15－7）。编织小型 T 形横截面两步法的原理：该方法采用两组基本纱线，一组是固定不动的，图中黑实心圆点所示，另一组是编织纱线，图中空心圆圈所示。固定不动的纱线以立体编织物的成形方向（轴向）在结构中基本成一直线，并按其主体编织物的横截面形状分布。而编织纱线以一定的式样在固定不动的纱线之间运动，靠其张力束紧固定不动的纱线，稳定立体编织物的横截面形状。

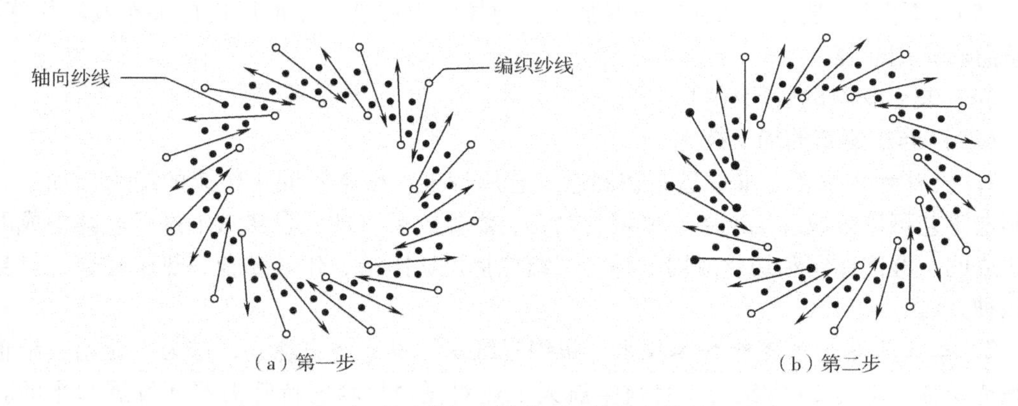

图 15－7　矩形及其组合横截面立体编织物的两步法

编织纱线的运动由两步运动组成。在第一步中，编织纱线以图中箭头所指的水平方向和范围运动，图中相邻的纱线运动方向相反；在第二步中，编织纱线以图中箭头所指的垂直方向和范围运动，其中相邻的纱线运动方向相反。这样就完成了编织运动的一个循环，然后再重复这两步。在若干编织循环之后，编织纱线就完全捆紧了该编织物。

此编织方法的一个优点是几乎可以编织任何横截面的立体编织物，几乎很少有其技术限制条件。此外，该编织方法运动较简单。运动零件少，所以也比较容易实现自动化。

（2）管状立体编织物的两步法。该编织法也将所有纱线分成固定不动的纱线和编织纱线两组。其中固定不动的纱线为立体编织物的轴向，在编织物内基本成为一直线，并按编织物的横截面分布。所以编织物的横截面形状与固定不动纱线在机器中的分布类似，编织纱线以一定式样在固定纱线之间运动束紧固定纱线，稳定立体编织物的形状。

四、非织造产业用织物及其加工技术

非织造布与传统纺织品中的机织物、针织物不同。机织物和针织物都是以纤维集合体（纱线或长丝）为基本材料，经过交织或编织而形成一种有规则的几何结构。典型的非织造布是由纤维组成的网络状结构形成的。为了达到结构稳定，纤维网必须通过施加黏合剂、热黏合等作用，使纤维与纤维缠绕，外加纱线几何结构等予以固结。

（一）产业用非织造布的应用

世界发达国家的产业用纺织品占纺织品总量的30%左右，而非织造布拥有产业用纺织品50%~60%的市场。目前，产业用非织造布除服装用料以外，还广泛地应用于以下方面。

（1）土工建筑材料、农业用。如土工布、房屋顶棚的防雨水材料、农业用温室的顶棚材料等。

（2）工业用非织造布。如空气过滤材料、液体过滤材料、绝缘材料、造纸毛毯及汽车、飞机用等。

（3）医疗卫生用非织造布。如包扎性医用、非包扎性医用及卫生用非织造布等。

（4）日常用非织造布。如家庭装饰用非织造布、地毯类非织造布及非织造布涂层材料等。

（5）军用非织造布。如透气防毒服装、防核辐射服装、宇航服内层夹布及军用帐篷、战争急救室用品等。

（6）复合材料的骨架材料。

（二）非织造布的加工技术

1. 一般加工技术 非织造布在制造工艺原理上，根本不同于传统的纺织品加工。它的制造工艺可以分成纤维准备、成网、黏合、烘燥、后整理、卷装六个过程。其中成网有干法成网、湿法成网和纺丝成网三种；固结包括机械固结、化学黏合、热熔黏合、自身黏合四种方法。

2. 三维正交非织造物加工技术 机织三维织物发展历史悠久，作为产业用三维正交非织造织物，却是20世纪为满足航空航天工业对复合材料的特殊需要而发展起来的。最初，美国的General Electric和AVCO航空航天公司使用，后来，纤维材料股份有限公司进一步研究开发了三维正交非织造织物的加工工艺。

三维正交非织造织物的加工方法是：沿纵向放置好一个系统的纱线（或间隔棒，用完后，间隔棒需抽回并以该系统的纱线取而代之，这种方法称作代换法），两个相互垂直的平面系统的纱线交替插入纵向系统纱线内部（图15-8）。

其他三维正交非织造物的方法及结构如图15-9和图15-10所示。

3. 交通工具用纺织品专用技术及设备

（1）汽车内饰件全自动模压生产技术。国际上最先进的汽车模压生产线属德国的“R+S”公司、Shefler公司和Cotex公司，其设计的模压生产线基本上是全自动或半自动，

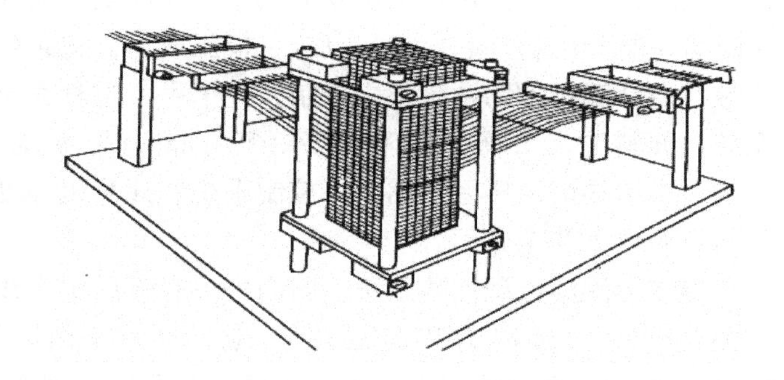

图 15－8　三维正交非织造物的代换成型法

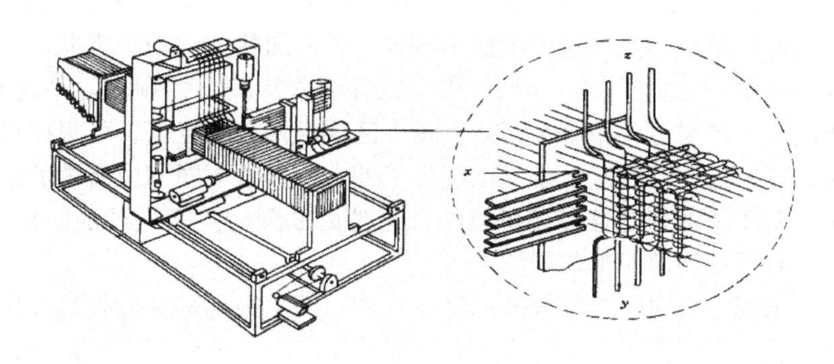

图 15－9　三维正交非织造物的直接成型法

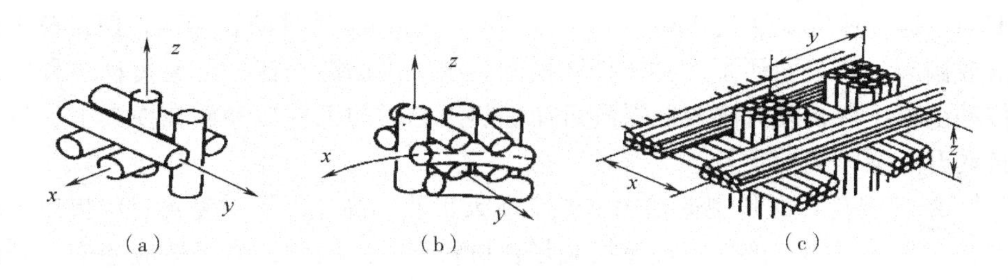

图 15－10　几种三维正交非织造物的结构

机电一体化设计合理，自动化程度高，结构简单，设备选材精良；其次是日本的汽车内饰件模压生产线，其特点是设计精巧、选材优质、做工精细，组装精度高于德国设备；再次是韩国、美国和中国台湾汽车内饰件模压生产线，设计水平没有德国和日本的生产线先进，但是造价相对较低，只有德国设备的一半左右。我国汽车内饰件模压生产线设计水平与国外相比差距很大，全国共有十几家企业生产汽车内饰材料模压设备，产品的档次低，绝大多数生产线是半自动化或手工操作，只能加工低档次的汽车内饰材料。我国在汽车内饰材料模压生产线的研发方面投资力度非常有限，所以相对比较落后，尤其是进料、出料、上模一般都采用手工操作，危险性较大，不但浪费了大量的人力物力，严重制约生产效率的提高，而且产品质量不稳定，受人为因素影响太大。

常熟市伟成非织造成套设备有限公司自主研发的汽车内饰件全自动模压生产线是通过计算机辅助控制系统，将基材和面料一起加热、复合、模压成型，整条生产线中各个环节节拍的准确性和连续性均由计算机辅助系统集中控制，整个生产过程完全自动化。该生产线主要由基材喂入系统、面料喂入系统、上料定位系统、加热保温系统、模压成型系统、主传动链平稳控制系统、主传动链模压区自动升降控制系统、计算机辅助控制系统8个主要部分组成。主要创新点有以下几个方面。

①预热烘箱分区保温多点测温控制加热系统。国内外现有模压生产线的预热烘箱温度稳定性差，测温区和测温点少，预热工件表面温差大，影响了汽车内饰件模压成型质量。德国“R+S”公司加热系统只有8个测温点，工件表面温差只能控制在±5℃；其他进口生产线一般为6~8个测温点，工件表面温差只能控制在（±5~±10）℃；国内生产线一般只设4~6个测温点，工件表面温差为（±10~±20）℃。所有设备的加热保温都是采用单层传统保温方式，造成预热烘箱内温度不稳定，工件加热不均匀。因此，伟成公司研发的模压生产线预热烘箱采用了一套双层环形分区保温多点测温控制加热系统的创新设计。加热板共为两层，每层对应分布多个区域，每个区域都设有测温点，可根据设定的温度自动调节，同时又可单独进行温度设定，以满足工件在成型时不同部位所需的成型温度，确保了产品模压成型质量的稳定性，还可以结合工件的成型特点来设计加热板的区域布置，以便更准确、更有效地调整各部位的温度。

②上料定位系统。上料定位系统采用进口气动元件来实现基材的打钉和定位，定位准确而可靠，动作快，仅需要3~5s就可完成全部动作。由于设计了上料定位，可确保面料与基材复合对边准确，产品制成率高。

③主传动链平稳控制系统和模压区自动升降控制系统。由于主链传动需要延伸的长度为10~12m，运转速度要达到0.4m/s，在运转时，链条容易跳动和走偏，使钉链上的基材容易脱落或撕裂。该公司研发的主传动链控制系统可确保链条在长距离传动过程中的平稳性。主传动链模压区自动升降控制系统可使加热复合后的工件自动放在模具上，然后主传动链会自动升起继续向前运行。

（2）三维编织复合材料制造技术。航空航天工业的高速发展对复合材料提出了越来越高的要求，越来越多的零部件将被替换成复合材料产品。因此，为了适应急剧上升的市场需求，以生产出更具竞争力的复合材料，发展复合材料先进制造技术成为必然趋势。

三维编织复合材料是利用纺织技术通过编织形成干态预成型件，将干态预成型件作为增强体。采用树脂传递模塑工艺（RTM）或树脂膜渗透工艺（RFI），进行浸胶固化，直接形成复合材料结构。作为一种先进的复合材料，已成为航空、航天领域的重要结构材料，并在汽车、船舶、建筑领域及体育用品和医疗器械等方面得到了广泛应用。传统复合材料经典层合板理论已无法满足其力学性能分析。国内外学者建立了新的理论和分析方法。

三维编织复合材料是纺织复合材料之一，是由采用编织技术织造的纤维编织物（又称三维预成型件）所增强的复合材料，其具有高的比强度、比模量、高的损伤容限和断裂韧性、耐冲击、抗开裂和疲劳等优异特点。三维编织复合材料作为一种先进的复合材料，备受工程界关注，已成为航空、航天领域的重要结构材料，并在汽车、船舶、建筑领域、体育用品和医疗器械等方面得到了广泛应用。

三维编织复合材料的发展是因为单向或两向增强材料所制得的复合材料层间剪切强度低、抗冲击性能差，不能用作主承力件，L. R. Sanders 于 1977 年把三维编织技术引入工程应用中。所谓 3D 编织技术是通过长短纤维在空间按一定的规律排列，相互交织而获得的三维无缝合的完整结构，使复合材料不再存在层间问题，且抗损伤能力大大提高。其工艺特点是能制造出各种规则形状及异形实心体，并可使结构件具有多功能性，即编织多层整体构件。目前三维编织的方式大约有 20 种，但常用的有 4 种，分别是极线编织（polar braiding）、斜线编织（diagonal braiding or packing braiding）、正交线编织（orthogona braiding）和绕锁线编织（warp intedock braiding）。三维编织中又有多种形式，例如，二步法三维编织、四步法三维编织、多步法三维编织。

①RTM 成型工艺过程。RTM 成型工艺是先在模腔内预先铺放增强材料预成形体、芯材和预埋件，然后在压力或真空作用力下将树脂注入闭合模腔，浸润纤维，固化后脱模，再进行二次加工等后处理工序，其基本原理如图 15－11 所示。

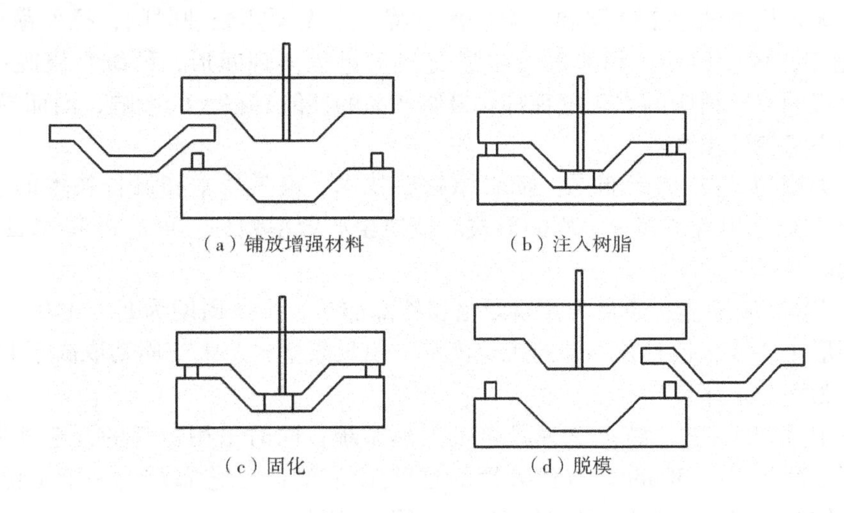

图 15－11　RTM 工艺基本原理

纤维预成形有手工铺放、手工纤维铺层加模具热压预成形、机械手喷射短切纤维加热压预成形、三维立体编织等多种形式。

在合模和锁紧模具的过程中，根据不同的生产形式，有的锁模机构安装在模具上，有的采用外置的合模锁紧设备，也可以在锁紧模具的同时利用真空辅助来提供锁紧力，模具抽真空的同时可以降低树脂充模产生的内压对模具变形的影响。

在树脂注入阶段，要求树脂的黏度尽量不要发生变化，以保证树脂在模腔内的均匀流动和充分浸渍。在充模过程结束后，要求模具内各部分的树脂均同步固化，以降低由于固化产生的热应力对产品变形的影响。

②RTM 工艺特点。RTM 以其优异的工艺性能，广泛地应用于舰船、军事设施、国防工程、交通运输、航空航天和民用工业等领域。其主要特点如下。

a. 模具制造和材料选择灵活性强，根据不同的生产规模，设备的变化也很灵活，制品产量为1000~20000件/年。

b. 能够制造具有良好表面质量、高尺寸精度的复杂部件，在大型部件的制造方面优势更为明显。

c. 易实现局部增强、夹芯结构；灵活地调整增强材料的类型、结构设计，以满足从民用到航空航天工业不同性能的要求。

d. 纤维含量最高可达60%。

e. RTM成型工艺属于一种闭模操作工艺，工作环境清洁，成型过程苯乙烯排放量小。

f. RTM成型工艺对原材料体系要求严格，要求增强材料具有良好的耐树脂流动冲刷性和浸润性，要求树脂黏度低，高反应活性，中温固化，固化放热峰值低，浸渍过程中黏度较小，注射完毕后能很快凝胶。

g. 低压注射，一般注射压力 <30psi（1psi = 68.95Pa），可采用玻璃钢模具（包括环氧模具、玻璃钢表面电铸镍模具等），模具设计自由度高，模具成本低。

h. 制品孔隙率较低。与预浸料模压工艺相比，RTM工艺无须制备、运输、储藏冷冻的预浸料，无须繁杂的手工铺层和真空袋压过程，也无须热处理时间，操作简单。但是，RTM工艺由于在成型阶段，树脂和纤维通过浸渍过程实现赋形，纤维在模腔中的流动、纤维浸渍过程中以及树脂的固化过程都对最终产品的性能有很大的影响，因而导致了工艺的复杂性和不可控性增大。

③不同类型的RTM生产布局。随着原材料技术、模具技术和设备技术的快速发展，RTM的生产布局也出现了多种多样的形式。按照生产效率划分，可以将RTM工艺的发展划分为3代。

a. 第1代RTM工艺。通常为常温固化和外部加热，生产周期为80~150min，生产布局常采用环形生产线，模具在不同的工位流动，模具数量多，生产周期取决于时间最长的工序，通常为固化工序。

b. 第2代RTM工艺。特点是模具自带加热系统，同时采用专门的开合模锁紧机构，生产效率可以达到20~30min。有代表性的是双工位RTM工艺布局，一个工位在喷射胶衣、铺放纤维时，另一个工位可以进行注射、固化过程。

c. 第3代RTM工艺。采用的是120℃左右的固化温度，模具由专用的压机带动实现开模、合模、锁紧，设备采用高速注射设备，模具使用金属模具，整体布局与SMC工艺类似，成型周期小于10min。

④RTM工艺参数对工艺过程的影响。影响RTM工艺的工艺参数包括树脂黏度、注射压力、成型温度、真空度等，同时这些参数在成型过程中是相互关联和相互影响的。

a. 树脂黏度。适用于RTM工艺的树脂应该具有较低的黏度，通常应小于600mPa·s，当小于300mPa·s时工艺性能会表现得更好。通过提高树脂的成型温度来降低树脂黏度，以利于更好地实现充模过程。

b. 注射压力。注射压力的选择取决于纤维的结构形式和纤维含量以及所需要的成型周期。研究资料表明，较低的注射压力有利于纤维的充分浸渍，有利于力学性能的提高。通过改变产品结构设计、纤维铺层设计、降低树脂浓度、优化注射口和排气口的位置、使用真空辅助等手段，都可以实现降低注射压力。

c. 成型温度。成型温度的选择受模具自身能够提供的加热方式、树脂固化特性及所使用的固化体系的影响。较高的成型温度能够降低树脂的黏度，促进树脂在纤维束内部的流动和浸渍，增强树脂和纤维的界面结合能力。

d. 真空度。在成型过程中，使用真空辅助可以有效降低模具的刚度需求，同时促进注射过程中空气的排除，减少产品的孔隙含量。通过实验数据测定，在真空条件下成型的平板平均孔隙含量只有0.15%，而非真空条件下成型的平板孔隙含量达到1%。

⑤RTM设备和模具。RTM树脂注射设备包括加热恒温系统、混合搅拌器、计量泵以及各种自动化仪表。注射机按混合方式可分为单组分式、双组分加压式、双组分泵式和加催化剂泵式四种。现在用于批量生产的注射机主要是加催化剂泵式。

瑞典Aplicator公司制造的RI-2设备，使RTM工艺朝高质量、高速度的全系统生产方面迈了一大步。美国液控系统公司（Liquid Control Systems）制造的Multiflow RTM设备，可对从几克到数百千克的反应树脂体系进行计量，混合并注射进低压力闭合模。Multiflow CMFH型设备用于制造大型增强材料部件，输入量为45kg/min，可使用于多种树脂体系。英国Plastech TT公司生产的注射机考虑了多种生产参数的集中控制问题，其中Megaject Pro型注射机是自动化程度最高的一种。RTM是在低压下成型，模具刚度相对要求低，可以使用多种材料制造模具。常用的模具类型有玻璃钢模具、电铸镍模具、铝模具、铸铁模具和钢模具。一般而言，RTM工艺对模具有如下要求。

a. 保持制品的形状、尺寸精度及上下模具的配合精度，使制品达到设计的表面精度。

b. 具有可靠地夹紧和顶开上下模具的装置及制品脱模装置。

c. 足够的刚度和强度，保证在合模、开模和注射时不出现破坏和尽可能小的变形。

d. 可被加热，并保证在一定的树脂成型同化温度下的使用寿命，在使用过程中不发生开裂和变形。

e. 具有合理的注射口、冒口、流通，保证树脂充满模腔，并排除制品中的气体。

f. 具有合适的模腔厚度，使模具对预成型体有合适的压缩量。

g. 上下模具的密封性要好，对无真空辅助的工艺，树脂的漏损率应小于1%，对有真空辅助的工艺，密封应保证不漏气，以免气体进入模腔。

h. 以合适的材料和制造成本，满足成型制品数量和模具寿命的要求。

⑥RTM的衍生技术。RTM技术的发展很快，目前，在上述成型的基本过程基础上，还衍生出一些特殊的RTM技术，这些技术主要有真空辅助RTM（VARTM）、压缩RTM（CRTM）、Seemann's复合材料树脂渗透模塑成型（SCRIMP）、树脂膜渗透成型（RFI）、热膨胀RTM（TERTM）、柔性RTM（FRTM）和共注射RTM（CIRTM）等。

三维编织复合材料内部纱线在平面和三维空间中交织在一起，形成一个不分层的、复杂的整体结构。因此，在研究编织复合材料之初，主要是通过试验仪器设备等对其进行试验观察和研究。20世纪80年代，国外就有许多学者开始了有关三维编织复合材料的各项试验研究，主要研究了纱线和树脂的各种参量对编织复合材料拉伸、压缩、弯曲和层间剪切等力学性能的影响。国内的试验研究起步相对较晚，直到20世纪90年代后期才出现报道。目前已进行包括低速冲击和高能量碰撞在内的各项试验研究。

三维编织复合材料已经在航空航天等众多领域得到了广泛的应用，在可以预见的将来，其应用范围还会继续扩大。相对而言，三维编织复合材料的理论研究和试验研究都比较滞后。由于三维复合材料具有复杂的纤维构造，加之编织工艺参数、结构参数及在复合材料制备过程中预成型件的挤压变形、编织纱与基体的力学性能、空隙率以及纺织纱线与基体之间的界面损伤等诸多因素，影响它的结构及力学性能的分析与估算。三维编织复合材料的理论和工艺研究工作目前仍处于探索发展阶段。有关三维编织工艺理论还有待于进一步地完善，新的工艺方法还有待开发。

（3）VARTM 工艺玄武岩纤维船舶成型技术。VARTM（Vacuum Assisted Resin Transfer Molding）是一种低成本的复合材料制件的成型技术，通过真空吸力实现树脂对织物的浸渍。一般在室温下进行固化成型。工艺制造的复合材料制件具有成本低、空隙率低、成型工艺环境好、产品性能好等优点，并且工艺具有很大灵活性。对于大尺寸的复合材料制件，如船舶、汽车和风电叶片等结构件制造，VARTM 是一种十分有效的方法。

玄武岩纤维是以纯天然火山岩为原料，在 1450 ~ 1500℃熔融后，通过铂铑合金拉丝漏板高速拉制而成的连续纤维。它除了具有高技术纤维的高强度、高模量的特点外，还具有耐温性佳、抗氧化、抗辐射、绝热隔声、过滤性好、抗压缩强度和剪切强度高、适用于多种环境等优异性能，且性价比好。CBF（连续玄武岩纤维）及其复合材料可以较好地满足国防建设、交通运输、建筑、石油化工、环保、电子、航空、航天等领域结构材料的需求。它与玻璃纤维、芳纶、高强聚乙烯纤维等相比具有以下独特的优点：原料来源广泛，成本低；突出的耐高温性能；耐酸碱腐蚀性能优异；电磁波透过性好；吸湿率比玻璃纤维低 6 ~ 8 倍。因而连续玄武岩纤维增强树脂基复合材料以其独特的性能在冶金、化工、建筑、航空航天、兵器等领域将具有较广阔的应用前景。采用连续玄武岩纤维代替高强度玻璃纤维或碳纤维造船，则可明显削减成本。当在承重结构件中用玄武岩纤维代替 E 玻璃纤维，可获得较高的强度或减轻质量。除具有较高力学性能之外，用连续玄武岩纤维所造船艇还获得较好的耐海水性、耐热性及隔声性，使船内环境改善。为了增加船体材料的刚度，可采用泡沫夹层。这样既增加了船体的刚度，又可以有效减轻船体的质量。

①船体结构设计与铺层。船体的设计包括外形和结构两部分。结构设计：船体外形仿照一种定型的 FRP 游艇，船体总长 9m，宽 2.9m，型深 1.5m。而对于船体的结构厚度则采用了等代设计法，以船体局部刚度为设计目标。

②铺层设计。玄武岩纤维的强度和弹性模量都比 E 玻璃纤维优良，且与 S 玻璃纤维性能接近，而价格又低。因此，采用连续玄武岩纤维代替高强度玻璃纤维或碳纤维造船，来削减成本。当在承重结构件中用玄武岩纤维代替 E 玻璃纤维，可获得较高的强度或减轻质量。泡沫塑料指气体均匀分散在固体聚合物中形成无数泡孔的轻质聚合物材料。泡沫塑料有很多种：开孔泡沫塑料、闭孔泡沫塑料、半开孔半闭孔泡沫塑料。因为气体相均匀分散于聚合物中，泡沫塑料具有很可贵的性能，如质轻、比强度高、吸收冲击载荷的能力好、隔热和隔声性能等。船体是一多面受力体，其增强材料应呈二维铺层。为了充分利用玄武岩本身的力学性能，增加刚度和强度并降低成本，应使船体的含胶量尽量降低。因此，选择中间应用泡沫塑料夹层方式制造船体，由于玄武岩渗透性差，也对泡沫塑料进行了一些开槽处理。

③成型工艺。玄武岩纤维织物不像玻纤织物那样具有较好的伏贴性，因而不适合手糊

成型。传统的RTM成型工艺由于受到材料品种及其性能、模具成本和树脂流动阻力对注射压力的需求等限制，很难适应大尺寸及其厚壁制品的生产要求。而树脂基复合材料/泡沫夹层结构一般为大尺寸及厚壁制品，其中泡沫芯压缩性能有限，不能承受过大的注射压力，因此，采用传统的RTM工艺难以制造合格的树脂基复合材料/泡沫塑料夹层结构件。VARTM工艺制造的复合材料制件具有成本低、空隙率低、成型工艺环境好、产品性能好等优点，并且工艺具有很大灵活性，正好满足生产要求。在本工作设定的铺层情况下，真空气压要设定在-60Pa以上，温度为25℃左右为宜。

由于玄武岩纤维渗透率很差，为了更好地完成树脂的渗透，对于制作厚层玄武岩纤维构件，必须使用导流作用较好的菱形网格导流网全铺进行导流。对于有夹层泡沫的材料，泡沫最好上下开槽，在网格交接点进行打孔，使泡沫能够起到很好的导流作用，从而保证这种厚壁大型构件的成型顺利完成。

（4）CFRP成型技术。碳纤维复合材料因其高强高模、可设计性强、减重效果好，在汽车轻量化材料体系中具有不可比拟的优势。国外针对新能源汽车轻量化应用中采用碳纤维复合材料开展了大量的研究和工程实践工作。目前，碳纤维复合材料已批量生产和使用。

节能、环保、安全是当今汽车工业发展面临的三大挑战，汽车轻量化是降低燃油消耗及减少碳排放的最有效措施之一。研究表明，汽车车身约占汽车总质量的30%，空载情况下，约70%油耗来自车身质量，若汽车整车重量降低10%，燃油效率则提高6%～8%。汽车轻量化技术是指采用现代设计方法和有效手段对汽车产品进行优化设计，或使用新材料在确保汽车综合性能指标的前提下，尽可能降低汽车产品自身重量，以达到减重、降耗、环保、安全的综合指标。实现途径主要有材料轻量化、设计轻量化和结构轻量化相结合的方式。目前，各种轻质材料广泛应用于汽车生产制造，国内外重点开发应用的汽车轻质材料有高强度钢、铝合金、镁合金和复合材料等。

目前，汽车零部件用复合材料可以分为热固性和热塑性两大类，原料多为玻璃纤维，主要生产工艺有SMC工艺、LFT工艺和GMT工艺，主要应用于车顶、后门和侧门、盖板、发动机罩和前防护板、上中扰流板、前保险杠、翼子板、仪表板骨架和前S支架等。

汽车用碳纤维复合材料（CFRP）的主要优势在于比强度和比刚度大，比重不到钢的1/4，而其拉伸强度一般都在3.5GPa以上，是钢的7～9倍，拉伸模量为230～430GPa。CFRP拥有较高的抗腐蚀性，其使用寿命明显长于金属材料，无须昂贵的防腐蚀保护措施。实验表明，用CFRP结构取代目前的钢体车身，可以大规模减重高达60%，进而提高30%以上的燃油效率。为了满足汽车轻量化的需要，同时确保汽车综合性能指标水平，近年来，原材料企业、复合材料生产及设备企业和汽车企业着力于开发低成本、高性能并能符合汽车生产节拍等要求的碳纤维复合材料成型工艺和装备。

①树脂转移模塑成型工艺。树脂转移模塑成型工艺（RTM工艺）流程示意图如图15-12所示，将预制体铺覆在模具内，可以预先施加压力使织物尽量与模具形状贴合，或者通过黏合的方法固定织物层；然后，将上模与下模闭合，将树脂注入模腔。纤维浸润完成，停止树脂导入，待复合材料固化后进行脱模。树脂注入和固化既可以在室温下进行，也可以在加热条件下完成。

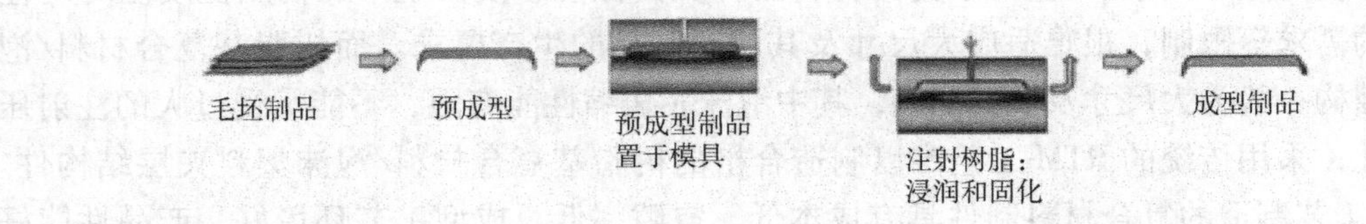

图 15-12　RTM 工艺流程图

RTM 目前已经广泛应用于部分跑车发动机罩、翼子板、车身、底盘等部件，并实现量产。如阿斯顿马丁 Vaniquish 的发动机罩、翼子板、前后杠，如图 15-13（a）所示车身侧围板，年产量为 400 件。如图 15-13（b）所示为 5 层碳纤维织物和环氧树脂，通过 RTM 在 1800t 压机辅助下制备的宝马 M3CSL 的发动机罩、翼子板、车顶，年产量 1000 件。

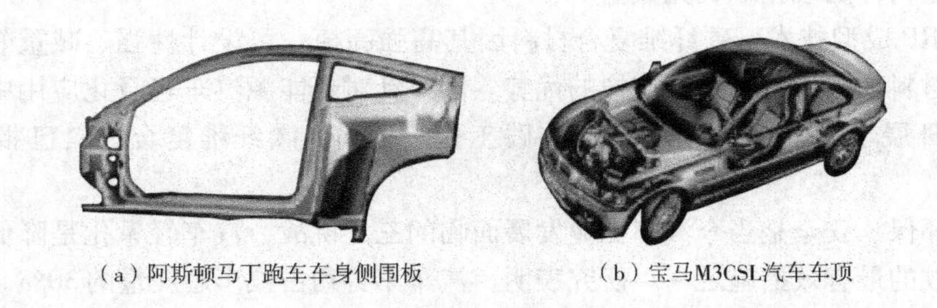

（a）阿斯顿马丁跑车车身侧围板　　（b）宝马M3CSL汽车车顶

图 15-13　RTM 工艺在跑车中的应用

②高压树脂转移模塑成型工艺。传统的 RTM 工艺可以形成较高体份含量、两面光的复杂产品。成型过程中，一般注塑压力为 $6 \times 10^5 \sim 15 \times 10^5$Pa（6～15bar），最大不超过 20×10^5Pa（20bar），树脂注入和浸润增强体的时间一般较长，工艺周期有时需要数小时，无法满足汽车生产节拍的需要。目前，宝马 i3 碳纤维复合材料采用了高压树脂传递模塑成型工艺（HP-RTM）。HP-RTM 工艺流程如图 15-14 所示，主要包括预成型、压制过程、注塑过程和固化等步骤。

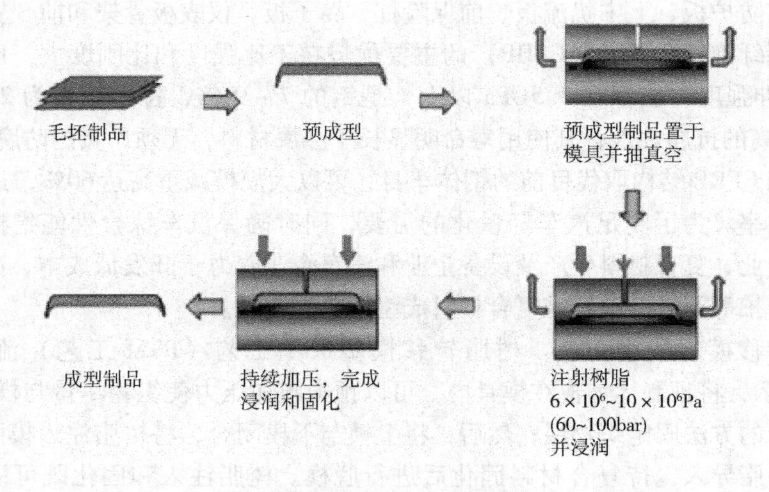

图 15-14　HP-RTM 工艺流程图

相比较传统 RTM 而言，HP－RTM 工艺具有充模快、成型快和制品性能优良等特点。HP－RTM 工艺充模快、浸润效果好，显著减少了气泡，降低了孔隙率；使用高活性树脂，生产周期缩短至数分钟，工艺稳定性和可重复性高；使用内脱模剂和自清洁系统，制件表面效果优秀，厚度和形状偏差小。HP－RTM 工艺保证了低成本、短周期（大批量）和高质量生产。

为了满足快速成型的要求，碳纤维复合材料从预型体准备、树脂注塑、固化到脱模的工艺流程所需时间可以从原来的 160min 降低到 30min，用于 HP－RTM 树脂固化时间已小于 3min。树脂企业，如亨斯迈公司 Araldite LY 3585/Hardener XB 3458，Araldite LY 3585/Aradur 3475 和 Araldite LT 3366、巴斯夫公司 Elastollan B Series、陶氏公司 VORAFORCE 5300、汉高公司 Loctite MAX 2 和 Loctite MAX 3、Hexion 公司 EPIKOTETM Resin 05390、拜耳公司 Baydur matrix system、惠柏新材料 RA－8920A/B 等，都相继推出了适宜碳纤维复合材料快速成型树脂。

目前，国外提供 HP－RTM 设备的企业主要有德国迪芬巴赫、克劳鹏菲、Hennecke、孚利模和意大利 Cannon 公司等。

宝马 i3 全电动车乘客舱采用碳纤维复合材料结构，如图 15－15（a）所示，由克劳斯玛菲注塑机和 HP－RTM 机器制备。汉高开发的聚氨酯基体树脂 Loctite MAX 3，通过克劳斯玛菲的 HP－RTM 技术生产出 Roding Roadster R1 车顶盖，如图 15－15（b）所示，此外，沃尔沃 XC 90 弹簧片，如图 15－15（c）所示，由聚氨酯和玻璃纤维经过 HP－RTM 制得。

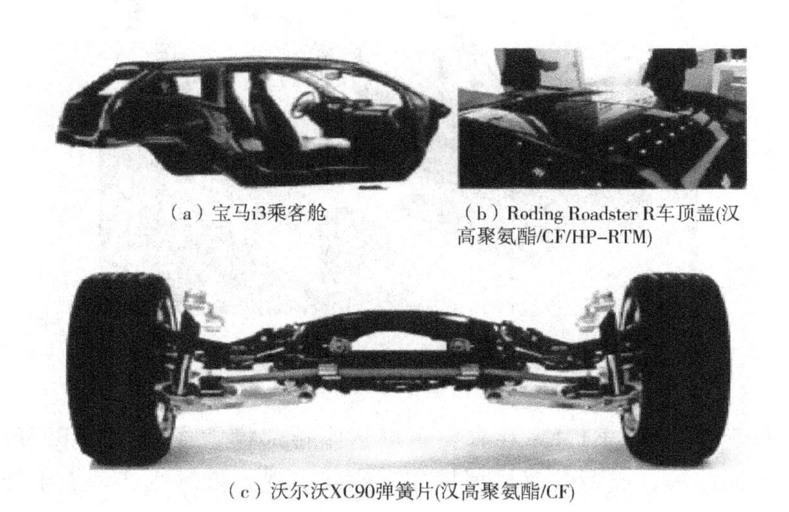

（a）宝马i3乘客舱

（b）Roding Roadster R车顶盖(汉高聚氨酯/CF/HP–RTM)

（c）沃尔沃XC90弹簧片(汉高聚氨酯/CF)

图 15－15　HP－RTM 工艺的应用

③预浸料模压成型工艺。预浸料模压成型工艺（PCM－Prepreg Compression Molding）是将快速固化预浸料片材层叠加热预成型后，通过模压固化成型的一种快速制备碳纤维增强复合材料的工艺，如图 15－16 所示。采用 PCM 工艺生产的产品表面光洁度与 A 级表面 SMC 很接近，基本能够满足汽车外包围的表面要求。

三菱丽阳用于 PCM 的快速固化预浸料由 TR50S 型碳纤维（拉伸强度 4900MPa，模量

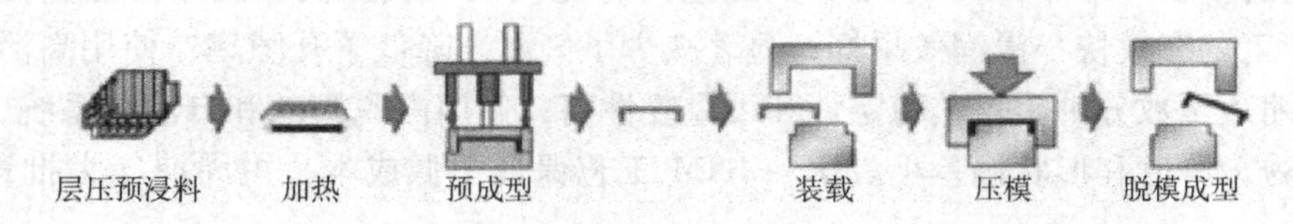

图 15－16　预浸料模压成型工艺过程（PCM－Prepreg Compression Molding）

240GPa，断裂伸长 2.0%）和双酚 A 环氧树脂制成，有 R02 和 R03 两种类型。可制成单向预浸料或是织物预浸料（平纹、斜纹和缎纹）。R02 型预浸料在 140℃时固化约需 5min；R03 型固化周期更短，140℃只需 3min 固化。

利用 PCM 制作发动机盖时，发动机盖外板（600mm×600mm×1.1mm）采用碳纤维预浸料成型，结构较复杂的内板（600mm×600mm×1.5mm）采用碳纤维 SMC 成型。整个发动机盖板由内外两块板结合而成。由于采用了碳纤维复合材料，发动机盖重量减轻 63%，重 5.3kg。

三菱 MOMA（CLCM－M）车身尺寸长 4450mm×宽 1890mm×高 1230mm，干燥重量为 1030kg。成型方法采用预浸料片压缩成型，如图 15－17 所示，使 CF 编织片浸含速硬化性树脂后放入模具压缩成型，成型时间约为 10min。目前使用 200t 的冲压机，计划近期引进 1000t 的冲压机。

图 15－17　CFRP 制造的试制车“MOMA”（三菱）

与树脂传递模塑成型（RTM）和真空辅助树脂传递模塑成型（VARTM）工艺相比，PCM 固化成型周期缩短，成型效率显著提高，能够实现大批量生产。由于使用长丝预浸料，与使用短切纤维的片状模塑工艺（SMC）相比，PCM 的力学性能更高。由于 PCM 工艺成型容易、生产效率高，并且其制品具有优异的力学性能，与其他成型工艺相比具有更大的优势。随着工艺的进一步优化，PCM 有望实现 CFRP 的工业化批量生产，为 CFRP 在汽车工业的应用提供更多可能性。

④湿法模压工艺。在湿压模压工艺过程中，干燥纤维预成型体首先被放入模具，随后喷涂树脂，然后将模具转移到压机上，通过施加的力使得树脂充满织物表面并固化。工艺流程如图 15－18 所示，整个过程中，树脂均匀覆盖预成型体，无树脂流动现象。成型过

程中将树脂喷涂于预成型体需要15～20s，整个制造时间不超过60s。陶氏和亨斯迈公司都拥有相关树脂体系和工艺方法专利。

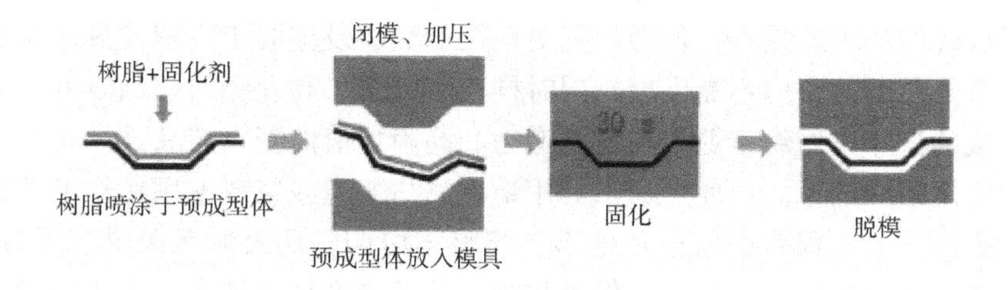

图15－18　湿法模压工艺流程图

湿压过程中，树脂灌注和冲模过程均被省略，模压阶段即单纯固化阶段，固化速度快。利用RTM，固化时间降低至60s，而湿法工艺可将固化时间减少到30s，模具升温，速度加快，还可进一步减短固化时间。在生产中，复杂零件常是通过RTM法制造的，而简单零件可通过湿压缩工艺制造。

⑤缠绕成型工艺。缠绕工艺是在控制纤维张力和预定型的条件下，将浸过树脂胶液的连续纤维或布带，按照一定规律缠绕到相应制品内腔尺寸的芯模或者内衬上，然后固化脱模成为增强塑料制品的工艺过程。该工艺能够按产品的受力状况设计缠绕规律，使能充分发挥纤维的强度，比强度高。同时，纤维缠绕制品易实现机械化和自动化生产，工艺条件确定后，缠出来的产品质量稳定、精确。再者，采用机械化或自动化生产，需要操作工人少，缠绕速度快（240m/min），故生产率高。

缠绕成型工艺主要适合于制备汽车传动轴和驱动轴等管材类的部件。宝马M3用碳纤维复合材料传动轴，比纯钢结构减重40%，如图15－19（a）所示。三菱VOX用TORO-Line碳纤维传动轴，成功通过高转及高扭矩的测试，如图15－19（b）所示。

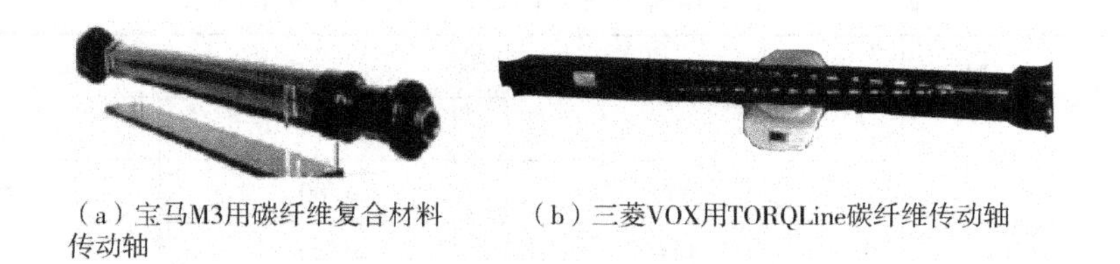

（a）宝马M3用碳纤维复合材料传动轴　　（b）三菱VOX用TORQLine碳纤维传动轴

图15－19　缠绕成型工艺产品

为了提高汽车燃油效率、减少环境污染，到2020年，电动汽车和插电式混合动力汽车将在市场大量投入，碳纤维复合材料的应用毫无疑问将得到进一步增长。2017年，汽车领域碳纤维应用市场占全球碳纤维市场份额30%左右，年复合增长率达到81%；到2025年，车用碳纤维复合材料市场将达到171亿元。随着国内大丝束及其展纱技术、快速固化树脂体系开发、满足汽车节拍的CFRP成型工艺及自动化系统装备生产的快速发展步伐，我国制造要抓住这次汽车工业材料、设计和生产融为一体的革命所带来的机遇，踏入汽车制造强国的行列。

第四节　交通用纺织品的特殊性能要求

社会开放程度的不断提高，促使海陆空涉及的交通设施同步飞速发展。交通工具朝着高端大型、节能环保的方向不断发展，同时推动着轻量、高性能纺织品及其复合材料逐步替代钢铁，成为近年来纺织行业最具发展潜力和高附加值的新兴产品。

然而，应用领域的不同，使交通工具用纺织品与普通服装或家用纺织品相比有着更为严格的性能要求——不仅要在风格及色彩上与整车协调，还要满足阻燃、无异味、耐磨、不褪色等要求，同时要符合能源、环保等政策，开发难度日益增大。由于我国在这一领域起步较晚，高档产品的核心技术如安全气囊等仍为外资企业所掌握，需要依靠进口来弥补，市场发展尚不成熟且缺口较大，与国外相比，交通工具用纺织品及其复合材料的研究开发仍有很大的提升空间，中国的交通工具用纺织品行业还有一条很长的路要走。巨大市场带来的机遇与挑战，已成为我国交通工具用纺织品生产企业发展的强劲吸引力，不仅掀起了创新开发的热潮，也为国民生活质量的提高提供了无限空间。

一、汽车用纺织品性能要求

重、中、轻轿车车型品种齐全，不同种类的汽车对纺织品的技术要求也不相同。参照日本三菱、尼桑、德国大众汽车公司和国际中的相关标准，制定出一系列标准。下面介绍几种用量较大的纺织品的主要技术要求。

1. 装饰性织物　汽车用纺织品中装饰性织物的用量较大。装饰性织物除了应具有纺织品本身的力学性能外，还应有手感柔软、触感舒服、尺寸稳定、耐光性好、抗静电、阻燃、不起球等多种功能。织物的风格、色泽要与汽车内外总体色调相协调。卡车和轿车用装饰性织物的主要技术指标见表 15－3。

表 15－3　卡车和轿车用装饰性织物的主要技术指标

检测项目		技术要求	
		卡车	轿车
断裂力（N/50mm）	径向	≥500	≥900
	纬向	≥500	≥900
断裂伸长率（%）	径向	150±50	90±20
	纬向	150±50	100±20
定负荷伸长率（%）	径向	150±5	10±2
	纬向	150±5	10±3
永久变形（%）	径向	≤5	≤2
	纬向	≤5	≤2
撕裂力（%）	径向	≥50	≥100
	纬向	≥50	≥100

续表

检测项目		技术要求	
		卡车	轿车
浸水收缩率（%）	径向	≤2	≤1.5
	纬向	≤2	≤1.5
耐磨耗性（级）		≥3	≥4
耐光色牢度（级）		≥4	≥4.5
抗起球性（级）		≥3	≥3
耐摩擦色牢度（级）	干布	≥4	≥5
	湿布	≥4	≥5
燃烧特性（mm/min）	径向	≤100	≤100
	纬向	≤100	≤100

2. 地毯　卡车上铺地材料仍为PVC革，但轿车上的铺地材料多为地毯。表15-4为红旗轿车用簇绒地毯的主要技术要求。

表15-4　红旗轿车用簇绒地毯的主要技术要求

检测项目		技术要求
断裂力（N/50mm）	径向	500~900
	纬向	500~850
撕裂力（%）	径向	≥90
	纬向	≥100
浸水尺寸变化率（%）	径向	≤1.0
	纬向	≤0.5
耐磨损性（g）		≤0.25
耐摩擦色牢度（级）		≥5
耐光色牢度（级）		≥5
可压缩性（mm）	压缩高度	≥2.5
	压痕深度	≤1.0
燃烧特性（mm/min）	径向	≤100
	纬向	≤100
厚度（mm）	4.0±1.5	
单位面积质量（g/m^2）	960±100	

3. 再生纤维毡　再生纤维毡在汽车上的用量也较大，它可分为再生化纤混纺毡和再生毛纤混纺毡，其基本要求是隔热、吸音、防震及阻燃等性能，主要技术指标见表15-5。随着汽车用纺织品种类的增多和使用要求的提高，一直在不断改进和补充新的内容，使标

准更趋完善。

表 15-5　再生纤维毡主要技术指标

项目		技术要求	
		再生化纤毡	再生毛混纺毡
拉伸强度（N/50mm）	常态	≥150	≥30
	湿向	≥100	≥20
导热系数（级）		≤0.04	≤0.03
耐光色牢度（W/m·K）		≤80	≤80
燃烧特性（mm/min）		≥3	≥3
防霉性		不霉烂	不霉烂
气味		无明显气味	无明显气味

二、船舶用纺织品性能要求

1. 船帆　船帆通常要求织物质量轻、耐久度高，且在湿润状况下有足够的抗撕裂性能和耐霉变性能。船帆的性能主要取决于设计方法、织物结构和使用的纤维材料性能。在设计方法和织物结构一致的情况下，纤维材料的弹性模量、拉伸断裂强度、蠕变性能、抗紫外线性能、弯曲强力损耗和价格六个因素决定了纤维是否适宜用于船帆。传统上船帆多使用亚麻、大麻、棉等原料，而现代很少使用天然纤维，多使用细度在 20～300 旦之间的人造纤维织物，如涤纶、锦纶、芳纶、高强高模聚乙烯纤维、液晶纺丝纤维、碳纤维和聚酯薄膜等。

2. 内饰　船舶内饰用纺织品包括地毯和船舶内部家具用织物，例如，座椅套、地毯、顶篷、窗帘等在舒适性和装饰性方面要求较高，而且随着经济的发展，在功能性方面的要求也越来越高。在外观质量上，要求船用内饰织物质地厚实，高雅华贵，布面平整，手感柔软，挺括滑爽，有毛型感；在内在质量上，要求船用内饰织物透气性好，保形性好，坚固耐磨，色牢度高，具有良好的隔热、防火、阻燃性，且具有抗静电性，去污性好。

早期舶内饰用纺织品多为棉、麻、涤纶、锦纶等。但随着科技的进步，它们逐步被各种改性纤维所取代，因此，各种物理或化学改性纤维开始广泛应用于船舶内饰纺织品。比如，异型截面纤维可以改善防污性空气变形丝，超细纤维、假捻丝和中空纤维可以提高舒适度，PTT 纤维可以防静电等。防护服一般有防水、防风、透风和阻燃的要求，目前开发的面料纤维有超细纤维高密织物、PTFE 薄膜、Nomex、间位芳香聚酰胺纤维、三聚氰胺纤维、PBO 纤维、PBI 纤维等。这些功能性纤维以国外生产的为主，我国自主研发的仍比较有限。随着生产生活的需要，要求船舶装饰性纺织品具备相应的功能性，而功能性船舶纺织品则需兼具一定的美观性，这也将促进我国船舶用纺织品的研发力度。

3. 救生筏　由于救生筏特殊的使用场合，要求救生筏用织物必须具有足够的强力、耐撕破能力和耐顶破能力，不会被水流、岩石等撕破、划破；顶篷能防水、防雨、遮风、御寒，不渗透；防盐碱、防腐蚀能力；耐气候老化能力；能在 -10～65℃ 环境温度下存放多年而不致损坏；并能在 -1 ~30℃水温度范围内使用。救生筏用纺织材料由外层的橡胶和内层织物层压而成，一般有氯丁橡胶和聚氨酯橡胶涂层织物两种，外层橡胶起到防腐蚀、耐磨和防刺穿作用，内层尼龙织物可提高救生筏的强度。

4. 防护服　船舶用防护服按照使用对象可分为甲板工勤人员用防护服和轮机舱工勤人员用防护服两类。由于甲板多为露天设计，甲板上的工勤人员常暴露于湿冷的环境中，因此，甲板上工勤人员防护服必须具备防水、防雨、不渗透，防盐、防碱、防腐蚀，遮风、御寒能力。内燃机船轮机舱通常有多个引擎，主引擎通常以柴油或重燃油为燃料，轮机舱通常温度较高、噪声很大、油污较多，且由于放置可燃染料、高电压设备和内燃机，存在着潜在危险，因此，轮机舱工作人员防护服必须具备防水、防油、防污、防火性能，并且具有良好的透气性。船舶用防护服按功能可分为保暖透气防护服、防水透湿防护服、隔热阻燃防护服等。保暖透气防护服主要要求织物具有良好的隔热保暖性、良好的透气性。服装的保暖主要依靠织物中的静态空气层起隔热和保暖的作用；防水透湿防护服，能够阻止外界液体水进入体内，同时允许身体散发的水蒸气散发到自然界中，集防水、透湿、保暖和防风功能于一体，可满足甲板工勤人员的防护需求；隔热阻燃防护服的基本要求是阻燃、隔热、耐高温，在高温高湿等恶劣气候条件下能保持足够的强度和服用性能；遇火及高温下不会发生收缩、熔融和脆性炭化，面料尺寸稳定，不会强烈收缩或破裂；具有耐磨损、抗撕裂等特性，以使轮机舱工作人员远离每天面对的潜在危险。

5. 绳索　船舶用绳索材料要求具有强度高、耐磨性好、延伸率小、不易回转扭结、手感柔软、耐盐碱腐蚀、吸湿率低、吸湿后性能变化率低、低蠕变的特点，传统上使用丙纶（PP）、涤纶（PET）、锦纶（尼龙，Nylon）等化学纤维，随着高性能纤维材料的开发，逐渐开始使用芳纶、高强高模聚乙烯等纤维。

6. 其他性能要求　随着科学技术的发展和生活水平的提高，人们要求船舶用纺织品在原有基础功能上增加新的功能，如在兼顾装饰性和舒适性的基础上，内饰用纺织材料要求具有良好的耐磨色牢度、阻燃、抗菌、防静电、防污易清洁和良好的尺寸稳定性；对于功能性船舶用纺织品，如保暖透气防护服、防水透湿防护服、隔热阻燃防护服和高性能绳索，使用效果更多取决于原料所具有的性能。因此，芳纶、高强高模聚乙烯纤维、液晶纺丝纤维、PBI、碳纤维和 PEN 薄膜等新型纤维材料以其优异的性能得到广泛关注，如美国 Brainbridge/Aquabatten 公司用芳纶、超高模量聚乙烯和液晶聚合物纤维制作基本织物，然后在其两面层压上厚度为 0.013mm 的 PEN 薄膜，开发了高质量比强度的竞赛用船帆。

三、航空航天用纺织品性能要求

中国人民解放军于 20 世纪 60 年代研制和装备了高空代偿服、抗荷服，并研制出通风服，以后又陆续研制出多种系列新型号，1982 年研制出液冷服，更新了部队装备。为适应航空器的发展，飞行服将趋向于一服多功能、多用途，并向结构简化轻便、穿着舒适、使用方便、热负荷小的方向发展。由以上叙述可以得出一个简单的结论，即纺织品对于航空航天的重要性和必要性。

相对于纺织品在航空上的应用，在航天的应用则更加不可或缺。如果没有航天服和各类航天纺织类产品的出现，航天科技的发展将会处于停滞不前的状态。

1. 航天服 航天服是保障航天员的生命活动和工作能力的个人密闭装备。可防护空间的真空、高低温、太阳辐射和微流星等环境因素对人体的危害。在真空环境中，如果不穿加压气密的航天服，就会因体内外的压差悬殊而发生生命危险。航天服是在飞行员密闭服的基础上发展起来的多功能服装。早期的航天服只能供航天员在飞船座舱内使用，后研制出舱外用的航天服。现代新型的舱外用航天服有液冷降温结构，可供航天员出舱活动或登月考察。

（1）内衣舒适层。宇航员在长期飞行过程中不能换洗衣服，大量的皮脂、汗液等会污染内衣，故选用质地柔软、吸湿和透气性能良好的针织产品制作。

（2）保暖层。在环境温度变化范围不大的情况下，保暖层用以保持舒适的温度环境，选用保暖性能好、热阻大、柔软、重量轻的材料，如合成纤维絮片、羊毛和丝绵等。

（3）通风服和水冷服（液冷服）。在宇航员体热较高的情况下，通风服和水冷服以不同的方式散发热量。若人体产热量大于350cal/h（如在舱外活动），通风服便不能满足散热要求，这时便有水冷服降温。通风服和水冷服（液冷服）多采用抗压、耐用、柔软的塑料管制成，如聚氯乙烯管或尼龙膜等。

（4）气密限制层。在真空环境中，只有保持宇航员身体周边有一定压力时才能保证宇航员的生命安全，因此，气密层采用气密性好的涂氯丁尼龙胶布等材料制成，限制层选用强度高、伸长率低的织物，一般选用涤纶织物制成。由于加压后活动困难，各关节部位采用各种结构形式，如网状织物形式、波纹管式、橘瓣式等，配合气密轴承转动结构以改善其活动性。

（5）隔热层。作为航天服热控系统设计中的一个重要问题，隔热设计的目的是使航天服从传热角度与外界环境相对隔绝，减少由空间多种辐射热源及极端温度交变环境造成的大量得热与散热。一般需选用隔热性能良好的材料。

（6）外罩保护层。这是宇航服最外面一层，要求防火、防热辐射、防宇宙空间各种因素（微流星、宇宙线等）对人体的危害，这一层大部分用镀铝织物制成。

航天服按用途可分为舱内航天服和舱外航天服两大类。相比之下，舱内航天服的结构与功能较为简单，舱外航天服的结构复杂，具有更加全面的防护性能和功能。无论是舱内航天服还是舱外航天服，都必须选用特殊的材料、工艺，经各种试验后才能够完成。

2. 飞机部位 树脂基复合材料在我国已逐渐成熟，并在航空事业上取得了较大的成就。在以复合材料为基础的连续纤维增强复合材料在很早就已经得到重视，英国帝国化学公司（ICI）、德国巴斯夫公司（BASF）、美国杜邦公司（DuPont）和氰胺公司（Cyanamid）等开发了聚醚醚酮（PEEK）、聚酰亚胺（PI）、聚苯硫醚（PPS）等多类芳香族热塑性聚合物。这些广泛的应用和各个国家的重视充分体现了树脂基增强复合材料的优越性和重要性，还具有减重、更强的韧性、损伤容限以及更好的耐溶剂的高品质性能。现代航空工业上应用的纤维增强复合材料有铝合金/玻璃纤维混杂复合材料（Clare）、玻璃纤维增强复合材料（GFRP）等。其中航空航天领域应用最多的是碳纤维增强复合材料，而玻璃纤维增强复合材料广泛应用于航海船舶领域。因此，对航空材料的主要要求是高比强度、抗疲劳、耐高温、耐腐蚀、长寿命、低成本。纤维增强复合材料以其典型的轻量特性、独特的耐烧蚀和隐蔽性、材料性能的可设计性、制备的灵活性和易加工性等使它成为航空航天工业中最理想的材料。

先进的纺织复合材料因其轻质、抗老化、耐腐蚀等优越性能以及相对较低的制作成本被广泛应用于航空结构中，成为“科技经济适用型”材料。其材料主要包括热塑性树脂基复合材料和热固性树脂基复合材料。其中，在飞机上使用的机构部位大致为舱门、减速板油箱、翼梁、尾翼结构、舱内壁板、地板、螺旋桨、无线罩、鼻锥、外涵道等。目前，在新一代大型飞机如空客 A380 和波音 787 等上面用到的碳纤维多轴向经编织物预成型工艺制件，它们的后承压框壳均采用 0°/90°经编碳纤维织物制备预成型体。其他应用，例如，A380 外翼翼梁、A380 窗口框，A400M 采用碳纤维多轴向经编织物缝纫加强筋。随着我国空间技术的发展，针对特殊的太空环境，航天用纺织材料与航空用纺织材料略有不同。其主要材料有树脂、金属和陶瓷基复合材料、碳化硅、芳纶、硼纤维等。在实际应用中，需对树脂进行改性处理方能在太空环境中抵挡原子氧和辐射的侵蚀；酚醛树脂具有良好的力学和耐热湿性能，更具有耐瞬时高温的优异性能。纺织复合材料（一般为碳/碳复合材料）也被用在火箭的制造上，可发挥其耐烧蚀的特性。

仅仅是纺织品制造而成的航天用纺织品就已经在航天科技的进程中起到了举足轻重的重要地位，而两者的关系却又是互补的，可以说正是因为纺织品大量的创新应用和开发所研发制造出来的航天纺织用品促进了航天科技的快速发展壮大。而航天科技的进步也促进了纺织品行业的开拓性开发应用。两者之间产生的良性循环让人类探索太空的步伐虽然缓慢但却坚定地前行着。

第五节　高端交通用纺织品的应用实例

1. 我国交通用高端产业用纺织品开发应用案例

（1）近年来，产业用纺织品在航天工程中的应用十分广泛。天津工业大学高性能三维编织复合材料卫星发动机支架接头的研制成功及整体桁架接头三维多项异型编织技术的创立，为航天飞行器采用复合材料空间桁架结构奠定了基础，具有重要的工程应用价值。采用本项目研制的三维编织复合材料接头装配而成的卫星发动机支架质量可靠稳定、尺寸精确、重量轻、性能价格比高，同时解决了三维编织复合材料设计、二维异型整体编织预成型、复合成型等关键技术，以及编织结构表征、树脂流动规律、固化工艺优化等科学问题，并在此基础上建立了树脂基三维编织复合材料构件生产线，实现了相关产品的批量生产，满足了我国新一代卫星研制的需求。

在中国嫦娥二号探月工程中，天津工业大学复合材料研究所主要负责卫星发动机支架及舱盖研发任务，嫦娥二号卫星的发动机支架采用高性能纤维复合材料制作而成，并使用了树脂固化及一系列复杂技术。由于这种支架在神舟 7 号飞船应用过程中性能良好，成为这次绕月探测工程的首选。未来，新的登月工程和载人航天工程都离不开产业用纺织品，例如，发动机舱盖采用的是纺织纤维复合材料，技术含量高，代表了中国先进的机械制造技术和高性能复合纤维的应用水平。

2016 年 10 月 17 日，“神舟十一号”载人飞船（以下简称“神十一”）在酒泉卫星发射中心发射成功。“神十一”关键部件复合材料采用的是天津工业大学复合材料研究所研制的高技术含量的三维立体纺织增强材料，代表了中国先进复合材料的应用水平。为了适应严酷的飞行环境和减轻结构重量，神舟十一号飞船的关键部位选用了高性能复合材料，天津工业大学研制的三维立体纺织增强材料成为复合材料关键部件的首选增强骨架材料，具有重量轻、强度高、抗烧蚀的优异性能，同时减轻了结构重量，显著提高了飞船的性能。三维立体纺织增强材料具有高维自由度的可设计性，通过改变材料内部结构，可以在很宽的范围内“量体设计”材料的力学性能和物理性能以满足特殊环境下的使用要求。到目前为止，三维立体纺织增强材料被认为是提高复合材料的强度、抗烧蚀、抗热震和抗蠕变等性能的最为有效的方法，同时也是实现飞行器结构一体化设计制造的技术关键，因而成为新一代飞行器研制的核心技术和重点发展领域。

（2）东华大学航天员服装研发设计团队，研发设计了航天员在轨工作生活的工作服、锻炼服、休闲服、失重防护服、睡具等，以及地面任务服装等在内的数十个种类的服饰。进入太空后的中国航天员们，除了发射和返回阶段，在天空实验室都将根据工作任务的不同阶段和场合换上不同类型的专用服装，开展在轨工作、生活和运动。在复杂的太空环境，航天员服装对于功能和品质的要求会更高，进入“天宫二号”空间实验室用于保障航天员健康的运动锻炼服装每件的重量误差超过1g就为不合格，特殊部位的尺寸误差超过2mm就要返工，团队花在测试和风险控制上的时间要远远多于正常任务的时间。中国航天员在轨运动锻炼服装、非工作日休闲服装，早在2016年9月15日就已搭载“天宫二号”进入太空，静待“神舟十一号”搭载的航天员前来取用。这些服装同样由东华大学设计开发，并在“太空180”大科学试验中得以应用。

此外，东华设计助力打造“神舟十一号”新形象。以东华大学航天员服装研发设计团队刘灿明副教授主持设计的运动锻炼服装为例，由可拆卸组合式上衣与裤装构成，用于航天员在“天宫二号”空间实验室进行“太空跑台运动、骑自行车运动”时穿着。在设计运动服时，既要在服装结构上满足失重状态下航天员肢体运动的动作变化和舒适度要求，又要兼顾狭小空间实验室内的视觉感受。最终，该系列运动锻炼服依据失重着装感觉模拟舱中视觉心理学实验分析结果，采用了不同纯度蓝色色块匹配使用，动感的线条分割符合人体工学，衣摆、袖口、裤口宽松度都可以自由调节，衣袖、裤腿可自由拆卸组合，特殊针织面料具有良好的热湿传递性、接触舒适性、卫生清洁性能，让运动锻炼服既符合功能科技要求，又具有时尚外观设计，成为了“太空酷跑服”。

（3）江苏阳光集团分别为航天员春夏常服、秋冬常服以及常服大衣量身打造面料。对色彩进行了全新搭配，每套衣服除了主料主色之外，还有专门配置颜色的辅料和辅色，在天空色湖蓝基础上加入象征地球天际线和外太空色调元素，深浅明暗的变化搭配，让服装看起来更立体饱满，更有层次感，男款服装展示中国航天员威武庄重，女款服装展现中国女性飒爽英姿的同时也突出了东方女性的柔美气质。为宇航服打造的面料，突出面料的外观、保形和工效，主要体现在面料的抗皱性、舒适性、透气性上，因此，三款面料中除了常规羊毛和羊绒之外，还需加入其他纤维，而多种纤维的比例研究全是在集团内国家纺织材料工程技术研究中心内完成的。

（4）能源枯竭和环境恶化是阻碍可持续发展的两大顽疾，由于节能减排的迫切要求，电动汽车的技术研发和产业化发展受到了越来越多的重视，以美国、欧洲为代表的发达国家积极展开电动汽车产业发展的实践。中国作为快速崛起的大国，近年来，汽车销量急剧增长，石油需求大幅攀升，快速的工业化导致环境污染日趋严重。在这样的背景下，中国发展电动汽车具有重大的现实意义，不仅有利于降低对石油的依赖，保证我国的能源安全，也有利于我国的环境保护和可持续发展。“十三五”期间，国家科技计划将加大力度，持续支持电动汽车科技创新，把科技创新引领与战略性新兴产业培育相结合，组织实施电动汽车科技发展专项规划。

2. 国外高端交通用产业用纺织品开发应用案例 国外电动汽车的碳纤维车身技术已经从实验室走向生产。

（1）雷克萨斯 LFA 研发团队深入研发碳纤维复合材料的生产技术，由 65% 的碳纤维增强塑料和 35% 的铝合金材料构成的车身，比同样的铝质车身轻 100 多千克，结构更坚固。

（2）宝马于 2011 年推出的 Hommage 全新概念车采用轻量化碳纤维复合材料，整车质量只有 780kg。未来宝马将要推出的电动汽车将更多地采用碳纤维，新电动车底盘也将在很大程度上采用碳纤维增强热固性塑料。

（3）梅赛德斯奔驰 SLR 超级跑车，车身几乎全部采用碳纤维复合材料，由于强化了碳纤维的应用，在碰撞中具有高效的能量吸收率。更值得一提的是该车在搭载 240kg 电池包的情况下整车重量不超过 850kg。

这一应用在降低整车质量的同时兼顾了汽车性能与安全，可见碳纤维复合材料的应用对于减轻平衡电动汽车电池包重量的显著效果。碳纤维复合材料具有质轻高强、耐磨、热导率大、自润滑、耐腐蚀、抗冲击性好、疲劳强度大等优越性。对于汽车生产商来说，碳纤维复合材料车身还具有集成化、模块化、总装成本低、投资小等优点，避免了传统车身的喷涂过程和相应的环保处理成本。由于碳纤维增强复合材料有足够的强度和刚度，是适于制造汽车车身、底盘等主要结构件的材料。

目前，在赛车和高档跑车之外，碳纤维增强复合材料可以很大程度地应用于传统汽车中替代传统零部件材料，如发动机系统、传动系统、底盘系统，最重要的是车身。目前，汽车车身重量的 3/4 是钢材，轻量化空间很大，碳纤维复合材料是车身轻量化材料很好的选择。这种材料的替换应用同样适用于电动汽车车身，它的应用将可大幅度降低汽车自重达 40% ~60%，对汽车轻量化具有十分重要的意义。

思考题

1. 综述纺织品在飞机上的应用情况。
2. 在设计座位安全带时有哪些主要要求？
3. 简述轮胎帘子布的生产过程。对所用的纤维原料有哪些性能要求？
4. 对汽车内饰材料一般有何要求？请简要说明。
5. 安全气囊的作用机理是什么？其对纤维材料有哪些性能要求？

参考文献

[1] 韩立．汽车内饰的新材料及新技术［J］．科学大众（科学教育），2015（04）：178.

[2] 张成蓉．浅谈产业用纺织品在交通领域的应用［J］．化纤与纺织技术，2015（04）：38－42.

[3] 叶早萍，张声明，陈建丽．汽车用纺织品产业的发展和技术进步［J］．产业用纺织品．2013，（8）：1－6，14.

[4] 李陵申．我国产业用纺织品行业的机遇与挑战［J］．济南纺织服装，2013（1）：8－9.

[5] 赵东瑾．追踪潜力股——交通工具用纺织品前景与问题思考［J］．纺织科学研究，2013（6）：58－59.

[6] 刘雁宇．交通工具用纺织品现状及发展前景研究［D］．东华大学，2013.

[7] 庞明军，段亚峰，陈晓娇，等．汽车用纺织品［J］．江苏丝绸．2009，（5）：27－29.

[8] 杨静芳．我国汽车用纺织品的发展［J］．江苏纺织．2005，（8）：18－19.

[9] 王可，樊理山，马倩．船舶用纺织品发展现状及展望［J］．上海纺织科技，2015（3）：1－4.

[10] 陈友良，罗永康，曹明法．缝编织物复合材料在船舶工业中的应用［J］．玻璃纤维，2003（3）：14－18.

[11] P. F. Pinzetli，谢征恒．复合材料在船舶结构中的应用［J］．产业用纺织品，1993（2）：29－32.

[12] 第静峰，靳向煜．Lectra：汽车用纺织品设计新思路［J］．国际纺织导报，2004（2）：73.

[13] 王建立，孙先念．纤维增强复合材料在船舶结构上的应用［J］．首届中国航海类院校研究生学术论坛，2013.

[14] 江礼思，许建，孙莹．纤维复合壳板与金属构件连接的对比分析［C］．2008中国船舶工业发展论坛暨中国造船创刊60周年纪念大会，2008：107－112.

[15] 杨冬晖，李猛，尚坤．航天服隔热材料技术研究进展［J］．航空材料学报，2016，36（2）：87－96.

[16] 阳光．美科学家为航天服“瘦身”［J］．太空探索，2005（4）：8.

[17] 芦长椿．从战略性新兴产业看纤维产业的发展（三）：高性能纤维材料在航空航天领域的应用［J］．纺织导报，2012（7）：115－118.

[18] 陈观福寿．聚四氟乙烯纤维及其应用研究进展［J］．新材料产业，2011（7）：48－51.

[19] 王永生，张玉梅，孙海鹏．俄罗斯火星任务航天服的设计构想［J］．国际太空，2012（1）：18－22.

[20] 佚名．NUC、JAXA、帝国纤维——利用宇航服技术开发冷却背心［J］．纺织服装周刊，2014（23）：91－91.

[21] 陈祥宝，张宝艳，邢丽英．先进树脂基复合材料技术发展及应用现状［J］．中国材料进展，2009，28（6）：2－12.

[22] 陈绍杰．复合材料技术与大型飞机［J］．新材料产业，2008，29（1）：605－610.

[23] 张晓虎，孟宇，张炜．碳纤维增强复合材料技术发展现状及趋势［J］．纤维复合材料，2004，21（1）：50－53.

[24] 卢嘉德．固体火箭发动机复合材料技术的进展及其应用前景［J］．固体火箭技术，2001，24（1）：46－52.

[25] 范华林，杨卫，方岱宁，等．新型碳纤维点阵复合材料技术研究［J］．航空材料学报，2007，

27 (1)：46 – 50.
[26] 冯军．复合材料技术在当代飞机结构上的应用 [J]．航空制造技术，2009 (22)：38 – 42.
[27] 张紫煜．复合材料成型技术 [J]．中国科技投资，2016 (17)．
[28] 陈亚莉．复合材料成型工艺在 A400M 军用运输机上的应用 [J]．航空制造技术，2008 (10)：32 – 35.
[29] 叶长青，杨青芳，YEChang – qing，等．树脂基复合材料成型工艺的发展 [J]．粘接，2009 (5)：66 – 70.
[30] 张榕．抗紫外兼具抗菌聚酰胺 6 纤维的开发 [D]．东华大学，2015.

编辑推荐参考书目

ISBN	书 名	作 者	定价
规划教材类			
9787518049110	高端产业用纺织品	钟智丽	88
9787518048878	纺织复合材料	钱 坤 曹海建 俞科静	68
9787518041497	纺织品检验学（第3版）	蒋耀兴	58
9787518040933	功能纺织品（第2版）	商成杰	88
9787518042258	现代纺织经济与纺织品贸易（第2版）	高长春 肖 岚 汪军等	49
研究专著类			
9787518049127	功能静电纺纤维材料	丁 彬 俞建勇	98
9787518044191	数码喷印技术与应用	杨 诚	380
9787518035366	环锭纺花式纱线的开发与纺制	周济恒	68
9787518032686	桑皮纤维及其产业化开发	瞿才新	68
工具书类			
9787518036875	丝绸术语辞典	陈国强	128
9787518016532	英汉染整词汇（增补版）	岑乐衍	168
9787518048861	2018AATCC 技术手册：93 卷	美国纺织化学家和染色家协会	1800
9787518021383	着色配色技术手册	李青山	268
9787518050376	2017/2018 中国纺织工业发展报告	中国纺织工业联合会	380
技术用书			
9787518047543	蚕丝检测技术	董锁拽 潘璐璐 蒋小葵	68
9787518042562	高科技纺织品与健康	商成杰	48
9787518032266	棉花中农药残留检测技术	谢 文 董锁拽	68
9787518030453	废旧纺织品回收及其再利用技术	唐世君	58
9787518033096	汽车用非织造布	冷纯廷 李 瓒	68
文化遗产类			
9787518048007	中国植物染技法	黄荣华	260
9787518029747	中国茧丝绸产业改革发展纪实	弋 辉	188
9787518020232	京津冀鞋帽类非物质文化遗产	赵 宏	128
9787518034116	河南省纺织类经典非物质文化遗产	赵 宏	128
9787518007257	中国织锦大全	钱小萍	1280
9787506473194	中国传统民间印染技艺	吴元新	600